Döring
Digitale CCTV-Systeme

Matthias G. Döring

Digitale CCTV-Systeme

Moderne Technik der Videoüberwachung

Economica Verlag · Heidelberg

Diejenigen Bezeichnungen von im Buch genannten Erzeugnissen, die zugleich eingetragene Warenzeichen sind, wurden nicht besonders kenntlich gemacht. Es kann also aus dem Fehlen der Markierung ™ oder ® nicht geschlossen werden, dass die Bezeichnung ein freier Warenname ist. Ebensowenig ist zu entnehmen, ob Patente oder Gebrauchsmusterschutz vorliegen.

Autor und Verlag haben alle Texte und Abbildungen mit großer Sorgfalt erarbeitet. Dennoch können Fehler nicht ausgeschlossen werden. Deshalb übernehmen weder der Autor noch der Verlag irgendwelche Garantien für die in diesem Buch gegebenen Informationen. In keinem Fall haften Autor oder Verlag für irgendwelche direkten oder indirekten Schäden, die aus der Anwendung dieser Informationen folgen.

Das Werk ist urheberrechtlich geschützt. Die dadurch begründeten Rechte, insbesondere die der Übersetzung, des Nachdrucks, der Entnahme von Abbildungen, der Funksendung, der Wiedergabe auf fototechnischen oder ähnlichem Wege und der Speicherung in Datenverarbeitungsanlagen bleiben, auch bei nur auszugweiser Verwertung, vorbehalten. Bei Vervielfältigung für gewerbliche Zwecke ist gemäß § 54 UrhG eine Vergütung an den Verlag zu zahlen, deren Höhe mit dem Verlag zu vereinbaren ist.

© 2004 Economica Verlag, Verlagsgruppe Hüthig Jehle Rehm GmbH, Heidelberg
Printed in Germany
Satz: Strassner ComputerSatz, Leimen
Druck: J. P. Himmer, Augsburg
Umschlaggestaltung: R. Schmitt, Lytas, Mannheim
ISBN 3-87081-340-7

Vorwort

Die Videoüberwachung hat einen festen Platz im breiten Repertoire technischer Lösungen der Sicherheitstechnik. Video hat den großen Vorteil einer integralen Sicht auf Vorgänge. Die angebotene Information ist gut geeignet, um deren Bedeutung zu analysieren. Obendrein kommt sie der Art menschlicher Informationsaufnahme und -bewertung besser entgegen als die vergleichsweise einfache Sensorik z. B. von Brandmelde-, Zutrittskontroll- oder Einbruchmeldetechnik. Als Konsequenz ist ein steigender Trend zu verzeichnen, Video in bestehende Anlagen aufzunehmen bzw. in neu projektierten Sicherheitssystemen direkt zu integrieren. Ziel ist stets die Qualität der Abdeckung von Überwachungszielen zu erhöhen. Eine starke Kostenreduktion dieser komplexen Technik und ein enormer Zuwachs an Funktionalität durch Einführung digitaler Konzepte ermöglichen dies. In vielen Anwendungen übernimmt die Videoüberwachung mittlerweile den Charakter einer Leittechnologie und des Integrators, dem sich andere sicherheitstechnische Einrichtungen unterordnen. Ein Prozess, getrieben von der digitalen Revolution, die seit Mitte der 90er Jahre auch in der Videoüberwachungstechnik stattfindet.

Video in geschlossenen Systemen kann heute weit mehr leisten als die bloße Erfüllung einer reinen Überwachungsfunktion. Digitale Systeme mit ihrem riesigen Spektrum an Funktionalität machen maßgeschneiderte Lösungen für ein weites Feld von Anwendungsfällen möglich. Dieses Buch verdeutlicht die Vielfalt der Möglichkeiten und ungenutzten Potentiale. Der deutsche Begriff Videoüberwachungstechnik wird der mit digitalen Systemen realisierbaren Anwendungsbreite nicht vollständig gerecht. Daher wird hier, der allgemeinen Praxis entsprechend, der englische Begriff CCTV (Closed Circuit Television) verwendet.

Eine adäquat projektierte CCTV-Überwachungsanlage amortisiert sich in kurzer Zeit. Durch die Erschließung neuer Einsatzfelder kann dies zahlenmäßig klar belegt werden. So sinken z. B. Instandhaltungskosten an Gebäuden durch Eindämmung von Vandalismus wie Graffiti oder Zerstörung von Gemeinschaftseinrichtungen. Bei der Überwachung in Logistikzentren kann der positive Einfluss eines CCTV-Systems direkt an der Reduktion von Versicherungsprämien gemessen werden. Diese sinken auf Basis verringerter Warenverluste und Schadensmeldungen.

Die zunehmende Intelligenz digitaler Systeme löst auch den klassischen Widerspruch zwischen zwei gegensätzlichen Forderungen: dem Schutz der Privatsphäre und dem Bedürfnis nach einer präventiven Überwachung öffentlicher und privater Bereiche. Denn einerseits wird kriminellen Handlungen ihre Grundvoraussetzung – Privatheit – entzogen. Andererseits aber erlaubt das System den Zugriff auf Informationen nur dann, wenn sich sicherheitsrelevante Vorgänge ereignen. Dazu ist eine aufwändige Sensorik und Auswerteintelligenz notwendig. Datenschutzforderungen werden direkt in technische Lösungen umgesetzt. Beispiele sind die Privatzonen von Domekameras, Löschvorgaben für gespeicherte Videoinformation, Verschlüsselungsverfahren, digitale Wasserzeichen und Methoden des Zugriffsschutzes für den Zugang zu gespeicherter oder auch Live-Information. So stellt die Technik zwar die Mittel für eine umfassende, omnipräsente Überwachung bereit, schränkt sie aber gleichzeitig mittels intelligenter Verfahren wieder auf das für das jeweilige Sicherheitsziel notwendige Maß ein. Orwells Horrorvisionen sind weder 1984 eingetreten, noch werden sie das in Zukunft tun. Wobei natürlich wie bei jeder Technik grundsätzlich die Gefahr des Missbrauchs besteht. Die Technik selbst offeriert aber die Mittel für einen verantwortungsvollen Umgang mit der gelieferten Information. Die zunehmende Akzeptanz von Videoüberwachung auch im öffentlichen Bereich

Vorwort

trägt diesen technischen Trends Rechnung und spiegelt sich in der Entwicklung der Gesetzgebung wider.

Wie kommt man aber zu adäquaten, auf ein spezielles Überwachungsproblem zugeschnittenen Lösungen? Digitale Systeme sind hochkomplex und setzen sich aus einem umfangreichen Bestand von Basistechnologien zusammen. Hinzu kommt der nicht abgeschlossene Prozess der Begriffsbildung im Umfeld digitaler Technologien, der es schwer macht, die Möglichkeiten gegenwärtiger Systeme zu beurteilen und folglich auszunutzen. Um hier Abhilfe zu schaffen, bietet dieses Buch eine zukunftsoriente Entscheidungsbasis für die Projektierung der Komponente digitales Video in großen, professionellen Anwendungen. Es ist ein Leitfaden für den Projektanten bei der Suche nach Wegen für die Definition einer optimalen Systemtopologie unter Berücksichtigung von Netzwerk- und Soft- bzw. Hardware-Architekturen.

Die Ansprüche an Planer und Projektanten verändern sich. Gefragt sind Kenntnisse in einer Vielzahl von IT-Basistechnologien wie der Netzwerk- oder Multimediabranche, aber auch der Biometrie und Bildverarbeitung. Reine Kenntnisse in Videotechnik reichen nicht mehr aus, um die heutige Technik zu meistern. Dieses Buch vermittelt das zur Beherrschung dieser Anforderungen notwendige Fachwissen. Ziel des Buches ist es auch, Begeisterung für die Beschäftigung mit einem technisch, wirtschaftlich und gesellschaftlich anspruchsvollen und hoch interessanten Umfeld zu wecken.

Zunächst werden klassische analoge mit digitalen Systemen verglichen und Aufgaben und Arbeitsprinzipien der Komponenten eines digitalen CCTV-Systems erläutert. Dies liefert die Grundlage, um vom Baukasten digitaler Basistechnologien zu funktionierenden, optimal an die Zielstellungen einer Überwachungsaufgabe angepassten Systemen zu kommen. Im Zentrum steht der System- und Integrationsgedanke. Klassische Themenfelder, wie z. B. der Bereich der analogen Videonormen und der Kamera- oder Objektivtechnik, werden nur am Rande aufgegriffen. Darüber hinaus wird auf die umfangreichen Quellen verwiesen. Die wachsenden Ansprüche an das Wissen des Planers und Projektanten werden hier nicht als Belastung, sondern als Zukunftsinvestition und Chance in einem sich gerade entwickelnden, dynamischen und stark expandierenden Markt verstanden. Chancen sehen, verstehen und nutzen – hierzu legt „Digitale CCTV-Systeme" einen Grundstein.

Asbach-Schöneberg, im Mai 2004   *Matthias G. Döring*

Inhaltsverzeichnis

Vorwort		V
Abkürzungen		XIII
1	**Einführung**	1
1.1	*Integrierte professionelle Überwachungs- und Sicherheitssysteme*	2
1.2	*Techniken und historische Entwicklung der Videoüberwachung*	3
1.3	*Markttendenzen*	9
1.4	*Der Anwendungskontext einer CCTV-Anlage*	12
1.5	*Aufgaben eines digitalen CCTV-Systems*	13
1.6	*CCTV als Technologie-Integrator*	14
1.7	*CCTV – Rechtliche Rahmenbedingungen*	17
2	**Analoge versus digitale CCTV-Systeme**	21
2.1	*Analoge CCTV-Systeme*	21
2.2	*Hybride CCTV-Systeme*	24
2.3	*Volldigitale CCTV-Systeme*	26
2.4	*Gegenüberstellung analoger und digitaler CCTV-Komponenten*	29
3	**Kameratechnik**	33
3.1	*Analoge CCTV-Kameras*	34
	3.1.1 Arbeitsweise und Bildsensoren	34
	3.1.1.1 Blockschaltbild	34
	3.1.1.2 Synchronisation mehrerer Kameras	35
	3.1.1.3 CCD-Sensoren	36
	3.1.1.4 CMOS-Sensoren	38
	3.1.1.5 Farbaufnahme	39
	3.1.1.6 Belichtungssteuerung	40
	3.1.2 Auswahlkriterien für CCTV-Kameras	41
	3.1.2.1 Bildauflösung	41
	3.1.2.2 Lichtempfindlichkeit	44
	3.1.2.3 S/W- oder Farbkamera	45
	3.1.2.4 Störungen der Bildqualität – Artefakte	45
	3.1.2.5 Sonderfunktionen	47
3.2	*Digitale CCTV-Kameras*	48
	3.2.1 Definitionsversuch	48
	3.2.2 Blockschaltbild	50
	3.2.3 Bildgrößen und -raten	51
	3.2.4 Einbettung in CCTV- und Sicherheitsmanagementsysteme	54
3.3	*Schwenk/Neigesysteme – Domekameras*	56
3.4	*Fazit*	60

4	**Digitales Video**		61
4.1	*Analoge Videoquellen*		61
	4.1.1	Bildabtastung	62
	4.1.2	Das Zeilensprungverfahren	65
	4.1.3	Der Lattenzauneffekt	69
	4.1.4	Das analoge Farbvideosignal	71
	4.1.5	Analoge Videonormen	73
	4.1.5.1	Übersicht zu wichtigen Kenngrößen	73
	4.1.5.2	Videobandbreite und -auflösung	76
4.2	*Digitales Video*		77
	4.2.1	Vorteile digitaler Signale	77
	4.2.2	Videodigitalisierung	78
	4.2.3	Digitale Videonormen in CCTV-Systemen	79
	4.2.4	Videode- und -encoder	84
	4.2.5	Speicherung und Übertragung – Zahlenspiele	85
5	**Videokompression**		88
5.1	*Kompression in der digitalen CCTV-Technik*		88
	5.1.1	Kompressionsziele	88
	5.1.2	Kompressionswege und Kompressionsfaktor	90
	5.1.3	Verlustfreie und verlustbehaftete Kompression	91
	5.1.4	Einzel- und Bewegtbildkompression	92
5.2	*Multimediakompressionsmethoden in CCTV-Systemen*		94
	5.2.1	Joint Pictures Experts Group – JPEG-Videokompression	95
	5.2.1.1	JPEG-Anwendung zur Kompression von Video	95
	5.2.1.2	Übersicht zu den Stufen des JPEG-Baseline-Verfahrens	98
	5.2.1.3	Raster-zu-Block-Konvertierung	99
	5.2.1.4	Die FDCT und ihre Umkehrung	100
	5.2.1.5	Quantisierung	102
	5.2.1.6	Entropie-Encodierung	103
	5.2.1.7	Der JPEG-Datenstrom	106
	5.2.1.8	JPEG-Hardware-Codecs	107
	5.2.2	Motion-JPEG	108
	5.2.3	Wavelet-Kompressionsverfahren	113
	5.2.4	JPEG2000	118
	5.2.5	MPEG-1	119
	5.2.5.1	Constrained Parameters Bitstream – MPEG-1-Verfahrensparameter	120
	5.2.5.2	Aufbau von MPEG-Bildfolgen	123
	5.2.5.3	Bewegungskompensierte DPCM	125
	5.2.5.4	CCTV-Probleme mit den Latenzzeiten von MPEG	127
	5.2.5.5	MPEG-1-Einsatz in CCTV-Systemen	129
	5.2.6	MPEG-2	129
	5.2.6.1	Profile und Level	129
	5.2.6.2	MPEG-2 im CCTV-Einsatz	131
	5.2.7	MPEG-4	133
	5.2.8	H.261	137
	5.2.9	H.263	138
	5.2.10	H.264	139

5.3		Kompressions-Hardware digitaler CCTV-Systeme............................	140
	5.3.1	Multiplexkompression	140
	5.3.2	Multikanal-Kompression	141
	5.3.3	Duplizierte Multikanal-Kompression	142
5.4		Spezielle CCTV-Methoden zur Datenreduktion	143
	5.4.1	Bildratensteuerung	144
	5.4.2	Qualitäts- und Auflösungssteuerung.................................	145
	5.4.3	Zeitplansteuerung	145
	5.4.4	Aktivitätssensorik zur Steuerung der Bilderfassung.................	145
	5.4.4.1	Aktivitätsquellen...	145
	5.4.4.2	Video-Aktivitätsdetektion..	146
5.5		Schlussfolgerungen	151
6		**CCTV in digitalen Netzen**...	153
6.1		Ein CCTV-Netzwerkszenario...	153
6.2		Paketnetze, Kanalmultiplex und virtuelle Verbindungen	156
6.3		Kommunikation nach dem OSI-Schichtenmodell	160
	6.3.1	Aufgaben von Kommunikationsprotokollen	160
	6.3.2	Schichten des OSI-Modells	161
	6.3.3	Praktische Konsequenz der Schichtenkommunikation...............	164
6.4		Kategorien physikalischer Netze	165
6.5		CCTV in lokalen Netzen – LAN...	166
	6.5.1	Token Ring	166
	6.5.2	Ethernet..	167
	6.5.2.1	Bandbreiten und Verkabelungsstandards	167
	6.5.2.2	Praxiskennzahlen für die Videoübertragung im Ethernet............	169
	6.5.3	LAN-Netzwerkgeräte und Video-Lastverteilung.....................	171
	6.5.3.1	Repeater und Hub...	172
	6.5.3.2	Bridge und Switch	173
	6.5.3.3	Router	175
	6.5.3.4	Gateways...	175
6.6		CCTV in Weitbereichsnetzen – WAN....................................	176
	6.6.1	Kommunikation über LAN-Grenzen	176
	6.6.2	WAN-Übertragungsraten und -Videokonferenz-Standards	177
	6.6.3	ISDN...	178
6.7		CCTV in Funknetzen	180
	6.7.1	Öffentliche Funknetze	181
	6.7.1.1	GSM	181
	6.7.1.2	GPRS	182
	6.7.1.3	UMTS..	182
	6.7.2	Private Funknetze	182
	6.7.2.1	Wireless LAN...	182
	6.7.2.2	Bluetooth...	183
6.8		Zusammenfassung	184
7		**IP im CCTV Einsatz**...	186
7.1		Die Internet-Protokollfamilie	187
	7.1.1	Historie	187

	7.1.2	IP-Protokolle und OSI	188
7.2		*IP-Adressierung*	191
	7.2.1	Adressvergabe	191
	7.2.2	Netzwerk- und Geräteadresssen	192
	7.2.3	PING als Servicewerkzeug	193
	7.2.4	Broadcast-Adressen	195
	7.2.5	Loopback-Adressen	195
	7.2.6	„Virtuelle" CCTV-Geräte in IP-Netzen	196
7.3		*TCP- und UDP-Ports*	198
	7.3.1	Multitasking – mehrere Programme auf einem Gerät	198
	7.3.2	Dienste – Service und Daemon	198
	7.3.3	Multitasking in einer IP-Kamera	199
	7.3.4	Einige wichtige Ports und deren Anwendung für CCTV-Zwecke	200
7.4		*IP-basierte Client-Server-Modelle*	202
	7.4.1	Definition	202
	7.4.2	CS-Anwendungen in der Betriebswirtschaft und im Internet	203
	7.4.3	CS-Architekturen für technische Anwendungen wie CCTV	205
7.5		*Videoübertragung über IP-Netze*	206
	7.5.1	Echtzeitübertragung	206
	7.5.2	Dateibasierte kontra Streaming-Übertragung	207
	7.5.3	Pull- und Push-Übertragung	210
	7.5.4	IP-Unicast-Videokommunikation	211
	7.5.5	IP-Multicast und CCTV-Live-Übertragungen	213
	7.5.6	Internet-Protokolle zur Echtzeit-Mediendatenübertragung	217
	7.5.6.1	Übersicht	217
	7.5.6.2	Real Time Transport Protocol – RTP	217
	7.5.6.3	Real Time Control Protocol – RTCP	221
	7.5.6.4	Resource Reservation Protocol – RSVP	222
	7.5.6.5	Real Time Streaming Protocol – RTSP	223
	7.5.7	Frameworks für die IP-Multimediakommunikation	225
	7.5.7.1	H.323	225
	7.5.7.2	Kommerzielle Frameworks der Multimediakommunikation	227
7.6		*Schlussfolgerungen*	229
8		**Bildspeicher**	231
8.1		*Digitale Videorekorder – DVR*	231
8.2		*Massenspeicher für die Videoarchivierung*	234
	8.2.1	Kategorien CCTV-tauglicher Massenspeicher	234
	8.2.2	Zusammenwirken von Primär- und Sekundärspeichern	236
	8.2.3	Schnittstellen für Speichergeräte	238
	8.2.3.1	Integrated Drive Electronics – IDE	238
	8.2.3.2	Die serielle IDE-Schnittstelle Serial-ATA	239
	8.2.3.3	Small Computer Systems Interface – SCSI	239
	8.2.3.4	FireWire – IEEE 1394	240
	8.2.3.5	Universal Serial Bus – USB 2.0	241
	8.2.4	Medientypen	241
	8.2.4.1	Festplatten	241
	8.2.4.2	Flash-Speicher	242
	8.2.4.3	Compact Disk – CD	242

	8.2.4.4 Digital Versatile Disk – DVD	243
	8.2.4.5 Magnetbandspeicher	244
8.3	*Zuverlässigkeitsprobleme der Direktaufzeichnung*	245
	8.3.1 Ausfall von Festplatten	245
	8.3.2 Redundant Array of Independent Disks – RAID	248
	8.3.2.1 Ziele von RAID	248
	8.3.2.2 RAID Level 0	249
	8.3.2.3 RAID Level 1	249
	8.3.2.4 RAID Level 2	250
	8.3.2.5 RAID Level 3, 4, 5 und höhere Level	250
8.4	*Projektierung des Videoprimärspeichers*	252
	8.4.1 Einflussgrößen auf die Speicherkapazität	252
	8.4.2 Fallbeispiele	255
	8.4.2.1 Beispiel 1 – Konstante Bildrate und -größe	255
	8.4.2.2 Beispiel 2 – Verschiedene Aufzeichnungszeiten und Bildraten	255
	8.4.2.3 Beispiel 3 – Ereignisgesteuerte Aufzeichnung	256
	8.4.2.4 Beispiel 4 – Konstante Bitrate	256
	8.4.2.5 Beispiel 5 – Leistungsverzeichnis einer CCTV-Aufzeichnung	257
8.5	*Schlussfolgerungen*	259
9	**Videodatenbanktechnik**	261
9.1	*Anforderungen an CCTV-Videodatenbanken*	261
9.2	*Videodatenbank-Server*	263
9.3	*Ringspeicher*	265
9.4	*Relationale Ebene*	267
	9.4.1 Recherchedaten	268
	9.4.2 Verwaltung von CCTV-Daten in Tabellen	268
	9.4.2.1 Eine Tabelle zur Verwaltung von Videobildern	268
	9.4.2.2 Trennung von Bild- und Rechercheinformation	270
	9.4.2.3 Kausale Bildreihenfolge – Primärschlüssel	271
	9.4.2.4 Zugriffsbeschleunigung durch Indexierung	273
	9.4.2.5 Verknüpfung von Bild- und Recherchedaten	276
9.5	*Bildrecherche – Structured Query Language (SQL)*	280
	9.5.1 Die SQL-SELECT-Anweisung	281
	9.5.1.1 Bestandteile der SELECT-Anweisung	281
	9.5.1.2 JOIN-Operation	282
	9.5.2 SQL-Fallbeispiele	284
	9.5.2.1 Beispiel 1 – Definition eines Videokanals	284
	9.5.2.2 Beispiel 2 – Zeitrecherche	284
	9.5.2.3 Beispiel 3 – ZKS Recherche	285
	9.5.2.4 Beispiel 4 – ZKS Recherche 2	285
	9.5.3 Datenzugriff	286
	9.5.3.1 Ergebnismenge	286
	9.5.3.2 Cursor einer Ergebnismenge und Video-Streaming	287
	9.5.4 CCTV-Video-Browser	289
9.6	*Zusammenfassung*	291

10 Digitales CCTV in der Praxis 293

10.1 CCTV-Einsatzumgebungen 293
    10.1.1 Einsatzumgebung Tankstelle 293
    10.1.2 Einsatzumgebung Logistikzentrum 295
    10.1.3 Einsatzumgebung Flughafen 297
    10.1.4 Übersicht zu weiteren CCTV-Einsatzumgebungen 299
    10.1.5 Anforderungen an CCTV-Projekte 302

10.2 Ein CCTV-CS-Modell 303
    10.2.1 Kommunikations-Architektur 303
    10.2.2 CCTV-Kernmodule 304
    10.2.2.1 Aufgaben des Video-Servers 305
    10.2.2.2 Bild-Akquisition 308
    10.2.2.3 Präsentation 308
    10.2.2.4 Administration 310
    10.2.2.5 Peripherie-Integration 311

10.3 CCTV-Projektierung 312
    10.3.1 Der Anforderungskatalog – das Werkzeug des Planers 312
    10.3.2 Blockschaltbild eines Lösungskonzeptes 316

11 Ein Blick in die Zukunft 320

Literaturverzeichnis 323
Sachwortverzeichnis 327

Abkürzungen

ADC	Analog-Digital-Converter
ADPCM	Adaptive Differential Pulse Code Modulation
AES	Automatic Electronic Shutter
AGC	Automatic Gain Control
ANSI	American National Standards Institute
AP	Access Point
API	Application Programming Interface
ARP	Adress Resolution Protocol
ASF	Advanced Streaming Format
ATA	Advanced Technology Attachment
ATM	Asynchronous Transfer Mode
AVC	Advanced Video Coding
BDSG	Bundesdatenschutzgesetz
BIFS	Binary Format for Scenes
BLC	Back Light Compensation
BSD	Berkeley Software Distribution
CCD	Charge Coupled Device
CCIR	Comité Consultatif International des Radiocommunications
CCTV	Close Circuit Television
CD	Compact Disk
CD-RW	Compact Disk – Read Write
CD-WORM	Compact Disk – Write Once Read Multiple
CIF	Common Intermediate Format
CMOS	Complementary Metal-Oxide Semiconductor
CPA	Camera Position Authentication
CPB	Constrained Parameters Bitstream
CS	Client/Server
CSAD	Computer Aided Security Design
CSMA/CD	Carrier Sense Multiple Access with Collission Detection
DAC	Digital-Analog-Converter
DDL	Data Definition Language
DES	Data Encryption Standard
DFÜ	Datenfernübertragung
DHT	Define Huffman Table
DMA	Direct Memory Access
DML	Data Manipulation Language
DoD	Department of Defence
DPCM	Differential Pulse Code Modulation
DQT	Define Quantization Table
DSP	Digital Signal Processor
DVB	Digital Video Broadcast
DVD	Digital Versatile Disk
DVR	Digital Video Recorder
DWT	Discrete Wavelet Transformation
ECC	Error Correction Code
EI	Electronic Iris
EIA	Electronic Industries Association

Abkürzungen

EIDE	Enhanced Intelligent Drive Electronics
EMA	Einbruchmeldeanlage
EMV	Elektromagnetische Verträglichkeit
EOB	End of Block
EOI	End of Image
FBAS	Farb-Bild-Austast-Synchronsignalgemisch
FDCT	Forward Discrete Cosinus Transformation
FFT	Fast Fourier Tranformation
FIT	Frame Interline Transfer
FS	Fremdschlüssel
FT	Frame Transfer
FTP	File Transfer Protocol
GAA	Geldausgabeautomat
GLT	Gebäudeleittechnik
GMT	Greenwich Mean Time
GOP	Group of Pictures
GPIO	General Purpose Input Output
GPRS	General Packet Radio Service
GSM	Global System of Mobile Communication
HDTV	High Definition Television
HFS	Hierarchical File System
HTML	Hypertext Markup Language
HTTP	Hypertext Transfer Protocol
IAB	Internet Architecture Board
ICMP	Internet Control Message Protocol
IDCT	Inverse Discrete Cosinus Tranformation
IDE	Intelligent Drive Electronics
IEC	International Electrotechnical Commission
IEEE	Institute of Electrical and Electronic Engineers
IESG	Internet Engineering Steering Group
IETF	Internet Engineering Task Force
IGMP	Internet Group Management Protocol
ILS	Internet Locator Service
IP	Internet Protocol
IPC	Inter Process Communication
IPMI	Internet Protocol Multicasting Initiative
IRTF	Internet Research Task Force
ISDN	Integrated Services Digital Network
ISO	International Standardization Organization
IT	Interline Transfer oder Informationstechnik
ITU	International Telecommunications Union
JPEG	Joint Pictures Experts Group
LAN	Local Area Network
LCD	Liquid-Crystal Display
LPR	License Plate Recognition
LWL	Lichtwellenleiter
MAC	Media Access Control
MAU	Media Attachment Unit
MCU	Multipoint Control Unit
MESZ	Miteleuropäische Sommerzeit
MEZ	Mitteleuropäische Zeit
MIC	Memory in Cassette

M-JPEG	Motion-JPEG
MMS	Mensch-Maschine-Schnittstelle oder Multimedia Message System
MOD	Magneto Optical Device
MP@HL	Main Profile at High Level
MP@LL	Main Profile at Low Level
MP@ML	Main Profile at Main Level
MPEG	Motion Pictures Experts Group
MSN	Multiple Subscriber Number
MTBF	Mean Time Between Failure
MTU	Maximum Transmission Unit
NAL	Network Abstraction Layer
NAS	Network Attached Storage
NIC	Network Interface Controler oder Network Information Center
NMC	Networked Multimedia Connection
NTFS	New Technology File System
NTPA	Net Termination Primary Adapter
NTPM	Net Termination Primary Multiplex
NTSC	National Television Standards Committee
NVC	Network Video Codec
OPC	Object Linking and Embedding for Process Control
ÖPNV	Öffentlicher Personennahverkehr
OSI	Open Systems Interconnection
PAL	Phase Alternation Line
PCI	Peripheral Component Interface
PCM	Pulse Code Modulation
PCMCIA	Personal Computer Memory Card International Association
PDA	Personal Digital Assistent
PET	Privacy Enhancing Technology
PIXEL	Picture Element
PLC	Programmable Logic Controller
POT	Plain Old Telephone Line
PS	Primärschlüssel
PT	Payload Type
QCIF	Quarter Common Intermediate Format
QoS	Quality of Service
RAID	Redundant Array of Independent Disks
RAM	Random Access Memory
RDBMS	Relational Database Management System
RFC	Request for Comments
RGB	Red Green Blue
RLE	Run Length Encoding
ROI	Region of Interest
ROM	Read Only Memory
RSVP	Resource Reservation Protocol
RTCP	Real Time Control Protocol
RTP	Real Time Transport Protocol
RTSP	Real Time Streaming Protocol
SECAM	Système Électronique Couleur avec Mémoire
SLIP	Serial Line Internet Protocol
SMS	Sicherheitsmanagement-Software oder Short Message Service
SMTP	Simple Mail Transfer Protocol
SNMP	Simple Network Management Protocol

Abkürzungen

SOF	Start of Frame
SOI	Start of Image
SOS	Start of Scan
SP@ML	Simple Profile at Main Level
SPS	Speicherprogrammierbare Steuerung
SQCIF	Sub Quarter Common Intermediate Format
SQL	Structured Query Language
TA	Terminal Adapter
TBC	Time Base Correction
TCP	Transport Control Protocol
TDMA	Time Division Multiple Access
UDP	User Datagram Protocol
UML	Unified Modeling Language
UMTS	Universal Mobile Telcommunications System
URL	Unified Resource Locator
USB	Universal Serial Bus
UTC	Universal Time Coordinated
UVV	Unfallverhütungsvorschrift
VADC	Video Analog-Digital-Converter
VBG	Verwaltungs-Berufsgenossenschaft
VCD	Video Compact Disk
VCEG	Video Coding Experts Group
VCL	Video Coding Layer
VDAC	Video Digital-Analog-Converter
VDBS	Video Database Server
VGA	Video Graphics Array
VLE	Variable Length Encoding
VMD	Video Motion Detector
VRML	Virtual Reality Modeling Language
WAN	Wide Area Network
WAP	Wireless Application Protocol
WCDMA	Wideband Code Division Multiple Access
WLAN	Wireless Local Area Network
WMA	Windows Media Audio
WMV	Windows Media Video
WWW	World Wide Web
ZKS	Zutrittskontrollsystem

1 Einführung

Die Technik der Videoüberwachung hat in den letzten Jahren einen dramatischen Generationswechsel erlebt, der mit dieser Geschwindigkeit kaum vorhersagbar war. Getrieben vom Fortschritt in der Netzwerk- und Software-Technologie oder den Bildkompressionsverfahren und der Bildverarbeitung vollzog und vollzieht sich eine Ablösung klassischer Komponenten und Lösungen, die weitgehend analoge Basistechnik verwendet haben, hin zu digitalen Systemen. Die analoge Kamera als dem Hauptelement klassischer Systeme wird zum „einfachen" Sensorelement degradiert. Hardware-Komponenten wie z. B. Video-Kreuzschienen, Texteinblendmodule, analoge Videorekorder, Synchron- und Bildausfalldetektion oder Videobewegungsdetektion werden im Netzwerk virtualisiert oder zu Software-Modulen. Fortgeschrittene Client-Server-Systeme stellen sowohl die auf einem Rechner laufende All-in-One Lösung als auch eine beliebig im Netzwerk verteil- und erweiterbare Infrastruktur bereit. Graphische Informationssysteme wie Lageplan- und Einsatzleitoberflächen bilden dafür die adäquate Mensch-Maschine-Schnittstelle und ersetzen die üblichen Bediengeräte von Wachzentralen. Die Videoinformation kann direkt in diese Nutzerschnittstellen eingebettet werden und erfordert keine speziellen Monitore mehr. Selbst der Bedienplatz des Zentralenpersonals wird transportabel. Über Funknetze wie WLAN (Wireless Local Area Network) oder Bluetooth wird ein leistungsfähiger PDA (Personal Digital Assistant) oder Tablet-PC zum mobilen Einsatzleitzentrum mit Zugang zu allen Informationen und der Möglichkeit, ganze Gebäudekomplexe zu steuern. In die grafischen Nutzerschnittstellen eingebettetes Video gibt die direkte visuelle Rückkopplung über den Erfolg eingeleiteter Aktivitäten.

Parallel zur Ablösung analoger Komponenten vollzog und vollzieht sich ein Umbruch in Richtung standardisierter Kommunikations- und Integrationsschnittstellen, weg von der stark proprietären, heterogenen Kommunikationsinfrastruktur klassischer Systeme. Hatte früher jede Komponente ihre jeweils eigene physikalische und logische Schnittstelle, so bilden heute Ethernet als praktisch überall verfügbares physikalisches Netzwerk und das Internet-Protokoll IP als logisches Kommunikationsprotokoll das Rückgrat moderner Systeme. Darauf aufsetzende Standards wie OPC (Object Linking and Embedding for Process Control) ermöglichen den einfachen Zusammenbau komplexer Systeme aus Produkten unterschiedlicher Hersteller. Ergebnis sind klare, transparente und erweiterbare Systemarchitekturen.

Die Geschwindigkeit des vollzogenen Umbruchs in einem so konservativen Umfeld wie der Sicherheitstechnik erklärt sich zum einen durch den mittlerweile erreichten Reifegrad digitaler Basistechnologien, die zurückgehenden Systemkosten und hauptsächlich durch den enormen Zuwachs an Funktionalität, wie er erst durch den digitalen Ansatz kostengünstig zu erschließen war. Beispiele sind die Möglichkeiten digitaler, netzwerkbasierter Videorekorder als einer Schlüsselkomponente im Bereich der digitalen CCTV. Zur Aufzeichnung parallele Wiedergabe durch mehrere Bedienplätze im Netzwerk, schnelles Suchen und fortgeschrittene Recherchemöglichkeiten sind Beispiele für diese neuen Möglichkeiten, durch die z. B. analoge Videorekorder schnell vom Markt der Sicherheitstechnik verdrängt wurden. Bezüglich der Dynamik der Kostenentwicklung gelten ähnliche Gesetzmäßigkeiten wie beim Mooreschen Gesetz[1] der

---

[1] Das Mooresche Gesetz wurde 1965 vom Mitbegründer der Firma Intel, Dr. Gordon E. Moore, formuliert. Danach verdoppelt sich die Packungsdichte der Transistoren auf einem Mikroprozessor alle 18 Monate. Für die Entwicklung der Speicherkapazitäten von Computern prognostiziert das Gesetz eine Vervierfachung alle drei Jahre und eine Verzehnfachung der Geschwindigkeit etwa alle 3,5 Jahre. Das Gesetz impliziert exponentielles Wachstum für alle Bereiche der Informationstechnik und hat seit fast vierzig Jahren Bestand – auch wenn sich heute vor allem bei der Weiterentwicklung siliziumbasierter Bauteile physikalische Grenzen abzuzeichnen beginnen.

1 Einführung

Halbleiterbranche. Man betrachte nur das rasante Wachstum der Kapazitäten von Festplatten in Bild 1.8 als einem der Grundbauelemente digitaler Videorekorder.

Durch die Möglichkeiten digitaler Systeme werden vollkommen neue Anwendungsgebiete erschlossen, die weit über die klassischen Zielstellungen des Überwachungs- und Sicherheitsbereiches hinausgehen. Beispiele sind:

- die Qualitätssicherung und Ablaufoptimierung industrieller Fertigungsprozesse. Hier überlappen sich Bereiche der industriellen Bildverarbeitung mit den Möglichkeiten der Sicherheitstechnik.
- Zählvorgänge für statistische Zwecke bei der Verkehrs- und Produktionsüberwachung,
- die Paketverfolgung in Logistikzentren mittels Integration von Scanner- und Transpondersystemen in das CCTV-System,
- Mehrkanal-WEB Kamera-Server mit integriertem Videospeicher z. B. für Werbezwecke,
- die Fernwartung, Diagnose und Qualitätskontrolle von Industrieprozessen,
- die videobasierte Zutrittskontrolle mit eingebetteter Gesichtserkennungstechnologie und
- die Parkhaus- oder Tankstellenüberwachung mit integrierter Nummernschild-Erkennung.

In weiterer Zukunft überschneiden sich dabei die Anwendungsgebiete digitaler Videoüberwachungssysteme mit denen der Multimediabranche immer mehr. Warum sollte ein Medien-Server aus der Überwachungstechnik z. B. nicht für Präsentationszwecke im Bereich Teleteaching oder für den Einsatz als Video/Audio On Demand Server geeignet sein? Dieses als Konvergenz der Dienste bezeichnete Phänomen prägt die gesamte heutige IT-Welt.

1.1 Integrierte professionelle Überwachungs- und Sicherheitssysteme

Videoüberwachungssysteme gehören zu den elektronischen Überwachungs- und Sicherheitstechniken. Waren CCTV-Systeme früher eine Technik unter vielen, so entwickeln sie sich gegenwärtig zu einer Leittechnologie, welche die Möglichkeiten alternativer Techniken assimiliert und zur Steigerung der eigenen Performance nutzt. Ein Bild sagt mehr als tausend Worte. Der Mensch nimmt visuelle Informationen erheblich schneller auf als alle anderen Informationsarten. Da CCTV-Systeme oft schon über eine umfangreiche eigene Sensorik wie z. B. Digitaleingänge oder serielle Schnittstellen mit verschiedenen Kommunikationsprotokollen verfügen, ist es meist nur noch ein kleiner Schritt, die Peripherie der anderen Sicherheitstechniken zu integrieren und unter die Regie der ohnehin in CCTV-Systemen verfügbaren Sicherheitsmanagement-Software und Bedienoberflächen zu bringen. In [DOER02] wird dazu eine Übersicht gegeben. Die Sensorik der alternativen Sicherheitstechniken wird dabei zur Ereignisquelle, die nunmehr auch die Aufzeichnung von Video oder dessen automatische Präsentation steuern kann. Im Verbund von Videobildern und der Sensorinformation, also z. B. Zahlen- bzw. Textdarstellungen anderer Teilsysteme eines Sicherheitssystems kann das Optimum gesehen werden, das ein Bediener zur Entscheidungsfindung braucht.

Bild 1.1 gibt eine Übersicht über die technischen Kernsysteme, die in der Überwachungs- und Sicherheitstechnik zum Einsatz kommen. Alle Systeme sind in eine Sicherheitsmanagement-Software (SMS) eingebettet. Diese organisiert den Informationsfluss zwischen den verschiedenen Teilsystemen. Die SMS nimmt Informationen der Mensch-Maschine-Schnittstelle (MMS) entgegen und leitet sie an die zuständigen Untersysteme weiter. Informationen aus den Teilsystemen werden vom SMS intelligent gefiltert an die MMS zur Präsentation für das Überwachungspersonal weitergereicht. Das Subsystem CCTV hat insofern eine Sonderstellung inne, da es die beiden Systemkomponenten SMS als der Integrationsumgebung und MMS oft schon als Nebenprodukt mit bereitstellt.

	Mensch-Maschine-Schnittstelle (MMS)
	Sicherheitsmanagementsoftware (SMS)
Digitales CCTV-System	Zutrittskontrollsystem ZKS
	Brandmeldeanlage BMA
	Einbruchmeldeanlage EMA
	Störmeldeanlage SMA
	Überfallmeldeanlage ÜMA
	Gebäudeleittechnik GLT
	Kommunikationstechnik

Bild 1.1: *Teilsysteme von Sicherheitsanlagen*

Ein derartiges System verfügt über ein umfangreiches Paket an Sensoren und Aktoren zur Aufnahme von Umgebungsinformationen bzw. zur Realisierung von Steueraufgaben in der überwachten Anlage. Das Zutrittskontrollsystem (ZKS) kann z. B. über Chipkartenleser oder auch biometrische Sensoren verfügen. Die Einbruchmeldeanlage (EMA) überwacht den Zustand von Glasbruchsensoren oder Türkontakten. Aus den in der Gebäudeleittechnik (GLT) eingesetzten Feldbussen und den dort angeschlossenen Sensoren werden weitere Informationen gewonnen, die dem Gesamtsystem zur Realisierung seines Sicherheits- und Überwachungszieles dienen.

Die SMS als der Integrator bündelt diese Sensorinformationen und definiert die Automatismen, die ablaufen, sollten sich irgendwelche System-Ist-Zustände einstellen, die eine Abweichung vom gewünschten Sollwert darstellen. So können z. B. bei unbefugtem Betreten von Gebäuden automatisch Videoaufzeichnungen der in der Umgebung installierten Kameras gestartet werden. Das System kann akustische Warnungen ausgeben – „Achtung! Sie betreten unbefugt einen überwachten Bereich. Autorisieren Sie sich umgehend, ansonsten werden nach sechzig Sekunden folgende Maßnahmen eingeleitet." Die denkbaren automatischen Systemreaktionen sind mannigfaltig. Durch das Zusammenwirken der Einzelsysteme unter der einheitlichen Regie der SMS des Videosystems kommt man zu einer neuen Qualität der Realisierung des Einsatzzieles der Anlagen. Die Sicherheits- oder Überwachungsanlage wird zum omnipräsenten System, dessen Sensoren und Aktoren alle Bereiche einer Einrichtung durchdringen.

1.2 Techniken und historische Entwicklung der Videoüberwachung

Das Sicherheitspersonal in Videoüberwachungszentralen der Vergangenheit hatte als Hauptgegenstand seiner Arbeit die permanente Beobachtung einer mehr oder weniger großen Anzahl von Videomonitoren und das Führen von Journalen über im Dienst aufgetretene Ereig-

1 Einführung

nisse. Weit über 99 % seiner Arbeitszeit verbrachte das Sicherheitspersonal dabei – natürlich glücklicherweise – mit der Beobachtung unkritischer Szenen. Durch zunehmende Ermüdung bei der Beobachtung immer gleicher Szenen wird auch der Blick des aufmerksamsten Beobachters für wirklich relevante Vorgänge getrübt, so dass der eigentlich wichtige Anteil der Arbeitszeit, der sich im Promille-Bereich bewegt, an Qualität leidet. Was hilft die beste Anlage, was helfen die besten Kameras, wenn im Moment eines Ereignisses die Aufmerksamkeit des Wachpersonals nicht gegeben ist?

Zunehmender Intelligenz der Steuerungs-Software von CCTV-Anlagen und neuartiger Sensorik ist eine Entlastung des Personals von diesen Routineaufgaben zu verdanken. Das System selbst übernimmt diese Aufgaben und die Funktion eines nie ermüdenden, unbestechlichen und objektiven Wächters. Durch eine entsprechend intelligente Sensorik können sicherheitsrelevante Vorgänge frühzeitig erkannt und dem Bedienpersonal gemeldet werden. Die Ereignis- und die Bildinformation wird kompakt und vollautomatisch präsentiert. Das gibt dem Bediener die Möglichkeit, seine Aufmerksamkeit auf wirklich relevante Vorgänge zu konzentrieren und auf Basis einer optimal aufbereiteten Datenlage Entscheidungen zu treffen. Die gewonnene Zeit kann das Personal zum Training an der Technik und zur Optimierung von Einsatzrollen nutzen bzw. auch zur weiteren Analyse und Optimierung von Lücken im System und seinen Automatismen.

Der Einsatz großer Kreuzschienen mit vielen Kameraeingängen, aber vergleichsweise wenigen Ausgängen und die intelligente automatische Präsentation von Kameraansichten auf den wenigen Monitoren einer Wachzentrale ermöglichte es mit kleinem Personalbestand, selbst größte Systeme mit hunderten von Videokameras und anderen Sensoren qualitativ hochwertig zu kontrollieren.

Intelligente Videobewegungsmelder brachten einen weiteren Gewinn in Richtung Detektionsschärfe und Qualität sicherheitsrelevanter Vorgänge. Sie sind in der Lage, zwischen sicherheitsrelevanten und unwichtigen Vorgängen zu unterscheiden. Alarme werden dann ausgelöst, wenn sich eine Person – eventuell in einer vorgebbaren Richtung – durch die Szene bewegt, aber eben nicht durch die Bewegung eines im Winde schwankenden Baumes oder eine Helligkeitsänderung durch Wolkenbewegungen.

Was aber, wenn das Wachpersonal den eigentlichen Augenblick eines von der Sensorik detektierten Sicherheitsproblems verpasst hatte? Wie soll entschieden werden, ob ein Alarm mit den auszulösenden Rollen aufgetreten ist, oder ob es sich um eine Fehlauslösung handelte? Abhilfe schaffte hier die Integration von digitalen Bildspeichern in die Systeme der CCTV-Technik. Nun bekam der Beobachter nicht mehr nur die Live-Szene eines Vorgangs in Form eines Kamera-Aufschaltszenarios und einiger akustischer oder visueller Meldungen präsentiert. Nein, mittels digitaler Einzelbildspeicher konnten sogar die alarmauslösenden Bilder einer Anzahl von Videokanälen „eingefroren" und zusammen mit den Live-Bildern präsentiert werden. Mit dieser wichtigen Information ausgestattet, hatte das Wachpersonal nun auch noch die Möglichkeit einer Analyse, ob der Vorgang wirklich durch ein sicherheitsrelevantes Ereignis ausgelöst wurde oder ob eine Fehldetektion – z. B. durch Tiere – die Ursache einer Alarmmeldung war. Die oft umfangreichen und kostenträchtigen Handlungsabläufe in Alarmsituationen konnten so weiter reduziert werden.

Modernere Systeme bieten neben der Möglichkeit der Anzeige einzelner „eingefrorener" Alarmbilder auch die Möglichkeit, einen Vorgang auf Basis einer so genannten Vorgeschichte-Aufzeichnung bis hin zu praktisch beliebiger zeitlicher Tiefe zurückverfolgen zu können. Jeder kann sich den Zugewinn an Aussagekraft eines Alarmes vorstellen, der sich dadurch ergibt, dass die letzten Sekunden oder Minuten vor dem Alarm als Bilder zugänglich sind. So kann die Eskalation eines Vorganges, der schließlich zu einer automatischen Alarmmeldung des Systems führte, verfolgt werden. Dies führt zu zielgerichteteren Maßnahmen und einer besseren Qualität der Einsatzleitung. Mittels der Möglichkeiten digitaler Videospeichertechnik konnten immer raffiniertere automatische Präsentationsszenarien erarbeitet werden, die dem Bediener eine ideal für den jeweiligen Alarm aufbereitete Verbundinformation zuführen.

Digitale Speichersysteme entwickelten sich zunehmend auch zu autonomen Systemen, die ohne menschliche Eingriffe arbeiten. Es gibt eine große Zahl sicherheitstechnischer Szenarien, die nicht der menschlichen Entscheidungsfähigkeit bedürfen. Dazu zählen z. B. die Registrierung von Buchungsvorgängen an Geldautomaten oder die Verfolgung von Paketen durch die Hallen eines Logistikdienstleisters. Durch die wachsende Intelligenz der Sensorik und der Verarbeitungsalgorithmen kann der Bereich der Anwendung von Videoüberwachung als autonomem System ohne menschliche Eingriffe immer weiter gefasst werden.

Von Videoüberwachung als technischem System kann man erst seit der Einführung kostengünstiger CCD-basierter (Charge Coupled Device) Kameratechnik Mitte der 70er Jahre sprechen. Die Erfindung dieser Technologie liegt dabei erst dreißig Jahre zurück [BOYL70]. Vorher gab es nur wenige, sehr aufwändige Einzellösungen für hochkritische Bereiche auf der Basis von Röhrenkameras. Dies waren meist direkte Kamera-Monitorsysteme, wie in Bild 1.2, zur Beobachtung von Vorgängen, die dem Wachpersonal nicht direkt zugänglich sind, wie z. B. den Spaltzonen von Kernreaktoren.

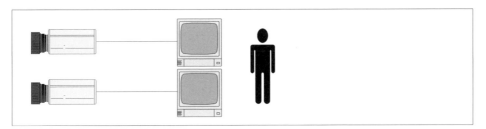

Bild 1.2: *Einfache Kamera-Monitor-CCTV-Anlage*

Erst die Verfügbarkeit CCD-basierter Videoquellen eröffnete den Raum für einen breiten Einsatz von CCTV-Technologien im Alltagsbereich. Mit dieser Kameratechnologie begann eine stürmische Entwicklung von Hard- und Software-Komponenten für den speziellen Einsatz im Videoüberwachungsumfeld. Kern dieser Entwicklung war die Forderung, eine große Anzahl von Videokameras mit möglichst wenig Wachpersonal und wenigen Monitoren kontrollieren zu können. Eins-zu-eins-Zuordnungen von Kameras zu Monitoren, wie in älteren einfachen Systemen entsprechend Bild 1.2, sind in großen Systemen nicht akzeptabel.

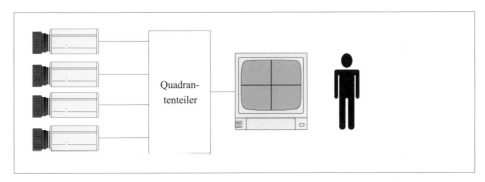

Bild 1.3: *Einfache CCTV-Anlage mit Quadrantenteiler*

1 Einführung

Um diesen Widerspruch zu lösen, kam es zur Entwicklung einer Reihe von Spezialkomponenten. Hier seien Quadrantenteiler, die das Bild von vier Kameras auf einem Monitor darstellen können, genannt. Bild 1.3 zeigt eine derartige kleine CCTV-Anlage.

Eine andere wichtige Baugruppe dieser Systemgeneration sind Videoumschalter (Bild 1.4). Diese Vorstufe von Videokreuzschienen eröffnet die Möglichkeit, eine große Anzahl Kameras wahlweise auf einen Monitor aufzuschalten oder einem analogen Videolangzeitrekorder zuzuführen. Diese Geräte boten schon die Möglichkeit von Zyklusaufschaltungen. Mehrere Kameras werden dabei zyklisch auf einen Monitor geschaltet. Im Alarmfall oder bei Eingriff des Nutzers bleibt der Zyklus bei einer gewünschten Kamera stehen. Mittels Alarmkontakten oder Bediengeräten konnten Kameras manuell oder auch automatisch auf den Monitor aufgeschaltet werden.

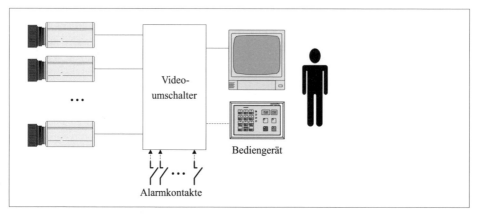

Bild 1.4: *Einfache CCTV-Anlage mit Videoumschalter und Bediengerät*

Kreuzschienen, wie in Bild 1.5, boten schließlich die größten Freiheitsgrade. Sie gestatten die automatische oder auch manuell ausgewählte Präsentation ganzer Alarm- und Videoszenarien auf den Monitorwänden von Wachzentralen.

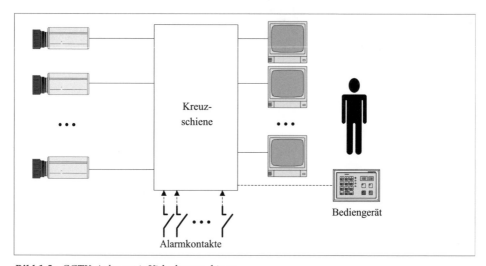

Bild 1.5: *CCTV-Anlage mit Videokreuzschiene*

Die bisher vorgestellten Grundschaltungen analoger CCTV-Systeme können mit weiteren Komponenten wie Videosensoren und Alarmbildspeichern kombiniert werden. Bild 1.6 zeigt ein Beispiel eines etwas komplexeren Systems.

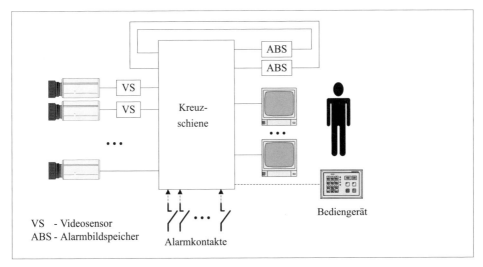

Bild 1.6: Blockschaltbild einer komplexeren CCTV-Anlage

Übersichten und detaillierte Beschreibungen zu den Komponenten dieser Generation bieten z. B. [BECK03], [GWOZ99] oder [WEGE00].

Die Ende der 80er Jahre eingetretene Ruhephase bei der Einführung neuer Konzepte wurde Mitte der 90er Jahre mit dem Aufkommen digitaler Systemkonzepte für Speicherung, Übertragung, Präsentation und Bildinhaltsanalyse beendet. Anfängliche Versuche mit ATM (Asynchronous Transfer Mode) im CCTV-Bereich als allgemeinem Netzwerk zur Übertragung multimedialer Daten setzten sich nicht durch. Dies ist auf die teure Netzwerktechnologie, ihren geringen Verbreitungsgrad, ihre Komplexität und teilweise proprietäre Verwässerungen der Standards zurückzuführen. Allenfalls im Highend-Bereich sind heute ATM-basierte Insellösungen für digitale CCTV-Systeme zu finden. Schlüssel für die Verbreitung digitaler, netzwerkbasierter Systeme war die Durchsetzung des Internet-Protokolls IP seit Beginn der 90er Jahre. Diese wurde von den Entwicklungen im Internet-Bereich und der Information Highway Initiative der Clinton-Regierung getrieben. Die Bedeutung von IP für den Bereich der Sicherheitstechnik und speziell für die Videoüberwachung wurde erst in den letzten fünf bis sechs Jahren erkannt und konsequent in Produkte umgesetzt. Seither ist auch das Problem der Übertragung von Videodaten über physikalisch heterogene Netzwerke für die Anwendung in digitalen CCTV-Systemen gelöst. IP-basierte Systeme sind gegenwärtig in großer Vielfalt im praktischen Einsatz. CCTV-Anwendungen profitierten nun direkt von den Fortschritten im Computer-, Multimedia- und Netzwerkbereich.

Tabelle 1.1 zeigt anhand einiger wichtiger Meilensteine den historischen Verlauf der Entwicklung der CCTV-Technik, mit Schwerpunkt auf den Meilensteinen für die in *digitalen* CCTV-Systemen verwendeten Technologien. Ab dem Jahr 2002 werden einige Prognosen zu den zu erwartenden Technologieübergängen gemacht. Die Historie der CCTV-Technologie ist vielschichtig und setzt sich aus der parallelen Entwicklung verschiedener Technologiestränge zusammen.

1 Einführung

Tabelle 1.1: *Meilensteine der Entwicklung der CCTV-Technik*

Jahr	Ereignis
1947	UTILISCOPE, erste CCTV-Installation in den USA in der Ohio Power Company durch die Firma Diamond Electronics
1950	Einführung der CCIR-Schwarz-Weiß-Fernsehnorm in Europa
1953	Einführung der NTSC-Farbfernsehnorm in den USA
ab 1960	• Beginn des Einsatzes von CCTV als technischem System zur Sicherung von Personen, Eigentum und Prozessen • Einsatz von Röhrenkameras, unzuverlässige, teure und voluminöse Technik • Frühes Beispiel eines CCTV-Systems in der London Transport Train Station (1961)
1967	Einführung der PAL-Farbfernsehnorm in Europa
1970	Erfindung des CCD-Prinzips in den Bell Labs durch Willard Boyle und George Smith [BOYL70]
1973	erster kommerzieller CCD-Chip der Firma Fairchild Electronics mit einer Auflösung von 100x100 Bildpunkten
1975	erste CCD-Kameras für kommerzielles Fernsehen
1980	• Erste CCD-Farbkamera von Sony • Der breite Einsatz von CCD-basierter Schwarz-Weiß- und Farbkameratechnik für CCTV-Anwendungen beginnt
1981	CCIR 601 (ITU-R BT.601) Standard für digitales Video
1982	Erste kommerzielle Videobewegungsmelder kommen auf den Markt
1983	10 MBit Ethernet-Standard IEEE 802.3
ab 1985	Verfügbarkeit modularer Videokreuzschienen als Basis einfach erweiterbarer Systeme mit einer Vielzahl von Videokameras
1986	Gründung des JPEG (Joint Pictures Experts Group) -Gremiums aus CCITT- und ISO-Arbeitsgruppen mit dem Ziel der Definition eines Kompressionsstandards für Rasterbilder
1987	Erster CCTV-Großeinsatz innerhalb eines Stadtzentrums in Kings Lynn, Großbritannien
1990	• Einführung des H.261-Videokompressionsstandards für Videokonferenzen • C-Cube entwickelt den ersten JPEG-Kompressor mit videotauglicher Kompressionsrate (CL550A) • Beginn der Entwicklung von Videomanagement-Software
1992	Erste offizielle Version des JPEG-Standards (ISO/IEC 10918) als Basis für die einzelbildbasierte Videokompression in Festplattenrekordern
1993	• MPEG-1-Standard (ISO/IEC 11172) • Zorans ZR36050 JPEG-Kompressor. Dieser Chip findet weite Verbreitung in digitalen CCTV-Systemen • Die Information Highway Initiative der Clinton-Regierung legt den Grundstein für die Durchsetzung des Internets und von IP als zentralem Kommunikationsprotokoll • Erste digitale Video-Festplattenrekorder (DVR) für Sicherheitssysteme erscheinen am Markt mit Festplattengrößen bei 500 MB • Beginn des Übergangs von der analogen zur digitalen Welt in der CCTV-Technik • Einsatz graphischer Nutzeroberflächen zur Visualisierung von sicherheitsrelevanten Vorgängen analog zur Prozessvisualisierung in der Industrieautomation
1994	CCTV-Überwachung in 220 Stadtzentren Großbritanniens
1995	• 100 MBit Fast Ethernet-Standard • MPEG-2-Standard (ISO/IEC 13818) • Real Time Protocol (RTP) als Standard für die Übertragung von Multimediadaten in IP-Netzen

Jahr	Ereignis
1996	• Einführung des H.263-Videokompressionsstandards • AXIS entwickelt die erste WEB-Kamera AXIS 200
1997	• Erste netzwerkfähige Video-Festplattenrekorder • Wireless LAN WLAN (802.11b) • Verfügbarkeit ausreichend schneller Netzwerke, Prozessortechnik und Speicherkapazitäten für die Ansprüche der Videoverarbeitung • In Großbritannien sind etwa eine Million CCTV-Kameras im öffentlichen Bereich im Einsatz
1998	440 staatlich geförderte CCTV-Systeme im öffentlichen Raum in Großbritannien
1999	• MPEG-4-Standard (ISO/IEC 14496) • Gigabit Ethernet Standard • Erste Großsysteme in hybrider Form. Die Kamera bleibt die analoge Quelle, nach der Kompression sind die Systeme digital
2000	JPEG2000-Kompressionsstandard (ISO/IEC 15444)
2002	• In weiten Bereichen des CCTV-Marktes vollzieht sich der Übergang zur digitalen bzw. analog/digitalen Hybridtechnologie • Integration biometrischer Verfahren wie der Gesichtserkennung und Verfahren und von Bilderkennungsverfahren in das Umfeld von digitalen CCTV-Systemen • CCTV wird zum integrierten Netzwerkdienst • DVR verwalten Speicherkapazitäten im Terabyte Bereich
2003	Einführung des H.264-Videokompressionsstandards
2005-2010	• Verfügbarkeit von leistungsfähigen und kostengünstigen Netzwerkkameras als Basis volldigitaler Systeme • Standardisierte Übertragungsverfahren für Video in Netzwerken als Analogon zu den Videonormen PAL/NTSC der analogen Welt • Allmählicher Übergang zu volldigitalen Lösungen • Verlagerung von Intelligenz in die Kamera z. B. Bewegungsdetektion und Vorgeschichtespeicherung • Verfügbarkeit von Multistandard-Systemen, die verschiedene digitale Bild- und Audioformate, z. B. MJPEG, MPEG, Wavelet, hochaufgelöste JPEG-Einzelbilder, MP3 parallel und transparent für den Anwender bereitstellen • Frost&Sullivan [FROS02] prognostizieren den nahezu 100 %-igen Einsatz digitaler Techniken im CCTV-Umfeld • Einzel-Festplattengrößen im Bereich mehrerer Terabyte • Zunehmende Diversifizierung der Videoformate, Verlust an Bedeutung für die alten PAL/NTSC-Normen im Bereich der CCTV- und Multimedia-Anwendungen von Video • Vereinigung von Aufgabenbereichen der CCTV- und Multimedia-Welt. Konvergenz von IT- und CCTV-Lösungen

1.3 Markttendenzen

Die in Tabelle 1.1 für die Entwicklung bis zum Jahre 2010 gemachten technischen Prognosen ergeben sich auch aus den Wachstumsvorhersagen von Marktforschern. Ein Beispiel ist der Frost & Sullivan-Report [FROS02] für den Bereich der CCTV-Anwendungen. Dieses Wachstum kann nur durch eine Verbreiterung des vor dem digitalen Zeitalter engen CCTV-Marktes auf neue Anwendungen, z. B. durch eine Verschmelzung mit Multimedia-Anwendungen erzielt werden. Bild 1.7 zeigt die von Frost & Sullivan prognostizierte Wachstumsdynamik des digitalen CCTV-Marktes.

1 Einführung

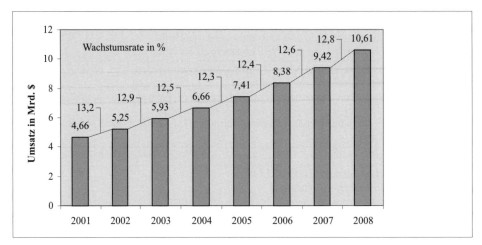

Bild 1.7: *Wachstumsprognose des digitalen CCTV-Marktes bis zum Jahr 2008*

Die digitale CCTV-Technik profitiert von den exponentiellen Wachstumskurven der in sie eingehenden Technologien. Da die Speicherung und Langfristarchivierung von Videodaten eines der wichtigsten Leistungsmerkmale dieser Systeme ist, beeinflussen z. B. die Entwicklungen im Speichermarkt und hier speziell im Bereich der Festplatten unmittelbar die Kenngrößen von digitalen CCTV-Systemen wie die zeitliche Speichertiefe digitaler Videorekorder. Bild 1.8 verdeutlicht die dramatische Zunahme der Kapazität von 3,5" Festplatten in der letzten Dekade mit einer Prognose bis zum Jahre 2004.

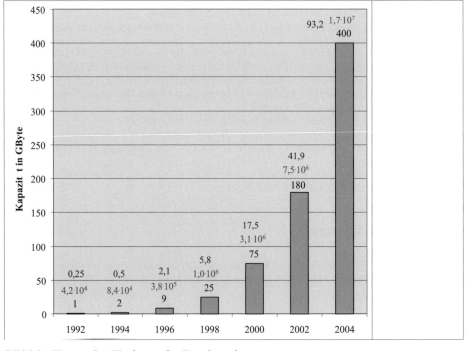

Bild 1.8: *Historisches Wachstum der Festplattenkapazitäten*

Die mittleren Zahlen zeigen die Anzahl von Einzelbildern einer Größe von 25 kByte, die auf der jeweiligen Festplattengeneration gespeichert werden konnten. Die oberen Zahlen sind die Stunden, die bei einer Bildrate von 50 Halbbildern pro Sekunde gespeichert werden können. Auf einer einzigen, gegenwärtig verfügbaren 180 GByte Festplatte können demnach bis zu 42 Stunden M-JPEG-komprimiertes Video (Abschnitt 5.2.2) eines Kamerakanals oder bei 10 Kanälen jeweils bis zu etwa 4 Stunden pro Kanal mit voller Bildrate von 50 Halbbildern pro Sekunde abgelegt werden. Mittels Bewegtbildkompressionsverfahren wie z. B. MPEG-2 (siehe Kapitel 5) lassen sich noch erheblich längere Zeiträume realisieren. Die Speichergrößen, die z. B. durch den in Abschnitt 8.3.2 erläuterten Einsatz von RAID-Techniken (Redundant Array of Independent Disks) erreicht werden können, vervielfachen diesen Zeitraum weiter. Schon heute sind DVRs mit Festplattenkapazitäten jenseits der Terabyte-Grenze keine Seltenheit mehr. Geht man weiterhin davon aus, dass Videoaufzeichnungen im Sicherheitsbereich im Allgemeinen im Timelapse-Betrieb – also mit reduzierten Bildraten – erfolgen, so ist der von einem DVR speicherbare Zeitraum schon heute für praktische Belange als unbegrenzt anzusehen. Heute werden die Kosten digitaler Videorekorder noch wesentlich von den Kosten der Speichermedien bestimmt. Der Verlauf des Wachstums der Festplattenkapazität lässt die Prognose zu, dass der Faktor Speicherkosten in den nächsten fünf Jahren bis zum Jahr 2008 für die meisten Anwendungen in den Hintergrund treten wird. Nur diese eine Einflussgröße zeigt, wie sich die historische Entwicklung von Teilkomponenten direkt auf die Leistungsfähigkeit digitaler CCTV-Systeme niederschlägt. Ähnliche Tendenzen sind im Netzwerk-, Prozessor- und Kompressionsbereich zu verzeichnen. Durch diese Leistungssteigerungen wird Video trotz seines immensen Datenaufkommens immer mehr zur handhabbaren Größe. Es vollzieht sich eine ähnliche Entwicklung wie im Audiobereich, dessen Digitalisierung weitgehend abgeschlossen ist.

Die größte Herausforderung beim Design und der Entwicklung von digitalen CCTV-Systemen bzw. ihrer Kernkomponente digitaler Videorekorder ist die Berücksichtigung dieser Dynamik. Aufgrund der hohen Investitionskosten bei der Einführung derartiger Systeme hat der Endanwender natürlich ein fundamentales Interesse an Faktoren wie Skalierbarkeit und Investitionssicherheit. Die schnellen Produktzyklen des Multimedia- bzw. IT-Massenmarktes sind im Umfeld CCTV nicht akzeptabel. Die Systeme müssen auf langlebigen Standards, wie z. B. IP, JPEG oder MPEG, basieren. Speziell das Software-Design muss dabei besonders hohen Ansprüchen genügen, um diese Zukunftssicherheit zu gewährleisten. Die im Kapitel 10 vorgestellte flexible Client-Server-Software-Architektur erfüllt diese Anforderungen.

Mit der raschen Einführung neuer Techniken muss die Gesetzgebung Schritt halten. Die Anwendung von CCTV speziell im öffentlichen Bereich wird zunehmend reguliert. Diese Richtlinien und Gesetze müssen dem technischen Fortschritt ständig nachgeführt werden, da neuartige Sensor- oder Aufzeichnungstechniken in immer neue, früher unbeobachtete Bereiche des täglichen Lebens vordringen. Auch in nicht öffentlichen Bereichen werden spezielle Regelwerke entwickelt, die den Einsatz dieser sensiblen Technologie definieren. Beispiele sind die in Deutschland geltenden Unfallverhütungsvorschriften (UVV) für den Einsatz von Videotechnik in Banken oder Spielhallen [DOER00].

Es zeigt sich, dass die Entwicklung der CCTV-Technik von der Entwicklung einer Reihe technischer und gesellschaftlicher Felder direkt beeinflusst wird.

1 Einführung

1.4 Der Anwendungskontext einer CCTV-Anlage

Der Anwendungskontext von CCTV-Systemen umfasst die Rahmenbedingungen ihres Einsatzes. Seine möglichst vollständige Erfassung ist die Voraussetzung für die Projektierung optimaler Lösungen, wobei sich der Anwendungskontext in der jeweiligen technischen Lösung widerspiegelt.

Der Anwendungskontext erfasst die Beschreibung der Sicherungsaufgabe und alle technischen Parameter, Datenschutzbestimmungen und Sonderbedingungen, die vom CCTV-Systemen erfüllt werden müssen. Er wird in einem Anforderungskatalog, wie im Abschnitt 10.3.1 beispielhaft gezeigt, erfasst und bildet die Basis der Erarbeitung einer Systemlösung.

Zum umfangreichen Anwendungskontext von CCTV-Systemen gehören:
- die Definition der Sicherheitsphilosophie und des Sicherheitszieles,
- die Erfassung und Beschreibung sicherheitsrelevanter Ereignisse,
- die gewünschte Reaktion des CCTV-Systems auf sicherheitsrelevante Ereignisse,
- Mengengerüste von Sensoren, Aktoren und Abschätzungen zur Häufigkeit sicherheitsrelevanter Vorgänge. Diese bestimmen die Dimensionierung der technischen Lösung.
- die für die Realisierung des Sicherheitszieles nutzbare bzw. zu nutzende technische Infrastruktur, z. B. Kommunikationseinrichtungen und -verkabelung bzw. bauliche Gegebenheiten,
- Festlegungen zur Anlagenbedienung insbesondere zu Eigenschaften der Mensch-Maschine-Schnittstelle und zu den Anforderungen an das Bedienpersonal,
- das im jeweiligen Umfeld zu berücksichtigende datenschutzrechtliche Rahmenwerk, welches z. B. aus betrieblichen Vereinbarungen, Unfallverhütungsvorschriften oder gesetzlichen Bestimmungen speziell bei der Überwachung öffentlicher Räume besteht,
- die Definition von zeitabhängigen Betriebsweisen wie z. B. Sommer- Winter-, Tag-, Nacht- oder Arbeitstag- und Feiertagsverhalten,
- die Definition von Überwachungsbereichen und gegebenenfalls von privaten Zonen,
- spezielle technische Vorgaben wie z. B. Bandbreitenbeschränkungen, wenn Video im Netz parallel zu anderen Diensten genutzt wird,
- Designanforderungen speziell für die sichtbaren Bestandteile des CCTV-Systems, wie Kameras, Schwenk/Neigesysteme oder Kabelführung. Vielfach besteht die Anforderung, dass die CCTV-Komponenten vom Architekten vorgegebene Designrichtlinien erfüllen müssen.
- sonstige Einsatzbedingungen wie Klima, Energieverbrauch oder mechanische Belastbarkeit im mobilen Einsatz,
- Anforderungen an die Verfügbarkeit und Zuverlässigkeit.

Der sich aus diesem weiten Rahmen ergebende Anforderungskatalog muss vom CCTV-System abgedeckt werden. Das Videomanagementsystem eines CCTV-Systems bildet dabei den Mantel oder das Gerüst um diesen Anwendungskontext und integriert die zur Realisierung der definierten Zielstellung notwendigen Komponenten. Es ist Aufgabe des Sicherheitsingenieurs, die zu diesem Kontext gehörigen Informationen in gemeinsamer Arbeit mit dem Anwender zu beschaffen bzw. die notwendigen Definitionen vorzunehmen. Nur auf einer damit verfügbaren umfassenden Datenbasis können die Systeme des heutigen Komplexitätsgrades adäquat spezifiziert und bereits im Vorfeld Schwachstellen im Konzept aufgedeckt werden.

Digitale Lösungen sind vor allem auf der Entwicklungs- und Projektierungsseite von hoher Komplexität. Hier werden erheblich höhere Ansprüche an das Ingenieurwissen der Ausführenden gelegt als in klassischen Anlagen. Anders sieht die Situation natürlich auf der Nutzerseite aus. Hier besteht grundsätzlich die Forderung nach einer einfachen Bedienphilosophie auch komplexer großer Systeme mit vielen tausend Aktoren und Sensoren und ihren oft sehr weit gefächerten Eigenschaften. Gute Systeme kapseln diese Komplexität vollständig und bieten dem Nutzer maßgeschneiderte Umgebungen für die Realisierung seiner eigentlichen Arbeitsaufgaben.

Eine genaue Spezifikation des Anwendungskontextes eines Projektes ist also der Schlüssel zum erfolgreichen Systemdesign. Die am Markt verfügbaren digitalen CCTV-Systeme unterscheiden sich sehr stark in der Bandbreite der realisierbaren Kontexte. Einige Systeme sind speziell adaptiert an einen Einsatz z. B. im Bankenumfeld oder für den instationären Betrieb in Transportsystemen wie Bussen und Bahnen. Andere überdecken die gesamte Bandbreite denkbarer Szenarien vom:

- kleinen dezentralen autonomen System mit der Möglichkeit des Fernzugriffes aus Wachzentralen
- über die Überwachung mittlerer Anlagen mit relativ wenigen Kameras z. B. im Tankstellenbereich oder auch den mobilen Einsatz in Bussen und Bahnen sowie
- die Überwachung großer Logistikzentren mit einer Reihe integrierter Subsysteme wie Funkscannern oder Transpondersystemen für Lokalisierungszwecke
- bis hin zu den Anforderungen von Großsystemen wie der Flughafensicherung oder der Absicherung von Regierungsgebäuden mit vielen hundert Kameras, Videosensoren und Telemetriesystemen, wo sich das Videosystem in ein übergeordnetes Einsatzleitsystem integrieren muss.

Aus dieser Vielfalt erkennt man, wie groß der Anspruch ist, dem sich professionelle Systeme stellen. So erfordern z. B. mobile Systeme ganz andere Lösungen als stationäre. Trotzdem gibt es bereits Beispiele von Produkten, die diese Einsatzbreite unter einem einheitlichen Konzept bereitstellen. Wie groß der vom Systemkonzept eines einzelnen Herstellers abgedeckte Anwendungskontext ist, hängt, wie später in Abschnitt 10.2 gezeigt wird, stark von dessen Soft- und Hardware-Architektur ab. Derartige „weiche" Kenngrößen eines technischen Systems sind natürlich schwer zu beurteilen. Einfacher tut man sich mit Bildraten oder der Zahl der nutzbaren Videokanäle. Nichtsdestotrotz ist gerade der komplexe Parameter Systemarchitektur [DOER02a] von immanenter Bedeutung für die Einsetzbarkeit eines konkreten Produktes im Rahmen eines Anwendungskontextes. Ein Ziel dieses Buches ist es gerade, die Bedeutung solcher verborgener Eigenschaften und Qualitäten hervorzuheben und einen Zugang dazu für den Anwender – sei es Planer, Projektant oder auch Endnutzer – zu schaffen.

1.5 Aufgaben eines digitalen CCTV-Systems

Um das im Rahmen eines Anforderungskataloges an ein CCTV-System formulierte Sicherheitsziel zu erfüllen, löst es folgende auch für analoge Systeme gültigen Aufgaben:

- die Abbildung der Mengengerüste und Anwendungsszenarien des Anforderungskataloges auf eine Parameterstruktur des CCTV-Systems. Gute Systeme geben dem Installateur hierbei Hilfestellungen im Sinne eines CASD-Systems (Computer Aided Security Design) [DOER02];
- die Bereitstellung einer umfangreichen Peripherie zur Detektion sicherheitsrelevanter Ereignisse und zur Auslösung von Steuervorgängen. Dazu gehören digitale Ein- und Ausgänge, Videobewegungsmelder, Schnittstellen zu externen Ereignisquellen wie Kartenlesern von Zutrittskontrollsystemen oder Geldausgabeautomaten;
- die Intelligente Verarbeitung und Verknüpfung der vielfältigen Peripheriedaten zu Alarmereignissen mittels eines intelligenten und flexibel anpassbaren Prozessmodells;

- die Filterung und Präsentation von Ereignis- und Alarminformationen für das Wachpersonal. Dies ist eine der wichtigsten Aufgaben dieser Systeme. Ziel ist es, das Personal von Routineaufgaben zu entlasten und in kritischen Fällen die notwendige Entscheidungs-Information optimal aufbereitet und kompakt zur Verfügung zu stellen;
- die Automatisierung von Handlungsabläufen. Gute Systeme gestatten die Definition ganzer Handlungsketten, die entsprechend der Kritikalität von Vorgängen automatisch gestartet werden.

Speziell für digitale Systeme kommen hinzu:

- die dynamische Steuerung von Aufzeichnungsvorgängen. Die Aufzeichnungsvorgänge passen sich automatisch der Kritikalität des beobachteten Szenarios an. Dazu können z. B. die Kompressionsstufen oder die Bildraten für die Aufzeichnung von Kamerakanälen von Ereignissen an der Peripherie gesteuert werden;
- der Schutz des Zugriffs auf die gespeicherten und Live-Bilddaten. Dafür werden Nutzerkonten bereitgestellt, die über entsprechend fein granulierte Rechtestrukturen diesen Zugriff regeln. Diese berücksichtigen auch Sonderforderungen wie z. B. einen Vier-Augen-Passwortschutz. Zusätzlich fordern Betriebsräte oft auch ein automatisches Löschen nach einer einstellbaren Zeittiefe;
- die Bereitstellung komfortabler Recherchemöglichkeiten in den umfangreichen Video- und Ereignisdatenbeständen. Dazu speichern moderne Systeme sowohl Video- als auch Ereignisdaten in Datenbanken;
- die Bereitstellung flexibler an das jeweilige Umfeld anpassbarer grafischer Nutzerschnittstellen.

Um diese umfangreichen Aufgaben erfüllen zu können, bedienen sich CCTV-Systeme einer großen Anzahl von Technologien aus unterschiedlichsten Bereichen, wie im nächsten Abschnitt gezeigt wird.

1.6 CCTV als Technologie-Integrator

Bedingt durch den breiten Anwendungskontext aus Abschnitt 1.4 und der sich daraus ergebenden Aufgabenvielfalt von CCTV-Systemen bestehen unterschiedlichste Anforderungen an die zum Einsatz kommenden Technologien. Gegenwärtige Systeme integrieren eine große Zahl an Komponenten aus einer Reihe von Technikbereichen, die teilweise noch Gegenstand intensiver Forschung sind. Beispiele sind biometrische Verfahren, zu denen in [NOLD02] eine Übersicht gegeben wird, oder Multimedia-Datenbanken [APER98]. Insofern ist digitales CCTV ein Sammelbecken von teilweise noch sehr jungen Technologien.

Die in Bild 1.9 zusammengefassten vier Bereiche identifizieren gemäß [GILG01] die Kerntechnologien, die in CCTV-Systemen genutzt werden. Teilweise spielt die Anwendung dieser Technologien im Umfeld eines CCTV-Systems sogar die Rolle des Technologietreibers. So finden biometrische Verfahren, wie z. B. die Gesichtserkennung [WECH98], in diesem Rahmen ihre natürliche Heimat bzw. werden in ihrer Einsatzbandbreite enorm erweitert, was diese Art der Nutzung zur Killeranwendung für die Verbreitung dieser Verfahren werden lässt.

Videokompressionsverfahren bestimmen so wichtige Kenngrößen digitaler CCTV-Systeme wie Übertragungsbandbreiten, benötigte Speicherkapazität oder Reaktionszeiten auf schnell wechselnde Anforderungen, wie sie bei der Eskalation von sicherheitsrelevanten Vorgängen häufig benötigt werden. Kapitel 4 behandelt die Erzeugung digitaler Videodatenströme. Die verschiedenen Methoden, die in digitalen Systemen zu deren Kompression zum Einsatz kommen, werden in Kapitel 5 behandelt.

Die Übertragungsmethoden und vor allem die entsprechenden Übertragungsprotokolle bestimmen als einer der wichtigsten Faktoren die Flexibilität des Einsatzes. So gewährleistet z. B. die Verwendung des Internet-Protokolls IP die weitgehende Unabhängigkeit vom Typ des physikalischen Netzwerks. Damit können die Informationen verteilter digitaler CCTV-Systeme zwischen den verschiedenen Geräten und Arbeitsplätzen ausgetauscht werden, ohne dass man sich um Software-Anpassungen in oft vorgefundenen heterogenen Netzwerken kümmern muss. Anstelle von komplexen und teuren Protokollanpassungen treten einfachere Überlegungen wie Bandbreitenbetrachtungen und Festlegung von Netzwerkstrukturen. Während Kapitel 6 die Arten von Übertragungsnetzen behandelt, die u. a. auch für die Videodatenübertragung verwendet werden, geht Kapitel 7 auf die für diese Datenübertragungen verwendeten Protokolle ein.

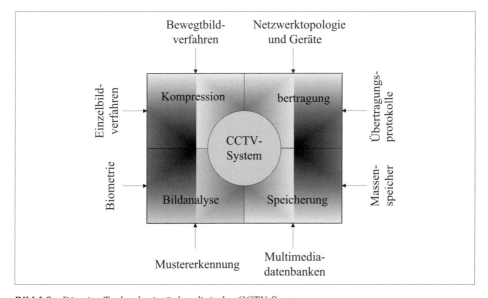

Bild 1.9: *Die vier Technologiesäulen digitaler CCTV-Systeme*

Die Speicherung ist der Hauptdienst eines CCTV-Systems, der diese Anlagen ihren analogen Vorgängern qualitativ überlegen macht. Die weitaus größte Zahl von Installationen von CCTV-Systemen arbeitet autonom ohne Wachpersonal. Die flexible Speicherung und der komfortable Zugriff auf die oftmals riesigen Informationsbestände – Systeme im Terabyte-Bereich sind keine Seltenheit – eröffnen völlig neue Anwendungsmöglichkeiten gegenüber klassischen Systemen. Vorbedingung sind ausgefeilte Datenbank- und Massenspeichertechnologien. Kapitel 8 liefert Informationen zu Massenspeichertechnologien für die Videospeicherung, und Kapitel 9 beschäftigt sich mit der Organisation dieser Daten in Videodatenbanken.

Schließlich kommt mit den modernen und im Wachstum begriffenen Verfahren der Bildanalyse ein Portfolio weiterer Möglichkeiten hinzu, dessen Potential für den praktischen Einsatz in großen, integrierten Systemen sich gerade am Horizont abzuzeichnen beginnt. Die Integration von Gesichts- oder Nummernschild-Erkennungsalgorithmen in ein Multikanal-Videosystem für die Bildinhaltsanalyse, sowohl von Live- als auch Speichervideos, sei hier nur stellvertretend genannt. Einen kleinen Eindruck zu den zum Einsatz kommenden Techniken liefert der Abschnitt 5.4. Hier wird ein einfaches Verfahren zur Detektion von Aktivität und Bewegung in Videobildern erläutert. Für spezialisiertere und meist sehr komplexe Bildanalyseverfahren wie Gesichtserkennung oder Objektdetektion wird auf entsprechende Literatur verwiesen.

1 Einführung

Zu diesen Basistechnologien in CCTV-Systemen kommen weitere, die je nach Anwendungsumfeld bestimmend dafür sind, ob ein konkretes System zum Einsatz kommen kann oder nicht. Technologien wie Software-Methodologien, bestimmen Parameter wie Änderungs- und Erweiterungsflexibilität, um das System an neue zum Zeitpunkt der Spezifikation noch unbekannte Eigenschaften anpassen zu können. Nicht zuletzt der Software-Technologie und den bei der Implementation eingesetzten Werkzeugen kommt hier eine besondere Rolle zu. Beispiele weiterer wichtiger Technologiebereiche, die für die Entwicklung leistungsfähiger digitaler CCTV-Systeme zunehmend an Bedeutung gewinnen, sind:

- Software-Techniken und Methodiken, wie z. B. die objektorientierte Programmierung, Multithreading [TANE02] und Client-Server-Techniken (Abschnitt 7.4);
- Kameratechnologie, Sensortechnologie, Objektive, Schwenk/Neigesysteme, Netzwerkkameras. Dieses Feld ist der Gegenstand von Kapitel 3;
- Ergonomie von Mensch-Maschine-Schnittstellen. Die Implementation adäquater graphischer Nutzerschnittstellen zur Bedienung eines komplexen Systems wie eines CCTV-Systems ist eine große Herausforderung und der Schlüssel für den Erfolg eines konkreten CCTV-Produktes im Markt;
- Kryptologie und digitale Wasserzeichen [DITT00]. Die gesicherte Übertragung, und der Schutz vor Manipulationen sind Voraussetzung für die Anerkennung von digitalem Videomaterial als Beweisgrundlage;
- Automatisierungstechnik – Ablaufsteuerungen, Feldbussysteme;
- Multimediatechnologien, wie z. B. das in Abschnitt 7.5.2 erläuterte Video-Streaming.

Das CCTV-System vereinigt dieses Ensemble an Technologien unter einem einheitlichen Verarbeitungs-, Management- und Bedienkonzept zu einem Gesamtsystem mit einem breiten Anwendungsbereich. Es stellt damit das Rahmenwerk bereit, in dem Komponenten verschiedener Hersteller und verschiedener Technologien miteinander interagieren können. Dies führt zu einer Weitung des Einsatzspektrums der ursprünglichen Einzelkomponenten. Dieser integrierende, interdisziplinäre Charakter kommt gerade in digitalen Systemen mit ihren gegenüber klassischen Systemen enormen Möglichkeiten viel stärker zum Ausdruck. Dabei werden auch die Übergänge zwischen ursprünglich getrennten Technologiesektoren fließender. So überlappen sich z. B. die Anforderungen aus Bereichen wie der Prozess- und Gebäudeautomation und der Multimediatechnik sehr stark mit denen der Sicherheits- und Videoüberwachungstechnik. Durch die Integration von Technologien dieser Bereiche in das Rahmenwerk eines CCTV-Systems erschließt es sich automatisch als Nebeneffekt dessen Anwendungsumfeld als Einsatzbereich.

Negativer Aspekt dieser Prozesse ist die Zunahme der Komplexität der verfügbaren Systeme und die Flut von Informationen, die ungefiltert jeden Nutzer überfordern würde. Dies macht die Anforderungs- und Lösungsspezifikationen für konkrete Projekte zu einer anspruchsvollen Aufgabe und setzt eine erhebliche Qualifikation von Planer und Projektant voraus. Ebenso bildet die Ergonomie der Mensch-Maschine-Schnittstelle und die intelligente Filterung und Präsentation der vielfältigen Zustandsinformationen eines derartigen Systems einen weiteren entscheidenden Faktor für die Akzeptanz einer Lösung. Im Kapitel 10 wird anhand einiger Anwendungsszenarien mit ihren typischen Anforderungen die Bedeutung der digitalen Videoüberwachung als Technologieintegrator hervorgehoben werden. Eine umfangreiche Fallstudie zu einem fiktiven Überwachungssystem wird zeigen, wie man von einer adäquaten Formulierung der Anforderungen zum Design einer Lösung kommt und mit welchen Anforderungen Planer und Projektant in ihrer täglichen Arbeit konfrontiert werden.

1.7 CCTV – Rechtliche Rahmenbedingungen

Im Gegensatz zum Einsatz von CCTV in neuartigen Feldern wie der Qualitätssicherung von Fertigungsprozessen, der Datensammlung zur Mauterhebung auf Autobahnen oder der Sendungsverfolgung in Logistikzentren ist die klassische CCTV-Hauptanwendung Personenüberwachung einer Reihe von gesetzlichen Restriktionen unterworfen. Die rechtlichen Festlegungen für die Anwendung von CCTV zu Personenüberwachungszwecken sollen für ein angemessenes Verhältnis zwischen Schutz der Privatsphäre und Daten von Personen und dem öffentlichen bzw. auch privaten Interesse nach Prävention und Aufklärung von kriminellen Aktivitäten sorgen.

Die Gesetzessituation für die Videoüberwachung im öffentlichen Raum – also z. B. von Straßen, Plätzen, Bahnhöfen, Flughäfen, Wohngebieten und Parkplätzen – ist stark landesabhängig. Die landesspezifische Beurteilung der Rechtslage für einen Einsatz von CCTV-Systemen würde den Rahmen dieses, hauptsächlich den technischen Problemstellungen gewidmeten Buches sprengen. Deshalb sollen im Folgenden nur einige Aussagen zur Situation in Großbritannien und in Deutschland gemacht werden.

Während CCTV-Systeme im öffentlichen Raum in Deutschland noch relativ selten anzutreffen sind, spielt Großbritannien die Rolle des Vorreiters in Europa. So wird z. B. ein Londoner pro Tag durchschnittlich von 300 Kameras aufgenommen und alle fünf Minuten von einer Videokamera erfasst. Es gibt keine englische Stadt mit mehr als 100.000 Einwohnern, deren Zentrum nicht durch ein CCTV-System überwacht würde. Schlagzeilen machte die Einführung eines videobasierten Mautsystems mit automatischer Nummernschild-Erkennung für den Innenstadtbereich Londons im Jahre 2003. Der bisherige Erfolg dieses Systems zeigt, wie weit die Technik moderner CCTV-Systeme mittlerweile vorangeschritten ist. Nach einer britischen Studie fühlten sich 83 % der befragten Frauen und 45 % der Männer mit einer CCTV-Überwachung im öffentlichen Bereich besser beschützt. Eine detaillierte Übersicht über die Situation in Großbritannien findet man in [STIR00]. In extremer Form wird in [GRAH98] und [GRAH02] die Idee von CCTV als einem fünften Versorgungsnetz für das Produkt Sicherheit – gleichrangig mit Telefon, Wasser, Gas und Elektrizität – formuliert. In überspitzter Form wird CCTV hier als normaler Bestandteil der öffentlichen Infrastruktur mit ähnlichem Verbreitungsgrad und ähnlicher Ausbreitungsdynamik wie die bisher etablierten Grundversorgungsnetze gesehen.

Stimuliert durch die meist positiven Erfahrungen in Großbritannien wird auch in vielen anderen Ländern CCTV mittlerweile als geeignetes Mittel zur Gefahrenabwehr und Strafverfolgung gesehen und die Rechtslage entsprechend angepasst. Die gewonnene Lebensqualität und Sicherheit durch Verdrängung der Drogenszene, von Rowdytum, von Trick- oder Taschendiebstahl oder auch Vandalismus aus den Städten erhöhen die öffentliche Akzeptanz für den Einsatz derartiger Mittel.

Grundsätzlich stellt die CCTV-Technik heute eine Vielzahl Lösungen bereit, die sich speziell der Problematik der Realisierung datenschutzrechtlicher Bestimmungen widmen. Wie in [BÄUM00] formuliert, müssen diese Möglichkeiten als integraler Bestandteil der CCTV-Technologie betrachtet werden, da sich ansonsten der immanente Anwendungskonflikt und das ambivalente Verhältnis zu dieser Technologie nicht auflösen lässt. Neben der Funktion der Datenerfassung zur Erfüllung der Überwachungsfunktion muss auch die Funktion der Datenvermeidung und des Datenschutzes von für die definierte Überwachungszielfunktion irrelevanten Daten einen gleichwertigen Rang in den technischen Lösungen einnehmen. In [BÄUM00] wird dazu gefordert:

„Es liegt an den Befürwortern der Videotechnik, Vorschläge zu machen, wie die Rahmenbedingungen für einen transparenten, demokratieverträglichen Videoeinsatz aussehen könnten.

1 Einführung

Wir brauchen beim Einsatz von Videotechnik Checks und Balances, die verhindern, dass jene Unsicherheit über mögliche Beobachtungen oder über die Verwendung gefertigter Videobilder entsteht, die das Bundesverfassungsgericht als Gift für die Demokratie bezeichnet hat (...).

Was hat die Branche in puncto Datenvermeidung, Datensparsamkeit, Datensicherheit anzubieten? Wo sind die Produkte, die sich für den Schutz wichtiger Güter, sagen wir zum Beispiel eines wertvollen Kulturdenkmals, eignen und gleichwohl so wenig personenbezogene Daten wie möglich aufzeichnen? Welche Vorkehrungen können sie dagegen anbieten, dass für einen bestimmten Zweck angefertigte Videoaufzeichnungen missbraucht und vielleicht später im Internet oder im Fernsehen auftauchen (...)"

Wenn man speziell von der Lage in Deutschland ausgeht, schafft leider die aktuelle, der Technikentwicklung hinterherhinkende Gesetzessituation keine ausreichenden Planungsgrundlagen für die Entwickler und Hersteller digitaler CCTV-Systeme, die diese in ihre Produktspezifikationen gerade unter dem Aspekt datenschutzrechtlicher Bestimmungen einfließen lassen könnten. Z. B. widmet sich das deutsche Bundesdatenschutzgesetz (BDSG) seit dem Jahre 2001 in einem eigenen Paragraphen § 6b speziell der Problematik der Anwendung von Videoüberwachung im öffentlich zugänglichen Raum. Danach gilt:

„Die Beobachtung öffentlich zugänglicher Räume mit optisch-elektronischen Einrichtungen (Videoüberwachung) ist nur zulässig, soweit sie:

- zur Aufgabenerfüllung öffentlicher Stellen,
- zur Wahrnehmung des Hausrechts oder
- zur Wahrnehmung berechtigter Interessen für konkret festgelegte Ziele

erforderlich ist und keine Anhaltspunkte bestehen, dass schutzwürdige Interessen der Betroffenen überwiegen.

Der Umstand der Beobachtung und die verantwortliche Stelle sind durch geeignete Maßnahmen erkennbar zu machen."

Derartige dehnbare Formulierungen können keine Basis für eine technische Übersetzung in Produkteigenschaften sein. Laut [BÄUM00] fehlen konkrete Umsetzungsdefinitionen bzw. Durchführungsverordnungen. So wird z. B. keine Frist für die Löschung von Videoinformationen definiert. Deshalb wird bei der technischen Entwicklung mit einem Portfolio an Funktionen versucht, dieser unbefriedigenden Situation Herr zu werden und sich abzeichnende Rechtsstandards in der Entwicklung vorwegzunehmen. Mittlerweile entwickelt sich mit der so genannten Privacy Enhancing Technology (PET) ein eigenständiges Forschungsgebiet als Antwort auf die zunehmende Durchdringung des Alltagslebens durch elektronische Überwachungstechnologien. Für die CCTV-Technik liefert die PET vielfältige Möglichkeiten zur Zugangsbeschränkung sowohl zu Live- als auch gespeicherter Bildinformation, wie:

- Verschlüsselungsverfahren. Je nach Kritikalität können sowohl die gespeicherten Informationen als auch die Live- oder Speicherbildübertragung in Netzwerken geschützt werden. Es gibt mittlerweile auch Verfahren, die nur Teilbereiche von Videobildern verschlüsseln können, wobei der Rest der Szene für eine Beurteilung der Entwicklung eines Vorganges sichtbar bleibt. Es können sogar Gesichter oder Nummernschilder separiert und verschlüsselt werden. So bietet z. B. die Firma ZN Vision einen Privacy Enhancing Filter an, der in Echtzeit Gesichtsinformation in Videobildern findet und verschlüsselt. Bei entsprechenden Verdachtsmomenten können die fehlenden Bildteile durch autorisierte Personen wieder zugänglich gemacht werden.
- Mittel zur Sicherung von überwachungsfreien Zonen. Es gibt Kameras, welche die Definition von Privatzonen gestatten, deren Inhalte aus dem gelieferten Videobild entfernt werden.
- Fein granulierte Rechtestrukturen für Nutzerkonten zur Regelung des Zugriffs auf die Bildinformationen. So kann z. B. die Möglichkeit bestehen, Live-Informationen zu begutach-

ten, während gespeicherte Informationen für die Wiedergabe gesperrt werden. Zusätzlich sollte der Zugriff auf jeden einzelnen Kamerakanal individuell für die Nutzer des Systems sperrbar sein.

- Automatisches Löschen nach vorgebbarer Zeit. Die Verweildauer der Bildinformationen im digitalen Videospeicher kann vom Anwender z. B. entsprechend Vorgaben eines Betriebsrates festgelegt werden.
- Vier-Augen-Zugangsschutz. Der Zugang zu den Informationen eines digitalen CCTV-Systems ist nur dann möglich, wenn sich zwei entsprechend autorisierte Personen zusammen am System anmelden. So kann die häufige Forderung erfüllt werden, dass eine Einsichtnahme in Bildmaterial nur nach Zustimmung und unter Mitwirkung eines entsprechenden Personenkreises möglich ist.

Der Planer eines CCTV-Systems muss sich mit den landesspezifischen rechtlichen Gegebenheiten auskennen. Durch Kenntnis der PET-Funktionen der Produkte kann er beurteilen, ob ein individuelles System die entsprechenden technischen Mittel zur Erfüllung der Forderungen bereitstellt.

Neben den hauptsächlich dem Datenschutz gewidmeten Festlegungen des Gesetzgebers gibt es weitere Regularien, welche die Einsatzbedingungen von CCTV definieren. Dies sind:

Innerbetriebliche Festlegungen

Dies sind individuelle Abstimmungen zwischen Betriebsräten und Geschäftsführung. Ohne Zustimmung der Mitarbeiter ist z. B. in Deutschland eine Videoüberwachung am Arbeitsplatz verboten. Die innerbetrieblichen Regelwerke definieren z. B. die Art und Weise des Zugriffsschutzes auf Videoaufzeichnungen oder die Aufzeichnungsdauer, nach der Bilddaten vom CCTV System automatisch wieder gelöscht werden müssen.

Andere individuell auszuhandelnde Festlegungen sind die Definition von überwachungsfreien Zonen oder Zeiten oder die Anzeige einer Live-Beobachtung bzw. Videoaufzeichnung durch ein an der Kamera anzubringendes Lichtsignal. Es gibt eine große Vielfalt derartiger firmenspezifischer Forderungen. Das CCTV-System muss die technischen Mittel bereitstellen, um diese Forderungen zu erfüllen.

Branchenspezifische Zulassungsbestimmungen

Dies sind Bestimmungen, die ein CCTV-System erfüllen muss, um für einen bestimmten Einsatzfall zugelassen zu werden. Beispiele sind die von der Verwaltungs-Berufsgenossenschaft (VBG) für Deutschland festgelegten Unfallverhütungsvorschriften (UVV). Diese legen u. a. die Arbeitsweise von optischen Raumüberwachungsanlagen wie digitalen CCTV-Systemen fest. Ein entsprechend dieser Vorgaben zertifiziertes System erfüllt besondere Festlegungen bezüglich Bildqualität, Bildraten, Aufzeichnungsverhalten, Vorgangsarchivierung, Prüfroutinen und Bedienbarkeit.

Ein Beispiel ist die UVV-Kassen (VBG 120) aus dem Jahre 1996, welche die Arbeitsweise optischer Raumüberwachungsanlagen in Geldinstituten definiert (Abschnitt 8.2.4.3). In [GWOZ99] findet man eine detaillierte Darstellung dazu. Ein anderes Beispiel ist die UVV-Spielhallen (VBG 105), die seit dem Jahre 1997 Gültigkeit hat. Diese regelt u. a. den Betrieb von CCTV-Anlagen in Spielcasinos und Spielautomatensälen. Informationen dazu findet man in [DOER00] und [BUNK00]. Die entsprechend [BUNK00] seit Einführung der UVV-Spielhallen und darauf basierender leistungsfähiger CCTV-Technik sinkende Anzahl von Raubüberfällen auf Spielstätten zeigt die Erfolge dieses Ansatzes. Zusätzlich zur gewonnenen Sicherheit profitiert der Betreiber der Spielstätten von sinkenden Versicherungsprämien, wodurch sich die Anschaffungskosten eines CCTV-Systems meist schnell amortisieren.

1 Einführung

Zertifizierungen zur Gerichtsverwertbarkeit aufgezeichneter Videoinformation

Derartige Zertifikate definieren die Voraussetzungen, unter denen aufgezeichnete digitale Videoinformation als gerichtsverwertbarer Beweis anerkannt wird. Grundsätzlich geht man dabei davon aus, dass digitale Bilder manipulierbar sind und somit ohne besonderen Schutz nicht als Beweis vor Gericht dienen können. Der jeweils definierte Schutz erstreckt sich zum einen auf einen integrierten Schutz der Videobilder selbst gegen Manipulationen. Dieser kann z. B. mittels digitaler Wasserzeichen [DITT00] erreicht werden. Alternativ wird der Weg, den die Bildinformationen von der Aufzeichnung bis in den Gerichtssaal nehmen müssen, besonderen Sicherheitsbestimmungen unterworfen. Während sich digitale Wasserzeichen noch in der Anfangsphase der Entwicklung und Standardisierung befinden, ist die manipulationssichere Übertragung ein akzeptiertes Verfahren, um an beweiskräftige Aufnahmen zu kommen.

2 Analoge versus digitale CCTV-Systeme

Die technische Entwicklung der CCTV-Technik vollzog und vollzieht sich in den drei Stufen analoge, hybride und volldigitale Systemtechnik. Video realisiert gegenwärtig den im Audiobereich längst abgeschlossenen Übergang von analoger zu digitaler Technik. Aufgrund der hohen Datenmengen und komplexen Kompressionsalgorithmen gestaltet sich dieser Übergang hier erheblich schwieriger und aufwändiger. Ganze Forschungsgebiete entstanden z. B. durch die Notwendigkeit, die enormen Datenmengen digitaler Videosignale zu komprimieren und zu übertragen. Gegenwärtig befinden wir uns im Reifestadium hybrider Systeme. Ihre Videoquellen sind nach wie vor konventionelle analoge Kameras. Es stehen ausgereifte Systeme zur Verfügung, deren größter Vorteil gegenüber den sich entwickelnden volldigitalen Systemen das günstige Nutzen-Kostenverhältnis ist. Bestehende Videoinfrastruktur kann weitgehend nachgenutzt und mit den Vorteilen digitaler Kompressions-, Speicher-, Analyse- und Übertragungstechnologien vereinigt werden.

Mit zunehmendem Standardisierungsgrad vor allem im Bereich digitaler netzwerkbasierter Übertragungsverfahren ist in den nächsten Jahren mit der Verbreitung volldigitaler Systeme zu rechnen. Hier wird allein schon die Kamera ein in sich abgeschlossenes Mini-CCTV-System bilden, welches einen großen Teil der Funktionalität der heutigen Zentralentechnik hybrider Systeme übernehmen wird.

Neben den Kompressionsverfahren wie JPEG, Wavelet oder MPEG bilden heute der Internet-Standard IP und meist Ethernet als physikalischem Übertragungsmedium die Basis sowohl hybrider als auch volldigitaler Systeme. Die Quality of Service (QoS) -Anforderungen aus dem Video on Demand- bzw. Multimedia-Bereich spielen bei CCTV-Systemen eine eher untergeordnete Rolle. Deshalb und aufgrund der im Vergleich zum billigen Medium Ethernet sehr hohen Kosten konnte sich ATM als Alternative bislang nicht etablieren.

Zentrales Element analoger Systeme ist neben der natürlich immer notwendigen Kameraperipherie die Kreuzschiene. Diese wird in hybriden und volldigitalen Systemen durch den Netzwerk-Videorekorder und den Ethernet-Backbone ersetzt. In [GILG01] wird dazu das Motto *„das Netzwerk ist der Multiplexer"* formuliert. Man spricht von einer Netzwerkkreuzschiene.

2.1 Analoge CCTV-Systeme

Analoge Systeme nutzen für die Bilderfassung, Übertragung und Darstellung analoge Systemkomponenten bzw. analoge Signale. Die in frühen Systemen verwendeten Röhrenkameras waren sehr teuer, empfindlich und voluminös, so dass ein breiter Einsatz von CCTV-Techniken schon an den Eigenschaften der Bildquelle scheiterte. Die teuren Kameras kamen nur für hochkritische Anwendungen, z. B. bei der Überwachung von Kernreaktoren, zum Einsatz, wo der Preis eine sekundäre Rolle spielte. Die Überwachung bestand aus Einzelkamera-Monitorsystemen. Der Einsatz von Multiplexer- oder Kreuzschienentechnik zur Reduktion der Informationsflut späterer Systeme war nicht notwendig. Heutige Einsatzfälle mit hunderten von Kameras zur Absicherung auch weniger kritischer Bereiche waren zu dieser Zeit nicht denkbar.

Ein Quantensprung in der Entwicklung der analogen CCTV-Systeme und Basis für den breiten Einsatz in der Praxis war die Einführung von billigen und platzsparenden Kameras mit CCD-

Sensoren für die Bilderfassung. Eigentlich kann vor der Erfindung CCD-basierter Kamerasysteme nicht von Videoüberwachungstechnik oder CCTV-Systemen gesprochen werden. Die Verbilligung der Kameratechnik bei gleichzeitiger Erhöhung der Zuverlässigkeit und Funktionalität war Voraussetzung für den breiten Einsatz von CCTV-Systemen.

Analoge Systeme bestehen aus einer Vielzahl von Einzelkomponenten. Diese kommunizieren miteinander wiederum über eine Vielzahl verschiedener physikalischer und logischer Schnittstellen zur Übertragung von Video- und Steuerinformationen. Größere Systeme enthalten meist Video-Multiplexer oder Video-Kreuzschienen.

Einen großen Kostenanteil in analogen Systemen bilden die aufwändigen Verkabelungen zur Übertragung sowohl der Steuer- als auch der Videoinformation. Da meist die Video- und Steuerinformation nicht über das gleiche physikalische Medium übertragen werden können, müssen unterschiedliche Verkabelungssysteme installiert werden. So werden die Steuerinformationen meist über serielle RS232-, RS422- oder RS485-Verkabelungen übertragen. Für die Erfassung von Ereignissen an der Ein/Ausgangskontakt-Peripherie werden zusätzliche Verkabelungen vorgenommen. Ein Beispiel ist der Interbus [PHOE00]. Dieser erfordert sowohl die Verkabelung des eigentlichen Busses als auch die Zuführung der Ein- und Ausgangskontakte an die Busbaugruppen dieses Feldbussystems. Schließlich kommt als dritte Kabelkategorie die Videoverkabelung hinzu, welche die eigentliche Nutzinformation des Systems trägt. Zum Einsatz kommen Koaxial-, Zweidraht- oder Glasfaserverkabelungen. Da klassische Zentralentechnik meist alle Kabel in der Wachzentrale zusammenführt, müssen unter Umständen weite Strecken in oft nur schwer zugänglichen Bereichen überwunden werden. Diese Verkabelungen sind damit störanfällig, leicht zu sabotieren und schwer zu warten. Zusammen mit der für die einzelnen Verkabelungssysteme notwendigen Anpassungs-Hardware und dem Installationsaufwand kommen schnell enorme Kosten zustande, die je nach Situation die Kosten des eigentlichen Videosystems bei weitem übersteigen können.

Große CCTV-Anlagen weisen auch im analogen Bereich einen zunehmenden Anteil an Software auf, der allerdings im Verhältnis zu den Gesamtkosten derartiger Anlagen noch relativ gering ist. Videomanagementsysteme werden zur Erfassung von Peripherieinformationen, deren logischer Verarbeitung und der Erzeugung von Meldungen an die Bediener oder der automatisierten Steuerung der Ausgaben an die Peripherie eingesetzt.

Bild 2.1 zeigt das Blockschaltbild eines beispielhaften Analogsystems. Das Schaltbild enthält die Komponenten, die typischerweise in derartigen Anlagen zu finden sind.

Zentrales Bauelement ist die Videokreuzschiene. Diese Matrix aus Analogschaltern verknüpft die Videosignale von n Kameras mit deren Darstellung auf m Monitoren. Im Übertragungspfad der Videoeingangssignale können verschiedene Komponenten zwischen der Kamera und der Kreuzschiene angeordnet sein. Im Beispiel erfolgt die Videoübertragung über ein Zweidraht-Sender-Empfänger-System.

Der Kreuzschiene vorgelagert sind Videobewegungsmelder. Diese analysieren die eingehenden Videosignale und lösen entsprechend ihrer Einstellung Alarme aus, wenn Bewegungen detektiert werden. Diese Alarmmeldungen werden vom Videomanagementsystem verarbeitet und z. B. in automatische Kameraaufschaltungen auf Monitore im Bewegungsfall verwandelt.

Das System verfügt über eine Feldbusperipherie von Ein- und Ausgangskontakten. Diese melden z. B. das Öffnen von Türen oder dienen der Steuerung von Verschlussmechanismen infolge von Nutzeraktionen oder automatischen Systemreaktionen.

Bevor die Videosignale die Monitore des Wachpersonals erreichen, durchlaufen sie noch die Baugruppe Texteinblendung. Diese mischt dem Videosignal textuelle Informationen bei, die dann zusätzlich auf den Monitoren dargestellt werden. Dabei kann es sich um Informationen zum dargestellten Kamerakanal, z. B. „Kameras Tor 5", handeln. Es können aber auch kompakte Informationen zur Ursache der Auslösung einer automatischen Videoaufschaltung in das Videosignal eingefügt werden, wie z. B. „Zaunalarm Sektor 35" oder „Bewegung im Torbereich".

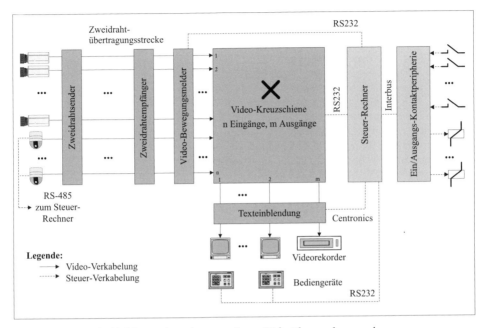

Bild 2.1: Blockschaltbild einer komplexen analogen Videoüberwachungsanlage

Die Steuerung der Anlage – also die Interaktion mit dem Bediener oder die Realisierung automatischer Abläufe auf Basis von Eingangsinformationen – übernimmt der Steuer-Rechner. Dieser beherbergt die Video- oder Sicherheitsmanagement-Software, welche die Verknüpfung von an der Peripherie erfassten Zuständen mit der Benachrichtigung des Wachpersonals oder dem Auslösen automatischer Vorgänge vornimmt.

Der Nutzer agiert im System mittels spezieller Bediengeräte. Diese ermöglichen ihm die manuelle Aufschaltung von Kameras auf Monitore, das Bestätigen von Alarmmeldungen oder auch die Steuerung der ebenfalls im System installierten Schwenk/Neige-Kameras. Bild 3.15 aus Abschnitt 3.3 zeigt ein Beispiel für ein derartiges Bediengerät.

An einem der Kreuzschienenausgänge ist im Beispiel noch ein analoger Timelapse-Videorekorder angeschlossen. Dessen Aufzeichnung kann z. B. über einen vom Videomanagementsystem ausgelösten Kontakt gesteuert werden. Da er mit einem Ausgang der Kreuzschiene verbunden ist, kann die Aufzeichnung auch im Zeitmultiplex erfolgen. Das Videomanagementsystem sorgt automatisch für die Zuführung der für eine Aufzeichnung vorgesehenen Kamerasignale an den Kreuzschienenausgang des Videorekorders.

Ein typisches automatisiertes Alarmszenario in analogen Systemen wie im Beispiel aus Bild 2.1 könnte folgendermaßen ablaufen:

Ein Videobewegungsmelder detektiert Bewegung im Bild der an ihn angeschlossenen Kamera. Diese Information wird dem Steuer-Rechner gemeldet. Als Reaktion ist in der Parametrierung des Videomanagementsystems die automatische Aufschaltung der auslösenden Kamera auf einen festen Monitor hinterlegt. Auf zwei weiteren Monitoren werden vom System Bilder von Kameras präsentiert, die der auslösenden Kamera benachbart sind. Diese auszuwählen, ist eine Aufgabe der Projektierung. Damit hat man ein Überblicks-Videoszenario zum gesamten

Alarmvorgang. Die drei Kameras sollten dabei einen Sichtbereich abdecken, der garantiert, dass sich ein potentieller Angreifer mit Sicherheit noch in der Szene befindet. Das System startet über einen Digitalausgang gleichzeitig die Aufzeichnung des Videorekorders und schaltet auf den mit dem Rekorder verbundenen Kreuzschienenausgang die alarmauslösende Kamera auf. Über einen weiteren Kontakt wird ein akustisches Signal für das Wachpersonal aktiviert. Sind die Nachbarkameras der Alarmkameras mit Schwenk/Neigetechnik ausgerüstet, kann das Managementsystem diese ebenfalls automatisch in eine dem Alarm bei der Parametrierung zugeordnete Festposition bewegen. Durch Blockierung der manuellen Videoaufschaltung auf den alarmanzeigenden Monitoren und die akustische Meldung wird das Wachpersonal gezwungen, sich auf den Vorgang zu konzentrieren. Nach Bearbeitung des Alarmvorganges – z. B. Auslösen eines Polizeieinsatzes oder auch Erkennen einer Fehlauslösung – wird der Alarm vom Personal über ein Bediengerät quittiert. Damit wird auch die Zugriffsverriegelung der Alarmmonitore für manuelle Aufschaltungen wieder aufgehoben und das Alarmsignal gestoppt. Die Anlage befindet sich wieder im alarmfreien Zustand.

2.2 Hybride CCTV-Systeme

Hybride Systeme nutzen für die Bilderfassung nach wie vor analoge Kameras und unterliegen damit weitgehend den aus dem Fernsehbereich übernommenen Videonormen PAL und NTSC bezüglich Auflösung und Bildraten. Die digitale Welt mit ihren Möglichkeiten beginnt erst nach der Videodigitalisierung und Kompression. Die Bildspeicherung, Übertragung und Präsentation erfolgt mittels digitaler Komponenten, wie Festplattenrekorder, Netzwerktechnik und Computer-Monitoren. Mit der gegenwärtig verfügbaren, weit verbreiteten und kostengünstigen, analogen Kameratechnik als Videoquelle stellen Hybridsysteme aus Aufwands-Nutzen-Betrachtungen die optimale Lösung dar.

Immer seltener werdend besteht für Spezialanwendungen auch noch die Forderung, dass eine Bildausgabe auf analogen Monitoren erfolgen soll. Bei Erweiterung analoger Systemtechnik um digitale Teilkomponenten ermöglicht dies die Kopplung mit bestehender Kreuzschieneninfrastruktur. Durch Wiedereinspeisung gewandelter digitaler Bilder in die vorhandene analoge Infrastruktur können alte bewährte Wirkmechanismen beibehalten und um digitale Möglichkeiten erweitert werden. Dies trägt der häufigen Forderung nach einem weichen Übergang zwischen den beiden Welten Rechnung. Warum auf Bewährtes verzichten, wenn man die Vorteile beider Welten vereinigen kann? Neusysteme kommen jedoch heute meist schon ohne die Rückwandlung in analoge Signale aus. Die Bildpräsentation erfolgt im Computer-Monitor.

Hybride Systeme bestehen eingangsseitig meist aus einer konventionellen Kreuzschiene, die mit der Digitalisierungs- und Kompressions-Hardware verbunden ist. Bild 5.23 in Abschnitt 5.3.1 zeigt ein Beispiel für die Hardware-Architektur solcher Systeme. In der Vergangenheit konnte man damit den Kostenfaktor Kompressions-Hardware stark reduzieren. Die gleiche Kompressions-Hardware wird für eine Vielzahl von Kamerakanälen verwendet, die im Multiplexverfahren abwechselnd an den Kompressor geschaltet werden. Durch zurückgehende Chip-Preise vollzieht sich gegenwärtig der Übergang weg von diesen multiplexenden Kompressionssystemen hin zu Lösungen, die pro analogem Kamerakanal auch einen eigenen Kompressionskanal bieten, wie dies in Abschnitt 5.3.2 gezeigt wird.

Einer der wesentlichen Vorteile dieser Systemgeneration ist die starke Reduktion der Verkabelungskosten. Nach der Digitalisierung ist ein physikalisches Medium ausreichend, um sowohl Video- als auch Steuerinformation zu übertragen. Ethernet, als weit verbreitetes Medium, kann in vielen Installationen als vorhanden betrachtet werden. Durch die Nachnutzung bereits bestehender Netzwerkinfrastruktur sind oftmals kaum Neuverkabelungen notwendig.

2.2 Hybride CCTV-Systeme

Die dicken Kabelstränge und -kanäle analoger Systeme gehören der Vergangenheit an. Einen erheblichen Vorteil bildet auch der extrem hohe Standardisierungsgrad im Netzwerkbereich und speziell im Ethernet. Dies erleichtert die Planungen und reduziert den Aufwand zur Fehlersuche. Die analogen Signale der Kameras müssen natürlich nach wie vor den Kompressionsmodulen zugeführt werden. Moderne Software-Konzepte wie Client-Server-Architekturen, wie sie in den Abschnitten 7.4 und 10.2 erläutert werden, helfen jedoch dabei, diesen Kostenfaktor niedrig zu halten. Durch in der Nähe der Kamerastandpunkte betriebene Video-Server, die Digitalisierung und Kompression vornehmen, werden die Videokabellängen sehr kurz. Sowohl die Video- als auch die Steuerinformation werden am Ort ihres Entstehens aufgenommen. Danach stehen beide Informationsarten als integrierter Netzwerkdienst zur Verfügung. Die in analogen Systemen (Bild 2.1) notwendige sternförmige Video- und Steuerverkabelung zu einer Zentrale entfällt.

Das wichtigste Bauelement analoger Installationen, die Zentralenkreuzschiene, entfällt ebenfalls vollständig. Nach der Digitalisierung übernimmt das digitale Netzwerk die Kreuzschienenfunktion. Man spricht von einer virtuellen oder Netzwerkkreuzschiene. Die Netzwerkverkabelung und Netzwerkkomponenten wie Switch und Router, die in Abschnitt 6.5.3 erläutert werden, ersetzen die aufwändige, spezialisierte Hardware einer analogen Kreuzschiene durch weltweit standardisierte Technik, die problemlos miteinander verknüpft werden kann. Einzelne IP-Verbindungen zwischen den Clients und Servern in diesem Netzwerk bilden dabei „virtuelle Drähte", die Video- oder auch Steuerdaten übertragen. Alle dabei anfallenden Informationen werden quasi gleichzeitig im Zeitmultiplexverfahren über das gleiche physikalische Medium übertragen.

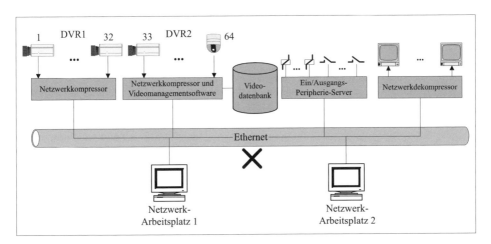

Bild 2.2: *Blockschaltbild eines hybriden CCTV-Systems*

Bild 2.2 zeigt ein Beispiel für ein hybrides CCTV-System. Das System enthält die beiden digitalen Video-Server DVR1 und DVR2. Beide digitalisieren und komprimieren hier jeweils das Signal von 32 Kameras im Zeitmultiplexverfahren. Nur DVR2 zeichnet Videodaten in seiner Datenbank auf. DVR1 sendet seine komprimierten Bilder über das Ethernet an DVR2 zur Aufzeichnung. Das System verfügt über zwei Computer-Arbeitsplätze. Diese können sowohl auf gespeicherte als auch auf Live-Videodaten unabhängig voneinander zugreifen. Die Darstellung erfolgt entweder eingebettet in die Nutzerschnittstelle der Arbeitsplatz-Computer oder alternativ mittels eines Netzwerkdekompressors auf konventionellen Videomonitoren. DVR2 beherbergt die Videomanagement-Software des Systems. Diese steuert z. B. die Aufzeichnung, Bildraten und Bildqualität der beiden Video-Server. Dazu nutzt diese Software

Eingangsinformationen, die von der Peripherie erzeugt werden. Als Peripherie wird im Beispiel ein Ein/Ausgangs-Peripherie-Server eingesetzt, der netzwerkbasierten Zugriff auf die an ihn angeschlossenen Kontakte bietet. Die beiden Video-Server können in diesem Beispiel parallel auch als Videobewegungsmelder betrieben werden. Analog den Meldungen des Ein/Ausgangs-Servers werden die Bewegungsmeldungen der Video-Server vom Videomanagementsystem verarbeitet, um daraus entsprechende Steuerabläufe und Nutzerbenachrichtigungen abzuleiten.

Die Anlagenbestandteile Bediengerät, Texteinblendung oder Videorekorder der in Abschnitt 2.1 gezeigten analogen Installation entfallen. Sie stehen als integrierte Dienste der Software des Videomanagementsystems und der grafischen Nutzerschnittstelle der Arbeitsplätze zur Verfügung, ohne weitere Hardware-Kosten zu verursachen.

Die mit dem Modellsystem aus Bild 2.2 realisierbaren Alarmszenarien sind zunächst ähnlich denen aus Abschnitt 2.1 für analoge Systeme. Durch die im Netzwerk integrierte parallele Speicherung und Wiedergabe von Alarmbildern aus der Videodatenbank der DVRs ergibt sich jedoch ein erheblicher Zugewinn an Information für die Lagebeurteilung. So kann das System parallel zu den Live-Bildern der Alarmkameras auch das gespeicherte alarmauslösende Bild automatisch präsentieren. Weiterhin stellt eine Vorgeschichteaufzeichnung der Alarmkameras den Zugriff auf die Historie des Alarmereignisses zur Verfügung. Der Bediener bekommt – eventuell in einer Endlosschleife – die gesamte historische Entwicklung des Vorganges präsentiert und kommt damit zu erheblich qualifizierteren Entscheidungen. Durch eine Langzeit-Videoarchivierung werden alle Vorgänge recherchierbar. Damit können die beobachteten Prozesse nachgeordnet analysiert und optimiert werden.

2.3 Volldigitale CCTV-Systeme

Im Gegensatz zu hybriden Systemen können in volldigitalen Systemen die Kameras direkt im Netzwerk betrieben werden. Digitalisierung und Kompression werden schon in der digitalen Kamera und nicht erst in einem zentralen Video-Server vorgenommen. Ein großer Teil der Intelligenz des digitalen CCTV-Systems befindet sich zukünftig direkt in den Kameras. So stellen diese Netzwerkkameras z. B. Funktionen zur Bewegungsdetektion, Vorgeschichtespeicherung oder auch Telemetrie zur Verfügung. Damit bildet die Kamera selbst schon ein kleines CCTV-System. Detektiert eine solche Netzwerkkamera z. B. Aktivität im Videosignal, kann diese dazu verwendet werden, um automatisch das Live-Signal und die Vorgeschichte dieses Ereignisses auf einem PC-Monitor des Bedienplatzes zu präsentieren. Eine Videomanagement-Software sorgt, wie auch bei analogen und hybriden Systemen, für die Steuerung dieser Vorgänge. Das Grundszenario der alarmbasierten Live-Videopräsentation inklusive der "eingefrorenen" Alarmbilder und Vorgeschichte ist in analogen Systemen (siehe Abschnitt 2.1) nur mit einer Vielfalt spezialisierter Hardware-Komponenten realisierbar. Auch in hybriden Systemen werden noch spezialisierte Komponenten neben der Kamera zur Abdeckung dieses Hauptszenarios, wie z. B. der zentrale Video-Server, benötigt. In volldigitalen Systemen werden dafür nur die Kameras, die Netzwerk-Hardware und die Bedienstationen benötigt. Die Netzwerk-Videomanagement-Software bildet den Integrationskitt für derartige Systeme.

Anspruchsvollere volldigitale Systeme stellen Zusatzdienste bereit, die von den Kameras nicht direkt geleistet werden können. Dazu gehören die Langzeit-Videoarchivierung in einem zentralen Video-Datenbank-Server oder der Dienst Ein/Ausgangs-Peripherie-Server, wie dies in Bild 2.3 dargestellt ist. Weitere Dienste erlauben z. B. auch das automatische Versenden von E-Mails oder SMS mit angehängten Alarmbildern.

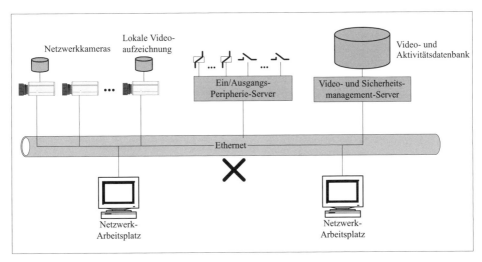

Bild 2.3: *Blockschaltbild eines volldigitalen CCTV-Systems*

Je nach Anspruch an das volldigitale CCTV-System stellt es eine Mischform aus dezentralen und zentralen Diensten dar. Große Teile der Intelligenz befinden sich direkt in den Kameras, was zur Entlastung der Videomanagement-Software und zur Reduktion der im Netz zu übertragenden Informationsmengen führt. Nichtsdestotrotz gibt es auch weiterhin zentrale Dienste für die Realisierung aufwändigerer Verarbeitungsaufgaben, die, aufgrund beschränkter Ressourcen, nicht direkt von den Kameras bereitgestellt werden können. Insofern werden die digitalen Systeme der Zukunft sowohl dem Paradigma zentrale und dezentrale Architektur gerecht. Die oft geführten Grabenkämpfe zu zentralen oder dezentralen Architekturen sind überflüssig. Beide Paradigmen haben ihre Berechtigung, wobei je nach Technikstand die eine oder andere Form das Schwergewicht hat.

Der Übergang zu volldigitalen Systemen wird gegenwärtig hauptsächlich von den beiden Faktoren

- hoher Anspruch an die Elektronik der Kameras und
- geringer Standardisierungsgrad für die Videoübertragung speziell in IP-Netzwerken

gebremst. Kompression und Netzwerkübertragung setzen sehr leistungsfähige und gegenwärtig noch teure Hardware voraus. Der Anspruch steigt noch, wenn in der Kamera intelligente Zusatzfunktionen wie z. B. Bewegungserkennung realisiert werden sollen. Auf Basis der gegenwärtig verfügbaren Chipgenerationen gehen deshalb viele Hersteller von Netzwerkkameras Kompromisse bezüglich Bildauflösung, Bildrate und Funktionalität ein. Die Situation ähnelt ein wenig der Situation aus der Anfangszeit der Audiodigitalisierung. Damals wurden Qualitätseinbußen durch geringe Abtastraten und Digitalisierungsgenauigkeit für eine Übergangszeit zugunsten der gewonnenen Flexibilität hingenommen. Die Qualitätskompromisse des Massenmarktes führen jedoch bei den hohen Ansprüchen des CCTV-Bereiches zu Akzeptanzproblemen, was einer der Gründe für die gegenwärtig noch geringe Verbreitung von Netzwerkkameras für professionelle Überwachungszwecke ist.

Tabelle 2.1 zeigt eine Übersicht zu wichtigen Kenngrößen einiger Netzwerkkameras der aktuellen Generation.

Meist kommt das JPEG-Verfahren für die Kompression zum Einsatz. Die Bildraten sind bei hoher Auflösung gegenwärtig noch recht niedrig, reichen aber schon für eine Reihe von Anwendungsfällen aus. Mittels dieser Generation von Netzwerkkameras kann z. B. ein WEB-Browser als einfache Überwachungsstation mit geringen Ansprüchen betrieben werden. Hybride Lösun-

2 Analoge versus digitale CCTV-Systeme

Tabelle 2.1: Wichtige Parameter einiger aktueller Netzwerkkameras

Hersteller Typ	JVC VNC-30U	Panasonic KX-HCM10	Axis Axis 2120	Mobotix M1M	Sony SNC-VL10P
Kompression	MPEG-1, JPEG	JPEG	JPEG	JPEG	Wavelet
Maximale Auflösung	640x480 (VGA)	640x480 (VGA)	704x576 (4CIF)	640x480 (VGA)	720x576
Bildrate [fps]	3 bei 640x480	7,5 bei 640x480	10 bei 704x576	12 bei 320x240	25 bei 360x288
Alarmbild- speicher	–	80 Bilder bei 320x240	4 MByte	4–30 MByte	–
Protokolle	UDP/IP, TCP/IP, HTTP, FTP	UDP/ IPTCP/IP	TCP/IP	TCP/IP, HTTP	TCP/IP, PPP
Netzwerk- schnittstellen	10/100 MBit Ethernet	10 MBit Ethernet	10/100 MBit Ethernet	ISDN, 10/100 MBit Ethernet	10 MBit Ethernet, USB
Sonder- funktion	Schwenken, Neigen	Schwenken, Neigen	Bewegungs- detektion	Bewegungs- detektion	Bewegungs- detektion

gen mit zentralem Video-Server (siehe Abschnitt 2.2) sind gegenwärtig noch erheblich leistungsfähiger, da auf die leistungsfähigen Ressourcen der PC-basierten Plattformen zurückgegriffen werden kann. Volle Videoauflösung bei voller Bildrate ist hier durchaus der Standard.

Die Entwicklung auf dem Sektor der Netzwerkkameras ist von einer extremen Dynamik gekennzeichnet. Gegenwärtig sind die ersten MPEG-2- und MPEG-4-basierten Kamera-Server verfügbar. Frost & Sullivan [FROS02] schätzen, dass der Markt für Netzwerkkameras bis zum Jahr 2005 ein Volumen von 761 Millionen Dollar erreichen wird. Ausgehend von 73 Millionen Dollar im Jahre 2000 ist das eine Verzehnfachung in nur fünf Jahren. Dieser kommerzielle Schub wird als Technologietreiber zwangsläufig zur Aufhebung der derzeitigen Beschränkungen führen. In wenigen Jahren werden Netzwerkkameras damit bei gleichen oder geringeren Kosten die Qualitätsparameter analoger Kameras erreichen und bezüglich der Flexibilität bei weitem übertreffen. Über kurz oder lang ist bei den Netzwerkkameras auch die Loslösung vom engen Korsett der in die Jahre gekommenen Videonormen PAL und NTSC zu erwarten. Es wird Systeme mit höheren Auflösungen und Bildraten, als diese Standards definieren, geben. Progressive-Scan-Kameras werden das im digitalen Umfeld sehr problematische und veraltete Zeilensprungverfahren ablösen. Allerdings sind mit der Ablösung etablierter Standards große Trägheitseffekte verbunden, so dass es noch einige Zeit dauern dürfte, bis diese Loslösung auf breiter Basis erfolgt.

Ein weit größeres Problem als die Leistungsfähigkeit der Kamera-Hardware stellt allerdings die Standardisierung der Videoübertragung über IP-Netzwerke dar. Im Gegensatz zu den Kompressionsverfahren und ihren Datenformaten haben sich die Protokolle zur Übertragung dieser Daten noch nicht breit durchgesetzt. Einem Multimediastandard für die Übertragung von digitalem Video in Netzwerken wird in Zukunft die gleiche Bedeutung wie den heutigen Standards aus dem Fernseh- und Rundfunkbereich zukommen. Die Standardisierungsbestrebungen sind aufgrund der Interessenlagen einzelner großer Unternehmen noch von hoher Dynamik und Widersprüchlichkeit gekennzeichnet. Gegenwärtig wird in einer Reihe von Gremien diese Problematik intensiv diskutiert. Beispiele sind:

- die 1997 gegründete Networked Multimedia Connection (NMC), der Microsoft, Intel und Cisco angehören,
- die IP Multicasting Initiative (IPMI), die 1996 gegründet wurde,
- die Internet Engineering Task Force (IETF) und die Internet Engineering Steering Group (IESG).

Erste Vorschläge für die Übertragung von Multimediadaten in IP-Netzen wurden bereits 1996 durch die IESG zum Standard erhoben. Ergebnis war das Real Time Protocol (RTP) aus [SCHU96] und seine Hilfsprotokolle, die zur Steuerung von Multimediaübertragungen benötigt werden. Abschnitt 7.5 liefert dazu eine Einführung. Einen detaillierten Überblick über den Stand dieser Bestrebungen geben [MILL99], [CROW99] und [WITT01]. Auf Basis dieser Protokollfamilie wurden bereits erste kommerzielle Lösungen, die in der CCTV-Technik zum Einsatz kommen, entwickelt.

Ohne einen derartigen Übertragungsstandard wird es keine einheitlichen Zugriffsmöglichkeiten auf die in Netzen übertragene Videoinformation geben. Dies führt zu proprietären, herstellergebundenen Lösungen mit den entsprechenden Abhängigkeiten und enormen Kosten für die Integration alternativer Videoquellen in den Bestand eines digitalen CCTV-Systems. Die Ergebnisse der Standardisierungsprozesse im Bereich der Multimediaübertragung werden unmittelbaren Einfluss auf die Entwicklung von CCTV-Systemen haben. Da diese Bestrebungen an den Anforderungen des Massenmarktes Multimedia z. B. bezüglich Anwendungen wie Video on Demand oder Internet-Radio orientiert sind, wird sich die Notwendigkeit zu Modifikationen ergeben, die den speziellen Erfordernissen des Sicherheitsmarktes Rechnung tragen. Vor diesem Hintergrund werden hybride CCTV-Systeme mit zentralisiertem Video-Server und proprietären Zugriffsverfahren noch für längere Zeit den Markt dominieren. Allerdings sind auch hier noch große Fortschritte zu erwarten. Deswegen bilden diese Systeme den Schwerpunkt der Darstellungen dieses Buches. Zukünftige Systeme werden z. B. in der Lage sein, mit verschiedenen Multimediaformaten umzugehen. Beispiele sind JPEG, JPEG2000, Wavelet, MPEG, hochaufgelöste Einzelbilder und verschiedene Audioformate. Zusätzlich gewinnen die Verfahren der Bildinhaltsanalyse, die sowohl in hybriden als auch volldigitalen Systemen genutzt werden können, an Bedeutung.

2.4 Gegenüberstellung analoger und digitaler CCTV-Komponenten

Im Folgenden sollen einige der wichtigsten Komponenten analoger und digitaler CCTV-Systeme gegenübergestellt werden. Die Tendenz ist eindeutig. Klassische analoge Videokomponenten werden in den nächsten Jahren verschwinden. Dabei wird allerdings die analoge Kamera als zentrales, bildgebendes Element in hybriden Systemen (Abschnitt 2.2) noch für einen längeren Zeitraum überleben. Demgegenüber werden andere Komponenten, die früher eigenständige Hardware-Module darstellten, als Software-Lösung nachgebildet. Ein Beispiel sind Videobewegungsmelder. Diese in analogen CCTV-Systemen selbständige Hardware-Komponente wird durch einen Software-Algorithmus ersetzt, der z. B. parallel zu einem Video-Kompressionsalgorithmus von einem digitalen Signalprozessor verarbeitet werden kann.

Mit zunehmender Durchgängigkeit des digitalen Signalpfades bis zur Kamera werden auch die klassischen Übertragungs- und Anpassungskomponenten für analoge Videoübertragungen nicht mehr benötigt. Videoverstärker und -entzerrer, Trenntransformatoren oder Texteinblendmodule werden durch standardisierte Netzwerkübertragungskomponenten aus dem IT-Bereich ersetzt. Klassische Probleme wie Signalanpassungen und Qualitätsverluste bei langen Übertragungsstrecken entfallen vollständig. Analoge Monitore werden durch virtuelle Monitore bzw. Videofenster auf einem Computer-Bildschirm ersetzt. Innerhalb eines CCTV-Systems kommen immer weniger spezialisierte CCTV-Hardware-Komponenten zum Einsatz. Sie werden durch Standard IT-Komponenten aus der Computer- und Netzwerktechnik ersetzt. Diese Konvergenz von CCTV- und IT-Standardkomponenten hat für den Endanwender große Vorteile. So kann:

2 Analoge versus digitale CCTV-Systeme

- eine meist vorhandene IT-Infrastruktur auch zum Zwecke von CCTV genutzt werden;
- ein großer Teil der Hardware zwischen verschiedenen Herstellern kosten- und funktionsoptimierend ausgetauscht werden. So ist z. B. der sehr hohe Standardisierungsgrad von Ethernet-Komponenten die Garantie für eine funktionierende Anlage, auch wenn Produkte verschiedener Hersteller im Netzverbund zum Einsatz kommen;
- durch Erweiterung vorhandener IT-Infrastruktur auch die Leistungsfähigkeit einer CCTV-Anlage skaliert werden;
- die Wartung der CCTV-Anlage in den Verantwortungsbereich qualifizierten IT-Personals übergehen.

Tabelle 2.2 gibt einen groben Überblick zu konventionellen analogen CCTV-Komponenten und ihren digitalen Äquivalenten.

Tabelle 2.2: *Gegenüberstellung wichtiger analoger und digitaler CCTV-Komponenten*

Komponente	analog	digital
Kreuzschiene	Matrix aus Analogschaltern, hohe Kosten durch aufwändige Verkabelung und spezialisierte Hardware-Komponenten. Verfügbarkeit des Videosignals gering – es muss eine spezielle Videoverkabelung erfolgen. Platzbedarf und Wartungskosten vergleichsweise hoch. Integrationsfähigkeit gering.	Netzwerkkreuzschiene. Parallele Nutzung bestehender Netzwerkinfrastruktur. Geringe Kosten durch Nutzung weit verbreiteter, standardisierter Komponenten. Wahlfreiheit bei der Wahl der Hardware-Komponenten. Geringe Kabelkosten. Geringe Wartungskosten. Hohe Verfügbarkeit von Video als integriertem Netzwerkdienst. Nachteilig sind gegenwärtig noch die Bandbreitenforderungen und relativ hohen Übertragungsverzögerungen.
Videobewegungsmelder	Spezialisierte, teure Hardware. Hohe Kanalkosten. Oft aufwändige Wartung.	Integrierter Bestandteil der Kompressions-Hardware. Damit kein eigenständiges Hardware-Modul mehr. Realisierbarkeit als reine Software-Lösung erhöht die Freiheitsgrade bei der Wahl der Detektionsverfahren.
Übertragungs-Hardware	Spezielle Videoübertragungs-Hardware und Verkabelung z. B. Zweidrahtkomponenten oder Koaxialkabel. Bei großen Strecken aufwändige Anpassungsmaßnahmen wiederum mit teuren Spezialkomponenten (Entzerrerverstärker, Trenntransformatoren). Zugriff auf Videoinformationen nur über relativ kurze Distanzen möglich.	Nutzung standardisierter Netzwerk-Hardware wie Switch, Router und Gateway. Keine Spezialkomponenten notwendig. Kein Qualitätsverlust bei langen Übertragungswegen. Nachteilig sind die hohen Bandbreiten und relativ hohe Latenz. IP ermöglicht eine Hardware-unabhängige Übertragung in heterogenen Netzen ohne Software-Anpassungen. Nahtloser Übergang zwischen Nah- und Fernbereichsnetzwerken. Möglichkeiten verschlüsselter Übertragung.
Texteinblendmodule	Spezialisierte Hardware zur Einblendung von Meldungs-Texten in das Videosignal, um z. B. Kamerastandorte zu kennzeichnen oder Alarminformationen anzuzeigen.	Software-Option, keine Spezial-Hardware erforderlich. Bild- und Textinformation sind getrennt und können beliebig bei der Darstellung gemischt werden. Freie Formatierung der Textdarstellung im Videobild auf einem Computer-Monitor.

Gegenüberstellung analoger und digitaler CCTV-Komponenten 2.4

Komponente	analog	digital
Videokamera	Analoge CCD-Kamera. Liefert normgerechtes PAL- oder NTSC-Videosignal. Separate Steuerverkabelung für Parametrierung oder Schwenk/Neigesteuerung.	Digitaler Kamera-Server mit direktem Netzwerkanschluss. Auch nicht videonormgerechte Formate (höhere Auflösungen, Bildraten) technisch möglich. Integration von Zusatzfunktionalität wie Vorgeschichtespeicherung und Bewegungsdetektion direkt in der Kamera. Parametrierung und Schwenk/Neigesteuerung ohne Zusatzverkabelung möglich.
Videomonitor	Analoger Monitor. Nur Verarbeitung normgerechter Videosignale möglich. Für Zusatzfunktionen wie z. B. Texteinblendung, Quadranten- oder Bild in Bild-Darstellung teure Spezial-Hardware notwendig.	Computer-Monitor. Keine Spezial-Hardware notwendig. Einbindung von Video in die gewohnte Computer-Arbeitsumgebung. Flexible Gestaltungsmöglichkeiten der MMS. Auch die Darstellung nicht videonormgerechter Signale möglich. Die Realisierung einer Vielzahl von Darstellungsoptionen ist als reine Software-Lösung kostengünstig möglich. Beispiele sind Spiegelung, Vergrößerung oder Multifensterdarstellung.
Videorekorder	Einkanalige Bandaufzeichnung. Hohe Zugriffszeiten. Hohe Wartungskosten durch Bandverschleiß und Notwendigkeit des Austausches der Bänder. Prinzipbedingt keine parallele Aufzeichnung/Wiedergabe möglich. Aufwändiger Bildexport in Computer-lesbare Formate.	Multiplexender Festplattenrekorder, vollintegriert in das Computer-Umfeld. Wahlfreier Zugriff auf die Bildinformation parallel zur Aufzeichnung. Speicherung von Begleitinformationen zur Verwendung als Suchkriterien problemlos möglich. Geringe Wartungskosten durch Ringspeicherbetrieb mit automatischem Überschreiben der ältesten Bilder. Extrem lange Aufzeichnungszeiten und sehr flexible Aufzeichnungssteuerung. Ein digitaler Rekorder repräsentiert ein komplettes CCTV-System.
Bediengeräte	In klassischen Anlagen oft spezialisierte Geräte mit stark auf den Einsatzfall zugeschnittenen Möglichkeiten. Kaum Möglichkeiten zur Adaption an Spezialforderungen. Die Schnittstellen zur Hardware-Peripherie des Videosystems sind proprietär, was einen hohen Integrationsaufwand mit sich bringt.	Computer-basierte MMS. Kopplung aus Lageplanfunktionalität mit integrierter Videobilddarstellung. Geringe Hardware-Kosten durch Nutzung weit verbreiteter Komponenten. Flexible Auswahl der Endgeräte vom PDA bis zum Großbildschirm oder Touchscreen. Extreme Flexibilität der Anpassung an Projektgegebenheiten.
Videosignalüberwachung	Als Bestandteil der Kreuzschienen-Hardware oder auch als separates Modul realisiert. Detektiert Kamerasabotage und Bildstörungen automatisch.	Integrierter Bestandteil der Kompressions-Hardware. Keine zusätzlichen Hardware-Module und Verkabelungen notwendig.
Anzeigetableaus	Oft spezialisierte Hardware projektspezifisch mit hohem Aufwand entworfen. Hoher Mechanik-Anteil.	Integriert in die computerbasierte MMS. Prozessvisualisierung ist Bestandteil der CCTV-Software. Flexibel an Projektgegebenheiten anpassbar und auch nachträglich änderbar.
Ein/Ausgangskontaktperipherie	Feldbussysteme oder proprietäre Hardware zur Erfassung von Ereignissen bzw. zur Steuerung von Ausgangskontakten. Oft aufwändige, spezialisierte Verkabelung.	Ein/Ausgangs-Kontakt-Server-Module. Diese können komfortabel z. B. über einen Internet-Browser angesprochen werden. Das vorhandene Netzwerk überträgt die anfallenden Steuerungsinformationen simultan mit Video- oder anderen Nutzdaten. Die eigentliche Ein/Ausgangsverkabelung kann kostensparend in der Nähe der Endpunkte erfolgen.

2 Analoge versus digitale CCTV-Systeme

Wie Tabelle 2.2 auch zeigt, ist eine klare Trennung in spezialisierte Komponenten auf Hardware-Basis bei digitalen Systemen im Gegensatz zu analogen Systemen kaum mehr möglich und sinnvoll. Die Modularisierung findet logisch auf Software-Ebene und nicht mehr gerätebezogen statt. Ein digitaler Videorekorder vereinigt innerhalb eines Gerätes die komplette Funktionalität einer analogen Videoanlage, die noch vor zehn Jahren aus Dutzenden von Einzelgeräten und einer aufwändigen Video- bzw. Steuerverkabelung bestand.

Die folgenden Kapitel sollen die Technik, die den digitalen Komponenten von Tabelle 2.2 zugrunde liegt, näher beleuchten.

3 Kameratechnik

Wie in analogen CCTV-Systemen hat die Bildaufnahme durch CCTV-Videokameras auch in digitalen Systemen eine Sonderstellung. Gleichgültig, welche Funktionalität und Flexibilität digitale Systeme durch die Digitalisierung und direkte Computer-Verarbeitung der Bildinformationen gewinnen – die Gesamtfunktion eines solchen Systems ist ohne qualitativ hochwertige Kamerabilder nicht oder nur eingeschränkt gegeben. Liefert schon die Videoquelle qualitativ schlechte Bilder, kann auch das beste digitale System dies, abhängig von der Ursache, nur noch in engen Grenzen oder gar nicht mehr korrigieren. Bei aller heute möglichen Funktionalität der Alarmdetektion bzw. Bildinhaltsanalyse, -suche und -übertragung sind die Videobilder selbst nach wie vor natürlich die wichtigste Information, die ein CCTV-System liefert. Im Allgemeinen wird die Qualität der originalen Bilder durch die vielfältigen Verfahrensstufen digitaler Systeme eher schlechter, wie im Kapitel 5 zu Videokompressionsverfahren noch dargestellt wird. Deshalb muss schon bei der Kameraauswahl darauf geachtet werden, dass diese Signale liefern, auf deren Basis die nachfolgenden Stufen eines digitalen Systems überhaupt in der Lage sein können, die Spezifikationen der Anlage zu erfüllen.

Nach wie vor sind analoge Kameras auf Basis der Fernsehnormen PAL und NTSC die verbreitetste Bildquelle auch für digitale Systeme. Dies liegt an den im Vergleich zu digitalen Kameras niedrigen Kosten, der Notwendigkeit der Nachnutzung bereits installierter Videoinfrastruktur durch ein digitales System, der meist noch besseren Bildqualität und dem hohen Standardisierungsgrad. Digitale Videokameras[1] sind demgegenüber im digitalen CCTV-Bereich bislang noch wenig verbreitet bzw. werden nur für Spezialaufgaben eingesetzt. In diesem Sinne sind digitale CCTV-Systeme von heute eigentlich analog-digitale Hybridsysteme, wie dies schon in Abschnitt 2.2 dargestellt wurde. Die Signale der analogen Kameras werden einem Video-Codec zugeführt, hier digitalisiert und komprimiert und stehen erst danach für den Zugriff im Computer oder über digitale Netzwerke bereit.

Es ist allerdings absehbar, dass vollständig digitale Kameras mit direkten Schnittstellen zu digitalen Netzwerken wie Ethernet hier in den nächsten Jahren die digitale Revolution vollenden werden. Größte Bremse dieser Entwicklung ist bislang aber das Fehlen eines weltweit akzeptierten Videoübertragungsstandards für digitale Netzwerke bzw. die Unzulänglichkeit bereits existierender Standardisierungsversuche für die speziellen Anforderungen des CCTV-Einsatzes. Deshalb sind auf digitaler Kamerabasis entwickelte CCTV-Systeme von hohen Abhängigkeiten bezüglich der Hersteller gekennzeichnet. Die Kameras, die einem solchen System zugrunde liegen, sind nicht durch Produkte anderer Hersteller austauschbar. Der Planer hat nicht die aus dem analogen Bereich gewohnten Freiheitsgrade bezüglich der Auswahl eines Kamerasystems wie verschiedene Preissegmente, Design, Montageeigenschaften oder auch Bildqualitätsparameter und bindet sich damit sehr stark an den Hersteller des digitalen Kamerasystems.

Da analoge Kameras heute noch die Masse der bildgebenden Basis digitaler CCTV-Systeme darstellen, sollen deren Möglichkeiten und die bei der Planung eines CCTV-Systems anzuwendenden Auswahlkriterien im Folgenden überblicksweise vorgestellt werden. Die meisten der hier dargestellten Arbeitsprinzipien, Probleme und Auswahlkriterien spielen auch für digitale Kameras eine Rolle, wobei hier eine große Zahl weiterer Betrachtungen wie Netzwerk-

---

1 So genannte DSP-Kameras, die mitunter auch als digitale Kameras bezeichnet werden, sind keine digitalen Kameras im eigentlichen Sinne, da sie trotz einer Reihe digitaler Verarbeitungsstufen nach wie vor analoge Videosignale am Ausgang liefern. Digitale Kameras liefern auch digitale Bilddatenströme.

schnittstelle und -protokoll, Kompressionsverfahren und digitale Sonderfunktionen hinzukommen. Es ist nicht das Ziel dieses Buches, das oft schon behandelte Standardthema analoger CCTV-Kameras in voller Tiefe zu behandeln. Gerade dieses Thema bildet den Schwerpunkt von Lehrwerken zum klassischen analogen CCTV. Für weitergehende Darstellungen sei deshalb z. B. auf [GWOZ99] und [WEGE00] verwiesen. Hier können auch detaillierte Informationen zum hier nicht behandelten, umfangreichen Thema der Objektivtechnik gefunden werden.

Soweit bereits eine Verallgemeinerbarkeit erkennbar ist, soll auch auf die prinzipielle Arbeitsweise digitaler Netzwerkkameras eingegangen werden. Grundlage der Arbeit derartiger Kameras ist die in den Folgekapiteln dargestellte Videodigitalisierung, -kompression und -übertragung in digitalen Netzwerken.

3.1 Analoge CCTV-Kameras

3.1.1 Arbeitsweise und Bildsensoren

3.1.1.1 Blockschaltbild

Heutige Videokameras arbeiten meist mit Bildsensoren, die auf dem CCD-Prinzip basieren. Diese Art von Kameras gibt es seit Anfang der 80er Jahre. Einige neuere Kameras nutzen auch schon so genannte CMOS (Complementary Metal-Oxide Semiconductor) -Sensoren. Diese bieten, wie Abschnitt 3.1.1.4 zeigt, in einer Reihe von Anwendungsfällen Vorteile.

Bildsensoren wandeln das auftreffende Licht in elektrische Ladungen um. Ein CCD-Sensor enthält eine große Zahl einzelner CCD-Elemente. Die Ladung jedes einzelnen dieser CCD-Elemente wird mit hoher Geschwindigkeit mehrmals pro Sekunde ausgelesen. Daraus wird ein elektrisches Signal erzeugt, welches für die Bildpunkte einer Vorlage entsprechende Spannungswerte liefert. Diese sind proportional zur Intensität des Lichtes und zur Zeitdauer der Belichtung.

Das am Ausgang einer analogen CCTV-Kamera abgegebene Signal ist bei einer Farbkamera entweder ein so genanntes FBAS[2]- oder ein Y/C[3]-Signal. CCTV-Kameras liefern diese Signale wiederum entweder gemäß der Videonorm PAL oder NTSC. Für weitergehende Darstellungen zu diesen Signalnormen und ihren Kennwerten sei auf Kapitel 4 verwiesen. Bild 3.1 zeigt das prinzipielle Blockschaltbild einer analogen CCD-Kamera.

Das Ladungsmuster des CCD-Sensors wird vom Zeittakt des Auslesetaktgenerators gesteuert ausgelesen und erzeugt das Zeitsignal entsprechender Spannungswerte. Eine Signalaufbereitungsstufe formt daraus normgerechte Videosignale, indem sie die korrekten Spannungspegel sicherstellt und dem Signal weiterhin Synchronisationsimpulse für die Steuerung der Wiedergabe beigibt. Auch die bei Bauelementen wie CCD- oder CMOS-Sensoren bizarr anmutenden Austastlücken werden hier erzeugt, damit ein normgerechtes Signal entsteht. Selbstverständlich hat der Begriff des Elektronenstrahlrücklaufs aus der Röhrenzeit bei dieser Art der

---

2 FBAS ist die Abkürzung für **F**arbe, **B**ild, **A**ustastlücke, **S**ynchronimpulse (englisch CVBS – Composite Video Baseband Signal). Dementsprechend liefert eine Schwarz-Weiß-Kamera ein BAS-Signal ohne den Farbanteil. FBAS-Signale benötigen nur eine Signalleitung und werden deshalb auch als Verbund- oder Composite-Signale bezeichnet.

3 Das Y/C-Signal wird auch als S-Video (Separated Video) bezeichnet. Es liefert die Helligkeitsinformation Y und die Farbinformation C auf getrennten Leitungen. Weil das Signal in Form von zwei getrennten Signalkomponenten geliefert wird, bezeichnet man Y/C-Signale auch als Komponentensignale. Ein anderes Komponentensignal ist RGB. Hier werden drei getrennte Farbkanäle Rot, Grün und Blau geliefert.

Bildsensoren keinerlei Bedeutung mehr. Die Shutter-Steuerung reguliert die Belichtungsdauer des Bildsensors.

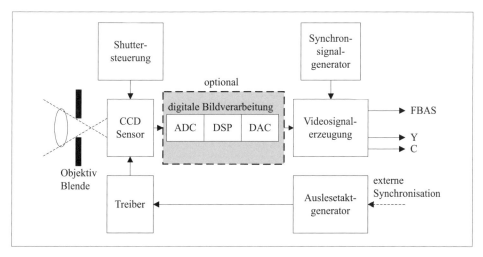

Bild 3.1: *Vereinfachtes Blockschaltbild einer analogen CCD-Kamera*

In leistungsfähigeren Kameras wird, wie Bild 3.1 ebenfalls zeigt, das analoge Ausgangssignal nicht direkt erzeugt, sondern über mehrere digitale Zwischenstufen. Dazu digitalisiert ein Analog-Digital-Konverter (ADC) das analoge CCD-Signal. Dieses wird dann in einem digitalen Signalprozessor (DSP) aufbereitet. Danach wird das Signal mittels eines Digital-Analog-Konverters (DAC) wieder in ein entsprechendes Video-Normsignal zurück gewandelt. Die digitale Zwischenstufe erlaubt den Einsatz komplexer digitaler Filterverfahren, welche die Signalqualität verbessern. Weiterhin können damit auch in analogen Kameras digitale Funktionen wie Videosensorik, Alarmbildspeicherung oder so genannte Privatbereiche – im Videobild ausgeblendete Bildbereiche – direkt integriert werden. Das Ausgangssignal derartiger Kameras bleibt aber analog, und es wäre damit falsch, hier von Digitalkameras zu sprechen.

3.1.1.2 Synchronisation mehrerer Kameras

Der Taktgenerator, der das Auslesen der Ladungsinformation steuert, kann autonom arbeiten oder von externen Taktgeneratoren synchronisiert werden. Im einen Fall spricht man von freilaufender und im anderen Fall entweder von einer Linelock- oder einer Genlock-Synchronisation. Bei der Linelock-Synchronisation wird der Taktgenerator von den 50 Hz des Stromversorgungsnetzes synchronisiert. Bei jedem Nulldurchgang der Netzwechselspannung wird ein Auslesevorgang gestartet. Im Genlock-Betrieb wird der interne Taktgenerator von einem externen Mastertakt gesteuert. Dies ist meist selbst eine Kamera, welche die Synchronisationsbasis für eine CCTV-Anlage darstellt. Diese Art der Synchronisation ist jedoch mit hohem Schaltungs- und Verkabelungsaufwand verbunden, so dass sie selten eingesetzt wird.

In analogen CCTV-Anlagen führt die Umschaltung nicht synchronisierter Kameras auf einem Analogmonitor zum bekannten vertikalen Bildrollen. In digitalen CCTV-Anlagen, welche z. B. aus Kostengründen die Multiplexkompression von Abschnitt 5.3.1 verwenden, führt eine fehlende Synchronisation mehrerer Kamerakanäle zu einem Verlust in der Anzahl komprimierter Bilder. Bild 3.2 zeigt dies für die Multiplexkompression von zwei Kamerakanälen.

3 Kameratechnik

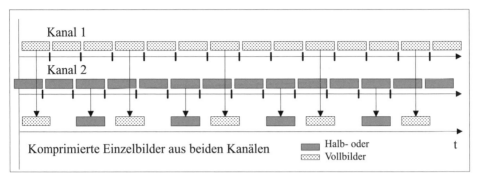

Bild 3.2: *Alternierende Multiplexkompression von zwei nicht synchronisierten Videokanälen*

Besteht die Forderung wie hier, beide Kameras im Multiplexbetrieb an die Eingänge eines Video-Codecs zu schalten, der dann abwechselnd den Kanal 1 oder den Kanal 2 digitalisiert und komprimiert, so erreicht man nur bei synchronisierten Kameras eine Bildrate von 25 Halbbildern pro Kompressionskanal. In Systemen mit einer multiplexenden Architektur der Kompressions-Hardware wie in Bild 5.23 aus Abschnitt 5.3.1 trägt die Synchronisation zur Leistungssteigerung bei. Die in solchen Systemen eingesetzten Kameras sollten also mindestens Linelock-synchronisierbar sein, oder das multiplexende Kompressionssystem muss selbst für eine Synchronisation der Videokanäle mittels einer so genannten Time Base Correction (TBC) sorgen. Nichtmultiplexende Kompressionssysteme, die, wie in Abschnitt 5.3.2 gezeigt, pro Videokanal auch einen Digitalisierungs- und Kompressionskanal zu Verfügung stellen, haben keine Probleme mit der Synchronität der einzelnen Videokanäle.

3.1.1.3 CCD-Sensoren

CCD-Sensoren sind analoge elektronische Bauelemente. Die in den einzelnen CCD-Elementen eines Sensors durch das auftreffende Licht erzeugte und gespeicherte Ladung ist eine analoge Größe, d. h. sie kann stufenlos alle Werte bis in den Sättigungsbereich annehmen. Die Ladungswerte der CCD-Elemente werden zeilenweise im Zeittakt des Auslesetaktgenerators Element für Element ausgelesen. Die Ladung jedes einzelnen Sensorelements wird beim Auslesen in einen proportionalen Spannungswert gewandelt. Das Ergebnis ist eine zeitliche Folge analoger Spannungswerte. Bei digitalen Kameras werden diese Spannungswerte in einem Analog-Digital-Wandler digitalisiert und können dann in weiteren digitalen Stufen wie z. B. einer Videokompression verarbeitet werden.

Es gibt verschiedene Verfahren zum Auslesen des Ladungsmusters eines belichteten CCD-Sensors. Bild 3.3 zeigt den Auslesevorgang für einen Sensor, der nach dem so genannten Interline-Transfer (IT) Verfahren arbeitet. CCD-Sensoren, die nach diesem Verfahren ausgelesen werden, sind die gegenwärtig häufigsten Sensoren.

Zu Beginn des Auslesevorganges eines Bildes werden die Ladungen der belichteten CCD-Elemente, ausgelöst durch einen Trigger des Taktgenerators, mit hoher Geschwindigkeit in ein vertikales Schieberegister geleitet. Dieses besteht ebenfalls aus CCD-Elementen, die jedoch abgedunkelt sind. Nach dem Umladevorgang ist das Ladungsbild dann in den Spaltenschieberegistern "eingefroren". Nun werden die vertikalen Schieberegister Zeile für Zeile in das horizontale Ausleseregister umgeladen. Jedes Mal, wenn eine Zeile umgeladen wurde, erfolgt ein serielles Auslesen des horizontalen Schieberegisters[4]. Dabei werden die Ladungswerte der

---

[4] Die deutsche Bezeichnung „Eimerkettenspeicher" trifft hier ausnahmsweise einmal besser das Verhalten dieses Bauteils als der englische Begriff. Die Ladungen werden, wie bei einer Eimerkette zum Feuerlöschen, von CCD-Element zu CCD-Element weitergereicht.

Zellen in Spannungswerte gewandelt. Sind alle Zeilen ausgelesen worden, beginnt der Vorgang mit dem Umladen der belichteten Spalten in die vertikalen Schieberegister von neuem. Der Auslesevorgang erfolgt bei PAL-Kameras im Zeilensprungverfahren[5] 50-mal pro Sekunde, wobei jeweils ein so genanntes Halbbild gewonnen wird.

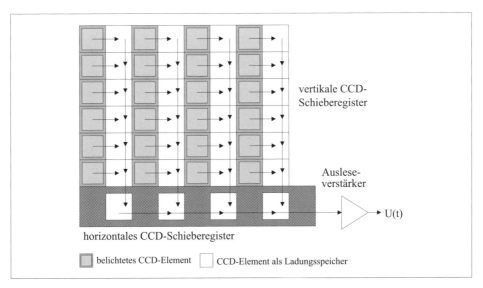

Bild 3.3: *Auslesen der Ladungen eines CCD-Sensors nach dem Interline-Transfer Verfahren*

Neben dem IT-Verfahren gibt es CCD-Sensoren, bei denen das so genannte Frame-Transfer (FT) Verfahren zum Einsatz kommt. Das Frame-Interline-Transfer (FIT) Verfahren kombiniert IT- und FT-Verfahren. Die einzelnen Ausleseverfahren haben verschiedene Vor- und Nachteile bezüglich der erzielbaren Bildqualität. Dazu können z. B. in [WÜTS00] und [NEFM02] Angaben gefunden werden.

Neben dem Ausleseverfahren hängt die Qualität der von einem CCD-Sensor gelieferten Bilder hauptsächlich von der Anzahl der CCD-Bildelemente und in geringerem Maße von der Fläche, auf der diese untergebracht sind, ab. Beide Parameter beeinflussen das in Abschnitt 3.1.2.1 behandelte Auflösungsvermögen, als eines der wichtigsten Qualitätsparameter einer Kamera. Tabelle 3.1 liefert eine Übersicht zu üblichen CCD-Chipgrößen für Videokameras, und

Tabelle 3.1: *Chipgrößen von Video-CCD-Sensoren und Anwendungsbereiche*

Sensor	Breite [mm]	Höhe [mm]	Anwendung
1/4"	3,6	2,7	einfache Anwendungen
1/3"	4,8	3,6	hohe Detailanforderungen
1/2"	6,4	4,8	Videosensorik
2/3"	8,8	6,6	Studiotechnik

---

5 Mehr Informationen zum Zeilensprungverfahren liefert der Abschnitt 4.1.2. Die Auslesetechnik von CCD-Sensoren ist durch das Zeilensprungverfahren komplizierter als die hier beschriebene prinzipielle Vorgehensweise. So kann eine Auslesung z. B. im Field Integration Mode, im Frame Integration Mode oder auch in verschiedenen Varianten der so genannten progressiven Abtastung erfolgen.

3 Kameratechnik

Tabelle 3.2 aus Abschnitt 3.1.2.1 die für Videoanwendungen gängigsten Bildelementezahlen und die damit erzielbaren Auflösungen.

Pauschal gilt die Aussage, dass die Bildqualität um so größer ist, je größer die Fläche des Bildsensors ist. Natürlich hängt dies auch noch von der Anzahl der verfügbaren Bildelemente ab.

3.1.1.4 CMOS-Sensoren

Während lange Zeit CCD-Sensoren die einzigen Halbleiter-Bildaufnehmer waren, etabliert sich insbesondere durch den Boom digitaler Fotokameras die CMOS-Sensortechnik mittlerweile auch für die Video- und Bewegtbilderfassung. Prinzipiell nutzen CMOS-Sensoren die gleichen physikalischen Effekte wie CCD-Sensoren. Einfallendes Licht wird in eine proportionale Ladung des Sensorelementes umgewandelt, die dann entsprechend ausgelesen wird. CMOS-Sensoren haben aber eine Reihe von Vorteilen, die sie in bestimmten Bereichen des Videomarktes und ganz speziell für digitale CCTV-Kameras CCD-Sensoren überlegen machen. Die Vorteile von CMOS-Sensoren sind:

- Ein einfacherer und weit verbreiteter Fertigungsprozess. CMOS-Sensoren werden in den gleichen Fertigungsprozessen hergestellt wie z. B. Mikroprozessoren und Speicherbausteine.
- Möglichkeit der Integration weiterer Schaltungskomponenten direkt auf dem Chip des CMOS-Sensors. So werden typischerweise die Takterzeugung für das Auslesen, Analog-Digital-Wandler oder sogar ganze Codecs für die Bildkompression direkt auf dem Chip in den gleichen Fertigungszyklen mit aufgebracht. Damit lassen sich im Vergleich zu CCD-Systemen kostengünstige Ein-Chip-Kameras herstellen. Diese gibt es mittlerweile sowohl als analoge PAL/NTSC- als auch als digitale Kameras.
- Die Packungsdichten der CMOS-Technologie sind höher als die der CCD-Fertigung. Damit lassen sich mehr lichtempfindliche Elemente auf der gleichen Fläche im Vergleich zu einem CCD-Sensor einbringen, was wiederum den Platzbedarf und das Gewicht einer Kamera verringert.
- Hohe Bildraten bis etwa 500 Bilder pro Sekunde bei hoher Auflösung sind für Spezialanwendungen möglich.
- Keine Blooming- und Smear-Effekte (siehe hierzu Abschnitt 3.1.2.4) und hoher Dynamikbereich bezüglich der Beleuchtungsstärke.
- Niedrigerer Energieverbrauch als bei CCD-Sensoren. Außerdem benötigen CMOS-Sensoren im Gegensatz zu CCD-Sensoren nur eine Betriebsspannung. Dies macht die CMOS-Technologie für mobile Kamerasysteme interessant.
- Möglichkeit der Realisierung von Sonderfunktionen, die CCD-Sensoren aufgrund des starren Ausleseverfahrens nicht haben. Bei CMOS-Sensoren kann prinzipiell auf jedes Bildelement direkt wie bei einem RAM-Speicherbaustein zugegriffen werden. Damit kann z. B. eine Region of Interest (ROI) definiert werden, wie Bild 3.4 dies zeigt. Nur dieser Bildteil wird aus einem hochauflösenden Sensor ausgelesen.

Diesen Vorteilen stehen heute noch eine Reihe von Problemen im Vergleich zu CCD-Sensoren gegenüber, die aber sicher in den nächsten Jahren gelöst werden dürften. Die wichtigsten Nachteile sind:

- ein hohes Rauschen, welches über aufwändige Schaltungsmaßnahmen kompensiert werden muss,
- eine niedrigere Lichtempfindlichkeit,

- durch Probleme im Herstellungsprozess haben die einzelnen Elemente eines CMOS-Sensors unterschiedliche Übertragungsfaktoren für das Verhältnis von abgegebener Spannung und auftreffender Lichtintensität. Bei CCD-Sensoren verhalten sich die Elemente einheitlicher.

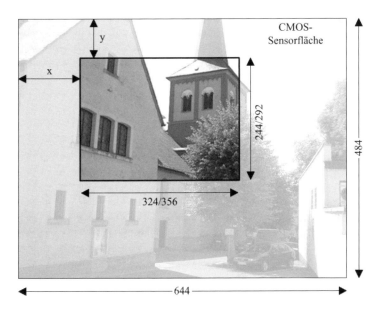

Bild 3.4: Region of Interest in einem CMOS-Sensor. Die Bildelementezahlen entsprechen denen des CMOS-Sensors VV5501/6501 von STMicroelectronics

Vor allem durch den einfache Integrierbarkeit zusätzlicher Funktionalität auf dem Sensor-Chip werden in digitalen Videokameras CMOS-Sensoren wohl in den nächsten Jahren CCD-Sensoren überholen.

3.1.1.5 Farbaufnahme

CCD- und CMOS-Sensoren sind nicht für eine bestimmte Farbe empfindlich. Ein einzelner Sensor speichert lediglich ein Ladungsmuster, welches der Intensität des auf ihn fallenden Lichtes proportional ist. Bei S/W-Kameras trägt das gesamte Farbspektrum des eintreffenden Lichtes zur Ladungsbildung in den Sensorelementen bei. Ohne weitere Maßnahmen ist eine CCD-Kamera also eine S/W-Kamera. Möchte man die Intensität eines bestimmten Farbanteiles messen, so muss man das auf den Sensor einfallende Licht filtern. Da jede Farbe aus der Intensitäts-Information der drei Grundfarben Rot, Grün und Blau durch additive Mischung gewonnen werden kann, genügt es, die Intensität der drei Grundfarben im eintreffenden Licht zu messen, um die gesamte Farbinformation des Originals rekonstruieren zu können.

Für die getrennte Messung der Rot-, Grün- und Blauintensität gibt es zwei unterschiedliche Verfahren. Der geradlinigste Weg wird bei so genannten 3-Sensor-Farbkameras beschritten. Dabei wird das Bild hinter dem Objektiv durch ein Prisma in drei identische Bilder aufgeteilt und über Farbfilter an drei unabhängige CCD-Sensoren geführt. Jeder CCD-Sensor liefert entsprechend der Intensität seiner Farbkomponente ein individuelles "Farb"-Bild. In der Signalaufbereitung wird aus den drei getrennten Farbsignalen ein FBAS/PAL- oder FBAS/NTSC-Signal erzeugt. 3-Sensor-Kameras sind teuer und mechanisch durch die Notwendigkeit einer exakten Sensormontage aufwändig.

3 Kameratechnik

Die kostengünstige Alternative zu 3-Sensor-Kameras sind die meist eingesetzten 1-Sensor-Farbkameras. Hier muss ein einzelner CCD-Sensor alle drei Farbkomponenten liefern. Dazu wird über dem Sensor ein spezielles Farbfilter, z. B. ein so genanntes Bayer-Filter, wie es Bild 3.5 zeigt, angebracht. Dieses ordnet die Bildelemente in Vierergruppen an. Zwei Bildelemente einer Gruppe erhalten ein Grün-Filter, und die beiden anderen je ein Blau- und ein Rot-Filter. Die Anzahl der Bildelemente mit Grünfiltern ist deshalb größer, weil das menschliche Auge für Grün besonders empfindlich ist und deshalb die Messung dieser Farbkomponente exakter erfolgen muss. Die Anzahl der pro Farbkomponente verfügbaren Bildelemente ist bei einer 1-Sensor-Farbkamera natürlich kleiner als bei einer 3-Sensor-Kamera. Die fehlenden Bildelemente werden durch die so genannte Farbinterpolation aus den verfügbaren Bildelementen der jeweiligen Farbkomponente rekonstruiert – also errechnet. Dies führt je nach Interpolationsverfahren zu mehr oder weniger starken Farbstörungen, die als Moiré-Effekte bezeichnet werden. Bei 1-Sensor-Kameras beobachtet man oft einzelne falschfarbige Bildelemente und Farbsäume an Farbübergängen.

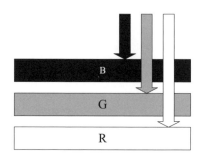

Farbsensor mit Bayer-Filter   Mehrschicht-Farbsensor

Bild 3.5: *Möglichkeiten der Farbseparation*

Neueste Entwicklungen im CMOS-Bereich sind Mehrschicht- oder Foveon-Sensoren [GÖHR02], die ähnlich einem Farbfilm arbeiten. Hier sind drei vollständige CMOS-Sensoren übereinandergelegt. Das Licht dringt, wie in Bild 3.5 gezeigt, je nach Wellenlänge und damit Farbe unterschiedlich tief ein und wird damit von verschiedenen Schichten absorbiert, die jeweils einer Grundfarbe entsprechende individuelle Ladungsmuster erzeugen. Diese Sensorart hat erhebliche Vorteile, wie höhere Auflösung, Lichtempfindlichkeit und geringere Kosten, gegenüber der aufwändigen Farbfilterung konventioneller Chips, so dass hier in den nächsten Jahren interessante Entwicklungen zu erwarten sind.

3.1.1.6 Belichtungssteuerung

Wie bei einem Fotoapparat benötigt eine Videokamera eine Möglichkeit, die Belichtungszeit des Bildsensors steuern zu können. Wie auch beim Fotoapparat kommt hier ein so genannter Verschluss oder Shutter zum Einsatz. Diese Belichtungssteuerung mittels des Verschlusses hat zwei Aufgaben:

- Blendenersatz. Durch eine kürzere Einwirkzeit des Lichtes auf den Sensor kann eine Übersteuerung durch eine große Beleuchtungsstärke verhindert werden. Wird der Verschluss auch für diese Aufgabe eingesetzt, können billigere Objektive mit fester oder manuell einstellbarer Blende eingesetzt werden. Deshalb wird diese Aufgabe eines elektronischen Shutters auch als Electronic Iris (EI) -Funktion bezeichnet.

- Scharfe Aufnahme schneller Bewegungen. Wie beim Fotoapparat auch werden schnelle Bewegungen von Videokameras nur unscharf aufgenommen, wenn die Verschlusszeiten nicht der Geschwindigkeit der Bewegung angepasst sind. Je kürzer die Verschlusszeit, desto schnellere Bewegungen können scharf dargestellt werden.

Eine kurze Belichtungszeit führt zu einer geringeren Empfindlichkeit des Sensorsystems. Die Ladung in den Sensorelementen und damit die proportionale Spannung sinkt. Dies muss über eine größere Verstärkung ausgeglichen werden. Für Innenanwendungen kann der Verschluss meist die oben dargestellte Doppelfunktion übernehmen, womit hier billigere Objektive eingesetzt werden können. Im Außenbereich schwankt die Beleuchtungsstärke, wie Bild 3.8 zeigt, über einen Bereich von mehr als sechs Zehnerpotenzen. Diese Schwankungen können mittels des Verschlusses nicht mehr ausgeglichen werden, so dass hier oft Objektive mit automatischer Blendenregelung eingesetzt werden müssen.

Die Verschlusszeiten von Videokameras liegen zwischen 1/50 und weniger als 1/10.000 Sekunden. Derartige Schaltzeiten, die auch noch zyklisch entsprechend der Videobildfrequenz erfolgen müssen, können natürlich nicht mehr mittels mechanischer Verschlusssysteme erreicht werden. Glücklicherweise bieten CCD-Sensoren die Möglichkeit eines so genannten elektronischen Shutters. Damit lässt sich die Bildaufnahme- bzw. die so genannte Integrationszeit ohne mechanische Komponenten einstellen. Man unterscheidet dabei zwei Arbeitsweisen des elektronischen Shutters. Im manuellen Modus bestimmt der Nutzer die Shutter-Zeit. Im AES-Modus (Automatic Electronic Shutter) passt sich die Belichtungszeit automatisch der Beleuchtungsstärke an.

3.1.2 Auswahlkriterien für CCTV-Kameras

3.1.2.1 Bildauflösung

Die wichtigste Kenngröße einer Videokamera ist ihre Auflösung. Die Auflösung ist ein Maß für die Möglichkeit, Details der Vorlage in den Kamerabildern zu erkennen. Obwohl von zentraler Bedeutung, führt die Angabe der Auflösung oft zu großen Missverständnissen. Dies liegt daran, dass häufig die Anzahl der aktiven CCD-Elemente des Bildsensors mit seiner Auflösung verwechselt wird. Diese Anzahl ist aber eine theoretische Größe, die in der Praxis wegen einer Vielzahl von Einflussgrößen nicht erreicht wird. Man muss zwischen der Sensorauflösung in Bildelementen und der effektiven Auflösung eines Kamerasystems, die immer kleiner als die Sensorauflösung ist, unterscheiden. Während die Sensorauflösung in Bildelementen angegeben wird, verwendet man für die effektive Auflösung den Begriff TV-Linie. Dies entspricht der Anzahl von abwechselnden schwarzen und weißen Linien, die im Bild erkennbar sind.

Natürlich hängt die Anzahl der TV-Linien primär von der Anzahl der Bildpunkte eines Sensors ab. CCD-Sensoren für Videokameras werden im Wesentlichen in den drei Abstufungen der Tabelle 3.2 gefertigt.

Tabelle 3.2: Bildpunkte und Auflösungen von PAL-CCD-Kameras

	horizontal			vertikal			Bild-punkte
	Pixel	S/W-Auflösung	Farb-Auflösung	Pixel	S/W-Auflösung	Farb-Auflösung	
normal	500	375	333				ca. 291.000
normal	512	384	341	582	436	388	ca. 298.000
hoch	752	564	501				ca. 440.000
	K	0,75	2/3		0,75	2/3	

Da die Sensoren in vertikaler Richtung über 582 einzelne CCD-Elemente verfügen, könnte man zu einem ersten Schluss kommen, dass hier auch 291 derartiger S/W-Wechsel und damit eben 582 individuelle Linien – je 291 schwarze und 291 weiße – identifiziert werden könnten. Leider ist die Sache nicht ganz so einfach. Die effektive Auflösung eines Sensors liegt immer unterhalb dieser Werte. Dies hat verschiedene Ursachen. Eine der wichtigsten ist die, dass das Zeilen- und Spaltenraster der realen Bildvorlage nicmals exakt auf das Raster der CCD-Elemente passt. Es kommt zu Überlappungen, bei denen die Zeilen oder Spalten der Vorlage teilweise in einem und teilweise in einem anderen Bildelement liegen. Da ein CCD-Bildelement aber nur einen Ladungswert und einen diesem zugeordneten Spannungswert liefern kann, stellt sich bei derartigen Überlappungen ein Mittelwert – also eine Graustufe – ein. Dieser Effekt reduziert die Auflösung.

Das Verhältnis zwischen der effektiven Auflösung und der Zeilen- bzw. Spaltenzahl des Sensors wird als Kell[6]-Faktor K bezeichnet. K ist bei Farbkameras aufgrund des komplexeren Sensorsystems kleiner als bei S/W-Kameras, weshalb Farbkameras auch eine schlechtere Detailauflösung haben.

Der Effekt tritt prinzipiell unabhängig von der Art des Bildabtastverfahrens und des Sensortyps – also z. B. sowohl bei CCD- als auch CMOS- oder Röhrenkameras und sowohl bei progressiver als auch bei Zeilensprungabtastung und ebenso bei digitalen Kameras – auf. Lediglich seine Ausprägung ist von verschiedenen Kennziffern der Abtastsysteme abhängig. Es gibt eine Vielzahl von Ursachen im Aufnahmesystem von Kameras, welche die effektive Auflösung negativ beeinflussen können. Dazu gehören die Sensorgeometrie, die Größe des CCD-Sensors, die Objektiveigenschaften, die Art der Zeilensprungabtastung und sogar die elektronische Schaltungstechnik zur Signalaufbereitung. Das zeigt, dass Kamerahersteller verschiedenste Ansatzpunkte haben, um die Qualität des Aufnahmesystems einer Kamera zu verbessern. Dies zeigt aber auch, dass sich Kameras mit CCD-Sensoren mit gleichen Bildelementezahlen durchaus in ihrer effektiven Auflösung und damit Qualität unterscheiden können. So schwanken z. B. die Herstellerangaben für S/W-Kamera zwischen Auflösungen von 380 und 600 TV-Linien und für Farbkameras zwischen 320 und 490 TV-Linien in Abhängigkeit von der Bildelementezahl und Sensorgröße.

Der Kell-Faktor von 0,75 für S/W-Kameras und von 2/3 für Farbkameras aus Tabelle 3.2 ist nur eine Richtgröße. Es gibt z. B. auch Farbkameras mit einem Sensor der Größe 752 x 582, die horizontal nur 390 effektive Linien auflösen können, was einem Kell-Faktor von ungefähr 0,5 entsprechen würde.

Will man sich auf die teilweise vagen Angaben der Hersteller nicht verlassen, hilft nur eine Messung. Dafür gibt es eine Reihe von Möglichkeiten, wie die Bestimmung der Auflösung nach mittels Testbildern, die z. B. im

- EIA 1956-Standard (links im Bild 3.6) oder im
- ISO 12233-Standard definiert sind.

Eine einfache Möglichkeit zum Vergleich zweier Kameras oder Videoübertragungsstrecken bietet auch der Siemensstern (rechts im Bild 3.6).

---

6 R. D. Kell veröffentlichte in den 30er Jahren mit anderen Mitarbeitern der Radio Corporation of America (RCA) entsprechende Grundlagenartikel. Daraus entwickelte sich der Begriff des Kell-Faktors zur einfachen zahlenmäßigen Erfassung von Effekten eines Bildaufnahme- und Übertragungssystems, welche die Auflösung negativ beeinflussen. Angaben zum Kell-Faktor schwanken je nach Quelle zwischen 0,53 und 0,85.

Analoge CCTV-Kameras 3.1

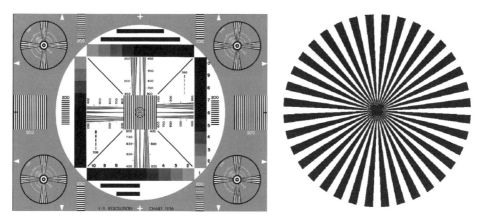

Bild 3.6: *EIA 1956-Testbild und Siemensstern zum Test der effektiven Auflösung*

In [USCH00] werden neben anderen Qualitätskriterien speziell für digitale Kameras auch detailliert Verfahren zur Bewertung der Bildauflösung vorgestellt. Insbesondere in digitalen CCTV-Systemen kann eine sinnvolle Aussage zur effektiven Auflösung des Gesamtsystems aber nur durch eine Messung über den gesamten Übertragungsweg hinweg erfolgen, wie Bild 3.7 dies zeigt. Die Kamera ist nur eines von vielen Teilsystemen, die ein Bild auf dem Wege zum Betrachter durchläuft. Alle diese Zwischenstufen beeinflussen die Bildqualität.

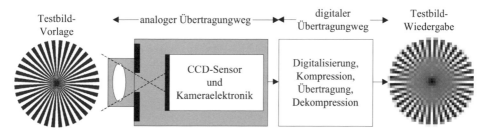

Bild 3.7: *Messung der Bildauflösung im digitalen Übertragungsweg*

Aufgrund der komplexen Signaltransformationen, die für die Digitalisierung und Kompression in den Kapiteln 4 und 5 behandelt werden, ist eine einfache Berechnung der effektiven Wiedergabeauflösung nicht möglich. Für eine Messung wiederum müssen exakt reproduzierbare Rahmenbedingungen wie Kompressionsstufe oder Bildformat definiert werden. Man kann hier den Begriff des Kell-Faktors so erweitern, dass er das Verhältnis zwischen verfügbaren CCD-Bildelementen und Wiedergabeauflösung für den gesamten Übertragungsweg charakterisiert. In diesem Sinne kann man den Kell-Faktor als eine Art Übertragungsfaktor für Auflösungswerte interpretieren.

Wie Tabelle 3.2 auch zeigt, variiert nur die horizontale Anzahl von Bildpunkten der Sensoren und damit auch die horizontale effektive Auflösung. Die Anzahl der Zeilen ist konstant. Diese werden vom Videostandard festgelegt. PAL schreibt eine Zeilenzahl von 575 so genannter aktiver Zeilen vor, wobei die überzähligen Zeilen aus Tabelle 3.2 als "blinde" Zeilen zur Definition des Schwarzwertes dienen. Trotz konstanter Zeilenzahl kann auch die effektive vertikale Auflösung zweier Kameras unterschiedlich sein, da der Kell-Faktor von der Qualität des bildaufnehmenden Systems abhängt. Die stärksten Unterschiede haben Kameras durch unterschiedliche Anzahlen von Bildelementen allerdings in der horizontalen Auflösung. Hier lässt der PAL-Videostandard gewisse Freiheitsgrade. Die obere Grenze der effektiven horizontalen Auflösung liegt mit der Videogrenzfrequenz des PAL-Standards von 5 MHz entsprechend Abschnitt 4.1.5.2 bei etwa 510 TV-Linien.

3.1.2.2 Lichtempfindlichkeit

Die Lichtempfindlichkeit einer Kamera ist neben der Auflösung einer der wichtigsten Qualitätsparameter. Die Empfindlichkeit einer Kamera wird in Lux – der Einheit der Beleuchtungsstärke – angegeben. Der in den Datenblättern der Kamerahersteller angegebene Parameter charakterisiert die minimale Beleuchtungsstärke, für welche die Kamera noch verwertbare Bilder liefert. Wie viele Kenngrößen der Videotechnik zeigt "verwertbar" eine subjektive Einschätzung an. Wie z. B. in [WEGE00] gezeigt, gibt es zwar Definitionen für Messverfahren zur Lichtempfindlichkeit. Am Ende ist aber immer das Auge des Betrachters das subjektive Bewertungsmaß. Ohne sich zu sehr an die Zahlenwerte in den Tabellen der Kamerahersteller zu klammern, gilt jedoch pauschal, dass Kameras mit sinkender minimaler Beleuchtungsstärke eine höhere Empfindlichkeit haben und damit auch unter schlechteren Beleuchtungsverhältnissen eingesetzt werden können. Bei geringerer Beleuchtung werden die Bilder so verrauscht, dass sie nicht mehr nutzbar sind. Bild 3.8 liefert eine grobe Klassifikation der bei der Beobachtung einiger Beleuchtungsszenarien anfallenden Beleuchtungsstärken und liefert damit Hinweise für die Auswahl der hier einzusetzenden Kameras.

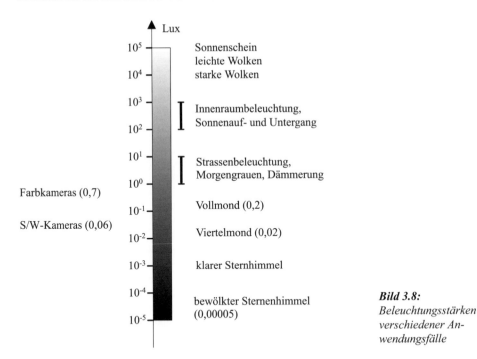

Bild 3.8: Beleuchtungsstärken verschiedener Anwendungsfälle

Wie Bild 3.8 auch zeigt, übertreffen hochwertige Kameras heute die Fähigkeiten des menschlichen Auges bezüglich der Lichtempfindlichkeit. So liefern S/W-Kameras noch brauchbare Bilder, wenn für das Auge fast nichts mehr zu sehen ist, und Farbkameras liefern noch Farbinformationen, wenn das Auge nur noch Grautöne wahrnimmt.

Die Angabe der Lichtempfindlichkeit hat hauptsächlich für die Beurteilung der Brauchbarkeit einer Kamera für Außenanwendungen große Bedeutung. Für Innenanwendungen ist die Bedeutung des Parameters im Vergleich zur Auflösung gering, da hier in den meisten Fällen von einer konstanten und ausreichenden Beleuchtung zwischen 100 und 1.000 Lux ausgegangen werden kann. Dies stellt keine besonderen Ansprüche an die Kameras.

3.1.2.3 S/W- oder Farbkamera

Obwohl heute meist Farbkameras eingesetzt werden, gibt es Anwendungen, in denen S/W-Kameras überlegen sind. S/W-Kameras haben

- gemäß Abschnitt 3.1.2.1 eine höhere effektive Auflösung als S/W-Kameras,
- nach Abschnitt 3.1.2.2 eine höhere Lichtempfindlichkeit und
- eine höhere Infrarotempfindlichkeit

als vergleichbare Farbkameras. Damit sind S/W-Kameras besser für den Einsatz bei schlechten Beleuchtungsverhältnissen oder für die Videoüberwachung mit Infrarotscheinwerfern geeignet. Auch als Bildquelle für Bildanalyseverfahren, wie eine Nummernschild-Erkennung, eignen sich S/W-Kameras gut, da hier meist auf die Farbinformation verzichtet werden kann, während höchster Wert auf hohe Detailauflösung gelegt wird. Nicht zuletzt spielt auch der Preis eine Rolle. Farbkameras sind wegen ihrer aufwändigeren Technik meist teurer als vergleichbare S/W-Kameras.

Mittlerweile gibt es auch Kameras, die sowohl als S/W- als auch Farbkamera betrieben werden können und die Vorteile beider Varianten vereinigen. Bei schlechten Beleuchtungsverhältnissen können derartige Kameras manuell oder automatisch in den S/W-Modus umgeschaltet und damit z. B. auch zur Infrarotüberwachung genutzt werden.

3.1.2.4 Störungen der Bildqualität – Artefakte

Es gibt eine Reihe von physikalischen Effekten in einer CCD-Kamera, welche die Bildqualität negativ beeinflussen können. Derartige Effekte werden als Artefakte bezeichnet. Neben den im Folgenden dargestellten Artefakten, die unmittelbar durch das Arbeitsprinzip der Kameras begründet werden können, gibt es speziell in digitalen Systemen eine große Zahl weiterer derartiger Artefakte, die durch die Digitalisierung und Kompression verursacht werden können.

Die Ausprägung von Artefakten ist abhängig von der Betriebsart einer Kamera, von der Technologie des Bildsensors und den Einsatzbedingungen – vor allem von den Beleuchtungsverhältnissen. Für jeden dieser Effekte gibt es wiederum verschiedene technische Möglichkeiten der Kompensation, wodurch sich die Kameras verschiedener Hersteller qualitativ unterscheiden. Die Anfälligkeit von Kameras gegenüber diesen Effekten ist ein weiterer Qualitätsparameter für die Auswahl. Meist findet sich in den Datenblättern ein Hinweis, ob in einer speziellen Kamera Gegenmaßnahmen realisiert wurden. Da es keine standardisierten Kennziffern zur Erfassung dieser Effekte gibt, muss man entweder den Herstellerangaben vertrauen oder im Vorfeld der Projektierung größerer CCTV-Anlagen Tests in einer Referenzumgebung durchführen. Eine Klassifikation zu Bildartefakten bei Videokameras kann z. B. in [NEFM02] gefunden werden.

Einer der störendsten Effekte ist das so genannte *Blooming*. Sind im Bild einzelne Stellen großer Helligkeit enthalten, so beeinflussen die CCD-Elemente, welche die zugehörige Ladung speichern, ihre Nachbarelemente durch Ladungsausgleich. Es kommt zu einem "Überlaufen" der Elektronen aus den gesättigten CCD-Elementen hoher Ladung in benachbarte CCD-Elemente niedrigerer Ladung, da es keine vollständige Isolation zwischen den einzelnen Elementen gibt. Dadurch wird die Bildinformation verfälscht. Eine ursprünglich kleine helle Stelle breitet sich, wie Bild 3.9 an einem Beispiel zeigt, so über eine größere Fläche aus. Blooming kann durch spezielle CCD-Sensortechnologien ausgeglichen werden, die sich jedoch wieder auf andere Qualitätsparameter des Chips, wie z. B. die Auflösung, negativ auswirken. CMOS-Sensoren hingegen sind immun gegen Blooming-Effekte.

Blooming  Smear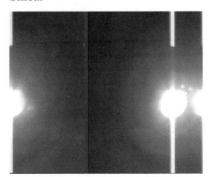

Bild 3.9: *Blooming- und Smear-Effekt*

Ein weiterer störender Artefakt ist der so genannte *Smear*-Effekt. Dieser tritt wie Blooming bei starker Überbelichtung in einem kleinen Bildbereich auf. Auch hier spielen Ladungsausgleiche zwischen CCD-Elementen eine Rolle. Die wahrgenommene Erscheinung ist aber eine andere. Smear-Effekte zeigen sich durch einen bildhohen hellen senkrechten Streifen im Bild an den Stellen, wo eine Überbelichtung stattfand. Bild 3.9 zeigt dies. Typisches Beispiel sind Autoscheinwerfer, die in einer ansonsten dunklen Umgebung die CCD-Sensoren übersteuern. Ursache des Smear-Effektes ist der Ladungstransport in den vertikalen Schieberegistern der CCD-Chips. Während des vertikalen Ladungstransportes in diesem Schieberegister dringen in alle Zellen überschüssige Ladungen ein, die zu entsprechenden weißen Streifen im Bild führen. Auch hier sind besondere Kompensationsmaßnahmen notwendig, wie spezielle Shutter oder die Erhöhung des Schiebetaktes der vertikalen Schieberegister. CCD-Sensoren auf Interline-Transfer-Basis sind anfälliger für Smear-Effekte als Sensoren auf Frame-Transfer-Basis. Bei CMOS-Sensoren tritt dieser Effekt wegen des völlig anderen Auslesverfahrens nicht auf.

Von Nachteil für die Bildqualität ist ebenfalls das Übersteuern des Bildsensors bei einer hohen Beleuchtungsstärke im Hintergrund. Ein Beispiel ist die Aufnahme einer Szene vor einem Fenster mit starker Sonneneinstrahlung. Bei einfachen Kameras wird die Gesamtempfindlichkeit durch die Blenden- oder Shutter-Steuerung bei starkem Gegenlicht automatisch so geregelt, dass der Vordergrund wegen der hier geringen Beleuchtungsstärke nur noch dunkel dargestellt wird. Damit soll die Übersteuerung des CCD-Sensors bei hoher Beleuchtungsstärke verhindert werden. Je nach Intensität des Gegenlichtes sind im Vordergrund nur noch dunkle oder schwarze Flächen zu sehen, in denen keine Details mehr erkannt werden können. Es gibt verschiedene technische Lösungen zur Kompensation dieses Übersteuerungseffektes, die unter dem Begriff Back Light Compensation (BLC) zusammengefasst werden. Die einfachste Kompensation besteht darin, die Empfindlichkeit der Kamera durch Regelung der Blende oder des Shutters so zu erhöhen, dass der Vordergrund wieder erkannt wird. Dass dabei die hellen Hintergrundbereiche übersteuert werden und nur noch als weiße Fläche sichtbar sind, stört meist nicht. In leistungsfähigeren Kameras können auch ein oder mehrere Bereiche innerhalb des Kamerabildes definiert werden, in denen eine BLC erfolgen soll. Gegebenenfalls kann die Einstellung und Aktivierung dieser Möglichkeit auch über eine serielle Fernsteuerschnittstelle vorgenommen werden. Die Stärke des Effektes hängt auch vom Dynamikbereich des Bildsensors gegenüber der Beleuchtungsstärke ab. Sensoren mit einem großen Dynamikbereich neigen naturgemäß weniger zu Übersteuerungen.

3.1.2.5 Sonderfunktionen

Es gibt eine große Anzahl von Sonderfunktionen für CCTV-Kameras. Insbesondere die in Abschnitt 3.1.1.1 erwähnten DSP-Kameras mit digitaler Zwischenstufe liefern neuartige Möglichkeiten. Einige Beispiele seien im Folgenden genannt, wobei wegen der großen Vielfalt hier keine Vollständigkeit erzielt werden kann. Tabelle 3.3 gibt eine Übersicht zu einigen der wichtigsten Sonderfunktionen moderner CCTV-Kameras.

Tabelle 3.3: Übersicht zu Zusatzfunktionen von CCTV-Kameras

Funktion	Erläuterung
Fernparametrierung	Diese Funktion bietet die Möglichkeit, Einstellungen einer Kamera, die häufiger verändert werden müssen, aus der Ferne vorzunehmen. Dazu muss meist eine zusätzliche RS-485 Steuerverkabelung installiert werden. Einige Systeme bieten auch die Möglichkeit einer simultanen Übertragung der Steuerkommandos über das Videokabel an. Im ersteren Fall schlagen die Leitungskosten zu Buche, im zweiten Fall müssen spezielle Konverter eingesetzt werden, welche die meist von seriellen Computer- oder Bediengeräteschnittstellen stammenden Steuerkommandos dem Videosignal aufmodulieren. Bedingt durch die hohen Kosten der zusätzlichen Hardware wird die Möglichkeit zur Fernparametrierung meist nur in Verbindung mit Schwenk/Neige-Systemen genutzt, bei denen ohnehin eine entsprechende Steuerverkabelung notwendig ist. Anders ist die Situation bei digitalen Netzwerkkameras. Hier können die Sonderfunktionen über das gleiche Netzwerk gesteuert werden, welches auch für die Videoübertragung verwendet wird. Funktionen, die aus der Ferne gesteuert werden, sind z. B. der Shutter, die Umschaltung von S/W- auf Farbbetrieb als Tag-Nachtumschaltung, die Festlegung und Änderung von Privatbereichen oder die Definition des Alarmverhaltens eines integrierten Videosensors.
AGC (Automatic Gain Control)	Die automatische Verstärkungsregelung sorgt bei schlechter Beleuchtung oder sehr kurz gewählten Belichtungszeiten des Shutters dafür, dass das Videoausgangssignal auf 1 V_{ss} bei 75 Ohm Abschlusswiderstand verstärkt wird. Damit können Schwankungen in der Beleuchtungsstärke entsprechend ausgeglichen werden. Eine AGC ist vor allem für Außenbereichsanwendungen sinnvoll. Allerdings wird bei schlechterer Beleuchtung auch das Rauschen verstärkt, so dass der Signal-Rauschabstand des Videosignals sich bei zunehmender Verstärkung entsprechend verschlechtert.
Tag-Nachtbetrieb	Dies ist die Möglichkeit, die Kamera von Farb- auf S/W-Betrieb umzuschalten. Bei derartigen Kameras können die Vorzüge von Farb- und S/W-Kameras kombiniert werden. Die Umschaltung kann automatisch oder ferngesteuert erfolgen.
Weißabgleich	Diese Funktion bieten Farbkameras sowohl für automatische als auch manuelle Steuerung an. Der Weißabgleich sorgt für eine Anpassung der Farbaufnahme an die Eigenschaften der Umgebungsbeleuchtung und sorgt für eine natürliche Farbverteilung bei Wechseln der Beleuchtung im Tagesverlauf oder beim Umschalten von natürlichem auf Kunstlicht.
Privatbereiche	Einige Kameras bieten die Möglichkeit, einen oder auch mehrere Bildbereiche zu definieren, die im Videobild maskiert werden. Damit können vom Betreiber der Videoanlage besonders zu schützende private Bereiche festgelegt werden, in denen keine Überwachung stattfinden soll, während der Rest der Szene sichtbar bleibt.
OSD	Das On Screen Display ist eine in das Videobild einer Kamera eingebettete Möglichkeit zur Parametrierung. Nach Aktivierung durch Steuertasten an der Kamera oder mittels Fernparametrierung erscheint das OSD im normalen Videobild. Mittels spezieller Bedienelemente oder -kommandos kann man sich durch die Menüpunkte des OSD bewegen und Einstellungen bequem vornehmen.
Spitzlichtaustastung	Übersteuerte Bereiche – also Helligkeitsspitzen – im Videobild werden automatisch dunkel getastet und erscheinen damit im Bild entweder als graue oder schwarze Stellen, die nicht so unangenehm empfunden werden.

3 Kameratechnik

Funktion	Erläuterung
Text-einblendung	Manche Kameras bieten die Möglichkeit an, direkt ins Videosignal vorparametrierte Texte einzublenden. Diese werden dann automatisch, z. B. bei Auftreten von Ereignissen, die ein in die Kamera integrierter Videobewegungsmelder liefert, angezeigt. Oft verfügen derartige Kameras auch über eine integrierte Uhr, deren Zeit mit zur Anzeige gebracht werden kann. Im Allgemeinen ist diese Funktion jedoch speziellen Texteinblend-Komponenten einer Kreuzschiene zugeordnet, so dass sie nur bei autonomem Betrieb einer Kamera zum Einsatz kommt.
Elektronische Iris	Mittels des elektronischen Shutters des Bildsensors kann die Funktion einer Objektivblende nachgebildet werden, wodurch billigere Objektive eingesetzt werden können.
Bewegungs-detektion	In hochwertigen DSP-Kameras mit digitaler Zwischenverarbeitung wird diese Funktion oft als Nebenprodukt der digitalen Signalverarbeitung bereitgestellt. Je nach für die Bewegungserkennung eingesetztem Verfahren kann die Funktion mit einer aufwändigen Parametrierung verbunden sein. Meist sind die in Kameras direkt integrierten Bewegungsmelder aber sehr einfacher Art und können nicht als Ersatz für einen professionellen Videobewegungsmelder angesehen werden.
Alarmbild-speicher	Diese Funktion findet man, wie die Bewegungsdetektion, ebenfalls nur in leistungsfähigen DSP-Kameras. Es können ein oder mehrere Bilder bei der Alarmauslösung eines ebenfalls vorhandenen Bewegungsdetektors in einen entsprechenden Speicher der Kamera aufgezeichnet werden. Diese Bilder können z. B. über eine Fernsteuerung angewählt werden, wobei sie als Videostandbilder zur Präsentation kommen. Derartige Kameras stellen schon eine Art kleines CCTV-Komplettsystem dar.

3.2 Digitale CCTV-Kameras

Die meisten Aussagen aus dem vorhergehenden Abschnitt 3.1 bezüglich der Prinzipien der Bildaufnahme und -verarbeitung für analoge CCD- und CMOS-Sensorkameras gelten auch für digitale CCTV-Kameras. Digitale Kameras nutzen aber ein umfangreiches Repertoire neuer Technologien und Arbeitsprinzipien, das erst in den Folgekapiteln zur Digitalisierung, Kompression und Netzwerkkommunikation behandelt wird. Deshalb wird hier auch weniger auf die technischen Hintergründe eingegangen. Es soll der Versuch unternommen werden, eine Übersicht zum Stand der Technik und zu neuartigen Funktionen digitaler CCTV-Kameras zu geben. Dabei soll auch die Frage beantwortet werden, warum digitale Kameras als die Grundlage volldigitaler CCTV-Systeme bislang noch eine relativ geringe Verbreitung gefunden haben [DOER03a].

3.2.1 Definitionsversuch

Digitale CCTV-Kameras stellen an ihrem Ausgang Bilder in digitaler Form zur Verfügung.

Dieser erste einfache Definitionsversuch schließt, wie auch schon in Abschnitt 3.1.1.1 erwähnt, DSP-Kameras – also Kameras mit analogem PAL- bzw. NTSC-Ausgang, aber mit digitalen Zwischenstufen – aus. Eine digitale Fotokamera liefert aber ebenfalls digitale Bilder, ist allerdings – von Sonderfällen abgesehen – nicht für CCTV-Zwecke geeignet. Auch eine Computer-Kamera für Videokonferenzzwecke oder ein Camcorder mit IEEE 1394-(Abschnitt 8.2.3.4) Computer-Anschluss ist nicht für den CCTV-Einsatz geeignet. Deshalb soll eine digitale CCTV-Kamera folgendermaßen definiert werden:

Digitale CCTV-Kameras sind Kameras, die Bewegtbilder in für CCTV-Zwecke geeigneter Bildqualität komprimieren und auf einer Netzwerkschnittstelle mittels IP-basierter Bildübertragungsprotokolle zu Netzwerkempfängern übertragen. Dabei sollen die Bezeichnungen digitale CCTV-Kamera, CCTV-Netzwerkkamera und CCTV-IP-Kamera als synonym angesehen werden.

Dieser bewusst noch sehr weit gefasste und eigentlich ebenfalls zum Scheitern verurteilte Versuch einer Definition offenbart die missliche Situation, in der sich der Markt für digitale CCTV-Kameras heute befindet. Die Definition legt weder fest, was unter den Begriffen

- Bewegtbilder;
- Bildqualität;
- Kompression;
- Bildübertragungsprotokoll;
- Netzwerkschnittstelle und
- Netzwerkempfänger

zu verstehen ist, noch wird eine klare Definition des Einsatz-Umfeldes derartiger Kameras vorgenommen. Lediglich das in Kapitel 7 behandelte Internet-Protokoll IP als grundsätzliches Kommunikationsprotokoll soll allen derartigen Kameras gemeinsam sein. Eine weitere Einengung, z. B. durch Festlegung auf eine Kompression nach dem MPEG-1- oder MPEG-2-Standard aus den Abschnitten 5.2.5 bzw. 5.2.6, würde aber der Vielfalt der heute verfügbaren Systeme nicht gerecht werden.

Selbst bei analogen Videokameras als standardisiert zu sehende Größen, wie Bildraten oder Bildauflösungen, sind im digitalen Bereich variabel. So gibt es eine ganze Reihe digitaler Kameras, deren Bildraten, Auflösungen und Abtastverfahren nichts mehr mit den analogen Standards zu tun haben. Deshalb wurde auch nicht der Begriff der digitalen Videokamera, sondern der Bewegtbildkamera gewählt. Digitales Video unterscheidet sich, wie Kapitel 4 noch zeigen wird, stark von Bewegtbildaufnahmen aus dem Computer-Bereich. So spielt hier z. B. das Zeilensprungverfahren und andere „analoge Erblasten" noch eine große Rolle bei der Verarbeitung des digitalen Bildmaterials. Computer-basierte Bewegtbildsysteme entkoppeln sich aber in zunehmendem Maße von dieser analogen Vergangenheit. Als negative Begleiterscheinung zieht das in der gegenwärtigen Phase der Entwicklung starke Unsicherheiten bezüglich der Standardisierung nach sich.

Bei analogen Kameras hat man eine feste Bezugsbasis durch die analogen Videonormen PAL und NTSC, in deren Umfeld praktisch alles vom Steckverbinder über die Pegelverhältnisse bis hin zu den eigentlichen Signalen und deren Übertragung strengen Normen unterworfen ist. Bei digitalen Kameras hat man diese verlässliche Basis als alle Systemaspekte übergreifenden Standard bislang nicht.

Das heißt aber nicht, dass es keine digitalen Normen gibt. Das Problem ist nicht der Mangel an Normierung, sondern eher ein Zuviel. Wie Kapitel 5 noch zeigen wird, gibt es eine große Zahl verschiedener – meist streng genormter – Videokompressionsverfahren. Jedes einzelne Verfahren hat seine eigenen individuellen Vorteile, so dass man nicht von dem einen „richtigen" Verfahren, welches alle Aufgabenstellungen von CCTV abdeckt, sprechen kann. Die einzelnen Verfahren haben wiederum eine enorme Anzahl an individuellen Freiheitsgraden, wodurch sich Implementationen verschiedener Hersteller unterscheiden können. Dies erschwert die herstellerübergreifende Austauschbarkeit der Kameratechnik, selbst wenn prinzipiell das gleiche Kompressionsverfahren zur Anwendung kommt. So bedeutet die Angabe für zwei Kameras unterschiedlicher Hersteller, dass eine Kompression nach dem MPEG-1-Standard erfolgt, keinesfalls, dass diese Kameras in einer CCTV-Anlage gegeneinander ausgetauscht werden können.

Auch für die Datenübertragung in digitalen Netzen gibt es eine große Anzahl von Standards, wie dies in den Kapiteln 6 und 7 gezeigt wird. Diese Standards definieren sowohl die Netzwerk-Hardware als auch die Datenkommunikationsprotokolle, welche die Datenübertragung steuern.

Der Übertragung von Multimediadaten wie Video und Audio widmen sich eine Reihe von spezialisierten Kommunikationsstandards. Standards, wie z. B. H.323, wurden aber hauptsächlich für den Einsatz in Videokonferenzsystemen geschaffen. Neuere Multimediaübertragungsstandards aus dem Internet-Bereich haben als Ziele das Internet-Radio oder -Fernsehen als Analogien zu Fernseh- oder Radiorundfunk. Diese im Design der Übertragungs- und auch Kompressionsstandards verankerten Anwendungsziele widersprechen oft den Zielstellungen von CCTV, was zu starken Kompromissen bezüglich der erreichbaren Funktionalität und vor allem des Datendurchsatzes bei der Anwendung für CCTV-Zwecke führen kann.

Deshalb kommen bei den meisten digitalen CCTV-Kameras und -Systemen herstellerabhängige Übertragungsverfahren für den Netzwerkzugriff auf die Videobilder zum Einsatz. Diese legen damit gleichzeitig meist die zu verwendende Wiedergabe-Software auf eine herstellerspezifische Lösung fest. Sollen derartige Kameras in ein übergreifendes CCTV- oder Sicherheitsmanagementsystem integriert werden, so ist für jedes Produkt eine aufwändige, individuelle Anpassung notwendig.

3.2.2 Blockschaltbild

Bild 3.10 zeigt das Blockschaltbild einer digitalen CCTV-Kamera. Bildaufnehmer ist entweder wieder ein CCD- oder CMOS-Sensor, wobei in digitalen Kameras CMOS-Sensoren häufiger zum Einsatz kommen. Das liegt an der einfachen Integrierbarkeit mit anderen Systemkomponenten auf dem gleichen Chip, wodurch die Kameraelektronik im Extremfall auf einen einzigen Schaltkreis aufgebracht werden kann. Wie bei der DSP-Kamera in Bild 3.20 wird das analoge Signal des Bildsensors einem ADC zugeführt. Dieser erzeugt einen digitalen Datenstrom, der wiederum von einem Signalprozessor, einem Standardprozessor oder auch einem spezialisierten Kompressionsbaustein verarbeitet wird. Ergebnis ist ein Strom komprimierter Bilder. Diese digitalen Bildinformationen müssen in ein Kommunikationsprotokoll für die Netzwerkübertragung verpackt werden, welches u. a. dafür sorgt, dass die Daten auch bei Störungen im Netz den Empfänger korrekt erreichen. Diese Aufgabe kann wieder von einem Standardprozessor oder spezialisierten Protokollbausteinen übernommen werden.

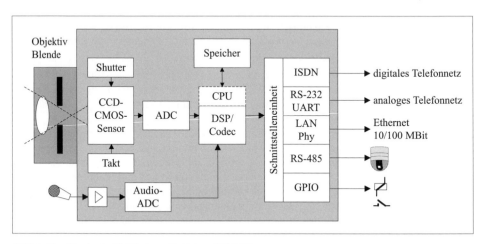

Bild 3.10: *Blockschaltbild einer digitalen CCTV-Kamera*

Die Kamera aus Bild 3.10 verfügt über eine große Zahl von physikalischen Netzwerkschnittstellen. Dabei ist der Ausstattungsgrad an Schnittstellen vom jeweiligen Produkt und Einsatzfeld abhängig. Für den Betrieb in lokalen Netzen großer Bandbreite vorgesehene Kameras besitzen meist eine Ethernet-Schnittstelle. Kameras für Fernzugriffe über Telefonnetze stellen dafür eine ISDN-Schnittstelle bereit.

Die Vielzahl an Schnittstellen ermöglicht den direkten Bildzugriff über verschiedene Arten physikalischer Netzwerke ohne oder mit geringem Zusatzaufwand an Kommunikations-Hardware. Neben der eigentlichen Bildinformation werden über die Netzwerkschnittstellen auch Steuerinformationen von entfernten Nutzern an das Kamerasystem übertragen. Dazu gehören z. B. Telemetriekommandos zur Steuerung eines integrierten Schwenk/Neigesystems oder des Kameraobjektivs. Zusätzlich kann über diese Schnittstellen die Parametrierung des Verhaltens der Kamera durchgeführt oder auch Updates der Kamera-Software von abgesetzter Stelle durchgeführt werden. Die Notwendigkeit einer zusätzlichen Steuerverkabelung, wie bei fernparametrierbaren analogen Kameras, entfällt damit bei digitalen CCTV-Kameras. Eine General Purpose Input Output (GPIO) Schnittstelle ermöglicht die abgesetzte Ansteuerung von Kontakten, um z. B. einen Infrarotscheinwerfer einzuschalten. Gegebenenfalls ebenfalls verfügbare Eingangskontakte können als Alarmdetektion zur Steuerung der Aufzeichnung einzelner Alarmbilder in den ebenfalls in der Kamera verfügbaren Speicher eingesetzt werden. Ein Nutzer hat wiederum über spezielle Netzwerkkommandos die Möglichkeit, diese Bilder abzurufen. Die Anzahl der speicherbaren Bilder hängt natürlich von der Größe des in der Kamera installierten Bildspeichers ab.

Einige Kameras bieten zusätzlich die Möglichkeit einer digitalen Audioübertragung an. Die analogen Audiosignale des gegebenenfalls sogar in die Kamera direkt integrierten Mikrofons werden ebenfalls von einem ADC gewandelt und danach vom Signalprozessor verarbeitet. Die Audiodaten werden gleichfalls vom DSP komprimiert und gemeinsam mit den Videodaten über die Netzwerkschnittstellen übertragen.

Die Verwendung von Standard- oder Signalprozessoren schafft eine Vielzahl an Freiheitsgraden für die direkte Integration von Zusatzfunktionen in der Kamera. Beispiele sind Verfahren zur Videobewegungsdetektion oder zur Alarmbild- und Vorgeschichteverwaltung. DSP-Technologie schafft im Gegensatz zu spezialisierten Kompressionsschaltkreisen auch die Freiheit einer situationsabhängigen Wahl der Video- und Audiokompressionsmethoden der Kamera. Durch das rasante Wachstum der Verarbeitungsgeschwindigkeit von DSPs sind hier in den nächsten Jahren große Fortschritte zu erwarten, da z. B. der erreichbare Kompressionsgrad gerade bei bewegten Bildern sehr stark von der verfügbaren Rechenleistung abhängt. So ist z. B. eine effektive MPEG-4- bzw. H.264-Kompression (Abschnitt 5.2.7 bzw. 5.2.10) mit heutigen Bausteinen in Echtzeit praktisch nicht möglich.

Bild 3.10 stellt das Hardware-Blockschaltbild einer digitalen CCTV-Kamera dar. Als Pendant zu diesem physikalischen Blockschaltbild kann ein logisches Blockschaltbild angesehen werden. Dieses liefert einen Überblick zu den Software-Komponenten, welche die Arbeit eines solchen komplexen Kamerasystems steuern. Bild 7.7 aus Abschnitt 7.3.3 zeigt am Beispiel einer IP-Kamera ein derartiges logisches Blockschaltbild mit den Software-Komponenten, welche die verschiedenen logischen Kommunikationskanäle der Kamera repräsentieren. Diese Software-Module sind wiederum in eine Betriebssystemumgebung in der Kamera eingebettet. Viele Systeme nutzen hier aus Funktionalitäts-, Stabilitäts- und natürlich Kostengründen das Betriebssystem LINUX. Dieses eignet sich hervorragend als so genanntes embedded Betriebssystem für die Steuerung autonomer Hardware, wie digitale CCTV-Kameras sie darstellen.

3.2.3 Bildgrößen und -raten

Beim Lesen der Datenblätter digitaler CCTV-Kameras kann es zu einigen Verwirrungen – ob bewusst so gesteuert oder nicht, sei hier dahingestellt – bezüglich der wahren Leistungsfähigkeit eines Systems kommen. Einerseits liest man von Bildraten und Bildauflösungen[7], wie

---
[7] Im Folgenden soll mit Auflösung die Anzahl der in Zeilen und Spalten angeordneten Bildelemente eines CCD- oder CMOS-Sensors gemeint sein. Prinzipiell gibt es auch bei digitalen Kameras den Unterschied zwischen der effektiven Auflösung und der Anzahl der verfügbaren Bildelemente (Abschnitt 3.1.2.1).

3 Kameratechnik

man sie aus dem Videobereich gewohnt ist – also z. B. einer Bildauflösung von 704x576 Bildelementen und einer Bildrate von 25 Bildern pro Sekunde – andererseits werden diese meist ohne weitere Kommentare auf den ersten Seiten einer Kameraspezifikation angegebenen Werte in den folgenden Detaildarstellungen oft sehr stark relativiert. Der positive Eindruck geht z. B. schnell verloren, wenn die plakativ dargestellte Auflösung von 704x576 Bildelementen auf Standbildaufnahmen reduziert wird oder wenn die Bildrate von 25 Bildern pro Sekunde bei genauerem Lesen nur bei einer QCIF-Auflösung erreicht wird. In den Datenblättern wird dabei mit einer Vielfalt unterschiedlicher Begriffe jongliert, die nicht gerade zur Aufhellung der Sachverhalte und damit zu einer realistischen Leistungsbewertung und Vergleichbarkeit verschiedener Produkte führen. Ein Beispiel sind die vielfältigen Bildauflösungsvarianten, zu denen Tabelle 3.4 eine Übersicht geben soll.

Tabelle 3.4: Wichtige Bildauflösungen digitaler Kamerasysteme

Format	Auflösung		Bit pro Pixel	Bitrate [Mbps]		Bemerkung
	H	V		unkomprimiert	komprimiert	
Video-orientierte Auflösungen aus dem Bereich der Videokonferenzsysteme						
SQCIF	128	96	12	3,25	0,16	Sub-QCIF
QCIF	176	144		7,25	0,36	Quarter-CIF
CIF	352	288		29	1,45	Common Intermediate Format. Wird auch als FCIF (Full-CIF) bezeichnet. Entspricht der Qualität von VHS-Video.
4CIF	704	576		116	5,8	Volle Videoauflösung. Entspricht in etwa der Qualität der digitalen Video-Studionorm ITU-R BT.601 aus Abschnitt 4.2.3[8].
16CIF	1.408	1.152		464	23	
Computer-orientierte Grafikauflösungen						
QVGA	320	240	24[9]	44	2,2	Quarter-VGA
VGA	640	480		176	8,8	Video Graphics Array
SVGA	800	600		275	14	Super-VGA
XGA	1.024	768		450	22,5	eXtended Graphics Array
SXGA	1.280	1.024		750	37,5	Super-XGA

Die Bitraten in Tabelle 3.4 ergeben sich aus der Annahme einer Bildrate von 25 Bildern pro Sekunde. Als Kompressionsverfahren wird M-JPEG mit einem realistischen Kompressionsfaktor von 20 angenommen.

Die gängigsten Formate digitaler CCTV-Kameras bewegen sich im Auflösungsbereich zwischen SQCIF und 4CIF. Die Formate QVGA und VGA werden ebenfalls häufig verwendet.

---

8 Die Unterschiede der CIF-Varianten zur digitalen Videonorm ITU-R BT.601 liegen in der Art der Farbabtastung. Im Gegensatz zum 4:2:2-Verfahren von ITU-R BT.601 verwenden die CIF-Formate das 4:2:0 Abtastverfahren (Abschnitt 5.2.5.1). Das begründet auch die Anzahl der Bit pro Pixel, da hier die Farbe mit geringerer Auflösung als die Helligkeit abgetastet wird. Ein weiterer Unterschied liegt darin, dass die CIF-Formate keinen Zeilensprung kennen und in der Bildrate zwischen 10 und 30 Bildern pro Sekunde variieren können. Weitere Details dazu liefert Kapitel 4.

9 Die ersten VGA-Standards mit niedriger Auflösung verwendeten nur 4 Bit pro Pixel, d. h. ein Bildelement konnte 16 verschiedene Farben darstellen. Insofern ist die Angabe nicht ganz korrekt. Es gibt mittlerweile aber viele herstellerspezifische Abwandlungen, so daß alle VGA-Auflösungen mit der so genannten True Color-Farbtiefe von 24 Bit pro Pixel verfügbar sind.

Bild 3.11 soll den Informationsverlust zwischen einem 4CIF-Bild und einem SQCIF-Bild etwas anschaulicher verdeutlichen als die abstrakten Zahlen der Tabelle 3.4.

Bild 3.11:
Größenverhältnisse der Auflösungsstufen SQCIF, QCIF, CIF und 4CIF

Bild 3.12 stellt als Vergleich das QCIF-Bild aus Bild 3.11 auf die Maße des Originalbildes vergrößert dar. Es kommt zu starken Stufenbildungen besonders im Bereich scharfer Kanten. Details können hier nicht mehr ausgemacht werden, wodurch der Wert der Aufnahme für Beweis- oder Bildanalysezwecke natürlich entsprechend sinkt.

Bild 3.12:
Vergrößertes QCIF-Bild als Vergleich zum 4CIF-Original in Bild 3.11

Allgemein kann man sagen, dass bei den meisten gegenwärtigen Netzwerkkameras bei zu analogen Kameras vergleichbarer Auflösung von 4CIF nicht die fernsehübliche Bildrate von 25 Bildern pro Sekunde erreicht wird. Zumindest bei Kameras mit schnellen Netzwerkschnittstellen wie 10 bzw. 100 MBit Ethernet ist die Ursache dafür in der Rechenleistung der Kameras selbst zu sehen, da Tabelle 6.1 in Abschnitt 6.5.2.1 zeigt, dass selbst bei relativ bandbreitenhungriger M-JPEG-Kompression heutige lokale Netze eine ausreichende Übertragungskapazität bieten. Insbesondere die Bildkompressionsalgorithmen in Kapitel 5 stellen sehr hohe Anforderungen an die Verarbeitungsgeschwindigkeit des Rechenkerns einer digitalen Kamera. Da aber die Dynamik der Entwicklung hier sehr hoch ist, kann in der nächsten Zeit gerade in diesem Bereich mit weiteren Verbesserungen gerechnet werden[10].

Wenn man berücksichtigt, dass es Netzwerkkameras mit Vorstellung der ersten Internet- bzw. WEB-Kameras durch die eine Vorreiter-Rolle spielende Firma AXIS im Jahre 1996 erst seit etwa sieben Jahren gibt, wird die Dynamik der Entwicklung bewusst. Die nicht CCTV-tauglichen WEB-Kameras der ersten Generation lieferten im Abstand von etwa 10 s ein komprimiertes JPEG-Bild niedriger CIF-Auflösung zur Ansicht im Internet-Browser des Nutzers. Heutige Kameras des oberen Leistungssegmentes liefern – ausreichende Bandbreite vorausgesetzt – selbst bei voller 4CIF-Auflösung noch Bildraten von mehr als 10 Bildern guter Qualität pro Sekunde. Ein Beispiel derartiger digitaler CCTV-Hochleistungskameras sind die Kameras AXIS 2120 und AXIS 2420. Tabelle 2.1 aus Abschnitt 2.3 enthält einige weitere Beispiele. Neben den aktuell noch vorhandenen technischen Grenzen ist der immer noch im Vergleich zu technisch näherungsweise äquivalenter analoger Technik sehr hohe Preis dieser Kameras eine Einsatzbarriere.

In vielen CCTV-Anwendungsfällen spielt die Bildrate gegenüber der Bildqualität allerdings eine untergeordnete Rolle. Speziell wenn es um die Aufzeichnung von Beweisbildern geht, ist es in der weitaus überwiegenden Zahl von CCTV-Anwendungen nicht nötig, mit einer Bildrate von 25 Bildern pro Sekunde zu arbeiten. Wichtiger ist eine dynamische Anpassung der Bildrate an die Kritikalität der beobachteten Vorgänge. Gerade hier bieten digitale Kameras eine hohe Flexibilität. Die wichtigste Anwendung von digitalen CCTV-Kameras ist allerdings der möglichst verzögerungsfreie Zugriff auf Live-Bilder. Um hier eine flüssige Bewegung bei der Darstellung zu erzielen, muss die Kamera mehr als 15 Bilder pro Sekunde liefern. Glücklicherweise spielt bei der hauptsächlich auf Computermonitoren stattfindenden Wiedergabe das auf Analogmonitoren bei dieser niedrigen Bildfrequenz auftretende Bildflimmern keine Rolle. Deshalb müssen auch keine speziellen Maßnahmen, wie das Zeilensprungverfahren im analogen Bereich, ergriffen werden, um die Darstellung für das menschliche Auge angenehm zu machen.

3.2.4 Einbettung in CCTV- und Sicherheitsmanagementsysteme

Digitale CCTV-Kameras sind für sich allein, von einfachen Anforderungen bzw. spezialisierten Anwendungsszenarien abgesehen, noch keine voll funktionsfähigen CCTV-Anlagen, auch wenn viele Funktionen, wie Videobewegungsmelder oder digitale Alarmbildspeicher, die früher als autonome Hardware-Einheiten installiert wurden, bereits in der Kamera integriert sind. In komplexeren Systemen müssen sich die Netzwerkkameras in die übergeordnete, ebenfalls netzwerkbasierte CCTV- und sicherheitstechnische Infrastruktur einbetten lassen. Wichtigste Komponenten einer solchen erweiterten, in Bild 3.13 gezeigten CCTV-Infrastruktur sind die

- CCTV-Arbeits- und Administrationsplätze – also die Mensch-Maschine-Schnittstelle
- zentralisierte Multimediadatenbanken für die Video- und Audio-Langzeitspeicherung und
- eine vielfältige, erweiterbare Peripherie von Sensoren und Aktoren zur Erfassung sicherheitsrelevanter Ereignisse und zur Steuerung entsprechender Reaktionen.

Innerhalb eines solchen Systems, zu dessen Aufgaben [DOER02] bzw. [DOER02b] eine Übersicht gibt, sind digitale Kameras, die gegebenenfalls auch gemischt mit analogen Kameras be-

---

10 Zum Erscheinungszeitpunkt dieses Buches waren bereits bei einigen Herstellern Netzwerkkameras mit einer SXGA-Auflösung von 1280x1024 Bildelementen bei bis zu 15 JPEG-komprimierten Bildern pro Sekunde erhältlich.

trieben werden müssen, nur ein kleiner, wenn auch sehr wichtiger, Baustein für die Realisierung einer integralen Sicherheitsinfrastruktur.

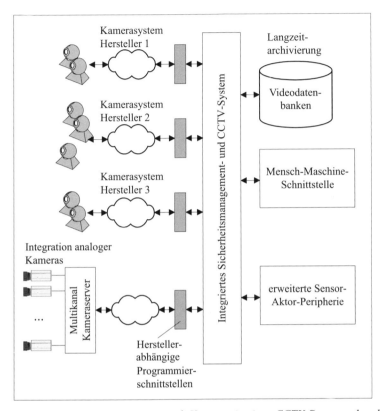

Bild 3.13: *Integration von Netzwerk-Kameras in einen CCTV-Systemverbund*

Die im Bild 3.13 dargestellten herstellerabhängigen Programmierschnittstellen zur Integration eines Netzwerkkamerasystems in ein CCTV-Verbundsystem stellen eines der heutigen Hauptprobleme für die Verbreitung und Austauschbarkeit derartiger Bildquellen dar. Der Zugriff auf die Bilddaten erfolgt nach unterschiedlichsten Verfahren. Beispiele sind das Push- und Pull-Prinzip in Abschnitt 7.5.3 und der Datenaustausch über TCP-, UDP-, Unicast- oder auch Multicast-Übertragungen entsprechend der Abschnitte 7.5.4 und 7.5.5. Auch das Format der hier bereitgestellten Bilddaten variiert erheblich. Die Kameras verwenden unterschiedliche, teilweise sogar nicht standardisierte Kompressionsverfahren. Selbst wenn standardisierte Bildkompressionsverfahren verwendet werden, unterscheiden sie sich von System zu System in diffizilen Verfahrenseigenschaften, die praktisch eine Austauschbarkeit verhindern. Sind die Bilder schließlich dekomprimiert, begegnet man wiederum einer Fülle an Bildformaten, von denen Tabelle 3.4 nur einen kleinen Ausschnitt zeigt.

Die von den Kameraherstellern gelieferte CCTV-Zentralen-Software genügt selten höheren Ansprüchen. Ein wichtiges Beispiel ist die Video-Langzeitarchivierung. Die meisten Systeme sind in der Lage, Bilder als Alarm-, Vorgeschichte- oder Kurzzeithistorie zu speichern. Bei der Masse der digitalen CCTV-Anwendungen steht aber heute das Thema autonomer Systeme mit nachgeordneter Recherchemöglichkeit über einen Zeitraum von unter Umständen mehreren Monaten im Vordergrund. Die direkte Live-Überwachung durch Sicherheitspersonal tritt in digitalen Systemen zunehmend in den Hintergrund. Dazu bedarf es leistungsfähiger Videodatenbanktechnik. Diese CCTV-typischen Datenbanksysteme verwalten Kapazitäten bis weit in den Terabyte-Bereich und sind in der Lage, die Aufzeichnungen einer großen Anzahl von Kameras über lange Zeiträume zu archivieren. Aufgrund der Vielfalt der Bilddatenformate von digitalen CCTV-Kameras der gegenwärtigen Generation ist die Integration in ein derartiges Datenbankumfeld für jedes einzelne System mit einem erheblichen Aufwand verbunden.

Im Gegensatz dazu hat die Nutzung von analogen Kameras über einen Mehrkanal-Kamera-Server gegenwärtig noch viele Vorteile gegenüber digitalen Kameras. Dazu gehören die höhere Bildrate und Qualität und vor allem die einfache Austauschbarkeit der Kameras. Dabei kann auf eine breite Produktpalette bezüglich Design, Qualität, Einsatzbedingungen, Montageeigenschaften und Preis zurückgegriffen werden.

3.3 Schwenk/Neigesysteme – Domekameras

Sowohl für analoge als auch digitale CCTV-Kameras gibt es Schwenk/Neigesysteme als autonome wie auch als integrierte Lösungen. Bei autonomen Schwenk/Neigesystemen wird die Kamera auf einen so genannten Schwenk/Neigekopf – meist in einem Wetterschutzgehäuse für den Außeneinsatz – montiert. Der Schwenk/Neigekopf ist ein elektromechanisches System, welches durch Kommandos, die meist über serielle Schnittstellen übertragen werden, gesteuert werden kann. So kann die auf den Kopf montierte Kamera bewegt werden, um eine größere Szene als eine fest montierte Kamera zu erfassen. Für den Innenbereich kommen für diese Zwecke meist so genannte Domekameras zum Einsatz. Hier ist die komplette Mechanik und Elektronik der Motorsteuerung direkt ins Kameragehäuse integriert. Im Gegensatz zu separaten Schwenk/Neigeköpfen sind Domekameras sehr viel kleiner und lassen sich erheblich einfacher und vor allem unauffälliger installieren. Es gibt eine große Vielfalt an Designs, um die Kamera der Raumgestaltung anzupassen. Bild 3.14 zeigt dazu einige Beispiele von Domesystemen.

Bild 3.14:
Verschiedene Domesysteme für den Innen- und Außeneinsatz
(Foto Geutebrück)

Die im Vergleich zu Festkameras hohen Kosten solcher Schwenk/Neigesysteme werden durch eine erweiterte Funktionalität und den geringeren Platzbedarf wettgemacht. Eine Schwenk/Neigekamera ersetzt bei sorgfältiger Planung eine Vielzahl von Festkameras und deren Verkabelung. Deshalb finden diese Systeme zunehmend Verbreitung und sind Bestandteil fast jeder größeren CCTV-Installation.

Schwenk/Neigesysteme – Domekameras 3.3

Für die Steuerung der Schwenk/Neigefunktionalität ist bei analogen Kameras meist eine separate Steuerverkabelung, z. B. RS-485 bzw. RS-422, zu verlegen. Dies erhöht die Kosten. Bei digitalen Netzwerkkameras entfallen diese Zusatzkosten, da die Telemetriekommandos über die gleiche Netzwerkverkabelung übertragen werden können wie die Bilddaten. Bei digitalen Domekameras steht die Schwenk/Neigefunktion direkt ohne weitere Hardware-Maßnahmen zur Verfügung. Digitale Festkameras stellen oft eine RS-485 Schnittstelle zur Verfügung, welche die über das Netzwerk wie z. B. Ethernet empfangenen Telemetriekommandos an einen Schwenk/Neigekopf weitergeben kann, auf dem die Kamera montiert ist.

Schwenk/Neigesysteme bereichern die Möglichkeiten von Kameras um einen großen Satz an Funktionen. Ein bestimmter Satz an Grundfunktionen ist in allen Systemen zu finden. Darüber hinaus gibt es eine sehr große Vielfalt an herstellerabhängigen Sonderfunktionen. Obwohl Schwenk/Neigesysteme zu den Grundbauelementen einer CCTV-Installation gehören, gibt es leider nicht das geringste Anzeichen einer Standardisierung ihrer Steuerung. Sowohl die Begriffe, die eine Funktion charakterisieren, als auch die Kommandos und Kommunikationsprotokolle der einzelnen Systeme sind von Hersteller zu Hersteller verschieden. Die fünf Grundfunktionen, die von einem Schwenk/Neigesystem immer erwartet werden können, sind in Tabelle 3.5 zusammengefasst. Selbst diese unterscheiden sich stark in ihren Parametern. So reicht die Anzahl unterstützter Geschwindigkeitsstufen von 0 bis 255 und mehr. Je mehr dieser Stufen, desto glatter sind die Übergänge und desto exakter lässt sich das Gerät bedienen. Auch die Anzahl an programmierbaren Festpositionen variiert stark.

Tabelle 3.5: Grundfunktionen eines Schwenk/Neigesystems

Funktion	Parameter	Kommentar
Schwenken	Geschwindigkeit	Der Kameraschwenk kann meist über volle 360° sowohl im als auch entgegen dem Uhrzeigersinn ausgeführt werden. Die beiden Hauptbewegungen Schwenken und Neigen können simultan ausgeführt werden. Bei vielen Systemen kann die Geschwindigkeit der Bewegung über eine Anzahl an Geschwindigkeitsstufen während der Bewegung verändert werden.
Neigen	Geschwindigkeit	Das Neigen kann nur innerhalb eines bestimmten Winkels ausgeführt werden, der von der mechanischen Konstruktion abhängig ist.
Zoom	Geschwindigkeit	Dies ist eigentlich eine Funktion des Objektivs. Die Kommandos für die Objektivsteuerung werden aber meist über die gleiche Schnittstelle wie die Kommandos für das Schwenk/Neigesystem transportiert.
Festposition abrufen	Nummer der Position	Das Schwenk/Neigesystem kann die Koordinaten einer Kameraposition speichern und unter Angabe einer Positionsnummer abrufbar machen. Vor dem Abrufen einer Festposition muss diese programmiert werden. Die verschiedenen Systeme unterscheiden sich durch die Anzahl der programmierbaren Festpositionen. Es gibt Systeme mit einer sehr großen Anzahl an Festpositionen. Damit kann z. B. eine Objektverfolgung realisiert werden, bei der die Detektionsergebnisse von Videosensoren die Anwahl der Festpositionen steuern wodurch die Kamera automatisch die Bewegung des vom Videosensor erkannten Objektes verfolgt.
Festposition programmieren	Nummer der Position	Diese Funktion erlaubt dem Nutzer, die aktuell von der Kamera eingenommene Position zu speichern. Die Nummer der Festposition wird verwendet, um diese später wieder abrufen zu können.

3 Kameratechnik

Tabelle 3.6 erhält eine kleine Liste erweiterter Funktionen, die produktabhängig unterstützt werden können. Tabelle 3.3 aus Abschnitt 3.1.2.5 enthält weitere Funktionen, deren Kommandos über die Telemetrieschnittstelle eines Schwenk/Neigesystems mit übertragen werden.

Tabelle 3.6: Herstellerabhängige Sonderfunktionen von Schwenk/Neigesystemen

Funktion	Parameter	Kommentar
Beleuchtungssteuerung		Ein- und Ausschalten einer Beleuchtung. Dies kann z. B. ein Infrarotscheinwerfer sein.
Toursteuerung	Tourpositionen, Verweildauer	Eine Tour ist das zyklische Durchlaufen einer parametrierbaren Liste von Festpositionen. Die Kamera verweilt an jedem Punkt der Liste für die eingestellte Verweildauer und bewegt sich dann mit maximaler Geschwindigkeit automatisch zum nächsten Punkt der Tour. Der Nutzer hat die Möglichkeit, solche Touren zu starten, zu stoppen und zu parametrieren.
Automatisches Schwenken	Festpositionen, Geschwindigkeit	Das Kamerasystem bewegt sich langsam mit einer einstellbaren Geschwindigkeit zwischen zwei einstellbaren Festpositionen.
Bewegungsmakro		Das Kamerasystem wird in einen Mitschnittmodus versetzt, der die Bewegungen inklusive der Objektiveinstellungen in einem Speicherbereich protokolliert. Diese Makros können später wieder abgerufen werden, wodurch die Kamera die vorher aufgezeichnete Bewegung nachvollzieht.
Patrolie	Festpositionen, Geschwindigkeit	Wie bei einer Tour durchläuft die Kamera eine Liste einstellbarer Festpositionen. Dabei wird aber nicht an den Punkten verharrt. Die Kamera bewegt sich gleichförmig auf einer Bahn, die von den Festpositionen bestimmt wird.

Die Steuerung dieser Funktionsvielfalt wird durch spezialisierte CCTV-Bediengeräte realisiert. Bild 3.15 zeigt ein Beispiel. Typisch ist der Joystick als adäquates Bedienelement zur Bewegungssteuerung. Derartige Bediengeräte gibt es mittlerweile auch mit Netzwerkschnittstellen, wie Ethernet, so dass sie direkt ohne aufwändige Soft- und Hardware-Adaptierung in den digitalen Systemverbund integriert werden können.

Bild 3.15: CCTV-Bediengerät MBEG/GCT (Foto Geutebrück)

Als einfacher, kostengünstiger Ersatz werden heute oft virtuelle Bediengeräte als Teil der Computer-MMS, wie das aus Bild 3.16 verwendet. Die hier notwendige Mausbedienung ist aber nur ein schlechter Ersatz für die taktile Rückkopplung die ein professionelles Bediengerät, wie das in Bild 3.15, bietet.

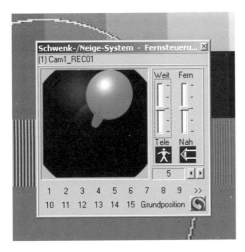

Bild 3.16:
Einfaches virtuelles Bediengerät zur Kamerasteuerung (Foto Geutebrück)

Die Bewegungen einer Schwenk/Neige-Kamera erfolgen bei der Masse der Systeme nicht auf Basis absoluter Koordinaten. Wird z. B. eine Schwenkbewegung gestartet, bewegt sich die Kamera solange im Kreis, bis die Bewegung gestoppt wird. Der Nutzer hat nur die visuelle Rückkopplung, an welcher Position der Kreisbahn sich die Kamera gerade befindet. Gerade bei digitalen Kameras erfordert die manuelle exakte Ansteuerung einer Position, die den Nutzer interessiert, deshalb oft großes Fingerspitzengefühl und Training, denn hier erfolgt die visuelle Rückkopplung – also die Darstellung der Bilder zur Position, an der sich die Kamera gerade befindet – mit zeitlicher Verzögerung. Schuld ist die so genannte Übertragungslatenzzeit, also die Zeit, die vom Entstehen eines Bildes bis zum Erscheinen auf dem Monitor des Nutzers vergeht. Während diese Zeit bei analogen Systemen praktisch vernachlässigt werden kann, liefern digitale Kameras und Video-Server oft Latenzzeiten von mehreren 100 ms. Ab einer Grenze von etwa 150 ms leidet die manuelle Steuerbarkeit einer Schwenk/Neige-Kamera. Sind die damit verbundenen mechanischen Nachlaufeffekte zu groß, hilft nur die Steuerung der Kamera mittels voreingestellter Festpositionen. Hier leidet aber die Flexibilität, falls sich die beobachtete Szene ändern sollte.

Schwenk/Neigesysteme verschiedener Hersteller unterscheiden sich nicht nur in ihrer Funktionalität, sondern auch in den physikalischen Schnittstellen zur Steuerung und den logischen Kommunikationsprotokollen. Es ist die Aufgabe so genannter Protokollkonverter, Schwenk/Neigesysteme verschiedener Hersteller in ein CCTV-System zu integrieren. Wegen der fehlenden Standardisierung ist die ständige Adaption neuer und die Erweiterung bestehender Telemetrieprotokolle eine permanente Entwicklungsaufgabe für CCTV-Integratoren und Systemhersteller, um eine starke Herstellerabhängigkeit zu vermeiden.

3.4 Fazit

Eine Vielzahl von Kriterien zur Beurteilung einer Kamera auf Einsetzbarkeit für ein CCTV-Projekt ist austauschbar sowohl für analoge als auch digitale CCTV-Kameras gültig. In den hybriden CCTV-Systemen der gegenwärtigen Generation spielen digitale Kameras noch keine große Rolle. Durch ihre Flexibilität eignen sie sich aber für neuartige Einsatzszenarien, die analogen Kameras prinzipiell nicht zugänglich sind. Ein Beispiel ist die Internet-basierte Fernüberwachung. In Systemen mit klassischen CCTV-Einsatzszenarien stellen analoge Kameras und ihre Integration in den digitalen CCTV-Verbund mittels Mehrkanal-Kamera-Servern noch für längere Zeit die Majorität dar. Digitale CCTV-Kameras liefern hier nur ergänzende Funktionalität, die von analogen Kameras nicht abgedeckt werden kann. Der Aufwand für eine herstellerübergreifende Integration digitaler Kameras in Sicherheitsmangementsysteme ist heute noch als sehr hoch einzuschätzen. Deshalb und wegen der bislang vergleichsweise schmalen Produktpalette ist die Herstellerabhängigkeit sehr hoch. Sobald die Standardisierungsprobleme der Video- bzw. Multimediaübertragung in digitalen Netzwerken jedoch gelöst sein werden, ist es nur noch eine Frage der Zeit, bis die analoge CCTV-Peripherie komplett abgelöst wird. Damit wird die heutige hybrid-digitale Technologie durchgängig von der Quelle bis zur Bildpräsentation digital. Dies geht einher mit der Ablösung der im Computer-Bereich als veraltet anzusehenden Videonormen PAL und NTSC und der Aufhebung ihrer Beschränkungen.

4 Digitales Video

Vor der Erläuterung der verschiedenen Verfahren der Videokompression als einer der vier Kerntechnologien von digitalem CCTV sollen im Folgenden die wichtigsten Eigenschaften der digitalen Videoquelldatenströme erläutert werden. Dazu wird zunächst eine Übersicht zu den analogen Originalsignalen gegeben. Da die Eigenschaften der analogen Signale die Eigenschaften der digitalen Videonormen und damit auch der Kompressionsverfahren in starkem Maße bestimmen, sollen hier – auf Gefahr der Wiederholung bezüglich Standardwerken der Videotechnik – noch einmal die wichtigsten Verfahren und Parameter der Videonormen überblicksweise dargestellt werden. Durch die analoge Basis kommt es in digitalen CCTV-Systemen zu erklärungsbedürftigen Erscheinungen wie z. B. dem Lattenzauneffekt (Abschnitt 4.1.3) und anderen so genannten Artefakten[1], welche die Qualität der Bilder in schlecht projektierten Systemen herabsetzen bzw. diese auch für das verfolgte Beobachtungsziel unbrauchbar machen können. Einige derartiger Effekte werden im Folgenden erläutert. CCTV-Anwendungen stellen an die Qualität der Videobilder und die Flexibilität des Zugriffs auf die Bilddaten besondere Ansprüche, die teilweise konträr zu den Anforderungen im Multimedia-Massenmarkt sind. Welche Kompromisse durch die Anwendung analoger Quellsignale für digitale CCTV-Systeme in Kauf genommen werden müssen, soll ebenfalls analysiert werden.

Ausgehend von der analogen PAL- bzw. NTSC-Norm wird im Anschluss erläutert, wie man ihre digitalen Entsprechungen gemäß der am weitesten verbreiteten digitalen Videonorm ITU-R BT.601 gewinnt. Im Schlussteil des Kapitels wird die Hardware-technische Basis der Videodigitalisierung vorgestellt und anhand einiger Zahlenspiele zur Größenordnung digitaler Videodatenströme die Notwendigkeit der Anwendung von Videokompressionsverfahren motiviert.

4.1 Analoge Videoquellen

Es ist nicht Ziel dieses Buches, der breiten Palette an Standardlehrwerken zu Videonormen, Verfahren und Theorien ein weiteres hinzuzufügen. Deshalb wird sich bei den folgenden Darstellungen zur Struktur analoger Videosignale auf das für das weitere Verständnis notwendige Minimum beschränkt und ein eher pragmatischer Erklärungsansatz versucht. Da die Spezifikationen analoger und auch digitaler Videosignale und Abtastverfahren nur durch Kenntnis des historischen Prozesses der Videonormierung verstanden werden können, sei es dem interessierten Leser überlassen, sich tiefergehende Informationen in den umfassenden Standardwerken von [MÄUS95] und [JACK01] zu beschaffen. Dabei muss man sich bewusst sein, dass die gegenwärtigen analogen und davon abgeleiteten digitalen Videonormen durch das in den letzten fünfzig Jahren priorisierte Korsett der Kompatibilität und die Restriktionen der jeweiligen Technikgeneration starken Kompromissen unterworfen wurden. Zugunsten der Kompatibilität wurden die Standards zunehmend intransparenter und komplexer. Parallel entstand ein Geflecht an Sonderstandards für spezielle Einsatzzwecke. Das hat sich auch in die digitale

---

[1] Artefakte sind sichtbare Effekte und Störungen in Bilddarstellungen, welche durch Begrenzungen der technischen Systeme zur Digitalisierung, Kompression und Übertragung zustande kommen. Andere Artefakte werden durch die Techniken der Bildabtastung schon in der Kamera erzeugt (Abschnitt 3.1.2.4). Die mathematische Beschreibung von Artefakten ist nur unzureichend möglich, da ihre Kritikalität durch die Empfindlichkeit des menschlichen Wahrnehmungsvermögens bestimmt wird.

Welt fortgepflanzt, zumindest dann, wenn analoge Videosignale die Quelle für die Erzeugung digitaler Bilddatenströme sind. Dabei ist eine große Zahl von Geheimnissen, Mysterien und Missverständnissen entstanden, die sich nur durch intime Kenntnis der Historie erschließen lassen und deren vollständige Erklärung den Rahmen unseres Vorhabens bei weitem sprengen würde. Beispiele sind die vielfältigen „magischen" Zahlen, die in den verschiedenen digitalen Videostandards eine Rolle spielen. In [JAHO03], [PANK00] und [PIRA00] findet man dazu sehr gute Übersichten. Auch das heute überholte Zeilensprungverfahren stellt eine Erblast dar, die z. B. die Entwicklung von Kompressionsalgorithmen für die entsprechend digitalisierten Signale erschwert. Progressive-Scan- und volldigitale Kameras führen hier zu neuen linearen und transparenten Lösungen. Nichtsdestotrotz stellen die beiden Videonormen PAL und NTSC heute noch die Grundlage sowohl des analogen als auch des darauf basierenden normkonformen digitalen CCTV dar. Komponenten, die auf SECAM, der dritten großen Videonorm, basieren, haben, im Gegensatz zu Fernsehanwendungen, für CCTV keine praktische Bedeutung.

4.1.1 Bildabtastung

Analoge Videosignale bestehen aus Nutz- und Steuerinformationen. Dies sind Informationen zur:

- örtlichen Helligkeits- und Farbverteilung der von den Bildaufnehmern (im Allgemeinen CCD-Sensoren) aufgenommenen Bildvorlage. Dies ist die eigentliche Nutzinformation eines Videosignals;
- Steuerung der Darstellung der Nutzinformation auf analogen Videoendgeräten wie Videomonitoren. Das ist die so genannte Synchronisationsinformation.

Die Erzeugung der Nutzinformation erfolgt durch Abtastung der originalen Bildvorlage. Diese erfolgt zeilenweise durch den Bildaufnahmesensor. Der örtliche Verlauf der Helligkeits- und Farbinformationen wird dabei auf den zeitlichen Verlauf der Spannung eines entsprechenden Videosignals abgebildet.

Bei alten Röhrenkameras erfolgte die örtliche Abtastung kontinuierlich, d. h. es wurden nicht einzelne Bildpunkte einer Zeile, sondern der gesamte kontinuierliche Verlauf der Helligkeits- und Farbinformation in der Zeile erfasst. Im Gegensatz dazu tasten CCD-Sensor-Kameras den örtlichen Verlauf an diskreten Punkten ab. Beide Bildaufnehmer liefern aber analoge Signalwerte aus einem kontinuierlichen Wertebereich. Alle Werte innerhalb der Definitionsgrenzen des Wertebereiches der Nutzsignale, also z. B. dem Schwarz- und dem Weißpegel, sind möglich. Im Unterschied dazu enthalten digitale Signale Messwerte aus einer vorgegebenen Menge diskreter Zahlen an diskreten Messpunkten einer Zeile, wie dies in Abschnitt 4.2.2 gezeigt wird.

Bild 4.1 zeigt an einer sehr einfachen Bildvorlage aus nur drei Zeilen das Grundprinzip der zeilenweisen Abtastung einer Schwarz-Weiß-Vorlage, und Bild 4.2 das sich aus dieser Abtastung ergebende idealisierte zeitliche Signal.

Die Zeile Z1 enthält scharfe Schwarz-Weiß-Grau-Übergänge. Die Zeile Z2 besteht aus zwei kontinuierlichen Schwarz-Weiß-Rampenübergängen, und die Zeile Z3 stellt eine so genannte Grautreppe diskreter Helligkeitswerte dar.

Der Bildaufnehmer entnimmt der Bildvorlage den örtlichen Verlauf der Helligkeit und erzeugt dazu für jeden Punkt der Zeile eine zur Helligkeit proportionale Spannung. Beginnend mit der ersten Zeile werden so alle Zeilen des verwendeten Zeilenrasters erfasst und in eine entsprechende zeitabhängige Spannungsinformation umgesetzt. Nach Erfassung der letzten Zeile beginnt der Abtastvorgang erneut mit der ersten Zeile. Dieser Vorgang läuft periodisch mit hoher Geschwindigkeit ab. Je höher diese Geschwindigkeit ist, desto schnellere Änderungen in der originalen Bildvorlage können verarbeitet werden. Das zeitliche Signal, welches sich durch einmalige Abtastung aller Zeilen der Vorlage, also des Gesamtbildes, ergibt, heißt Bildrahmen oder englisch Frame. Das Videosignal setzt sich aus einer Sequenz dieser Bildrahmen zusammen. Die bei der Abtastung erzeugten Spannungswerte bewegen sich, wie Bild 4.2 zeigt, in einem festen Spannungsintervall, dessen Grenzen von den Spannungswerten, die den Farben Schwarz bzw. Weiß per Definition zugeordnet sind, vorgegeben werden.

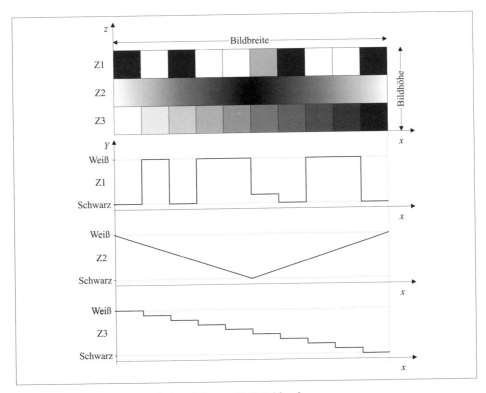

Bild 4.1: Abtastung einer einfachen Schwarz-Weiß-Bildvorlage

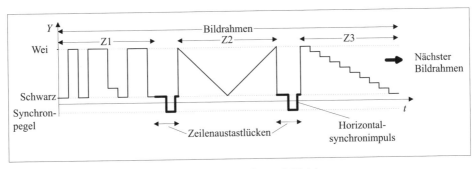

Bild 4.2: Zeitlicher Verlauf des abgetasteten Signals aus Bild 4.1

Wie Bild 4.2 zeigt, enthält das während des Abtastprozesses erzeugte Videosignal noch weitere Informationen, die nicht Bestandteil der Vorlage sind. So ist nach jeder abgetasteten Zeile eine so genannte Austastlücke und in dieser ein Spannungsimpuls eingefügt. Dieser wird als

Zeilen- oder Horizontalsynchronimpuls bezeichnet. Seine Signalspannung liegt in einem Bereich, der nicht von den Nutzinformationen, also der Bildinformation, beansprucht wird. Das schafft die Möglichkeit, auf der darstellenden Seite, also z. B. im Videomonitor, zwischen Nutz- und Synchronisationsinformation zu unterscheiden. Mittels entsprechender elektronischer Schaltungen kann die Wiedergabeseite einer Videoübertragung die beiden Grundinformationen Nutzsignal und Synchronsignal separieren. Die eingebettete Synchronisationsinformation liefert einen festen Takt, der die Wiedergabe steuert.

Zusätzlich zu den Zeilen- oder Horizontalsynchronimpulsen enthält das Videosignal auch noch Bild- bzw. Vertikalsynchronimpulse. Diese markieren das Ende eines Bildes bzw. den Anfang eines neuen Bildes. Ohne diese Synchronsignale könnte der Empfänger eines analogen Videosignals nicht ermitteln, wann ein Bild beginnt. Da eine Wiedergabe zu einer beliebigen Zeit, unabhängig von der Erzeugung des Videosignals, beginnen kann, wird eine in das Signal eingebettete Information benötigt, die den Start eines Bildes signalisiert. Das ist die Aufgabe des Vertikalsynchronimpulses. Wird dieser Impuls detektiert, ist der Startpunkt eines Bildes gefunden. Die nachfolgende Nutzinformation kann nun, mit Zeile eins beginnend, korrekt dargestellt werden. Wird nicht auf den Synchronimpuls gewartet, so wird die Wiedergabe an einer beliebigen zufälligen Stelle im Signal begonnen. Da die Wiedergabeseite dabei nicht wissen kann, in welcher Zeile sie aufgesetzt hat, wird sie die Informationen im Allgemeinen an der falschen Stelle im Monitor platzieren. Dies führt zu den bekannten Synchronisationsstörungen, wie z. B. rollenden schwarzen Balken im Videomonitor. Die Horizontalsynchronimpulse haben bezüglich der Synchronisation des Zeilenbeginns die gleichen Aufgaben.

Das Prinzip der in das Nutzsignal eingebetteten Steuer- bzw. Taktinformation wird auch bei anderen Signalübertragungsverfahren häufig zur Synchronisation von Sender und Empfänger verwendet. Als Analogon sei das im Vergleich zur kunstvollen Videosynchronisation natürlich simple Verfahren der Start-Stopp-Bit-Rahmen der RS232-Norm genannt. Diese synchronisieren die Datenübertragung bei seriellen Computer-Schnittstellen.

Die Abtastung farbiger Vorlagen erfolgt grundsätzlich auf die gleiche Weise wie die Abtastung von Schwarz-Weiß-Vorlagen. Dazu geht man von der Erkenntnis der Farbenlehre aus, dass sich alle Farben durch additive Mischung der drei Grundfarben Rot, Grün und Blau erzeugen lassen. Umgekehrt lassen sich auch alle Farben einer Bildvorlage in Anteile unterschiedlicher Intensität der drei Grundfarben zerlegen. Die in Abschnitt 3.1.1.5 erläuterten CCD- oder CMOS-Farbkameras setzen diese Erkenntnis so um, dass das eintreffende Licht in den Rot-, Grün- und Blauanteil zerlegt wird und die sich ergebenden Rot-, Grün- und Blau-Bilder analog einer Schwarz-Weiß-Vorlage bezüglich der Intensität, wie in Bild 4.3 dargestellt, separat abgetastet werden.

Bild 4.3 zeigt die aus der Farbvorlage eines einfachen 3-Zeilenbildes entstehenden drei Farbverläufe für Rot, Grün und Blau. Diese werden, wie bei der Schwarz-Weiß-Abtastung, in nunmehr drei zueinander synchronisierte Zeitsignale umgesetzt. RGB-Kameras liefern ein so genanntes Komponentensignal aus roten, grünen und blauen Signalanteilen oder Komponenten für jede abgetastete Zeile der farbigen Vorlage. Diese Signale werden, im Gegensatz zu so genannten Composite-Signalen aus Abschnitt 4.1.4, auch auf drei getrennten Signalleitungen übertragen.

Die Bildvorlage enthält in der ersten Zeile einen Farbbalken aus den Grundfarben Rot, Grün und Blau, deren Mischfarben Gelb, Zyan und Magenta und den Nichtfarben Weiß bzw. Schwarz. Dieser Farbbalken ist ein häufig verwendetes Videotestsignal. Die zweite Zeile stellt in drei Bereichen jeweils die Grundfarben Rot, Grün und Blau mit abnehmender Intensität dar. Schließlich wird in der dritten Zeile der kontinuierliche Verlauf der Mischung von jeweils zwei Grundfarben mit jeweils zu- bzw. abnehmender Intensität dargestellt.

Analoge Videoquellen 4.1

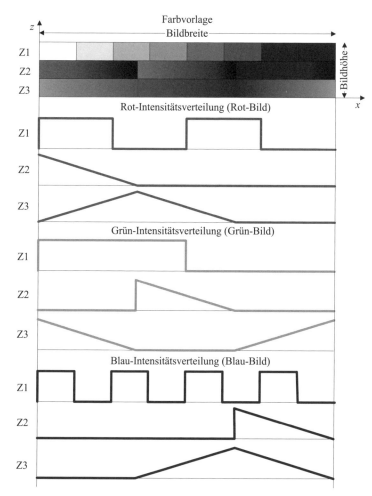

Bild 4.3: *Abtastung einer Farbvorlage durch RGB-Zerlegung*

Im Computer-Bereich werden die drei Signale R, G und B direkt genutzt. Im Videobereich erfolgen weitere Signalwandlungen, um die drei Signale in ein handhabbareres Format umzusetzen. Sinn der dafür notwendigen Signaltransformationen, die in Abschnitt 4.1.4 erläutert werden, ist die Forderung nach Kompatibilität zu den älteren Schwarz-Weiß-Videonormen und die Reduktion des Verkabelungsaufwandes. RGB-Kameras werden schon wegen der vier notwendigen Signalleitungen – drei für die Farbsignale und eine für die separat geführten Synchronsignale – im CCTV-Bereich nicht verwendet.

4.1.2 Das Zeilensprungverfahren

Leider wird das bisher einfache und plausible Abtastverfahren für Bildvorlagen durch eine Reihe spezieller Verfahrensdetails stark verkompliziert. Deren Notwendigkeit erklärt sich zum großen Teil aus der beschränkten Leistungsfähigkeit der Technik zum Zeitpunkt der Einführung der entsprechenden Videostandards. Markantestes Beispiel ist das von der Firma Telefunken 1930 patentierte Zeilensprung- oder englisch Interlaced-Verfahren. Aus Sicht heutiger technischer Möglichkeiten ist dieses veraltet, hat aber durch den Zwang zur Kompatibilität bis heute Bestand. Die Nutzung der mittels dieses Verfahrens gewonnenen Videosignale im digitalen Bereich ist gegenüber Abtastverfahren, die keinen Zeilensprung verwenden, den so genannten Progressive-Scan- oder auch Zwischenzeilen-Verfahren, erheblich aufwändiger und komplexer.

Das Zeilensprungverfahren wird verwendet, um störende Flimmereffekte, die durch die niedrigen Bildraten des analogen Fernsehens verursacht werden, abzuschwächen. Dazu werden physiologische Eigenschaften der Bildwahrnehmung des menschlichen Auges ausgenutzt, um dieses zu überlisten. Alternativ zum Zeilensprungverfahren hätte man einfach die Bildrate von Abtastung und Wiedergabe erhöhen können. Technische Grenzen der Videokomponenten der Anfangszeit und die hohen Übertragungsbandbreiten bei höheren Bildraten machten dies jedoch unmöglich. Ein weiterer Ausweg wäre es gewesen, ähnlich wie beim Kinofilm, ein Bild vollständig zu übertragen, abzuspeichern und ein weiteres Mal auf den Bildschirm zu schreiben, um den Phosphor der Bildröhre am Leuchten zu halten. Dafür wiederum fehlten die notwendigen Bildspeicher. So kam es zur Anwendung des Zeilensprungverfahrens als eines zu seiner Zeit genialen Kompromisses.

Beim Zeilensprungverfahren wird der Abtastvorgang eines Bildes in zwei zeitlich versetzte Abtastvorgänge aufgespalten. Zunächst werden die Zeilen mit ungeraden Nummern abgetastet und daraus ein Zeitsignal eines so genannten Halbbildes gewonnen. Danach werden die geraden Zeilen abgetastet und daraus das zweite Halbbild gewonnen. Beide Halbbilder werden nacheinander übertragen. Bei der Darstellung werden dann die beiden Halbbilder wieder entsprechend ineinander verzahnt, um zu einem Vollbild zu kommen.

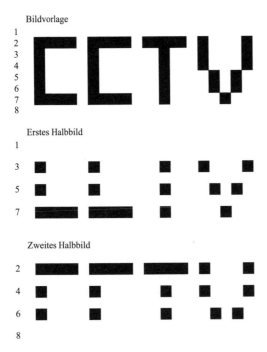

Bild 4.4:
Vereinfachtes Prinzip der Zeilensprungabtastung

Bild 4.4 zeigt vereinfacht das Verfahren der Zeilensprungabtastung und der Zerlegung eines Ausgangs-Vollbildes in zwei Halbbilder. Bei der Wiedergabe werden diese aufeinander gelegt und erzeugen das Original. Die Darstellungsfrequenz f_V der Halbbilder entspricht dem doppelten Wert der Darstellungsfrequenz f_W der Vollbilder. Prinzipiell wird zum Aufbau des Vollbildes aus zwei Halbbildern die gleiche Zeit benötigt wie ohne das Zeilensprungverfahren. Der

Elektronenstrahl schreibt also z. B. die Zeile 1 nach exakt der gleichen Zeit wieder von neuem wie bei einer reinen Vollbilddarstellung, wodurch das Leuchten des Phosphors der Bildröhre an dieser Stelle schon wieder ebenso abgeklungen ist, wie bei einer Vollbilddarstellung ohne Zeilensprung. Gegenüber dem großflächigen Flimmern des ganzen Bildes bei Vollbilddarstellung wird das Flimmern aber auf die kleinen Zeilenzwischenräume verschoben, worauf das Auge erheblich unempfindlicher reagiert. Dies ist also wieder einer aus einer ganzen Palette kunstvoller Tricks der Ausnutzung der Trägheit und anderer Eigenschaften des menschlichen Auges, um zu kostengünstigen technischen Lösungen zu kommen.

Die Steuerung der Zeilensprungabtastung wurde zu Zeiten der Bildaufnahmeröhre, dem so genannten Superikonoskop [FRIE76], von zwei Sägezahngeneratoren realisiert. Bei der Wiedergaberöhre des Fernsehers funktioniert es noch heute so. Die beiden Generatoren steuern die Ablenkung des Elektronenstrahls in horizontaler und vertikaler Richtung. Um zur gewünschten Zeilensprungabtastung und -wiedergabe zu kommen, muss das Bild mit einer ungeraden Zahl von Zeilen (z. B. 625 Zeilen bei der PAL-Norm) abgetastet werden. Nur dann werden die Zeilen des jeweils zweiten vertikalen Abtastvorgangs zwischen den Zeilen des ersten Abtastvorgangs gelesen bzw. bei der Wiedergabe geschrieben. Bild 4.5 verdeutlicht dies an einer Vorlage, welche mit elf Zeilen im Zeilensprung abgetastet wird. Legt man die beiden nacheinander abgetasteten Halbbilder übereinander, so werden die Zeilen des folgenden Halbbildes jeweils zwischen die Zeilen des vorhergehenden Halbbildes geschrieben.

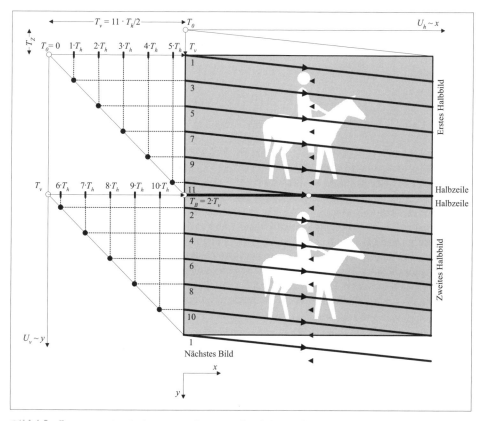

Bild 4.5: Steuerung der Zeilensprungabtastung durch Sägezahngeneratoren

Bild 4.6 zeigt den zeitlichen Verlauf der beiden Sägezahnspannungen, welche die Ablenkung des Elektronenstrahls steuern.

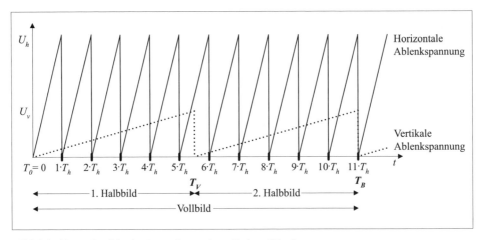

Bild 4.6: *Zeitverlauf der horizontalen und vertikalen Ablenkspannungen*

Die Abtastung wird durch den horizontalen Sägezahn mit der Periodendauer T_h und den vertikalen Sägezahn mit der Periodendauer T_v gesteuert. Beide Generatoren starten synchron zum Zeitpunkt T_0. Nach Ablauf von T_h ist eine Zeile abgetastet. Während dieser Zeit läuft natürlich auch der vertikale Sägezahngenerator, so dass der Elektronenstrahl, wie im Bild 4.6 zu sehen ist, schräg verläuft. Die Steigung dieser Schräge ist allerdings wegen der großen Zeilenzahl sehr gering. Da T_v viel größer als T_h ist, überstreicht der Elektronenstrahl das Bild in horizontaler Richtung mehrfach, bis eine Periode des vertikalen Sägezahnes zu Ende ist. Dabei wird er jedes Mal ein wenig tiefer entsprechend der vertikalen Ablenkspannung aufsetzen. Interessant ist die letzte Zeile. Hier schafft es der Elektronenstrahl wegen der dementsprechend festgelegten vertikalen Periodendauer T_v nur bis zur halben Zeilenbreite, bevor der vertikale Sägezahn in den Nullpunkt zurückkehrt. Damit ist das erste Halbbild mit einer halben Zeile zu Ende, und das zweite Halbbild beginnt mit einer halben Zeile. Die für das zweite Halbbild abgetasteten Zeilen liegen nun wie gewünscht zwischen den Zeilen des ersten Halbbildes. Mit Ablauf der zweiten Periode des vertikalen Sägezahnes endet das zweite Halbbild wieder mit einer vollen Zeile. Der Vorgang wiederholt sich nun mit dem nächsten Bildrahmen. Ein kompletter Bildrahmen hat die Dauer $T_W = 2 \cdot T_v$. Jedes Halbbild hat die Dauer $T_v = n \cdot T_h$, wobei n eine ungerade Zahl, im Beispiel 11, sein muss. Der Zeilensprung wird also durch eine intelligente Verschachtelung des Zeitablaufes des horizontalen und vertikalen Sägezahnes erreicht. Wäre die Anzahl der abzutastenden Zeilen gerade, so käme es nicht zum Zeilensprung. In beiden Halbbildern würden immer wieder die gleichen Zeilen abgetastet bzw. dargestellt werden, was natürlich nicht das Ziel ist.

Die schaltungstechnisch einfache Realisierung der Steuerung des Elektronenstrahls über Sägezahngeneratoren definierte also Eigenschaften der Videostandards wie die Parität der Zeilenanzahl und die merkwürdigen halben Zeilen am Ende bzw. Anfang eines Halbbildes, die gerade bei Wiedergabe von digitalisierten Videobildern auf Computermonitoren ins Auge fallen. Diese aus der Zeit analoger Schaltungslösungen stammenden Festlegungen in den Standards wurden durch den Zwang zur Kompatibilität bis in den digitalen Bereich weitergereicht und sind heute auf Basis rein digitaler Betrachtungsweisen und Schaltungstechnik ohne Kenntnis der Historie kaum technisch nachvollziehbar.

4.1.3 Der Lattenzauneffekt

Die Reduktion des Bildflimmerns mittels Zeilensprungverfahren erkauft man sich mit einer Reihe von Nachteilen, die heute speziell in digitalen Anwendungen zum Tragen kommen. Berüchtigt sind z. B. die als Lattenzauneffekt bezeichneten Erscheinungen bei der Darstellung von Zeilensprungbildern, die Anteile von schnellen Bewegungen beinhalten. Aufgrund des zeitlichen Abstandes zwischen der Aufnahme des ersten und zweiten Halbbildes kann sich eine Szene mit schneller Bewegung schon stark verändert haben. Dies führt insbesondere auf Computer-Monitoren zu kaum tolerierbaren Artefakten. Die Erscheinung wird in Bild 4.7 am Beispiel der Vorlage aus Bild 4.4 demonstriert. Dabei wird z. B. angenommen, dass die CCTV-Schrift auf einem Laufband aufgemalt wäre. Dieses bewegt sich bis zur Aufnahme des zweiten Halbbildes vor der Kamera nach links. Die beiden bei der Wiedergabe verschränkten Halbbilder zeigt das in Bild 4.7 dargestellte Ergebnis. Die Bewegung der Vorlagen innerhalb der Abtastzeit eines Halbbildes wird dabei vernachlässigt. Die Auswirkungen werden um so dramatischer, je größer die Geschwindigkeiten der einzelnen Objekte einer Szene im Verhältnis zur Abtastgeschwindigkeit sind.

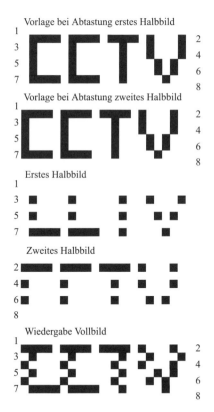

Bild 4.7:
Vereinfachte Darstellung des Lattenzauneffektes

Für eine realistischere Vorlage zeigt das linke Teilbild von Bild 4.8 den Effekt als Ausschnitt aus einem Videobild[2].

---

[2] Die Vorlage wurde aus Testsequenzen der so genannten Video Quality Experts Group (VQEG) entnommen. Diese Organisation stellt u. a. Stresstestvideosequenzen für die Beurteilung von Videokompressionsverfahren im Internet zur Verfügung. [DAMB03] gibt in seinem Beitrag weitere Hinweise dazu.

4 Digitales Video

Bild 4.8: *Der Lattenzauneffekt in einer realistischen Bildvorlage (linkes Teilbild) und einfaches Deinterlacing durch Zeilenverdopplung des ersten Halbbildes (rechtes Teilbild)*

In CCTV-Anwendungen benötigt man sowohl Live- als auch Speicherbilder. Dabei ist der Zugriff auf die Einzelbilder aufgezeichneter Videosequenzen als Beweismaterial sehr oft gefordert. Während bei schneller Wiedergabe der Lattenzauneffekt noch teilweise durch die Trägheit des Auges verdeckt wird, ist das bei Einzelbildern nicht mehr der Fall. Deshalb ist eine Kompensation dieses Effektes notwendig. Da in der Praxis die Bewegungen der Objekte der Vorlage nicht so einfach wie im Beispiel von Bild 4.7 sind, ist dieses so genannte Deinterlacing je nach Anspruch ein aufwändiger Algorithmus. Die Objekte bewegen sich mit unterschiedlichen Geschwindigkeiten und in verschiedenen Richtungen, ihre Größe verändert sich je nach Entfernung von der Kamera im Zeitintervall zwischen der Aufnahme der beiden Halbbilder, und es werden in beiden Halbbildern unterschiedliche statische Bildanteile sichtbar, die z. B. im ersten Halbbild von einem sich bewegenden Objekt verdeckt sind, im zweiten Halbbild aber erscheinen können.

Als einfachste Gegenmaßnahme bei digitalen CCTV-Anlagen wird schlicht auf eines der beiden Halbbilder verzichtet und die fehlenden Zeilen des Vollbildes durch Verdopplung der Zeilen des verwendeten Halbbildes erzeugt. Mit etwas mehr Rechenaufwand kann man auch die Signalwerte der fehlenden Zeilen durch Interpolation der Werte der beiden jeweiligen Nachbarzeilen ermitteln. Es tritt der paradoxe Fall ein, dass die Ergebnisse trotz des Verlustes an vertikaler Auflösung erheblich besser aussehen als die Verschränkung von Halbbildern zu Vollbildern mit Lattenzaun-Artefakten. Bei der einfachen Vorlage aus Bild 4.7 führt dies natürlich nicht zu sinnvollen Ergebnissen. In natürlichen Bildern, wie Bild 4.8, sind die Übergänge aber nur sehr selten so scharf, dass bei Weglassen einer Zeile derartige Informationsverluste wie im Beispiel von Bild 4.7 auftreten können. Das rechte Teilbild aus Bild 4.8 entstand durch Zeilenverdopplung des ersten Halbbildes der entsprechenden Videoaufnahme. Die Qualitätsverbesserung ist deutlich sichtbar, obwohl das linke Teilbild durch die höhere vertikale Auflösung mehr Information enthält als das zeilenverdoppelte Halbbild. Gleichzeitig demonstriert dies auch, dass der Begriff des Informationsgehaltes von Bildern relativiert werden muss. Eine höhere vertikale Auflösung führt nicht zwangsläufig zu einem Mehr an Information für den Betrachter.

Für digitale CCTV-Systeme bedeuten diese Aussagen, dass man sich im Rahmen einer Projektspezifikation sehr genau Gedanken machen muss, welche Eigenschaften die zu erfassenden Videobilder charakterisieren. Die Aufnahmen statischer Vorlagen, wie z. B. von Formularen, Dokumenten, Checkvordrucken oder auch Referenzbildern für eine Gesichtserkennung, profitieren von der höheren vertikalen Auflösung, auch wenn das Zeilensprungverfahren zum Einsatz kommt. Bei Aufzeichnung schneller Vorgänge, in geringem Abstand von der Kamera, kann sich hingegen herausstellen, dass die Qualität einer zeilensprungbehafteten Aufzeichnung den Anforderungen nicht genügt. Zum Beispiel ist die Analyse zeilensprungbehafteter Videobilder zur automatischen Erkennung von Nummernschildern bei schneller Bewegung der Fahrzeuge kaum möglich.

Allein am Beispiel Zeilensprung zeigt sich also, dass die Anforderungen im CCTV-Bereich an die Qualität des gelieferten Bildmaterials von anderer Natur als im Fernsehbereich sind. Dies ist auch der Hauptgrund, warum sich bislang nicht ein einzelner der im folgenden Kapitel 5 zu Videokompressionsverfahren dargestellten Standards als Generallösung für alle Probleme des CCTV-Einsatzes etabliert hat. MPEG-2 ist zum Beispiel sehr stark auf den Einsatzbereich Fernsehen zugeschnitten und ohne Erweiterungen nur in Teilgebieten des CCTV-Umfeldes sinnvoll einsetzbar.

4.1.4 Das analoge Farbvideosignal

Die zeitliche Struktur des analogen Videosignals ergibt sich direkt aus den in den vorhergehenden Abschnitten dargestellten Mechanismen zur Abtastung von Bildvorlagen. Sowohl die zeilenweise Abtastung als auch die Aufteilung einer Bildvorlage in zwei Halbbilder durch das Zeilensprungverfahren spiegeln sich im Zeitverlauf der drei Farbkomponentensignale RGB wider.

Entsprechend dem Abtastverfahren weist das Videosignal eine hierarchische Struktur auf. Oberste Hierarchieebene sind die Bildrahmen oder Vollbilder (englisch Frames). Das Videosignal setzt sich aus einer Folge dieser Vollbilder zusammen. Wegen der Zeilensprungabtastung setzt sich ein Vollbild wiederum aus zwei Halbbildern (englisch Fields) zusammen. Je nach Parität der Zeilennummer, mit der die Abtastung eines Halbbildes beginnt, wird zwischen geraden und ungeraden Halbbildern (odd bzw. even Fields) unterschieden. Deren Feinstruktur besteht wiederum aus einer Folge von einzelnen Abtastzeilen. In die Abtastzeilen können, wie beim FBAS-Verbundsignal, sowohl die Farb- als auch die Helligkeitsinformation der entsprechenden Zeile eingebettet sein. Die einzelnen Abschnitte dieses Signals werden über die ebenfalls enthaltenen Synchronsignalinformationen identifiziert. Dieses komplexe Signalgemisch ist durch eine große Anzahl an Parametern charakterisiert. Es ist die Aufgabe analoger Videonormen, diese Parameter zu definieren.

Das Farbvideosignal wird:
- in der ursprünglichen Form separierter RGB-Farbkanäle;
- alternativ als Y/C-Signal mit getrenntem Leuchtdichte- (Y) und Farbartkanal (C) oder
- als FBAS-Mischsignal, welches die Basis der analogen Fernsehnormen PAL und NTSC bildet

zur Verfügung gestellt. Bei Verwendung getrennter Kanäle für die Leuchtdichte-, Farb- oder auch Synchronsignalinformation spricht man von Komponentensignalen (RGB, Y/C). Im Gegensatz dazu ist das FBAS-Signal, welches alle Informationen über eine Leitung überträgt, ein Verbund- oder Composite-Signal. Die Zerlegung der Signale in den Leuchtdichte- und den Farbanteil hat den Vorteil der Kompatibilität von Farbvideosystemen mit Schwarz-Weiß-Systemen, wie sie bei CCTV-Kameras wegen ihrer höheren Empfindlichkeit durchaus noch anzutreffen sind.

Analoge RGB-Signale haben die höchste Qualität, werden aber in der CCTV-Praxis nicht angewendet. Auch Y/C-Signale, bei denen Leuchtdichte und Farbe auf separaten Leitungen übertragen werden müssen, sind, trotz qualitativer Vorteile, aus Kostengründen sehr selten zu finden. So benötigt z. B. jedes S-Video-Signal neben der Verdopplung der Anzahl der Übertragungsleitungen auch getrennte Kanäle in den analogen Baugruppen. Eine mit S-Video beschickte Video-Kreuzschiene muss über die vierfache Anzahl an Knotenpunkten verfügen, was die Kosten enorm in die Höhe treibt. Zudem verkompliziert sich die CCTV-Management-Software sehr stark. Um die klassische Aufgabe einer CCTV-Anlage – das ereignisgesteuerte Präsentieren von Kameras auf den Monitoren einer Wachzentrale – realisieren zu können, müssen hier immer zwei Kanäle, der Farb- und der Helligkeitskanal, synchron geschaltet werden. Deshalb werden, außer in sehr speziellen Fällen, diese Signale nicht in der CCTV-Technik verwendet.

Die Eingangssignale gegenwärtiger analog-digitaler Hybridsysteme sind in nahezu allen Fällen FBAS-Signale, entweder entsprechend der PAL- oder der NTSC-Norm. Beim FBAS-Signal werden die Leuchtdichte-, Farb- und Synchroninformation zu einem Signal zusammengefasst. Die Farbe wird in Form von Farbdifferenzsignalen R-Y und B-Y auf ein Farbträgersignal moduliert und zur Helligkeitsinformation hinzugefügt.

Die Komponenten- und Verbundsignale sind durch entsprechende elektronische Schaltungen ineinander wandelbar, wie Bild 4.9 zeigt. Da die hierfür angewendeten Transformationen nicht vollständig reversibel sind, kommt es dabei allerdings zu Qualitätsverlusten gegenüber dem originalen RGB-Signal[3].

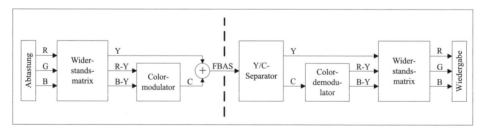

Bild 4.9: Signalwandlungen einer FBAS-Videoübertragung

Auf der Wiedergabeseite werden die beiden Farbdifferenzsignale mittels spezieller Filterschaltungen, wie z. B. Y/C-Separator oder Chroma-Demodulator aus dem FBAS-Mischsignal rückgewonnen und aus diesen und dem Leuchtdichtesignal die für die Darstellung notwendige RGB-Information rekonstruiert.

---

3 Die Separation der Y- und C-Komponente aus dem FBAS-Signal ist aufgrund der überlappenden Frequenzbereiche von Farbträger und Leuchtdichte ungenau, was zu Verschlechterungen der Bildqualität führt (Regenbogeneffekte). Problematisch ist dies insbesondere in Bildbereichen mit hochfrequenten Leuchtdichteanteilen, z. B. an scharfen Bildkanten, wo Farben dargestellt werden, die im Original nicht vorhanden sind (Cross Color-Effekte).

Während das FBAS-Signal aus Sicht der Übertragungskosten die optimale Wahl im CCTV-Bereich ist, werden für die im Folgenden besprochene Digitalisierung und die Kompressionsverfahren in Kapitel 5 Komponentensignale mit getrennter Leuchtdichte- und Farbinformation verwendet. Diese werden aus dem FBAS-Ausgangssignal der analogen Videoquellen gemäß Bild 4.9 gewonnen und der Digitalisierungs- und darauf folgend der Kompressions-Hardware zugeführt. Die Trennung in Leuchtdichte und Farbart ist bei der Digitalisierung von Vorteil, weil die beiden Komponenten individuell entsprechend den Wahrnehmungseigenschaften des menschlichen Auges behandelt werden können, was u. a. zu höheren Kompressionsraten führt.

4.1.5 Analoge Videonormen

4.1.5.1 Übersicht zu wichtigen Kenngrößen

Die in den vorhergehenden Abschnitten dargestellten prinzipiellen Vorgehensweisen zur Abtastung von Bildinformationen sind durch eine große Zahl von Parametern charakterisiert. Wichtige Beispiele sind:
- Abtastkennwerte, wie z. B. die Bildabtastungen pro Sekunde oder die Zeilenzahl eines Bildes,
- elektrische Kennwerte des Videosignals, wie z. B. der Signalpegel für den Schwarz- oder Weißwert, und
- zeitliche Kenngrößen, wie z. B. die Dauer von Synchronimpulsen.

Hinzu kommen Verfahrensspezifikationen, wie:
- die Definition der Zeilensprungabtastung oder
- das Verfahren der Farbeinbettung in ein Schwarz-Weiß-Fernsehsignal.

Es ist Aufgabe von Videonormen, diese Parameter und Verfahren weltweit eindeutig und für die Hersteller von Videokomponenten bindend festzulegen. Dies ist die Grundlage dafür, dass in CCTV-Systemen die Kameras, Monitore und Videoübertragungskomponenten verschiedener Hersteller untereinander austauschbar sind.

Alle gegenwärtigen analogen Fernsehnormen haben als Basis die beiden monochromen Videostandards EIA (alternativ RS-170) bzw. CCIR. Auf diesen bauen nach Bild 4.10 die drei weltweit verwendeten Farbnormen NTSC, PAL und SECAM kompatibel auf.

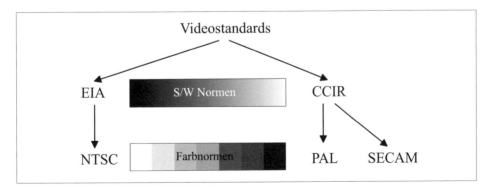

Bild 4.10: Hierarchie analoger Videonormen

Während die SECAM-Norm im CCTV-Bereich keine praktische Rolle spielt, sind die meisten analogen und digitalen Komponenten in der Lage, sowohl mit Signalen der PAL- als auch der

4 Digitales Video

NTSC-Norm zu arbeiten. Die von der PAL- bzw. NTSC-Norm definierten Signale sind FBAS-Composite-Signale gemäß Abschnitt 4.1.4.

Eine vollständige Darstellung dieser umfangreichen Normen liegt außerhalb der Zielstellungen dieses Buches. Der interessierte Leser möge auf die Standardwerke, wie z. B. von [JACK01] und [MÄUS95], zurückgreifen. Tabelle 4.1 listet einige der wichtigsten Kenngrößen der beiden Normen auf, die für das Verständnis der nachfolgenden Abschnitte zur Digitalisierung bzw. des Kapitels 5 zur Videokompression von Bedeutung sind.

Tabelle 4.1: Zusammenstellung wichtiger Parameter analoger Videonormen

		Parameter	PAL	NTSC	Erläuterung (PAL)
		Verfahrensspezifikationen			
		Zeilensprungabtastung	ja	ja	
		Farbeinbettung	QM	QM	Quadraturmodulation
		Komponenten des Farbartsignals	U,V	I, Q	
		Bildträgermodulation	AM	AM	wenn nicht, wie bei CCTV, im Basisband übertragen wird
		Abtastkennwerte			
		Bildseitenverhältnis	4:3	4:3	
f_w	Hz	Bildwechselfrequenz	25	29,97	Anzahl abgetasteter Vollbilder pro Sekunde
T_w	ms	Bilddauer	40	33,37	Dauer der Abtastung eines Vollbildes: $T_w = 1/f_w$
f_v	Hz	Halbbildfrequenz	50	59,94[4]	Halbbilder pro Sekunde (Vertikalfrequenz): $f_v = 2 \cdot f_w$
T_v	ms	Halbbilddauer	20	16,68	Dauer der Abtastung eines Halbbildes: $T_v = 1/f_v = T_w/2 \cdot T_v$
t_{av}	ms	Bildaustastlücke	1,6	1,3	Vertikale Austastlücke für Rücklauf des Elektronenstrahls bei Röhrenmonitoren bei jeder Halbbildabtastung. Diese Lücke enthält den vertikalen Synchronimpuls: $t_{av} = 25 \cdot T_h$
n_B		Zeilenzahl pro Vollbild	625	525	Gesamtanzahl der Zeilenabtastungen eines Bildes inklusive der inaktiven Zeilen der Austastlücke
f_h	Hz	Zeilenfrequenz	15.625	15.734,265	Anzahl abgetasteter Zeilen pro Sekunde (Horizontalfrequenz): $f_h = n_B \cdot f_w$
T_h	µs	Zeilendauer	64	63,5555	Dauer der Abtastung einer kompletten Zeile: $T_h = 1/f_h$ Die Zeilendauer setzt sich aus der aktiven Zeilendauer und der Zeilenaustastlücke zusammen.
T_a	µs	aktive Zeilendauer	52	53,5	Dauer des sichtbaren Teils einer Zeile

---

[4] Die exakte Halbbildrate von NTSC ist 60.000 / 1.001. Eine Begründung für diese eigenwillige Frequenz kann z. B. in [POYN96] gefunden werden.

		Parameter	PAL	NTSC	Erläuterung (PAL)
t_{ah}	µs	Zeilenaustastlücke	12	10	Horizontale Austastlücke für Rücklauf des Elektronenstrahls auf Röhrenmonitoren. Diese Lücke enthält den horizontalen Synchronimpuls, die so genannte Schwarzschulter und den Farbburst zur Synchronisation der Farbinformation.
n_{Ba}		aktive Zeilen	575	485	Sichtbare Zeilen eines Vollbildes. Während der Zeitdauer der Bildaustastlücken werden keine Zeilen abgetastet. Die horizontalen Synchronimpulse für die inaktiven Zeilen werden aber weiter in das Signal eingefügt.
n_{Bv}		Nicht sichtbare Zeilen pro Halbbild	25	20	Ein Halbbild besteht aus 287,5 sichtbaren Zeilen. Je nach Parität ist die erste oder die letzte Zeile infolge des Zeilensprungverfahrens nur eine halbe Zeile (Abschnitt 4.1.2). 25 Zeilen pro Bild werden als Bildaustastlücke für den Elektronenstrahlrücklauf auf einem Röhrenmonitor benötigt.
	µs	Dauer horizontaler Synchronsignalimpuls	4,7	4,7	Der horizontale oder Zeilensynchronimpuls ist in die Zeilenaustastlücke eingebettet.
		elektrische Kennwerte			
	mV	Weißpegel	700	714	Der Bereich für Bildinformationen liegt zwischen dem Schwarz- und dem Weißpegel.
	mV	Schwarzpegel	50	53,55	
	mV	Austastpegel	0	0	Pegel unterhalb des Schwarzpegels für die Dunkeltastung des horizontalen und vertikalen Elektronenstrahlrücklaufs
	mV	Synchronsignalpegel	-300	-286	
		Frequenzkennwerte			
B_v	MHz	Videobandbreite	5	4,2	Höchste im Videosignal vorkommende Frequenz
	MHz	Bandbreiten der Farbkomponenten	U: 1,3 V: 1,3	I: 1,3 Q: 0,4	Die Farbkomponenten haben eine niedrigere Bandbreite als die Y-Komponente.
	MHz	Farbträgerfrequenz	4,43	3,58	Die Farbkomponenten werden auf den Farbträger moduliert und danach dem FBAS-Signal beigefügt.

Die Wahl dieser Parameter beruht auf:
- der historischen Entwicklung der elektronischen Schaltungstechnik. Z. B. wurden die Austastlücken ursprünglich nur wegen der Trägheit der Rückführung des Elektronenstrahls an den Ausgangspunkt einer Zeile oder eines Bildes definiert. In Systemen mit CCD-Sensorkameras und LCD-Monitoren als Ausgabegeräten bestehen diese Einschränkungen nicht, so dass eigentlich ein kontinuierlicher Signalverlauf ohne Lücken möglich wäre. Mittlerweile werden die Austastlücken aber zur Übertragung einer Vielfalt von Videozusatzinformationen, wie z. B. von Teletext oder von Steuerungsinformationen für Videorekorder, verwendet;

- dem Zwang zur Kompatibilität, z. B. beim Übergang von der Schwarz-Weiß- zur Farbtechnik;
- den Wahrnehmungseigenschaften des menschlichen Auges. So ist z. B. die Bandbreite der Farbkomponenten und damit die Farbauflösung kleiner als die der Leuchtdichte, weil das Auge die Helligkeitsinformation höher auflöst als die Farbinformation. Nur durch Ausnutzung dieser Eigenschaft des Auges war es möglich, ein zum Schwarz-Weiß-System kompatibles Farbfernsehsystem zu konstruieren, ohne z. B. die Bandbreitenanforderungen zu vergrößern. Auch die Zeilenzahl wurde entsprechend den Eigenschaften des menschlichen Auges festgelegt. Sie wurde so gewählt, dass bei einem Betrachtungsabstand vom Fünffachen der Bildhöhe die Zeilenstruktur des Bildes nicht mehr vom Auge wahrgenommen wird.

4.1.5.2 Videobandbreite und -auflösung

Die Bandbreiten der Leuchtdichtekomponente und der beiden Farbkomponenten bestimmen die horizontale Auflösung von Details der Bildvorlage im übertragenen Videosignal. Im Gegensatz dazu ist die vertikale Auflösung durch die im Standard vorgegebene konstante Zeilenzahl ebenfalls konstant. Wie bereits in Abschnitt 3.1.2.1 dargestellt wurde, ist die effektive Auflösung in TV-Linien kleiner als die Zeilen- und Spaltenzahl des Bildsensors einer Videokamera. Für Farbkameras wird gemäß Abschnitt 3.1.2.1 ein Kell-Faktor von etwa 2/3 angenommen, um die auflösungsmindernden Effekte zu berücksichtigen und die effektive Auflösung zu berechnen. Damit erhält man bei den 575 aktiven Zeilen eines PAL-Bildes eine effektive vertikale Auflösung von etwa $2/3 \cdot n_{Ba}$ = 383 TV-Linien. PAL löst also über die Höhe des aktiven Bildes maximal etwa 191 Paare von schwarzen und weißen Linien auf.

Soll die Auflösung in horizontaler Richtung etwa gleich der in vertikaler Richtung sein, so müssen in der Horizontalen wegen des Bildseitenverhältnisses 4/3·383 = 510 TV-Linien auflösbar sein. Dies sind 255 Paare von schwarzen und weißen Linien. Diese 255 Perioden der horizontalen Leuchtdichte müssen in den 52µs der aktiven Zeilendauer T_a abgetastet werden. Dies ergibt nach Gl. 4.1 eine Videobandbreite B_V von:

$$B_V = 255/T_a \approx 5 MHz \qquad (4.1)$$

Bei der Festlegung der Grenzfrequenzen des Videosignals wurde also die effektive Auflösung zugrunde gelegt[5]. Mit einem Videosignal dieser Bandbreite können also in horizontaler Richtung Details mit einer Auflösung von bis zu 510 einzelnen TV-Linien übertragen werden. Kommt es zu Begrenzungen der Videobandbreite, z. B. durch Dämpfung im Übertragungspfad, so geht das zu Lasten der horizontalen Auflösung, da die Zeilenzahl konstant bleibt. Die hier für PAL-Systeme durchgeführte Betrachtung lässt sich analog mit den entsprechenden Parametern auch auf NTSC-Systeme anwenden, was zur hier verwendeten Bandbreite von 4,2 MHz führt.

Die Bandbreiten bestimmen neben der Auflösung auch die Anzahl der Bildelemente (Pixel bzw. Picture Elements) der drei Komponenten eines digitalisierten Bildes und damit unmittel-

---

5 Ignoriert man die negativen Einflüsse des Sensorsystems auf die Auflösung, so kommt man zu einer theoretischen Grenzfrequenz dadurch, dass man sich die Sensorelemente eines CCD-Sensors in Form eines Schachbrettes abwechselnd mit Schwarz- und Weißwerten belegt vorstellt. Ein solcher Sensor hätte im Falle der PAL-Norm die Dimension von 766 Spalten und 575 Zeilen. Das liefert 383 Perioden der Leuchtdichte in horizontaler Richtung. Damit ergibt sich die so genannte Schachbrettfrequenz von 7,37 MHz für die Abtastung. Da der Videosensor aber, wie dargestellt, nicht diese Auflösung liefern kann, muss natürlich auch nicht mit dieser hohen Frequenz abgetastet werden. Die effektive Bandbreite kann mit dem Kell-Faktor auch als $B_V = K \cdot B_{Schachbrett}$ berechnet werden.

bar seinen Speicherbedarf als einem der wichtigsten Kostenfaktoren digitaler CCTV-Systeme. Dabei kann schon die niedrigere Bandbreite der Farbkomponenten bei der Digitalisierung zur Reduzierung des Speicherbedarfs ausgenutzt werden, da die Farbkomponenten nicht mit der gleichen Häufigkeit wie die Leuchtdichtekomponente abgetastet werden müssen.

4.2 Digitales Video

4.2.1 Vorteile digitaler Signale

Um die Vorteile einer vollständig Computer-basierten Verarbeitung von Videoinformationen, wie z. B.
- verlustfreie Archivierung und Übertragung;
- schneller wahlfreier Zugriff auf gespeicherte Informationen;
- Verknüpfung mit komplexen Begleitinformationen für eine optimierte Suche;
- direkte Bildinhaltsanalyse z. B. zum Zweck einer automatisierten Bewegungsdetektion oder Gesichts- bzw. Nummernschild-Erkennung oder
- netzwerkbasierten parallelen Zugriff einer großen Anzahl von Bedienplätzen

für CCTV-Zwecke nutzen zu können, muss das im vorhergehenden Abschnitt vorgestellte analoge Videosignal zunächst digitalisiert werden. Die heutige Infrastruktur von CCTV-Anlagen besteht zum überwiegenden Teil aus analogen Kameras, die Signale entsprechend der PAL- oder NTSC-Norm als FBAS-Composite-Signale liefern. Vereinzelt sind auch schon digitale Kameras im Einsatz. Diese liefern oft bereits komprimierte digitale Videodatenströme. Bei diesen Kameras ist keine analoge Zwischenstufe im Übertragungspfad mehr nötig. Im Allgemeinen stellen derartige Digitalkameras aber – zumindest auf absehbare Zeit – noch keinen vollwertigen Ersatz für analoge Kameras dar. Vielfältige Gründe sprechen gegenwärtig noch gegen ihren umfassenden Einsatz im CCTV-Bereich:

- hohe Kosten,
- schlechte Qualitätsparameter (was sowohl die Auflösung als auch die Bildraten betrifft),
- kein allgemein akzeptierter Übertragungsstandard für die Signale dieser Kameras innerhalb einer Computer-Infrastruktur; es gibt eine große Vielfalt an herstellerspezifischen Lösungen,
- die weite Verbreitung analoger Kamerainstallationen und der Zwang zur Nachnutzung bestehender CCTV-Videoinfrastruktur.

Nichtsdestotrotz ist absehbar, dass sich Digitalisierung, Kompression und gegebenenfalls auch die Bildinhaltsanalyse direkt in die Kamera verlagern werden. In Teilbereichen der Überwachungstechnik findet man diese Kameras schon heute.

Das analoge Quellsignal mit seinen Normen bildet also nach wie vor die bildgebende Basis großer CCTV-Systeme. Die den analogen korrespondierenden Digitalnormen sind aufgrund ihrer Abstammung mit einer Reihe von Kompromissen und Beschränkungen belegt, denen sich ein rein aus dem Computer-Umfeld stammender Standard heute nicht mehr unterwerfen müsste. Viele Kompromisse der analogen Welt finden ihren direkten Niederschlag in ihren digitalen Analogien. Deshalb unterscheidet sich die Behandlung von digitalen Fernsehsignalen im Computer grundsätzlich von der Behandlung digitaler Bewegtbilddatenströme auf Basis von Computer-Standards. Zukünftige rein Computer-orientierte Bewegtbildstandards sind in ihrer Spezifikation erheblich linearer, transparenter und skalierbarer bezüglich zentraler Parameter wie Auflösung oder Bildraten.

4.2.2 Videodigitalisierung

Kern der Digitalisierung von Videosignalen ist, wie auch bei der Audiodigitalisierung, die Pulscodemodulation (PCM). Ziel ist, das zeitlich und wertemäßig kontinuierliche analoge Quellsignal in eine Folge von Werten aus einem diskreten Wertebereich, die zu diskreten Zeitpunkten dem Quellsignal entnommen werden, zu überführen. Der entstehende Datenstrom diskreter Abtastwerte ist die digitale Repräsentation des analogen Signals. Unter Beachtung bestimmter Bedingungen lässt sich aus dieser Wertefolge das analoge Signal wieder rekonstruieren. Die bei der Digitalisierung entstehende Wertefolge kann direkt mit dem Computer weiterverarbeitet werden. Die Werte können z. B. in einer Datei gespeichert oder mit einem Grafikprogramm manipuliert werden. Auf diese Wertefolge können weiterhin mathematische Bildtransformationen und -filter, Analysealgorithmen oder Kompressionsverfahren angewendet werden. Die Kompression ermöglicht es dabei sogar, dass die Bandbreite, die der digitale Datenstrom zu seiner Übertragung benötigt, erheblich niedriger ist als die Bandbreite, die zur Übertragung seines analogen Pendants benötigt würde. Damit können z. B. die Übertragungskanäle zur Fernsehübertragung effizienter ausgenutzt werden.

Bild 4.11 zeigt die prinzipielle Arbeitsweise einer analog/digitalen bzw. digital/analogen Einkomponentenwandlung des Videosignals nach dem PCM-Verfahren. Es wird nur die Y-Komponente digitalisiert.

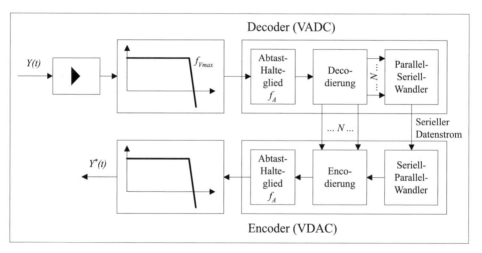

Bild 4.11: *Prinzip der Pulscode-Digitalisierung eines Schwarz-Weiß-Videosignals*

Die Digitalisierung wird in den drei Stufen Signalaufbereitung, Abtastung und Decodierung vorgenommen.

Die Signalaufbereitung erfolgt zunächst mittels eines Eingangsverstärkers, welcher Normpegelverhältnisse sicherstellt. Dies ist notwendig, da bei der Digitalisierung den Spannungswerten des Originalsignals entsprechende Codewörter zugeordnet werden. Ohne korrekte Pegelverhältnisse erfolgen falsche Zuordnungen bzw. unerwünschte Begrenzungen. Weiterhin sorgt der folgende Tiefpass am Eingang des Decoders für eine Bandbegrenzung des Eingangssignals $Y(t)$. Frequenzen oberhalb von f_{Vmax} werden gesperrt. Ohne diese Maßnahme käme es zu so genannten Aliasing-Effekten bei der Digitalisierung. Diese erzeugen wahrnehmbare Artefakte bei der Darstellung der digitalen Bilder.

Dem aufbereiteten Signal Y(t) werden mit der Abtastfrequenz f_A Proben entnommen. Diese Proben stammen zwar von diskreten Zeitpunkten, die Werte selbst aber noch aus einem kontinuierlichem Wertebereich. Damit diese Werte mit dem Computer verarbeitet werden können, muss in der VADC (Video Analog/Digital-Converter) -Stufe eine Decodierung[6] erfolgen. Dazu wird der kontinuierliche Wertebereich des Signals Y(t) in eine begrenzte Anzahl von Intervallen aufgeteilt, die auch als Quantisierungsstufen bezeichnet werden. Diesen Intervallen wird jeweils ein Codewort zugeordnet. Bei der Decodierung wird das Intervall ermittelt, in welchem der zum Abtastzeitpunkt entnommene Messwert liegt. Das diesem Intervall zugeordnete Codewort ist das Ergebnis des Decodierungsprozesses. Das Codewort wird vom Decodierer in binärer Form (also als Folge von 1- und 0-Werten) entweder über ein paralleles Interface oder nach parallel/serieller Wandlung als serieller Bit-Datenstrom geliefert.

Das Spiegelbild zum Decoder ist der Encoder, der aus dem digitalen Signal wieder das analoge Signal rekonstruiert. Seine Eingangsdaten sind entweder die auf N Leitungen parallel übertragenen Codewörter des Decoders oder der serialisierte Datenstrom des Parallel-Seriell-Wandlers. Die im Digital-Analog-Wandler der Encodierung erzeugten quantisierten Abtastwerte werden wieder über eine Halteschaltung auf einen speziellen Ausgangstiefpass gegeben, der parasitäre hochfrequente Signalanteile der so genannten Quantisierungsverzerrung filtert.

Die Rekonstruierbarkeit des Originalsignals hängt von den beiden Faktoren Abtastfrequenz f_A und der Anzahl von Quantisierungsstufen ab. Die Abtastfrequenz muss gemäß dem Abtasttheorem mindestens doppelt so hoch sein wie die höchste Signalfrequenz. Die Anzahl der Quantisierungsstufen bestimmt die Quantisierungsverzerrung des rekonstruierten Signals $Y^*(t)$.

Bei der Digitalisierung von Farbsignalen wird die Composite-Decodierung und die Komponenten-Decodierung unterschieden. Bei der Composite-Decodierung wird das komplette FBAS-Signal der Digitalisierung unterworfen. Dies wird bereits von der Prinzipschaltung aus Bild 4.11 geleistet. Bei der Komponenten-Digitalisierung wird wiederum zwischen einer RGB- und einer Y-, B-Y-, R-Y-Digitalisierung unterschieden. Die Composite-Decodierung als auch die RGB-Decodierung spielen im CCTV-Bereich keine praktische Rolle. Die Decodierung von als Y, B-Y, R-Y vorliegenden Originalsignalen ist Gegenstand der beiden Basisnormen des digitalen CCTV, ITU-R BT.601 und ITU-R BT.656, die im Folgenden überblicksweise dargestellt werden sollen.

4.2.3 Digitale Videonormen in CCTV-Systemen

Digitale Videonormen werden von der International Telecommunications Union (ITU) und speziell ihrer Unterorganisation ITU-R (ehemals Comité Consultatif International des Radiocommunications, CCIR) definiert. Die korrekte Bezeichnung der für den CCTV-Bereich wichtigsten digitalen Videonormen lautet heute ITU-R BT[7].601 und ITU-R BT.656. Als Bezeichnung werden im Weiteren nur noch die Kurzformen BT.601 bzw. BT.656 verwendet. Neben diesen beiden Basisnormen definiert die ITU eine große Zahl weiterer digitaler Fernsehnormen z. B. für den HDTV Einsatz, die jedoch im CCTV-Bereich bislang nur geringe Verbreitung gefunden haben. [JACK01] bietet eine erschöpfende Übersicht.

---

6 Hier soll der Vorgang des Digitalisierens des originalen Analogsignals als Decodierung verstanden werden. Die Rückwandlung in das analoge Signal ist die Encodierung. Verschiedene Quellen tauschen diese Begriffe teilweise willkürlich untereinander aus, und im deutschen Sprachgebrauch wecken diese beiden Bezeichnungen falsche Assoziationen. Deshalb wird im Weiteren meist der Begriff VADC für den Decoder und VDAC für den Encoder gebraucht.

7 BT ist die Abkürzung für Broadcast Television. Die Norm ITU-R BT.601 ist auch als CCIR 601-Norm bekannt.

4 Digitales Video

Die am weitesten verbreitete digitale Videonorm ist die Norm BT.601, die so genannte digitale Studionorm. Sie eignet sich, eventuell nach einer Signalwandlung entsprechend Bild 4.9, sowohl für die Digitalisierung von PAL- als auch NTSC-Videosignalen. Die Verabschiedung dieser Norm erfolgte bereits 1981. Die Norm beschreibt eine Komponenten-Decodierung zur getrennten Digitalisierung der Leuchtdichtekomponente Y und der Farbdifferenzkomponenten R-Y bzw. B-Y des analogen Videosignals. Die Wahl wesentlicher, charakteristischer Parameter dieser Norm, wie z. B. der Abtastfrequenzen, erfolgte so, dass sie sowohl für PAL- als auch NTSC-Quellen gemeinsam gelten. BT.601 definiert das Abtastsystem mit den entsprechenden Abtastfrequenzen für die Komponenten, die Decodierungsvorschriften, die Widerstandsmatrix zur Erzeugung der Farbdifferenzsignale und die Filterparameter des Eingangstiefpasses zur Bandbreitenbegrenzung, nicht aber das Zeitverhalten der elektrischen Signale bzw. Datenströme.

Die Norm BT.656 ist die Schwesternorm der Norm BT.601. Sie definiert das elektromechanische Interface sowohl für die serielle als auch die parallele Übertragung der digitalen Videodatenströme. Weiterhin werden die Synchronisationsmechanismen und Synchronisationskodes (z. B. Start/End of Video – SAV und EAV), die in den BT.601-Datenstrom eingebettet sind, definiert. Digitale Videokomponenten können über BT.656-Schnittstellen einfach miteinander verbunden werden.

Je nach Schaltungsvariante erfordert BT.601 drei oder zwei separate Analog-Digital-Wandler (VADC). Ein VADC digitalisiert das Leuchtedichtesignal, die anderen die beiden Farbdifferenzsignale. Die in den einzelnen Kanälen entstehenden Codeworte werden mittels eines Multiplexers zu einem digitalen Verbunddatenstrom zusammengefasst. Bild 4.12 zeigt die Prinzipschaltung eines Decodierers entsprechend der BT.601-Norm.

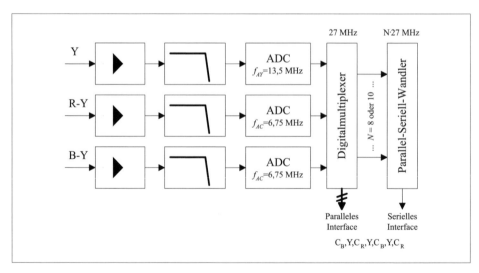

Bild 4.12: *Prinzip der Digitalisierung eines Y-, R-Y-, B-Y-Komponentensignals nach BT.601*

Die Eingangskomponentensignale können aus dem meist vorliegenden FBAS-Signal durch die in Bild 4.9 dargestellten Signalwandlungen gewonnen werden. Einer der Farb-VADCs kann entfallen, wenn dem verbleibenden VADC das R-Y- und B-Y-Signal im Zeitmultiplexverfahren zugeführt werden.

Nach BT.601 werden das Leuchtdichtesignal Y und die Farbkomponenten R-Y bzw. B-Y mit unterschiedlichen Frequenzen f_{AY} und f_{AC} abgetastet. Dies trägt auch den Eigenschaften des analogen PAL- bzw. NTSC-Ausgangssignals Rechnung, in dem die Farbkomponenten eine kleinere Bandbreite als die Y-Komponente haben. Man bezeichnet diese Art der unterschiedlichen Abtastung der drei Signalkomponenten auch als 4:2:2[8]-Farbunterabtastung oder Colorsubsampling. Es gibt verschiedene Varianten von Farb(unter)abtastverfahren, wie Bild 4.13 zeigt. BT.601 nutzt nur die 4:2:2-Variante. MPEG-2 nutzt im so genannten MP@ML-Modus aus Abschnitt 5.2.6.1 das 4:2:0-Abtastverfahren, welches wiederum verschiedene Schemata zusammenfasst, je nachdem, ob es sich um Interlaced- oder Progressive-Video handelt. Die 4:2:2-Abtastung reduziert das Datenaufkommen des digitalisierten Signals um etwa 33 % gegenüber einer Abtastung aller Komponenten mit der gleichen Abtastfrequenz. Wie man an Bild 4.13 sieht, ist die 4:2:2-Farbabtastung unsymmetrisch bezüglich horizontaler und vertikaler Richtung.

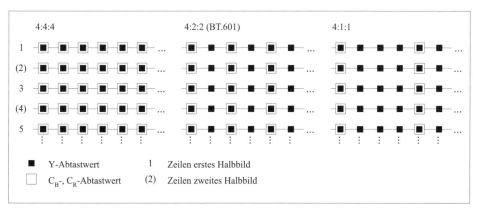

Bild 4.13: *Beispiele einfacher Abtastverfahren für Komponentenvideo*

Die Abtastung der Y-Komponente erfolgt mit 13,5 MHz und die der beiden Farbkomponenten mit je 6,75 MHz. Diese Frequenzen wurden so gewählt, dass damit sowohl die Abtastung von PAL- als auch NTSC-Signalen erfolgen kann. Sie sind ein Vielfaches der jeweiligen Zeilenfrequenz von PAL und NTSC.

Der Abtastvorgang erzeugt sowohl für PAL als auch NTSC eine Abtastrate von 27 Millionen Codewörtern pro Sekunde. Bei der meist verwendeten 8-Bit-Analog-Digital-Wandlung entspricht das 27 Millionen Byte pro Sekunde bzw. nach Gl. (4.2) einem seriellen Datenstrom mit einer Bitrate r von:

$$r = 8 f_{AY} + 2 \cdot 8 \cdot f_{AC} = 216 \cdot 10^6 \, Bit \cdot s^{-1} \quad (4.2)$$

Bei der ebenfalls in BT.601 alternativ festgelegten 10-Bit Wandlung hat der serielle Datenstrom eine Bitrate von $270 \cdot 10^6$ Bit/s.

---

8 Man sollte nicht versuchen, das Symbol 4:2:2 mathematisch exakt zu interpretieren. Am einfachsten kommt man bei dieser Symbolik weiter, wenn man sie schlicht als einen zugegebenermaßen recht bizarren Bezeichner für ein Verfahren betrachtet. Es gibt Erklärungsversuche zu dieser Art der Symbolik für die Beschreibung eines Abtastverfahrens, z. B. der, dass die 4 als Symbol für die Abtastfrequenz 13,5 MHz steht und die 2 jeweils die halbe Frequenz für die Farbkomponenten festlegt. Dabei wurde die 4 aus Nostalgiegründen gewählt, da 13,5 MHz nahe der vierfachen Farbträgerfrequenz von NTSC ist. Wie erklärt man dann aber die Notation 4:2:0, die zur Bezeichnung der Abtastverfahren, welche z. B. MPEG-2 benutzt, gewählt wurde? 4:2:2 sagt einfach aus, dass jeder horizontale Farbabtastwert für zwei Pixel des Bildes gültig ist, während in vertikaler Richtung keine Unterabtastung stattfindet.

4 Digitales Video

In den meisten Systemen ist eine 8-Bit-Kodierung ausreichend. Lediglich in besonderen Bildvorlagen, z. B. großen weißen Flächen, ist das Quantisierungsrauschen wahrnehmbar. Die Weiterverarbeitung 8-Bit- (Byte)-dekodierter Abtastwerte im Computer ist natürlich erheblich einfacher als die Verwendung von 10-Bit-Werten, was auch ein Grund sein mag, dass der Einsatz von 10-Bit-Wandlern die Ausnahme ist. Das Leuchtdichtesignal wird mit 220 Quantisierungsstufen kodiert. Der Wert 16 entspricht dabei Schwarz und der Wert 235 Weiß. Die nicht genutzten Werte des Wertevorrates dienen Signalisierungszwecken. Die Farbdifferenz-Dekodierung erfolgt mit 224 Quantisierungsstufen. Der Wert 128 ist gleich dem Unbuntwert.

Die digitalisierte Form der Farbdifferenzsignale wird als C_R bzw. C_B bezeichnet. Diese werden gemäß BT.601/656 im Zeitmultiplex mit den dekodierten Y-Signalen verschachtelt. Für die Bildelemente 1, 2, 3 und 4 einer Zeile werden die Codeworte dabei als Beispiel in folgender Reihenfolge übertragen:

$C_B(1,2)Y(1)C_R(1,2)Y(2)C_B(3,4)Y(3)C_R(3,4)Y(4) \ldots$

Da die Farbkomponenten nach dem 4:2:2-Verfahren unterabgetastet werden, gelten ihre Werte jeweils für zwei Bildelemente der Vorlage. Deshalb haben die C_B- und C_R-Werte im Beispiel zwei Indizes.

Nach Gl. (4.3) erzeugt BT.601 pro Zeile:

$$n_Y = f_{AY} / f_h = 864 \qquad (4.3)$$

$$n_C = f_{AC} / f_h = 432$$

Abtastwerte bei PAL-Signalen. Für NTSC liegen die Werte bei 858 bzw. 429. Für die digitale Weiterverarbeitung sind nur Abtastwerte aus dem Bereich der aktiven Zeile von Bedeutung. Abtastwerte, die in der Austastlücke gewonnen wurden, werden weggelassen. Die aktive digitale Zeile hat gemäß BT.601 eine Dauer von 53,33 µs. Dies liefert:

$$n_{Ya} = 720 \qquad (4.4)$$

$$n_{Ca} = 360$$

aktive Abtastwerte pro Zeile der Bildvorlage unabhängig von PAL oder NTSC. Die Dauer der aktiven Zeile der PAL-Norm liegt mit 52 µs etwas niedriger als der PAL-NTSC-Kompromiss der digitalen Norm. Dies führt dazu, dass die normgerechte Abtastung 18 überflüssige Abtastwerte pro Y-Zeile und neun überflüssige Abtastwerte pro Zeile der Farbdifferenzkomponenten liefert, da sie im inaktiven Bereich der Austastlücke des analogen Videosignals liegen. Diese belegen, ohne Nutzinformation zu tragen, Speicher und Übertragungsbandbreite. Bei der Wiedergabe erscheinen sie als schwarze vertikale Ränder. Diese überzähligen Abtastwerte werden bei der anschließenden Kompression für die Weiterverarbeitung im Computer oft so entfernt, dass Zeilen mit 704 aktiven Y- und je 352 aktiven C_B- bzw. C_R-Werten entstehen. Dies sind dann allerdings keine BT.601 Normdatenströme mehr. Bei der Y-Komponente des PAL-Signals liegen auch dabei schon 2 der Abtastwerte im inaktiven Bereich. Bei NTSC-Signalen sind 711 Werte im aktiven Bereich. Bei Beschränkung auf 704 Abtastwerte pro Y-Zeile kommt es deshalb bei NTSC zu einem Verlust von sieben gültigen Werten, was im Allgemeinen in Kauf genommen wird. Das Wertepaar (704; 352) hat im Gegensatz zu (720; 360) den zusätzlichen Vorteil, durch 16 teilbar zu sein, was sich wiederum bei der Kompression als vorteilhaft erweist[9]. Außerdem stellen diese Werte eine natürliche Skalierung der CIF- (Common Intermediate Format) und QCIF- (Quarter CIF-) Videoformate um den Faktor zwei bzw. vier dar. Qualitativ besteht für den Nutzer kein Unterschied, ob der erzeugte Datenstrom (704; 352) oder (720; 360) normgerechte Abtastwerte enthält.

---

[9] MPEG verwendet z. B. Anordnungen aus 16x16 Bildelementen, die als Makroblöcke bezeichnet werden.

Der aktive Teil der BT.601-Digitalisierung, also ohne die Abtastwerte der horizontalen und vertikalen Austastlücken, erzeugt nach Gl. (4.5) bei einem 8-Bit-VADC nach Serialisierung für PAL eine Bitrate von:

$$r_a = 576 \cdot 8 \cdot f_W \cdot (n_{Ya} + 2 \cdot n_{Ca}) = 165.888 \cdot 10^6 \, Bit \cdot s^{-1} \tag{4.5}$$

Bei paralleler Übertragung sind das[10] $20{,}736 \cdot 10^6$ Byte/s.

Tabelle 4.2 fasst noch einmal einige wichtige Kenngrößen der beiden Normen BT.601 und BT.656 zusammen.

Tabelle 4.2: *Zusammenfassung wichtiger Parameter von BT.601 und BT.656 für die Digitalisierung von komponentenzerlegten PAL-Signalen*

		Parameter	Wert		Erläuterung
f_{AY}	MHz	Abtastfrequenz Leuchtdichtesignal Y	13,5		
f_{AC}	MHz	Abtastfrequenz Farbdifferenzsignale	6,75		
	MHz	Abtastrate	27		Anzahl der Abtastwerte pro Sekunde
N		Codierung	8 oder 10 Bit		Wegen der einfacheren Verarbeitung im Computer erfolgt meist eine Codierung mit 8 Bit.
r	10^6 Bit/s	Bitrate	N=8 N=10	216 270	Bitrate der serialisierten Abtastung inklusive inaktiver Abtastwerte
r_a	10^6 Bit/s	aktive Bitrate	N=8 N=10	165,888 207,36	Bitrate der serialisierten Abtastung, nur aktive Abtastwerte
		Abtastverfahren	4:2:2		Unterschiedliche Abtastung der Y- und C_B-, C_R-Komponenten entsprechend Bild 4.13
		Zeilenzahl	576		Anzahl der aktiven Zeilen. Die erste und letzte Zeile enthalten jeweils nur zur Hälfte Abtastwerte aus dem aktiven Bildbereich.
n_Y		Y-Abtastwerte	864		bei Abtastung der ganzen Zeile inklusive Austastlücke
n_C		C_B,C_R-Abtastwerte	432		bei Abtastung der ganzen Zeile inklusive Austastlücke
n_{Ya}		aktive Y-Abtastwerte	720		bei Abtastung der aktiven digitalen Zeile
n_{Ca}		aktive C_B, C_R-Abtastwerte	360		bei Abtastung der aktiven digitalen Zeile
	µs	Dauer aktive digitale Zeile	53,33		

---

[10] In der Literatur führt die uneinheitliche Verwendung der Einheitenvorsätze wie Kilo, Mega oder Giga oft zu verwirrenden Angaben und in deren Folge zu falschen Zahlen. Deshalb wurden hier Zehnerpotenzen verwendet. Ansonsten muss berücksichtigt werden, dass in der Computertechnik z. B. die Angabe Mega sich meist auf Vielfache von 2^{20} bezieht. Die Ausnahme sind hier wiederum die Kapazitätsangaben für Festplatten. Wenn es im Text zu Missverständnissen kommen kann, wird im Buch entsprechend gekennzeichnet, ob mit Potenzen von 10 oder 2 gearbeitet wird.

Parameter	Wert	Erläuterung
Quantisierungs-stufen der Leucht-dichte Y	220	Diese 220 Leuchtdichtewerte liegen zwischen dem Schwarzwert- und dem Weißwert-Code.
Quantisierungs-stufen der Farb-differenzen C_B, C_R	224	
Weißwert-Code	235	
Schwarzwert-Code	16	
Unbuntwert-Code	128	

4.2.4 Videode- und -encoder

Die im vorhergehenden Abschnitt vorgestellte Videodigitalisierung nach den BT.601/656-Normen wird, abgesehen von der analogen Signalaufbereitung, in speziellen hochintegrierten Schaltkreisen vorgenommen. Diese werden auch als Videodecoder[11] bezeichnet. Beispiele sind der SAA7113H von Philips, der ADV 7183 von Analog Devices oder der Bt829B von Conexant (ehemals Brooktree). Das Spiegelbild zum Videodecoder ist der Videoencoder, der das Hauptbauelement für die Rückgewinnung des analogen Signales aus den digitalen Komponentendatenströmen ist. Beispiele sind der Bt866 von Conexant oder der SAA 7184 von Philips. Im CCTV Umfeld wird schon heute in den meisten Fällen keine Rückwandlung in analoge Videosignale mehr verlangt. Die komplette Signalverarbeitung, -analyse und -präsentation erfolgt mittels digitaler Komponenten der Standard-Computer-Peripherie. Deshalb haben die Videoencoder in diesem Anwendungsbereich eine geringere Verbreitung.

Beide Schaltkreistypen gibt es wiederum in unterschiedlichsten Varianten je nach Art der gewünschten Ein- bzw. Ausgangssignalnormen bzw. zusätzlicher direkt integrierter Peripheriekomponenten. Meist unterstützen die Schaltkreise verschiedene Normen sowohl bezüglich der analogen Eingangssignale als auch bezüglich der digitalen Ausgangsdatenströme. So kann z. B. der Conexant Bt812 Videodecoder sowohl composite PAL/NTSC-Signale als auch Y/C-Komponentensignale an seinem Eingang direkt in digitale 24-Bit RGB-, 16-Bit RGB-, 4:4:4 24-Bit YC_RC_B- oder 4:2:2 16-Bit YC_RC_B-BT.601-Signale wandeln. Der Conexant Videodecoder Bt848 integriert neben der eigentlichen Videodigitalisierung auch noch eine PCI-Bridge (Peripheral Component Interface) für die direkte Übertragung des Videodatenstromes in den Speicher eines PC. Dies macht das Design einer PC-Fernsehkarte mit sehr wenig zusätzlichem Aufwand an Hardware möglich.

Der Videodecoder ist eines der wichtigsten Bauelemente der Hardware digitaler CCTV-Systeme. In nicht multiplexender Digitalisierungs-Hardware (siehe Abschnitt 5.3.2) wird pro Videokanal des CCTV-Systems ein Videodecoder benötigt. Bei Anwendung von Videomultiplex-Hardware teilen sich mehrere Kanäle einen Videodecoder (siehe Abschnitt 5.3.1). Je nach Anforderungen findet man in der Hardware digitaler CCTV-Systeme auch Videoencoder, um die in Datenbanken auf Festplatten gespeicherten digitalen Bilder wieder analoger Hardware zugänglich machen zu können. Gelegentlich wird heute z. B. noch gefordert, digitale Speicherbilder einer analogen Kreuzschiene zuzuführen, um sie gemeinsam mit analogen Live-Bildern als „eingefrorene" Alarmbilder darstellen zu können. Für die Realisierung sol-

---

[11] Die Bezeichnungsvielfalt für diese Schaltkreisfamilie ist verwirrend. Für Videodecoder findet man Bezeichnungen wie Videofrontend, Videoprozessor, Image Digitizer oder kurz VADC. Das Gegenteil, der Videoencoder, wird auch VDAC genannt. Im Buch sollen diese Bauteile als Videodecoder und -encoder bzw. eindeutiger als VADC und VDAC bezeichnet werden, da auch die Wahl De- bzw. Encoder als recht willkürlich erscheint.

cher Forderungen müssen entsprechende Videoencoder in der Hardware des digitalen CCTV-Systems vorgesehen werden.

Als Ergebnis der Analog-Digital-Wandlung erzeugen Videodecoder im Allgemeinen einen parallelen BT.601-Datenstrom. Das elektrische Interface entspricht der Norm BT.656. Damit können diese Schaltkreise einfach, ohne weitere Zusatz-Hardware, mit anderen Komponenten des digitalen Signalpfades wie z. B.

- Kompressionsschaltkreisen,
- digitalen Signalprozessoren (DSP) oder
- Multimedia-PCI-Bridges

verbunden werden (siehe Abschnitt 5.3).

4.2.5 Speicherung und Übertragung – Zahlenspiele

Dieser Abschnitt soll anhand einiger Beispiele, Vergleiche und Zahlen die Größenordnung des BT.601-Datenstromes verdeutlichen. Obwohl durch die Farbunterabtastung und das Weglassen irrelevanter Abtastwerte aus den Austastlücken schon eine gewisse Reduktion der Bitrate vorgenommen wurde, sprengt die Datenrate von BT.601 bei weitem die CCTV-Systemen zur Verfügung stehenden Übertragungsbandbreiten und Speicherkapazitäten. Ohne weitere Maßnahmen gänzlich unbeherrschbar wird dieses Datenaufkommen in großen Überwachungssystemen mit vielen hundert Kameras. Die heute üblichen und weit verbreiteten 100 MBit Ethernet-Netzwerke, die auch den Zugriff auf digitalisierte Videodaten ermöglichen sollen, wären nicht einmal zur Aufnahme eines einzigen Kanals mit dieser Bitrate in der Lage.

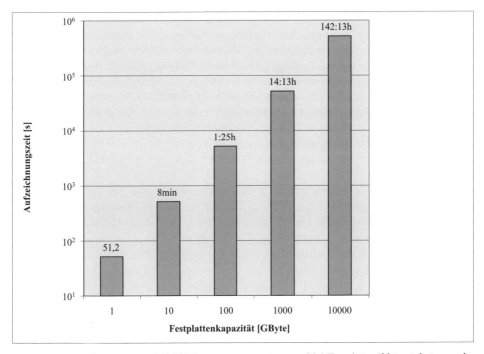

Bild 4.14: Speicherzeit eines BT.601-Datenstromes mit etwa 20 MByte/s in Abhängigkeit von der Festplattenkapazität

Bild 4.14 verdeutlicht die enormen Speicheranforderungen für die direkte Aufzeichnung BT.601-basierter digitaler Datenströme. Selbst die nach Bild 1.8 exponentiell wachsenden Speicherkapazitäten von Festplatten ändern an dieser Situation nur wenig. In einer heute noch nur aus mehreren Festplatten zusammensetzbaren Datenbank von einem Terabyte (2^{40} Byte) könnten lediglich etwa vierzehn Stunden digitalisiertes Video einer einzigen Kamera gehalten werden. In einer mittleren digitalen CCTV-Anlage mit fünfzig Kameras würde eine gigantische Speicherkapazität von etwa 600 Terabyte für die Speicherung einer Historie von nur einer Woche bei Verwendung derartiger Rohdatenströme benötigt werden. Verständlich, dass analoge Videorekorder trotz der vor über zwanzig Jahren erfolgten Einführung der digitalen Videonormen noch bis vor kurzem im CCTV-Bereich vorherrschend waren. Und selbst diese wurden zur Verlängerung der Aufzeichnungszeiträume im so genannten Timelapse-Verfahren, bei dem mit reduzierter Bildrate aufgezeichnet wird, betrieben.

Bezüglich der Übertragungsanforderungen für digitalisiertes Video soll Bild 4.15 die Größenordnung verdeutlichen. Das Bild zeigt die Zeitdauer für die Übertragung von einer Sekunde BT.601-Video in Abhängigkeit von der Bandbreite verschiedener Übertragungskanäle. Die Übertragungszeit $t_{\ddot{U}}$ berechnet sich dabei entsprechend Gl. (4.6) aus:

$$t_{\ddot{U}} = r_a \cdot t_V / B \qquad (4.6)$$

wobei t_V die Zeitdauer des Videos und B die Bitrate des jeweiligen Übertragungskanals ist. Für die Übertragung von einer Sekunde BT.601 Video über einen ISDN B-Kanal mit einer Bitrate von 65.536 Bit/s werden damit etwa 42 Minuten benötigt. Lediglich Gigabit-Ethernet wäre theoretisch in der Lage, diese Datenströme in Echtzeit zu übertragen. Verwendet man die niedriger aufgelösten Formate CIF oder QCIF, so reduzieren sich diese Werte auf ein Viertel bzw. ein Sechzehntel, wobei allerdings insbesondere QCIF-Auflösungen in der CCTV-Technik allenfalls für Vorschauzwecke akzeptabel sind.

Im Folgenden einige weitere, zugegebenermaßen teilweise exotische, Zahlen, welche die Größenordnung des Datenvolumens digitaler Videodatenströme erfahrbar machen sollen:

- Eine Sekunde BT.601-Video benötigt 14 1,4-MByte-Disketten für seine Speicherung. Nun sind Disketten im Zeitalter von USB-Speicher-Sticks sicher keine zeitgemäße Vergleichsbasis mehr. Nichtsdestotrotz kann man sich die Höhe dieses Diskettenstapels vorstellen.
- Eine Seite dieses Buches enthält im Durchschnitt 2.500 Zeichen. Damit wären etwa 8.300 Seiten notwendig, um die Bytefolge einer Sekunde Video zu notieren. Die Eingabe wäre eine nicht sehr dankbare Aufgabe.
- Auf einer etwa 600 MByte fassenden CD-ROM wären etwa 30 Sekunden Video speicherbar.
- Auch eine 4,7 GByte DVD könnte nur etwa vier Minuten Video dieses Typs aufzeichnen.
- Ein BT.601-Videokanal erzeugt das Datenvolumen von etwa 120 Stereoaudiokanälen, die mit 16-Bit-Auflösung und 44,1 kHz Abtastrate in höchster Qualität digitalisiert wurden.
- Ein Vollbild von nach BT.601 digitalisiertem PAL belegt einen Speicherplatz von 829.440 Bytes. D. h. eine normale Diskette könnte gerade einmal ein Bild einer Videosequenz aufnehmen.

Das BT.601-Datenvolumen bewegt sich also bei praktischen Anwendungen wie CCTV weit jenseits jeglicher handhabbarer Größenordnung in Bezug auf Speicherkosten, Zugriffzeiten und Bandbreiten. Völlig utopische Werte würde man für höher auflösende HDTV-Videoquellen erhalten, wie sie durchaus bei entsprechenden Forderungen in zukünftigen CCTV-Systemen zum Einsatz kommen könnten. Die digitale Speicherung einer hohen Anzahl von Kameras über einen auch viel längeren Zeitraum als eine Woche ist aber durchaus gängige Forderung in aktuellen digitalen CCTV-Systemen.

Digitales Video 4.2

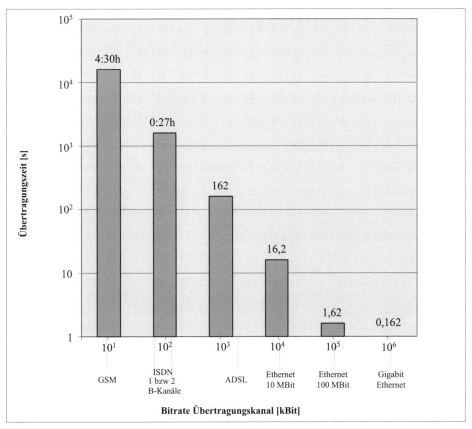

Bild 4.15: *Übertragungszeit $t_{\ddot{U}}$ einer Sekunde Digitalvideo in Abhängigkeit von der Kapazität des Übertragungskanals*

Wie aber schafft man es, dieser Größenordnung Herr zu werden? Wie schaffen es digitale CCTV-Systeme, die Informationen einer Vielzahl von Videokanälen über lange Zeiträume zu speichern und komfortabel zugänglich zu machen? Videokompressionsverfahren und eine intelligente Steuerung der Aufzeichnungsvorgänge liefern die Antworten auf diese Fragen, wie im nächsten Kapitel gezeigt wird.

5 Videokompression

5.1 Kompression in der digitalen CCTV-Technik

5.1.1 Kompressionsziele

Nach den insbesondere im Abschnitt 4.2.5 durchgeführten Größenordnungsbetrachtungen zur Speicherung und Übertragung von originalem BT.601 Quelldatenmaterial innerhalb digitaler CCTV-Systeme ist klar, dass ohne eine Reduktion dieses Datenvolumens keine praktisch einsetzbaren Systeme realisiert werden können. Pauschal und als erster naiver Ansatz kann die Forderung nach einer Datenreduktion um mindestens den Faktor zwanzig formuliert werden, um zu einem handhabbaren Datenvolumen zu kommen. Zwar hat insbesondere der digitale Audiobereich in den letzten 20 Jahren bewiesen, dass moderne Computer-Technik und deren Peripherie durchaus in der Lage sind, mit dem unkomprimierten originalen Material umzugehen – also die etwa 200 kByte/s eines qualitativ hochwertig digitalisierten Stereokanals zu verwalten –, so dass man sich wie bei Audio auf den Standpunkt stellen könnte, abzuwarten, bis die Hardware die Leistung bietet, auch die immensen Datenmengen digitalen Videos im Original zu bearbeiten und zu verwalten. Eine solche Herangehensweise würde aber zu einer ungeheuren Verschwendung von Speicher, Rechenleistung und Bandbreite führen, die an anderer Stelle sinnvoller – z. B. für Bildanalyseverfahren – zum Einsatz kommen könnten. Selbst für das vergleichsweise anspruchslose Audio werden deshalb nach wie vor und eher in wachsendem Maße Kompressionsverfahren als Schlüsseltechnologie zur Kosteneinsparung eingesetzt.

Die Sondersituation von digitalem CCTV liegt zusätzlich in der großen Kanalzahl. Gleichgültig wie leistungsfähig Computer-Hardware der Zukunft sein wird, digitales CCTV wird immer an die jeweils gesetzten Grenzen stoßen und die Möglichkeiten jeweils aktueller Computer-Hardware voll ausnutzen.

Deshalb ist die Videodatenkompression eine – wenn nicht *die* – Schlüsseltechnologie digitaler CCTV-Systeme. Erst durch standardisierte, effiziente Kompressionsverfahren wurden die leistungsfähigen, ausgereiften Systeme der heutigen Technologiestufe überhaupt möglich. Im Gegensatz zu den dabei üblicherweise als Kompressionsverfahren im eigentlichen Sinne betrachteten, mathematisch begründeten und weitgehend standardisierten Methoden, wie JPEG, JPEG2000, MPEG oder H26x, bietet der CCTV-Bereich ein breites Repertoire zusätzlicher Werkzeuge, um die Volumina aufgezeichneter bzw. übertragener Daten auf das für das verfolgte Überwachungsziel unbedingt notwendige Maß einzuschränken.

Im Rahmen dieses Buches sollen alle Verfahren des digitalen CCTV-Bereiches, die zu einer Reduktion des Videodatenvolumens gegenüber einem originalen unkomprimierten digitalen Datenstrom auf ein für die jeweilige Anwendung akzeptables Maß führen, als Kompressionsverfahren bezeichnet werden.

Im ersten Teil dieses Kapitels werden die Kompressionsverfahren im üblichen Sinne, wie sie aus der Multimedia- und Fernsehtechnik stammen, dargestellt. Danach wird ein Überblick zu speziellen Methoden der CCTV-Technik gegeben, die aufgrund ihrer Problemangepasstheit für viele Aufgabenstellungen erheblich leistungsfähiger sind als die für den allgemeinen Gebrauch ausgelegten Multimediakompressionsverfahren. Es ist nicht Ziel dieses Buches, die theoretischen Seiten bzw. sämtliche Standardisierungsdetails der breiten Palette von Videokompressionsverfahren vollständig zu erläutern. Das würde den Rahmen bei weitem sprengen. Einen guten Überblick geben z. B. [SYME01], [JACK01] oder [STRU02]. Trotzdem soll für die wichtigsten Verfahren auch auf Verfahrensdetails insoweit eingegangen werden, als sie für eine Einschätzung des Einsatzbereiches in digitalen CCTV-Systemen wichtig sind.

Das primäre Ziel der Kompression der digitalen Videoquelldaten ist natürlich die Reduktion der Bilddatenmenge, einerseits um prinzipielle Handhabkarkeit zu erreichen, andererseits um die ansonsten gigantischen Hardware-Kosten zu minimieren. Erreicht man dieses Primärziel, werden gleichzeitig eine große Zahl von Sekundärzielen abgedeckt:

- Einsparung von Speicherplatz;
- Einsparung von Übertragungsbandbreite und Verbindungskosten;
- kürzere Recherchezeiten bei der Bildsuche;
- Verbesserung der Skalierbarkeit von CCTV-Anlagen durch Erhöhung der beherrschbaren Kanalzahl;
- längere Beobachtungszeiträume. Die zeitliche Speichertiefe wächst, was die Rekonstruktion von weit zurück liegenden Vorgängen erlaubt;
- Kostenersparnisse zum einen durch Verwendbarkeit billigerer Hardware aber auch durch Arbeitszeitersparnis für Recherchen in gespeichertem Videodatenmaterial;
- bessere Reaktionszeiten des Sicherheitsfachpersonals. Je geringer das Volumen eines zu recherchierenden Datenbestandes ist, desto schneller gelangt man auch zu den eigentlichen Arbeitsergebnissen eines digitalen CCTV-Speichersystems – der Rekonstruktion von Vorgeschichten von sicherheitsrelevanten Ereignissen;
- geringere Latenzzeiten bei der Live-Übertragung von Alarmbildern.

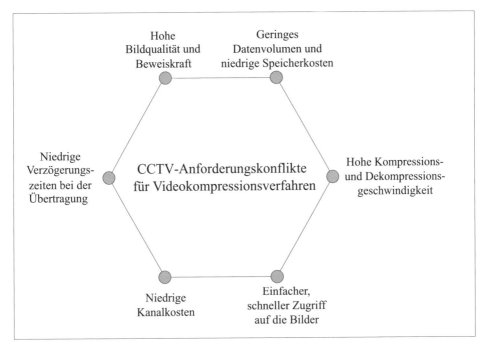

Bild 5.1: In Konflikt stehende Anforderungen an Kompressionsverfahren für den CCTV-Einsatz

Die Vielfalt der von einem Kompressionsverfahren für den CCTV-Einsatz zu realisierenden Ziele ist erheblich größer als beim Einsatz von Kompression im Fernseh- oder Videokonferenz-Umfeld. Gegenwärtig gibt es kein Kompressionsverfahren, welches alle Zielvorgaben gleichzeitig optimal erfüllt. Die verschiedenen Ziele stehen miteinander in Konflikt, wie Bild 5.1 für einige wichtige Anforderungen zeigt.

Die Reduktion des Datenvolumens kann z. B. durch verbesserte Algorithmen im Kompressor oder durch Kompromisse bei der Bildqualität erreicht werden. Aufwändigere Algorithmen benötigen aber im Allgemeinen mehr Rechenzeit. Überschreitet diese einen bestimmten Wert, so ist das Verfahren für den Echtzeiteinsatz nicht mehr brauchbar. Andere Verfahren reduzieren das Datenvolumen durch Entfernung der Redundanzen in ganzen Bildfolgen. Durch die dabei notwendige Zusammenfassung der Bilder leidet die Forderung nach einem einfachen Zugriff auf das einzelne Beweisbild. Die verschiedenen eingesetzten Verfahren erfüllen die breit gefächerten Anforderungen unterschiedlich gut. Je nach Einsatzgebiet eignet sich mal das eine, mal das andere Verfahren besser.

5.1.2 Kompressionswege und Kompressionsfaktor

Warum kann man aber überhaupt einen Videodatenstrom komprimieren? Charakterisiert nicht jedes einzelne Bildelement einen individuellen Zustand bezüglich Farbe und Helligkeit und muss es damit nicht auch individuell behandelt werden? Die Erfahrung lehrt, dass genau dies nicht so ist. Die einzelnen Elemente eines Bildes sind (außer bei Rauschen) nicht unabhängig voneinander, oder schöner formuliert, sie sind korreliert. Mit hoher Wahrscheinlichkeit ist der Zustand eines Bildelementes vom Zustand seiner Nachbarbildelemente abhängig, z. B. bei Bildbereichen gleicher Farbe. Diesen Umstand macht man sich zunutze, um einzelne Bilder zu komprimieren. Bei den Bewegtbildern aus Videosequenzen kommt noch eine zeitliche Abhängigkeit der Bildpunkte der Einzelbilder einer Sequenz hinzu. Bewegt sich die Kamera nicht, so wird sich z. B. ein Haus in den aufeinander folgenden Bildern einer Aufnahmesequenz immer an der gleichen Stelle befinden[1]. Dies sind einfache Grundtatsachen, die in den mathematischen Algorithmen der Bild- und Bewegtbildkompression ihren Niederschlag gefunden haben. Die für den Einsatz im CCTV-Bereich angewendeten Kompressionsalgorithmen machen sich folgende Eigenschaften der Bildvorlagen oder des Anforderungsumfeldes für ihre Arbeit zunutze:

- die Wahrnehmungseigenschaften des menschlichen Auges in Bezug auf Farb- und Helligkeitsempfindlichkeit. Dies wurde teilweise schon im Vorfeld bei der Digitalisierung mit der 4:2:2-Farbunterabtastung der Leuchtdichte- und Farbinformation von der BT.601-Norm berücksichtigt;
- das Auftreten von zeitlichen und örtliche Redundanzen im Videobild;
- das Auftreten örtlich hochfrequenter Informationen im Videobild. Das Auflösungsvermögen des Auges für örtliche Details ist beschränkt. Die Empfindlichkeit nimmt mit wachsenden Ortsfrequenzen ab[2];
- die Reduktion der Bildrate auf ein der Geschwindigkeit der beobachteten Vorgänge angepasstes Maß;
- die Irrelevanz der Masse der Videobilder für das verfolgte Überwachungsziel und
- die Reduktion der Bildauflösung auf das jeweils definierte Beobachtungsszenario.

---

1 Gerade bei den im CCTV-Umfeld häufig verwendeten Schwenk/Neige- oder Domekameras gilt diese einfache Annahme aber nur bedingt. Bewegtbildkompressionsverfahren, wie MPEG, können die von diesen Kameras in Phasen der Bewegung gelieferten, hochdynamischen Szenen nur unzureichend komprimieren.
2 Hier verhält sich das Auge ähnlich wie das Ohr, dessen Empfindlichkeit mit zunehmender Frequenz der Tonsignale nachlässt. Telefonsprache mit ihrer niedrigen Grenzfrequenz von etwa 3,4 kHz wird durchaus gut verstanden. Ähnlich ist das bei Bildern. Das Auge – oder besser das Gehirn – interpretiert den Inhalt und "versteht", was es vor sich sieht, auch wenn Details mit hoher Ortsfrequenz aus der Vorlage entfernt werden.

Während die drei ersten Eigenschaften von Bildvorlagen von üblichen Verfahren der Multimediakompression ausgenutzt werden, sind die drei anderen Ansatzpunkte Grundlage einer Reihe hochspezialisierter und stark vom Anwendungskontext abhängiger Verfahren, wie sie in CCTV-Systemen verwendet werden. Gerade die CCTV-Verfahren zur Entfernung irrelevanter Information und die dabei verwendete Sensorik zur Entscheidungsfindung sind äußerst vielfältig und wirkungsvoll. Abschnitt 5.4 gibt dazu einen Überblick.

Eine der wichtigsten Kenngrößen zur Beurteilung des Wirkungsgrades eines Kompressionsverfahrens ist der Kompressionsfaktor. Er ist, wie Bild 5.2 zeigt, das Verhältnis der Datenmenge des digitalen Originals zur Datenmenge des komprimierten Abbildes.

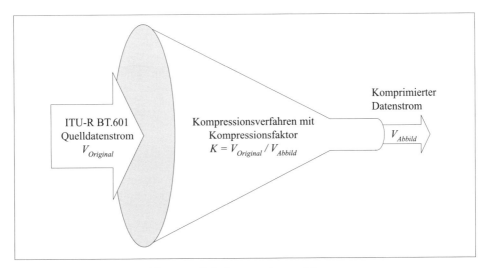

Bild 5.2: Der Kompressionsfaktor von Videokompressionsverfahren

Je größer dieser Faktor, desto kleiner ist die zu speichernde bzw. zu übertragende Datenmenge. Alle im CCTV Bereich angewendeten Verfahren, die zu einer Reduktion der Datenmenge des Videodatenstromes führen, sollen im Folgenden als Kompressionsverfahren bezeichnet werden.

5.1.3 Verlustfreie und verlustbehaftete Kompression

Eine Kategorisierung von Kompressionsverfahren kann die Einteilung in verlustfreie und verlustbehaftete Verfahren sein. Hohe Kompressionsfaktoren werden bei der Kompression von Multimediadaten meist nur mittels so genannter verlustbehafteter Verfahren erzielt. Verlustfreie Verfahren gestatten die vollständige Rekonstruktion des Originals aus den komprimierten Daten. Demgegenüber gehen bei der verlustbehafteten Kompression Informationen, die im Original enthalten waren, verloren. Es gibt keinen Weg mehr, diese Informationen aus den komprimierten Daten wieder zu gewinnen. Verlustfreie Verfahren kommen zum Einsatz, wenn die vollständige Rekonstruierbarkeit gesichert sein muss. Dies trifft z. B. auf textuelle Information zu. Bei Anwendung dieser Verfahren auf Multimediadaten sind jedoch nur vergleichsweise sehr bescheidene Kompressionsraten erzielbar.

Wie kann aber ein Verfahren, welches Information vernichtet, akzeptable Ergebnisse liefern? Die Antwort liegt darin, dass nicht beliebige Information des Originals verschwindet, sondern nur so genannte irrelevante Information. Information, die vom menschlichen Auge ohnehin

5 Videokompression

nicht wahrgenommen wird bzw. die für das verfolgte Ziel ohne Bedeutung ist, kann problemlos aus den Originaldaten entfernt werden. Der Verlust bei der Dekompression ist ohne Bedeutung für die entsprechende Anwendung.

Schon im originalen digitalen BT.601-Datenstrom wurden verlustbehaftete Kompressionen vorgenommen. Ein Beispiel ist die Farbunterabtastung nach dem 4:2:2-Verfahren. Die in der BT.601-Norm entsprechend Abschnitt 4.2.3 eingesetzten Kompressionsmethoden Farbunterabtastung und Weglassen nicht aktiver Teile des analogen Videosignals liefern bereits eine Kompression mit dem Kompressionsfaktor:

$$K_{BT.601} = 324 \cdot 10^6 \, Bit \cdot s^{-1} / 165{,}888 \cdot 10^6 \, Bit \cdot s^{-1} = 1{,}953$$

ohne dass es bei natürlichen Vorlagen zu einem sichtbaren Qualitätsverlust käme. Die Kompression bezieht sich dabei auf einen digitalen Ausgangsdatenstrom, mit 4:4:4-Komponentenabtastung, der noch Abtastwerte aus den Austastlücken des analogen Videosignals enthält. Abschnitt 4.2.3 liefert dazu detaillierte Angaben. Die fehlenden Abtastwerte der Farbdifferenzsignale lassen sich aus dem digitalen Datenstrom mit keinem Verfahren wiederherstellen. Insofern ist eine verlustbehaftete Kompression nichts Schlimmes. Die Verfahren zur Entfernung irrelevanter bzw. redundanter Information aus dem Original sind hoch entwickelte Algorithmen, wie die folgenden Abschnitte zeigen werden.

5.1.4 Einzel- und Bewegtbildkompression

Neben der Kategorisierung in verlustfreie und verlustbehaftete Verfahren wie im vorhergehenden Abschnitt können die Kompressionsverfahren der Multimediatechnik in Einzel- und Bewegtbildverfahren eingeteilt werden.

Einzelbildverfahren wie JPEG, Wavelet oder JPEG2000 komprimieren jedes Bild eines digitalen Videodatenstroms individuell und ohne Abhängigkeiten zu den vorhergehenden oder nachfolgenden Bildern. Sie wurden ursprünglich nicht für die Kompression von Bewegtbildern entworfen, sondern hauptsächlich für den Grafikbereich und für Anwendungen in der digitalen Fotografie. Da aber Video natürlich nichts anderes als eine Sequenz von Einzelbildern ist, können diese Verfahren auch für die Kompression von Videodatenströmen eingesetzt werden. Dabei gibt es im Gegensatz zu den „echten" Videokompressionsverfahren keinen Standard, der beschreibt, wie eine solche Sequenz von Einzelbildern aufgebaut sein muss. Deshalb existiert eine große Vielfalt proprietärer, zueinander inkompatibler Lösungen. Auch der oft verwendete Begriff Motion-JPEG (M-JPEG) charakterisiert keinen echten Standard. Die M-JPEG Verfahren verschiedener Hersteller unterscheiden sich in Verfahrensdetails, was u. a. zu einer entsprechenden Inkompatibilität der Systeme führt. Auch wenn Einzelbildverfahren keine „echten" Videokompressionsverfahren sind, stellt insbesondere JPEG eine wesentliche algorithmische Grundlage für die Bewegtbildkompression dar. Die Gründe für die Anwendung von Einzelbildverfahren in der digitalen CCTV-Technik sind vielfältig:

- Einfache, kostengünstige Hardware. Das Kostenargument tritt allerdings gegenwärtig schon stark in den Hintergrund.
- Direkter, einzelbildbasierter Zugriff auf den Inhalt von Videodatenbanken. Dieser Aspekt ist in der CCTV-Technik von großer Bedeutung. Man kann exakt auf die einzelnen Bilder, die z. B. zu Ereignissen gehören, zugreifen. Im Gegensatz dazu sind bei Bewegtbildverfahren ganze Bildsequenzen – so genannte Streams – zu behandeln.
- Geringe Verzögerungszeiten – so genannte Latenzzeiten – von der Bildaufnahme, über die Kompression bis zur Darstellung auf den Monitoren einer Wachzentrale. Weil Bewegtbildverfahren im Allgemeinen eine ganze Sequenz von Bildern zusammengefasst komprimieren, dauert es länger, bis das entsprechende Kompressionsergebnis verfügbar ist und auch zur Darstellung gebracht werden kann. Besonders bei Live-Übertragungen ist diese La-

tenzzeit sehr problematisch. Sollen z. B. Schwenk/Neige-Kameras auf Basis der verzögert dargestellten Videobilder gesteuert werden, leidet deren Bedienfähigkeit. Es kommt zu Nachlaufeffekten, da der Bediener seine Bedienentscheidungen auf Basis von bereits veraltetem Bildmaterial trifft.

- Geringe Latenzzeiten bei der Bildaufnahme. Bei leistungsfähiger Video-Hardware erreicht man bei Einzelbildverfahren eine geringe Verzögerung von maximal einem Halbbild zwischen der Auslösung eines Aufzeichnungsvorganges und der Erzeugung des ersten zugehörigen Bildes. Insbesondere das erste Bild einer Alarmaufzeichnung, das so genannte Alarmbild, hat in der CCTV-Technik als Beweisträger eine hohe Bedeutung. Es sollte zeitlich so nahe wie möglich am auslösenden Ereignis liegen. Die Realisierung einer derartigen hochdynamischen Steuerung von Aufzeichnungsvorgängen ist bei Bewegtbildverfahren sehr aufwändig.

- Gute Systeme lassen es zu, die Qualitätsparameter einer Aufzeichnung von Bild zu Bild individuell zu verändern. So kann die Auflösung oder der Kompressionsfaktor dynamisch mit hoher Geschwindigkeit an die Kritikalität eines Ereignisses angepasst werden. Im normalen Betrieb wird speicherplatzsparend mit hoher Kompression aufgezeichnet. Im Ereignisfall wird die Qualität automatisch durch Verringerung des Kompressionsfaktors erhöht.

- Einfache Realisierung des so genannten Timelapse-Modus bei der Aufzeichnung. Einzelbildverfahren sind prinzipbedingt nicht auf einen lückenlosen Bilddatenstrom von normgerechten fünfzig Halbbildern pro Sekunde angewiesen. Entsprechend den Anforderungen kann auch mit geringeren Bildraten aufgezeichnet oder übertragen werden. Die hauptsächlich für den Einsatz im Fernseh- oder Videokonferenz-Bereich entwickelten Bewegtbildverfahren bieten zwar in ihren Spezifikationen theoretisch ebenfalls diese für den CCTV-Einsatz wichtige Möglichkeit zur Verringerung der Datenlast an. Verfügbare Kompressionsschaltkreise implementieren solche Teilaspekte der Standards in den meisten Fällen aber nicht, da sie im Massenmarkt der Fernsehtechnik nicht gebraucht werden und hier nur zusätzliche Kosten verursachen würden. Der Entwickler eines auf Bewegtbildverfahren basierenden digitalen CCTV-Systems ist damit gezwungen, Eigenimplementationen der Standards z. B. auf der Basis digitaler Signalprozessoren durchzuführen.

Nachteilig ist der meist höhere Speicher- und Bandbreitenbedarf im Vergleich zu Bewegtbildverfahren. Dieses Argument gegen den Einsatz von Einzelbildverfahren ist jedoch nur teilweise berechtigt. Je nach Anwendungsszenario einer CCTV-Anlage kann es sich paradoxerweise sogar in sein Gegenteil verkehren. Ist man aufgrund der Beschränkungen eines Bewegtbildkompressionsbausteines zur Aufzeichnung mit Normbildrate gezwungen, obwohl eine Rate von zwei Bildern pro Sekunde zur Erfassung langsamer Vorgänge völlig ausreichen würde[3], so ist ein Einzelbildverfahren klar im Vorteil. Bei großen zeitlichen Abständen der Bilder verringern sich zudem die Abhängigkeiten der Bildinhalte, so dass Bewegtbildverfahren im Timelapse-Betrieb mit zunehmenden Bildlücken immer ineffizienter werden.

Bewegtbildverfahren wie MPEG oder H.26x nutzen zur Erhöhung der Kompressionsrate zusätzlich die Abhängigkeiten zwischen den aufeinander folgenden Bildern. Ihre wesentlichen Vorteile sind:
- der hohe Standardisierungsgrad;
- die Integrationsmöglichkeit von Audiokompressionsverfahren und
- der im Allgemeinen höhere Kompressionsfaktor. Wie vorher gezeigt, ist diese Aussage aber nicht immer gültig.

---

[3] So schreiben, wie später erläutert wird, die deutschen Unfallverhütungsvorschriften für das Bankgewerbe unter bestimmten Umständen für die Videoaufzeichnung eine Bildrate von mindestens zwei Bildern pro Sekunde vor.

Als Nachteile stehen dem gegenüber:
- die vergleichsweise hohen Hardware-Kosten insbesondere, wenn alle Möglichkeiten der Verfahren zur Erhöhung des Kompressionsfaktors ausgenutzt werden sollen,
- der sehr hohe Kompressions- und auch Dekompressionsaufwand, wodurch aktuellere Verfahren wie H.264 für eine Echtzeitkompression zumindest heute noch praktisch ausscheiden und
- der schwierige Zugriff auf die einzelnen Bilder des Videodatenstromes.

Nach den im Vorhergehenden zusammengestellten Vor- und Nachteilen des Einsatzes von Einzelbild- und Bewegtbildkompressionsverfahren beantwortet sich die oft gestellte Frage „Welches Kompressionsverfahren ist das Beste?" wie so oft in der technischen Praxis mit „Das hängt davon ab ...". Ohne genaue Definition des Anforderungsszenarios wird man schwerlich zu einem optimalen Anlagendesign auch bezüglich der Auswahl der Kompressionsverfahren kommen. Die pauschale Forderung nach einer Aufzeichnung mit voller Bildrate, für die Bewegtbildverfahren meist besser geeignet sind als Einzelbildverfahren, resultiert in einer gewaltigen Verschwendung von Ressourcen wie Speicher, Bandbreite und Arbeitszeit für das Durchsuchen der Bilddaten nach relevanter Information. Bei sorgfältiger Analyse durch den Planer lassen sich hier neben einer Verbesserung der Gesamtfunktion der Anlage erhebliche Kosten einsparen. Besteht die Notwendigkeit, auf die einzelnen Bilder einer Videosequenz zugreifen zu müssen, oder ist eine niedrige Übertragungslatenzzeit von Bedeutung, erfüllen Einzelbildverfahren die Anforderungen meist besser.

Die Beantwortung der Frage nach dem besten Verfahren ist also an eine sorgfältige Anforderungsanalyse gekoppelt. Dabei kann es auch zu Mischformen kommen. So müssen z. B. die Kameras an Spieltischen in Kasinos wegen der hohen Geschwindigkeit der zu beobachtenden Vorgänge mit voller Bildrate aufgezeichnet werden, die Überwachungskameras im Eingangs- oder Kassenbereich können jedoch im Timelapse-Modus laufen oder auch durch externe Ereignisse gesteuert Bilder nur im Bedarfsfall erzeugen. Eine andere Anforderung kann darin bestehen, eine Aufzeichnung im Timelapse-Modus mit niedriger Bildrate durchzuführen, während für eine möglichst flüssige Live-Wiedergabe eine hohe Bildrate benötigt wird. Moderne digitale CCTV-Systeme sollten derartige Anforderungen z. B. auch durch die Möglichkeit einer Auswahl aus mehreren Kompressionsverfahren unterstützen.

5.2 Multimediakompressionsmethoden in CCTV-Systemen

Alle Multimedia-Verfahren zur Bild- bzw. Videokompression sind so genannte Transformationskodierungen. Ein zentraler Bestandteil der Algorithmen ist die Transformation der Bilder in eine äquivalente Frequenzdarstellung bezüglich der Ortsfrequenzen der Bilder. Die nach der Transformation gewonnenen Frequenzanteile eines Bildes können individuell behandelt werden. Z. B. können örtlich hochfrequente Anteile einfach aus dem Bild ausgefiltert werden. Was gewinnt man damit? Wie schon im Vorhergehenden ausgeführt, hat das Auge eine „Kennlinie" für die Abhängigkeit seiner Wahrnehmungsempfindlichkeit vom Detailgrad und damit den Ortsfrequenzen, die in einem Bild auftreten. Obwohl diese „Kennlinie" nichtlinear ist, gilt grundsätzlich die Aussage, dass höhere Frequenzanteile schlechter wahrgenommen werden als niedrigere. Ein Beispiel ist das eng gestreifte Hemd eines Nachrichtensprechers im Fernsehen, welches aus größerer Entfernung nur als zusammenhängende Fläche wahrgenommen wird. Da das Auge interpretiert, nimmt es nichtsdestotrotz ein Hemd wahr. Lediglich die Aussage, ob das Hemd grauweiß gestreift oder einfach nur grau ist, kann mit zunehmendem Abstand nicht mehr beantwortet werden. Insofern kann man das Ziel einer Transformationskodierung darin sehen, gezielt den Detailgrad einer Vorlage, analog einem zunehmendem Abstand des Betrachters, zu reduzieren. Dazu ist die Zerlegung in die Ortsfrequenzen bestens geeignet. Obwohl das prinzipielle Ziel gleich ist, unterscheiden sich die Verfahren in ihren Transformationsmethoden, wie im Folgenden gezeigt wird.

Bei Bewegtbildverfahren kommen als zweiter zentraler Verfahrensbestteil Methoden der Reduktion redundanter Information im zeitlichen Fluss einer Szene hinzu.

5.2.1 Joint Pictures Experts Group – JPEG-Videokompression

5.2.1.1 JPEG-Anwendung zur Kompression von Video

Joint Photographic Experts Group[4] (JPEG) ist der Name einer Gruppe von Experten, die in den 80er Jahren damit begann, einen Standard für die Kompression von digitalen Fotos zu definieren. Nicht ganz richtig wird der Name JPEG heute auch als Synonym für die mit dem Standard festgelegten mathematischen Verfahren und Algorithmen verwendet. Dies kann zu Begriffsverwirrungen führen, insbesondere durch die neue Generation des JPEG2000-Standards, der auf einer völlig anderen algorithmischen Basis beruht. Der JPEG-Standard trägt auch die Bezeichnung ISO/IEC 10918, weil die den Standard definierenden und pflegenden Organisationen die International Standardization Organization und die International Electrotechnical Commission sind. Der Standard wurde 1992 verabschiedet.

JPEG ist der wohl bekannteste und verbreitetste Kompressionsstandard für Einzelbilder. Das gängigste Format von Bildern im Internet ist JPEG. Nahezu alle digitalen Fotokameras liefern nach JPEG-Norm komprimierte Bilder. Es existiert ein riesiger Pool an Software für die Darstellung und Bearbeitung JPEG-komprimierter Bilder.

Obwohl der Standard ursprünglich nicht für Videozwecke definiert wurde, fand er in Form des nicht standardisierten Motion-JPEG (M-JPEG) Verfahrens auch in der Videotechnik und insbesondere im digitalen CCTV weite Verbreitung. Das liegt an seiner im Vergleich zu Bewegtbildverfahren wie MPEG niedrigen Komplexität und einer Reihe von Verfahrens- und Nutzungsdetails, die diese Kompressionsmethode zum idealen Arbeitspferd für die Standardaufgaben des digitalen CCTV machen. Obwohl mittlerweile starker Konkurrenz durch neuere sowohl Einzel- als auch Bewegtbildstandards ausgesetzt, wird dieses ausgereifte, qualitativ hochwertige Verfahren noch für lange Zeit die klassischen CCTV-Anwendungsfälle dominieren. Die Gründe dafür sollen in diesem Abschnitt herausgearbeitet werden.

JPEG als Kompressionsstandard für Einzelbilder kennt keine direkten videobezogenen Verfahrensfestlegungen, die den folgenden Besonderheiten dieses Bildmaterials Rechnung tragen:

- Bei Echtzeitkompression kein gleichzeitiger direkter Zugriff auf alle Bildelemente der Einzelbilder einer Videosequenz. Die Bilddaten treffen zeitlich seriell am Eingang des JPEG-Kompressors als BT.601/656-Datenstrom ein.
- BT.601/656-Datenströme liefern Halbbilder nach dem Zeilensprungverfahren der analogen Quelle. Ohne Pufferung hat der Algorithmus so immer nur Zugriff auf die Abtastwerte von Zeilen jeweils einer Parität, also entweder gerade oder ungerade Zeilen.
- Videobilder werden in Form der drei Komponenten Y, C_B und C_R geliefert. Die Abtastung der Komponenten erfolgt nach dem 4:2:2-Verfahren zur Farbunterabtastung. Damit liegt für die Helligkeit und die Farbanteile eine unterschiedliche Anzahl an Abtastwerten vor.

---

[4] JPEG wird auch als Joint Pictures Experts Group bezeichnet.

- Die Komponenten Y, C_B und C_R von BT.601/656-Datenströmen werden im Zeitmultiplexverfahren übertragen. Ohne Zwischenpufferung hat der JPEG-Kompressor keinen gleichzeitigen Zugriff auf alle Abtastwerte jeweils einer Farbkomponente.

Hauptunterschied zu digitalen Fotovorlagen ist also der, dass Videobilder als serialisierter, zeitlicher Datenstrom ohne wahlfreien Zugriff auf die einzelnen Bildelemente behandelt werden müssen. Es zeugt von der Flexibilität des JPEG-Standards, dass er über ausreichend viele Freiheitsgrade verfügt, um auch derartiges Bildmaterial behandeln zu können. Ziel dieses Abschnittes ist es weniger, die mathematisch/theoretischen Grundlagen von JPEG vollständig darzustellen. Vielmehr sollen die praktischen Konsequenzen der Anwendung des Verfahrens, die sich durch die besonderen Eigenschaften von Videodatenströmen ergeben, erläutert werden.

Als eine Faustformel für den Praktiker liefert JPEG einen Kompressionsfaktor K_{JPEG} von etwa 10 bei kaum sichtbaren Qualitätsverlusten. Die praktische Anwendungsgrenze liegt bei einem K_{JPEG} von etwa 50. Ein BT.601-Datenstrom mit seinen etwa 20 MByte/s (Abschnitt 4.2.3) wird bei einem K_{JPEG} von 10 mit im Allgemeinen guter Qualität auf etwa 2 MByte/s komprimiert. Diese Datenrate ermöglicht es schon, die Bilder von etwa fünf Kameras mit 25 Vollbildern pro Sekunde innerhalb eines 100 MBit-Ethernet-Netzwerksegmentes zu übertragen. Da sehr selten die Forderung nach voller Bildrate besteht, entstehen hiermit schon durchaus handhabbare Datenströme. Da der erreichbare Kompressionsfaktor aber stark vom Inhalt der Bildvorlagen abhängig und mit höherem Detailgrad sinkt, ist dieser Wert nur als ein Anhaltspunkt zu sehen, um ein Gefühl für die erreichbaren Ergebnisse zu vermitteln.

Durch entsprechende Wahl der Verfahrensparameter lassen sich höhere oder niedrigere Kompressionsfaktoren erzielen. JPEG bietet alle Freiheitsgrade, einen für die jeweilige Anforderung optimalen Kompromiss zwischen Datenvolumen und Bildqualität festzulegen.

Hoch komprimierte JPEG-Bilder liefern bei ihrer Dekompression als typische Bildstörungen des Verfahrens so genannte Blockartefakte, wie sie Bild 5.3 zeigt. Das Bild zeigt Teile eines JPEG-komprimierten detailreichen Videovollbildes mit 720x576 Bildelementen, die mit unterschiedlichen Kompressionsfaktoren erzeugt wurden. Selbst das mit einem sehr großen Kompressionsfaktor K_{JPEG} von 53 erzeugte Bild ist für manche Anwendungen, z. B. über ISDN-Leitungen übertragene Vorschaubilder, durchaus noch tauglich. Bei den immer noch hohen Kompressionsfaktoren 28 bzw. 16 erreicht das komprimierte Bild, zumindest auf den ersten Eindruck, nahezu die Qualität der Originalvorlage. Wie schon erwähnt, erkennt man in Bild 5.3 auch den mit zunehmendem Kompressionsfaktor abnehmenden Detailreichtum der Darstellung.

Wie arbeitet nun das JPEG-Verfahren speziell in seiner Anwendung auf digitale Videobilder?

Zur Beantwortung dieser Frage soll im Folgenden ein grober Überblick über den Ablauf der JPEG-Kompression nach dem am häufigsten eingesetzten Baseline-Verfahren gegeben werden. Andere von der Norm ebenfalls festgelegten Verfahren, wie z. B. verlustloses JPEG oder hierarchische Kompression, haben für die Kompression von digitalen Videobildern keine praktische Bedeutung. Für einen vollständigen Überblick über das Verfahren in allen seinen Details sei auf das umfangreiche Werk von [PENN93] verwiesen. Andere Quellen sind [SYME01], [WALL90], [WALL91] und natürlich das Internet mit seinen Millionen Links speziell zu diesem Verfahren.

Die Bilder, die einem JPEG-Kompressor am häufigsten in digitalen CCTV-Systemen zugeführt werden, sind in Tabelle 5.1 noch einmal zusammenfassend durch ihre für das Kompressionsverfahren wesentlichen Eigenschaften charakterisiert.

Multimediakompressionsmethoden in CCTV-Systemen 5.2

Bild 5.3: Blockartefakte in hoch komprimierten JPEG Bildern

Tabelle 5.1: Wesentliche Parameter der unkomprimierten digitalen Quellbilder eines JPEG-Kompressors für den CCTV-Einsatz

	PAL	NTSC
Aktive Abtastwerte Y pro Halbbild	720 x 288 (704 x 288)	720 x 240
Aktive Abtastwerte C_B, C_R pro Halbbild	360 x 288 (352 x 288)	360 x 240
Halbbildrate [s^{-1}]	50	59,94
Komponenten	YC_BC_R	
Abtastverfahren	4:2:2	
Abtasttiefe	8 Bit	
Zeilensprung	Die Abtastwerte der beiden Halbbilder eines Vollbildes werden vom BT.601/656-Datenstrom zeitlich nacheinander geliefert.	
Synchronisation	Den unkomprimierten digitalen Bilddatenströmen sind Synchronisationsinformationen beigegeben, die u. a. den Start, das Ende und die Parität des gerade übertragenen Halbbildes anzeigen.	
Übertragungsverfahren	Die Komponenten Y, C_B bzw. C_R werden in Form eines BT.601/656-Datenstromes seriell oder parallel im Zeitmultiplexverfahren übertragen.	

Diese Eigenschaften der digitalisierten Bilder muss die Implementation der Hard- bzw. Software eines JPEG-Kompressors für digitale Videosignale berücksichtigen. Grundsätzlich geht

5 Videokompression

das JPEG-Baseline-Verfahren bereits von einer Komponentenzerlegung mit jeweils 8 Bit Abtasttiefe der Originalbilder aus. Somit können die digitalisierten Komponenten der Videobilder direkt dem Verfahren unterworfen werden können.

5.2.1.2 Übersicht zu den Stufen des JPEG-Baseline-Verfahrens

Die drei Komponenten von Video-Farbbildern werden jeweils blockweise, unabhängig voneinander, komprimiert. Für jede der drei Komponenten Y, C_B und C_R durchläuft der Algorithmus die im Bild 5.4 dargestellten Stufen:

- Raster zu 8x8-Blockkonvertierung. Die Stufe zerlegt das Bild bzw. die einzelnen Komponenten in kleine Bildausschnitte, die unabhängig voneinander verarbeitet werden.
- Forward Discrete Cosinus Transformation (FDCT). Diese wandelt die 8x8-Blöcke der Abtastwerte in 8x8-Blöcke von DCT-Koeffizienten um, deren Eigenschaften besser für eine Kompression geeignet sind als die originalen Werte.
- Quantisierung der 64 DCT-Koeffizienten. Der kontinuierliche Wertebereich der DCT-Koeffizienten wird auf eine kleine Menge von zugelassenen Werten abgebildet. Diese Abbildung ist umso gröber, je höher der Detailgrad ist, den ein DCT-Koeffizient beschreibt. Die Quantisierung ist, bis auf die Rundungsfehler der FDCT, die einzige Stufe des Verfahrens, die nicht vollständig reversibel ist. Hier tritt ein Verlust an Information ein, der auf keinem Wege wiedergewonnen werden kann. Insofern verharmlost die Stufe Dequantisierung im Dekompressionspfad die Bedeutung dieses Vorganges etwas. Die Quantisierung ist die eigentliche Ursache dafür, dass das JPEG-Baseline-Verfahren ein verlustbehaftetes Kompressionsverfahren ist.
- Entropieencodierung. Hier erfolgt die eigentliche Kompression der in den vorhergehenden Stufen für diesen Zweck aufbereiteten Information.
- Bitstromerzeugung. Hier wird ein der JPEG-Norm entsprechender Bitstrom mit so genannten JPEG-Markern erzeugt.

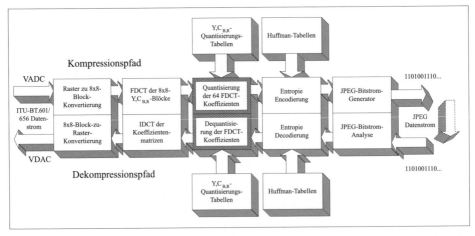

Bild 5.4: *Die Stufen des JPEG-Verfahrens für die Kompression und Dekompression digitaler Videobilder*

Wesentliche Parameter des Verfahrens sind die Quantisierungs- und Huffman-Tabellen. Bei entsprechender Wahl der Quantisierungs-Tabellen können verschiedene Kompressionsfaktoren erreicht werden. Durch Umschaltung zwischen verschiedenen Quantisierungs-Tabellen bzw. durch einfachere Skalierung aller Werte der Tabellen mit einem konstanten Faktor kann die Kompression den Anforderungen an die Qualität dynamisch angepasst werden, was eine sehr wichtige Eigenschaft des Verfahrens für die CCTV-Nutzung ist.

Neben der Kompression zeigt Bild 5.4 auch die Umkehr, die Dekompression mit ihren Stufen, welche jeweils die inversen Operationen, wie z. B. die Inverse Discrete Cosinus Transformation (IDCT), der Kompression sind. Die für die Kompression eingesetzten digitalen Schaltkreise bzw. entsprechende Software beherrschen meist sowohl Kompression als auch Dekompression. Deshalb spricht man hier von Codecs.

5.2.1.3 Raster-zu-Block-Konvertierung

Das JPEG-Baseline-Verfahren geht von einer Zerlegung der drei Komponenten Y, C_B und C_R in Blöcke mit jeweils 8x8 Abtastwerten pro Komponente aus. In der ersten Stufe des Verfahrens wird der vom VADC zeilenweise und im Zeitmultiplexverfahren bezüglich der Komponenten gelieferte Strom von Abtastwerten in die vom JPEG-Algorithmus vorausgesetzte Blockstruktur umgewandelt. Dazu enthält ein Hardware-JPEG-Codec einen so genannten Raster-zu-Block-Konverter. Wichtigster Bestandteil dieser Hardware-Einheit ist ein Speicherpuffer, der mindestens die Abtastwerte von acht kompletten Zeilen für alle drei Komponenten aufnehmen kann. Diese Form des Puffers wird als Strip-Puffer bezeichnet. Aus diesem Puffer werden, wie Bild 5.5 zeigt, 8x8 Blöcke jeweils für die Y-, die C_B- und die C_R-Komponenten ausgelesen und danach den weiteren Stufen des JPEG-Verfahrens aus Bild 5.4 zugeführt. Nach Entnahme eines Blockes steht der von diesem belegte Pufferspeicher wieder für die Aufnahme neuer Werte des digitalen Eingangsdatenstromes bereit.

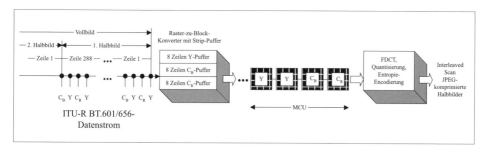

Bild 5.5: Raster-zu-Block-Konvertierung mit Strip-Puffer

Der Puffer des Raster-zu-Block-Konverters kann Speicherplatz zur Aufnahme eines Strips wie in Bild 5.5, aber auch eines kompletten Halb- bzw. Vollbildes bereitstellen. Werden nur Strip-Puffer verwendet, wie das meist der Fall ist, so werden die Blöcke der drei Komponenten bei der Kompression verschachtelt, wie das auch in Bild 5.5 dargestellt ist. Den folgenden Kompressionsstufen wird eine sich ständig wiederholende Sequenz von je zwei Y-Blöcken und einem C_B- und C_R-Block zugeführt. Man spricht in diesem Fall von einem interleaved[5] oder Multiplex-Verhalten der Komponentenkompression. Die sich immer wiederholende Sequenz von Komponentenblöcken hat den Namen Minimum Coded Unit oder MCU. Pro PAL-Halbbild liefert der Raster-zu-Block-Konverter 6.480 Blöcke, wobei 3.240 Blöcke zur Y-Komponente und je 1.620 Blöcke zur C_B- bzw. CR-Komponente gehören. Dies entspricht 1.620 MCUs, die den folgenden Stufen des Algorithmus unterworfen werden müssen.

Speichert der Puffer des Raster-zu-Block-Konverters Halbbilder, so können die drei Komponenten separat als Teilbilder komprimiert werden. Bei Vollbildpuffern könnten sogar die bei-

---

[5] Nicht zu verwechseln mit dem Zeilensprungverfahren, für das im Englischen sowohl interlaced als auch interleaved austauschbar verwendet werden.

den Halbbilder des BT.656 Datenstromes wieder zu einem Vollbild zusammengesetzt werden. Am Ausgang des Kompressors erscheinen dann keine komprimierten Halbbilder, sondern komprimierte Vollbilder. Der JPEG-Baseline-Algorithmus lässt entsprechende Freiheitsgrade für die Abfolge der 8x8-Blöcke der Komponenten zu. Grundsätzlich erlaubt das Verfahren, Halbbilder als auch Vollbilder mit interleaved als auch nicht interleaved Komponenten zu komprimieren. Die Hardware-Implementationen des JPEG-Baseline-Verfahrens verwenden einfache Strip-Puffer zur Aufnahme von acht Zeilen jeder Komponente. Damit erscheinen am Ausgang des Kompressors komprimierte Halbbilder mit einer interleaved Abfolge von komprimierten Y-, C_B- und C_R-Blöcken entsprechend Bild 5.5.

Bei der Dekompression muss aus den dekomprimierten 8x8 Blöcken der Bildkomponenten wieder ein BT.601/656-Datenstrom mit entsprechender Zeilen- und Multiplexstruktur der Komponenten bzw. der normierten Halbbildreihenfolge entstehen. Hier übernimmt der Block-zu-Raster-Konverter die inverse Aufgabe.

5.2.1.4 Die FDCT und ihre Umkehrung

Die FDCT-Stufe aus Bild 5.4 ist der mathematische Kern des JPEG-Algorithmus. Auf seine theoretischen Hintergründe soll im Rahmen dieses Buches nicht tiefer eingegangen werden. Dazu sei auf die umfangreichen Abhandlungen in Standardwerken zur Fouriertransformation bzw. zum JPEG-Verfahren verwiesen [PENN93].

Die FDCT des JPEG-Verfahrens transformiert die kleinen, durch den Raster-zu-Block-Konverter aus Bild 5.5 erzeugten 8x8-Bildblöcke der Helligkeits- und Farbkomponenten in 8x8-Blöcke von DCT-Koeffizienten. Diese DCT-Koeffizienten sind die Amplituden der so genannten Ortsfrequenzen der Bildvorlage. Sie sind ein Maß für den Anteil von Bildkomponenten mit verschiedenem Detailgrad am Gesamtbild. Es gibt statistisch ermittelte Zusammenhänge, welche die Empfindlichkeit des menschlichen visuellen Wahrnehmungssystems in Abhängigkeit vom Detailgrad und damit den Ortsfrequenzen einer Bildvorlage beschreiben. Um diese Statistiken zur sinnvollen Reduktion des Informationsgehaltes von Bildern nutzen zu können, müssen diese, wie von der FDCT geleistet, zunächst in den Bereich der Ortsfrequenzen transformiert werden. Ziel der FDCT ist also, vereinfacht gesagt, die Transformation der originalen Abtastwerte eines Bildes in ein Format, mit dessen Hilfe ein Algorithmus einfach entscheiden kann, welche Informationen eines Bildblockes wesentlich für die menschliche Wahrnehmung sind und welche nicht. Die DCT-Koeffizienten sind ein gut geeignetes Maß zur Beurteilung, welche Komponenten eines Bildes bei der Kompression mit geringen Auswirkungen für die menschliche Wahrnehmung entfernt werden können.

Im Gegensatz zu den häufig in der Literatur zu findenden Aussagen, die das JPEG-Verfahren und seine Kompression mit der Anwendung der FDCT als Synonym gleichsetzen, bewirkt die FDCT für sich allein weder eine Kompression noch ist sie die Ursache dafür, dass das JPEG-Baseline-Verfahren zur Klasse der verlustbehafteten Kompressionsverfahren zählt. Bis auf Rundungsfehler, die dadurch begründet sind, dass mit Ganzzahlen begrenzter Auflösung gearbeitet wird, ist die im Folgenden dargestellte Transformation noch vollständig umkehrbar. Insofern dient die FDCT lediglich zur Aufbereitung der Daten für die anschließende eigentliche Informationsreduktion und Kompression.

Die vom Raster-zu-Block-Konverter gelieferten 8x8-Blöcke aus Abtastwerten g_{ij} werden mittels Gl. (5.1) in einen äquivalenten 8x8-Block aus DCT-Koeffizienten G_{uv} umgewandelt.

$$G_{uv} = \frac{1}{4} C_u C_v \sum_{i=0}^{7} \sum_{j=0}^{7} g_{ij} \cos\left[\frac{(2i+1)\pi u}{16}\right] \cos\left[\frac{(2j+1)\pi v}{16}\right] \quad (5.1)$$

$C_{u,v} = \dfrac{1}{\sqrt{2}}$ für $u,v = 0$ und $C_{u,v} = 1$ für $u,v \neq 0$

Die Rücktransformation IDCT wird von Gl. (5.2) beschrieben:

$$g_{ij} = \frac{1}{4}\left[\sum_{u=0}^{7}\sum_{v=0}^{7} C_u C_v G_{uv} \cos\left[\frac{(2i+1)\pi u}{16}\right] \cos\left[\frac{(2j+1)\pi v}{16}\right]\right] \quad (5.2)$$

Die auf den ersten Blick etwas kompliziert erscheinenden Formeln für die FDCT bzw. die IDCT sind nichts anderes als Rechenvorschriften, die einem Wert aus dem Block der Abtastwerte g_{ij} einen Wert aus dem Block der DCT-Koeffizienten G_{uv} bzw. umgekehrt zuweisen, wie Bild 5.6 zeigt.

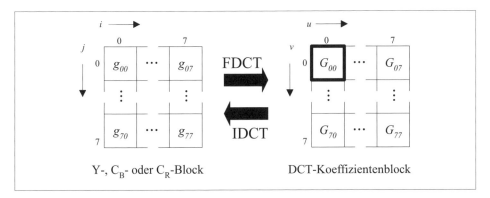

Bild 5.6: *Transformation und Rücktransformation von 8x8-Komponenten- und 8x8-DCT-Koeffizientenblöcken*

Dabei werden zur Berechnung nur eines Wertes aus dem jeweils anderen Block alle Werte des Ausgangsblockes benötigt. Der in Bild 5.6 hervorgehobene DCT-Koeffizient G_{00} wird als DC-Koeffizient bezeichnet. Die verbleibenden 63 Koeffizienten heißen AC-Koeffizienten. DC- und AC-Koeffizienten werden von den folgenden Stufen des Verfahrens unterschiedlich behandelt.

Zur Berechnung aller Werte in jeweils einer Richtung muss die FDCT- bzw. IDCT-Formel jeweils 64-mal ausgeführt werden. Der mathematische Anspruch der Berechnungen ist bei weitem nicht so hoch, wie das komplizierte Aussehen der Formeln vermuten lässt. Selbst die benötigten Cosinus-Werte können einmalig berechnet und als konstante Tabellen bzw. Matrizen verarbeitet werden. Allerdings ist der Arbeitsaufwand umso höher. Für die FDCT eines kompletten 8x8-Blockes einer Komponente fallen je nach Rechenverfahren zwischen 54 und etwa 32.000 Multiplikationen und zwischen 462 und etwa 12.000 Additionen an. Die kleineren Zahlen beziehen sich auf einen Algorithmus nach M. Vetterli [WALL91], der im Gegensatz zur naiven Vorgehensweise auf der Fast Fourier Transformation (FFT) basiert und der u. a. vorberechnete Tabellen für die konstanten Produkte der Cosinus-Funktionen verwendet.

Für ein komplettes PAL-Halbbild, welches nach Abschnitt 5.2.1.3 aus 6480 Komponentenblöcken besteht, müssen somit selbst beim sehr effektiven Verfahren aus [WALL91] etwa 350.000 Multiplikationen und 3.000.000 Additionen ausgeführt werden, um auf alle Blöcke die DCT anzuwenden. Für Videobilder mit einer Bildrate von 50 Bildern pro Sekunde ist eine Rechenleistung von etwa $17{,}5 \cdot 10^6$ Multiplikationen und $150 \cdot 10^6$ Additionen pro Sekunde notwendig. Allein die Durchführung einer DCT für nur einen Komponentenblock ist für den Menschen mühselig und fehlerträchtig. Für einen Computer bzw. spezialisierte Kompressionsschaltkreise hingegen ist dies glücklicherweise eine vergleichsweise einfache Rechenaufgabe. Die FDCT und IDCT lassen sich sehr gut optimieren und entweder als spezialisierte Hardware-Schaltung (Hardware-Codec) oder als Computer-Programm (Software-Codec) realisieren.

5.2.1.5 Quantisierung

Die Stufe Quantisierung des JPEG-Baseline-Verfahrens definiert eine Methode zur systematischen Reduktion des Informationsgehaltes der von der FDCT gelieferten Koeffizientenblöcke bzw. -matrizen. Während das Verfahren der Quantisierung selbst ein simpler, rechentechnischer Vorgang ist, sind die Parameter des Verfahrens, die so genannten Quantisierungs-Tabellen, in aufwändigen psychovisuellen Experimenten mit menschlichen Probanden gewonnen worden. Ziel dieser Experimente war es zu bestimmen, welche Informationen aus Bildern ohne wesentliche visuelle Verluste entfernt werden können.

Der JPEG-Standard beschreibt lediglich, wie die Quantisierung der DCT-Koeffizienten vorgenommen wird. Die Quantisierungs-Tabellen selbst sind nicht Bestandteil des Standards. Für verschiedene Anwendungsbereiche gibt es aber Empfehlungen zum Inhalt dieser Tabellen. Für Anwendungen des JPEG-Verfahrens auf BT.601-Datenströme liefert z. B. [CCIR82] entsprechende Tabellen, die geeignet sind, das Videomaterial mit unterschiedlichen Kompressionsfaktoren zu komprimieren. Die Quantisierungs-Tabellen werden bei der Dekompression wieder benötigt. Sie sind neben den Huffman-Tabellen der wichtigste Parametersatz zur Steuerung der Arbeitsweise eines JPEG-Baseline-Codecs.

Für die Quantisierung kommen zwei unterschiedliche Quantisierungs-Tabellen zum Einsatz. Eine Quantisierungs-Tabelle wird auf die aus den Y-Werten und eine auf die beiden aus den C_B- und C_R-Werten gewonnenen Koeffizientenmatrizen angewendet. Die Farbanteile eines Bildes werden also anders quantisiert als die Helligkeitsanteile. Jeder DCT-Koeffizient kann einen individuellen Quantisierungswert haben. Soll ein Codec mit einer anderen Kompressionsstufe arbeiten, so müssen die entsprechenden Quantisierungs-Tabellen ausgetauscht oder mit einem Faktor skaliert werden. Dabei gibt es allerdings keinen einfachen, linearen Zusammenhang zwischen den eingesetzten Quantisierungs-Tabellen und dem erreichbaren Kompressionsfaktor.

Bei der Quantisierung wird der kontinuierliche Wertebereich der originalen DCT-Koeffizienten auf eine festgelegte Anzahl zugelassener Werte abgebildet. Insofern ist die Quantisierung der FDCT-Koeffizientenmatrizen prinzipiell eigentlich nichts anderes als die Quantisierung der Abtastwerte bei der Digitalisierung analoger Videosignale gemäß Abschnitt 4.2.2. Je weniger Werte die Quantisierung für einen Koeffizienten zulässt, desto gröber ist der Vorgang und desto größer ist im Allgemeinen der Quantisierungsfehler bei der Umkehrung, also der Dequantisierung. Jeder der Koeffizienten G_{uv}, die bei der FDCT gewonnen wurden, wird gemäß Gl. (5.3) durch einen individuell zuordbaren Quantisierungswert Q_{uv} dividiert.

$$G'_{uv} = round\left(\frac{G_{uv}}{Q_{uv}}\right) \qquad (5.3)$$

Das Ergebnis wird auf die nächste Ganzzahl gerundet. Man erhält die quantisierten DCT-Koeffizienten G'_{uv}. Da die Quantisierungsstufen für die Koeffizienten, die zu höheren Ortsfrequenzen gehören und die damit feinere Bilddetails beschreiben, meist große Werte haben, werden viele der quantisierten Koeffizienten G'_{uv} für diese Anteile zu Null. Die quantisierten Koeffizientenmatrizen haben, bei natürlichen Bildvorlagen, im Allgemeinen nur sehr wenige von Null verschiedene Werte. Die aus den Matrizen auf besondere Weise ausgelesenen Wertefolgen lassen sich aufgrund der Vielzahl von aufeinander folgenden Nullwerten sehr gut komprimieren.

Bei der Dekompression werden die quantisierten DCT-Koeffizienten wieder mit den Quantisierungsstufen, die bei der Kompression verwendet wurden, multipliziert. Die entstehenden DCT-Koeffizienten entsprechen jedoch nicht mehr exakt den Werten, welche die FDCT bei der Kompression erzeugte. Ursache ist die bei der Kompression durchgeführte Ganzzahl-Rundung. Die Abweichung zu den originalen unquantisierten Werten ist der Quantisierungsfehler des JPEG-Verfahrens.

5.2.1.6 Entropie-Encodierung

Alle vorhergehenden Stufen des JPEG-Baseline-Verfahrens dienten einer Aufbereitung des Bilddatenmaterials für die eigentliche Kompression, die mittels des Huffman-Algorithmus [HUFF52], einem der Klassiker der Informatik, vorgenommen wird. Hierbei handelt es sich um ein so genanntes Entropie-Encodierungsverfahren, welches z. B. in [SYME01] und [SEDG92] detailliert erläutert wird. Bislang wurde außer einer Reduktion des Informationsgehaltes in der Quantisierungsstufe keine Kompression vorgenommen. Das über die Stufen FDCT und Quantisierung gewonnene Datenmaterial hat aber besondere statistische Eigenschaften, die sich bei der eigentlichen Kompression zunutze gemacht werden. So enthalten die quantisierten Koeffizientenblöcke meist sehr viele Elemente mit dem Wert Null. Weiterhin konzentrieren sich die von Null verschiedenen Werte in der linken oberen Ecke der Blöcke. Ordnet man nun die Koeffizienten nicht in Form einer 8x8-Matrix, sondern in Form eines Vektors von 64 Werten an, so erreicht man mittels einer speziellen Form der Serialisierung, der so genannten Zick-Zack-Auslesung, für die Bild 5.7 ein Beispiel zeigt, dass die Nullwerte in langen Ketten hintereinander auftreten, die nur selten von den Nicht-Null-Werten unterbrochen werden. Am Ende der auf diese Weise aus dem Koeffizientenblock ausgelesenen Wertekette befindet sich bei praktisch relevanten Bildvorlagen immer eine lange Kette von Nullwerten. Ersetzt man diese Teilkette einfach durch das besondere Codewort EOB[6] (End Of Block) im JPEG-Datenstrom, so erreicht man oft schon ohne weitere Verarbeitung eine erhebliche Kompression. Das Auftreten von EOB im Datenstrom zeigt an, dass alle folgenden Koeffizienten, die zum Aufbau eines Blockes benötigt werden, ab seinem Auftreten den Wert Null haben und demzufolge nicht mehr explizit im Datenstrom mitübertragen werden. Im Beispiel von Bild 5.7 werden inklusive von EOB nur noch 22 Codeworte zur kompletten Beschreibung des Blocks gegenüber den 64 Codeworten des Ausgangsblockes benötigt. Und dies wohlgemerkt bereits ohne Anwendung des folgenden komplexen Huffman-Kompressionsverfahrens.

Der DC-Koeffizient wurde in Bild 5.7 besonders hervorgehoben, da diese Koeffizienten im weiteren Ablauf des Verfahrens separat behandelt werden.

Die Vielzahl und Zunahme der Nullwerte in einem Koeffizientenblock erklärt sich damit, dass in natürlichen Bildvorlagen im statistischen Mittel Anteile mit hohen Ortsfrequenzen erheblich seltener auftreten als Anteile mit niedrigen Ortsfrequenzen, und dass weiterhin diese bei der Quantisierung stärker gewichtet werden als die niedrigen Frequenzanteile. Die Zick-Zack-Auslesung der Stufe A aus Bild 5.7 trägt dem Rechnung. Es hat sich gezeigt, dass diese Form der Anordnung der Koeffizienten nahezu immer optimale, für die Huffman-Kompression geeignete Zahlenketten erzeugt.

---

[6] Es handelt sich hier um einen so genannten JPEG-Marker (Abschnitt 5.2.1.7).

5 Videokompression

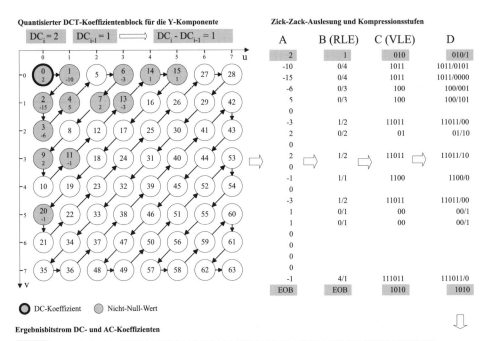

Bild 5.7: Zick-Zack-Auslesung und Stufen der Huffman-Kompression für die AC- und DC-Koeffizienten

Die Zick-Zack-ausgelesene Zahlenkette wird nun dem Huffman-Algorithmus zugeführt. Dabei werden AC- und DC-Koeffizienten gesondert behandelt. Im Folgenden werden überblicksweise und am Beispiel aus Bild 5.7 die dabei ausgeführten Schritte dargestellt, um den rechentechnischen Aufwand des Verfahrens zu verdeutlichen. Der theoretische Hintergrund und insbesondere die Methoden zur Festlegung der bei diesem Verfahren verwendeten Huffman-Tabellen sind nicht Gegenstand dieses Buches. Hier sei auf die Veröffentlichungen von

[SYME01] oder [CCIR82] verwiesen. Rein verfahrenstechnisch erfolgt die Kompression folgendermaßen:
- Zerlegung der AC-Koeffizientensequenz der Stufe A in eine Folge so genannter Deskriptoren. Diese bestehen aus dem Zahlenpaar Anzahl bzw. Lauflänge von Nullen und Kategorie bzw. Wertebereich (L/K), zu dem der folgende Nicht-Null-Koeffizient gehört. Die Kategorien für die AC-Koeffizienten werden der entsprechenden Tabelle aus Bild 5.7 entnommen. Stufe B in Bild 5.7 zeigt die Deskriptoren des Beispiels, die auf diese Weise gewonnen werden. Stufe B stellt eine so genannte Run Length Encodierung (RLE) dar. Lange Ketten von Nullwerten werden zu einem einzigen Codewort zusammengefasst, was wiederum bereits eine Kompression darstellt.
- Den jeweils eingesetzten Huffman-Tabellen wird für jeden Deskriptor ein Codewort entnommen. Bild 5.7 enthält ein Beispiel einer Huffman-Tabelle für die AC-Koeffizienten der Y-Komponente [SYME01]. Für jede denkbare Deskriptor-Variante stellt eine Huffman-Tabelle zugeordnete Codewörter zur Verfügung. Dabei bestehen die Codewörter der Huffman-Tabellen aus umso weniger Bits, je höher die statistische Wahrscheinlichkeit des Auftretens eines Deskriptors ist. Z. B. hat der Deskriptor 0/1[7] nach der Tabelle in Bild 5.7 die kürzest mögliche Bitzahl von 2. Je länger die Kette von Nullen ist, die der Deskriptor beschreibt, oder je größer der Wert des DCT-Koeffizienten ist, desto unwahrscheinlicher ist sein Auftreten und desto länger ist die als Codewort zugeordnete Bitfolge. Damit ergibt sich, dass Deskriptoren, die statistisch häufiger auftreten, weniger Bits im Datenstrom erzeugen, als Deskriptoren, die selten auftreten. Damit begründet sich der Name der Verfahrensstufe Variable Length Encoding (VLE). Stufe C in Bild 5.7 zeigt die sich ergebende Folge von Codewörtern des Beispiels basierend auf der ebenfalls im Bild enthaltenen beispielhaften Huffman-Tabelle.
- Letzter Verfahrensschritt ist das Anhängen von zusätzlichen Bits an das gewonnene Codewort eines Deskriptors gemäß den Angaben zu den Kategorien aus Bild 5.7. Diese Bits dienen der Identifikation, welcher der Werte der Kategorie eines Deskriptors gemeint ist. Ohne diese Bits würde der dekodierte Deskriptor lediglich die Aussage liefern, dass der Koeffizient in einem bestimmten Bereich von Koeffizienten lag, was natürlich für eine Rücktransformation nicht ausreicht. Bild 5.7 zeigt die vervollständigten Codeworte des Beispiels in Stufe D.

Die DC-Koeffizienten der Blöcke werden ähnlich behandelt. Es kommt aber ein zusätzlicher Schritt hinzu und es werden andere Huffman-Tabellen verwendet. Da die DC-Koeffizienten die mittlere Intensität eines Blockes darstellen, sind sie noch stark mit den DC-Koeffizienten benachbarter Blöcke korreliert. Dies wird für eine weitere Kompression genutzt. Anstelle der Huffman-Kodierung des DC-Koeffizienten selbst wird die Differenz des Koeffizienten DC_i mit dem DC-Koeffizienten des vorhergehenden Blockes DC_{i-1} kodiert. Die gewonnenen Differenzen werden wiederum in Kategorien eingeteilt. Die Kategorien sind die gleichen wie für AC-Koeffizienten, wobei hier noch der Wert Null als Kategorie hinzukommt. Im Falle der DC-Koeffizienten sind die Begriffe Kategorie und Descriptor gleich. Die Zuordnung von Huffman-Codes erfolgt also nicht wie bei AC-Koeffizienten zu einem Wertepaar L/K, sondern nur zur Kategorie K. Die Huffman-Codeworte für DC-Koeffizientenkategorien werden umso länger, je höher die Kategorie und damit je größer die Differenz der beiden Koeffizienten DC_i und DC_{i-1} ist. Dies entspricht der Tatsache, dass große Differenzen dieser Werte in natürlichen Bildvorlagen seltener auftreten als kleine Differenzen. Sind z. B. die DC-Koeffizienten benachbarter Blöcke gleich, was häufig vorkommt, so hat das entsprechende Huffman-Codewort die minimale Länge von 2 Bit.

---

7 Der Koeffizientenvektor hat also einen Koeffizienten aus dem Wertebereich 1 ohne vorausgehende Nullen.

Das Huffman-Verfahren erzeugt für jeden Koeffizientenblock eine Bitkette von im Allgemeinen unterschiedlicher Länge. Im Beispiel werden die ursprünglichen 64x8 = 512 Bit der originalen Abtastwerte der Y-Bildkomponente auf 79 Bit inklusive des Anteils des DC-Koeffizienten komprimiert, wenn, wie im Beispiel angenommen, der DC-Koeffizient des vorhergehenden Y-Blockes den Wert 1 gehabt hätte.

Jeder Block wird individuell auf diese Weise behandelt. Die entstehenden Bitfolgen werden nacheinander übertragen. Im damit entstehenden Bitstrom sind die ursprünglichen Blockgrenzen wegen der variablen Länge des Kompressionsergebnisses nicht mehr auf einfache Weise ermittelbar. Der Huffman-Decoder ermittelt diese bei der Dekompression aber durch die Eigenschaften des Verfahrens automatisch, so dass die Rekonstruktion gesichert ist.

Das in diesem Absatz beschriebene Verfahren der Entropie-Encodierung, wie es für das JPEG-Baseline-Verfahren festgelegt ist, hat eine erhebliche Komplexität. Die erzeugte Rechenlast schlägt oft stärker zu Buche als z. B. die FDCT oder die Quantisierung.

Das Verfahren benötigt für die Kompression von Videobildern vier Huffman-Tabellen. Zwei Tabellen werden für die Kodierung der AC- und DC-Koeffizienten der Y-Komponente und zwei Tabellen gemeinsam für die Kodierung der AC- und DC-Koeffizienten der C_B- bzw. C_R-Komponenten eingesetzt. Obwohl prinzipiell variabel, werden für Videobildvorlagen meist feste Huffman-Tabellen verwendet. Das eröffnet die Möglichkeit, die Huffman-Tabellen, die natürlich zur Dekompression benötigt werden, aus den komprimierten Bilder zu entfernen und durch implizite Vereinbarungen zwischen En- und Decoder zu ersetzen. Dies reduziert die JPEG-Datenrate weiter.

5.2.1.7 Der JPEG-Datenstrom

Neben der Spezifikation der Algorithmen und ihrer Parameter legt der JPEG-Standard auch den Aufbau eines JPEG-Datenstromes bzw. einer JPEG-Datei fest. Ein Codec liefert beim Komprimieren einen der Norm entsprechenden Aufbau des komprimierten Datenstromes. Dies ist die Voraussetzung für die Analyse des Datenstromes bei der Dekompression. Ein JPEG-Datenstrom besteht aus:

- Kopfinformationen, die den Aufbau, z. B. die Geometrie, des komprimierten Bildes beschreiben;
- den verwendeten Huffman- und Quantisierungs-Tabellen. Diese sind entweder expliziter Bestandteil des komprimierten Bildes selbst oder sie werden über einen Index festgelegt, den Kompressor und Dekompressor natürlich beide kennen müssen. Sind die Tabellen nicht Bestandteil des Bildes, erspart man sich den Speicherplatz bzw. die Bandbreite zu ihrer Übertragung. Nachteilig ist, dass derartige Bilder ohne Kenntnis der zur Kompression verwendeten Tabellen nicht korrekt dekomprimiert werden können. Damit ist die Dekompression an einen bestimmten Dekompressor gebunden, der das Verfahren zur Auswahl der Huffman- und Quantisierungs-Tabellen kennt. Bei Videoanwendungen wie CCTV werden die beiden Tabellenarten meist weggelassen, solange sich die Bilder innerhalb des CCTV-Systems befinden. Werden die Bilder z. B. zur Beweissicherung exportiert, werden sie vorher entsprechend um die fehlenden Tabellen erweitert, damit eine Bearbeitung mit Standard-Bildbearbeitungs-Software ermöglicht wird;
- JPEG-Markern. Dies sind besondere Codewörter im JPEG-Datenstrom, welche die Arbeit des Dekompressors steuern. Ein JPEG-Marker wird durch den Hexadezimalwert FF im Datenstrom eingeleitet. Das folgende Byte stellt den Typ des Markers dar. Danach folgen gegebenenfalls zum Marker gehörende Parameter. Tabelle 5.2 listet einige der wichtigsten JPEG-Marker auf;

- den eigentlichen Nutzdaten in Form von Huffman-komprimierten Bitfolgen verschiedener Länge. Bei Videovorlagen erfolgt die Übertragung der Komponenten meist interleaved entsprechend der Darstellung in Abschnitt 5.2.1.3.

Tabelle 5.2: Einige wichtige Marker im JPEG-Baseline-Datenstrom

Name	Code	Bedeutung
SOI Start of Image	FFD8	Beginn eines Bildes
EOI End of Image	FFD9	Ende eines JPEG-komprimierten Bildes
SOF_0 Start of Frame (Baseline JPEG)	FFC0	Rahmen wurde nach dem Baseline-Verfahren komprimiert. Definiert Parameter der Vorlage, wie die Zeilenzahl, die Anzahl der Abtastwerte pro Zeile und die Abtasttiefe (meist 8 Bit) der Abtastwerte. Außerdem wird die Struktur der MCU festgelegt und welche Quantisierungs-Tabelle auf welche Komponente angewendet wird.
SOS Start of Scan	FFDA	Definiert die Zuordnung der Huffman-Tabellen zu den Bildkomponenten.
DQT Define Quantization Table	FFDB	Definiert Struktur und Inhalte einer oder mehrerer Quantisierung-Tabellen
DHT Define Huffman Table	FFC4	Definiert Struktur und Inhalte einer oder mehrerer Huffman-Tabellen.

In CCTV-Applikationen werden die Huffman- bzw. Quantisierungs-Tabellen meist nicht innerhalb des komprimierten Datenstromes übertragen, um Bandbreite und Speicherplatz zu sparen. Nimmt man beispielhaft an, dass die Bilder von zehn Kameras mit voller Rate über 24 Stunden gespeichert werden sollen und dass pro Bild etwa 500 Byte Huffman- und Quantisierungs-Tabelleninformation notwendig sind, so würde allein die Speicherung dieser redundanten Information etwa 20 GByte konsumieren. Solange sich die Daten innerhalb des CCTV-Systemes befinden, kann davon ausgegangen werden, dass Kompressor und Dekompressor die gleichen Tabellen verwenden, so dass ein Wechsel einfach über zugeordnete Identifikatoren innerhalb der Bilder angezeigt werden kann.

Der exakte Aufbau eines JPEG-Datenstromes und die Definition aller Marker des JPEG-Standards kann z. B. [PENN93] entnommen werden.

5.2.1.8 JPEG-Hardware-Codecs

Die Kompression des von einem oder mehreren VADCs gelieferten Videodatenstromes wird in CCTV-Systemen von Hardware-Codecs vorgenommen. Die entsprechenden Schaltkreise sind meist sowohl als Kompressor als auch als Dekompressor einsetzbar. Hardware-Codecs können entweder direkt mit den BT.656 Schnittstellen der VADCs oder VDACs verbunden werden oder es sind noch zusätzliche Schaltkreise notwendig, die z. B. die Raster-zu-Block-Konvertierung bei der Kompression bzw. die Block-zu-Raster-Konvertierung (Abschnitt 5.2.1.3) bei der Dekompression vornehmen. Alternativ können spezialisierte Hardware-Codecs, wie z. B. der ZR36060 von Zoran, oder digitale Signalprozessoren (DSP) zum Einsatz kommen. DSPs haben dabei den Vorteil, dass die Algorithmen leicht an spezielle Anforderungen angepasst werden können. Meist stellen die Hardware-Codecs noch weitere Zusatzfunktionen bereit. Beispiele sind:

- Cropping: Das „Abschneiden" von Abtastwerten an den Rändern. Bei BT.601-Vorlagen ist es z. B. entsprechend den Ausführungen in Abschnitt 4.2.3 sinnvoll, diese für die weitere Verarbeitung auf 704 horizontale Y- bzw. je 352 C_B- und C_R-Zeilenwerte zu begrenzen.

5 Videokompression

- Scaling: Die Bildvorlage kann einfach um bestimmte Faktoren verkleinert werden. So können schon vom Codec direkt komprimierte und verkleinerte Bilder in CIF- oder QCIF-Größe geliefert werden. Diese könnten z. B. in einem CCTV-System als Live-Vorschaubilder verwendet werden, während bei Aufzeichnung dynamisch auf Bilder voller Größe umgeschaltet werden kann.
- Dynamisches Umschalten des Kompressionsfaktors. Hier kann z. B. über einen einfachen skalaren Faktor eine andere Kompressionsstufe des Kompressors gewählt werden. Damit kann je nach Leistungsfähigkeit des Codecs sogar von Bild zu Bild die Kompression den Anforderungen angepasst werden. Vor Aufzeichnung kritischer Bilder wird die Qualität durch Änderung des Kompressionsfaktors auf diese Weise entsprechend erhöht.
- Arbeit mit anderen digitalen Eingangsdatenströmen als BT.601/656. Z. B. bieten die Codecs auch die Möglichkeit mit so genannten Square Pixel Datenströmen zu arbeiten. Diese erfordern ein anderes Zeitverhalten der digitalen Videoschnittstelle des Codecs.

Mittels dieser hochintegrierten Schaltkreise und einiger weniger Zusatzschaltkreise wie VADC, VDACs und PC-Bus-Interface lassen sich relativ einfach entsprechende Hardware-Codecs entwickeln, wie Bild 5.8 in einem vereinfachten Blockschaltbild zeigt.

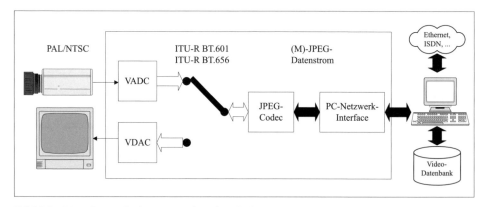

Bild 5.8: *Hauptbestandteile einer Einkanal-Videokompressions- bzw. Dekompressionskarte*

Bei CCTV kommt im Vergleich zu dieser auch im Consumer-Bereich verwendeten Hardware-Lösung als Besonderheit hinzu, dass diese Systeme eine Vielzahl von derartigen Kompressionskanälen bereitstellen müssen und damit der Kostenfaktor Kompressions-Hardware eine entscheidende Rolle für die Akzeptanz eines Systems spielt. Deshalb sind die hier eingesetzten Lösungen meist komplexer als die vergleichsweise simple Architektur eines Hardware-Codecs für den Multimediabereich aus Bild 5.8.

5.2.2 Motion-JPEG

Im Gegensatz zum im vorhergehenden Abschnitt beschriebenen JPEG-Verfahren, welches für die Anwendung auf Einzelbilder definiert wurde, soll der Begriff M-JPEG die Anwendung dieses Standards auf Bewegtbilder beschreiben. Nichtsdestotrotz gehört M-JPEG nicht zur Kategorie der Bewegtbildverfahren im eigentlichen Sinne, da die Methode nicht von den Abhängigkeiten aufeinander folgender Bilder zur Erhöhung des Kompressionsfaktors Gebrauch macht. Die einzelnen Bilder einer M-JPEG Sequenz sind nach wie vor individuell, ohne Kenntnis ihrer Vorgänger oder Nachfolger, nutzbar. M-JPEG soll lediglich beschreiben, wie eine zeitliche Folge der individuell komprimierten Bilder aufgebaut sein muss.

Den Besonderheiten und der Vielfalt der Anforderungen des digitalen CCTV-Bereiches muss beim Entwurf eines M-JPEG-Rahmens speziell Rechnung getragen werden. Bild 5.9 zeigt z. B. ein verschachteltes Kompressionsszenario mehrerer Videokanäle, wie es in einem multiplexenden oder ereignisbasierten CCTV-Kompressionssystem entstehen könnte. Um Kosten zu sparen, werden die Bilder mehrerer Kameras mit dem gleichen Kompressionsbaustein komprimiert. Die Kameras werden am Eingang des Kompressors in schneller Folge von einem Scheduler prioritäts- und ereignisgesteuert umgeschaltet. Diese Hardware-Architektur ist in Systemen aktueller Generation häufig zu finden. Die Bilddatenströme unterscheiden sich stark von den homogenen Abfolgen, die Multimediadatenströme auszeichnen. Die Bilder eines Kanals haben im Allgemeinen:
- nicht äquidistante zeitliche Abstände;
- bildweise wechselnde Qualitäts- bzw. Kompressionsstufen;
- bildweise wechselnde Auflösungen;
- nicht vorhersagbare Folgen der Halbbildparitäten.

Diesen Eigenschaften der Bilddatenströme eines einzelbildbasierten CCTV-System muss der M-JPEG-Rahmen Rechnung tragen.

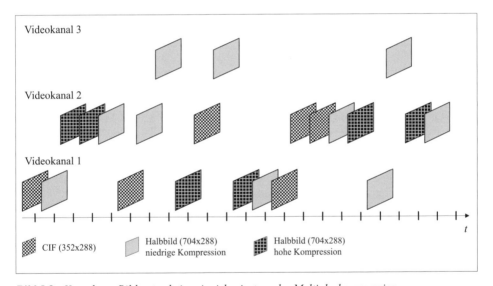

Bild 5.9: Komplexes Bildraster bei ereignisbasierter oder Multiplexkompression

Was fehlt dem im vorhergehenden beschriebenen JPEG-Verfahren eigentlich noch für eine Verwendung im Videobereich im Allgemeinen und im CCTV-Bereich im Speziellen? JPEG muss hauptsächlich um folgende Festlegungen erweitert werden:
- **Die Behandlung von komprimierten Zeilensprungbildern.** Z. B. liefern JPEG-komprimierte Halbbilder keine Angaben zu ihrer Parität, also die Aussage, ob sie das erste oder zweite Halbbild eines nach dem Zeilensprungverfahren abgetasteten Vollbildes sind. Diese Angabe wird aber bei der Rekonstruktion benötigt.
- **Vereinbarungen zum Transport der Huffman- und Quantisierungs-Tabellen.** Bei den aufeinander folgenden Einzelbildern einer JPEG-komprimierten Videoübertragung eines Kamerakanals kann davon ausgegangen werden, dass sich zumindest die Huffman-Tabellen nie und die Quantisierungs-Tabellen selten ändern werden. Ändern sich die Quantisierungs-Tabellen, z. B. weil sich die Qualitätsanforderungen und damit der Kompressions-

5 Videokompression

faktor geändert haben, so werden diese Änderungen meist durch eine einfache Skalierung der Quantisierungs-Tabellen über einen Faktor realisiert. D. h. selbst bei Änderungen der Qualität einer JPEG-komprimierten Videoübertragung müssen nicht die vollständigen Quantisierungs-Tabellen im Datenstrom jedes einzelnen Bildes eingebettet sein. Es reicht aus, den Skalierungsfaktor oder einen Index der jeweils verwendeten Tabellen als Information für den Dekompressor zu übertragen.

- **Zeitinformationen zur Steuerung der Wiedergabe.** JPEG-Einzelbilder verfügen über keinerlei Zeitinformation. Geht man von einer Kompression mit maximaler Bildrate aus, so benötigt der Dekompressor zumindest die Information, ob die Bilder von einer PAL- oder einer NTSC-Kamera stammen, um den zeitlichen Ablauf mit der korrekten Normbildrate rekonstruieren zu können. Im CCTV-Bereich ist die Situation, wie Bild 5.9 zeigt, komplizierter. Meist ist hier die Bildrate von äußeren Ereignissen verschiedener Kritikalität abhängig. Ohne einen individuellen Zeitstempel für jedes einzelne Bild kann der zeitliche Ablauf nicht mehr rekonstruiert oder verschiedene Kameras synchronisiert wiedergegeben werden, um z. B. einen Vorgang zu präsentieren, der sich im Sichtbereich mehrerer Kameras abgespielt hat.

- **Bildbegleitinformationen.** Gerade für CCTV-Anwendungen wichtig und von keiner Variante eines de facto M-JPEG-Standards abgedeckt, sind die so genannten Bildbegleitinformationen. Dies sind Informationen, welche die Quelle, also z. B. den Kamerakanal, und Ursache einer Aufzeichnung oder Übertragung beschreiben. Diese Informationen sind äußerst vielfältig und vom Anwendungsumfeld abhängig. Z. B. können diese Informationen Daten eines Barcodescanners enthalten, dessen Scan-Vorgänge zur Aufzeichnungssteuerung verwendet wurden oder in einer Tankstellenumgebung die Nummer der Zapfsäule, die einen Aufzeichnungsvorgang ausgelöst hat inklusive des Kennzeichens eines Fahrzeuges, dass in diesem Bereich detektiert wurde. Gerade solche für CCTV-Zwecke äußerst wichtige Informationen, die nicht direkt in das Videobild eingebettet sind, gehen bei der Verwendung von Multimedia-Varianten einer M-JPEG-Implementation verloren.

Leider gibt es keine wirklich international standardisierten Vorgaben, wie diese Probleme einheitlich zu lösen sind. JPEG, bzw. allgemeiner auch Einzelbild-basierte CCTV-Systeme verschiedener Hersteller verwenden unterschiedliche Formate für ihre gespeicherten und übertragenen Videosequenzen, zumindest solange die Bilder innerhalb des Systems selbst verbleiben. Dies setzt entsprechende kompatible Decoder voraus, die mit den jeweils speziellen Formaten und Protokollen umgehen können.

Für die ersten beiden Probleme der Anwendung von JPEG auf Videosequenzen gibt es eine Reihe von de facto Standards. Diese sind z. B. durch die von JPEG-Hardware-Codecs erzeugten Sequenzen herstellerabhängig definiert, mit denen natürlich entsprechende Applikations-Software umgehen können muss.

Ein anderer Ansatz, um zu einer Standardisierung zu kommen, könnte z. B. die RFC[8] 2435 [BERC09] sein. Dieser Vorschlag für ein Spezialprotokoll des Internet-Umfeldes befasst sich mit der Übertragung von JPEG-Baseline-Bildsequenzen, die aus Videodaten erzeugt wurden, mittels des Internet Real Time Transport Protocols RTP (Abschnitt 7.5.6.2). Das Protokoll erfasst und liefert die Information zur Bildrate außerhalb der JPEG-Bilder in eigenen Definitionen für Übertragungsrahmen. Auch die Huffman- und Quantisierungs-Tabelleninformationen werden nicht direkt in die JPEG-Bilder eingebettet, sondern in entsprechenden Informationsblöcken der RTP-Pakete übertragen.

---

[8] RFCs (Request for Comments) sind Standardisierungsvorschläge für Übertragungsprotokolle im Internet-Bereich.

Zur Darstellung zeilensprungbasierter Halb- bzw. Vollbildfolgen bietet das Protokoll drei Varianten an, die der Empfänger unterstützen muss und die in CCTV Systemen, die Einzelbildkompressionsverfahren verwenden, bei der Darstellung zum Einsatz kommen:

- Das darzustellende Bild wurde schon als Vollbild komprimiert. Das setzt voraus, dass dem JPEG-Encoder auch ein Vollbild bei der Kompression zugeführt wurde. Wie im vorhergehenden Abschnitt dargestellt, wird dies wegen der hohen Anforderungen an den Raster-zu-Block-Konverter meist nicht der Fall sein. Die Darstellung derartiger Bilder auf einem Computer-Monitor kann direkt erfolgen. Für die Darstellung auf einem Analogmonitor muss das Vollbild wieder mittels eines leistungsfähigen Block-zu-Raster-Konverters in die beiden Halbbilder zerlegt werden, um einen standardisierten BT.601-Datenstrom am Eingang des VADC bereitstellen zu können.

- Das darzustellende Bild ist das erste Halbbild eines Vollbildes. Bei der Darstellung soll es mit dem nächsten zweiten Halbbild entsprechend der den Halbbildern zugeordneten Zeilennummerierung verschränkt werden. Bei JPEG-komprimierten Videobildern, die mit voller Bildrate erzeugt wurden oder wenn der Kompressor die beiden zusammengehörigen Halbbilder eines Vollbildes unmittelbar nacheinander liefert, bereitet dieses Vorgehen bis auf den Lattenzauneffekt aus Abschnitt 4.1.3 keine Probleme. In digitalen CCTV-Systemen mit multiplexender Aufzeichnung oder ereignisgesteuerter halbbildweiser Kompression ist dieser Darstellungsmodus im Allgemeinen aus folgenden Gründen nicht sinnvoll:

    – Die aufeinander folgenden Halbbilder eines Videokanals des CCTV-Systems haben zwar die richtigen Paritäten zur Bildung eines Vollbildes, sie liegen aber zeitlich weit auseinander, weil nicht jedes Bild der Videoquelle komprimiert wurde. Hier tritt der in Abschnitt 4.1.3 beschriebene Lattenzauneffekt in so starkem Maße auf, dass je nach Situation die sich ergebenden Vollbilder für eine Auswertung unbrauchbar sind. Bild 5.10 zeigt dazu ein Vollbild, welches aus zwei zeitlich weit auseinander liegenden Halbbildern verschränkt wurde.

    – Bei der ereignis- und prioritätsgesteuerten Qualitätskontrolle der Kompression, wie sie CCTV-Systeme bieten, besteht die Möglichkeit, dass aufeinander folgende Halbbilder sowohl mit unterschiedlichen Kompressionsstufen oder Auflösungen komprimiert wurden. Diese Halbbilder können nicht mehr sinnvoll zu Vollbildern verschränkt werden.

    Je nach Situation eignet sich dieser Modus der Behandlung JPEG-komprimierter Halbbilder speziell dann, wenn davon ausgegangen wird, dass die Szene, die den beiden zur Rekonstruktion des Vollbildes verwendeten Halbbildern zugrunde liegt, relativ zum Aufnahmeabstand der Halbbilder statisch ist und wenn hohe vertikale Auflösung gefordert wird. Im CCTV-Bereich ist das z. B. der Fall bei Videoaufnahmen von Dokumentenvorlagen wie Checkvordrucken.

- Das Bild ist ein Halbbild. Die Darstellung auf dem Computermonitor erfolgt aber nicht durch Verschränkung mit dem eventuell zeitlich sehr spät folgenden nächsten Halbbild passender Parität, sondern einfach durch Verdopplung jeder Zeile. Je nach Bildmaterial kann es dabei zu Informationsverlust in vertikaler Richtung kommen. In Fällen wie in Bild 5.10 ist diese Variante aber auf jeden Fall die günstigere. Bild 5.10 bzw. 4.8 zeigt, dass diese einfache Zeilenverdopplung bei der Darstellung zu besseren Ergebnissen bei zeilensprungbehafteten Bildern führt als das Verschränken von Halbbildern.

Leider ist nach diesen Ausführungen auch der Ansatz nach RFC 2435 im CCTV-Bereich nur beschränkt nutzbar, da hier Problemstellungen wie Kompression mit verminderter Bildrate und Bildbegleitinformationen wie Kamera- und Ereignisdaten aufgrund der Zielstellungen einer Anwendung im Multimedia-Bereich nicht berücksichtigt sind.

Konsequenz dieser Aussagen ist, dass Nutzer, die den vollen Funktionsumfang eines digitalen CCTV-Systems benötigen, auf die von den Herstellern mitgelieferte Software angewiesen sind, und dass die im CCTV-System gespeicherten Informationen nur mit Kompromissen mit üblicher Multimedia-Software wie Bild-Browsern verwertet werden können.

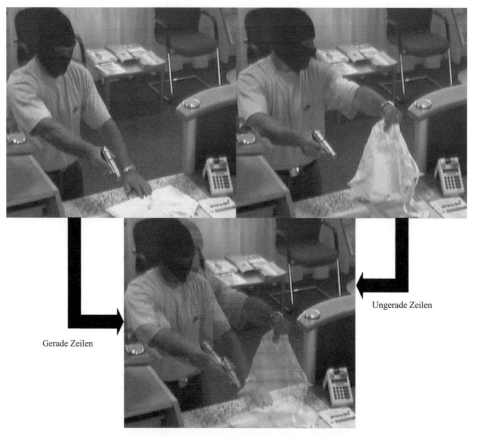

Bild 5.10: *Extremer Lattenzauneffekt beim Verschränken von Halbbildern eines Videokanals mit großem zeitlichem Abstand. Die oberen beiden Halbbilder wurden durch Zeilenverdopplung gewonnen, das Vollbild durch Verschränkung der Halbbilder.*

Häufig findet sich in Projektvorgaben die Angabe, dass die in einem digitalen CCTV-System gespeicherten Bilder in Formaten exportiert werden müssen, die mit Standard-Software zugänglich sind. Damit soll vermieden werden, auf den Auswertecomputern unter Umständen eine Vielzahl von herstellerabhängigen Bild-Browsern installieren zu müssen. Die meisten Systeme erfüllen diese Anforderungen. Allerdings kommt es wegen des beschriebenen Fehlens eines Standards, insbesondere für die Einbettung von Bildbegleitinformationen in die Daten, zu einem Verlust an Auswertungsflexibilität gegenüber einer Auswertung am Originalsystem. Hier ist auf absehbare Zeit keine Abhilfe, außer dem Einsatz von herstellerabhängiger Software und Dateiformaten, in Sicht. Diese Aussagen gelten übrigens völlig unabhängig vom verwendeten Kompressionsverfahren. Auch MPEG-basierte CCTV-Systeme reichern ihre Videodaten meist mit einer großen Zahl an Zusatzinformationen für eine komfortable Auswertung sicherheitsrelevanter Vorgänge an. Diese sind in exportierten Dateien, die für die Nutzung mit beliebiger MPEG-Wiedergabe-Software gedacht sind, nicht mehr enthalten. Insofern sind herstellerabhängige Verfahren immer dann vorzuziehen, wenn z. B. aus Beweisgründen Wert auf Vollständigkeit der Information gelegt werden muss.

5.2.3 Wavelet-Kompressionsverfahren

Wavelet-Kompressionsverfahren sind eine Klasse von Bildkompressionsverfahren, die im Gegensatz zu JPEG nicht die DCT, sondern die so genannte Discrete Wavelet Transform (DWT) nutzen. Wie JPEG auch, ist die Wavelet-Kompression für Videoanwendungen ein verlustbehaftetes Einzelbild-Verfahren.

In den Verfahrensschritten gibt es eine Reihe von Analogien zu JPEG. So kommt für die Kompression die FDWT und die Dekompression die IDWT als Forward- und Inverse-Transformation zum Einsatz. Wie beim JPEG-Verfahren gibt es eine Quantisierungsstufe und dieser nachgeordnet die Stufe der Entropie-Encodierung entsprechend Bild 5.11.

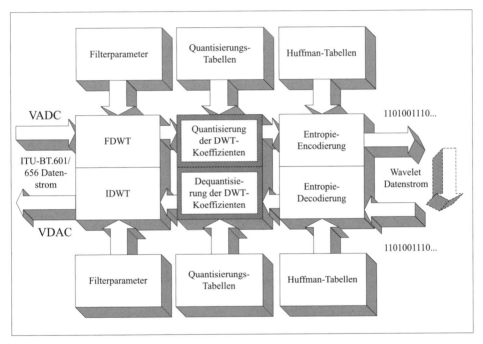

Bild 5.11: Verfahrensschritte der Wavelet-Kompression

Wie auch beim JPEG-Verfahren dient die Wavelet-Transformation der einzelnen Bilder der Aufbereitung der Daten in eine spezielle Form, die, nach einer ähnlichen Quantisierungsstufe, besonders gut für die nachfolgende eigentliche Kompression mittels der Entropie-Encodierung geeignet ist.

Die Analogien enden in den mathematischen Grundlagen von DCT und DWT und der rechentechnischen Umsetzung dieser beiden Transformationen bzw. der nachfolgenden Verfahrensschritte. Während die DCT auf der Zusammensetzung beliebiger örtlicher Funktionsverläufe aus Cosinusfunktionen verschiedener Frequenzen beruht, werden bei der DWT spezielle Funktionen, eben Wavelets eingesetzt, um die örtlichen Verläufe der Y-, C_B- und C_R-Komponente eines Bildes zu approximieren. Bei der DCT ist dafür im JPEG-Standard eine Aufteilung der Bildkomponenten in 8x8 Blöcke vorgeschrieben. Im Gegensatz wird die DWT auf das Bild

5 Videokompression

im Ganzen angewendet. Der Raster-zu-Block-Konverter des JPEG-Verfahrens wird hier nicht benötigt. Die DCT ist auf Cosinusfunktionen als Approximationsfunktionen beschränkt. Bei der DWT ist die Auswahl an Wavelet-Funktionen größer. Zur Charakterisierung der verwendeten Wavelets dient ein weiterer Satz an Verfahrensparameteren neben den Quantisierungs- und Huffman-Tabellen, die Filterparameter aus Bild 5.11.

Die Flexibilität bei der Auswahl der Wavelets bietet Vorteile, da man individuell an Eigenschaften der Bildvorlagen angepasste Funktionen definieren kann. Es entstehen aber auch Nachteile bezüglich einer einfachen Standardisierung des Verfahrens. Der mathematische Hintergrund der Wavelet-Transformation geht weit über das Vorhaben dieses Buches hinaus. Einführungen zur Problematik und speziell zu verfahrenstechnischen Details der Anwendung der Methode können [SYME01], [MORR00] oder [AKSA01] entnommen werden.

Das Ergebnis der Wavelet-Kompression ist eine hierarchische Repräsentation eines Bildes, in der jede Ebene ein Frequenzband repräsentiert. Die Wavelet-Kompression erzeugt nicht die Blockartefakte von JPEG. Bild 5.12 zeigt die hier entstehenden Effekte. Bereiche mit feinen örtlichen Details, also hohen Ortsfrequenzen, werden mit zunehmendem Kompressionsfaktor unschärfer. An scharfen Kanten entstehen wellenförmige Muster. Die Artefakte einer Wavelet-Kompression werden vom menschlichen visuellen Wahrnehmungssystem als angenehmer empfunden als die harten Kantenübergänge der JPEG-Blockartefakte. Unter anderem deshalb wird Wavelet-Verfahren bei gleichem Kompressionsfaktor im Vergleich zu JPEG eine subjektiv bessere Qualität zugeschrieben.

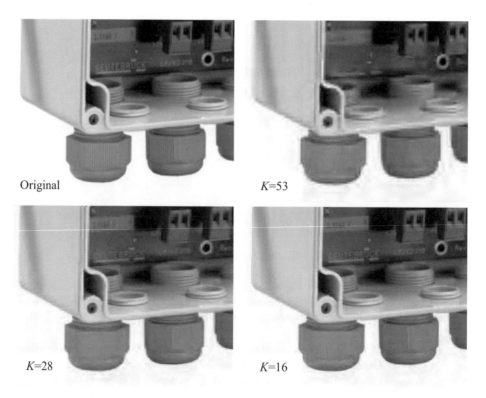

Bild 5.12: *Artefakte in Wavelet-komprimierten Bildern in Abhängigkeit vom Kompressionsfaktor*

Das Wavelet-Verfahren weist gegenüber JPEG die im Folgenden dargestellten Vorteile auf:

Erhöhung des Kompressionsfaktors

Bei gleichem Kompressionsfaktor wird die Qualität meist als besser empfunden. Das führt zu der oft gefundenen pauschalen Aussage, dass die Wavelet-Kompression einen 20 – 25 % größeren Kompressionsfaktor gegenüber JPEG erreicht[9]. Diese Aussage ist jedoch nur bedingt richtig. Gerade im Bereich hoher Bildqualitäten, also niedriger Kompressionsfaktoren, gibt es praktisch keinen Unterschied zwischen der JPEG- und Wavelet-Kompression. Deshalb bringt Wavelet hauptsächlich dort einen Zusatzgewinn, wo ohnehin Kompromisse bezüglich der Qualität in Kauf genommen werden, also z. B. bei Daueraufzeichnungen eines Kamerakanals in aktivitätsarmen Zeiten oder bei der Übertragung von Vorschaubildern über Netzwerkverbindungen mit geringer Bandbreite. Wird die Qualität der Kompression ereignisgesteuert an die Kritikalität der beobachteten Vorgänge angepasst, so wird der Vorteil der höheren Kompression von Wavelet gegenüber JPEG im Mittel geringer ausfallen als 20 – 25 %. Aber selbst 10 % Einsparung Speicherplatz in Terabyte großen Videospeichern stellen schon einen erheblichen Kostenfaktor dar. Die Angaben zu den hohen Kompressionsfaktoren von Wavelet-Verfahren sind auch dadurch schlecht objektivierbar, dass es kaum anerkannte und standardisierte Vergleichsverfahren zur Bewertung der Qualitätsverluste verlustbehaftet komprimierter Bilder im Vergleich zu ihrer Vorlage gibt. Einfache mathematische Ansätze, wie die Berechnung des mittleren quadratischen Fehlers, sind zwar objektiv, führen aber in die Irre, da diese Methoden nicht die „Kennlinien" des menschlichen Wahrnehmungsapparates für unterschiedliche Qualitätsaspekte eines Bildes wie Farben, Detailgrad oder groß- und kleinflächige Störungen berücksichtigen. Ein komprimiertes Bild mit geringem quadratischem Fehler kann vom menschlichen Auge als inakzeptabel empfunden werden. Umgekehrt gilt das Gleiche.

Skalierbare Dekompression

Wesentlich interessanter als die Einsparung an Speicher sind für CCTV-Zwecke besondere Eigenschaften des Bitstroms Wavelet-komprimierter Bilder, die sich wiederum durch Berücksichtigung der natürlichen Eigenschaften der Wavelet-Transformation selbst ergeben. Diese Eigenschaften eröffnen die Möglichkeit des so genannten progressiven[10] oder skalierbaren Dekodierens. Skalierbarkeit beschreibt hier die Tatsache, dass ein kodiertes Quellbild in mehreren unterschiedlichen Qualitäts- oder Ortsauflösungsstufen übertragen und dekomprimiert werden kann. Der Bitstrom eines skalierbar kodierten Bildes enthält separierbare Teile, die individuell dekodiert werden können. Durch Überlagerung dieser Bildanteile, ausgehend von den Teilen niedrigster Qualität oder Auflösung, erhält man das dekodierte Bild in verschiedenen Qualitäts- oder Auflösungsstufen. Man kann dies zur Übertragung eines originalen Wavelet-Quellbildes über Übertragungskanäle verschiedener Bandbreite mit der Bandbreite angepasster Auflösung oder Qualität nutzen. Obwohl z. B. das Bild im Originalsystem mit voller Auflösung komprimiert und eventuell gespeichert wurde, besteht die Möglichkeit, dieses mit niedrigerer Auflösung beispielsweise über einen ISDN-Kanal niedriger Bandbreite zu übertragen. Diese Möglichkeit bietet JPEG, zumindest nach dem Baseline-Verfahren, nicht und die später diskutierten Bewegtbildkompressionsverfahren, wie MPEG-2, nur vergleichsweise unflexibel. Meist wäre bei diesen Verfahren, um gleiche Flexibilität zu erreichen, eine aufwändige De- und anschließende Neukompression mit geänderten Parametern notwendig[11]. Ein Wavelet-komprimierter Bitstrom kann demgegenüber, wie Bild 5.13 zeigt, mit verschie-

---

9 Die Aussagen in verschiedenen Quellen sind widersprüchlich. Man findet Angaben zwischen 15 – 30% wobei die meisten Quellen eine klare nachvollziehbare Bewertungsbasis vermissen lassen.
10 Nicht zu verwechseln mit dem Begriff progressive scan bei der Abtastung von Bildvorlagen mit Videokameras.
11 Dies bezeichnet man auch als Transkodierung. Datenströme werden dekomprimiert und mit niedrigerer Qualität oder Auflösung neu komprimiert, um sie z. B. der Bandbreite des Übertragungskanals anzupassen.

denen Bitraten übertragen werden, ohne transkodiert werden zu müssen. Bild 5.14 gibt einen Eindruck von der skalierten Dekompression von Wavelet-basierten JPEG2000-Bildern.

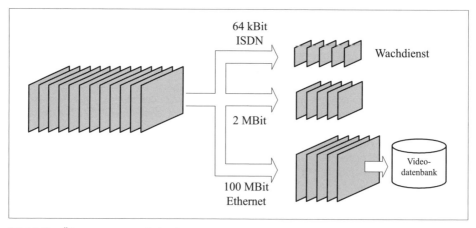

Bild 5.13: *Übertragung von skalierbaren Wavelet-Bildern über Kanäle verschiedener Bandbreiten*

Basis des folgenden Bildes 5.14 ist für alle vier Darstellungen das gleiche Wavelet-komprimierte Ausgangsbild[12].

Das komprimierte Ausgangsbild der skalierten Dekompression wurde mit einem Kompressionsfaktor von 27 aus der Y-Komponente der Vorlage erzeugt. Die mit einer Rate von 0,05 bpp (Bit per Pixel) dekomprimierten Bilder belegen in diesem Beispiel etwa 20.000 Bit. Das erlaubt z. B. immerhin etwa sechs Vorschaubilder pro Sekunde dieser Qualität über eine ISDN-Kanalbündelung von zwei B-Kanälen, die 128 kBit/s bereitstellt, zu übertragen. Das Bedienpersonal kann zwischen Qualität und Geschwindigkeit wählen. Wird das mit einem K von 27 komprimierte Bild dabei in einem DVR auf der Gegenseite gespeichert, hat das Wachpersonal die Möglichkeit, die Historie mit der maximal möglichen Qualität zu dekomprimieren.

Erhöhte Fehlertoleranz

Die Übertragung von Wavelet-komprimierten Bildern ist aufgrund der hierarchischen Struktur der komprimierten Daten fehlertoleranter als die von JPEG-Bildern. Bei JPEG führen Übertragungsfehler zu Verlusten von einzelnen Blöcken bzw. verhindern auch die gesamte Dekompression eines Bildes.

Den Vorteilen des Verfahrens stehen gegenüber:
- Zumindest für den Videoeinsatz unzureichende Standardisierung, was sich allerdings durch das auf Wavelets basierende JPEG2000-Verfahren aus Abschnitt 5.2.4 geändert hat. Damit ist der Anwender eines auf Wavelet basierenden CCTV-Systems stark an die Software des jeweiligen Herstellers gebunden. Außerdem ist die Auswahl an preisgünstiger Kompressions-Hardware im Vergleich zu JPEG oder auch MPEG gering. Als Beispiel eines Wavelet-Hardware-Codecs sei hier der ADV611 von Analog Devices genannt. Dieser verfügt über eine direkte BT.601/656-Schnittstelle für die digitalen Originaldaten, die vom VADC kommen.

---

12 Für die Erzeugung Wavelet-komprimierter Testbilder wurde das hervorragende Testwerkzeug VCDemo der ICT Group der TU Delft verwendet.

Multimediakompressionsmethoden in CCTV-Systemen 5.2

- Die hohe rechentechnische Komplexität. Das Verfahren stellt erheblich höhere Ansprüche an die Kompressions-Hardware als die JPEG Kompression.

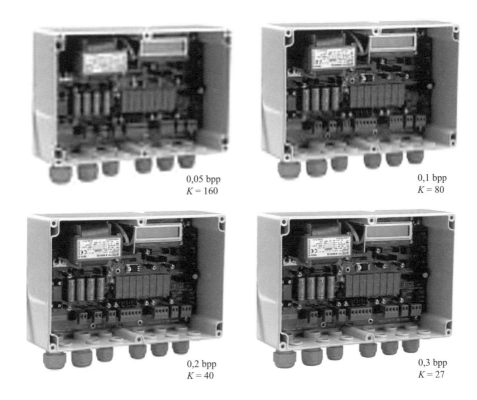

Bild 5.14: Skalierte Dekompression eines JPEG2000-komprimierten Bildes

Wavelet-basierte Hardware-Codecs wie der ADV611 definieren zugleich noch einen de facto Videokompressionsstandard, wie dies für JPEG z. B. der ZR36060 von Zoran ebenfalls tut. Z. B. komprimiert der ADV611 BT.601/656-Video als Folge separater Halbbilder. In den Bitstrom wird hier auch die Paritätsinformation, die bei der Dekompression in BT.601/656-Datenströme wieder benötigt wird, eingebettet. Weiterhin definiert der ADV611 ein eigenes System an Markern als Analogie zu den JPEG-Markern des Abschnitts 5.2.1.7, die den Aufbau des Wavelet-Bitstromes beschreiben. Ähnlich wie bei JPEG auch werden die Y-, C_B- und C_R-Komponente der BT.601-Datenströme individuell dem Kompressionsverfahren unterworfen. Das Blockschaltbild einer auf einem Wavelet-Codec wie dem ADV611 basierenden Kompressionskarte ist analog zu dem für einen entsprechenden JPEG-Codec aus Bild 5.8.

Die DCT ist neben JPEG auch eine der Grundlagen der verschiedenen MPEG- und H26x-Standards. Diese sind wiederum die wichtigsten Videokompressionsverfahren für den Multimedia-Massenmarkt. Wegen der damit verbundenen großen Verbreitung, ist in näherer Zukunft kein Einsatz eines Wavelet-basierten Standards in diesem Umfeld zu erwarten. Wavelet-basierte Bewegtbild-Kompressionsverfahren befinden sich noch in einer experimentellen Phase [AKSA01], so dass auch im CCTV-Umfeld, trotz aller Vorteile, nur proprietäre Lösungen, mit geringem Verbreitungsgrad zum Einsatz kommen werden.

5.2.4 JPEG2000

Der JPEG2000-Standard wurde im Jahre 2001 unter der Bezeichnung ISO/IEC 15444 verabschiedet. Wichtige Ziele dieses Standardisierungsprozesses waren

- die Flexibilisierung des bisherigen JPEG-Standards in Bezug auf Internet-Anwendungen;
- die Definition flexibler Charakteristiken für die Anwendung des Standards auf Bildvorlagen mit unterschiedlichen Eigenschaften, wie z. B. natürliche, wissenschaftliche und medizinische Bilder oder Grafiken;
- die Aufhebung von Grenzen des JPEG-Standards z. B. bezüglich der maximalen Bildgröße;
- die Berücksichtigung verschiedener Nutzungsumgebungen für den Zugriff auf komprimiertes Bildmaterial wie z. B. Datenbankarchivierungen oder Echtzeitübertragungen;
- die Erhöhung des Kompressionsfaktors bei gleicher Qualität im Vergleich zum hergebrachten JPEG-Standard;
- die Möglichkeit einer progressiven bzw. skalierbaren Übertragung der Bilder mit verschiedenen Stufen der Qualität bzw. der örtlichen Auflösung ausgehend von der gleichen komprimierten Vorlage und
- die Robustheit in Bezug auf Bitfehler bei gestörten Übertragungen.

Als grundsätzlicher Unterschied zum JPEG-Standard verwendet JPEG2000 nicht die DCT. Es wird die im vorhergehenden Abschnitt diskutierte Wavelet-Transformation DWT für die Umwandlung der Bilder in eine Frequenzdarstellung verwendet. Die Transformation liefert, wie bei JPEG, Daten mit Charakteristiken, welche die Kompression entsprechend den Eigenschaften des menschlichen Wahrnehmungssystems überhaupt erst ermöglichen. Außerdem erlaubt das erzeugte Datenmaterial schon auf natürliche Weise einen qualitätsmäßig skalierbaren Zugriff auf die Bilder und damit z. B. die Anpassung auf die Bandbreiten des Übertragungskanals ohne Transcodierung.

Der Verfahrensschritt Entropie-Encodierung ist bei JPEG2000 erheblich komplexer als das vergleichsweise einfache Huffman-Verfahren der Zick-Zack-ausgelesenen DCT-Koeffizienten (Abschnitt 5.2.1.6), welches für JPEG eingesetzt wird. In [TAUB02] und [STRU02] wird der Ablauf dieser Stufe detailliert beschrieben.

Vorteil der Anwendung von JPEG2000 im Gegensatz zu den proprietären Wavelet-Verfahren des vorhergehenden Abschnitts ist die Standardisierung. Prozessparameter und Verfahrenskennwerte sind genormt, womit die einfachere Möglichkeit des Austausches von Bildmaterial über Systemgrenzen hinweg gegeben ist.

Interessant für eine Anwendung im CCTV-Bereich ist ebenfalls das ROI (Region of Interest) genannte Feature des JPEG2000-Standards. Dies erlaubt die Definition von Bildbereichen, die mit höherer Qualität als die Umgebung komprimiert werden. So könnte z. B. die Umgebung einer Eingangstür eine bessere Qualität liefern als andere, oft statische Teile der Bilder einer überwachten Szene.

Obwohl JPEG2000 auch für den CCTV-Einsatz eine ganze Reihe interessanter neuer Möglichkeiten bietet, kommt das Verfahren bisher kaum nicht zum Einsatz. Das liegt natürlich daran, dass der Standard selbst noch nicht sehr alt ist, zum anderen ist der Anspruch an die Rechenleistung eines Codecs speziell bei der Kompression erheblich höher als bei JPEG. Entsprechende kostengünstige und leistungsfähige Hardware-Codecs, die im CCTV-Bereich einsetzbar sind, existieren bislang nicht, auch wenn das meist bei entsprechend großem Markt nur eine Frage der Zeit ist. Im Gegensatz dazu haben proprietäre Wavelet-basierte Verfahren allein schon dadurch eine gewisse Verbreitung gefunden, dass entsprechende Hardware-Codecs, wie der ADV611 von Analog Devices, verfügbar sind.

Übersichten zum JPEG2000-Standard oder auch zu Wavelet-Verfahren im Allgemeinen können, neben dem Standard [BOIL00] selbst, z. B. in [CHRI00] und [TAUB02] gefunden werden.

5.2.5 MPEG-1

Motion Pictures Experts Group (MPEG) ist der Name einer Gruppe von Experten, die Standards für die Kompression digitaler Multimediadatendatenströme entwickelt. MPEG-1 ist der erste hier entwickelte Standard für die Audio- und Videokompression. Das Verfahren wurde im Jahre 1993 eingeführt. Die vollständige Bezeichnung lautet ISO/IEC[13] 11172. Ziel dieses Abschnittes ist die Herausarbeitung wesentlicher Verfahrensschritte und Eigenschaften und deren Konsequenzen für die Nutzung von MPEG-1 bzw. MPEG im Allgemeinen für den Einsatz im CCTV-Bereich. Da die grundlegenden Verfahrensschritte von MPEG-1, mit Verbesserungen, auch in den Standards MPEG-2 bzw. MPEG-4 zum Einsatz kommen, sollen diese hier, ohne Anspruch auf Vollständigkeit, etwas näher beleuchtet werden, obwohl MPEG-1 für den CCTV-Einsatz gegenwärtig schon als veraltet angesehen werden kann. Weitergehende Übersichten zum MPEG-Standard und seinen Unterstandards wie z. B. der Audiokompression können [SYME01] entnommen werden.

MPEG-1 gehört, wie die anderen im Folgenden erläuterten Kompressionsverfahren, zur Klasse der eigentlichen Bewegtbildverfahren, da hier zeitliche Redundanzen, also die Abhängigkeit der Bilder einer Bildfolge untereinander, genutzt werden, um den Kompressionsfaktor zu erhöhen. Wie M-JPEG auch, ist MPEG-1 ein verlustbehaftetes Verfahren, da bei der Kompression ein Informationsverlust eintritt, der mit wachsendem Kompressionsfaktor ebenfalls ansteigt. Es gibt eine Reihe von Gemeinsamkeiten des JPEG-Verfahrens mit den MPEG-Verfahren. So wird z. B. die in Abschnitt 5.2.1.7 erläuterte DCT in gleicher Weise eingesetzt, um örtliche Irrelevanzen innerhalb der einzelnen Bilder eines Videodatenstromes zu detektieren und zu entfernen. Es gibt eine Quantisierung der DCT-Koeffizienten und ebenfalls eine Entropie-Kodierung. Wesentlicher Unterschied sind die Algorithmen zur Detektion und Entfernung zeitlicher Redundanzen im Bilddatenstrom. Dafür wird die so genannte differentielle Pulskodemodulation mit Bewegungskompensation (DPCM) eingesetzt. Bei der Beseitigung örtlicher Irrelevanzen in einem Bild spricht man von Intra-Frame-Kompression. Die Inter-Frame-Kompression beschreibt demgegenüber die Kompression durch Ausnutzung der zeitlichen Abhängigkeiten der Bilder einer Videosequenz.

Im Gegensatz zu JPEG ist MPEG stärker an das Format standardisierter digitaler Videodatenströme gebunden, wie sie z. B. durch die Norm BT.601 festgelegt sind. Dies beschränkt z. B. die Zahl der erlaubten Auflösungsstufen der Bilder. Der JPEG-Standard kennt diese Bindung nicht, da allgemeine Bildvorlagen das Ziel der Spezifikation waren und nicht die in Auflösung, Farbkomponenten und Abtastmethoden mehr oder weniger fest vorgegebenen digitalen Videoformate.

MPEG-1 definiert den Aufbau des komprimierten Bitdatenstromes und damit implizit auch die Struktur des Dekompressors, der diesen Bitstrom analysieren muss, um die einzelnen Mediendatenströme wieder als separierte, dekomprimierte Datenströme zur Verfügung stellen zu kön-

---

13 Diese ISO/IEC-Norm besteht aus einer Reihe von Unterstandards. Der Teil, der sich mit Video befasst, hat die Bezeichnung ISO/IEC 11172-2. Die Norm enthält weiterhin Teilstandards zur Audiokompression (11172-3) und zum Aufbau von normkonformen Multiplex-Datenströmen, die so genannte System-Ebene (11172-1), die sowohl aus Audio- als auch Videodaten bestehen. Audio bekommt zwar auch zunehmend Bedeutung im CCTV-Umfeld. Im Rahmen dieses Buches soll jedoch der Videoanteil den Schwerpunkt bilden. Aus Gründen der Einfachheit soll der Begriff MPEG und der zugehörige ISO/IEC Standard als Synonym für das Videokompressionsverfahren gesehen werden. Wenn auf andere Teilstandards Bezug genommen werden muss, wird entsprechend darauf hingewiesen.

nen. Welche Algorithmen der Kompressor verwendet, um einen MPEG-1-kompatiblen Bitstrom zu erzeugen, wird vom Standard nicht vorgeschrieben. Dies eröffnet die Möglichkeit der Entwicklung hoch optimierter Methoden, z. B. für die Beschleunigung der DCT, der Entropie-Kodierung und ganz speziell der sehr aufwändigen so genannten Bewegungskompensation für das Entfernen zeitlicher Redundanzen. Diese Algorithmen sind teilweise streng gehütete Geheimnisse der verschiedenen Codec-Hersteller. Die einzige Bedingung, die der Encoder erfüllen muss, besteht darin, dass er einen normgerechten Bitstrom liefern muss.

MPEG ist im Gegensatz zu JPEG ein so genanntes unsymmetrisches Kompressionsverfahren. Der Rechenaufwand, der zur Kompression betrieben wird, ist um ein Vielfaches höher als der Aufwand für die Dekompression. Ein Unsymmetrieverhältnis von 150 bedeutet z. B., dass für die Kompression von einer Minute Video 150 Minuten Rechenzeit benötigt werden. Aufwändigere Algorithmen im Kompressor führen zu einem höheren Wirkungsgrad der Kompression. Derartige Algorithmen erfordern aber im Allgemeinen auch einen höheren Hardware-Aufwand oder eine längere Rechenzeit. Wenn die optimale Kompression eines Kinofilmes für den Vertrieb auf Video-CDs das Ziel ist, spielt der Faktor Rechenzeit eine untergeordnete Rolle. Anders ist es im CCTV-Bereich, wo meist in Echtzeit komprimiert werden muss. Dies erreicht man nur durch Einsatz teurer Hardware oder durch Kompromisse bezüglich des Wirkungsgrades des Verfahrens in Bezug auf Qualität oder Kompressionsfaktor. Da das Auge bei Störungen in bewegten Szenen automatisch glättet, werden Qualitätsunterschiede oft erst richtig sichtbar, wenn man direkt auf das Einzelbild zugreifen muss, wie es z. B. zu Beweiszwecken in CCTV-Anlagen häufig notwendig ist. Ergebnis ist, dass die Aussage, ein digitales CCTV-System würde MPEG-basiert arbeiten, nicht unbedingt einen höheren Kompressionsfaktor bei vergleichbarer Qualität gegenüber Einzelbildverfahren wie JPEG oder Wavelet bedeutet. Es gibt Einsatzvarianten, die nur Intra-kodierte Bilder (I-Frames) liefern. Dies entspricht praktisch einer JPEG-Kompression. Andere Implementationen verzichten auf die Bewegungskompensation und setzen nur die DPCM für die Reduktion zeitlicher Redundanzen ein. Alle diese Varianten sind im Standard erlaubt, was es dem Anwender sehr schwer macht, verschiedene Implementationen zu vergleichen[14]. Gleich welche Algorithmen ein MPEG-1 Kompressor allerdings verwendet, sein Ausgangs-Bitstrom muss dem durch die MPEG-1-Norm festgelegten Aufbau entsprechen.

5.2.5.1 Constrained Parameters Bitstream – MPEG-1-Verfahrensparameter

MPEG-1 wurde ursprünglich sehr flexibel bezüglich eines weiten Bereiches von Parametern der verarbeiteten digitalen Bilddatenströme definiert. Obwohl die Spezifikation horizontale und vertikale Auflösungen von weit mehr als 720x576 Bildelementen prinzipiell zulässt, womit z. B. auch der Auflösungsbereich von BT.601 abgedeckt wäre, kommen praktisch nur Codecs zum Einsatz, die das eingeschränkte so genannte Constrained Parameters Bitstream (CPB) Profil beherrschen. Dies beschreibt im Wesentlichen eine Folge von Vollbildern mit CIF-Auflösung und Bildraten entsprechend der Videonormen PAL bzw. NTSC. Diese Begrenzung der Freiheitsgrade des ursprünglichen Standards wurde wegen der unzureichenden Leistungsfähigkeit der zum Zeitpunkt der Entwicklung verfügbaren Hardware-Codecs vorgenommen. Außerdem war es eine der ursprünglichen Zielrichtungen des Standards, komprimierte Videodatenströme in VHS-Qualität mit einer Bitrate von etwa 1,5 MBit /s für die Speicherung auf Video-CDs zu erzeugen. CPB wurde dementsprechend definiert. Die davon aus-

---

14 Die Situation ähnelt mittlerweile der technischen Scharlatanerie, die beim Vergleich von Audioverstärkern über ihre Spitzenleistung betrieben wird. Spitzen- und technisch ehrliche Sinusdauertonleistung weichen um Größenordnungen voneinander ab. Für die Videokompression übersetzt, heißt dies, dass ein Verfahren, welches unter exotischen Rahmenbedingungen eine sehr hohe Kompression bei gleichzeitig hoher Qualität erreicht, unter leicht geänderten Einsatzbedingungen erheblich schlechtere Ergebnisse liefert oder gar kläglich versagen kann.

gehend im Laufe der Zeit entwickelte Soft- und Hardware-technische Basis zementierte diese Grenzen, so dass heute der Begriff MPEG-1 als Synonym für CIF-Auflösungen betrachtet werden kann.

MPEG-1 ist nicht in der Lage, zeilensprungbehaftetes digitales Video (z. B. BT.601) direkt zu verarbeiten. Der Standard ist auf Vollbilder bzw. progressive Abtastung festgelegt. Deshalb müssen bei einem MPEG-1-Codec zunächst die von den VADCs kommenden Halbbilddatenströme mittels Zwischenspeicherung zu Vollbildern zusammengesetzt werden, wie Bild 5.15 zeigt.

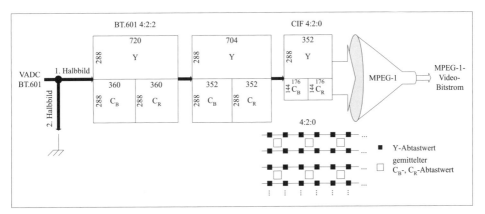

Bild 5.15: *Prinzip der Umwandlung von BT.601 Datenströmen für die MPEG-1-Kompression*

Das BT.601-Bild wird auf 704 horizontale Bildelemente der Helligkeitskomponente Y und 352 Bildelemente der C_B- bzw. C_R-Komponenten begrenzt. Danach erfolgt die Umwandlung in die niedrigere CIF-Auflösung. Dies wird meist auf einfachste Weise dadurch erreicht, dass jeweils entweder die Halbbilder gerader oder ungerader Parität weggelassen werden, womit schon die vertikale CIF-Auflösung erreicht ist. In horizontaler Richtung werden ebenfalls einfach die entsprechenden nicht mehr benötigten Abtastwerte der drei Bildkomponenten weggelassen oder als Mittelwerte berechnet. Bei einer eventuell notwendigen Rückwandlung in BT.601-Video mit anschließender Digital-Analog-Wandlung, z. B. für Ausgabe auf Analogmonitoren in Wachzentralen, werden die fehlenden Bildelemente durch einfaches Verdoppeln oder Interpolation hinzugefügt, was natürlich die einmal verlorene Information nicht wiederbringt. Obwohl MPEG-1 durch die Auflösungsreduktion Bilddaten „vernichtet", entspricht die erzeugte Qualität immer noch den Anforderungen an VHS-Video. Die vertikale Auflösung wird halbiert. Wie viel Information in horizontaler Richtung wirklich verloren geht, hängt von der Qualität der eingesetzten CCTV-Kameras, der Dämpfung des analogen Übertragungspfades und damit der Videobandbreite ab.

Im Gegensatz zu BT.601 nutzt MPEG auch ein anderes Verfahren der Farbunterabtastung, die in Abschnitt 4.2.3 erläutert wurde. Es kommt das so genannte 4:2:0-Schema aus Bild 4.15 zum Einsatz. Dieses legt fest, wie die Abtastwerte der drei Bildkomponenten Y, C_B und C_R dem MPEG-Algorithmus zugeführt werden müssen. Dieses Schema reduziert die Anzahl der C_B- und C_R-Abtastwerte gleichartig in horizontaler und vertikaler Richtung, was an sich schon wieder eine weitere Kompression mit sich bringt. Warum sollte das Auge auch in horizontaler Richtung farbunempfindlicher sein als in vertikaler Richtung? Das 4:2:0-Schema ist selbst noch einmal eine Gruppe von Schemata. Diese unterscheiden sich je nachdem, ob digitale Quelldaten als Zeilensprung- oder Progressive-Scan-Daten vorliegen. Dies spielt aber für MPEG-1 keine Rolle, da keine Zeilensprungdaten verarbeitet werden müssen. Die vom

5 Videokompression

VADC nach dem 4:2:2-Schema der BT.601-Norm gelieferten Videodaten müssen neben der Umwandlung in das CIF-Format also auch noch in das 4:2:0-Format gewandelt werden. Erst nach den beschriebenen, aufwändigen Umstrukturierungen der digitalen BT.601-Eingangsdatenströme kann der eigentliche MPEG-1-Algorithmus mit seiner Arbeit beginnen.

Welchen Kompressionsfaktor liefert nach CPB komprimiertes MPEG-1 nun? BT.601-Video hat gemäss Tabelle 4.2 für PAL eine Datenrate $r_{BT.601}$ von $165{,}888 \cdot 10^6$ Bit/s. Der MPEG-1-Standard ist für eine Hauptanwendungs-Bitrate von etwa 1,5 MBit/s optimiert. Damit würde bezüglich des BT.601-Datenvolumens ein K von insgesamt etwa 110 erreicht. Werte in dieser Größenordnung findet man in der Literatur oft, um den Vorteil gegenüber z. B. Einzelbildverfahren herauszustellen. Welchen Anteil an diesem hohen Kompressionsfaktor hat aber dabei das eigentliche MPEG-1-Verfahren wirklich? Die Reduktion auf das CIF-Format liefert nach Gl. (5.4) eine Datenrate r_{CIF} von:

$$r_{CIF} = 25 \cdot 8 \cdot (352 \cdot 288 + 2 \cdot 176 \cdot 144) = 30{,}4128 \cdot 10^6 \qquad (5.4)$$

Allein durch die Umsetzung von BT.601 in das CIF-Format erfolgt damit nach Gl. (5.5) eine Kompression mit einem Kompressionsfaktor K von:

$$K = r_{BT.601} / r_{CIF} = 5{,}454 \qquad (5.5)$$

Bezüglich des in Auflösung und Qualität reduzierten CIF-Formates erreicht damit der eigentliche MPEG-1-Kompressionsalgorithmus ein K von etwas ernüchternden 20.

Ein wichtiger Begriff, der mit MPEG-1 eingeführt wurde, ist der des Makroblocks. Dieser besteht aus einem Block von 16x16 Y-Bildelementen und je einem Block aus 8x8 C_B- bzw. C_R-Bildelementen, also insgesamt aus sechs 8x8-Blöcken mit Abtastwerten der Komponenten nach dem 4:2:0-Schema. Die Makroblöcke finden bei Detektion zeitlicher Redundanzen benachbarter Bilder ihre Anwendung, während die 8x8-Blöcke für die DCT benötigt werden. Das bereits erwähnte CPB-Profil legt eine maximale Rate an Makroblökken von 9.900 pro Sekunde fest. Damit kann die Bitrate r_{CIF} nach Gl. (5.6) alternativ auch folgendermaßen berechnet werden:

$$r_{CIF} = 9900 \cdot 8 \cdot (16 \cdot 16 + 2 \cdot 8 \cdot 8) = 30{,}4128 \cdot 10^6 \qquad (5.6)$$

Tabelle 5.3 fasst noch einmal einige wichtige Kenngrößen von MPEG-1 im Praxiseinsatz zusammen.

Tabelle 5.3: *Wichtige Verfahrensparameter der MPEG-1-Norm nach CPB*

	PAL	NTSC	Bemerkung
Abtastverfahren	4:2:0		Halbierung der Anzahl der Abtastwerte sowohl horizontal als auch vertikal
Komponenten	Y, C_B, C_R		
Abtastauflösung der Komponenten	8-Bit		
Bildrate [s^{-1}]	25	29,97	
Y-Auflösung	352x288	352x240	CIF-Auflösung nach CPB-Profil
C_B-, C_R-Auflösung	176x144	176x120	
Makroblöcke pro Bild	396	330	PAL: 352 / 16 + 288 / 16
Makroblockrate [s^{-1}]	9.900		PAL: 25·396
Bildtyp	Vollbilder		MPEG-1 kennt keinen Zeilensprungmodus
Bitrate [MBit / s]	<1,86		Ziel-Bitrate für MPEG-1-komprimiertes Video, VHS-Qualität für Video-CDs

5.2.5.2 Aufbau von MPEG-Bildfolgen

Mit dem MPEG-Verfahren wurden drei Bildtypen eingeführt, die im komprimierten Datenstrom enthalten sein können. Dies sind:
- Intra-Bilder (I-Frames). Diese Bilder sind selbst enthaltend, d. h. sie werden ohne Bezug zu vorhergehenden oder folgenden Bildern kodiert bzw. dekodiert. Sie entsprechen einem JPEG-komprimierten Bild.
- einfach vorhergesagte – predicted – Bilder (P-Frames). Diese Bilder kodieren die bewegungskompensierte Differenz zu einem vorhergehenden I- oder P-Bild. Dieses Referenzbild wird bei der Dekompression benötigt.
- bidirektional vorhergesagte – bidirectional predicted – Bilder (B-Frames). Diese Bilder werden durch Bezug auf das vorhergehende I- oder P-Bild und das nachfolgende I- oder P-Bild berechnet. Beide Referenzbilder werden bei der Dekompression benötigt.

Bild 5.16 zeigt an einem Beispiel, wie eine MPEG-1 Bildfolge, die alle drei Bildtypen enthält, aufgebaut sein könnte. Weiterhin wird ein Beispiel einer aus einer realen MPEG-1-Vorlage gewonnenen Sequenz dieser Bilder gezeigt, um einen Eindruck zu den Größenverhältnissen dieser drei Bildtypen zu vermitteln.

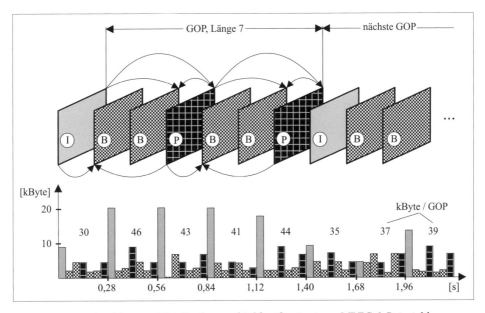

Bild 5.16: *MPEG-Bildtypen, GOP-Struktur und Bildgrößen in einem MPEG-1-Beispieldatenstrom*

Die MPEG-Normen legen nicht fest, welche der drei Bildtypen mit welcher Häufigkeit im Datenstrom enthalten sein müssen. Der Kompressor kann sowohl reine I-Bildfolgen als auch Folgen, die nur I- und P-Bilder enthalten, liefern. Der Dekompressor muss in der Lage sein, diese unterschiedlichen Folgen zu behandeln. Reine I-Bildfolgen entsprechen in ihrer Kompression dem Wirkungsgrad, der mit M-JPEG auch erreicht wird. Sie bieten, ähnlich wie M-JPEG, die Möglichkeit, einfach auf Einzelbilder zugreifen zu können. Sind P- oder B-Bilder in der Sequenz enthalten, steigt zwar der Kompressionsfaktor, die Flexibilität des Zugriffes auf die Bilder sinkt aber, weil zur Dekompression von P- oder B-Bildern auf vorhergehende oder auch folgende Bilder der Sequenz zugegriffen werden muss. Bei P-Bildern erhöht das nur den Dekompressionsaufwand, da das zugehörige Referenz-I- oder -P-Bild zwischengespeichert wer-

5 Videokompression

den muss. Die Anwendung von B-Bildern hat negative Konsequenzen für die Latenzzeiten bzw. das Echtzeitverhalten des CCTV-Systems. Da für die Kompression dieser Bilder Referenzbilder benötigt werden, die erst in der Zukunft erzeugt werden, müssen entsprechende Wartezeiten eingefügt werden.

Eine zyklisch wiederkehrende Sequenz von I-, P- und B-Bildern wird beim MPEG-Verfahren als GOP (Group of Pictures) bezeichnet. Eine GOP enthält immer ein I-Bild. Bild 5.16 zeigt eine GOP mit dem Aufbau IBBPBBP[15]. Ein MPEG-Datenstrom besteht aus einer Folge dieser GOPs. Alle Bilder innerhalb einer GOP wurden mit dem gleichen Parameterprofil komprimiert. Während der Lebensdauer des Datenstromes kann sich der Aufbau der GOPs ändern. Der MPEG-Standard legt die Struktur der GOP nicht fest. Prinzipiell kann der Abstand zweier I-Stützbilder beliebig sein. Bei größeren Abständen wächst aber die Ungenauigkeit der bewegungskompensierten DPCM, was die Länge der GOP praktisch auf ein Maximum von etwa 0,5 s beschränkt. Die GOP im Bild 5.16 hat eine Länge von 7. Da MPEG-1 vollbildbasiert arbeitet, ergibt sich im Beispiel eine Zeitdauer von 0,28 s pro GOP bei einem Abstand der Vollbilder von 40 ms.

Bild 5.16 zeigt ebenfalls eine so genannte geschlossene GOP (englisch Closed-GOP). Die Besonderheit ist, dass die enthaltenen P- und B-Bilder keine Referenzen auf Bilder außerhalb der GOP haben. Das Gegenteil ist eine offene GOP, wie sie Bild 5.17 zeigt.

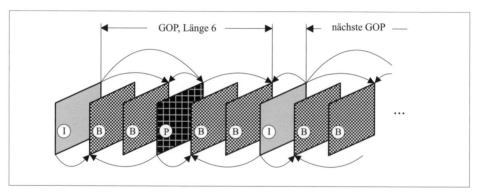

Bild 5.17: Offene GOP mit GOP-übergreifenden Referenzen

Geschlossene GOPs sind bei der Wiedergabe einfacher zu behandeln als offene GOPs. Da nicht auf Bilder folgender oder vorhergehender GOPs zugegriffen werden muss, wird die Dekompression vereinfacht. Außerdem sinkt die Latenzzeit der Dekompression, da für die Dekodierung von B-Bildern nicht auch noch auf die Verfügbarkeit der folgenden GOP gewartet werden muss. Die Verwaltung geschlossener GOPs in Videodatenbanken digitaler DVRs ist ebenfalls erheblich einfacher. Deshalb sollte ein digitales CCTV-System zumindest umschaltbar diese Möglichkeit für seine MPEG-Kanäle bereitstellen. Dies ist durchaus nicht immer der Fall, wenn solche Systeme auf MPEG-ICs aus dem Multimediabereich zurückgreifen. Hier sind die für den CCTV-Einsatz wichtigen Möglichkeiten des MPEG-Standards wie geschlossene GOPs oder die Umschaltbarkeit der GOP-Struktur oft nicht berücksichtigt, weil der Anwendungsfall Multimedia diese nicht benötigt. Damit spiegeln sich die für den CCTV-Einsatz teilweise negativen Eigenschaften der verwendeten Hardware-Codec-Basis im Gesamtdurchsatz dieser digitalen CCTV-Systeme ebenfalls negativ wider.

---

15 Dies ist die natürliche Reihenfolge der Bilder entsprechend dem Ausgangsdatenstrom. Die Transportreihenfolge von MPEG ist aus Gründen der Optimierung der Dekompression eine andere.

5.2.5.3 Bewegungskompensierte DPCM

Neben der schon vom JPEG-Verfahren bekannten Intra-Bild-Kompression ist die bewegungskompensierte DPCM der Kernalgorithmus des MPEG-Verfahrens, um hohe Kompressionsfaktoren durch Ausnutzung zeitlicher Abhängigkeiten der Bilder einer Videosequenz zu erreichen. Einfache Implementationen von MPEG verzichten auf die Bewegungskompensation und nutzen nur die DPCM, um zeitliche Redundanzen zu entfernen. Bezugsgröße der DPCM sind die Referenz- oder Stützbilder, die in regelmäßigen Abständen im JPEG-Bildstrom erscheinen. Sowohl I- als auch P-Bilder können als Referenzbilder dienen. Die DPCM ermittelt in den zu kodierenden Bildern Anteile, die sich gegenüber den Referenzbildern nicht oder nur geringfügig verändert haben, wie Bild 5.18 zeigt. In dieser einfachen Vorlage kann der größte Teil des zu kodierenden Bildes durch direkten Bezug auf Blöcke an gleicher Position im Referenzbild vom Decoder rekonstruiert werden. Lediglich der Anteil, der sich durch die Bewegung des angedeuteten Balls verändert, muss auf herkömmliche Art wie bei I-Bildern intrakodiert werden.

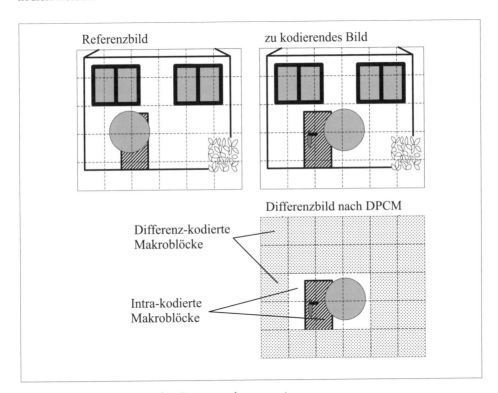

Bild 5.18: Einfache DPCM ohne Bewegungskompensation

Bei der DPCM wird makroblockweise die Differenz zwischen den Abtastwerten der Y-, C_B- und C_R-Komponente des aktuell zu komprimierenden Bildes und seinen Referenzbildern gebildet. Bei Bildblöcken, die sich nicht verändert haben, wird diese Differenz für alle Werte des Blocks Null sein. Diese Blöcke können vollständig aus dem Bilddatenstrom entfernt und durch einfache Markersymbole ersetzt werden, die dem Decoder mitteilen, welcher Block des Referenzbildes an dieser Stelle einzufügen ist. Rauschen und Beleuchtungsschwankungen führen aber in der Realität meist zu kleinen Differenzen. Diese Differenzblöcke werden wie beim JPEG-Verfahren kodiert. Eine entsprechend gewählte Quantisierung, die vor allem in der Umgebung des Nullpunktes grob ausfällt, sorgt dafür, dass trotz Rauschen bei entsprechend kleinen Änderungen praktisch alle Werte der Blöcke zu Null werden, was zu einer hohen Kompression führt. Makroblöcke des in Bearbeitung befindlichen Bildes, die nicht den Makroblöcken an gleicher Position des Referenzbildes entsprechen, werden wie Makroblöcke von I-Bildern kodiert. Man benötigt ein Fehlermaß, welches zur Entscheidung benutzt werden kann, ob ein Block des aktuellen Bildes identisch zu einem Block des Referenzbildes ist. Ein solches Maß ist z. B. der quadratische Fehler e in Gl. (5.7).

$$e = \sqrt{\sum_{i=1}^{384} (a_i - r_i)^2} \tag{5.7}$$

Die Werte a_i sind die Abtastwerte der Y-, C_B- und C_R-Komponente des aktuellen Bildes und die Werte r_i diejenigen des Referenzbildes. Ein Makroblock enthält 256 Y-Werte und je 64 C_B- bzw. C_R-Werte, so dass die Berechnung des Fehlermaßes insgesamt über 384 Werte erfolgt. Überschreitet der Fehler eine bestimmte Schwelle, so wird angenommen, dass die beiden untersuchten Blöcke einander nicht ähneln, mit der Konsequenz, dass eine normale Kompression wie in I-Bildern stattfindet. Bei der DPCM mit Bewegungskompensation spielen diese Fehlermaße eine entscheidende Rolle bei der Suche nach verschobenen Blöcken. Die einfache DPCM bürdet dem Kompressor eine vergleichsweise geringe zusätzliche Rechenlast auf. Das Verfahren ist noch als weitgehend symmetrisches Kompressionsverfahren zu sehen. Für viele praktische Fälle reicht der erzielbare Wirkungsgrad aus. Diese Kompression kann in Echtzeit durchaus auf gegenwärtig verfügbaren digitalen Signalprozessoren mit relativ geringen Kanalkosten, was für den CCTV-Einsatz ein wesentliches Kriterium ist, realisiert werden.

Leistungsfähigere Implementationen von MPEG können in gewissen Grenzen die Bewegung von Objekten oder gar der ganzen Szene kompensieren und die ähnlichen Bildanteile zwischen den Bildern auch dann ermitteln und effektiv komprimieren, wenn sie sich von Bild zu Bild verschieben. Diese Bewegungskompensation ist der rechenintensivste Anteil des MPEG-Verfahrens. Die Methoden, die hier zum Einsatz kommen, werden vom Standard nicht definiert. So gelten Verfahren, die gänzlich ohne Bewegungskompensation arbeiten, genauso als MPEG-Verfahren wie extrem aufwändige Methoden, die eine hundertfach größere Rechenzeit in diesen Verfahrensschritt investieren als z. B. in die DCT. Die MPEG-Standards legen lediglich fest, wie im MPEG-Datenstrom die Bezugnahme auf verschobene Blöcke zwischen einem kodierten Bild und seinen Referenzbildern durch so genannte Bewegungsvektoren erfolgt. Diese nutzt der Dekompressor, um diese Blöcke aus den Referenzbildern in das aktuell dekodierte Bild zu übernehmen. Die Ermittlung dieser Bewegungsvektoren ist ein rechenintensiver Vorgang und verantwortlich für die Unsymmetrie zwischen Kompressor und Dekompressor[16].

Wie findet nun der Algorithmus Blöcke, wie im Beispiel aus Bild 5.18, in den Referenzbildern, die zur Rekonstruktion von Blöcken in den Intra-kodierten P- und B-Bildern genutzt werden können? Was für Menschen einfach ist, die Erkennung von Ähnlichkeiten in Bildvorlagen, ist für den Computer ein extrem aufwändiger Vorgang.

---

[16] Die Bewegungskompensation wird auf Kompressions-Seite exakt als Bewegungsschätzung bezeichnet. Die Kompensation ist die Umkehroperation auf der Dekompressions-Seite.

Multimediakompressionsmethoden in CCTV-Systemen 5.2

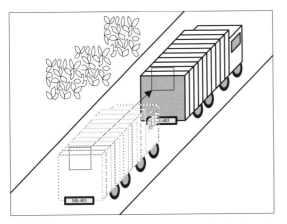 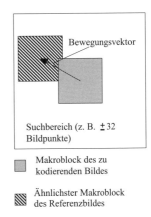

Bild 5.19: Suche nach dem optimalen Makroblock in einem Referenzbild

Es besteht die Aufgabe, für einen Makroblock des gerade zu kodierenden Bildes den optimal passenden Block in den Referenzbildern zu suchen. Eine erste Einschränkung ist schon, dass das Gegenstück nicht im gesamten Referenzbild, sondern in einem eingeschränkten Bereich, wie in Bild 5.19 dargestellt, gesucht wird. Damit könnte z. B. der weit entfernte Block im linken Beispiel von Bild 5.19 schon nicht gefunden werden. Wird kein passender Block gefunden, erfolgt eine Intra-Kodierung. Bei der erschöpfenden Suche werden alle denkbaren Blöcke des Suchbereiches mit Pixel oder gar Halb-Pixel-Abstand, wie bei MPEG-2, in horizontaler und vertikaler Richtung untersucht. Umfasst der Suchbereich beispielsweise 64x64 Bildelemente, so muss die gewaltige Zahl von $49^2 = 2.401$ Makroblöcken des Referenzbildes auf das Optimum analysiert werden. Für jeden Schritt wird die Differenzbildung, wie im Vorhergehenden für die einfache DPCM beschrieben, durchgeführt und von diesen Fehlerblöcken derjenige mit dem geringsten quadratischen Fehler nach Gl. (5.7) gesucht. Das ist schon für einen einzigen Block eine gewaltige Rechenaufgabe, umso mehr für die Gesamtzahl der Makroblöcke des zu kodierenden Bildes. Dabei ist die Methode selbst, wenn man Verfahrensdetails der Entscheidungsfindung des Kompressors zur Art der Blockkompression außer Acht lässt, eigentlich sehr einfach. Der horizontale und vertikale Offset des gefundenen Referenzblocks zum Block im zu kodierenden Bild wird als Bewegungsvektor bezeichnet. Unbewegte Blöcke haben Bewegungsvektoren von (0,0). Ist bei solchen Makroblöcken auch noch der Differenzfehler Null, so werden sie einfach durch ein Codewort ersetzt, das dies anzeigt. Der Dekompressor kopiert dann den identischen Block des Referenzbildes an die gleiche Position im aktuell dekomprimierten Bild. Die Menge der Bewegungsvektoren aller Makroblöcke eines Bildes wird als Bewegungsvektorfeld bezeichnet.

5.2.5.4 CCTV-Probleme mit den Latenzzeiten von MPEG

Durch die Abhängigkeiten der P- und B-Bilder des MPEG-Datenstromes von Referenzbildern entstehen Verzögerungen, so genannte Latenz- oder Totzeiten, zwischen der Realzeit der Szene und deren Wiedergabe. Problematisch sind dabei speziell die B-Bilder, die Referenzen auf Bilder in der Zukunft der Bildfolge enthalten können. Dies führt zu einem aufwändigen Puffern der Bildfolge und entsprechenden Wartezyklen.

Unter der Anzeigelatenzzeit $t_{Anzeige}$ eines digitalen Videosystems soll die Zeit verstanden werden, die vergeht, bis ein Bild einer in Realzeit ablaufenden Szene auf dem Monitor des Beobachters angezeigt wird. Auch analoge CCTV-Systeme haben eine derartige Latenzzeit. Diese liegt hier bei etwa 20 ms und wird nur von der zeitlichen Auflösung des PAL- oder NTSC-

5 Videokompression

Videorasters bestimmt. In digitalen Systemen und speziell in Systemen mit Bewegtbildkompression wie MPEG sind die Latenzzeiten je nach Auslegung des Systems erheblich größer. Das Beispiel aus Bild 5.20 liefert eine Latenzzeit von etwa 0,3 s, falls der Dekompressor die komplette GOP benötigt.

Dies führt bei entsprechendem Aufbau der GOP-Sequenzen zu spürbaren negativen Effekten, die beim MPEG-Einsatz im Multimediabereich keine praktische Rolle spielen. Z. B. lassen sich Schwenk/Neige- bzw. Domekameras nur noch schlecht steuern, da es zu einem großen zeitlichen Versatz zwischen Bilderzeugung und Bilddarstellung in der Wachzentrale kommt. Ergebnis sind Nachlaufeffekte der mechanischen Bewegung, die umso störender empfunden werden, je größer die durch den Aufbau der Bildsequenzen verursachten Latenzzeiten sind. Bild 5.20 verdeutlicht dieses Latenzzeitproblem bei der Anwendung fernsteuerbarer Kameras in digitalen CCTV-Systemen.

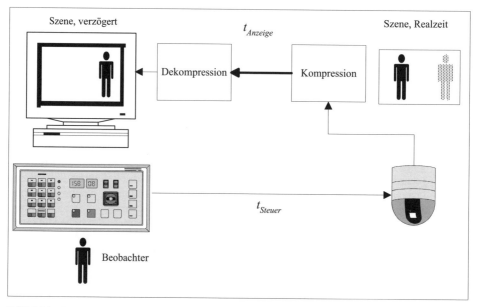

Bild 5.20: *Latenzzeit in digitalen CCTV-Systemen bei Telemetriesteuerung*

Der Bediener sieht die in Realzeit laufende Szene um die Latenz- oder Totzeit $t_{Anzeige}$ versetzt. Er trifft also seine Steuerentscheidungen auf Basis bereits veralteten Bildmaterials. Man stelle sich vor, dass man für die Steuerung eines Domes vorausschauend entscheiden muss, wo sich das beobachtete Objekt nach 0,5 s befinden wird. In der Praxis zeigt sich, dass Anzeigeverzögerungen bis zu etwa 0,1 s vom Bediener durch vorausschauende Bedienung automatisch ausgeglichen werden. Liegen die Zeiten darüber, so sind Telemetriekameras manuell, mittels der häufig eingesetzten Joysticks, kaum mehr bedienbar. Lediglich die Ansteuerung über vorprogrammierte Festpositionen ist dann noch sinnvoll nutzbar.

Die Latenzzeiten haben auch andere negative Auswirkungen in CCTV-Systemen, wie z. B. die Steuerung der automatischen Aufzeichnung von Alarmbildern auf Basis von verzögert gelieferten Vorschaumaterial. Eine andere typische Funktion eines CCTV-Systems ist das Aufnehmen von Schnappschussbildern, wenn der Bediener glaubt, eine kritische Szene dokumentieren zu müssen. Große Latenzzeiten stellen den Nutzeffekt solcher Funktionen in Frage.

Zur Anzeigelatenzzeit tragen die Netzwerkübertragungszeit, die Darstellungszeit im Computer-Monitor und die Kompressions- bzw. Dekompressionszeiten bei. Die beiden ersten Anteile sind stark von der Hardware-Umgebung wie z. B. der verfügbaren Netzwerkbandbreite abhängig. Der Kompressionsanteil ist prinzipbedingter Natur und liefert gerade bei MPEG-Systemen mit langen GOP-Strukturen den Löwenanteil. Die negativen Auswirkungen müssen über eine möglichst flexible Ausnutzung der Verfahrensfreiheitsgrade minimiert werden. MPEG bietet dafür folgende Ansätze:

- Verwendung der bereits in Abschnitt 5.2.5.2 erwähnten geschlossenen GOPs.
- Dynamische Umschaltung der GOP-Struktur in Abhängigkeit von Aktionen des Bedieners oder der Kritikalität des beobachteten Vorganges. Z. B. lässt es der Standard offen, die Bildfolge nur aus I-Bildern zusammen zu setzen. Damit erreicht man die niedrigsten Latenzzeiten, die das Verfahren zulässt, verliert aber stark an Kompressionswirkungsgrad.
- Optimierte Dekompression. Die Dekompression eines Bildes kann beginnen, sobald alle seine Referenzbilder vorhanden sind. Es muss nicht auf die Verfügbarkeit einer kompletten GOP gewartet werden.

Nicht jeder Hardware-Codec eines MPEG-Systems verfügt über diese für den CCTV-Betrieb wichtigen Freiheitsgrade, obwohl die MPEG-Standards diese prinzipiell bieten.

5.2.5.5 MPEG-1-Einsatz in CCTV-Systemen

Aus Sicht des heutigen Standes der Hard- und Software-Entwicklung und der Verfügbarkeit preisgünstiger MPEG-2-basierter Hardware-Codecs kann der MPEG-1-Standard, zumindest für den CCTV-Bereich, bereits als veraltet angesehen werden. Während noch vor wenigen Jahren MPEG-2-Echtzeit-Codecs[17] einen enormen Kostenfaktor bildeten, setzen sie sich gegenwärtig bereits im Multimedia-Massenmarkt durch. Obwohl digitale CCTV-Systeme meist eine Vielzahl von Videokanälen haben, sind die gegenwärtigen MPEG-2-Codecs bereits in einem so niedrigen Kostensegment angelangt, dass auch dieses Argument nicht mehr für den Einsatz von MPEG-1-Technologie spricht. Ein MPEG-2-Codec ist in der Lage, auch MPEG-1-kompatible Datenströme zu erzeugen, wenn er den so genannten MP@LL-Modus (siehe Tabelle 5.4) beherrscht. Die in MPEG-1 verwendeten Verfahren zur Video- und auch Audiokompression bilden jedoch auch beim MPEG-2-Standard die algorithmische Basis, weshalb sie im Vorhergehenden etwas näher durchleuchtet wurden, ohne hier Vollständigkeit erreichen zu können.

5.2.6 MPEG-2

5.2.6.1 Profile und Level

MPEG-2 ist der Nachfolger von MPEG-1. Der Standard wurde im Jahre 1995 eingeführt. Seine vollständige Bezeichnung lautet ISO/IEC 13818. Der MPEG-2-Standard umfasst mehrere Unterstandards, wobei, wie bei MPEG-1, der System-, der Video- und der Audio-Teil die wichtigsten sind. MPEG-1 hat vor allem im asiatischen Raum dadurch eine gewisse Verbreitung gefunden, dass das Verfahren Basis der Video-CD (VCD) ist. MPEG-2 ist *die* Kompressionsnorm des digitalen Fernsehstandards DVB (Digital Video Broadcast) und der derzeit rasant Verbreitung findenden DVD (Digital Versatile Disk). Allein dieser Verbreitungsgrad si-

---
[17] Welche Sprünge die Technik in den letzten Jahren in diesem Feld vollzogen hat, lässt sich z. B. aus der Tatsache ermessen, dass noch 1994 für eine MPEG-1-Kompression einer Stunde Filmmaterial je nach Anspruch an Qualität und Kompressionsfaktor zwischen 40 und 1.000(!) Stunden Rechenzeit eines Software-Kompressors benötigt wurden. Mittlerweile ist das erheblich leistungsfähigere MPEG-2 auch mit Software-Codecs unter Kompromissen in Bezug auf die Bewegungskompensation schon in Echtzeit berechenbar.

5 Videokompression

chert der Norm eine hohe Stabilität und langjährigen verlässlichen Bestand, ähnlich der PAL- oder NTSC-Norm, wobei hier allerdings die Verfahren zur Übertragung der MPEG-Daten ausgeklammert sind. Das ist auch für das Design digitaler CCTV-Systeme von hoher Bedeutung. M-JPEG und MPEG-2 basierte Systeme setzen die derzeit verbreitetsten Videokompressionsverfahren ein. Auch die Welt der Kompressionsverfahren wird von gewissen schnelllebigen Modeerscheinungen nicht verschont, so dass ein verlässlicher Bezugspunkt, wie diese beiden Verfahren, schon einen Wert an sich für ein CCTV-System darstellen kann.

MPEG-2 wurde mit dem Ziel entwickelt, eine Reihe von Beschränkungen von MPEG-1 aufzuheben und eine weitere Erhöhung des Kompressionswirkungsgrades zu erreichen. Dabei ist die algorithmische Basis des Kompressionsverfahrens, die DCT-basierte Intra-Bild-Kompression und die auf der bewegungskompensierten DPCM basierende Inter-Bild-Kompression, wenn man von Verfahrensdetails absieht, gleich geblieben. Hauptstoßrichtung des Standards war die volldigitale Übertragung und Speicherung von digitalem Fernsehen mit hoher Qualität bei Bitraten des komprimierten Datenstromes von 4 – 9 MBit/s. MPEG-2 unterscheidet sich von MPEG-1 vor allem durch folgende Merkmale:

- MPEG-2 kann neben der Vollbild- bzw. Progressive-Scan-basierten Kompression auch digitales Zeilensprung-Video – also BT.601 – direkt kodieren. Dies hat für CCTV große Bedeutung, da durch diese Eigenschaft die elektronischen Schaltungen der Hardware-Codecs erheblich einfacher und damit kostengünstiger als bei MPEG-1 werden, welches, wie im Abschnitt 5.3.5.1 ausgeführt, zunächst aufwändige Formatwandlungen der BT.601-Daten erfordert.

- Das Verfahren ist auf die Erzeugung von Datenströmen mit Bitraten zwischen 1,5 MBit/s und 100 MBit/s ausgerichtet. Die zugrunde liegenden unkomprimierten Daten können Bildauflösungen von SIF, wie MPEG-1, bis zu HDTV (High Definition Television) haben. In einzelnen kritischen Fällen, in denen die hohen Auflösungen von HDTV notwendig sind – z. B. bei der Bildinhaltsanalyse –, kann dieses Merkmal auch für die CCTV-Nutzung interessant sein. HDTV-Kameras werden bislang aus Kostengründen zwar kaum eingesetzt, mit zunehmender Digitalisierung sind hier aber Fortschritte zu erwarten.

- Es können bis zu fünf Audiokanäle in einem MPEG-2-Datenstrom komprimiert im Zeitmultiplex enthalten sein. Dies hat allerdings für den CCTV-Einsatz keine praktische Bedeutung. Die Nutzung eines – eventuell auch stereo – Audiokanals, mit den bei MPEG-2 möglichen hohen Audiokompressionsraten, ist jedoch auch für das CCTV-Umfeld interessant.

- Der MPEG-2-Datenstrom kann ausgehend von einem vorliegenden komprimierten Originaldatenstrom mit verschiedenen Bitraten übertragen und dekomprimiert werden. Dies kann mittels örtlicher, zeitlicher oder qualitativer Skalierung erreicht werden. Örtliche Skalierbarkeit bedeutet, dass MPEG-2-kodierte Videodatenströme mit unterschiedlichen Bildauflösungen übertragen werden können. Zeitliche Skalierbarkeit bedeutet, dass ein MPEG-2-Datenstrom mit unterschiedlichen Bildraten übertragen und angezeigt werden kann. Die qualitative Skalierung liefert variable Bildqualität bei konstanter Bildrate und Auflösung. Für CCTV-Systeme, in denen Bilder über heterogene Netzwerke hinweg übertragen werden sollen, ist diese Eigenschaft von großer Bedeutung. MPEG-2 hat damit prinzipiell ähnliche Skalierungseigenschaften, wie das im Abschnitt 5.2.3 für das Wavelet-Verfahren beschrieben wurde. Allerdings implementiert bei weitem nicht jeder Codec diese Möglichkeit, da das Merkmal Skalierbarkeit seinen Preis in einem komplexeren Aufbau des MPEG-2-Datenstromes und einer Verringerung des Kompressionsfaktors durch die umfangreiche notwendige Steuerinformation hat.

Da die MPEG-2-Norm über eine extreme Vielfalt an Freiheitsgraden verfügt, werden MPEG-2-Codecs im Allgemeinen für einen bestimmten Einsatzfall entwickelt. Diese Einsatzszenarien definiert der MPEG-2-Standard mittels der Begriffe Profil und Level. Ein Codec kann ein oder mehrere Profile und einen oder mehrere Level unterstützen. Welche Profile und Level konkret unterstützt werden, wird über kryptische Abkürzungen, wie MP@ML, angegeben. Diese Schreibweise ist wieder ein Beispiel von Abkürzungen aus dem digitalen Videobereich, wie z. B. 4:2:0, die findigen Geistern viel Spielraum zur Interpretation bieten. Z. B. handelt es sich grundsätzlich nicht um die Email-Adresse des MPEG-Gremiums – so entstehen Legenden.

MP@ML bedeutet Main Profile at Main Level, was ausdrückt, dass ein Codec zur Erzeugung und Dekompression von Datenströmen eingesetzt werden kann, die von diesem Szenario definiert sind. Level beschreiben die Bildauflösungen und Bitraten des MPEG-2-Datenstromes und Profile die eingesetzten Kodiermethoden, den Farbraum, das Farbtastverfahren oder ob der Datenstrom die Eigenschaft der Skalierbarkeit hat. Tabelle 5.4 aus [JACK01] gibt eine Übersicht über die existierenden Level und Profile und deren zulässige Kombinationsmöglichkeiten. Die gegenwärtig in CCTV-Anwendungen zu findenden Kombinationen werden grau hervorgehoben. Tabelle 5.5 zeigt wesentliche Parameter der Profil- und Levelkombinationen für den CCTV-Einsatz.

Tabelle 5.4: Profile und Level von MPEG-2 für die CCTV-Nutzung

Level	Profile						
	nicht skalierbare Profile				skalierbare Profile		
	Simple	Main	Multiview	4:2:2	SNR	Spatial	High
High	–	+	–	+	–	–	+
High 1440	–	+	–	–	–	+	+
Main	+	+	+	+	+	–	+
Low	–	+	–	–	+	–	–

5.2.6.2 MPEG-2 im CCTV-Einsatz

Wird MPEG-2 in CCTV-Systemen eingesetzt, findet man die drei Profil/Level-Kombinationen:

- MP@ML (Main Profile at Main Level)

Dies entspricht einem MPEG-komprimierten PAL- oder NTSC-BT.601-Datenstrom in voller Videoauflösung. Der Codec ist in der Lage, auch mit B-Bildern umzugehen. Bewegungskompensation kann, muss aber nicht, verwendet werden.

- SP@ML (Simple Profile at Main Level)

Ist bis auf die Verwendung von B-Bildern gleich MP@ML. Der Verzicht auf B-Bilder führt zu einer geringeren Anzeigelatenzzeit und damit zu einem verbesserten Echtzeitverhalten des CCTV-Systems. Gegebenenfalls kann in diesem Szenario auch auf P-Bilder verzichtet werden, wodurch es praktisch zu einem M-JPEG Verfahren wird.

- MP@LL (Main Profile at Low Level)

Dies entspricht einer Kodierung nach MPEG-1 und stellt damit den Kompatibilitätsmodus des MPEG-2-Verfahrens dar.

Tabelle 5.5 gibt einen Überblick über die wichtigsten Parameter, welche die drei Szenarien definieren. Die Level-Parameter sind Maximalwerte. Typische Werte sind für PAL eine Bildauflösung von 720x576 bei einer Bildrate von 25 Bildern/s.

5 Videokompression

Tabelle 5.5: Wesentliche Parameter der drei MPEG-Szenarien für den CCTV-Einsatz

	MP@ML	SP@ML	MP@LL
Profil-Parameter			
Komponenten		Y, C_B, C_R	
Abtastverfahren		4:2:0	
Bildtypen	I, P, B	I, P	I, P, B
Skalierbarkeit	–	–	–
Bitrate [MBit/s]	15	15	4
Level-Parameter			
Abtastwerte pro Zeile	720	720	352
Zeilen pro Vollbild	576	576	288
Vollbildrate [s^{-1}]	30	30	30

Ein Codec für CCTV-Anwendungen sollte sowohl das MP@ML- als auch das MP@LL-Szenario beherrschen. Je nach Echtzeitanforderungen an das System sollte eine schnelle Umschaltung z. B. auf B-Bild-freie Kompression möglich sein. Sollen die Bilder nicht nur übertragen, sondern auch in Datenbanken gespeichert werden, so kann die Möglichkeit einer schnellen Umschaltung auf einen reinen Intra-Bildmodus von Bedeutung sein, um einfacher auf einzelne Bilder eines Vorganges zugreifen zu können.

Die anderen Szenarien der Tabelle 5.4 können in Zukunft ebenfalls für CCTV-Anwendungen Bedeutung erlangen, um Skalierbarkeit ohne aufwändige Transkodierung oder höhere Auflösungen bis in den HDTV-Bereich (MP@HL) mit bis zu 1.920x1.088 Bildelementen zu erhalten.

Sollen MPEG-2-Codecs für CCTV-Zwecke eingesetzt werden, so müssen sie eine Reihe von CCTV-typischen Forderungen erfüllen, die im Fernseh- oder Multimedia-Umfeld keine große praktische Bedeutung haben:

- Schnelle Umschaltung der Kompressionsparameter zur Qualitätssteuerung entsprechend der Kritikalität der beobachteten Szene. MPEG-2 bietet die Möglichkeit der Qualitätssteuerung, hauptsächlich um die Bitrate des Datenstromes konstant halten zu können.
- Kompression mit steuerbarer Bildrate (englisch Frame Dropping). In unkritischen Zeiten kann durch das Reduzieren der Bildrate auf das für die Beobachtung unbedingt notwendige Maß ein um Größenordnungen höherer Kompressionsfaktor erreicht werden als mit den aufwändigen Algorithmen des MPEG-2 Verfahrens. Dazu muss der Codec aber die Möglichkeit der Bildratensteuerung bereitstellen. Die Abstände zwischen den Bildern müssen dabei nicht einmal äquidistant sein.
- Dynamische Anpassung der GOP-Struktur. Sowohl die Länge als auch der Aufbau von GOPs sollte steuerbar sein.
- Geschlossene GOPs (Abschnitt 5.2.5.2). Diese erlauben einen einfacheren Zugriff auf die einzelnen Bilder eines MPEG-Datenstromes als offene GOPs.
- Geringe Latenzzeiten. Dies kann über die Steuerung der im MPEG-Datenstrom enthaltenen Bildtypen erreicht werden. MPEG-Datenströme, die nur aus I-Bildern bestehen, haben das beste Echtzeitverhalten. P-Bilder verschlechtern dies nur unwesentlich. Den größten Einfluss auf das Echtzeitverhalten hat das Vorkommen von B-Bildern. Da diese Beinflussung des Bilddatenstromes gleichzeitig aber den Kompressionsfaktor oder die Qualität der Bilder beeinflusst, muss es dem Nutzer oder auch automatisch dem System selbst möglich sein, einen für den jeweiligen Zeitpunkt und die jeweilige Kritikalität der Bedienhandlung

und Bildszene günstigen Kompromiss durch Einstellung der notwendigen Parameter wählen zu können.
- Skalierbarkeit. Dieses im Standard definierte Merkmal wird von den Hardware-Codecs des Multimedia-Marktes bislang nicht oder unzureichend unterstützt. In CCTV-Anlagen besteht aber häufig die Forderung des Zugriffes auf Bilddaten über Netze mit geringer Bandbreite. Ohne die Möglichkeit der Skalierung muss man entweder lange Wartezeiten in Kauf nehmen oder eine aufwändige Transkodierung mit höherem Kompressionsfaktor durchführen.

Gegenüber diesen CCTV-typischen Anforderungen ist das Erzielen maximaler Kompressionsfaktoren zwar wünschenswert, hat aber verglichen mit der notwendigen Flexibilität beim Zugriff und der Übertragung meist untergeordnete Bedeutung. Deshalb wird z. B. auch die Bewegungskompensation wegen der mit ihr verbundenen langen Rechenzeit und der damit verbundenen Kosten kaum eingesetzt, um den Kompressionsfaktor zu erhöhen.

5.2.7 MPEG-4

MPEG-4 ist der jüngste Standard aus der Gruppe der MPEG-Verfahren[18]. Die Veröffentlichung erfolgte im Jahre 1999 unter der vollständigen Bezeichnung ISO/IEC 14496. Während MPEG-1 als Hauptstoßrichtung den Bitratenbereich bis 1,5 MBit/s für VCD-Anwendungen und MPEG-2 den Bereich bis etwa 15 MBit/s für den Fernseh- und DVD-Bereich hat, wurde MPEG-4 zunächst speziell für die Videoübertragung in schmalbandigen Netzwerken wie ISDN, GSM (Global System of Mobile Communication) oder auch über analoge Telefonleitungen mit Bitraten bis 64 kBit/s optimiert. Man sollte allerdings auch mit MPEG-4 keine allzu hohen Erwartungen an die Qualität und Auflösung von Video in derart niedrigen Bitratenbereichen haben. Z. B. wird im Bereich sehr niedriger Bitraten mit der „Briefmarken"-Auflösung QCIF von 176x144 Bildelementen gearbeitet. Auch der beste Kompressionsalgorithmus kann die Gesetze der Physik nicht außer Kraft setzen. Wichtige Anwendungsbereiche sind:
- die Videoübertragung im Internet. Das Internet ist durch eine sehr heterogene Struktur geprägt. Bandbreitenzusicherungen gibt es nicht. Netzwerksegmente mit großen Bandbreiten werden durch schmalbandige Verbindungen gekoppelt. Der Endnutzer im Internet selbst ist meist noch durch analoge Modems oder ISDN-Zugänge mit dem Netzwerk verbunden. Selbst während einer bestehenden Verbindung kann die Bandbreite zwischen einem Videodaten-Server und einem Wiedergaberechner im Allgemeinen nicht garantiert werden. Ein Videoübertragungsstandard für dieses heterogene Medium muss dem Rechnung tragen. Das stellt besonders hohe Anforderungen an die Kompression, die Möglichkeit der skalierbaren Datenübertragung, wie in Abschnitt 5.2.6.1 dargestellt, und die Robustheit gegenüber Fehlübertragungen. Für CCTV hat der Internet-basierte Zugriff bislang nur eine untergeordnete Bedeutung;
- interaktive Videospiele;
- Videokonferenzen und Videotelefonie;
- drahtlose Multimedia-Datenübertragung.

Diese Anwendungsbereiche sind, wie bei MPEG-2, über Profil/Level-Kombinationen definiert. Es gibt auch Profile und Level für Anwendungen mit hohen Bitraten und Auflösungen ähnlich wie bei MPEG-2. Durch die Trägheit des Massenmarktes Fernsehen muss aber zumindest bezweifelt werden, ob MPEG-4 in diesem Bereich auf absehbare Zeit MPEG-2 ersetzen wird.

---
18 Die Standards MPEG-7 bzw. MPEG-21 sind keine Kompressionsstandards im eigentlichen Sinne und werden hier nicht weiter betrachtet. Einen MPEG-3-Standard gibt es nicht. Dieser wurde mit dem MPEG-2-Standard vereinigt.

Prinzipiell wird für MPEG-4 die Möglichkeit angegeben, die Videodaten bis zum Faktor zwei gegenüber MPEG-2 bei vergleichbarer Bildqualität komprimieren zu können. Diese Aussage gilt aber eben nur prinzipiell und ist mit dem Einsatz extrem rechenintensiver Algorithmen verbunden. Ist die Unsymmetrie zwischen Kompression und Dekompression bei MPEG-2 schon sehr groß, wenn z. B. eine aufwändige Bewegungskompensation berechnet wird, steigt sie bei MPEG-4, zumindest für die Echtzeitkompression, auf ein für absehbare Zeit völlig unbeherrschbares Maß an, wenn die höherwertigen Kompressionsansätze des Verfahrens genutzt werden sollen. Deshalb nutzt die Aussage, MPEG-4 biete prinzipiell einen höheren Kompressionsfaktor als z. B. MPEG-2, dem Praktiker für die Auswahl eines CCTV-Systems wenig. Wie bei MPEG-2 auch sind die Algorithmen, die der Kompressor verwendet, vom Standard nicht vorgegeben, und es ist lediglich definiert, wie der Bitstrom der MPEG-4-komprimierten Daten aussehen muss, damit ein MPEG-4-Dekompressor diesen bearbeiten kann. Insofern ist der Kompressor wieder eine „Black Box", in der teilweise ebenso „schwarze Magie" betrieben wird wie bei MPEG-1 oder MPEG-2. Die Situation wird dadurch verkompliziert, dass der Standard nach wie vor Gegenstand intensiver Entwicklung ist, wodurch bereits einer Reihe von MPEG-4-Unterversionen entstanden. So entspricht z. B. die Bezeichnung „MPEG-4/ Part 10 Advanced Video Coding (AVC)" wiederum dem neuesten ITU-T Standard H.264 (Abschnitt 5.2.10). Diese schnelle Abfolge von Unterstandards mit für den Endanwender kaum durchschaubaren Unterschieden und vor allem Anwendungsbereichen macht es dem Entscheider zunehmend schwieriger, die am Markt befindlichen Systeme noch zu überblicken. Schon bei MPEG-2-basierten Systemen gibt es nach Abschnitt 5.2.6.2 eine große Vielfalt an Nebenbedingungen, welche die Codecs realisieren müssen, um die Systeme überhaupt für die speziellen Anforderungen des CCTV-Bereiches tauglich zu machen. MPEG-4 ist für den Einsatz in CCTV-Anwendungen nicht dadurch zwangsläufig das bessere Verfahren, weil es das gegenwärtig neueste Verfahren ist. Ohne genaue Analyse des Einsatzumfeldes kann ein solches Entscheidungskriterium für die Auswahl eines CCTV-Systems zu völlig unbrauchbaren Ergebnissen führen.

Die wichtigste, aber bislang am wenigsten genutzte Neuerung von MPEG-4 ist die Einführung einer so genannten Objekt-Dekomposition des Datenstromes. MPEG-4 kann rein mit konventionellen Verfahren wie DCT oder bewegungskompensierter DPCM arbeiten oder eben eine Dekomposition sowohl der Video- als auch anderer Daten wie Texte oder Audio in individuell behandelbare Objekte vornehmen, um die Nutzung dieser Daten zu flexibilisieren. Diese Denkweise erweitert die traditionelle, signalbezogene Betrachtungsweise von Multimediadatenströmen, die Signalparameter wie Bildrahmen, Auflösung oder Bildrate zur Beschreibung verwendet. Diese Kenngrößen werden nach wie vor benötigt. Hinzu kommt aber, speziell für Video, eine visuelle Betrachtungsweise, die Bildfolgen in die enthaltenen Objekte zerlegt, die über die Szene identifiziert und verfolgt werden können. Dies entspricht mehr der Art des menschlichen Szenenanalyseprozesses. Speziell Videoobjekte verändern sich dabei von Bild zu Bild in einer Szene oder sie verschwinden auch aus dem Blickwinkel der Kamera. Der MPEG-4-Standard liefert eine Syntax des Datenstromes, die es erlaubt, diese Objekte individuell zu beschreiben und im Lauf der Szene zu verfolgen. Der Dekompressor nutzt diese Informationen für eine Komposition der Szene aus den einzelnen Objekten. Der Standard macht keine Angaben dazu, wie der Dekompositionsprozess auf der Kompressionsseite durchgeführt werden muss. Der Kompressor dekomponiert auf eine ihm bekannte Art die Objekte einer Szene, bettet sie gemäß den Richtlinien des MPEG-4-Standards in den Datenstrom ein, und der Dekompressor komponiert nach dieser im Datenstrom eingebetteten Vorschrift die Szene. Die Art und Weise, wie der Decoder die einzelnen Bilder einer Szene aus den Objekten des MPEG-4-Datenstromes komponieren soll, wird durch die Virtual Reality Modeling Language (VRML) beschrieben, deren Elemente ebenfalls Bestandteil des MPEG-4-Datenstroms sind. Speziell für MPEG-4 wurde daraus das BInary Format for Scenes (BIFS) entwickelt. Dies ist eine Szenenbeschreibungssprache, die z. B. Informationen zur Objektpositionierung in den einzelnen Bildern liefert. Bild 5.21 zeigt die prinzipiellen Blöcke eines MPEG-4-Codecs mit Objektdekomposition. Dabei enthält der Block Objektkodierung unter anderem die traditionellen Kodierungs- und Kompressionstechniken. Je nach Objekttyp können hier unterschiedliche Verfahren zum Einsatz kommen.

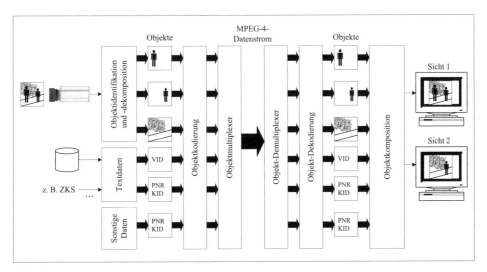

Bild 5.21: MPEG-4-Objekt-Dekomposition und -Komposition von Szenen

Die Möglichkeit von MPEG-4, die Bilder in individuell behandelbare Objekte dekomponieren zu können, ist für zukünftige CCTV-Anwendungen viel interessanter als der vergleichsweise geringfügig höhere Kompressionsfaktor, mit dem üblicherweise für das Verfahren geworben wird. Visuelle Objekte des MPEG-4-Datenstromes können sein:
- Objekte aus der Videoszene selbst. So könnte z. B. der Kompressor die Gesichter aller Personen aus den Bilddaten extrahieren und als eigenständige Objekte im Datenstrom verwalten. Eine derartige Möglichkeit eröffnet z. B. für CCTV die Möglichkeit einer Anonymisierung des Videodatenmaterials bezüglich der aufgenommenen Personen. Die Gesichter sind zwar Bestandteil des Datenstromes, sie werden aber bezüglich der Darstellung im Datenstrom und vom Dekompressor besonders geschützt. Nur wenn die entsprechenden Datenschutzbestimmungen es erlauben, kombiniert der Kompressor, z. B. Passwort-gesteuert, die „Gesichtsobjekte" mit dem Rest der Szene. Ansonsten werden sie sozusagen aus dem Bild „gestanzt". Ähnliche Anonymisierungsanforderungen könnte es z. B. in Bezug auf Nummernschilder von aufgenommenen Fahrzeugen geben. Noch eine andere Möglichkeit, die diese Videoobjekte ermöglichen, wären z. B. private Zonen im Blickbereich der Kamera. Ein oder mehrere Bereiche der Szene könnten eigenständig als Objekte kodiert werden und bei der Wiedergabe vom Decoder je nach Privilegstufe des Nutzers zur Anzeige gebracht oder anonymisiert werden. Alle diese Nutzungsvarianten sind für CCTV-Zwecke denkbar. Allerdings ist der algorithmische und rechentechnische Aufwand z. B. für die automatische Detektion von Gesichtern im Echtzeitvideodatenstrom mit heutiger Technik kaum beherrschbar. Es spricht daher für den MPEG-4-Standard, dass er solche langfristig erkennbaren Entwicklungen schon heute vorwegnimmt.
- Textdaten. Bei anderen Kompressionsverfahren enthält der Standard keine Festlegung, wie mit Texten, die zu Bildern gehören, verfahren wird. Im Allgemeinen werden Texte, wie z. B. die bei CCTV wichtigen Kameranamen, Ereignistexte oder auch Zeitstempel, direkt den Videobildern überlagert. Dies hat große Nachteile für den Nutzer. Einmal dem Video-

5 Videokompression

bild überlagerte Information kann, zumindest auf einfache Weise, aus dem Bild nicht mehr entfernt werden[19]. Außerdem sind derartige Texte in Bildern nicht mehr direkt vom Computer, z. B. für Suchvorgänge, verarbeitbar. Bilder, die Texte enthalten, sind schlechter komprimierbar, da Texte mit ihren scharfen Kanten zu hochfrequenten Anteilen führen. MPEG-4 geht erstmals einen anderen und nunmehr standardisierten Weg der Übertragung derartiger Bildbegleitdaten. Die Texte bleiben in ihrer ursprünglichen Form im Datenstrom erhalten. Es können sogar mehrere Textdatenströme in den MPEG-4-Datenstrom unabhängig voneinander eingebettet werden. Neben der eigentlichen Textinformation können in diesen Textdatenströmen Formatierungs- und Positionierungsinformationen enthalten sein. Je nach Auslegung entscheidet der Decoder, wie er mit diesen Textdaten umgeht, also unter welchen Umständen und wie diese Daten dargestellt werden. Dies ist für CCTV-Anwendungen von großem Vorteil. So ist es z. B. einfach möglich, in eine zu Beweiszwecken exportierte MPEG-4-Datei Begleitinformationen zu den Bildern einzubetten, die separiert von den Bildern und damit der einfachen Computer-Verarbeitung zugänglich bleiben. Damit könnte z. B. eine MPEG-4-Datei einen Container darstellen, der einen kompletten sicherheitskritischen Vorgang dokumentiert, inklusive der synchronisierten beteiligten Kameras der Szene, zugehörigem Audio und eben auch wichtiger Zusatzinformationen, welche die Videoinhalte bezüglich des Informationsgehaltes stark aufwerten können.

Die Möglichkeit der Objekt-Dekomposition erlaubt es auf der Wiedergabeseite, verschiedene Sichten auf den identischen Datenstrom zu erzeugen. Höher privilegierte Nutzer können z. B. mehr Informationen präsentiert bekommen als niedriger privilegierte Nutzer. Gegenwärtige Codecs machen aber von diesen neuen Möglichkeiten nur wenig Gebrauch. Dies liegt am Neuheitsgrad des Standards und natürlich an den enormen Rechenleistungen, die z. B. für die Dekomposition von Videoobjekten in Echtzeit benötigt würden. Demgegenüber ist die Möglichkeit der Einbettung textueller Information in Form von Textobjekten sicher eines der Nutzmerkmale, die sich relativ schnell durchsetzen werden.

Die Objekt-Dekomposition eröffnet auch neue Möglichkeiten der Skalierung. So können interessante Objekte mit anderen Qualitätsparametern kodiert und übertragen werden als z. B. der statische Hintergrund der Szene. Dieser kann im Extremfall auch weggelassen werden oder auf Empfängerseite synthetisiert werden, damit eine angenehmere Darstellung erfolgen kann.

Nachteile des Objektansatzes sind die extrem hohen Anforderungen an den Encoder. Außerdem muss der Decoder die enormen Freiheitsgrade und Vielfalt im Aufbau derartiger Datenströme beherrschen. Codecs, die den ganzen Bereich der Möglichkeiten, die hiermit geboten werden, überdecken, wird es wohl nicht geben. D. h. ein MPEG-4-Decoder eines Herstellers wird unter Umständen nur einen kleinen Teil der Kompositionsmöglichkeiten anbieten die der Standard definiert. Das lässt Probleme bei der Interoperabilität und Austauschbarkeit der Systeme erwarten und läuft damit eigentlich den Bestrebungen eines Standards zuwider.

---

19 Die vorher als Text in Form einzelner Zeichen vorliegenden Daten werden nach Einblenden in die Videobilder zu Bilddaten, also einer Folge einzelner Bildelemente. Im Gegensatz zum Menschen erkennt der Computer in einem Bild enthaltene Texte nicht direkt. Man muss sich hoch entwickelter OCR-Verfahren (Optical Character Recognition) bedienen, um diese Texte – mit Unsicherheiten behaftet – aus dem Bild wieder gewinnen zu können. Das ist prinzipiell die gleiche Problematik, vor der z. B. auch ein Verfahren zur Erkennung von Nummernschildern steht, was eine häufige Aufgabenstellung im CCTV-Bereich ist. Außerdem können die originalen Bildinformationen, die nach der Einblendung von Text überdeckt wurden, auf keine Weise wieder gewonnen werden.

5.2.8 H.261

H.261 ist der erste Videokompressionsstandard der ITU-Unterorganisation ITU-R (ehemals Comité Consultatif International de Telegraphe et Telephone) für das Einsatzgebiet Videokonferenzen. Der Standard wurde im Jahre 1990, also bereits zwei Jahre vor JPEG und drei Jahre vor MPEG-1, eingeführt. Viele der Ideen und Verfahren von H.261 wurden von den MPEG-Standards übernommen.

H.261 ist selbst wiederum nur ein Unterstandard zur Definition der Videokompression für übergeordnete Videokonferenz-Standards wie H.320 oder H.323. Diese kombinieren, wie auch die MPEG-Standards, eine Reihe von Teilstandards, z. B. für Audiokompression und Dateneinbettung, zu einem vollständigen Übertragungsverfahren für audiovisuelle Informationen, wie Bild 5.22 zeigt. Hinzu kommen bidirektionale Datenkanäle, die im CCTV-Bereich für Telemetriezwecke, also die Steuerung von Schwenk/Neige-Kameras, genutzt werden können. Ein wesentlicher Unterschied der H.32x-Standards zu anderen Multimediaübertragungsverfahren ist die aufgrund des Zielszenarios Videokonferenz symmetrische Behandlung der Datenströme. Bei MPEG gibt es zumeist eine klare Unterscheidung zwischen der Quelle und der Senke von Datenströmen. Bidirektionalität ist möglich, stellt aber zusätzliche Anforderungen an das Design eines MPEG-basierten CCTV-Systems. Die H.32x-Standards sind per Definition bidirektional ausgelegt. Das gilt sowohl für die Video- als auch die Audio- und sonstigen Daten.

Wesentliche Zielrichtung von H.261 war die Videoübertragung über schmalbandige ISDN-Leitungen. Daher stammt auch die alternative Bezeichnung Px64. P liegt zwischen 1 und 30 und entspricht der Anzahl verfügbarer 64 kBit ISDN B-Kanäle.

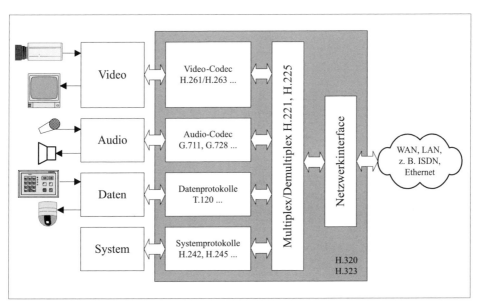

Bild 5.22: Einbettung der H.261- bzw. H.263-Videokompression in den H.320- bzw. H.323-Übertragungsstandard

Im Gegensatz zu den MPEG-Standards oder zu JPEG ist das für H.261 zulässige Bildformat in sehr engen Grenzen definiert. Tabelle 5.6 fasst die wichtigsten H.261 Prozessparameter zusammen.

5 Videokompression

Tabelle 5.6: *Wichtige H.261-Verfahrensparameter*

Bildrate [s^{-1}]	7,5 bis 30	Die Bildrate kann durch Weglassen von bis zu drei aufeinander folgenden Bildern (Framedropping) der verfügbaren Bandbreite angepasst werden.
Bildauflösung	QCIF	Jeder H.261 Codec muss dieses Format unterstützen.
	CIF	optional
Bitrate	40 kBit/s bis 2 MBit/s	je nach Anzahl der verfügbaren B-Kanäle bei ISDN-Übertragung
Standbilder	bis 704x576	Einzelbilder können in höherer Auflösung unter Verlust der Echtzeiteigenschaften der Übertragung angefordert werden.
Komponentenabtastverfahren	4:2:0	wie MPEG-1

Die Videokompression beruht prinzipiell auf den gleichen Verfahren, wie sie im Abschnitt 5.2.5 für MPEG-1 dargestellt wurden. H.261 kennt Intra-kodierte I-Bilder und Inter-kodierte P-Bilder, analog MPEG, aber keine B-Bilder. H.261 erlaubt eine bewegungskompensierte DPCM, wobei die Bewegungskompensation optional ist und oft aufgrund des Rechenaufwandes nicht implementiert wird. Die Kompression erfolgt ebenso wie bei MPEG auf der Basis von Makroblöcken aus vier 8x8-Blöcken der Y-Komponente und je einem Block der C_B- bzw. C_R-Komponente. Die ebenfalls vorgenommene Entropie-Kodierung erfolgt auf Basis einer Lauflängenkompression und des Huffman-Verfahrens, welche im Abschnitt 5.2.1.2 zu Baseline-JPEG erläutert wurden. Das Verfahren ist sehr eng auf seinen Einsatzbereich Videokonferenzen zugeschnitten und lässt nicht die Freiheitsgrade wie JPEG oder MPEG bezüglich Auflösungen oder anderen Verfahrensparametern wie Huffman- oder Quantisierungs-Tabellen. Der ursprünglich geplante Einsatz in der Videotelefonie hat wegen der schlechten Qualität der Bilddarstellung bei den üblicherweise verfügbaren zwei B-Kanälen der ISDN-Anschlüsse kaum Akzeptanz und Verbreitung gefunden. Die Einsatzgrenzen sind sehr eng. Das Verfahren geht von der Annahme aus, dass sich die Szene während einer Videokonferenz nur sehr wenig ändert, was einem wenig bewegten Sprecher vor einem festen Hintergrund entspricht. CCTV-Versuche, die Datenkanäle des H.320 Standards für die manuelle Fernsteuerung von Domekameras zu verwenden, führen bei kleiner Bandbreite zu unbefriedigenden Ergebnissen. Allenfalls eine Anforderung von Festpositionen über diese Datenkanäle ist hier sinnvoll einsetzbar.

Für CCTV-Zwecke wird das H.261-Verfahren, nach einer Reihe von Versuchen in der Anfangszeit des digitalen CCTV, heute kaum mehr eingesetzt. Die Übertragungsqualität ist selbst für einfache Vorschau-Zwecke zu gering. Eine Speicherung von H.261-kodierten Daten in Videodatenbanken von CCTV-Systemen kommt praktisch nicht vor. Interessant ist das Verfahren aber aus historischen Gründen, da es eine Reihe von Grundsteinen für die modernen Verfahren der Bewegtbildkompression legte. Wer sich für einen detaillierten Überblick zu den Verfahrensparametern interessiert, dem sei [JACK01] empfohlen.

5.2.9 H.263

H.263 ist der Nachfolger des ITU-T Standards H.261. Dieser Standard wurde 1996 eingeführt. Die wesentlichen Verfahren zur Videokompression wurden beibehalten aber in einer großen Anzahl von Details verbessert. Eine Übersicht dazu liefern [TURA00] und [JACK01]. H.261 und H.263 können alternativ als Video-Codecs für den H.320- und H.323-Übertragungsstandard, wie in Bild 5.22 gezeigt, verwendet werden. Vor allem im Bereich sehr niedriger Bitraten erreicht H.263 bessere Kompressionsergebnisse bei gleicher Qualität. Wesentliche Unterschiede zu H.261 sind:

- höhere Robustheit gegenüber Übertragungsfehlern;
- Aufnahme neuer Bildauflösungen. H.263 ist neben den H.261-Auflösungen auch für SQ-CIF- (128x96), 4CIF- (704x576) und einen 16CIF- (1.408x1.152) Modus definiert;
- Verfeinerung der Möglichkeiten der Bewegungskompensation, was allerdings mit einem erheblichen Anstieg des Kompressionsaufwandes verbunden sein kann;
- Neben P-Bildern werden nun, wie bei MPEG, auch B-Bilder unterstützt. Aufgrund der damit verbundenen Latenzproblematik, wie sie in Abschnitt 5.2.5.4 erläutert wurde, ist diese Möglichkeit für den CCTV-Einsatz zumindest fragwürdig.

Viele der Verbesserungen von H.263 sind optional, so dass im Einzelfall geprüft werden muss, ob ein spezielles System Vorteile gegenüber H.261 bietet.

5.2.10 H.264

H.264 ist das letzte Ergebnis des internationalen Standardisierungsprozesses im Bereich der Videokompression. Erstmalig wurde hier ein derartiger Standard gemeinsam vom MPEG-Gremium der ISO/IEC und vom VCEG-Gremium (Video Coding Experts Group) der ITU definiert. H.264 ist die Zusammenfassung der beiden ursprünglich miteinander konkurrierenden Standardisierungsprojekte H.26L der ITU-R und MPEG-4 der ISO/IEC. Beide Gremien verwenden jeweils einen eigenen Namen für das Projekt. Die ITU bezeichnet es als „Recommendation H.264". Die ISO/IEC-Bezeichnung ist „MPEG-4/Part 10 Advanced Video Coding (AVC)". Der Standard wurde im Jahre 2003 verabschiedet. Eine Beurteilung der Möglichkeiten für den CCTV-Einsatz ist in dieser frühen Phase der Einführung kaum möglich. Noch fehlt es an entsprechender Hard- und Software-Basis bezüglich Codecs, welche die immense Rechenlast des Verfahrens erbringen können. Bei Ausnutzung des ganzen Spektrums an Kompressionsverfahren, die der Standard bietet, wird DVD-Qualität bei Bitraten um 1 MBit/s versprochen. Dafür kommen allerdings Techniken zum Einsatz, die für einen CCTV-Einsatz kaum eine sinnvolle Bedeutung erlangen dürften. Ein Beispiel ist die Möglichkeit einer bewegungskompensierten Langzeitprädiktion. Hier wird auf Referenzbilder Bezug genommen, die weit in der Vergangenheit oder Zukunft bezüglich eines aktuell darzustellenden Bildes liegen können. Bezüglich der in der Vergangenheit liegenden Referenzbilder erhöht dies die Anforderungen an Pufferstrategien des Decoders. Liegen die Referenzbilder gar weit in der Zukunft, ist eine Echtzeitnutzung von H.264-komprimierten Videodaten praktisch wegen der großen Latenzzeiten nicht mehr möglich. Wegen des enormen Rechenaufwandes ist gegenwärtig eine Echtzeitkompression nach dem H.264-Standard nicht möglich[20].

Wie bei allen andere Codecs auch definiert H.264 nur die Syntax des komprimierten Videodatenstromes. Die Algorithmen des Encoders werden nur indirekt festgelegt. Im Gegensatz zu bisherigen MPEG-Standards definiert H.264 bzw. MPEG-4/Part 10 neben der eigentlichen Videokodierung (Video Coding Layer VCL) erstmalig auch eine Übertragungsschicht (Network Abstraction Layer NAL). Diese ermöglicht es, H.264-Daten an verschiedene Netzwerktypen zu adaptieren, um neben der Kompression auch eine effiziente Übertragung zu ermöglichen.

Andere Teile von H.264 sind weitgehend aus den MPEG-Vorgängern übernommen worden. H.264 kann mit Zeilensprung- und progressiven Datenströmen umgehen. Die Bildkomponenten Y, C_B und C_R werden nach dem 4:2:0-Verfahren abgetastet. Sowohl die Intra-Kodierung mit den Stufen Transformationskodierung[21], Quantisierung bzw. Entropie-Kodierung als

---

20 So benötigt der H.264-Software-Codec der Firma MainConcept gegenwärtig etwa zwanzig Minuten für die Kompression von 30 s NTSC-Video auf einem 3 GHz P4-Computer mit 512 MByte RAM [HFIS04].
21 H.264 setzt nicht mehr die DCT, sondern eine spezielle Ganzzahlentransformation ein. Diese arbeitet auch nicht mehr mit 8x8-Blöcken, sondern auf der Basis einer Einteilung des Bildes in 4x4-Blöcke.

auch die bewegungskompensierte DPCM kommen, allerdings stark modifiziert, weiter zum Einsatz. Damit arbeitet H.264 ebenso blockbasiert wie seine Vorgänger.

Die Zielanwendungen für H.264 sind weit in die Zukunft projiziert. Ein Beispiel ist die im Vergleich zu MPEG-2 effizientere Kodierung von digitalen HDTV-Datenströmen, die mit ihren bis zu 885 MBit/s die gesamte Technik vor vollkommen neue Herausforderungen stellen. Ein anderer Anwendungsbereich sind HD-DVDs (High Density). Für eine erste Übersicht zu H.264 sei [SÜHR03] empfohlen.

5.3 Kompressions-Hardware digitaler CCTV-Systeme

Bezüglich der Kompressions-Hardware digitaler CCTV-Systeme besteht die Forderung nach einer kostengünstigen, simultanen Digitalisierung und Kompression einer großen Anzahl von Videokanälen. Der Faktor Kompressionskanalkosten ist neben den Speicherkosten einer der entscheidenden Kostenfaktoren eines digitalen CCTV-Systems. Deshalb kommt die Schaltungstechnik hier zu anderen Lösungen als im Multimediabereich, wo im Allgemeinen nur wenige Videokanäle digitalisiert werden müssen und damit höhere Kosten für den einzelnen Kanal akzeptiert werden können. In der Vergangenheit bot hier die Multiplexkompression (Abschnitt 5.3.1) eine preisgünstige Alternative.

Neben der Forderung nach niedrigen Kanalkosten zeigt auch die geforderte Funktionalität teilweise völlig andere Merkmale als im Multimedia-Videobereich. Ein Beispiel ist die in Abschnitt 5.4.1 behandelte Bildratensteuerung. Im Folgenden sollen einige Hardware-Architekturen der Codecs von CCTV-Systemen in ihrer prinzipiellen Funktionsweise diskutiert werden.

5.3.1 Multiplexkompression

Bei der Multiplexkompression teilen sich mehrere analoge Videokanäle den gleichen Digitalisierungs- und Kompressionskanal. Die einzelnen Videosignale werden im Zeitmultiplex auf die Digitalisierungs- und Kompressions-Hardware geschaltet. Dabei ist die Umschaltfrequenz bei der Multiplexkompression so hoch, dass prinzipiell ein halbbildbasierter Wechsel des Videokanals am Eingang des Kompressionskanals möglich wird. Als Ergebnis entsteht ein Strom von gemischten Einzelbildern oder Sequenzen verschiedener Videokanäle am Ausgang des Kompressors. Das Multiplexraster der Aufschaltung der einzelnen Videoquellen auf den Kompressionskanal ist frei definierbar. Die Umschaltung selbst erfolgt über eine vorgeschaltete analoge Kreuzschiene, wie in Bild 5.23 gezeigt, die im geforderten Zeitraster mit hoher Geschwindigkeit geschaltet wird.

Hauptvorteil dieses Verfahrens waren in der Vergangenheit die geringen Kosten, da nur ein teurer Kompressionsbaustein für eine große Anzahl von Videokanälen eingesetzt wurde. Diesen Kostenvorteil erkauft man sich aber mit einer Reihe prinzipieller Nachteile bezüglich des Systemdurchsatzes und einer großen Anzahl an Kompromissen bezüglich möglicher Einsatzszenarien. Auch das Hard- und Software-Design ist in CCTV-Systemen mit Multiplexkompression erheblich aufwändiger, wodurch der Kostenvorteil teilweise auch wieder verloren geht. Eine Anwendung dieses Verfahrens zur Kompression vieler Videokanäle ist nur für einzelbildbasierte Kompressionsverfahren sinnvoll – wie z. B. die M-JPEG- oder Wavelet-Kompression.

Kompressions-Hardware digitaler CCTV-Systeme 5.3

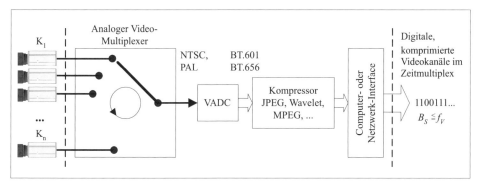

Bild 5.23: Vereinfachtes Prinzipschaltbild einer Multiplexkompression

Ein Kompressionspfad in der Hardware komprimiert mit einer maximalen Bildrate f_V, also bei PAL mit entweder 50 Halbbildern oder 25 Vollbildern pro Sekunde. Ist der Pfad über einen Multiplexer mit mehreren Videosignalen verbunden, so teilen sich diese Signale die verfügbare Bildrate f_V. Die Summenbildrate B_S ist die Summe der Bildraten der K_n einzelnen Videokanäle. Je nach Zeitraster des Multiplexvorgangs werden bei der Kompression für die einzelnen vorgeschalteten Kameras unterschiedlichen Bildraten erreicht, deren Summe B_S im Idealfall gleich aber im Allgemeinen kleiner als f_V ist. Bei K_n Videokanälen, die zyklisch digitalisiert und komprimiert werden, erreicht man im Idealfall pro Kanal K_i eine Kanalbildrate $B_K = f_V / K_n$. Diese Bildrate wird aber nur geliefert, wenn die Eingangssignale zeitlich synchronisiert sind und eine Umschaltung der Videokanäle jeweils in der vertikalen Austastlücke des Signals erfolgt. Im Allgemeinen sind die Bildraten, die von den einzelnen Kanälen bei Multiplexkompression erreicht werden, nicht vorhersagbar, da in den wenigsten Fällen eine zyklische Umschaltung stattfindet. Stattdessen sorgt ein Ereignis-Scheduler für eine prioritätsgesteuerte Umschaltung und Anpassung von Kompressionsqualität und Bildauflösung. Welche negativen Auswirkungen die Kompression nicht synchronisierter Kameras in einer derartigen Hardware-Architektur mit sich bringt, zeigt Bild 3.2 aus Abschnitt 3.1.1.2. Da die Anzahl der Bilder, die der Kompressionskanal eines multiplexenden Systems liefert, ein wesentlicher Leistungsparameter ist, wird ein hoher schaltungstechnischer Aufwand betrieben, um die Bildraten zu erhöhen. Dazu können zum einen die Kameras selbst synchronisiert werden oder es werden Bildspeicher in die Kompressions-Hardware integriert, um den Kompressionsbaustein optimal mit einem Strom von Bildern versorgen zu können.

Die Möglichkeit der schnellen Umschaltung aller Parameter des Kompressionsprozesses, um, je nach Anforderung, eine von Bild zu Bild wechselnde Qualität, Auflösung und Bildrate zu erreichen, stellt ebenfalls hohe Anforderungen an die Hardware. Durch die Nichtvorhersagbarkeit der Bildraten der einzelnen Kanäle wird die Projektierung solcher Systeme schwierig, weil oft mit Statistiken und Worst Case-Abschätzungen gearbeitet werden muss. Aus aktueller Sicht sind die Kosten der Kompressions-Codecs auch kein stichhaltiges Argument mehr, welches für dieses Verfahren spricht. Deshalb wird diese Form der Hardware-Kompression über kurz oder lang verschwinden.

5.3.2 Multikanal-Kompression

Eine Multikanal-Kompressions-Hardware stellt, wie Bild 5.24 zeigt, pro Videokanal je einen kompletten Kompressionskanal zur Verfügung.

5 Videokompression

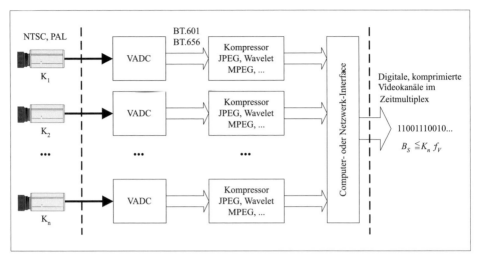

Bild 5.24: *Vereinfachtes Prinzipschaltbild einer Multikanal-Kompression*

Das Hard- und Software-Design für eine nicht multiplexende Kompression ist erheblich geradliniger und einfacher als die Realisierung eines entsprechenden multiplexenden Systems. Es entfallen Aufwendungen zur Synchronisation der Videokameras, wie sie bei der Multiplexkompression des vorhergehenden Abschnittes notwendig waren, um maximale Bildraten zu erreichen. Auch die Projektierung von Systemen auf dieser Grundlage ist einfacher. Die einzelnen Kanäle sind nicht über die Summenbildrate, wie bei der Multiplexkompression, verkoppelt. Die Vorhersagbarkeit der Bildraten ermöglicht die einfache Bestimmung von Festplattenkapazitäten oder Bandbreiten als einer der wichtigsten Aufgaben des Planers bei der Projektierung digitaler CCTV-Systeme.

Bei einer simultanen Kompression von K_n Videokanälen erreicht man eine maximale Summenbildrate $B_S = K_n \cdot f_V$ bei voller Bildrate der Einzelkanäle. Die Bildrate B_K der einzelnen Kanäle kann, im Gegensatz zur Multiplexkompression, frei und unabhängig von den anderen Kanälen gesteuert werden. Bei bildratengesteuerter Kompression nach Abschnitt 5.4.1 ergibt sich eine Summenbildrate entsprechend Gl. (5.8).

$$B_S = \sum_{k=1}^{n} B_k \qquad (5.8)$$

Bei einer simultanen Kompression von z. B. acht Videokanälen ergibt sich eine maximale Summenbildrate von 400 Halb- bzw. 200 Vollbildern pro Sekunde, die das System verarbeiten muss.

5.3.3 Duplizierte Multikanal-Kompression

Auch die Multikanal-Kompression stellt noch nicht das Optimum für CCTV-Anwendungen dar. Die komprimierten Videodatenströme werden sowohl für die Speicherung in Videodatenbanken als auch für die Live-Übertragung auf den Bedienplatz des Wachpersonals benötigt. Speicherung und Übertragung haben jedoch oft stark widersprüchliche Kompressionscharakteristika. So können z. B. ständig die Qualitäts-, Auflösungs- und Bildratenparameter der komprimierten Datenströme gewechselt werden, um die Datenrate der Aufzeichnung an die Kritikalität der Vorgänge anzupassen. Teilen sich Speicherung und Live-Bild-Übertragung den gleichen Kompressionskanal, so beeinflussen sich die beiden unterschiedlichen Vorgänge.

Priorisiert man die Speicherung, um sicherzustellen, dass Beweismaterial in hoher Qualität aufgezeichnet wird, leidet unter Umständen die Live-Wiedergabe, da diese Bilder nicht mehr in Echtzeit über die verfügbare Bandbreite übertragen werden können. Um diese und andere Abhängigkeiten auszuschließen, ist die simultane Kompression eines Videokanals mit zwei unabhängigen Kompressoren sinnvoll, wie sie in Bild 5.25 gezeigt wird. Hier kann der Speicherkanal mit völlig anderen Parametern betrieben werden als der Live-Kanal.

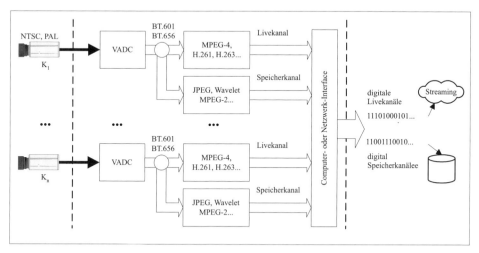

Bild 5.25: *Duplizierte Kompression von Live- und Speichervideo*

In den beiden getrennten Kompressionskanälen können, wie Bild 5.25 zeigt, unter Umständen auch verschiedene Kompressionsverfahren verwendet werden, um den unterschiedlichen Anforderungen der beiden Hauptaufgaben eines digitalen CCTV-Systems gerecht werden zu können.

5.4 Spezielle CCTV-Methoden zur Datenreduktion

Wie in der Einleitung zu diesem Kapitel bemerkt, sollen unter Kompressionsverfahren alle Verfahren verstanden werden, die zu einer Reduktion der ursprünglichen unkomprimierten Datenmenge durch Entfernung von redundanter oder irrelevanter Information führen. Alternativ zu den im Vorhergehenden vorgestellten Multimedia-Kompressionsverfahren, die für eine möglichst große Einsatzbreite definiert wurden, nutzen CCTV-Systeme ein breites Spektrum von hochspezialisierten Methoden, um das selbst nach erfolgter Multimediavideokompression noch riesige Datenvolumen von hunderten Kameras zu beherrschen.

Gerade die Verfahren zur Entfernung irrelevanter Information sind äußerst vielfältig und wirkungsvoll. Ein CCTV-System, welches als Einlasskontrolle an einer Personenschleuse dient, sollte z. B. sinnvollerweise nur dann Bilddaten liefern bzw. aufzeichnen, wenn sich auch Personen im Beobachtungsbereich bewegen. Die Videoüberwachung von Geldautomaten in Banken sollte ebenfalls nur Bilder aufzeichnen, wenn entsprechende Vorgänge an den Automaten bzw. im Eingangsbereich von Geldautomatenterminals stattfinden. Das Wachpersonal einer digitalen CCTV-Anlage sollte nur dann mit Alarmen und entsprechenden Bildaufschaltungen belastet werden, wenn gemäß den definierten Sicherheitszielen der Anlage relevante Vorgänge stattfinden.

5 Videokompression

Die CCTV-Technik hat ein umfangreiches Bündel an Sensorik entwickelt, um relevante von irrelevanten Vorgängen zu unterscheiden und dies als Steuerinformation für Aufzeichnung und Übertragung von Videodaten zu nutzen. Gerade in CCTV-Anwendungen ist das Verhältnis zwischen Nutz- und Störinformation extrem klein. Jeder Sensor, der die Relevanz und Kritikalität von Bildinformationen für Überwachungszwecke zu detektieren und einzuschätzen gestattet, erhöht die Effizienz einer solchen Anlage meist viel stärker als das Tuning von Kompressionsstandards wie JPEG oder MPEG.

5.4.1 Bildratensteuerung

Gute digitale CCTV-Systeme gestatten eine frei einstellbare Bildrate für jeden Videokanal. Die einzelnen Bilder eines Videokanals werden mit Abständen von Stunden (z. B. für Zeitrafferaufnahmen) bis hin zum technischen Maximalwert der vollen Bildrate des Videokanales erzeugt, übertragen und aufgezeichnet. Die zeitlichen Abstände der Bilder können sowohl über längere Zeiten äquidistant als auch variabel sein. Das Umschalten der Bildraten muss bei hohen Echtzeitanforderungen, z. B. bei der Erzeugung von Alarmbildern, sehr schnell erfolgen können. Idealerweise erlaubt ein digitales CCTV-System die Anpassung der Bildrate auf höhere Werte mit einer maximalen Verzögerung, die in der Größenordnung des zeitlichen Videorasters von 20 – 40 ms liegt.

Da ein derartiges System keine Vorhersage über die zeitliche Folge der einzelnen Bilder machen kann, müssen die einzelnen Bilder mit hochauflösenden Zeitstempeln für Analyse- und Synchronisationszwecke versehen werden. Der Decoder muss in der Lage sein, einen nicht-äquidistanten Strom von Bildern darstellen zu können. Bei der Wiedergabe gespeicherten Videomaterials mit variabler Bildrate muss das System in der Lage sein, neben einem schnellstmöglichen Abspielen auch zeitlich synchronisiert wiederzugeben.

Ein CCTV-System, welches eine derartige flexible Bildratensteuerung erlaubt, kann gut an die Dynamik der beobachteten Prozesse angepasst werden. Eine Fertigungsstättenüberwachung erfolgt z. B. während normaler Arbeitszeiten mit hoher Bildrate. In arbeitsfreien Zeiten schaltet das System automatisch auf niedrigere Bildraten um. CCTV-Überwachungen von Banken erfordern in Zeiten normalen Betriebs eine Bildrate von mindestens zwei Bildern pro Sekunde. Dies ist in der UVV-Kassen (Abschnitt 8.2.4.3) für optische Raumüberwachungsanlagen in Geldinstituten festgelegt. Bei Betätigen von Überfallmeldern passt sich die CCTV-Überwachung selbständig an die Kritikalität des Vorgangs mit einer höheren Bildrate an, um den Vorgang lückenlos mit maximaler zeitlicher Auflösung dokumentieren zu können.

Eine variable Aufzeichnungs- und Übertragungsbildrate erschwert es aber dem Projektanten, zu Abschätzungen für die benötigte Bandbreite und die Speicherkapazität der Videoaufzeichnung zu kommen. Hier müssen Worst Case-Annahmen zur Häufigkeit der die Bildrate bestimmenden Vorgänge gemacht werden. Einige Beispiele dazu liefert der Abschnitt 8.4.2.

Die gegenüber einer Aufzeichnung bzw. Übertragung mit maximaler Bildrate erreichbaren Kompressionsfaktoren sind enorm. Geht man z. B. in einem M-JPEG-basierten CCTV-System von einer Rate von 25 Vollbildern/s mit je 60 kByte aus, so entspricht das einem täglichen Datenvolumen der Aufzeichnung einer einzigen Kamera von etwa 125 GByte. Für das Bankenumfeld geht das UVV-Szenario aber davon aus, dass die beobachteten Vorgänge mit einer Aufzeichnungsgeschwindigkeit von zwei Bildern pro Sekunde im Normalfall mit ausreichender Genauigkeit dokumentiert werden. Dazu muss natürlich das Kamerasichtfeld so projektiert sein, dass bei dieser niedrigen Bildrate auch die schnellsten möglichen Bewegungen noch erfasst werden. In dieser Umgebung sinkt die aufzuzeichnende Bildmenge auf unter 10 GByte. Die seltenen Vorgänge, die mit höherer Bildrate aufgezeichnet werden, erhöhen diese Grundlast nur geringfügig.

5.4.2 Qualitäts- und Auflösungssteuerung

Ebenso wie die Bildratensteuerung bieten CCTV-Systeme die Möglichkeit, die Qualität und Auflösung der Bildkompression flexibel den Vorgängen anzupassen. Dazu kann der Kompressor mit hoher Geschwindigkeit zwischen verschiedenen Auflösungsstufen wie QCIF, CIF oder 4CIF umgeschaltet werden. Alternativ kann die Kompressionsqualität durch Zugriff auf Kompressionsparameter wie z. B. die Quantisierungs-Tabellen einer M-JPEG-Kompression gesteuert werden. Kombiniert mit der Bildratensteuerung erzeugen CCTV-Systeme für ihre digitalen Videokanäle damit eine komplexe Abfolge von Bildern verschiedener Qualitätsstufen, Auflösungen und Zeitabstände. Ist das CCTV-System dabei dem überwachten Szenario gut angepasst, so sinken die Datenvolumina auch für Systeme mit vielen hundert Kameras auf ein durchaus beherrschbares Maß.

5.4.3 Zeitplansteuerung

Ein weiteres oft zur Reduzierung der Datenlasten eingesetztes Mittel ist die Bereitstellung einer Zeitplan- oder Kalendersteuerung. Der Nutzer eines DVR kann hier festlegen, zu welchen Zeiten eine Aufzeichnung stattfinden soll. Hochwertige Systeme erlauben die Definition von komplexen Zeitplänen. Für jede einzelne Kamera eines Systems kann ein individueller Aufzeichnungszeitplan definiert werden. Dieser umfasst Zeitbereiche und die zugehörigen Aufzeichnungsparameter der Kameras des Systems. So kann z. B. für Feiertage ein anderes Aufzeichnungsverhalten als für normale Arbeitstage definiert werden. Pausenzeiten können anders behandelt werden als Arbeitszeiten. Bei sorgfältiger Erfassung des Anwendungskontextes und entsprechender Abbildung auf eine derartige Zeitplansteuerung lassen sich erhebliche Dateneinsparungen erzielen, ohne dass es zu einem Verlust an relevanter Information kommt.

5.4.4 Aktivitätssensorik zur Steuerung der Bilderfassung

5.4.4.1 Aktivitätsquellen

Sind auch die Methoden der Abschnitte 5.4.1 bis 5.4.3 vergleichsweise trivial, so sind es die Methoden, die zur Steuerung der Kompressionsprozessparameter verwendet werden, nicht. Es ist ja nicht das Ziel eines CCTV-Systems, möglichst wenige Daten zu übertragen oder aufzuzeichnen – dann bräuchte man es nur abzuschalten. Das Ziel besteht darin, nur wichtige Daten zu erfassen. Damit aber ein CCTV-System entscheiden kann, ob ein Vorgang wichtig oder unwichtig ist bzw. welche Priorität ihm zukommt, bedienen sich moderne Anlagen einer aufgefeilten Aktivitätssensorik. Derartige Aktivitätssensoren können selbst wieder komplexe Subsysteme eines CCTV-Systems sein. Beispiele sind:

- Digitale Eingänge, die z. B. das Öffnen von Türen oder Fenstern signalisieren. Diese können Bestandteil eines größeren Feldbussystems wie Interbus oder CAN-Bus sein.
- Serielle Schnittstellen mit verschiedenen Geräteprotokollen. Diese signalisieren z. B. Scan-Aktivitäten von Barcode-Lesern, das Lesen von Identitätskarten durch ein ZKS oder das Aushängen von Zapfhähnen in einer Tankstelle.
- Schnittstellen zu Einsatzleitsystemen und Bedienplätzen. Der Nutzer selbst kann Aktivitäten auslösen, die das Systemverhalten steuern. Alternativ können Fremdsysteme der Gefahrenmeldetechnik Aktivitäten erzeugen, die dem CCTV-System zugeführt werden.
- Videosensorik. Diese liefert Aktivitäten bei Zustandsänderungen im Videosignal selbst. Einfache Aktivitäten signalisieren z. B. Bildstörungen, die durch Vandalismus an der Ka-

mera hervorgerufen werden könnten[22]. Komplexere Aktivitäten signalisieren Bewegung oder das Auftauchen bzw. Verschwinden von Objekten in der Szene [GIBB96]. Mittels eines Camera Position Authentication-Algorithmus (CPA) können auch Aktivitäten ausgelöst werden, wenn durch Analyse des Bildinhaltes erkannt wird, dass eine Kamera nicht mehr exakt auf eine Sollszene ausgerichtet ist.

- Bildinhaltsanalyseverfahren wie Gesichts- oder Nummernschild-Erkennung. Dies sind hochkomplexe Sensoren, die anspruchsvolle mathematische Modelle zur Analyse der Bildinhalte nutzen.

Die Intelligenz dieser Sensorik stellt den Schlüssel zu einer optimalen Ausnutzung der Möglichkeiten digitaler Systeme dar. Gerade die direkten Bildanalyseverfahren werden über kurz oder lang zu einer automatisierten Videoüberwachung führen, die das Anlagenpersonal von der monotonen Beobachtung einer großen Zahl von Videomonitoren oder Computer-Bildschirmen entlastet. In [DICK03] wird dazu eine Übersicht zum Stand der Technik und zu den Prognosen für zukünftige Entwicklungen in dieser Richtung gegeben.

Oft repräsentiert eine spezialisierte Aktivitätsquelle einen ganzen Anwendungskontext, wie dies z. B. bei der Nutzung von Kassenschnittstellen an Tankstellen oder in Supermärkten für die Steuerung von CCTV-Aufzeichnungen der Fall ist. Ein flexibles Datenhaltungskonzept erlaubt es, die spezialisierten Meldungen und Daten derartiger Sensoren einfach in das technologische Gesamtkonzept des CCTV-Systems einzubetten. Voraussetzung dafür sind u. a. prozessneutrale, generische Datenbankkonzepte, wie sie in Abschnitt 9.4.2.5 erläutert werden. Diese erlauben die Integration neuer Anwendungsszenarien auf einfache Weise. Signalisierungen von Aktivitäten durch diese Sensorik werden verwendet, um Bildraten, Qualität und Auflösung der einzelnen Videokanäle mit hoher Dynamik den beobachteten Vorgängen anzupassen. Dabei bereichern diese Aktivitätssensoren die unstrukturierte Bildinformation um kontextbezogene Daten für effiziente Recherchemöglichkeiten in Bilddatenbanken. Begleitend zu den Bildern werden z. B. Barcodes, Kfz-Kennzeichen, Personendaten oder Informationen zu Ort und Zeit von Vorgängen gespeichert, was einen enormen Zugewinn hinsichtlich des treffsicheren Zugriffes auf die riesigen Bilddatenbanken von digitalen CCTV-Systemen bietet. Einer der wichtigsten Aktivitätssensoren ist die so genannte Video-Aktivitätsdetektion, die im Folgenden, stellvertretend für eine Vielzahl anderer Verfahren der Bildanalyse, vorgestellt werden soll. Komplexere Aktivitätsquellen, die z. B. mit biometrischen Merkmalen in Videobildern arbeiten, um die Arbeit eines Videosystems zu steuern, werden in [NOLD02] oder [WECH98] beschrieben. Für eine Übersicht zu den theoretischen Grundlagen der digitalen Bildverarbeitung, welche wiederum die Basis der spezialisierten Bildanalyseverfahren der CCTV-Technik sind, sei [ABMA94] empfohlen.

5.4.4.2 Video-Aktivitätsdetektion

Die Video-Aktivitätsdetektion ist eine der wichtigsten Funktionen digitaler DVRs. Ihre Hauptaufgabe ist die Live-Echtzeitauswertung eines oder mehrerer Videokanäle eines DVRs und die Detektion von Bewegungen in den analysierten Videobildern. Sie wird im Gegensatz zu Videobewegungsmeldern (VMD – Video Motion Detector) hauptsächlich zur Verringerung der aufzuzeichnenden Videodatenmenge verwendet. Deshalb kommen hier vergleichsweise einfache Analysealgorithmen zum Einsatz. Demgegenüber hat ein VMD, der sich ausgefeilterer Algorithmen bedient und der in der Regel auch einer aufwändigeren Einstellung bedarf, die Auf-

---

22 Dazu gehört z. B. die Sabotage der analogen Videoverkabelung, der Stromversorgung einer Kamera oder die Zerstörung der Kameras selbst. Diese Angriffe können über ein ausbleibendes Videosynchronsignal erkannt und als Aktivitäten gemeldet werden. Ein anderer Angriff besteht in der Verdeckung des Kameraobjektivs. „Beliebt" ist auch der Einsatz von Farbsprays. Die Erkennung derartiger Angriffe ist etwas aufwändiger, da die Kamera hier noch ein gültiges Videosignal liefert. Mittels einer Kontrastüberwachung gelingt es aber auch hier relativ einfach, den Unterschied zwischen gültigem und gestörtem Bildsignal zu ermitteln und entsprechende Aktivitäten auszulösen.

gabe, bei Auftreten von Bewegungen Alarme auszulösen. Da diese Alarme meist mit entsprechenden Handlungsabläufen und gegebenenfalls Kosten durch die Auslösung von Einsätzen des Sicherheitspersonals verbunden sind, müssen Fehlalarme hier vermieden werden. Bei einer Aktivitätsdetektion ist eine Fehlauslösung von geringerer Bedeutung. Als Ergebnis einer Fehlauslösung werden lediglich überflüssige Videobilder aufgezeichnet. Wichtiger ist, dass keine Bewegungen übersehen werden. Damit hat der Nutzer im Nachhinein die Chance, die Szene auf relevante und nicht relevante Vorgänge hin zu untersuchen. Die Nutzung der Funktion Aktivitätsdetektion reduziert den Speicherbedarf digitaler Aufzeichnungssysteme sehr stark. Gegenüber anderen Aktivitätsquellen, wie z. B. digitalen Eingangskontakten, hat die Video-Aktivitätsdetektion den zusätzlichen Vorteil, dass keine zusätzliche Verkabelung erfolgen muss. Die Kosten für diese Funktion sind also niedrig, das Potential zur Kostenreduktion durch Speicherersparnis ist demgegenüber sehr hoch. Durch die direkte Integration der Videosensorik in den digitalen Systemverbund verschwimmen gegenwärtig die Grenzen zwischen einer einfachen Video-Aktivitätsdetektion und einem Videobewegungsmelder, so dass die Begriffe austauschbar werden.

Wie funktioniert nun eine Video-Aktivitätsdetektion? Hierfür gibt es verschiedene Verfahren. Das im Folgenden beschriebene feldbasierte Verfahren stellt einen einfachen, robusten Algorithmus dar. Die Verfahren sind so vielfältig wie die Anzahl digitaler CCTV-Systeme im Markt der Sicherheitstechnik. Deshalb soll mit dem folgenden Beispiel nur eine Idee vermittelt werden, welcher Methoden sich bedient wird, um Informationen direkt aus den Videobildern zu gewinnen.

Grundlage der Erkennung von Bildveränderungen, wie Bewegungen, ist der zyklische Vergleich zwischen zwei Bildern einer Kamera, die im konstanten Abstand T_M – der Messzeit – erzeugt wurden. Zunächst wird zum Zeitpunkt t_0 ein Referenzbild aufgenommen. Nach Ablauf der Messzeit T_M wird ein weiteres, zum Zeitpunkt t_0+T_M aufgenommenes Bild verwendet, um die Aktivitätsanalyse durchzuführen. Detektiert der verwendete Erkennungsalgorithmus eine Aktivität, so kann diese z. B. zur Aufzeichnungssteuerung oder zur Auslösung von automatischen Handlungsabläufen im CCTV-System, wie einer Nutzerbenachrichtigung oder dem Schalten von Ausgangskontakten, verwendet werden. Danach beginnt der Vorgang von neuem, wobei nunmehr das Bild vom Zeitpunkt t_0+T_M zum Referenzbild wird, welches wiederum mit einem Bild im Abstand T_M verglichen wird.

Eine Bewegung wird dann angenommen, wenn ein einstellbarer Schwellwert S_{max} eines verfahrensabhängigen Abstandsmaßes zwischen den beiden Bildern oder zwischen frei wählbaren Bereichen der beiden Bilder überschritten wird. Zur Berechnung des Abstandsmaßes der beiden Bilder werden meist nur die Werte der Luminanz-Komponente $Y(t_0)$ bzw. $Y(t_0+T_M)$ genutzt, da die Farbanteile für eine reine Bewegungserkennung unerheblich sind. Die Qualität des Aktivitätsdetektions-Verfahrens ist stark vom Algorithmus zur Berechnung des Abstandsmaßes der beiden Bilder abhängig. Als sehr einfache Abstandsmaße können z. B. der absolute Fehler aus Gl. (5.9)

$$S_A = \sum_{i=1}^{n_F} \left| \overline{Y_i}(t_0 + T_M) - \overline{Y_i}(t_0) \right| \tag{5.9}$$

oder der quadratische Fehler aus Gl. (5.10)

$$S_Q = \sum^{n_F} \left(\overline{Y_i}(t_0 + T_M) - \overline{Y_i}(t_0) \right)^2 \tag{5.10}$$

verwendet werden. Beide Werte sind Null, wenn die Bilder identisch sind – sich also weder Bewegungen noch Beleuchtungsschwankungen ereignet haben. Allein durch Rauschvorgänge im Videosignal verursacht, werden diese Werte aber von Null verschieden sein. Übersteigt das

5 Videokompression

Ergebnis S_A bzw. S_Q den Schwellwert S_{max}, so ist der Unterschied der beiden Bilder so stark, dass neben anderen Ursachen auch Bewegung angenommen werden kann.

Als erster Ansatz könnte die Berechnung des Abstandsmaßes global über alle Y-Werte der Bildelemente der beiden zu vergleichenden Bilder durchgeführt werden. Dies hat neben einem relativ hohen Rechenaufwand den Nachteil, dass die Y-Werte der Referenzbilder aller Kameras, für die eine Aktivitätsüberwachung durchgeführt wird, verfügbar sein müssen und damit Speicher belegen. Deshalb und aufgrund der Erkenntnis, dass sich Bewegungen nicht im Bereich einzelner Bildelemente, sondern größeren zusammenhängenden Bildbereichen abspielen, werden die Videobilder in n_F so genannte Felder oder Zellen, wie in Bild 5.26, unterteilt. In diesen werden die Mittelwerte $\overline{Y}_i$ der Y-Komponente berechnet, die dann die Grundlage für die Ermittlung der globalen Abstandsmaße in Gl. (5.9) und Gl. (5.10) sind. Für die Referenzbilder der aktivitätsüberwachten Kameras müssen nur noch die Mittelwerte der Y-Komponente, die so genannten Feldmesswerte, im Speicher gehalten werden.

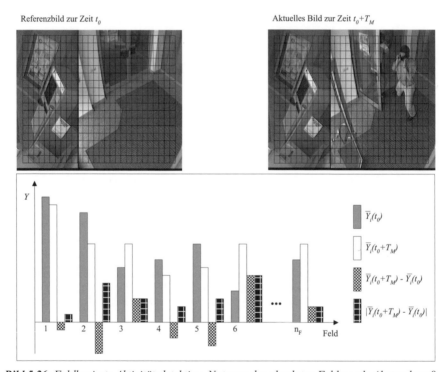

Bild 5.26: *Feldbasierte Aktivitätsdetektion, Nutzung des absoluten Fehlers als Abstandsmaß*

Bei geringen Ansprüchen an die Detektionsqualität ist das bis hierher beschriebene feldbasierte Verfahren schon für eine Vielzahl von Einsatzfällen ausreichend. Vorteil des feldbasierten, globalen Bildvergleichs ist, dass nur ein Parameter – der Aktivitätsschwellwert S_{max} – eingestellt werden muss.

Nachteilig an einer derart einfachen globalen Auswertung ist, dass schon geringfügige globale oder großflächige Helligkeitsänderungen zu gleichen Fehlermaßen führen wie starke lokale Änderungen. Globale Änderungen stammen aber üblicherweise von Beleuchtungsschwankungen her, lokale Änderungen ergeben sich normalerweise aufgrund von Bewegungen im Bild. Eine Unterscheidung zwischen diesen beiden Vorgängen ist mit dem einfachen bisherigen Ansatz nicht möglich.

Weiterhin erfolgt keine Differenzierung zwischen kritischen und unkritischen Bewegungen. Unkritische Bewegungen könnten z. B. andauernde Bewegungen von Maschinenteilen bei Inneneinsatz oder die Bewegung von Bäumen im Wind bei Außeneinsatz sein. Können derartige Bewegungen und zusätzlich Helligkeitsschwankungen im Bild auftreten, führen diese zu einer großen Zahl von Fehldetektionen und damit zu einem geringeren Wirkungsgrad der Reduktion des Speicherverbrauchs. Insbesondere bei Innenanwendungen kann das einfache globale Detektionsverfahren aber durchaus zu sinnvollen Ergebnissen unter der Berücksichtigung der bescheidenen Zielvorgabe – der Reduzierung der Videodatenmenge – führen. Als Ersatz für einen VMD mit dem Ziel einer Alarmdetektion und Auslösung sollte dieser einfache Ansatz nicht gesehen werden.

Die Differenzierung zwischen kritischen und unkritischen Bewegungen im Videobild kann durch die Einführung einstellbarer Überwachungsbereiche erfolgen. Hier wird die Analyse nicht mehr global durch Vergleich aller Felder von aktuellem und Referenzbild durchgeführt. Der Anwender hat, wie Bild 5.27 zeigt, die Möglichkeit, einen oder mehrere Bereiche im Bild einer Kamera auszuwählen, in denen eine Aktivitätsdetektion erfolgen soll. Andere Bereiche, die z. B. permanent unkritische Bewegungen produzieren, werden der Aktivitätsüberwachung nicht unterworfen. Jedem Bereich im Videobild kann eine eigene Aktivität zugeordnet werden. Die Abstandsmaße aus Gl. (5.9) bzw. Gl. (5.10), die das Auslösen der Bereichsaktivitäten steuern, werden nur noch bereichsbezogen berechnet. Pro Bild entstehen damit so viele individuelle Auswertemaße, wie es Bereiche gibt, in die das Bild eingeteilt wird. Dem Auslösen der Bereichs-Aktivitäten kann z. B. ein individueller Aufzeichnungsvorgang zugeordnet sein. Die höhere Detektionsschärfe dieser verfeinerten Lösung erkauft man sich durch einen entsprechend höheren Parametrieraufwand bezüglich der individuell für jede Kamera zu definierenden Überwachungsbereiche.

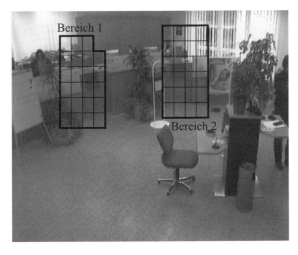

Bild 5.27:
Mehrere Aktivitätsüberwachungsbereiche in einem Kamerabild eines Kassenraumes

Eine weitere Verfeinerung des Verfahrens geht von der Erkenntnis aus, dass Bewegungen sich meist über kleine, lokale Bereiche des Videobildes erstrecken und damit nur wenige der Felder beeinflussen. Demgegenüber sind Beleuchtungsschwankungen globaler Natur, so dass viele Felder beeinflusst werden. Diese Tatsache kann man sich zunutze machen, um zwischen lokalen Veränderungen – also Bewegungen – und globalen Veränderungen – also Beleuchtungsschwankungen – zu unterscheiden. Gemäß dem Verfahren aus [GEUT01] wird diese Erkenntnis folgendermaßen zur Aktivitätsdetektion umgesetzt:

5 Videokompression

- Neben dem absoluten Fehler S_A (oder dem quadratischen Fehler S_Q) wird der Maximalwert S_M des Feldvergleiches entsprechend Gl. (5.11) ermittelt.

$$S_M = \underset{i=1}{\overset{n_F}{Max}}\left(\left|\overline{Y}_i(t_0 + T_M) - \overline{Y}_i(t_0)\right|\right) \tag{5.11}$$

- Das Abstandsmaß zum Vergleich mit dem Schwellwert S_{max} und zur Bewertung, ob eine Bewegung vorlag, wird nun entsprechend Gl. (5.12) gebildet.

$$S = S_M - U \cdot S_A > S_{max} \tag{5.12}$$

Die Größe U hat einen Wertebereich zwischen 0 und 100 %. Sie wird als Unterdrückungsfaktor bezeichnet. Diese einfache heuristische Formel verknüpft globale und lokale Änderungen des Bildvergleiches. Der Bewegungsmesswert S, und damit die Wahrscheinlichkeit des Überschreitens des Bewegungsschwellwertes S_{max}, wird umso größer werden, je stärker sich der Wert S_M über das Niveau der anderen Feld-Helligkeitsdifferenzen des Bildvergleiches erhebt. Demgegenüber liefert ein Wert S_M, der sich z. B. durch Rauschen nur geringfügig vom Gesamtniveau der Helligkeitsdifferenzen abhebt, einen entsprechend niedrigeren Bewegungsmesswert. Bild 5.28 demonstriert dies. Die Messungen a und b entsprechen einer leichten und starken globalen Beleuchtungsschwankung. Der Maximalwert S_M liegt jeweils nur geringfügig oberhalb des Niveaus der anderen Messwerte. Die Messung c hingegen zeigt eine typische Messwertverteilung bei starken lokalen Änderungen. Hier überschreitet das Abstandsmaß die Bewegungsschwelle, wodurch Aktivität signalisiert wird.

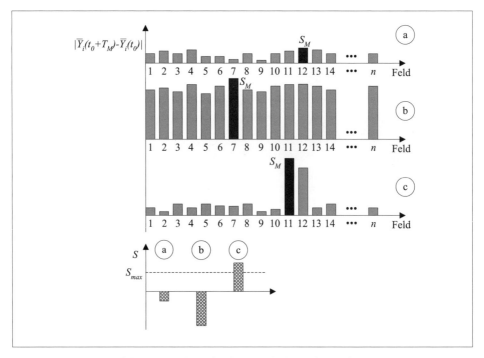

Bild 5.28: *Bewegungsdetektion mit Unterdrückung globaler Bildveränderungen*

Mit dem Unterdrückungsfaktor U lässt sich in der Praxis einstellen, ob globale – nicht zu meldende – Helligkeitsänderungen tendenziell schon bei gleichzeitiger Anregung nur weniger oder erst bei gleichzeitiger Anregung vieler Zellen als solche klassifiziert und damit unterdrückt werden sollen, bzw. umgekehrt, ob lokale – zu meldende – Helligkeitsänderungen nur bei Anregung weniger oder auch mehrerer Zellen als Bewegung erkannt werden sollen. Der Unterdrückungsfaktor sollte nach [GEUT01] so gewählt werden, dass der Bewegungsmesswert einer Referenzszene um den Nullwert schwankt.

Das hier im Überblick beschriebene Messverfahren zur Aktivitätsdetektion kann weiter verfeinert werden. Dazu kann z. B. die Messzeit T_M variiert werden. Eine lange Messzeit eignet sich zum Erfassen von sehr langsamen Bewegungen. Sind Bewegungen sehr langsam, so ist der Unterschied der Felddifferenzen zwischen den beiden verglichenen Bildern bei kurzen Messzeiten gering. Damit wird entweder der Aktivitätsschwellwert nicht überschritten oder die Ansprechschwelle müsste so niedrig gelegt werden, dass es gehäuft zu Fehlalarmen käme. Bei einer langen Messzeit werden die Unterschiede der beiden verglichenen Bilder größer. Ist die Messzeit wiederum zu lang, gehen schnelle Bewegungen verloren, da sie sich unter Umständen komplett im Messintervall T_M abspielen und damit nicht erfasst werden. Ein hochwertiger VMD verwendet deshalb mehrere Messzeiten für eine unterschiedliche Bewertung langsamer und schneller Bewegungen in der Szene.

Durch spezielle Maßnahmen lässt sich das beschriebene Verfahren auch für eine geschwindigkeits- und richtungsabhängige Detektion von Bewegungen einsetzen. Details dazu findet man in [GEUT01]. Derartige Möglichkeiten sind aber mit einem relativ hohen Einstellaufwand verbunden, der für die einfache Zielstellung Datenreduktion oft übertrieben wäre.

Das in diesem Abschnitt beschriebene Verfahren ist nur ein Beispiel aus einer Vielzahl von Verfahren für die Detektion von Bewegungen in Videobildern. Gegenwärtig gibt es eine große Zahl von Ansätzen für eine direkte Objektidentifikation in der Szene, um die Zahl von Alarmfehlmeldungen zu reduzieren. Andere Verfahren detektieren das Erscheinen von Objekten in einer Szene, wobei ein Alarm erzeugt wird, wenn diese Objekte die Szene nicht innerhalb einer bestimmten Zeit wieder verlassen [GIBB96]. Anwendungsfall ist z. B. die Detektion stehen gelassener Gepäckstücke in Flughäfen oder Bahnhöfen oder eine zu lange Verweildauer von Fahrzeugen an kritischen Punkten. Wieder andere Verfahren widmen sich dem Gegenteil, dem Verschwinden von Objekten aus einer Szene. So kann z. B. bei einer Museumsüberwachung ein Alarm ausgelöst werden, wenn Objekte aus der von einer Kamera überwachten Szene verschwinden. Eine weitere Aufgabenstellung für eine derartige fortgeschrittene Videosensorik ist die bereits erwähnte Überwachung der Kamerapositionierung. Es ist möglich, dass ein digitales CCTV-System dann einen Alarm produziert, wenn eine Kamera nicht mehr exakt auf eine voreingestellte Szene ausgerichtet ist. Das erleichtert zum einen die Wartung von CCTV-Systemen und dient zum anderen auch zur schnellen Aufdeckung von Sabotage und Vandalismus. Daneben gibt es noch weitere Verfahren mit hochspezialisierten Algorithmen, wie z. B. die schon erwähnte Nummernschild- oder Gesichtserkennung. Alle hier gelisteten Bildanalyseverfahren sind auf sehr spezielle Einsatzfälle zugeschnitten. Demgegenüber hat eine Videoaktivitäts- und Bewegungsdetektion ein so breites Einsatzfeld, dass jedes digitale CCTV-System über eine derartige integrierte Funktion verfügen sollte.

5.5 Schlussfolgerungen

Die vorhergehenden Abschnitte gaben eine Einführung in den weiten Bereich von Kompressionsverfahren für Videodatenströme. Naturgemäß kann es nicht Ziel eines Buches über CCTV-Technik sein, die einzelnen Methoden in voller Tiefe zu beschreiben. Trotzdem wurde versucht, auch Details der Verfahren zu erläutern, wenn diese zur Bewertung eines Verfahrens auf Tauglichkeit für den Einsatz in einem speziellen CCTV-Szenarium notwendig sind.

Grundsätzlich zeigt dieses umfangreiche Kapitel, dass es, speziell für den CCTV-Einsatz, nicht *das* beste Videokompressionsverfahren an sich gibt. Alle Verfahren haben ihre Vor- und Nachteile. Noch vielfältiger als die Möglichkeiten der verschiedenen Verfahren, sind die Szenarien, unter denen sie für CCTV-Zwecke zum Einsatz kommen könnten. Eine Spieltisch-Überwachung und -Aufzeichnung eines Kasinos stellt ganz andere Ansprüche an das Kompressionsverfahren als die Aufnahme von einzelnen Schnappschüssen durch ein Zutrittskontrollsystem oder die Übertragung von Vorschaubildern in Wachzentralen über ISDN-Leitungen mit geringer Bandbreite. Trotz immenser Fortschritte im Bereich der Bewegtbildkompression haben Einzelbildverfahren, welche die Bilder unabhängig voneinander bereitstellen, nach wie vor ihre Berechtigung bzw. sind abhängig vom Beobachtungsziel anderen Verfahren auch prinzipbedingt überlegen. In einer großen Zahl von Anwendungen ist die mit ihnen verbundene Flexibilität beim Zugriff auf die Bildinformation und die niedrigen Übertragungslatenzzeiten sogar erheblich wichtiger als das letzte Prozent an Kompressionswirkungsgrad, was mit starken Kompromissen bezüglich der Zugriffsflexibilität erkauft werden müsste.

Die vorhergehenden Abschnitte sollen helfen, die unterschiedlichen Möglichkeiten von CCTV-Systemen, mit ihren verschiedenen Methoden der Kompression, fachgerecht beurteilen zu können. Während aktuelle Systeme oft aufgrund spezialisierter Kompressions-Hardware fest an ein bestimmtes Kompressionsverfahren gebunden sind, werden zukünftige Systeme hier mehr Freiheitsgrade eröffnen. Der Schlüssel sind Hardware-Codecs auf Basis leistungsfähiger digitaler Signalprozessoren, die es dem Anwender überlassen, welches Verfahren für einen bestimmten Videokanal je nach Situation zum Einsatz kommen soll. Es werden Multistandardsysteme entstehen, die dem Anwender die Wahl des Kompressionsalgorithmus überlassen. Solche Systeme mindern in Zukunft zwar das Risiko einer Fehlentscheidung bezüglich der Verfahrensfestlegung. Eine optimale Einrichtung derartiger hochkomplexer Videosysteme bedarf nichtsdestotrotz entsprechender Erfahrungen. Welche der Werkzeuge, die durch die verschiedenen Standards bereitgestellt werden, in einem bestimmten Anwendungsszenario nutzbringend oder auch kontraproduktiv sind, kann sich nur durch eine ausgiebige Analyse des Einsatzfalles ergeben.

Gegenüber den standardisierten Kompressionsverfahren aus der Multimedia-Technik offeriert die CCTV-Technik ein Bündel an spezialisierten Verfahren, um relevante von nicht relevanter Bildinformation zu unterscheiden. Der effiziente Einsatz dieser Techniken setzt erheblich mehr Vorinformation zum Anwendungskontext einer CCTV-Anlage voraus. Der meist höhere Projektierungsaufwand wird aber durch ein erhebliches Einsparpotential an Speicherkapazität und Bandbreite belohnt. Außerdem kann ein zielgenauerer Zugriff auf die gespeicherten Videoinformationen erfolgen, wenn zusätzlich zu den Bildern Begleitinformationen der CCTV-Sensorik archiviert werden. Während konventionelle Multimediakompressionsverfahren wohl kaum mehr nennenswerte Verbesserungen bezüglich des Kompressionsfaktors in den nächsten Jahren erwarten lassen, stehen die Verfahren der Bildinhaltsanalyse und deren Nutzung zur Unterscheidung relevanter von nicht relevanter Information gerade am Anfang eines erfolgversprechenden Entwicklungszyklus.

6 CCTV in digitalen Netzen

Außer in eher seltenen autonomen Video-Aufzeichnungssystemen müssen die gespeicherten oder Live-Videodaten eines CCTV-Systems von einer Quelle – also einer Netzwerkkamera oder einem Video-Server – zu einem oder mehreren Empfängern transportiert werden. CCTV-Systeme sollen weiterhin Alarme und andere Ereignisse an räumlich unter Umständen weit verteilte Bedienplätze melden bzw. Steuerinformationen von diesen Bedienplätzen entgegennehmen. Deshalb stellen die Videoübertragungstechniken in digitalen Netzwerken neben der Videokompression eine zweite Kerntechnologie digitaler CCTV-Systeme dar, wie dies in Bild 2.9 gezeigt wurde.

Um Daten zwischen Rechnern und Netzwerkgeräten wie Netzwerkkameras zu transportieren, benötigt man Hard- und Software. Natürlich müssen die Geräte über eine entsprechende Verkabelung oder Funkstrecke miteinander verbunden sein. Diese physikalischen Übertragungsstrecken sind strengen Standards unterworfen. Doch die passenden Kabel stellen noch lange keine funktionierende Kommunikation her. Es muss festgelegt werden, mit welchen Spannungen und in welchen Frequenzbereichen die Information über das Kabel transportiert wird. Weiterhin muss es Regeln zu Strukturierung der Information – die Kommunikationsprotokolle – geben. Der Entwickler und Projektant digitaler CCTV-Systeme benötigt deshalb Kenntnisse zu:

- Netzwerktypen und ihren Leistungsparametern;
- Netzwerkgeräten und ihren Aufgaben;
- Netzwerkprojektierung und Lastanalyse;
- Datenübertragungsprotokollen im Allgemeinen und
- Verfahren zur Videoübertragung in digitalen Netzen im Besonderen.

Ausgehend von einem CCTV-Anwendungsbeispiel gibt das Kapitel zunächst einen Einblick in die prinzipielle Arbeitsweise paketvermittelnder digitaler Netzwerke. Es schließt sich eine Übersicht zu Schichtenmodellen der Kommunikation in Netzen an, welche die Grundlage für die Erklärung der Übertragung von Daten in heterogenen Netzen schaffen. Hier werden die wichtigsten Aufgaben von Kommunikationsprotokollen vorgestellt. Es schließt sich eine Übersicht zu digitalen Netzwerken, die prinzipiell zur Übertragung von Steuer- und Videodaten von digitalen CCTV-Systemen genutzt werden könnten, an. Schwerpunkt wird das am häufigsten eingesetzte Ethernet mit den hier genutzten Netzwerkgeräten bilden. Auch die Möglichkeiten von öffentlichen Telefonnetzen oder Funknetzwerken zum Zugriff auf CCTV-Daten bzw. zur Steuerung der CCTV-Peripherie werden diskutiert. Die hier vorgestellte Hardware-Basis und die Hardware-nahen Schichten der Datenkommunikation in Netzwerken sind die Grundlage des anschließenden Kapitels zur Anwendung des Internet-Protokolls IP in CCTV-Systemen und den Möglichkeiten, die dieses Protokoll speziell im CCTV-Einsatz eröffnet.

6.1 Ein CCTV-Netzwerkszenario

Digitale Netzwerke und die in ihnen betriebenen Datenkommunikationsprotokolle ermöglichen es, Anwendungen wie CCTV als integrierten Bestandteil eines ganz normalen Datennetzes einer Institution zu betreiben. Genauso einfach wie auf Firmendaten, z. B. Kunden- oder Lagerhaltungsdaten, kann auf Informationen des CCTV-Systems zugegriffen werden.

6 CCTV in digitalen Netzen

Man spricht in diesem Zusammenhang von einer Konvergenz der Netzwerkdienste. Normale Arbeitsplatz-Computer werden zu Wiedergabe-, Überwachungsstationen oder Prozesskontrollzentren, vorausgesetzt, die Nutzer haben die entsprechenden Bedienrechte. Die aus dem CCTV-System gewonnenen Informationen können mit anderen üblichen Netzwerkdiensten wie E-Mail[1] oder Daten-Backup verkoppelt werden. Zentralisierte Video-Drucker ermöglichen den qualitativ hochwertigen Ausdruck von Bildern des CCTV-Systems. Aus der Sicht der Netzwerkebene unterscheiden sich die Bild- und Steuerdaten des CCTV-Systems nicht von anderen Daten, seien es Texte, Audiodaten oder Datenbankinformationen. Dies ermöglicht vielfältigste Varianten der Verkopplung verschiedener Netzwerkdienste zu einem großen Ganzen. Selbst der parallele, voneinander unabhängige Zugriff mehrerer Auswertestationen auf den gespeicherten Bild-Datenbestand oder auch die Live-Bilder des CCTV-Systems ist möglich. Dies entspricht einem echten „Video-On-Demand" wie man es sich im Multimediabereich schon lange wünscht. Mehrere Nutzer können den gleichen „Film" sehen, wobei jeder Nutzer die Möglichkeit hat, die Wiedergabe zu verschieden Zeiten zu starten, zu stoppen, zu filtern, zu verlangsamen, mit anderen Kameras zu synchronisieren oder Live-Bilder zu betrachten, ohne andere Nutzer zu beeinflussen.

Bild 6.1 zeigt die vielfältigen Kombinationsmöglichkeiten am Beispiel eines modellhaften CCTV-Szenarios mit heterogener physikalischer und logischer Netzwerktopologie.

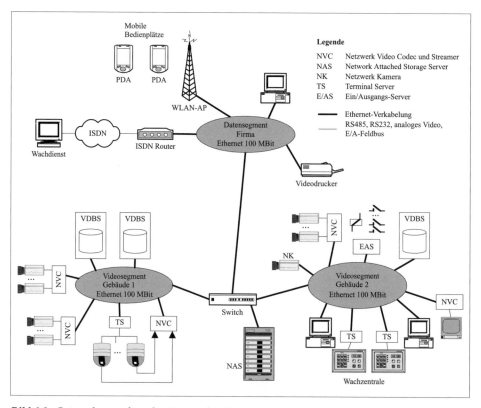

Bild 6.1: *Beispiel eines digitalen Netzwerkes für CCTV-Zwecke*

---

1 Ein Beispiel ist der automatische Versand von E-Mails beim Auftreten von Ereignissen in einem Sicherheitssystem. Neben Textinformationen zu Ursachen von Alarmen können den Anhängen automatisch aus dem CCTV-System entnommene Bilder beigefügt werden.

Das Gesamtnetz besteht hier aus drei Subnetzen oder Segmenten. In jedem der drei Subnetze werden die jeweiligen Netzwerkgeräte an einen so genannten Hub oder Switch angeschlossen. Die Aufgaben dieser speziellen Netzwerkkommunikationsgeräte werden in Abschnitt 6.5.3 beschrieben. Die drei Subnetze sind ihrerseits wiederum über einen zentralen Switch miteinander gekoppelt. Dieses intelligente Netzwerkgerät sorgt dafür, dass zwischen den Segmenten nur dann Informationen ausgetauscht werden, wenn zwei Computer aus unterschiedlichen Segmenten miteinander kommunizieren. Daten, die nur zwischen Computern und Netzwerkgeräten des gleichen Segmentes ausgetauscht werden, „fließen" nicht in die anderen Segmente. Dies reduziert die Datenlast innerhalb der einzelnen Segmente. Z. B. verbleiben die Videodaten des Segmentes von Gebäude 1, die für die Aufzeichnung in den lokalen Videodatenbanken bestimmt sind, innerhalb dieses Segmentes. Videodaten aus Segment 1 werden in anderen Segmenten nur auf Anforderung z. B. für eine Live-Wiedergabe oder bei einer Datenbankrecherche durch die Bedienplätze der Wachzentrale des Segmentes 2 sichtbar.

Das Modellszenario enthält neben üblichen IT-Netzwerkkomponenten wie Switch, Router, Access Point (AP) oder Terminal-Server (TS) eine Reihe CCTV-spezifischer Netzwerkgeräte. Dies sind die Netzwerk-Video-Codecs (NVC), die Netzwerkkamera (NK), mehrere Videodatenbank-Server (VDBS) und ein Ein/Ausgangs-Server (EAS) zur Ansteuerung digitaler Kontakte eines Feldbussystems.

Zwei der Segmente sind speziell für die CCTV-Technik ausgelegt. NVC-Module kodieren analoge Videosignale und stellen sie als digitale Datenströme bereit, wie dies im Abschnitt 7.5.2 noch genauer erklärt wird. Diese Datenströme können entweder von den segment-lokalen Video-Datenbank-Servern (VDBS) aufgezeichnet oder, auf Anforderung, in Echtzeit an Wiedergabeplätze übertragen werden. Das Segment in Gebäude 2 besitzt außerdem einen NVC, der Video wieder dekodiert und auf einen Analogmonitor, alternativ zur Möglichkeit der Darstellung auf den beiden Computer-Monitoren der Wachzentrale, ausgibt. Während die drei VDBS des Modells die Videodaten des CCTV-Systems für einen mittelfristigen Zeitraum speichern, dient ein groß dimensionierter Network Attached Storage Server (NAS) als Langzeitspeicher für den Backup dieser Daten.

Der Einsatz von Terminal-Servern, wie in Bild 6.1, schafft zusätzliche interessante Möglichkeiten im CCTV-Alltag. Diese Geräte stellen virtuelle serielle Datenkanäle über das Netzwerk zur Verfügung. Für die angeschlossenen Geräte präsentieren sich diese wie normale serielle RS232-, RS422- oder RS485-Schnittstellen. Damit können konventionelle Geräte, die noch nicht über direkte Netzwerkschnittstellen verfügen, in den Netzwerkverbund integriert werden. Im Beispiel nutzen die beiden Bediengeräte der Wachzentrale derartige virtuelle serielle Verbindungen, um die Domekameras im Videosegment von Gebäude 1 zu steuern. Zwischen den Gebäuden muss keine separate RS485-Leitung verlegt werden, sondern das bereits verlegte Netzwerk erledigt diese Aufgabe gleich mit. Serielle Verbindungen sind damit nur noch über kurze Distanzen notwendig. Die Steuer- und Videoinformation kann an beliebiger Stelle in das Netz ein- bzw. ausgekoppelt werden.

Im Firmen-Arbeitssegment steht ein weiterer Auswerterechner inklusive eines Netzwerk-Videodruckers zur Verfügung. Zusätzlich stellt das Firmensegment noch Übergänge in öffentliche und Funknetze zur Verfügung. Der Funknetzzugang wird über einen Access Point realisiert. Damit können mobile Bedienterminals drahtlos in das Gesamtkonzept eingebunden werden. Die LCD-Bildschirme (Liquid-Crystal Display) von PDAs und die Bandbreiten von Funknetzen ermöglichen schon heute mobile Einsatzleitzentralen mit Zugriff auf den Datenbestand des CCTV-Systems und der anderen Netzwerkdienste. Die gesamte Systemperipherie, wie Domekameras oder digitales Ein/Ausgangssystem, kann damit ebenfalls mobil bedient werden. Schließlich sorgt ein ISDN-Router (Integrated Services Digital Netzwork) für den Zugriff auf das Netzwerk über das Telefonnetz, z. B. durch einen Wachdienst, der anhand von Vorschaubildern über die Notwendigkeit von Einsätzen entscheiden kann.

6 CCTV in digitalen Netzen

Hard- und Software-Standards sorgen dafür, dass die Vielzahl der aufgeführten Geräte sinnvoll miteinander kommunizieren kann. Diese Standards definieren u. a. die elektrischen Eigenschaften der Verkabelung und Schnittstellen, die Kodierung und Sicherung der im Netz zu übertragenden Information und die Art der Adressierung für die korrekte Zustellung der Informationen.

Das Netzwerk ist das integrale Medium zum Übertragen beliebiger Art von Information, die lediglich an den Endpunkten nahe den Informationsquellen und Senken über geeignete Gerätetechnik, wie z. B. Terminal-Server, ein- bzw. ausgekoppelt werden muss. Ins Netzwerk eingebundene Computer haben direkten, standardisierten Zugriff auf die Informationen vielfältiger Subsysteme einer CCTV-Anlage. Die Vielzahl spezialisierter, herstellerabhängiger Schnittstellen klassischer Systeme entfällt. Gleichzeitig ist das Netzwerk aber auch der Flaschenhals, durch den die vielfältigen, verschiedenartigen Informationen parallel übertragen werden müssen. Die Informationsmenge, die ein Netzwerk übertragen kann, wird durch seine Bandbreite bestimmt. Moderne Netzwerke wie im Modellszenario bieten aber Möglichkeiten der Segmentierung mittels Switch-Technologie, welche wiederum zu einer fast unbeschränkten Skalierbarkeit der übertragbaren Informationsmenge führen.

Die Nutzung digitaler Netzwerke für CCTV-Zwecke bietet große Vorteile gegenüber einer klassischen Video- und Steuerdatenverkabelung. Oft kann das CCTV-System bereits existierende Netzwerkinfrastruktur nachnutzen. Das Netzwerk kann parallel neben den Videodaten Steuerinformationen, wie Telemetriekommandos für Schwenk/Neige-Kameras oder Meldungen von und zu digitalen Ein- und Ausgängen übertragen. Die in klassischen Systemen oft notwendige zur Videoverkabelung parallele Steuerverkabelung entfällt ganz oder beschränkt sich auf das direkte räumliche Umfeld der Datenquelle oder -senke. Dies reduziert wiederum die Leitungskosten, die bei großen Systemen einen der größten Kostenfaktoren darstellen. Ein weiterer positiver Seiteneffekt ist die geringere Störanfälligkeit, da die Datenübertragung mittels entsprechender Kommunikationsprotokolle gesichert wird. Funknetzstrecken verzichten selbst auf den letzten „Draht" zur Informationsübertragung bzw. ermöglichen es dem Anlagenpersonal, sich frei in der Anlage zu bewegen und trotzdem jederzeit die vollständige Prozessinformation zur Verfügung zu haben bzw. von beliebigem Ort aus steuernd in das System eingreifen zu können. Die Übergänge zwischen verschiedenen physikalischen Netzwerken, wie z. B. zwischen Telefonnetzen, privaten Hochgeschwindigkeitsnetzen und Funknetzen, werden von genormten Schnittstellen hergestellt.

6.2 Paketnetze, Kanalmultiplex und virtuelle Verbindungen

Ein sehr gutes Analogon für die Arbeit digitaler, paketvermittelnder Netzwerke ist die Art und Weise, wie die Post Pakete zwischen Absender und Empfänger vermittelt. Der Absender verpackt die Pakete und versieht sie mit Adressinformationen, die den Start- und Endpunkt der Zustellung festlegen. Bezüglich des Inhaltes ist das Paket für die Post eine Black Box. Die Post stellt lediglich die Transportlogistik zur Verfügung. Der Weg, der bei der Zustellung genommen werden muss, ist nicht festgelegt. Geht etwas bei der Zustellung eines Paketes schief, nutzt die Post die Absenderangabe für eine Rückinformation oder Zurücksendung des Paketes. Es soll sogar vorkommen, dass Pakete verloren gehen. Die von verschiedensten Absendern stammenden Pakete werden zentral eingesammelt, zu größeren Paletten aus vielen Paketen zusammengestellt und dann zwischen den einzelnen Punkten des Zustellweges – im Allgemeinen Logistikzentren – transportiert. Oft, insbesondere bei Auslandssendungen, reicht dabei ein Sammelpunkt nicht aus. Die LKW-Ladungen von Paketen werden von Logistikzentrum zu Logistikzentrum transportiert. Dort werden dann entsprechende neue Paletten zusammengestellt und der Transport bis zur nächsten Sammelstelle des Übertragungsweges organisiert. Am Ende sorgt der Postbote dafür, dass der Empfänger die richtige Sendung erhält. Bis auf die vielfältigen technischen Verfahrensdetails, z. B. zur Art der Adressierung, arbeiten digitale Netzwerke völlig analog zum eben beschriebenen Paketzustelldienst der Post.

Bild 6.2 zeigt ein Beispiel einer Paketvermittlung für einen Logistikverteiler. Pakete werden an Eintrittspunkten, den Toren, in den Verteiler eingestellt und an Austrittspunkten wieder entnommen. Die Entnahme wird über die Empfängeradresse des Paketes gesteuert. Die Inhalte D der Pakete sind dabei für das Verteilungsprinzip nicht von Bedeutung.

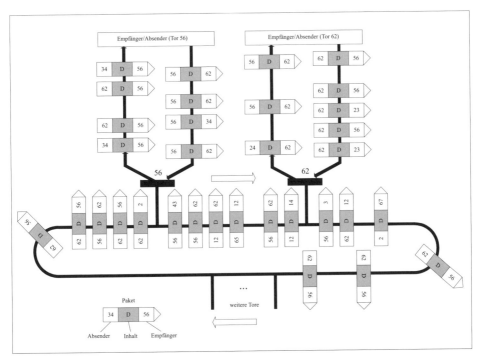

Bild 6.2: Paketvermittlung am Beispiel eines Laufbandes eines Logistikverteilers

Ein Unterschied zwischen Computer-Netzen und Analogien, wie einem Postverteiler, besteht darin, dass die Datenpakete niemals simultan zur gleichen Zeit im Übertragungskanal existieren. Sie werden vielmehr zeitlich nacheinander auf das Medium gegeben und von dem in der Zieladresse angegebenen Gerät entgegengenommen. Erst dann kann das nächste Paket im Netz übertragen werden. Beim Einspeisen der Pakete in das digitale Netzwerk kann es zu Konflikten kommen, wenn zwei Netzwerkgeräte gleichzeitig auf das elektrische Übertragungsmedium zugreifen wollen. Dann kommt es zu Datenkollisionen, die den Inhalt der Pakete zerstören. Diese Kollisionen müssen daher verhindert werden. Dafür gibt es verschiedene Strategien, die sich je nach Art des Netzes unterscheiden. Paketzwischenspeicher sorgen dafür, dass die Pakete so lange in einer Station des Übertragungsweges gehalten werden, bis sie ohne Kollision auf das physikalische Medium, für die Übertragung zur nächsten Station, gegeben werden können.

Das digitale Paketnetz ist also, wie die Post auch, ein Dienstleister, der Pakete unabhängig von ihrem Inhalt – also z. B. Videodaten oder Kundendaten – von Punkt A nach Punkt B überträgt und dafür die notwendige Infrastruktur bereitstellt. Wie bei der Post auch genügt diese Übertragung bestimmten Regeln, die durch Netzwerkstandards festgelegt werden. Entsprechend dem Paketvermittlungsverfahren werden die Originaldaten zunächst in Pakete geeigneter Größe „zerstückelt", mit Adressinformationen versehen und dann im Zeitmultiplexverfahren über das Netzwerk geschickt. Die Hardware-Schnittstellen der am Netz angeschlossenen Computer oder Netzwerkgeräte haben eine eindeutige Adresse. Sie entnehmen dem Strom von Paketen nur diejenigen, die auch an sie gerichtet sind[2], und leiten diese dann an die entsprechenden Computer-Programme zur Bearbeitung weiter. Aus Sicht des einzelnen Computer-Programms oder des Nutzers erscheint es dabei, als stünde ihm das Netz allein zur Verfügung. Die Kommunikationsprotokolle und die Anwendungs-Software verbergen den Paket- und Multiplex-Charakter der Übertragung vor dem Nutzer. Z. B. sorgt das Kommunikationsprotokoll automatisch dafür, dass aus dem Strom von einzelnen „zerstückelten" Netzwerkpaketen, die noch nicht einmal in der zeitlich richtigen Reihenfolge beim Empfänger eintreffen müssen, wieder ein zeitlich wohl geordneter Strom von Videobildern wird. So hat der Anwender den Eindruck, einen eigenständigen Übertragungskanal zu besitzen, obwohl über das physikalische Übertragungsmedium simultan eine Vielzahl solcher Kanäle bereit gestellt wird, wie Bild 6.3 zeigt. Man spricht von Kanalmultiplex und virtuellen Verbindungen.

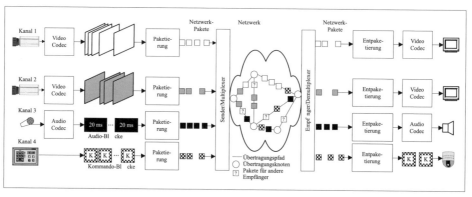

Bild 6.3: *Kanalmultiplex und virtuelle Verbindungen in Paketnetzen*

Die Paketierungseinrichtung in Bild 6.3 zerteilt die übergebenen Bild-, Steuer- oder Audiodatenblöcke von im Allgemeinen unterschiedlicher Größe unabhängig vom Inhalt in Pakete mit einer Größe und Struktur, die den Gegebenheiten des jeweiligen Netzes angepasst ist[3]. Versehen mit Adress- und Steuerinformationen werden diese Pakete dann ins Netzwerk eingespeist. Bild 6.5 zeigt z. B. die Struktur eines Ethernet-Datenpaketes. Der Weg, den das einzelne Paket durch das Netz nimmt, kann, wie Bild 6.3 zeigt, von Paket zu Paket verschieden sein. Große Netze dirigieren die Pakete je nach Lastsituation und Störzustand über eine Vielzahl möglicher Übertragungspfade. Bei kleineren, lokalen Netzen wird der Weg, den ein Paket nimmt, meist vorhersagbar sein. Auf der Empfängerseite entnimmt die Netzwerkschnittstelle des Empfängers die Pakete, die an sie gerichtet sind, aus dem Paketstrom. Höhere Schichten der Software des Empfängers analysieren die Steuerinformation und stellen den originalen Da-

---

[2] Von dieser Regel gibt es bestimmte auch im CCTV-Einsatz wichtige Ausnahmen, wie die Möglichkeit der Entgegennahme aller Pakete, wie sie von so genannten Netzwerkmonitoren genutzt wird, oder die Adressierung des gleichen Paketes an mehrere Adressaten, was beim so genannten Multicast, also z. B. der Übertragung von Live-Video (Abschnitt 7.5.5) an eine Gruppe von Empfängern ausgenutzt wird.

[3] Die Größe eines Paketes hängt vom Typ des Netzes ab. Die so genannte Maximum Tranfer Unit (MTU) legt dabei die maximale Größe von Paketen innerhalb eines Netztyps fest. Die MTU von Ethernet ist z. B. 1.500 Byte.

tenstrom, wie z. B. einen Strom von Videobildern oder Telemetriekommandos, wieder her. Die damit wieder separierten Video-, Steuerdaten- oder auch Audio-Kanäle können individuell und unabhängig voneinander genutzt werden. Die Applikation und der Nutzer bemerkt von all den im Hintergrund dabei ablaufenden Vorgängen nichts.

Standardisierte Übertragungsprotokolle für heterogene Netzwerkstrukturen liefern virtuelle Verbindungen über physikalische Netzwerkgrenzen hinweg. Das Netz wird aus logischer Sicht homogenisiert. Das hat für den Geräteentwickler und Nutzer riesige Vorteile, da er sich um Details der physikalischen Übertragung nicht kümmern muss. Bild 6.4 zeigt ein Beispiel einer virtuellen „Leitung" zwischen zwei Kommunikationsendpunkten eines heterogenen Netzwerkes, die transparent verschiedene physikalische Strecken durchläuft. Die Übergänge zwischen den verschiedenen physikalischen Netzen werden durch Netzwerkgeräte, wie ISDN-Router, welche die Standards aufeinander abbilden, automatisch vorgenommen.

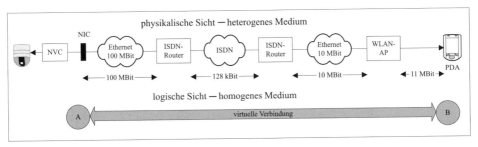

Bild 6.4: *Virtuelle Verbindungen in heterogenen physikalischen Netzen*

Die Übertragungskapazität einer Verbindung zwischen zwei Endpunkten über ein solches heterogenes Netz wird durch das langsamste Gerät der Übertragungskette bestimmt. Befinden sich z. B. die kommunizierenden Endpunkte in getrennten Hochgeschwindigkeitsnetzen, die über eine schmalbandige ISDN-Verbindung, wie in Bild 6.4, gekoppelt sind, so ist die ISDN-Strecke der Flaschenhals der Gesamtübertragungsstrecke. Derartige Engpässe müssen bei CCTV-Projektierungen erkannt werden, um unrealistische Anforderungen, z. B. bezüglich der Videobildraten, aufzudecken.

Die Nutzung standardisierter Übertragungsprotokolle entbindet den Projektanten, von Durchsatzanalysen abgesehen, von der Kenntnis des physikalischen Aufbaus einer Übertragungsstrecke und den Übergängen zwischen verschiedenen physikalischen Netzen. Im Idealfall wird nur die Adresse[4] eines Netzwerkgerätes, sei es eine Domekamera, ein digitaler Videorekorder oder auch ein Bedienplatz, benötigt, um mittels einheitlicher Verfahren auf die Dienste dieser Geräte zugreifen zu können, gleichgültig, wo sich diese Geräte befinden bzw. unabhängig von der konkreten Art der physikalischen Datenübertragung. Der Extremfall dieser Zugriffsflexibilisierung ist das weltweite Internet. Spezialisierte Verkabelungen für die Ansteuerung einzelner Teilsysteme entfallen entweder ganz oder werden nur noch über kurze Distanzen benötigt.

Wie in den Postnetzen zur Weihnachtszeit kann es auch in digitalen Paketnetzen zu Überlastungen kommen. Dieser Fall tritt ein, wenn mehr Pakete pro Zeiteinheit in das Netz eingestellt werden sollen, als das Netz pro Zeiteinheit aufzunehmen vermag. Gerade digitales Video mit seiner meist enormen Datenrate führt hier schnell zu Überlastungen. Derartige Probleme vermeidet man durch entsprechende Dimensionierung der Netze oder Zwischenpufferung in Zei-

---

4 Zum Begriff der Netzwerkadresse wird es speziell im Abschnitt 7.2 zum IP-Protokoll noch detaillierte Erläuterungen geben.

ten von Lastspitzen, aber auch durch gezielte Informationsvernichtung. So ist es z. B. über ein Puffern von wenigen 100 ms hinaus nicht sinnvoll, Video oder Audiodaten, die live übertragen werden sollen, zwischenzuspeichern. Während die Übertragung von Videodaten zur Speicherung meist gesichert erfolgen muss, um Beweisbilder verfügbar zu haben, ist dies bei Live-Bildern nicht unbedingt erforderlich. In Zeiten hoher Lasten können z. B. einzelne Bilder bei der Übertragung verworfen werden.

6.3 Kommunikation nach dem OSI-Schichtenmodell

6.3.1 Aufgaben von Kommunikationsprotokollen

Um zu einem schnellen und sicheren Datenaustausch zu kommen, muss die Daten-Übertragung in digitalen Netzen bestimmten Regeln unterworfen werden. Ein Videokompressor, wie aus Kapitel 5, kann den von ihm erzeugten Bitstrom nicht einfach in Form elektrischer Signale in ein digitales Netzwerk einspeisen. Ohne weitere Informationen würde kein Netzwerkgerät verstehen, dass es sich hier um Video handelt. Die Daten würden nicht einmal vom Empfänger als für ihn bestimmt erkannt werden, da jegliche Adressangaben fehlen. Deshalb bedarf es standardisierter Regelwerke, die den Datenaustausch zwischen Netzwerkgeräten steuern. Dies ist die Aufgabe von Kommunikationsprotokollen.

Ein Analogon zu den Aufgaben von Kommunikationsprotokollen stellt die menschliche Kommunikation dar. Menschliche Gesprächspartner einigen sich meist unbewusst auf eine Reihe von Regeln, um vom jeweiligen Gegenüber verstanden zu werden. Z. B. wird ein in eine größere Menge geworfener Satz oft nicht den Empfänger erreichen, wenn man ihn nicht vorher auf sich aufmerksam macht – also eine Verbindung herstellt. Er geht schlicht im Wortgewirr unter. Bei Menschen mit Hörproblemen muss sich das Gegenüber auf eine langsame, klare und lautere Sprechweise einstellen. Menschen aus verschiedenen Ländern müssen sich über irgendein Verfahren auf eine Sprache einigen, die von beiden Parteien verstanden wird. Dazu testen die beiden potentiellen Gesprächspartner ihre Möglichkeiten. Bejahen beide den Satz „Do you speak English" ist der Verlauf der folgenden Kommunikation – meist – geklärt, wobei die beiden Gesprächspartner intuitiv das mögliche Sprachniveau erfühlen und z. B. die Wortwahl an der Abschätzung der Fähigkeiten des Gegenübers orientieren. Wird ein Satz nicht verstanden, wird vom Empfänger die Notwendigkeit einer Wiederholung signalisiert. Die entsprechenden Wiederholungen finden so lange statt, bis der Empfänger Verständnis kundtut – oder eben bis der Sprecher es aufgibt. Komplexer und bewusst gesteuert sind Kommunikationsregeln auf Tagungen oder Staatsbesuchen. Oft wird in der Agenda festgelegt, wer wann und wie lange und gegebenenfalls sogar worüber reden darf und was passiert, wenn diese Vorgaben verletzt werden.

Diese im täglichen Leben oft trivial erscheinenden Vorgänge treten prinzipiell auch in der Computer-Kommunikation auf und müssen hier aufwändig automatisch gelöst werden. Senden z. B. mehrere Computer gleichzeitig ihre Daten über das gleiche Medium, werden diese zerstört, vom Empfänger nicht verstanden und müssen nach entsprechender Signalisierung wiederholt werden. Sendet ein Computer die Daten schneller, als der Empfänger sie aufzunehmen in der Lage ist, gehen Daten verloren. Das empfangende Gerät braucht Informationen zum Inhalt der übertragenen Daten, damit sie z. B. einem zugeordneten Programm zur Bearbeitung übergeben werden können. Komprimierte Videodaten müssen z. B. dekomprimiert und dargestellt werden. Dazu muss der Empfänger ab einer gewissen Ebene wissen, dass das, was er da als Bitstrom empfängt, komprimierte Bilddaten sind, und nach welchem Verfahren und mit welchen Prozessparametern die Kompression erfolgte. Für alle diese Aufgaben ist eine Strukturierung des Datenstromes nach festen Regeln notwendig, die sowohl Sender als auch

Empfänger einer Datenübertragung beherrschen müssen. Diese Struktur wird dem Datenstrom durch standardisierte, aber auch proprietäre Kommunikationsprotokolle aufgeprägt. Insbesondere Protokolle höherer Schichten der Kommunikation und speziell bei der Multimediakommunikation sind auch heute oft noch herstellerabhängig.

Netzwerk-Kommunikationsprotokolle haben zusammengefasst die folgenden wichtigen Aufgaben:
- Aushandlung eines gemeinsamen Übertragungsverfahrens zwischen zwei Kommunikationsteilnehmern;
- Festlegung der Art der Adressierung der Kommunikationsknoten im Netzwerk;
- Definition eines Vermittlungsverfahrens für Datenpakete über Netzwerkgrenzen hinweg (Routing-Verfahren);
- automatische Korrektur von Übertragungsfehlern;
- Erkennung von Übertragungsfehlern durch Signalisierungsverfahren und Einbetten entsprechender Kontrollinformation in den Datenstrom;
- Datenkompression und -dekompression;
- Datenver- und -entschlüsselung;
- Paketierung und Kodierung der Informationen auf eine dem physikalischen Medium optimal angepasste Größe und Struktur der elektrischen Signale;
- Methoden zum Auf- und Abbau von virtuellen Übertragungskanälen;
- Bandbreitensteuerung insbesondere bei der Echtzeitübertragung von Multimediadaten;
- Datenflusskontrolle;
- Anmeldeprozesse mit Berechtigungsprüfungen für den Zugriff auf Netzwerkdatenkanäle und die
- Definition des Aufbaus der Netzwerkpakete. Z. B. muss der Empfänger eines Paketes wissen, an welchen Positionen im Paket Adress- oder Kontrollinformationen zu suchen sind und wo sich die eigentlichen Nutzdaten befinden. Bild 6.5 zeigt dazu als Beispiel den Aufbau eines Ethernet-Paketes[5].

8 Byte	6	6	2	46...1500	4
Präambel	Zieladresse	Absenderadresse	Länge	Nutzdaten	Prüfsumme

Bild 6.5: Aufbau eines IEEE 802.3 Ethernet-Paketes

Um ihre Aufgaben erfüllen zu können, müssen Kommunikationsprotokolle den eigentlichen Nutzdaten Steuerinformationen beigeben. Diese führen zu einem so genannten Protokoll-Overhead, der das Verhältnis zwischen Nutz- und Steuerinformation angibt. Ohne Anspruch auf Exaktheit sei z. B. für die heute meist im CCTV-Bereich eingesetzte Kombination aus 100 MBit Ethernet und IP-Protokollen, mit etwas Sicherheitsbereich, ein Overhead von etwa 20 % der gesamten Übertragungsbandbreite genannt. Diese Faustformel hat sich in der Projektierungspraxis bei Bandbreitenabschätzungen gut bewährt.

6.3.2 Schichten des OSI-Modells

Wie bei der menschlichen Kommunikation gibt es auch bei Computern keine naturgegebene Art, wie Kommunikation am sinnvollsten zu regeln ist. Es gibt nur mehr oder weniger erfolg-

---
[5] Man spricht auch von Ethernet-Frames. Da es aber zu Verwirrungen mit dem Begriff Frame aus der Videotechnik kommen kann, bleiben wir beim Begriff des Datenpaketes.

6 CCTV in digitalen Netzen

reiche Modelle. Das Open Systems Interconnection (OSI) -Schichtenmodell ist eines der bekanntesten Modelle. Es hat allerdings weniger praktischen denn didaktischen Wert als Lehrbeispiel bzw. als Referenzmodell, an dem weit verbreitete Protokolle, wie z. B. TCP/IP, erklärt werden können. Außerdem ist das OSI-Modell sehr gut geeignet, um eine Einordnung aktiver Netzwerkgeräte wie Hub, Switch oder Router vorzunehmen und deren Aufgaben plausibel zu machen, wie dies in Abschnitt 6.5.3 erfolgt.

Das OSI-Modell wurde von der ISO im Jahre 1984 mit der Norm ISO 7498 festgeschrieben. Zielstellung war es, wie der Name sagt, ein offenes Kommunikationsmodell für Datenübertragungen in heterogenen Netzwerken zu definieren. Ausgangspunkt waren die Erfahrungen, die mit den bis dahin verfügbaren Computer-Netzwerken, wie der ersten Ethernet-Generation oder dem IP-Protokoll, gewonnen wurden. Vor dem OSI-Modell gab es für das Regelwerk der Kommunikation kein einheitliches Schema. Die verschiedenen Netzwerktypen lösten und lösen teilweise bis heute die mit der Kommunikation verbundenen Aufgabenstellungen auf jeweils eigene, individuelle Weise. Es ist die Leistung des OSI-Modells, die dabei immer wieder gleichartig auftretenden Problemstellungen schematisiert und standardisiert zu haben. Das OSI-Modell strukturiert die Kommunikation, wie Bild 6.6 zeigt, in sieben Schichten, die nach oben hin ein wachsendes Abstraktionsniveau haben. Die rechts dargestellten Protokolle realer Netzwerke können den Schichten des OSI-Modells zugeordnet werden. Insbesondere in den drei obersten Anwendungsschichten ist diese Zuordnung aber nicht immer eindeutig.

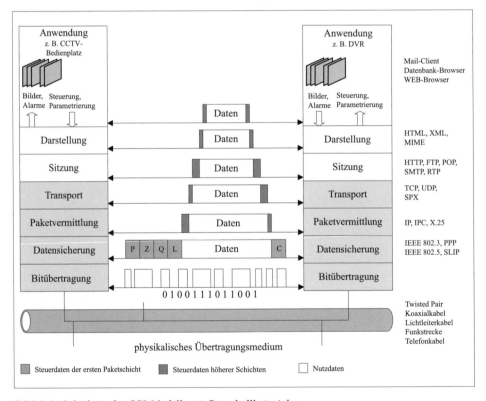

Bild 6.6: *Schichten des OSI-Modells mit Protokollbeispielen*

Die *Bitübertragungsschicht* (Physical Layer) überträgt die einzelnen Bits eines Datenpaketes in Form elektrischer Signale an den Empfänger. Die Bedeutung der Bits spielt dabei keinerlei

Rolle. Vielmehr sind Aspekte wie Kodierung, Zeitverhalten, Spannungspegel oder Steckerbelegungen der Schnittstelle zum Übertragungsmedium wichtig. Auf Ebene der Bitübertragungsschicht gibt es keinen Unterschied zwischen Nutz- und Steuerinformation einer Übertragung, wie Bild 6.6 zeigt. Die Bitübertragungsschicht und die folgende Datensicherungsschicht sind im Allgemeinen direkt in die Hardware-Schnittstelle eines Netzwerkgerätes, also z. B. des Network Interface Controllers (NIC) eines Computers, integriert.

Die *Datensicherungsschicht* (Data Link Layer) sorgt dafür, dass Übertragungsfehler automatisch erkannt und korrigiert werden. Weiterhin wird geregelt, wie mehrere konkurrierende Sender auf das physikalische Medium zugreifen können. Die im Netzwerk direkt miteinander verbundenen Geräte haben eindeutige physikalische Adressen, die so genannten Media Access Control- oder MAC-Adressen, die in den Paketen dieser Schicht als Absender und Ziel, wie in Bild 6.5 für ein Ethernet-Paket gezeigt, angegeben werden müssen. Diese Adressen haben jedoch lokalen Charakter. Sie sind über Segmentgrenzen hinaus nicht sichtbar. Deshalb können Pakete dieser Schicht auch nicht direkt für eine segmentübergreifende Vermittlung von Datenpaketen verwendet werden. Die Datensicherungsschicht ist die erste Paketebene des OSI-Modells. Hier wird bestimmt, welche maximale Größe (MTU) ein Paket haben kann. Außerdem erhält das Paket eine feste Struktur bezüglich der Aufteilung in Steuer- und Nutzinformation.

Die *Vermittlungsschicht* (Network Layer) definiert ein segmentübergreifendes, logisches Adressierungsverfahren. Die Adressierung ist nicht von der physikalischen Struktur des zugrunde liegenden Netzes abhängig. Deshalb können Pakete dieser Schicht auch über Segment- und Netzwerkgrenzen vermittelt werden. In der Vermittlungsschicht erfolgt weiterhin eine Paketierung der aus höheren Schichten entgegengenommenen Daten auf die für das jeweilige physikalische Netzwerk vorgegebene Größe. Das IP-Protokoll mit den hier verwendeten IP-Adressen gehört zu dieser Ebene.

Die *Transportschicht* (Transport Layer) fügt den zu übertragenden Daten Steuerungsinformationen bei, die für eine sichere geordnete Übertragung sorgen. Auf Empfängerseite erzeugt diese Schicht aus den netzwerkbezogenen Paketen wieder die ursprünglichen Anwendungsdaten – also z. B. einzelne komprimierte Bilder, GOPs oder Telemetrie-Steuerkommandos, die der Zielanwendung übergeben werden. Die Transportschicht bekämpft eine Reihe von Effekten, die in Paketnetzen auftreten können. Dazu gehören Paketverluste, Duplizierungen oder eine falsche zeitliche Reihenfolge durch Übertragung auf verschiedenen Wegen.

Die *Sitzungsschicht* (Session Layer) verwaltet die Verbindungen, die für die korrekte Kommunikation der übergeordneten Schichten notwendig sind. Z. B. kann die Kommunikation über je einen unabhängigen Hin- und Rückkanal erfolgen, die sich den folgenden Schichten aber als gemeinsamer Kanal präsentieren. Außerdem kann hier ein Anmeldeverfahren für den gesicherten Zugriff auf die Ressourcen eines Netzwerk-Datenbank-Servers definiert werden. Ist ein CCTV-System fähig, Video-Streams[6] zu erzeugen, so sorgt diese Schicht für den Auf- und Abbau dieser Datenströme.

Die *Darstellungsschicht* (Presentation Layer) interpretiert die übertragenen Daten und bringt sie auf Formate, die von der Anwendungsschicht sinnvoll verarbeitet werden können. Für CCTV-Zwecke wichtig zu wissen ist, dass Datenkompression und -dekompression in OSI zur

---

6 Unter einem Video-Stream soll ein Bilddatenstrom verstanden werden, der von einem NVC nach Anforderung automatisch so lange gesendet wird, bis dieser durch einen dafür vorgesehenen Mechanismus wieder gestoppt wird. Man spricht auch von einem Push-Übertragungsverfahren. Die Alternative sind Polling- bzw. Pull-Verfahren, bei denen der oder die Empfänger einzelne Bilder oder Sequenzen von der Quelle abfragen. Der Zugriff auf Speicherbilder von VDBS erfolgt im Allgemeinen im Pull-Modus, während Live-Bilder eines digitalen Videokanals nach Start des Streams ohne weitere Interaktion des oder der Empfänger gesendet werden. Abschnitt 7.5.3 wird hierzu noch detaillierte Erläuterungen bringen.

6 CCTV in digitalen Netzen

Darstellungsschicht zugeschlagen werden. Ein Video-Codec ist damit bezüglich OSI auf dieser Stufe angesiedelt. Ebenfalls in diese Stufe fallen Methoden zur Datenverschlüsselung.

Die *Applikationsschicht* (Application Layer) schließlich ist die Schicht, ohne die die untergeordneten Schichten nicht gebraucht würden. Hier erfolgt die eigentliche Nutzdatenverarbeitung und Interaktion mit dem Anwender. Die Auswahl und Darstellung eines Videokanals oder die Reaktion auf eine Alarmmeldung des digitalen CCTV-Systems sind z. B. Aufgaben der Applikationsschicht.

Das OSI-Modell definiert eine klare Trennung der Aufgaben der einzelnen Kommunikationsschichten. Damit sind z. B. die höheren Schichten von Kenntnissen um die Arbeitsweise der untergeordneten Schichten befreit. Ein Video-Codec muss nicht wissen, dass in der untersten Schicht ein Ethernet mit einer MTU von 1.500 Byte betrieben wird. Er muss auch nicht die MAC-Adressen der Rechner im Netzwerk kennen, um seine Aufgabe, also die Bildkompression, durchzuführen. Der Codec erzeugt komprimierte Bilder oder GOPs und übergibt diese über ebenfalls standardisierte Schnittstellen an die unteren Schichten des Protokollstapels. So wird die Information von oben nach unten weitergegeben, wobei sie gegebenenfalls entsprechend den Forderungen der jeweiligen Stufe umkehrbar transformiert oder zerlegt werden muss. Auf jeder Stufe wird, wie Bild 6.6 zeigt, weitere Steuerinformation, die für diese Stufe wichtig ist, den Paketen hinzugefügt. Letztendlich gelangen die Informationen in die Bitübertragungsschicht, die diese geregelt auf das physikalische Medium gibt. Bei der Entgegennahme passiert das Gleiche. Ein Video-Browser muss ebenfalls nicht wissen, dass die ihm von der Darstellungsschicht zugestellten Bilder über ein 4 MBit Token Ring Netz mit einer MTU von 4.496 Byte gesendet wurden oder über welche Schichten sie durch den jeweiligen Protokollstapel zu ihm gelangt sind. Er erhält vollständige Bilder oder Alarmmeldungen und präsentiert diese gemäß seiner Implementation.

6.3.3 Praktische Konsequenz der Schichtenkommunikation

Die recht abstrakten Aussagen des Abschnitts 6.3.2 haben enorme praktische Konsequenzen. Eine der am häufigsten bei der Projektierung von Netzwerkanwendungen, wie es Client-Server-basierte CCTV-Systeme sind, gestellten Fragen ist die, ob ein spezielles System in einer vorgegebenen, oft heterogenen, Netzwerkinfrastruktur Bilder übertragen kann. Setzt das CCTV-System seine Kommunikation auf den höheren Schichten des OSI-Protokollstapels oberhalb der Transport-Schicht, z. B. auf dem in Abschnitt 7.1.2 erläuterten Transport Control Protocol TCP, auf, kann diese Frage ganz einfach, bei allen heute gängigen Netzwerktypen, mit Ja beantwortet werden. Nahezu alle gegenwärtigen Betriebssysteme und Netzwerkgeräte unterstützen z. B. die Kommunikation über das IP-Protokoll und die ihm zugehörigen Unterprotokolle der Transportschicht. Netzwerkkartenhersteller wiederum stellen für die Betriebssysteme Treiber her, welche die Kommunikation der IP-Schicht mit den Hardware-nahen Schichten des OSI-Modells ermöglichen. Die in der Vergangenheit oft extrem aufwändigen Anpassungen einzelner Systeme an proprietäre Protokolle oder gar Kommunikations-Hardware entfallen vollständig. Neben dem damit wegfallenden Kostenfaktor bei der Entwicklung profitieren Netzwerkanwendungen wie digitales CCTV von der mit dieser Standardisierung gewonnenen Stabilität der Übertragung. Man kann sich bei der Entwicklung auf die gesicherte Funktion einer Ethernet- oder Bluetooth-Übertragung und den darüber angeordneten Kommunikationsprotokollstapel verlassen und braucht nicht das Rad immer wieder neu zu erfinden.

Da Protokollstapel, die dem OSI-Modell entsprechen, routing-fähig sind, ist auch eine Vermittlung von Informationen über Netzwerkgrenzen kein Problem. Der Extremfall ist der Zugriff über das Internet.

Ganz so einfach ist die Sache allerdings nun auch wieder nicht. Die in älteren Systemen notwendige Soft- und Hardware-Entwicklung wird durch eine Administration des zu nutzenden Netzwerkes ersetzt. Den Netzwerkgeräten müssen Netzwerkadressen, wie z. B. IP-Adressen, zugeordnet werden. Dazu bedarf es in großen Netzen einer entsprechenden Projektierung und Adressplanung. Weiterhin muss sichergestellt werden, dass die Pakete des CCTV-Systems auch an die Zieladressen gelangen können. Dies wird z. B. oft durch so genannte Firewalls verhindert, die aus Sicherheitsgründen nur Datenpakete bestimmter Typen passieren lassen. Das größte Problem, gerade für digitale Videosysteme, ist jedoch die in einer heterogenen Netzwerkinfrastruktur verfügbare Bandbreite zwischen den potentiellen Endpunkten einer Bildübertragung. Bild 6.4 zeigt z. B. den Flaschenhals, den eine in der Übertragungskette liegende langsame ISDN-Verbindung erzeugen kann. Trotz der enormen Flexibilität, die der Einsatz moderner Kommunikationsprotokolle mit sich bringt, ist eine sorgfältige Projektierung notwendig, um diese Schwachstellen aufzudecken und gegebenenfalls zu beseitigen. Nichtsdestotrotz ist die Beantwortung der eingangs gestellten Frage zur Möglichkeit des Betriebs von CCTV-Systemen in einem vorgegebenen Netz heute erheblich einfacher als in der Vergangenheit. Der durch die Abstraktion der Kommunikation gewonnene Zugewinn an Flexibilität wird im Bereich digitales CCTV gerade erst ausgelotet und in eine Vielzahl neuer Produkte umgesetzt. Ein Beispiel sind die mobilen „Wachplätze" des Bildes 6.1, die ohne große Anstrengungen in einen bestehenden CCTV-Netzwerkverbund integriert werden können.

6.4 Kategorien physikalischer Netze

Physikalische Netzwerke sollen im Folgenden als Einheit von
- Netzwerkgeräten;
- Netzwerkschnittstellen;
- Übertragungsmedium und den
- Protokollen der Bitübertragungs- und Datensicherungsschicht des OSI-Modells

verstanden werden. Die geordnete Kommunikation in der physikalischen Netzwerkebene ist die Voraussetzung für das Funktionieren von Protokollen der höheren Schichten des OSI-Modells, von denen auf die Klasse der IP-basierten Protokolle im anschließenden Kapitel 7 eingegangen werden soll.

Digitale Netzwerke können nach ihrer Reichweite, nach ihrer Topologie, nach dem Übertragungsverfahren oder der Art des Zugangs – also öffentlich oder privat – kategorisiert werden. Die Einteilung nach der Topologie erfolgt nach Bus-, Ring- oder Sternstruktur, wie Bild 6.7 zeigt. Für die Nutzung im Rahmen von CCTV hat diese Art der Kategorisierung aber keine große Bedeutung.

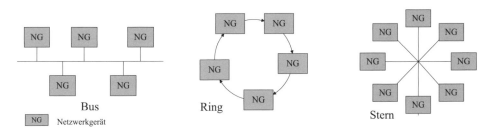

Bild 6.7: *Topologien von Netzwerken*

6 CCTV in digitalen Netzen

Wichtiger ist eine funktionale Einteilung nach:
- Local Area Network – LAN;
- Wide Area Network – WAN und
- Funknetzen.

Im Folgenden soll ein Überblick zu verschiedenen Typen von Netzwerken dieser drei Kategorien gegeben werden. Das Ethernet als das gegenwärtig am häufigsten eingesetzte LAN soll dabei etwas detaillierter beschrieben werden, da es auch die häufigste und gegenwärtig leistungsfähigste Netzwerkinfrastruktur für digitale CCTV-Systeme darstellt.

Da die meisten gegenwärtigen digitalen CCTV-Systeme als Netzwerkprotokoll IP verwenden, ist aber, wie schon ausgeführt, prinzipiell die Übertragung ihrer Daten über alle im Folgenden aufgeführten Netzwerktypen möglich. Ob eine solche Nutzung auch sinnvoll ist, entscheidet aber die verfügbare Bandbreite als wichtigstes Kennzeichen eines digitalen Netzes und natürlich der Anspruch des Anwenders an die Videoqualität.

6.5 CCTV in lokalen Netzen – LAN

LANs sind geschlossene, private und meist räumlich begrenzte Netzwerke von Organisationen oder Firmen. Innerhalb eines LAN wird ein einheitlicher physikalischer Netzwerkstandard verwendet. Dieser definiert:
- die Art der Verkabelung;
- die elektrischen Netzwerkschnittstellen;
- die Netzwerktopologie – also ob es sich um ein Ring-, Bus- oder Sternnetz handelt;
- die Art der Erlangung des Schreibzugriffs auf das Netzwerk und
- die grundlegenden Mechanismen der Paketübertragung.

Schnittstellen zu öffentlichen Netzen oder zu LANs anderer Standards werden über spezialisierte Netzwerkgeräte wie Router und Gateways bereitgestellt. LANs stellen im Allgemeinen wesentlich höhere Bandbreiten als WANs oder Funknetze bereit. Durch Segmentierung sind derartige Netzwerke praktisch beliebig erweiterbar.

Die gegenwärtig am weitesten verbreiteten LAN-Standards sind das Ethernet und der Token Ring. Token Ring-Netzwerke sind allerdings stark im Rückgang begriffen. Der Großteil gegenwärtiger digitaler CCTV-Anlagen nutzt das Ethernet als leistungsfähiges und kostengünstiges Übertragungsmedium. Der Ethernet-Anteil der weltweiten Installation im LAN-Bereich bewegt sich bei über 85 %.

6.5.1 Token Ring

Das ursprünglich von IBM entwickelte Token Ring Verfahren wurde als IEEE (Institute of Electrical and Electronic Engineers) 802.5 standardisiert. Paradoxerweise ist die elektrische Struktur eines Token Ring-Netzwerkes ein Stern, mit einem speziellen Token Ring-Netzwerkverteiler, der so genannten Media Attachment Unit (MAU), im Zentrum. Innerhalb dieses elektrischen Sternnetzes bilden die Netzwerkgeräte einen logischen Ring dadurch, dass die Datenpakete in einer durch die Anordnung der Geräte festgelegten Reihenfolge von Gerät zu Gerät weitergereicht werden, bis ein Empfänger gefunden ist. Da dieser logische Ring durch den Ausfall eines Gerätes oder Netzwerkknotens unterbrochen würde, müssen entsprechende Maßnahmen getroffen werden, um die Kommunikation in solchen Fällen aufrecht zu erhalten. Dies wird von der MAU geleistet.

Um Datenkollisionen bei Zugriff mehrerer sendewilliger Geräte auf den Ring zu vermeiden, muss der Ring für das Senden reserviert werden. Der Token Ring verwendet dazu das so genannte Token Passing-Verfahren. Hier läuft ein speziell kodiertes Datenpaket – das Token – im Ring von Station zu Station. Dieses zeigt an, ob der Ring frei für eine Übertragung ist oder ob gerade gesendet wird. Ein Token Ring-Gerät, welches senden möchte, muss warten, bis ein entsprechendes Frei-Token verfügbar ist. Taucht dieses auf, so wird es von der sendewilligen Station übernommen und damit der Ring für andere sendewillige Stationen so lange blockiert, bis der Datentransfer des vorhergehenden Senders abgeschlossen ist. Damit auch andere Stationen an die Reihe kommen können, darf dabei die einzelne Station das Zugriffs-Token für maximal 10 ms behalten.

Die Übertragungsrate von Token Ring-Netzwerken liegt bei älteren Netzen bei 4 MBit/s. Neuere Installationen haben eine Übertragungsrate von 16 MBit/s.

Token Ring-Netze kommen in der CCTV-Praxis nur noch dann vor, wenn es um den Betrieb der CCTV-Geräte innerhalb einer bestehenden Token Ring-Infrastruktur geht. In der Praxis ist der Kampf der früheren Konkurrenten Ethernet und Token Ring zugunsten von Ethernet entschieden. Weitere Entwicklungen dieser Technologie mit einer ähnlichen Dynamik, wie bei Ethernet, sind nicht mehr zu erwarten. Bei Neuinstallationen von LANs wird praktisch immer auf Ethernet zurückgegriffen. Ethernet-zu-Token-Ring-Umsetzer sind gängige Netzwerkkomponenten. Diese überbrücken die beiden Netzwerkwelten speziell bei Anwendung des Internet Protokolls transparent für CCTV- und natürlich auch andere IP-basierte Anwendungen. Ein Übergang zwischen diesen beiden Netzwerkwelten ist damit kein Problem.

Mit 16 MBit/s hat die aktuelle Variante des Token Rings nur ein Fünftel der Übertragungskapazität des weit verbreiteten und kostengünstigen 100 MBit/s Ethernets. Bei M-JPEG-basierter Videokompression ist der Token Ring in der Lage, maximal die digitalisierten Daten von zwei Kameras mit voller Bildrate zu übertragen.

6.5.2 Ethernet

6.5.2.1 Bandbreiten und Verkabelungsstandards

Historisch entstand das Ethernet aus Entwicklungen der Firma Xerox in den 70er Jahren. Heute ist Ethernet der Sammelbegriff für eine Vielzahl unterschiedlicher Verkabelungsstandards für Koaxial-, Kupfer- oder Lichtwellenleiter (LWL) und von Netzen unterschiedlicher Übertragungskapazitäten. In allen aktuellen Ethernet-Varianten wird die Übertragung von Daten nach dem aus dem Jahre 1985 stammenden IEEE 802.3-Standard geregelt. Einen weitgehend vollständigen Überblick zum umfangreichen Themengebiet Ethernet bietet [RECH02]. Wir konzentrieren uns im Folgenden auf die für den CCTV-Praktiker wichtigen Anwendungsaspekte dieses Allround-Netzwerkes.

Wie beim Token Ring legt der IEEE 802.3-Standard die Protokolle der Bitübertragungs- und Datensicherungsschicht fest. Ethernet ist ein Paketvermittlungsverfahren, welches im Basisband überträgt. Der Aufbau eines Ethernet-Paketes gemäß IEEE 802.3 wurde bereits in Bild 6.5 gezeigt. Im Ethernet verwendete MAC-Adressen haben, wie Bild 6.5 ebenfalls zeigt, eine einheitliche Länge von 6 Byte, die in Form von Hexadezimalzahlen, also z. B. 08:00:46:0D:AC:16, angegeben werden. Jede Ethernet-Zugangsschnittstelle, wie z. B. ein NIC, hat eine weltweit eindeutig vergebene Ethernet-MAC-Adresse. Trotz der großen Vielfalt an Verkabelungs- und Bandbreitentypen sind Ethernet-Installationen älterer und neuerer Generationen über handelsübliche Gerätetechnik problemlos koppelbar.

Wie beim Token Ring auch definiert IEEE 802.3 den Mechanismus der Steuerung des Zugriffs mehrerer sendewilliger Netzwerkgeräte auf das gemeinsame Übertragungsmedium. Beim

6 CCTV in digitalen Netzen

Ethernet wird dieses Verfahren CSMA/CD (Carrier Sense Multiple Access with Collision Detection) bezeichnet. Vereinfacht beschrieben funktioniert das Verfahren folgendermaßen:

- Mehrere Stationen haben gleichzeitig Zugriff auf das Übertragungsmedium (Multiple Access – MA).
- Eine sendewillige Station prüft anhand von Spannungspegelmessungen, ob das Medium frei ist (Carrier Sense – CS). Der Ethernet-Standard definiert dafür Spannungspegel, die bei Einhaltung der Spezifikationen bei der Netzinstallation eindeutig die Zustände Frei, Besetzt bzw. Kollision auf dem physikalischen Medium erkennen lassen.
- Ist das Netz frei, beginnt die Station mit dem Senden. Während eines Sendevorganges wird wiederum anhand von Pegelmessungen geprüft, ob es zu einer Kollision mit dem Sendevorgang einer anderen Station kam (Collision Detection – CD).
- Daraufhin wird das Senden eingestellt und so genannte JAM-Signale Signale gesendet, die eine Datenblockierung anzeigen. Die empfangenden Stationen verwerfen daraufhin die bisher eingetroffenen Daten.
- Die sendewilligen Stationen warten nun voneinander unabhängig eine zufällige Verzögerungszeit und versuchen es danach erneut.

Das Funktionieren des CSMA/CD-Verfahrens ist von den Laufzeiten der Ethernet-Pakete über die Netzwerkverkabelung abhängig. Deshalb ist das Ethernet empfindlich gegenüber Überschreitungen der Längenspezifikationen für die verschiedenen Verkabelungssysteme. Man spricht von einer so genannten Kollisionsdomäne, was im Prinzip einer Längenfestlegung entspricht. Räumlich ausgedehnte Netze müssen über Netzwerkgeräte wie Bridge oder Switch, die in Abschnitt 6.5.3.2 erläutert werden, entkoppelt werden. Die dabei entstehenden Teilnetze bzw. Segmente stellen eigene Kollisionsdomänen dar, die wieder die volle Länge der Verkabelung gemäß Spezifikation erlauben.

Nach der Übertragungskapazität geordnet gibt es Ethernet heute in den in Tabelle 6.1 zusammengefassten vier Varianten.

Tabelle 6.1: Ethernet-Übertragungskapazitäten und Kabelsysteme (unvollständig)

Name	Bitrate r [MBit/s]	Kabelsystem[7]	Kabeltyp	maximale Länge [m]	JPEG-Kanäle N_{JPEG}
Standard Ethernet	10	10Base2	Koaxial	185	< 1
		10Base5	Koaxial	500	
		10Base-T	Twisted Pair	100	
		10Base-FL Multimode	LWL	2.000	
		10Base-FL Monomode	LWL	5.000	
Fast Ethernet	100	100Base-TX	Twisted Pair	100	< 7
		100Base-FX Multimode	LWL	412	
		100Base-FX Monomode	LWL	10.000	
Gigabit Ethernet	1.000	1.000Base-T	Twisted Pair	100	< 70
		1.000Base-LX Multimode	LWL	550	
		1.000Base-LX Monomode	LWL	5.000	
10 Gigabit Ethernet	10.000	10GBase-X	LWL	2 – 40.000	–

---

7 Das Base in den Bezeichnungen der Kabelsysteme drückt aus, dass eine Übertragung der Daten im Basisband erfolgt.

Entgegen der Bezeichnung ist das 10 MBit-Standard Ethernet heute nicht mehr das Medium der Wahl. Am häufigsten wird gegenwärtig Fast Ethernet eingesetzt. Der letzte Standard 10 Gigabit Ethernet wurde im Jahre 2002 verabschiedet und hat noch keine große Verbreitung gefunden. 10 Gigabit Ethernet nutzt nur noch verschiedene Arten von Lichtwellenleitern als Übertragungsmedium. Dieser Standard ist auch für die Einrichtung zukünftiger Breitband-Weitbereichsnetze – WANs – geeignet und steht damit in Konkurrenz zum ebenfalls für diese Aufgaben vorgesehenen ATM-Übertragungsstandard (Asynchronous Transfer Mode).

6.5.2.2 Praxiskennzahlen für die Videoübertragung im Ethernet

Die Übertragung M-JPEG-komprimierter Videokanäle kann als Worst-Case-Referenz für die Bewertung des Videodurchsatzes eines Netzes verwendet werden. Alle anderen Kompressionsverfahren des Kapitels 5 liefern im Mittel höhere Kompressionsfaktoren und damit auch einen höheren Durchsatz gegenüber der JPEG-Referenz.

Die Anzahl der in der letzten Spalte von Tabelle 6.1 angegebenen M-JPEG-Kanäle N_{JPEG} entspricht Praxiswerten. Es wird eine Kanal-Bitrate r_{JPEG} angenommen, die sich aus der permanenten Kompression von 50 BT.601-Halbbildern pro Sekunde auf eine mittlere Bildgröße von 30 kByte pro Bild ergibt. Als Faustformel wird Gl. (6.1) verwendet.

$$N_{JPEG} \leq 0{,}8 \frac{r}{r_{JPEG}} \text{ mit} \tag{6.1}$$

$$r_{JPEG} = 30 \cdot 2^{10} \cdot 8 Bit \cdot 50/s \approx 12 MBit/s$$

Dabei wurde mit einem pauschalen Protokoll-Overhead, z. B. einer IP-Übertragung, von etwa 20 % gerechnet. Andere Kompressionsverfahren erreichen je nach Verfahrensparametern auch höhere Anzahlen gleichzeitig übertragbarer Kanäle. In Kapitel 5 wird z. B. für Wavelet eine – allerdings mit Vorbehalten zu sehende – pauschale Verringerung der Datenlast um 20 % bei vergleichbarer Qualität angegeben. Damit könnten z. B. bis zu 85 Wavelet-komprimierte Videokanäle mit voller Bildrate simultan über ein Gigabit Ethernet übertragen werden. Mit MPEG-2 könnte noch einmal eine Verdopplung der Kanalzahl erreicht werden. Speziell bei den Bewegtbildverfahren ist das aber in starkem Maße von den Algorithmen des jeweiligen Codecs abhängig.

Man erkennt, dass z. B. Gigabit-Ethernet durchaus die Datenlast einer mittleren Videoanlage verkraften kann, selbst wenn man so unrealistische, meist praxisfremde Worst-Case-Annahmen wie hier trifft. In der CCTV-Praxis werden oft nur relativ wenige Kanäle gleichzeitig für eine Wiedergabe nach einer Anforderung durch das Bedienpersonal oder als Folge einer Alarmaufschaltung übertragen[8]. Eine lokale Aufzeichnung belastet das Netzwerk dabei, wenn überhaupt, nur in einem abgeschotteten Segment. Außerdem wird selten die volle Bildrate notwendig sein oder die Datenlast wird durch Bewegtbildkompressionsmethoden wie MPEG-2 zusätzlich verringert. Mit der Verfügbarkeit von kostengünstigem Gigabit Ethernet ist heute das LAN, selbst bei Anwendung von Einzelbildkompressionsverfahren wie M-JPEG, nicht mehr der Flaschenhals einer digitalen CCTV-Anlage. Die Engpässe sind eher in WAN-basierten Zugriffen oder auch im Preis – nicht im Durchsatz – der Speichermedien zu suchen.

Dabei sollte man aber die 1.000 MBit von Gigabit Ethernet nicht dahingehend missverstehen, dass ein an dieses Netzwerk angeschlossener Computer diese dauerhaft entgegennehmen und verarbeiten könnte. Soll z. B. ein einzelner im Gigabit Ethernet betriebener Datenbank-Server die hier angegebene Videolast von 70 M-JPEG-Kanälen in seiner Datenbank speichern, so

---

[8] Diese Art der Informationspräsentation mit Beschränkung auf das Wesentliche ist ja gerade die Aufgabe einer digitalen oder Netzwerkkreuzschiene in Analogie zu einer entsprechenden Videokreuzschiene konventioneller CCTV-Systeme.

6 CCTV in digitalen Netzen

müsste er pro Sekunde 3.500 Halbbilder mit einer Gesamtdatenrate von etwa 100 MByte pro Sekunde aufnehmen. Bei aktueller, kostengünstiger PC- und Festplattentechnik liegt die Dauerlastgrenze eines VDBS bei etwa 800 – 1.000 Bildern pro Sekunde. Die nach Software-Dekompression erfolgte Darstellung auf einem Computer-Monitor hat ihre heutige Praxisgrenze, abhängig vom Kompressionsverfahren, bei etwa 200 Bildern pro Sekunde. Das muss bei der Planung berücksichtigt werden. Das Gigabit Ethernet wäre dann zwar der Backbone, der diese Datenlast auch als Dauerlast übertragen kann. Diese muss aber unter Umständen auf mehrere Wiedergabe oder auch Speicherstationen aufgeteilt werden, wie es Bild 6.8 am Beispiel eines größeren digitalen CCTV-Systems mit hoher Dauerdatenlast zeigt. Die von den vier NVCs jeweils erzeugte Videodauerlast von 200 MBit/s wird in das Netz eingespeist und vier Videodatenbank-Servern mit jeweils einem an sie angeschlossenen Hochgeschwindigkeits-RAID Festplattensystem zugeleitet. Parallel dazu ist eine Auskopplung von Live- und Speichervideo bzw. eine Alarmbenachrichtigung über eine Bridge in ein Fast Ethernet Segment möglich, in welchem die Auswertung stattfindet.

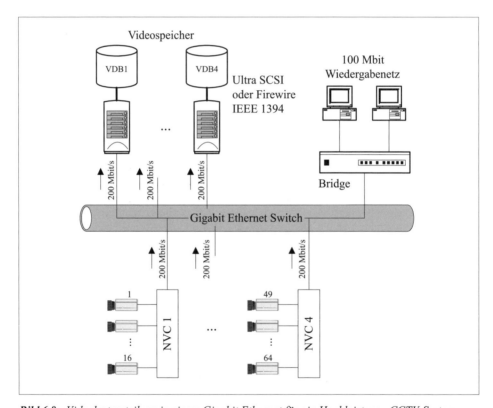

Bild 6.8: *Videolastverteilung in einem Gigabit Ethernet für ein Hochleistungs-CCTV-System*

Auch mit dem allgemein verfügbaren 100 MBit Ethernet lassen sich heute schon sehr leistungsfähige digitale CCTV-Anlagen realisieren. Durch Segmentierung auf Switch-Basis können auch hier die durch die Bandbreite und Entfernungen der Kollisions-Domäne vorgegebenen Grenzen gesprengt werden.

Mit den hier diskutierten Praxiswerten bezüglich des Durchsatzes ist Ethernet – heute als Fast Ethernet, in Zukunft auch gehäuft als Gigabit-Ethernet – das ideale Arbeitspferd für LAN-basierte CCTV-Systeme.

6.5.3 LAN-Netzwerkgeräte und Video-Lastverteilung

Um die Lastsituation in LANs analysieren und damit Engpässe aufdecken zu können, ist die Kenntnis der Arbeitsweise und Aufgaben der verschiedenen Koppelgeräte einer Netzwerkinfrastruktur wichtig. Gerade die großen Datenlasten digitalen Videos erfordern eine sorgfältige Netzwerkanalyse und Projektierung. Neben der Übertragungsrate des Netzwerkes selbst – also z. B. der Bitrate zwischen 10 MBit und 10 GBit von Ethernet – spielt die Art der Paketverteilung und -filterung eine entscheidende Rolle für die Leistungsfähigkeit eines Netzes. Netzwerkkoppelgeräte sorgen für:

- die physikalische Kopplung von Segmenten unterschiedlicher Medienarten wie z. B. Koaxialkabel, Twisted Pair oder Glasfaser;
- die Regeneration von Signalpegeln bei Übertragung über weitere Entfernungen;
- eine optimale Lastverteilung z. B. durch getrennte Kollisionsdomänen bei Ethernet;
- die Sicherung des Netzwerkzuganges und die Filterung ungewünschter Aktivität;
- die Anpassung von Netzen verschiedener Datenraten und
- die Reservierung und Sicherstellung von Quality of Service (QoS) -Übertragungskennwerten für einzelne Netzwerkapplikationen.

Grundsätzlich sollten für bandbreitenintensive Anwendungen wie digitales CCTV Netzwerke mit Switch-Technologie ausgestattet sein. In älteren Netzwerken, die auf Hub-Technologie basieren, „flutet" sonst Video schnell das Netz und lässt keinen Freiraum mehr für andere Anwendungen.

Netzwerkkoppelgeräte lassen sich bezüglich ihrer Arbeitsweise den Schichten des OSI-Modells aus Abschnitt 6.3.2 zuordnen. Eine zweite Klassifikation beruht auf der Art der Kopplungen, die diese Geräte herstellen. Eine Gruppe koppelt ganze Netzwerksegmente, die andere Gruppe ist für den Anschluss der Endgeräte wie Computer oder Netzwerkkameras zuständig. Tabelle 6.2 gibt eine Übersicht zu Netzwerkkoppelgeräten und deren Klassifikation.

Tabelle 6.2: Klassifikation von Netzwerkgeräten

OSI	Segmentkoppler	Segmentverteiler	Bemerkung zur Anwendung in IP-Netzen
1	Repeater	Hub	keine Analyse von Paketinhalten, Arbeit nur auf physikalischer Ebene
2	Bridge	Switch	Paketfilterung auf der Ebene der MAC-Adressen der Netzwerkgeräte eines Segmentes
3	Router	Layer 3 Switch	Paketanalyse und -transport auf der Ebene von IP-Adressen
4	Gateway, Firewall	Layer 4 Switch	Paketfilterung auf Basis von UDP- und TCP-Portnummern (siehe Abschnitt 7.3)
5	Medien-Router	H.323 Multipoint Control Unit (MCU)	gezieltes Verteilen von Mediendatenströmen auf der Basis von Kanalkennungen
6	Medien-Transcoder-Bridge H.323-Gateway		Analyse und Verarbeitung von Medienformaten (z. B. auf Basis der RTP-Payload Kennung in Abschnitt 7.5.6.2)

Die in Tabelle 6.2 dargestellten Geräte haben mit steigender OSI-Ebene immer abstraktere Aufgaben mit zunehmend applikativen Anteilen. Während Repeater und Hub auf der Schicht 1 für eine elektrisch-physikalische Kopplung sorgen, ist z. B. eine Medien-Transco-

6 CCTV in digitalen Netzen

der-Bridge der Schicht 6 in der Lage, die eintreffenden Daten zu analysieren, einzelne Mediendatenströme zu identifizieren und bei Bedarf in neue Formate zu transformieren bzw. durch De- und Neukompression eine Bandbreitenanpassung zwischen Netzen hoher und niedriger Übertragungsrate vorzunehmen.

Tabelle 6.2 stellt in gewissem Sinne auch eine Zeitachse der historischen Entwicklung der Geräte der Netzwerktechnik dar. Repeater und Hubs waren Koppelgeräte der Anfangszeit. Hubs kommen heute kaum mehr zum Einsatz. Neue Netze basieren fast ausschließlich auf den Geräten Bridge und Switch. Geräte höherer Schichten befinden sich teilweise noch in der Entwicklung oder gar im Forschungsstatus. Gerade im Multimediasektor werden hier neuartige Geräteklassen, wie Transcoder oder Medien-Router geschaffen, die gezielt für die optimale Übertragung multimedialer Daten wie Video in heterogenen Netzen sorgen. Ein Beispiel sind die im H.323-Standard definierten H.323-Gateways.

6.5.3.1 Repeater und Hub

Ein Repeater hat die Aufgabe, zwei Netzwerksegmente auf physikalischer Ebene zu verkoppeln. Er dient der Signalregenerierung bei langen Übertragungswegen und der Anpassung von Segmenten mit unterschiedlichen Medien wie Koaxial- und Twisted Pair-Kabel. Ein Repeater ist nicht in der Lage, Netze unterschiedlicher Zugriffsverfahren wie Ethernet und Token Ring zu koppeln. Ebenso kann mittels eines Repeaters keine Lasttrennung zwischen den gekoppelten Netzwerksegmenten vorgenommen werden. Die gleiche Aussage gilt für einen Hub, der als eine Art Repeater mit vielen Anschlüssen gesehen werden kann. Der Hub ist ein Konzentrator für die elektrische Anbindung von Nutzgeräten wie Computern an das Netz. Eine etwas gewagte und stark vereinfachende Analogie für einen Hub, die der komplizierten Technik nicht gerecht wird, ist eine Verteilersteckdose für die Stromversorgung mehrerer Geräte. Alle Geräte werden mit der gleichen Spannung versorgt. Spannungsschwankungen wirken sich an allen Anschlüssen gleich aus. Eine bessere Analogie als die Verteilersteckdose wäre die bizarre Vorstellung, die Post würde für jedes bei ihr eingehende Paket bei jedem ihrer Kunden anfragen, ob er der Empfänger ist. Diese Analogie auf den Hub oder den Repeater umgesetzt bedeutet, dass alle Netzwerkpakete gleichermaßen ungefiltert an alle Nutzgeräte übertragen werden, gleichgültig ob diese Information an das jeweilige Gerät adressiert ist oder nicht. Die Paket-Filterung, d. h. das „Aussieben" der für die jeweilige Station bestimmten Pakete des Netzwerkpaketstromes erfolgt erst im NIC der Endgeräte. Dieser analysiert jedes empfangene Paket und bestimmt anhand der MAC-Adresse, ob es für ihn bestimmt ist oder nicht.

Wie Bild 6.9 zeigt, bilden alle Nutzgeräte in einem Netzwerk, welches Repeater- und Hub-Technik einsetzt, eine Kollisionsdomäne.

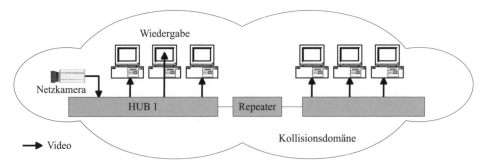

Bild 6.9: Videolast in Netzen mit Repeater- und Hub-Technik

Alle Geräte teilen sich die in dieser Domäne verfügbare Bandbreite und können prinzipiell alle Pakete innerhalb dieser Kollisionsdomäne auch empfangen – was z. B. von spezieller Netzwerkdiagnose-Software – so genannten Paket-Sniffern oder Netzwerkmonitoren – auch ausgenutzt wird. Die Pakete der Netzwerkkamera aus Bild 6.9 sind für alle Teilnehmer prinzipiell sichtbar. Als einziger NIC filtert aber nur der NIC des Wiedergaberechners diese Pakete aus dem übertragenen Gesamtpaketstrom. Videoapplikationen in einem derartigen Netz erzeugen sehr leicht Lasten, welche den parallelen Betrieb anderer Anwendungen stören oder auch unmöglich machen. Auch eine Skalierung hinsichtlich der Zahl simultan übertragener Kamerakanäle erreicht in solchen Netzen schnell ihre Grenze. In einem Ethernet mit 10 MBit kann auf dieser Basis gemäß Tabelle 6.1 nur jeweils eine Kamera gleichzeitig aktiv sein, wenn man Wert auf eine verlustfreie ungestörte Übertragung aller Bilder legt.

6.5.3.2 Bridge und Switch

Eine Bridge ist im Gegensatz zum Repeater in der Lage, zwei Netzwerksegmente so zu trennen, dass sie eine eigenständige Kollisionsdomäne darstellen. Jedes der über eine Bridge verbundenen Teilnetze kann die volle Stationszahl und Ausdehnung gemäß der Spezifikation des Netztyps annehmen. Auf diese Weise können Netze einfach vergrößert werden. Eine Bridge ist ein effizientes Werkzeug zur Steuerung der Lastverteilung in einem Netzwerk. Dazu analysiert dieses Gerät den Inhalt der Netzwerkpakete auf Basis der standardisierten Struktur der Schicht 2 des OSI-Modells. Grundlage der Steuerung der Paketweiterleitung sind die in den Paketen dieser Schicht enthaltenen MAC-Adressen. Eine Bridge führt Listen zu den MAC-Adressen der Netzwerkendgeräte in den Subnetzen, die durch sie verbunden werden. Diese Listen werden von der Bridge durch den Empfang von Ethernet-Paketen selbstlernend erstellt, so dass bei Inbetriebnahme des Gerätes kein Administrationsaufwand erforderlich ist. Empfängt eine Bridge ein Netzwerkpaket, prüft sie anhand der MAC-Zieladresse und der erlernten Adresstabellen, ob dieses Paket für ein Gerät im jeweils anderen Teilnetz bestimmt ist. Ist das nicht der Fall, so wird das Paket nicht in das andere Teilnetz gesendet und verursacht dort auch keine Last. Bridges sind transparent für höhere Schichten des OSI-Modells. D. h., dass z. B. die Internet-Kommunikation oder Dateiübertragungsprotokolle, die ab Schicht 3 arbeiten, von einer Bridge nicht gestört, aber auch nicht gefiltert werden können. Der von diesen Protokollen erzeugte Netzwerkverkehr überschreitet aber die Grenze des Teilnetzes eben nur dann, wenn entsprechende MAC-Adressen auf der untersten Ebene gefunden werden.

Bridges sind besonders effektiv, wenn die Geräte in den durch sie getrennten Netzen nur selten miteinander kommunizieren und die Masse der Kommunikation lokal im eigenen Teilnetz stattfindet. Dies ist bei Netzwerkapplikationen, wie digitalem CCTV, ein häufiger Fall. Bild 6.10 zeigt dafür ein Beispiel.

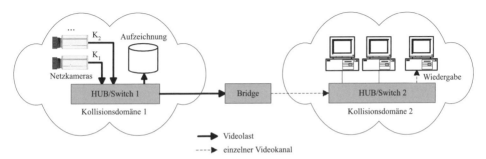

Bild 6.10: *Trennung der Datenlast eines CCTV Aufzeichnungsnetzes und eines Arbeitsnetzes mittels einer Bridge*

Im linken Subnetz erzeugen die Netzwerkkameras Videodatenströme. Diese werden in einer zentralen Videodatenbank aufgezeichnet. Dazu sind die Aufzeichnungsdatenpakete mit der MAC-Adresse des Datenbankrechners versehen. Die Bridge prüft die Pakete und stellt fest, dass die Daten nicht an ein Gerät im rechten Subnetz adressiert sind. Damit werden sie nicht weitergeleitet und belasten nur das linke Netz. Im rechten Subsegment befindet sich ein CCTV-Arbeitsplatz. Dieser kann sowohl Live- als auch Speicherbilder des CCTV-Systems im linken Segment anfordern. Da die Bridge die Information hat, dass sich das Gerät mit dieser MAC-Zieladresse im rechten Segment befindet, wird sie diese Pakete durchleiten. Erfolgt die Videoaufzeichnung wie hier über das Netzwerk in einer zentralen Datenbank, so kann man davon ausgehen, dass die Aufzeichnungslast meist viel größer als die Wiedergabelast sein wird. Die Bridge ist eine Möglichkeit, ein normales Arbeitsnetz von dieser Last freizuhalten und trotzdem vollen Zugriff auf die Bildinformationen des CCTV-Netzes zu haben.

Ein Switch ist, wie der Hub das Pendant zum Repeater ist, das Pendant zur Bridge. Man kann einen Switch als Bridge mit vielen Ports ansehen. Wie die Bridge kennt der Switch die MAC-Adressen der an den einzelnen Ports angeschlossenen Geräte und ist damit in der Lage, Datenpakete auf Basis der MAC-Adressen zielgerichtet an die zugehörigen Ports weiterzuleiten. Bei normalen Datentransporten – von Broad- und Multicast-Übertragungen einmal abgesehen – bildet jeder Port eines Switches eine eigene Kollisionsdomäne. Das heißt, ein hier angeschlossenes Gerät bzw. ein ganzes Netzwerksegment, wie in Bild 6.1, hat die volle Bandbreite des jeweiligen Netzwerktyps zur Verfügung. Greift ein Wiedergabeplatz auf eine Netzwerkkamera in einem Netz mit Switch-Technologie zu, so wird nur sein Anschluss und der Anschluss der Kamera selbst mit Datenverkehr belastet. Die Kommunikationsmöglichkeiten der anderen Netzteilnehmer werden davon nicht beeinflusst. Dies gilt für so genannte Unicast-Übertragungen (Abschnitt 7.5.4). Bei der Medienübertragung insbesondere von Live-Video kommen aber auch so genannte Multicast-Übertragungsverfahren zum Einsatz, worauf im Abschnitt 7.5.5 noch näher eingegangen wird. Multicast-Pakete sind an eine Gruppe von Empfängern gerichtet. Dies wird durch die Angabe einer speziellen Multicast-Adresse als Zieladresse in den Datenpaketen erreicht. Ein einfacher Switch kann eine derartige Übertragung nur dann realisieren, wenn er Multicast-Pakete auf allen seinen Ports ausgibt, da er keine Liste zu den Teilnehmern einer solchen Gruppenkommunikation hat. In solchen Anwendungen reduziert sich die Effizienz eines Switches stark. Für die Lösung dieser Probleme gibt es spezielle Switches. Diese sind in der Lage, Multicast-Teilnehmergruppen zu verwalten. Damit können auch Multicast-Videoübertragungen so zielgerichtet an die Teilnehmer geleitet werden, dass die Kommunikation anderer Netzteilnehmer davon nicht gestört wird. Derartige Switch-Technologie ist aber noch teuer und nicht sehr weit verbreitet.

Diese Ausführungen zeigen, dass die Möglichkeiten von Systemen mit so hoher Datenrate, wie der Videoübertragung von digitalem CCTV, stark von der verfügbaren Hardware-Infrastruktur des vorgefundenen Netzes abhängen. In den wenigsten Fällen hat der Projektant die Freiheit, das gesamte Netzwerk optimal für die Forderungen von CCTV auszulegen. Sehr oft ist es jedoch möglich, Inseln hoher Datenlast, wie das Aufzeichnungssegment aus Bild 6.10, autonom zu betreiben und in einen bereits existierenden Netzwerkverbund über einen Switch einzukoppeln. Dabei muss sich der an großflächige analoge Video-Verkabelungen gewöhnte CCTV-Projektant gegebenenfalls von der Vorstellung lösen, ein solches Segment sei zwangsläufig mit aufwändiger Verkabelung und hohen Kosten verbunden. Das Aufzeichnungssegment aus Bild 6.10 ist ein Switch – also ein kleines, unauffälliges Gerät –, der zusätzlich zu den ohnehin notwendigen CCTV-Komponenten in einen Geräteschrank eingebaut wird. Zu diesem wird ein Netzwerkkabel geführt, welches die Verbindung mit dem Nutznetz herstellt.

6.5.3.3 Router

Ein Router analysiert die bei ihm eintreffenden Netzwerkpakete bis hinauf zur Schicht 3 des OSI-Modells. Da in dieser Schicht logische – im Internet sogar global eindeutige – Adressen verwendet werden, die unabhängig von physikalischen Adressierungsverfahren der darunter liegenden Netzwerktypen sind, können mittels Routern Netze unterschiedlicher physikalischer Typen überbrückt werden. So kann ein Router z. B. Pakete aus dem Ethernet über eine ISDN-Strecke weiterleiten. Router und die von ihnen verwendeten Routing-Verfahren sind u. a. die Grundlage der Funktion des Internets mit seiner heterogenen Struktur aus verschiedensten physikalischen Netzwerken. Im Unterschied zu Bridges, die Netze gleicher Technologie – also z. B. zwei Ethernet-Segmente – koppeln, schlagen Router die Brücke über Netze unterschiedlicher Technologie und physikalischer Adressierungsverfahren. Für die Findung der optimalen Übertragungswege gibt es komplexe Algorithmen und spezielle Routing-Protokolle, die z. B. einem Router mitteilen, welche Adressbereiche über eine Verbindung zugänglich sind. Je nach Technologie der beim Routing durchlaufenen Netzwerke müssen Router die eintreffenden Pakete ent- und wieder neu einpacken, um diese z. B. an die maximalen Paketgrößen des Zielnetzes und dessen physikalische Adressierungsmechanismen anzupassen.

Ein einfaches Router-Beispiel aus dem CCTV-Bereich ist ein an ein Ethernet angeschlossener Computer, der zusätzlich zu seiner Netzwerkkarte über eine ISDN-Karte verfügt. Dieser Rechner ist in der Lage, zwischen im Ethernet vorhandener Video-Hardware und ISDN-Teilnehmern zu vermitteln. Damit kann ein über ISDN-abgesetzter Arbeitsplatz einer Wachzentrale z. B. Zugriff auf Speicher- und Live-Bilder im LAN des Vermittlungsrechners erlangen.

6.5.3.4 Gateways

Gateways arbeiten ab der Transportschicht von OSI. Eine klare Zuordnung gibt es nicht. Es existieren durchaus Anwendungen höherer Schichten als der Schicht 4, die auch als Gateway bezeichnet werden. Diese Geräte gehen wiederum eine Stufe weiter als Router. Router koppeln Netze unterschiedlicher physikalischer Struktur und physikalischer Adressierungsverfahren. Gateways wiederum koppeln Netze unterschiedlicher Physik und Transportprotokolle. Wie beim H.323-Gateway aus Tabelle 6.2 gibt es sogar Gateways, die nicht nur eine Umsetzung der Transportprotokolle durchführen, sondern sogar den eigentlichen Nutzdateninhalt transformieren. Z. B. könnte ein im Ethernet übertragener M-JPEG-Videodatenstrom von einem derartigen Gerät so transformiert werden, dass er über eine schmalbandige WAN-Strecke übertragen werden kann. Haben die Videodatenströme nicht selbst schon die Eigenschaft der Skalierbarkeit, wie dies z. B. in den Abschnitten 5.2.3 und 5.2.6 zur Wavelet- und MPEG-2-Kompression beschrieben wurde, muss ein solches als Transcoder bezeichnetes Gerät zunächst die Daten dekomprimieren und dann in neues Format mit niedrigeren Bitraten komprimieren. Ein Transcoder enthält also einen oder mehrere komplette Video-Codecs. Entsprechend aufwändig und teuer sind derartige Geräte heute noch. Oft leistet die Hardware eines Gateways oder Routers mehr als ein Hochleistungs-Computer. Hier wird es in Zukunft noch interessante Entwicklungen geben, da die verschiedenen Videokompressionsverfahren für verschiedene Bandbreiten ausgelegt sind und heute eigentlich kein Kompressionsstandard existiert, der über den gesamten Bandbreitenbereich gegenwärtiger Netzwerke das Optimum darstellt.

6.6 CCTV in Weitbereichsnetzen – WAN

6.6.1 Kommunikation über LAN-Grenzen

Wide Area Networks (WAN) sind im Allgemeinen öffentliche Netzwerke, die auch weltumspannend sein können. Beispiele sind das analoge öffentliche Telefonnetz oder das ISDN. Auch Stromnetze, öffentliche Funknetze, die im Abschnitt 6.7.1 gesondert behandelt werden, oder Fernsehkabelnetze können heute mit speziellen Geräten für die Datenübertragung genutzt werden und stellen damit Formen eines WAN dar. Neben der konventionellen Sprachübertragung z. B. über analoge und digitale Telefonnetze, stellen diese WANs auch Möglichkeiten zur Datenübertragung bereit. WANs schlagen damit, wie Bild 6.11 am Beispiel einiger Kopplungsmöglichkeiten zeigt, die Brücke zwischen örtlich konzentrierten Hochgeschwindigkeits-LANs oder auch einzelnen Computern, die aufgrund der Kosten (z. B. beim Extremfall einer Interkontinentalverbindung) nicht direkt verkabelt werden können. Im Fall A von Bild 6.11 haben die beiden Computer eine individuelle Datenverbindung über das analoge Telefonnetz, welche von den beiden Modems[9] vermittelt wird. Im Fall B teilen sich alle Rechner der beiden über ISDN kommunizierenden LANs die Verbindungen, welche die ISDN-Router im Netzwerk als Dienste bereitstellen. Die Anwendung von Routern bietet dabei den Vorteil, dass sich der einzelne Rechner, der auf Ressourcen aus dem jeweils anderen LAN zugreifen muss, keine „Gedanken" zum Verbindungsaufbau machen muss. Ein Router virtualisiert die notwendigen Wählvorgänge und präsentiert die über die WAN-Verbindung zugänglichen Computer so, als ob sie direkter Bestandteil des jeweiligen LANs wären. Die über die WAN-Verbindung kommunizierenden Rechner teilen sich die verfügbare Bandbreite dieses Übertragungskanals.

Obwohl sich die Masse der Anwendungen digitaler CCTV-Systeme im LAN-Umfeld abspielt, gibt es eine Reihe wichtiger und in ihrer Bedeutung wachsender Einsatzszenarien, die WAN-Zugriffe erfordern. Beispiele sind:
- der telefonische Zugriff von Wachzentralen auf eine großräumig verteilte digitale CCTV-Infrastruktur für die Einsatzplanung und Lagebeurteilung;
- die entfernte visuelle Prozesskontrolle für Service- und Wartungszwecke und
- die Bildübertragung über das Internet.

Dabei kann der WAN-Zugriff auf das CCTV-System direkt erfolgen, wie der Zugriff auf die Privathausüberwachung durch eine Wachzentrale in Bild 6.11 zeigt. Dazu verfügt das CCTV-System über einen eigenen WAN-Zugang, wie im Beispiel in Form eines ISDN-TAs (Terminal Adapters). Alternativ können auch die im LAN als Dienste angebotenen WAN-Zugänge vom CCTV-System mit genutzt werden, wie Bild 6.11 dies für die Fernüberwachung eines Gewerbegebietes darstellt.

---

[9] Modem steht für Modulator/Demodulator. Da digitale Daten nicht direkt über analoge Leitungen übertragen werden können, müssen sie entsprechend gewandelt und rückgewandelt werden. Der häufig als ISDN-Modem bezeichnete ISDN-Terminal-Adapter ist insofern kein Modem, so dass der Begriff ISDN-Modem eigentlich falsch ist.

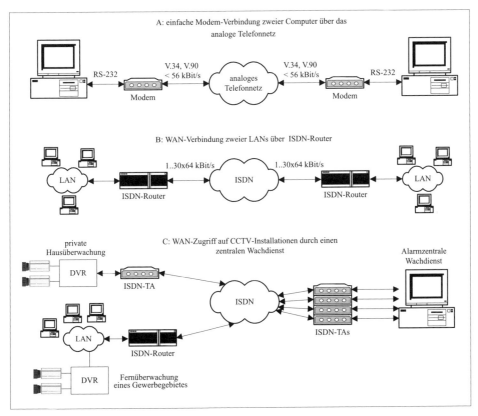

Bild 6.11: *Typische Szenarien von WAN-Kopplungen einzelner Computer oder LANs bzw. des WAN-basierten Zugriffs auf CCTV-Technik*

6.6.2 WAN-Übertragungsraten und -Videokonferenz-Standards

In der Steinzeit der digitalen Datenfernübertragung wurden die Daten mit 300 Bit/s über einen so genannten Akustikkoppler, den man auf das Mikrofon des Telefonhörers aufstecken musste, in Töne verwandelt und dann über Telefonleitungen übertragen[10]. Heute kommen zur Kopplung über POTs (Plain Old Telephone Lines) hochgezüchtete Modems zum Einsatz, die mit sehr aufwändigen Protokollen (z B. V.34 oder V.90) Datenraten bis 56 kBit/s erreichen. Die dabei von den Modems eingesetzten Protokolle entsprechen der Bitübertragungs- und Datensicherungssicht des OSI-Modells aus Abschnitt 6.3.2. Diese Modems können entweder als eigenständige Geräte über RS-232-Schnittstellen an einen Computer eines Netzwerkes angeschlossen werden oder über einen Modem-Server als zentraler Netzwerkdienst für mehrere Rechner verfügbar gemacht werden. Eine Videoübertragung, selbst über die maximal erreichten 56 kBit/s, ist nur mit großen Abstrichen an die Qualität oder Bildrate erreichbar. Nichtsdestotrotz gibt es mit H.324, wie Tabelle 6.3 zeigt, auch einen Videokonferenzstandard für diese Art von WANs. Der Video-Codec für derart niedrige Bitraten ist H.263. Dieser ist besser an Bitraten unter 64 kBit/s angepasst als H.261. In einer typischen V.34-Modem-basierten Übertragung stehen etwa 20 kBit/s für den Video- und 6,5 kBit/s für den Audioanteil zur Ver-

---

10 Als Übung sei empfohlen, auszurechnen, wie lange die Übertragung von nur 1 s BT.601-Video über einen solchen Kanal dauern würde.

fügung. Dies liefert allerdings nur noch Bilder in für CCTV deprimierender QCIF-Auflösung von 176x144 Bildelementen.

Digitale Weitbereichsnetze erreichen höhere Bitraten und sind weniger störanfällig. Trotzdem sind die über WAN-Brücken zur Verfügung gestellten Bitraten im Vergleich zu den Geschwindigkeiten, die in LANs erreicht werden, klein. Die derzeit kostengünstigste und überall verfügbare Variante ist das ISDN. Dieses stellt im Normalfall eine Datenrate von maximal 128 kBit/s zur Verfügung. H.320 ist der auf dieses Netz zugeschnittene Videokonferenz-Standard, wie Tabelle 6.3 zeigt.

Die zukünftig erwartete Verbreitung des auf dem ATM-Protokoll basierenden B-ISDN (Broadband-ISDN) mit Datenraten von bis zu 155 MBit bis zum Endverbraucher wird die WAN-Bandbreitenproblematik erst in fernerer Zukunft lösen. Dazu bedarf es noch intensiver infrastruktureller Anstrengungen seitens der Netzbetreiber, um die gegenwärtige Kupferkabel-Verteilung durch Glasfaser auf der letzten Meile zum Endverbraucher abzulösen. Kostengünstige WAN-Verbindungen gestatten heute Übertragungsraten zwischen etwa 10 kBit/s und 2 MBit/s.

Zugeschnitten auf die Eigenschaften der verschiedenen WAN-Typen gibt es verschiedene H.32x-Videokonferenzstandards. Tabelle 6.3 [JACK01] liefert eine Übersicht. Die hier aufgeführten Standards verwenden die Video-Codecs H.261 oder H.263, die in den Abschnitten 5.2.8 und 5.2.9 erläutert wurden. Da diese Multimediaübertragungsstandards speziell an den Einsatzfall Videokonferenzen angepasst sind, eignen sie sich aber nur bedingt für digitale CCTV-Systeme. Nichtsdestotrotz gibt es speziell für H.320 eine Reihe von Bildfernübertragern für CCTV-Zwecke.

Tabelle 6.3: Videokonferenz-Standards für WAN-Übertragung

	H.320	H.321	H.324	H.324/C
Netzwerk	ISDN	B-ISDN, ATM-LAN	analoge Telefonleitungen	Funknetze
Video Codecs	H.261 oder H.263			
Audio Codecs	G.711, G.722, G.728	G.711, G.722, G.728	G.723	G.723
Multiplex	H.221	H.221	H.223	H.223A
Steuerung	H.230, H.242	H.242	H.245	H.245
Daten	T.120			

6.6.3 ISDN

ISDN ist mittlerweile das in Europa verbreitetste öffentliche digitale Kommunikationsnetzwerk. Als digitales Datennetz ist ISDN in der Lage, direkt oder nach entsprechender Analog-Digital-Wandlung unterschiedlichste Informationsarten wie Sprache, Bilder oder Texte zu übertragen. Grund für die schnelle Verbreitung des ISDN war die Tatsache, dass die Endteilnehmeranschlüsse nicht neu verlegt werden mussten. „Lediglich" die Vermittlungseinrichtungen des Netzbetreibers waren zu ändern. Beim B-ISDN ist das nicht so. Aufgrund der notwendigen Glasfaser-Infrastruktur wird die Verbreitung langsamer vonstatten gehen.

Die Masse der privaten ISDN-Teilnehmer verfügt über einen so genannten ISDN-Basisanschluß. Die standardisierte Schnittstelle des ISDN-Basisanschlusses heißt S_0-Schnittstelle. Dies stellt zwei unabhängige Übertragungskanäle – so genannte B-Kanäle – mit einer Bitrate von jeweils 64 kBit/s zur Verfügung. Die beiden Kanäle können individuell, z. B. für den simultanen Aufbau eines normalen Telefongespräches und des Internetzuganges eines Computers, genutzt werden. Alternativ können die beiden B-Kanäle auch zu einem Übertragungskanal mit 128 kBit/s Übertragungsrate gebündelt werden. Für höhere Ansprüche kann ein Primärmultiplexanschluss mit 30 getrennten B-Kanälen eingerichtet werden. Diese Schnittstelle wird als S_{2M}-Schnittstelle bezeichnet. Der Primärmultiplexanschluss lässt es zu, 30 voneinander unabhängige Einzelverbindungen mit jeweils 64 kBit/s oder gebündelte Verbindungen mit bis zu etwa 2 MBit/s aufzubauen [BADA94]. Sowohl S_0 als auch S_{2M}-Schnittstelle verfügen über einen weiteren Kanal, den so genannten D-Kanal. Dieser ist hat reine Steuerungsfunktion und dient nicht der Nutzdatenübertragung.

Für den Zugang zum ISDN benötigt der Teilnehmer, wie Bild 6.12 zeigt, neben den eigentlichen Nutzgeräten, wie ISDN-Telefon oder ISDN-Fax, unterschiedliche Netzwerkgeräte. Die S_0- und die S_{2M}-Schnittstelle werden von einem NTPA (Net Termination Primary Adapter) bzw. NTPM (Net Termination Primary Multiplex) zur Verfügung gestellt. Diese Geräte werden vom Netzbetreiber bei Einrichtung von ISDN-Anschlüssen installiert. Sie setzen die öffentliche U_{K0}-Schnittstelle der digitalen Ortsvermittlungsstelle des Netzbetreibers auf die private S_0- bzw. S_{2M}-Schnittstelle des Endanwenders um. An diese Schnittstelle können nun entweder ISDN-Endgeräte direkt angeschlossen werden oder es muss, wie bei älteren analogen Telefonen oder Faxgeräten, vorher eine AD- bzw. DA-Wandlung mittels eines a/b-Wandlers erfolgen.

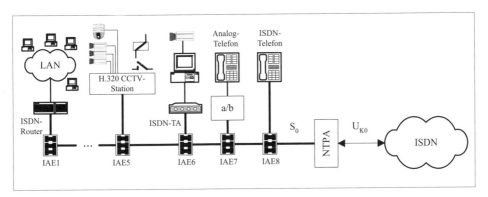

Bild 6.12: *ISDN-Schnittstellen und -Geräte*

Computer können auf drei Arten Zugang zum ISDN erlangen:
- durch einen externen ISDN-Terminaladapter (TA). Dieser wird an eine serielle RS-232-Schnittstelle des Computers angeschlossen und von diesem wie ein Modem behandelt. Daraus resultiert auch der fälschlicherweise verwendete Begriff ISDN-Modem.
- über eine PC-ISDN-Karte. Dies ist die am häufigsten genutzte Variante.
- über einen ISDN-Router, der z. B. den Übergang zwischen einem Ethernet-LAN und einer ISDN-Verbindung transparent für die im LAN vorhandenen Computer verwaltet.

Bei entsprechender Einrichtung des ISDN-Zugangs können über die damit hergestellte physikalische Verbindung mehrere simultane logische Verbindungen hergestellt werden. Kommunizieren z. B. zwei Computer über eine ISDN-Verbindung, so können über diese, wie Bild 6.13 zeigt, parallel mehrere logische IP-Verbindungen zwischen verschiedenen Programmen auf beiden Computern laufen.

Diese virtuellen Verbindungen teilen sich dann die Bandbreite der physikalischen ISDN-Verbindung. Der Verbindungsaufbau zwischen PC-Applikationen über WAN-Netze wie ISDN – aber auch analoge Telefonnetze – ist damit ein zweistufiger Prozess. Zunächst muss die WAN- bzw. DFÜ- (Datenfernübertragungs-) Wählverbindung aufgebaut werden, danach werden die logischen Verbindungen, wie z. B. TCP/IP-Kanäle, hergestellt.

6 CCTV in digitalen Netzen

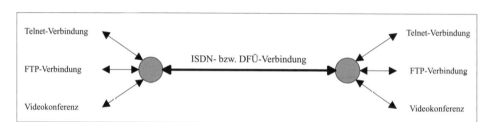

Bild 6.13: *Simultane Übertragung mehrerer logischer Verbindungen über eine physikalische ISDN- oder DFÜ-Verbindung*

An einer S_0-Schnittstelle können, wie Bild 6.12 zeigt, bis zu acht ISDN-Geräte angeschlossen werden, von denen jedoch nur maximal zwei gleichzeitig eine ISDN-Verbindung aufbauen können. Die einzelnen Geräte an der S_0-Schnittstelle können über eine so genannte MSN (Multiple Subscriber Number) direkt angewählt werden.

Neben Videotelefonen und PC-basierten Videokonferenzsystemen gibt es auch eine Reihe von CCTV-spezifischen ISDN-Produkten. Diese arbeiten auf Basis des H.320-Standards. Neben der Möglichkeit der Videoübertragung mittels H.263 ermöglichen derartige Geräte auch das Fernwirken z. B. zum Schalten von digitalen Ausgangskontakten oder das Steuern von entfernten Schwenk/Neige-Kameras. Es gibt auch Geräte, die als Alarmwählsysteme genutzt werden können. Das Detektieren eines Ereignisses, z. B. durch eine integrierte Videobewegungsmeldung oder einen digitalen Eingangskontakt, führt zu einer automatischen Anwahl einer Wachzentrale mit entsprechender Bildübertragung nach erfolgreicher Verbindungsaufnahme. H.263 ermöglicht es dabei, das alarmauslösende Bild mit hoher Auflösung und Qualität zu übertragen. Allerdings dauert die Übertragung eines qualitativ hochwertig komprimierten Einzelbildes von 60 kByte Größe über einen ISDN-B-Kanal schon 7,5 s, so dass von dieser Möglichkeit auch nur bei wichtigen Einzelbildern Gebrauch gemacht werden kann. Insbesondere die manuelle Telemetrie von Schwenk/Neige-Kameras ist wegen der geringen Bandbreite von ISDN nur schlecht beherrschbar. Der H.263-Videokompressionsstandard geht in seiner Zielrichtung Videokonferenzen nur von mäßig und langsam sich verändernden Szenen aus. Beim Telemetrieren kommt es aber naturgemäß zu schnellen, starken Änderungen der Bildinhalte, was die Effizienz dieses Videokompressionsverfahrens stark sinken lässt. Auf der Wiedergabeseite äußert sich das in einer Verringerung der Bildrate und zunehmenden Bildstörungen.

6.7 CCTV in Funknetzen

Aufgrund des Booms im mobilen Telefonmarkt machten Funknetze zum Zwecke der Datenübertragung in den letzten Jahren eine stürmische Entwicklung durch. Mittlerweile gibt es eine Reihe von Standards mit unterschiedlichen Bandbreiten, die sowohl im LAN- als auch im öffentlichen WAN-Bereich eingesetzt werden.

Öffentliche Funknetze sind:
- GSM (Global System for Mobile Communication);
- GPRS (General Packet Radio Service) und
- UMTS (Universal Mobile Telecommunications System).

Private Funk-LANs sind:
- WLAN (Wireless LAN) und
- Bluetooth.

Die Nutzung von öffentlichen Funknetzen zum Zwecke der mobilen Medien- oder auch CCTV-Datenübertragung ist mit hohen Kosten verbunden. Außerdem sind die Bandbreiten und damit auch die erreichbare Qualität einer Videoübertragung und die Funktionalität der Steuerung bislang alles andere als befriedigend. Auch die Bildschirme mobiler Endgeräte sind eigentlich gegenwärtig nicht den hohen Qualitätsansprüchen des CCTV-Einsatzes gewachsen. Nichtsdestotrotz ist eine zunehmende Nachfrage nach mobilen Zugängen zu den Bildern von CCTV-Systemen zu verzeichnen. Ein Beispiel ist der Zugriff auf CCTV-Informationen, die in Fahrzeugen wie Bussen und Bahnen aufgezeichnet werden. Leider deckt sich bei den heute verfügbaren Bandbreiten der Wunsch meist nur selten mit den technischen Möglichkeiten. Allerdings ist die Dynamik in diesem Bereich hoch, und insbesondere mit der Verbreitung von UMTS werden auch für den CCTV-Einsatz interessante neue Möglichkeiten entstehen. Heute schon werden z. B. von einigen CCTV-Systemen automatisch MMS (Multimedia Message System) erzeugt und an MMS-fähige Mobiltelefone gesendet. Diese enthalten z. B. Alarmbilder oder textuelle Alarminformationen aus einer überwachten Einrichtung. Bei genügsamen Ansprüchen ist auch der Zugriff auf ein CCTV-Sytem mittels Mobiltelefon technisch möglich. Allerdings sollte hier nicht mehr von Videoübertragung gesprochen werden. Allenfalls QCIF- oder CIF-Einzelbildschnappschüsse sind bislang beherrschbar.

Gegenwärtig ist die Nutzung privater Funknetze für CCTV-Zwecke noch erheblich interessanter. Insbesondere WLAN liefert hier aufgrund der hohen Bandbreite die Möglichkeit der Einrichtung mobiler Wachplätze. Auch die Schaffung von Übertragungsstrecken an Orten, wo eine Leitungsverlegung nicht möglich ist bzw. keine Telefonverbindung ausreichender Bandbreite hergestellt werden kann, ist mittels WLAN-Technik sehr gut möglich.

6.7.1 Öffentliche Funknetze

6.7.1.1 GSM

GSM ist das erste digitale Funknetz mit weltweitem Erfolg. Seine kommerzielle Nutzung begann 1991 in Europa. Heute ist GSM der international verbreitetste Standard für Sprach- und Datenübertragungen über öffentliche Funknetze. GSM-Netze gibt es in über achtzig Ländern. GSM überträgt in zwei 25 MHz Frequenzbändern. Das Band 890 – 915 MHz dient der Übertragung vom mobilen Endgerät zu einer GSM-Basisstation, und das Band 935 – 960 MHz bedient die Gegenrichtung. Damit sich die verschiedenen GSM-Mobilfunkgeräte nicht gegenseitig stören, wird für die Kommunikation zwischen einer GSM-Basisstation und den Mobilfunkgeräten in ihrer Umgebung das TDMA-Verfahren (Time Division Multiple Access) verwendet. Mehrere Mobilfunkgeräte können über die gleiche Frequenz versorgt werden. Jedes Einzelgerät hat dazu einen kurzen Zeitschlitz zur Verfügung. Ist dieser abgelaufen, kommt das nächste Gerät an die Reihe.

Alternativ zu Sprache kann GSM Daten übertragen. Die maximale Übertragungsrate ist 9.600 Bit/s. Die Bildübertragung über eine derart geringe Bandbreite ist kaum sinnvoll möglich. Einzelne JPEG-Bilder in bescheidener QCIF- oder gar SQCIF-Auflösung, wie in Abschnitt 3.2.3 beschrieben, benötigen bereits mehrere Sekunden für eine Übertragung. Trotz der geringen Datenrate gibt es auch sinnvolle Anwendungen für CCTV- und andere Sicherheitssysteme im GSM-Umfeld. Ein Beispiel ist das automatische Versenden von E-Mails und SMS (Short Message Service) im Falle der Detektion sicherheitsrelevanter Ereignisse. Wenn hier nur textuelle Information z. B. zum Ort des Geschehens und der Art des Ereignisses – z. B. eine Bewegungsdetektion in einem kritischen Bereich – versendet wird, ist die geringe Datenrate kein Problem. So können Sicherheitssysteme auch in unbemannten Zeiten Alarme absetzen. Eine andere interessante Anwendung besteht darin mittels SMS Funktionen einer CCTV-Anlage zu steuern. So kann ein Funktelefon zu einem einfachen CCTV-Bediengerät werden.

6.7.1.2 GPRS

GPRS ist kein eigenständiges Funknetz, sondern eine Erweiterung von GSM. Damit kann GPRS die existierende, flächendeckende GSM-Infrastruktur nutzen. GPRS ist in der Lage, mehrere GSM-Datenkanäle zu bündeln. Die theoretische Datenrate liegt bei 171,2 kBit/s. Realistische Werte liegen bei 13,4 kBit/s für das Versenden vom mobilen Endgerät und 40 – 54 kBit/s für das Empfangen. Die Übertragung ist also unsymmetrisch. Daten können mit der drei- bis vierfachen Geschwindigkeit im Vergleich zum Versenden empfangen werden. Die Nutzung von GPRS erfordert spezielle Mobiltelefone. Normale GSM-Telefone sind nicht zur GPRS-Datenübertragung in der Lage. Mittels WAP (Wireless Application Protocol) erlaubt GPRS den mobilen Zugriff auf das Internet mit fast der gleichen Geschwindigkeit wie ein ISDN-B-Kanal. Nimmt man die hohen Übertragungskosten in Kauf, können mittels GPRS durchaus schon interessante mobile CCTV-Anwendungen entworfen werden. Von speziellem Interesse ist dabei die flächendeckende Verfügbarkeit, die z. B. beim erheblich schnelleren WLAN aus Abschnitt 6.7.2.1 nicht gegeben ist. Das ermöglicht z. B. eine GPRS-basierte Übertragung von Bildinformationen aus Fahrzeugen. Erste CCTV-Anwendungsgebiete im öffentlichen Nahverkehr bzw. im Bahnumfeld werden gegenwärtig entwickelt. Mit Verfügbarkeit des schnelleren UMTS-Netzes werden derartige mobile sicherheitstechnische Anwendungen zu größerer Verbreitung gelangen.

6.7.1.3 UMTS

UMTS ist die dritte Generation (3G) des Mobilfunks. Während das GSM-Netz als Hauptzielrichtung die Telefonie und Sprachübertragung hatte, liegt der Schwerpunkt bei UMTS auf der Datenübertragung. Die Technologie ist noch sehr neu. Das weltweit erste Netz ging im Jahre 2001 in Japan in Betrieb. Das erste europäische Netz arbeitet seit 2002 in Österreich. UMTS ermöglicht Datenraten bis zu 2 MBit/s. Dies entspricht der Datenrate eines ISDN-Primärmultiplexanschlusses mit 30 B-Kanälen entsprechend Abschnitt 6.6.3. Die hohen Datenraten werden durch verbesserte Übertragungsverfahren und breitere Frequenzbänder ermöglicht. Im Gegensatz zum TDMA-Verfahren des GSM-Netzes verwendet UMTS das WCDMA-Verfahren (Wideband Code Division Multiple Access) für die Kommunikation zwischen Mobilfunkgerät und UMTS-Basisstation.

Die plakativ verkündeten 2 MBit/s Übertragungsdatenrate ist zumindest in den Anfangsjahren bis zum vollen Ausbau der Netzinfrastruktur nur als Grenzwert zu sehen. Diese Bandbreite wird zunächst nur an ausgewählten Standorten verfügbar sein. Man spricht hier von so genannten Pico-Zellen mit einer geringen Ausdehnung von einigen hundert Metern. In den weiträumigeren Micro- bzw. Macro-Zellen werden Datenraten bis 384 kBit/s bzw. 144 kBit/s erreicht.

Ähnlich wie bei GPRS ist die flächendeckende Infrastruktur des UMTS-Netzes für den Einsatz von CCTV-Technik in mobilen Umgebungen, wie Bussen und Bahnen, interessant.

6.7.2 Private Funknetze

6.7.2.1 Wireless LAN

WLAN ist ein IEEE-Standard und trägt die alternative Bezeichnung IEEE 802.11b. Der Standard wurde im Jahre 1999 eingeführt. WLAN nach dem 802.11b-Standard hat eine Datenrate von 11 MBit/s. Die neuere WLAN-Standardvariante 802.11a erreicht eine Gesamtdatenrate von 54 MBit/s und stößt damit in die Größenordnung des Fast Ethernet vor. WLAN überträgt Daten im 2,4 GHz Frequenzband, also im Frequenzbereich zwischen 2.400 und 2.483,5 MHz. Dieses für die private Kommunikation freigegebene Frequenzband wird von einer Vielzahl von Anwendungen belegt. Beispiele sind Bluetooth-Geräte, drahtlose Telefone oder auch drahtlose Garagentüröffner. Damit WLAN-Daten trotz der damit verbundenen Störungen abgesichert übertragen werden können, definiert der Standard aufwändige Fehlerkorrekturalgorithmen. Das führt zu einem umfangreichen Protokoll-Overhead, wodurch „nur" 6 MBit/s eines 802.11b-WLANs zur Nutzdatenübertragung zur Verfügung stehen.

In einem WLAN wird jedes Netzwerkgerät mit einem Funkadapter ausgestattet. Dies kann z. B. eine PCI-WLAN Karte oder auch ein PCMCIA-Adapter (Personal Computer Memory Card International Association) für Notebooks sein. Den Zugang zum drahtgebundenen LAN stellt ein so genannter Access Point (AP) oder Funkhub dar, den man z. B. als WLAN zu Ethernet-Bridge kaufen kann. Ein AP deckt eine Fläche mit einem Radius von etwa 100 m ab. Diese Funkinseln werden als Hot Spots bezeichnet. Größere Flächen können durch den Einsatz mehrerer APs abgedeckt werden. Innerhalb der verschiedenen WLAN-Zellen kann sich ein WLAN-Gerät frei und ohne Anmeldung bewegen. Die Nutzdatenrate ist im WLAN zusätzlich von der Entfernung eines WLAN-Gerätes vom AP und von der Anzahl simultan übertragender WLAN-Geräte innerhalb einer Funkzelle abhängig. Kommunizieren z. B. 20 WLAN-Geräte mit gleicher Geschwindigkeit mit einem AP, so steht jedem Gerät eine maximale Bitrate von etwa 300 kBit/s zur Verfügung. Diese Tatsachen müssen bei der Auslegung eines WLAN-Netzes zur Übertragung von CCTV-Videodaten berücksichtigt werden.

WLAN eignet sich hervorragend für Umgebungen, in denen ein drahtgebundenes LAN nicht realisiert werden kann oder darf. Ein Beispiel ist die CCTV-Überwachung historischer Gebäude, die baulich nicht verändert werden dürfen. Eine andere Anwendung ist die Entgegennahme von Daten ortsveränderlicher WLAN-Geräte. Ein Beispiel ist das Anwendungsszenario Überwachung und Paketverfolgung in Logistikzentren (Abschnitt 10.1.2). Hier werden so genannte WLAN-Barcode-Scanner eingesetzt. Diese liefern drahtlos über WLAN-Verbindungen Informationen zu Paket-Scan-Vorgängen, die ihrerseits wiederum mit den Bildaufzeichnungen eines digitalen CCTV-Systems verknüpft werden können, um die ein- und ausgehenden Pakete zu verfolgen. Ein CCTV-System, welches von diesen Daten gesteuert wird, ist in der Lage, den Sendungsfluss durch die Hallen des Logistikers zu verfolgen und den Paketfluss lückenlos zu dokumentieren. Dies hat neben dem sicherheitstechnischen Aspekt Bedeutung für die Optimierung der Abläufe des Verteilungsprozesses.

6.7.2.2 Bluetooth

Bluetooth[11] ist ein Industriestandard zur mobilen Datenkommunikation. Die erste Version des Standards wurde im Jahre 1999 verabschiedet. Die Bitrate von Bluetooth beträgt 1 MBit/s. Da Bluetooth, wie WLAN, im störanfälligen 2,4 GByte-Band arbeitet, müssen hier ähnlich aufwändige Fehlerkorrekturen vorgenommen werden. Dies reduziert die Nutzdatenrate auf 721 kBit/s. Obwohl Bluetooth damit eine erheblich geringere Bitrate als WLAN zur Verfügung stellt, ist die Anwendung in einer Reihe von Fällen günstiger. Die Ursachen liegen in den geringen Kosten, dem niedrigen Leistungsverbrauch und dem geringeren Platzbedarf der Bluetooth-Hardware. Damit ist die Technologie für den Einsatz in mobilen Geräten WLAN in einer Reihe von Fällen überlegen, in denen Bandbreite nicht die Hauptrolle spielt. Ziel der Entwicklung von Bluetooth war die kostengünstige Einsparung des Kabelwirrwarrs, der von den vielfältigen Peripheriegeräten eines PCs verursacht wird. Deshalb findet man Bluetooth-Mäuse und -Tastaturen, Bluetooth-Schnittstellen als drahtlosen Ersatz für serielle Computer-Schnittstellen oder auch Bluetooth-ISDN-Adapter, welche die oft ärgerliche Leitungsle-

---

11 Bluetooth ist der englische Name eines Wikinger-Königs aus dem 10. Jahrhundert. Harald Blaatand beherrschte die Kunst, länderübergreifende Allianzen zu schmieden. Er vereinigte zu dieser Zeit Dänemark und Norwegen.

gung zwischen dem ISDN-Anschluss einer Wohnung und dem Arbeitsplatz-PC oder Laptop einsparen und entsprechende Bewegungsfreiheit trotz Internet-Nutzung ermöglichen.

Im Gegensatz dazu zielt WLAN hauptsächlich auf die vollwertige Integration von mobilen Computern wie Laptops oder PDAs über schnelle Verbindungen in ein LAN ab.

Die Reichweite eines Bluetooth-Gerätes beträgt 100 m. Im Gegensatz zu WLAN wird kein Access Point benötigt, um eine Bluetooth-Vernetzung zu realisieren. Das einfachste Bluetooth-Netzwerk wird durch zwei Bluetooth-Geräte, wie z. B. Bluetooth-fähige Funktelefone oder PDAs, realisiert. Diese können ohne weitere Vermittlungstechnik direkt miteinander in Verbindung treten. Dieses drahtlose Mininetz wird als Piconet bezeichnet. Innerhalb eines Piconets können Daten simultan zwischen bis zu acht Geräten ausgetauscht werden.

Wie jedes digitale Netz kann auch Bluetooth zur Übertragung von Videodaten genutzt werden und damit helfen, mobile, kostengünstige CCTV-Bedienplätze zu realisieren. Versuche zur Nutzung von Bluetooth zur Videoübertragung mit Schwerpunkt auf MPEG-4-basierter Kompression werden von [SMIT02] beschrieben. Eine Entscheidung zwischen WLAN und Bluetooth bei Notwendigkeit einer Funkübertragung von CCTV-Daten kann nur durch entsprechende Analyse des Anwendungsszenarios getroffen werden.

6.8 Zusammenfassung

Das Kapitel sollte einen Überblick über den gegenwärtigen Stand der Möglichkeiten der Übertragung von digitalem Video von CCTV-Systemen in LANs, WANs und Funknetzen geben. Während die Anwendung von CCTV im LAN auch bei hoher Kamerakanalzahl und Qualität der Videobilder heute kein Problem mehr darstellt und die Leistungsfähigkeit mittels Switch-Technologien praktisch beliebig skaliert werden kann, ist CCTV in WAN-Anwendungen nur mit Kompromissen bezüglich Video-Kanalzahl, Qualität und Zugriffsgeschwindigkeit möglich. Nichtsdestotrotz gibt es auch hier eine große Zahl sinnvoller Anwendungen, vor allem durch die gestiegene Effizienz der Video-Codecs wie H.264 bzw. MPEG-4, wenn die mit der niedrigen Bandbreite verbundenen Kompromisse akzeptiert werden und keine Wunder erwartet werden.

Das ideale Arbeitspferd einer hochwertigen CCTV-Anlage ist Ethernet ab 100 MBit Übertragungskapazität. Dieses Netz lässt für den CCTV-Arbeitsalltag praktisch keine Wünsche offen. Ethernet hat sich im LAN-Umfeld vollständig gegenüber ATM-Technik durchgesetzt. Wegen der hohen Kosten und dem hohen Administrationsaufwand von ATM wird sich das in den nächsten Jahren voraussichtlich auch nicht ändern. Im Prinzip kann man sagen, dass mit Ethernet der Pragmatismus gegenüber noch vor Jahren oft in ihrer Wichtigkeit für CCTV-Anwendungen überschätzten ATM-Möglichkeiten wie QoS (siehe Abschnitt 7.5.6.4) gesiegt hat. Speziell bei CCTV-Anwendungen spielen Netzwerkeigenschaften wie garantierte Bandbreite – zumindest auf absehbare Zeit – noch eine untergeordnete Rolle. Wichtiger als das Einhalten des exakten Zeitrasters einer Videobildwiedergabe ist die Flexibilität des Bild- und Datenzugriffs und die automatische Präsentation sicherheitsrelevanter Inhalte.

Funknetze und hier speziell WLAN werden in Zukunft die Basis neuartiger CCTV-Anlagenkonzepte und Sicherheitsphilosophien bilden. WLAN hat durchaus die Bandbreite für eine qualitativ hochwertige Videoübertragung. Mobile Bediengeräte und CCTV-Mensch-Maschine-Schnittstellen im WLAN-PDA liefern ortsunabhängige visuelle Information zur Lageeinschätzung und Beurteilung von Eskalationsszenarien. So lassen sich Eingriffe auf Basis einer gesicherten Datenlage noch vor Ort erheblich besser steuern als in der Vergangenheit. Sobald UMTS als erstes öffentliches Funknetz für die Übertragung mit für CCTV ausreichender Bandbreite verfügbar ist, werden auch hier neuartige Produkte und Überwachungskonzepte entstehen. Ein Beispiel ist die Videoüberwachung in Bussen und Bahnen mit der Möglichkeit der Datenübertragung über UMTS im mobilen Betrieb. Gegenwärtige Funknetze sind außer zu Schnappschüssen für derartige Aufgaben nicht geeignet.

Während dieses Kapitel sich hauptsächlich auf die Netzwerk-Hardware konzentrierte, soll das nächste Kapitel das Wissen um die Übertragungsprotokolle für den Transport von Video und Steuerdaten mit Schwerpunkt auf Netzen, die das Internet-Protokoll IP einsetzen, vermitteln. Wie schon gesagt, bilden Netzwerk-Hardware und -Protokolle eine integrale Einheit. Die Trennung in zwei Kapitel erfolgte hauptsächlich unter dem Aspekt, dass die ersten beiden Schichten des OSI-Kommunikationsmodells der Hardware zugerechnet werden, während die folgenden Schichten Software-Implemenationen darstellen.

7 IP im CCTV-Einsatz

Im vorhergehenden Kapitel wurde eine Vielzahl von Varianten physikalischer Datennetze für unterschiedliche Aufgabenstellungen vorgestellt. Es würde jeden Hersteller netzwerkfähiger Hard- und Software in den Ruin treiben, müsste er für jedes dieser Netze ein entsprechendes Portfolio an Hard- und Software-Lösungen entwickeln, um sein Spezialprodukt über diese Netze zugänglich zu machen. Vom Hersteller eines digitalen CCTV-Systems wird aber nichtsdestotrotz gefordert, dass die Live- und auch Speichervideodaten bzw. Alarm- und Ereignisdaten über verschiedenste Netzwerke abrufbar sein müssen. Weiterhin muss das Bedienpersonal einer Sicherheits- oder CCTV-Anlage Zugriff auf die Peripherie der Einrichtung, also z. B. Subsysteme wie Feldbusse oder Schwenk/Neige-Kameras unabhängig von der Art des verwendeten Netzwerkes haben. In einer Einrichtung wird aus historischen Gründen noch Token Ring als Netzwerktechnologie verwendet, eine andere Anwendung erfordert einen drahtlosen Zugriff auf die Daten, und eine dritte Einrichtung verlangt die Möglichkeit des Zugriffs über eine vorhandene heterogene Netzwerkinfrastruktur unabhängig von der Entfernung zwischen Auswertung und Bilderzeugung bzw. den dazwischen liegenden Kommunikationskanälen und Übergängen in der Netzwerk-Technologie. Eine Entwicklung eigenständiger Geräte für jede Netzwerktechnologie und ihrer zugehörigen Software ist für den kleinen Sektor CCTV undenkbar.

Wie löst man aber diese widersprüchlich erscheinenden Anforderungen auf? Wie schafft man es, sich auf die eigentliche Aufgabe, CCTV in all den speziellen Facetten, die ein Sicherheitssystem ausmachen, zu konzentrieren, ohne sich im Labyrinth der verschiedenen Übertragungsmöglichkeiten zu verlieren?

Während es noch bis vor wenigen Jahren einige konkurrierende Antworten auf diese Frage gab, ist die Antwort heute eindeutig. Den Schlüssel liefert das Internet-Protokoll IP. Wie aber hilft ein für das weltweite Internet entwickeltes und mehr als 30 Jahre altes Kommunikationsprotokoll, von dem man weiß, dass es z. B. dafür sorgt, dass innerhalb eines Web-Browsers Texte und Bilder auf den Web-Seiten erscheinen, bei der Lösung des Problems der Nutzung heterogener Netzwerkinfrastruktur für Bildübertragungen und andere CCTV-Zwecke?

Dies soll im folgenden Kapitel erklärt werden. Dazu gibt es zunächst einen kurzen Überblick zu den wichtigsten Aspekten der IP-Protokollfamilie. Dabei würde es den Rahmen eines Buches zu digitalen CCTV-Systemen bei weitem überstrapazieren, auch nur annähernde Vollständigkeit bei der Erklärung dieser umfangreichen Thematik erzielen zu wollen. Für umfassende Darstellungen zu IP, seiner Historie und den teilweise bereits historischen Alternativen sei auf [HEIN96], [SINH97], [MCLE00] und natürlich das Internet selbst als Informationsquelle verwiesen.

Mittels IP-basierter Kommunikation werden auch Multimediadaten wie Video übertragen. Die Übertragung derartiger Daten ist gegenüber der Übertragung von Texten, einzelnen Bildern oder Dateien aber mit einigen speziellen Problemstellungen verbunden. Dies soll anhand von Begriffen wie Video-Streaming, Unicast und Multicast klargemacht werden. Weiterhin soll der Begriff Client-Server-Modell und seine Abbildung auf die IP-basierte CCTV-Kommunikation geklärt werden. Client-Server-Modelle bilden den Ausgangspunkt für das Software-Design moderner digitaler CCTV-Systeme. Das Verständnis dieser Modelle ist von hoher Bedeutung für die Arbeit des Planers, da auf dieser Basis die Potentiale einzelner am Markt befindlicher Systeme einfacher beurteilt werden können.

7.1 Die Internet-Protokollfamilie

7.1.1 Historie

Ende der 60er Jahre startete das amerikanische Verteidigungsministerium DoD (Department of Defence) die Entwicklung eines digitalen Kommunikationsnetzwerkes zum Datenaustausch zwischen Rechnern über heterogene Verbindungsstrecken. Ziel des ursprünglich militärischen Projektes war die Aufrechterhaltung der Rechnerkommunikation auch unter Bedingungen stark gestörter Verbindungsstrecken. Das Projekt wurde im Jahre 1969, also vor fast 35 Jahren, als ARPANET-Projekt aus der Taufe gehoben. Dieses Jahr gilt als das Geburtsjahr der IP-Protokollfamilie mit den beiden Kernprotokollen IP und TCP (Transport Control Protocol). Wichtigste Ziele, die für die Entwicklung der IP-Protokollfamilie vorgegeben wurden, waren [HEIN96]:

- die Unabhängigkeit vom Übertragungsweg, also die Möglichkeit der Datenübertragung sowohl über alte analoge Telefonleitungen, als auch die sich entwickelnden schnellen, lokalen Computernetzwerke;
- die Unabhängigkeit vom Betriebssystem. Die Erfüllung dieser Forderung macht es heute z. B. möglich, dass ein Windows- und ein LINUX-Computer auf einfache Weise Daten austauschen können;
- die Unabhängigkeit vom Typ eines Computersystems, z. B. einem IBM-Mainframe, einer UNIX-Workstation oder später auch einem PC;
- die sichere Übertragung über gestörte Verbindungsstrecken und automatische Wahl von alternativen Kommunikationswegen bei Verbindungsausfall oder Überlastsituationen.

Das ursprüngliche Heimatbetriebssystem der IP-Protokolle war das Betriebssystem UNIX in der Berkeley-Unix-Version (BSD). Die lange Zeit wichtigste Schnittstelle für den Programmierer, der Daten über IP-Netze übertragen wollte, waren denn auch die so genannten Berkeley-Sockets.

Der wahre Siegeszug der IP-Protokolle begann mit der Entwicklung des Internets zum neuen Massenmedium in den 90er Jahren. Durch diese Entwicklung wurden konkurrierende Netzwerkkommunikationsstandards, zum Beispiel in Europa verfolgte ISO-Normen, praktisch überrollt. Für die Masse der Anwender ist dabei das Internet heute gleichbedeutend mit dem World Wide Web (WWW). Es ist unglaublich, dass eine solche Lawine wie das Internet erst vor dreizehn Jahren mit der Erfindung von HTML (Hypertext Markup Language) und dem zugehörigen IP-basierten Protokoll HTTP (Hypertext Transfer Protocol) am Europäischen Kernforschungszentrum CERN in Genf begann. Seither hat IP die Welt verändert. IP-Protokolle haben heute, von spezialisierten Insellösungen abgesehen, praktisch die Alleinherrschaft im Bereich der Netzwerkkommunikation angetreten.

Heute stehen Software-Implementationen für die IP-basierte Kommunikation auf allen Betriebssystemen zur Verfügung. Netzwerkschnittstellenhersteller liefern Treiber, mittels derer eine IP-basierte Kommunikation über praktisch jeden Typ von Netzwerk, sei es eine analoge Telefonleitung, das Ethernet oder auch Funknetze, erfolgen kann. Es gibt Netzwerkadapter, welche die IP-Datenpaketkonvertierung zwischen noch so exotischen Typen von Netzwerken ermöglichen und damit dafür sorgen, dass eine der Hauptforderungen des ARPANET, die Unabhängigkeit vom Übertragungsweg eingehalten wurde. Neben der IP-Kommunikation zwischen Computern gibt es mittlerweile eine große Zahl IP-basierter Spezialgeräte. Beispiele, die auch für den CCTV-Einsatz interessant sind, sind Netzwerkkameras oder Terminal-Server.

Es gibt eine Reihe von Institutionen, die sich mit der Verwaltung und Weiterentwicklung des Internets und der IP-Protokolle beschäftigen. Das wichtigste Gremium ist das Internet Architecture Board (IAB) mit den beiden Untergremien Internet Engineering Task Force (IETF) und Internet Research Task Force (IRTF). Das IAB erarbeitet neue Standards für das Internet. Diese tragen die harmlose Bezeichnung RFC (Request for Comments), was die demokratische, öffentliche Entscheidungsfindung im Internet dokumentieren soll.

Schon seit einigen Jahre gibt es eine Initiative zur Einführung einer neuen Generation von IP-Protokollen. Diese trägt den Namen IPv6. Diese trägt dem Problem der beschränkten Adresszahl des IP-Protokolls Rechnung. Schon heute ist die Vergabe weltweit eindeutiger IP-Adressen streng reglementiert. Eine weitere Zielstellung von IPv6 ist die Behandlung spezieller Problemstellungen des Transports von Multimedia-Daten. Mit den damit verbundenen Zielstellungen tritt IPv6 in direkte Konkurrenz zum ATM-Übertragungsstandard.

7.1.2 IP-Protokolle und OSI

Die IP-Protokollfamilie ist in ständiger Weiterentwicklung. Auf Basis von IP wurden Protokolle für die exotischsten Anwendungen entwickelt. Es dürfte heute einige hundert über RFCs definierte Protokolle mit teilweise sehr speziellen Aufgaben geben. Die Kern-Protokolle der IP-Familie für die Datenübertragung sind das eigentliche IP-Protokoll und das mit diesem eng verknüpfte TCP-Protokoll. Speziell für die Übertragung von Multimediadaten wie Audio und Video hat auch das Protokoll UDP (User Datagram Protocol) eine große Bedeutung. Die verschiedenen Mitglieder der IP-Protokollfamilie lassen sich den Schichten des OSI-Modells aus Abschnitt 6.3 zuordnen, um ihre Aufgaben auf dieser Basis besser abgrenzen zu können. Da IP aber lange vor OSI entwickelt wurde, sind solche Zuordnungen oft etwas willkürlich. Bild 7.1 zeigt eine mögliche Zuordnung der drei Kernprotokolle und einiger wichtiger Anwendungsprotokolle zum OSI-Protokollstapel.

OSI-Schichten	IP-Schichten	IP-Protokolle	
Anwendung	Anwendung	HTTP, FTP, Telnet, SNMP, SMTP	RTP
Darstellung			
Sitzung			
Transport	Transport	TCP	UDP
Paketvermittlung	Internet	IP, ARP, ICMP	
Datensicherung	Verbindung	PPP, SLIP	
Bitübertragung			

Bild 7.1:
Zuordnung Internet-Protokollschichten zum OSI-Modell

Das *Internet Protocol IP* definiert den Aufbau und die Struktur von IP- bzw. Internet-Adressen und die Mechanismen, wie Pakete von einer Sender-IP-Adresse zu einer Empfänger-IP-Adresse vermittelt werden. Dieser Vorgang wird als IP-Routing bezeichnet.

Das *Transport Control Protocol TCP* ist für die Paketierung der aus den Anwendungsschichten kommenden Daten auf Netzwerkpakete einheitlicher Größe zuständig. TCP implementiert einen Bestätigungsmechanismus, mit dem der Empfänger den ordnungsgemäßen Paketempfang quittiert. Im Falle von Fehlübertragungen organisiert dieses Protokoll Übertragungswiederholungen. Eine weitere wichtige Aufgabe von TCP ist die Herstellung der richtigen Reihenfolge der Pakete beim Empfänger. Da Pakete in Paketnetzen, wie Bild 6.3 zeigt, unterschiedliche Übertragungspfade nehmen können, ist nicht garantiert, dass sie in der richtigen Reihenfolge beim Empfänger eintreffen. TCP korrigiert dieses Problem. TCP/IP ist damit oft ein Synonym für IP-Datenübertragungen. Erst die Kombination der beiden Protokolle stellt eine sichere, fehlerfreie Datenübertragung her. Die Fehlerfreiheit ist bei einer Reihe von Datentypen zwingend notwendig. Ein Beispiel ist die Übertragung von Gehalts- oder Kontendaten über Netzwerke. In CCTV-Anwendungen sollten z. B. zu speichernde Alarmbilder, die für die Beweissicherung benötigt werden, und ihre Begleitinformationen, wie z. B. Kontendaten oder Zeitstempel, mittels TCP gesichert in die zugehörigen Video-Datenbanken übertragen werden, wie Bild 7.2 zeigt. Diese Sicherheit erzeugt aber einen gewissen Overhead bei der Datenübertragung, der den Durchsatz reduziert.

Das *User Datagram Protocol UDP* wird in Anwendungen genutzt, die keine vollständige Übertragungssicherung erfordern. Dies betrifft in vielen Fällen Multimediadaten wie Live- und Echtzeit-Audio oder -Video. Gehen einzelne Pakete durch Störungen verloren, so ist die Wiederholung der Übertragung oft eher von Nachteil. In solchen Fällen ist UDP das Kommunikationsprotokoll der Wahl. UDP kennt keinen Bestätigungsmechanismus durch den Empfänger. Auch die richtige Empfangsreihenfolge der Datenpakete ist bei UDP-Übertragungen nicht sichergestellt. Dies ist aber meist kein Problem, wenn der Übertragungspfad, wie bei LAN- oder Punkt-zu-Punkt-Telefonverbindungen, eindeutig ist. Die geringere Sicherheit von UDP wird mit einem höheren Durchsatz und niedrigen Verzögerungszeiten belohnt, so dass dieses Protokoll oft zur Übertragung von Live-Video- und Audiodaten eingesetzt wird, wie Bild 7.2 zeigt. Hier werden zur Beweissicherung benötigte Bilder über sichere TCP-Verbindungen zu einer Videodatenbank übertragen, während Live-Bilder der Netzwerkkameras mittels UDP versendet werden.

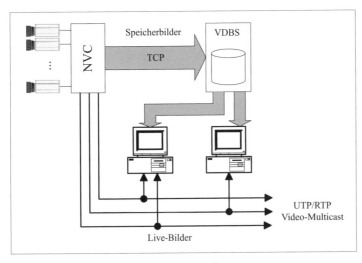

Bild 7.2: Nutzung von TCP und UDP zur Übertragung von Speicher- und Live-Videobildern eines CCTV-Systems

7 IP im CCTV-Einsatz

Das *Address Resolution Protocol ARP* wandelt IP-Adressen in die jeweiligen netzspezifischen Adressen, z. B. Ethernet-MAC-Adressen, um.

ICMP (Internet Control Message Protocol) ist unter anderem ein Kommunikationsprotokoll, dass vom berühmten Internet-Programms PING (Abschnitt 7.2.3) benutzt wird. Dieses Programm ist eines der einfachsten Werkzeuge eines Servicetechnikers für Netzwerkinstallationen, um zu einer ersten Aussage zur Funktionsfähigkeit einer Datenverbindung zu kommen.

Bild 7.1 zeigt auch eine (kleine) Auswahl an Anwendungsprotokollen des IP-Umfeldes:

- *HTTP* ist das Protokoll zur Datenübertragung im World Wide Web. Es wird z. B. von Internet-Browsern verwendet, um WEB-Seiten anzufordern.
- *FTP* (File Transfer Protocol) eignet sich zur Übertragung von Dateien über das Internet.
- *Telnet* simuliert eine netzwerkbasierte Ein-Ausgabeeinheit an einem Rechner. Damit können Rechner, auf denen ein so genannter Telnet-Server installiert ist, von entfernten Rechnern aus in gewissem Rahmen bedient werden.
- *SNMP* (Simple[1] Network Management Protocol) wird von Software für administrative Aufgaben im Netzwerk und für Diagnosezwecke benutzt. SNMP-fähige Netzwerkgeräte können hierüber z. B. Fehler oder die Verfügbarkeit von Ressourcen signalisieren.
- *SMTP* (Simple Mail Transfer Protocol) regelt die E-Mail-Kommunikation zwischen einem E-Mail-Client wie Outlook und einem E-Mail-Server, der z. B. bei einem Internet Provider installiert sein kann.

Als weiteres Protokoll ist in Bild 7.1 das Real Time Protocol (RTP) aufgeführt, welches für die Übertragung von Multimediadaten über IP-Netze entwickelt wurde. Auf dieses Protokoll wird im Abschnitt 7.5.6.2 bei der Behandlung von Video-Streaming-Verfahren für CCTV-Zwecke noch gesondert eingegangen.

Die IP-Schicht ist die Schnittstelle netzwerkfähiger Programme zu den darunter liegenden Netzwerkschichten. Applikations-Software, welche die Dienste dieser Schicht benutzt, muss sich nicht um die Eigenschaften des physikalischen Netzwerkes kümmern. Zum Beispiel definiert IP Adressierungsvorschriften für Netzwerkgeräte, die von Applikationen einheitlich benutzt werden können. Die physikalischen Übertragungsnetze verwenden individuelle Adressierungsverfahren, von denen die Netzwerkapplikation nichts wissen muss. Natürlich muss innerhalb der IP-Implementation ein Übergang zwischen der abstrakten IP-Kommunikationsschicht und den jeweils benutzten Netzen erfolgen. Die IP-Kommunikationsschicht wird durch ein Bündel von RFCs an die physikalischen Bedingungen jedes denkbaren Datennetzes angepasst. Tabelle 7.1 listet einige Beispiele auf.

Tabelle 7.1: *Standards für die Anpassung von IP an verschieden Netzwerktechnologien*

RFC 894	IP on Ethernet Networks	RFC aus dem Jahre 1984 zur Übertragung von IP über 10 MBit Ethernet
RFC 1055	IP on Serial Lines	Übertragung über serielle Leitungen, SLIP (Serial Line Internet Protocol)
RFC 1188 und 1390	IP on FDDI Networks	Übertragung von IP-Paketen über Fiber Distributed Date Interface Netzwerke
RFC 1577	Classical IP and ARP over ATM	IP in Asynchronous Transfer Mode Netzwerken
RFC 2002 und 3220	IP Mobility Support for IPv4	IP in Funknetzumgebungen wie WLAN, UMTS oder GRPS

---

1 Man sollte sich vom Wort Simple hier nicht zu falschen Schlussfolgerungen führen lassen. Allein der RFC 1157, der SNMP spezifiziert, umfasst 35 Seiten. Hinzu kommen 91 Seiten Spezifikation des RFC 1156 für die so genannte MIB (Management Information Base), die wesentlicher Bestandteil von SNMP ist.

RFC 1042	Standard for the Transmission of IP datagrams over IEEE 802 networks	IP über Token Ring-Netze
RFC 2143	Encapsulating IP with the Small Computer System Interface	IP Datenübertragung über SCSI

7.2 IP-Adressierung

7.2.1 Adressvergabe

Innerhalb des Internets oder eines autonomen Intranets[2] werden die Geräte im Netzwerk, also Computer, aber auch netzwerkfähige Videokameras oder Videodatenbanken durch IP-Adressen identifiziert. Um ein Gerät eindeutig adressieren zu können, darf eine IP-Adresse innerhalb des Netzes auch nur einmalig vergeben werden. Will man mit einem Gerät in einem IP-Netz kommunizieren, muss man dessen Adresse, oder wie noch diskutiert wird, einen eindeutigen Namen des Gerätes als Stellvertreter für die Adresse, kennen.

IP-Adressen im Internet der gegenwärtigen Generation sind 4 Byte, also 32 Bit groß. Damit hat das Internet oder jedes einzelne Intranet einen theoretischen Adressvorrat von 2^{32}, also etwa 4,3 Milliarden individuellen Adressen für die im Netz befindlichen Geräte. Das klingt als ausreichend für die Versorgung der Welt, ist es aber nicht. Einer der Hauptgründe für das Vorantreiben der neuen Internet Generation IPv6 ist der beschränkte Adressvorrat, den 4 Byte zur Verfügung stellen. Viele der 4 Byte Adressen dienen Verwaltungszwecken und stehen nicht als Adressen für Geräte zur Verfügung. Weiterhin werden IP-Adressen an Organisationen nicht einzeln, sondern blockweise in verschiedenen Blockgrößen vergeben. Dies führt zu einer gewissen Verschwendung des Adressvorrates. Gegenwärtig werden diese Probleme im Internet durch restriktive Adressvergabe und durch dynamische Zuordnung der IP-Adressen zu den Endgeräten durch die Internet-Provider bei Verbindungsaufbau entschärft. Die dynamische Adressvergabe geht von der Annahme aus, dass nicht alle Internet-Teilnehmer ständig online sind und damit eine feste Adresse belegen müssen. Der Provider hält einen Pool von Adressen, der ihm vom NIC (Network Information Center) des jeweiligen Landes zugewiesen wurde. In Deutschland werden diese Adressen vom DE-NIC vergeben, welches seinerseits dem InterNIC (International NIC) untergeordnet ist. Aus diesem Adress-Pool werden die Internet-Teilnehmer jedes Mal neu bedient, wenn ein entsprechender Einwahlvorgang bei einem Provider stattfindet. Das führt dazu, dass private Nutzer, die über Internet-Provider den Netzzugang bekommen, meist bei jeder neuen Anmeldung eine andere Internet-Adresse zugewiesen bekommen.

In Intranets stellt die 4-Byte-Adressierung keine ernst zu nehmende Beschränkung für die Größe des Netzes dar. Die Planung der IP-Adressvergabe innerhalb eines Intranets ist eine der wichtigsten Aufgaben eines Systemadministrators. Auch der Servicetechniker bzw. Planer IP-basierter, vernetzter CCTV-Systeme sollte mit diesem Prozess vertraut sein, da dies einer der wesentlichen Arbeitsschritte bei der Integration des Dienstes CCTV in eine bestehende Netzwerkinfrastruktur ist. Deshalb soll auf die dafür notwendigen Grundlagen im Folgenden etwas detaillierter eingegangen werden.

---

[2] Ein Intranet ist ein privates Netzwerk, welches auf Basis der Internet-Protokolle Daten überträgt und die Geräte im Netzwerk über IP-Adressen identifiziert. Da ein Intranet aber nicht direkter Bestandteil des Internets ist, unterliegt man bei der Vergabe der IP-Adressen keinen Restriktionen. Insbesondere müssen die Adressen nur bezüglich des Intranets selbst, aber nicht bezüglich des gesamten Internets, eindeutig sein.

7.2.2 Netzwerk- und Geräteadresssen

Die Darstellung von IP-Adressen erfolgt praktisch immer als dezimal gepunktete Angabe, wie diese Beispiele zeigen:

| 127.0.0.1 |
| 255.255.255.0 |
| 192.168.200.17 |

Jede Stelle entspricht einem Byte der 4 Byte großen Adresse. Da ein Byte einen Zahlenbereich von 2^8 Werten abdeckt, kann jede der vier Stellen einer IP-Adresse nur je einen Zahlenwert zwischen 0 und 255 annehmen. Die Angabe einer „IP-Adresse" von 257.300.5.20 ist also Unsinn. Die „größte" mögliche IP-Adresse ist 255.255.255.255.

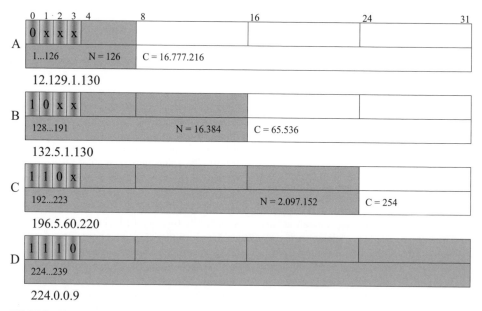

Bild 7.3: Kategorien von IP-Netzwerkadressen

Bei der Vergabe der IP-Adressen hat es sich als sinnvoll erwiesen, diese in die beiden Bestandteile Netzwerk- und Computer-Adresse zu zerlegen. Die Netzwerkadresse identifiziert dabei den Besitzer oder Betreiber eines Netzes, z. B. einen Netzwerk-Provider oder eine Firma, an dem die Geräte mit der Computer-Adresse angeschlossen sind. Der Netzwerkteil einer IP-Adresse kann ein bis drei Bytes der Gesamtadresse belegen. Man unterscheidet die Netzwerkkategorien A bis D, zu denen Bild 7.3 eine Übersicht gibt. Die ersten vier Bit einer IP-Adresse entscheiden über die Netzwerk-Kategorie. Der Wert N in Bild 7.3 ist die Anzahl möglicher Netze der jeweiligen Kategorie. Der Wert C ist die Anzahl von Netzwerkgeräten, die in einem Netz der jeweiligen Kategorie unterschieden werden können. Es gibt also z. B. nur sehr wenige Netze der Kategorie A. Diese besitzen große Firmen wie IBM mit der Nummer 9 oder AT&T mit der Nummer 12. Netze der Kategorien B und C werden an mittlere oder kleinere Firmen vergeben. Anhand der ersten Stelle einer IP-Adresse kann man erkennen, zu welcher Kategorie die Adresse gehört. IP-Adressen, die z. B. Werte zwischen 192 und 223 in der ersten Stelle haben, gehören zur Kategorie C. Adressen der Kategorie D sind so genannte

Multicast-Adressen. Diese gewinnen zunehmend an Bedeutung bei der Entwicklung von Internet-Anwendungen wie Internet-Radio, Internet-Fernsehen oder Echtzeit-Internet-Konferenzen. Für die verbleibenden Varianten des ersten Bytes der Adresse gibt es die Kategorie E, die bislang noch nicht verwendet wird.

Neben diesen großen Funktionsgruppen des IP-Adressbereiches legen die Internet-RFCs für eine Reihe von IP-Adressen eine spezielle Bedeutung fest. Auf die wichtige Loopback- und Broadcast-Funktion wird im den Abschnitten 7.2.4 und 7.2.5 eingegangen. Doch zunächst widmen wir uns einer für den Installateur von verteilten Anwendungen in IP-Netzen, wie dies moderne CCTV-Systeme sind, wichtigen Frage zu. Dies ist die Frage, wie die Funktionsfähigkeit einer IP-Übertragungsstrecke am einfachsten nachgewiesen werden kann.

7.2.3 PING als Servicewerkzeug

Der Servicetechniker, der Geräte vor Ort in einem IP-Netzwerk in Betrieb nehmen soll, steht am Beginn seiner Arbeit immer wieder vor dem gleichen Problem. Auf einem CCTV-Arbeitsplatz eines IP-Netzes soll z. B. eine Verbindung zu einer oder mehreren Netzwerk-Kameras oder zu einer Videodatenbank bzw. zu einem CCTV-Managementsystem eingerichtet werden. Im günstigsten Fall wurde der Kamera bereits vom Administrator des Netzwerkeigentümers eine IP-Adresse vergeben. Im ersten Schritt wurde die Kamera entsprechend parametriert. Die Wiedergabeoberfläche des Auswerteplatzes wird gestartet und die IP-Adresse der Kamera wird eingegeben. Getreu den Prinzipien von Murphy erscheinen typischerweise keine Bilder[3]. Sofort stellt sich die Frage der Verantwortlichkeit. Wurden bei der Einrichtung des Netzwerkes Fehler gemacht? Ist die IP-Adresse korrekt oder wurde sie eventuell sogar doppelt vergeben? Ist die Netzwerkinstallation und -Hardware des Auswerteplatzes fehlerfrei oder ist die Software des CCTV-Systems daran schuld, dass es zu keiner Kommunikation kommt? Die Fehlerursachen sind mannigfaltig.

Glücklicherweise hilft die IP-Implementation hier selbst mit einer Reihe von Werkzeugen, die Standard in jedem heutigen Betriebssystem sind, weiter bei der Beantwortung dieser Fragen. Eines der wichtigsten und zugleich einfachsten Werkzeuge ist das legendäre Programm PING, welches jeder Installateur, der sich mit IP-Netzen auseinander setzen muss, kennen sollte. Der Einsatz dieses simplen aber genialen Kommandozeilenwerkzeugs hat schon innerhalb von Sekunden tagelange Diskussionen um Verantwortlichkeiten und fehlerhafte Software beendet. PING ist zugleich der Beweis, dass es auch heute noch durchaus sinnvolle Software gibt, die ohne megabytegroße grafische Nutzerschnittstellen auskommt und die trotzdem in kürzester Zeit ein einfaches, klares Ergebnis hoher Aussagekraft liefert. Für diesen ersten wichtigen Schritt bedarf es weder aufwändiger Netzwerkmanagement-Software noch teurer Hardware-Netzwerkanalysatoren.

Mit PING kann man prüfen, ob zwischen zwei Netzwerkgeräten prinzipiell eine IP-Verbindung möglich ist. Wie tut man das? Das ist sehr einfach. Man ruft das Programm PING mit der IP-Adresse des Netzwerkgerätes oder Computers auf, mit dem man kommunizieren möchte. Als Ergebnis liefert PING eine schlichte „Funktioniert"- oder „Funktioniert nicht"-Aussage, wie dies Bild 7.4 anhand der von PING produzierten Ausgaben zeigt. Als Zusatzinformation liefert PING eine grobe Messung zur Latenzzeit der Paketübertragung zwischen zwei Computern. Im Bild 7.4 liegt diese unter 10 ms.

---
[3] Früher, vor der Omnipräsenz des Ethernet, waren es serielle Schnittstellen, die mit diesem immer wieder gleichen Problem aufwarteten. Warum es nicht zu einer Kommunikation kam, lag meist an immer wieder gleichen Ursachen, einer falsch eingestellten Parität oder Baudrate oder einer falschen Flusskontrolle der Schnittstelle. Auch hier gab es Werkzeuge auf niedriger Systemebene, um zunächst die Unschuld von komplexen Applikationen wie einem Videomanagementsystem zur Kreuzschienensteuerung nachzuweisen.

7 IP im CCTV-Einsatz

```
C:\Ping 196.168.200.12

Ping wird ausgeführt für 196.168.200.12

Antwort von 196.168.200.12: Bytes=32 Zeit < 10ms TTL=128
Antwort von 196.168.200.12: Bytes=32 Zeit < 10ms TTL=128
Antwort von 196.168.200.12: Bytes=32 Zeit < 10ms TTL=128

Ping-Statistik für 196.168.200.12:
        Pakete gesendet = 3, Empfangen = 3, Verloren = 0 (0% Verlust),
Ca. Zeitangaben in Milliksek.:
        Minimum = 0ms, Maximum = 0ms, Mittelwert = 0ms

C:\Ping 195.168.200.12

Ping wird ausgeführt für 195.168.200.12

Zielhost nicht erreichbar
Zielhost nicht erreichbar
Zielhost nicht erreichbar
```

Bild 7.4: Ausgaben von PING auf einem Windows-PC

Ist das Ergebnis „Funktioniert nicht", so liegt die Ursache für das Versagen der erwähnten Videoübertragung eindeutig in der Netzwerkinstallation und damit im Verantwortungsbereich des zuständigen Netzwerkadministrators. Die möglichen mannigfaltigen Ursachen, die in den unteren Schichten der Netzwerkkommunikation beheimatet sind, wurden bereits erwähnt.

Liefert PING als Ergebnis „Funktioniert", muss man sich auf die Suche nach anderen Fehlerquellen begeben. Die Erfahrung lehrt aber, dass der weitaus größte Teil von Inbetriebnahmeproblemen in IP-Netzen in falschen Konfigurationen auf Netzwerkebene und nicht in den Netzwerkprogrammen der höheren Ebenen wie z. B. einer CCTV-Nutzerschnittstelle zu suchen ist.

Technisch gesehen, arbeitet PING auf der Basis so genannter ICMP-Echo-Übertragungen, wie Bild 7.5 das zeigt.

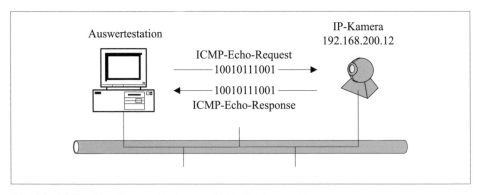

Bild 7.5: PING-Echo-Kommunikation zur IP-Verbindungsprüfung

Nach Start von Ping mit Angabe der Zieladresse werden spezielle ICMP-Pakete an den Zielrechner geschickt. Dieser antwortet, indem er diese Pakte an den Sender – als Echo – zurückschickt. Erhält der Sender innerhalb einer gewissen Zeit keine Echo-Antwort, so wird angenommen, dass der Empfänger mit dieser Adresse nicht erreichbar ist.

7.2.4 Broadcast-Adressen

Enthält ein IP-Paket in seiner Zieladresse den Wert 255, so handelt es sich um ein so genanntes Broadcast-Paket. Dieses ist nicht wie üblich an einen einzelnen Computer, sondern an eine größere Anzahl von Empfängern gerichtet. Um eine derartige Nachricht zu erzeugen, wird der Computer-Anteil der IP-Adresse auf 255 gesetzt. Eine Nachricht, die an die Adresse 195.5.60.255 geschickt wird, adressiert die bis zu 254 Computer eines Netzes der Kategorie C. Unter der Adresse 132.5.255.255 würden die maximal 65.536 Computer eines Kategorie-B Netzes gemeinsam angesprochen werden können. Das Senden eines IP-Paketes schließlich an 255.255.255.255 würde alle Computer des gesamten Internets ansprechen. Da so etwas natürlich nicht sinnvoll ist und das Netzwerk belastet, werden Broadcast-Pakete meist nicht über LAN-Grenzen hinweg übertragen.

7.2.5 Loopback-Adressen

Neben den Broadcast-Adressen gibt es weitere Adressen, die für spezielle Aufgaben reserviert wurden. Z. B. zeigt Bild 7.3 mit der Netznummer 127 eine Lücke zwischen Kategorie-A- und Kategorie-B-Adressen an. Hat eine IP-Adresse als erste Nummer eine 127, so ist dies eine so genannte Loopback-Adresse. IP-Pakete, die von einem Gerät an Adressen dieses Typs geschickt werden, verlassen das sendende Gerät nicht[4], sondern sie werden innerhalb des sendenden Gerätes selbst verarbeitet.

Mit der Adresse 127.0.0.1 – der so genannten Localhost-Adresse – aus dem Loopback-Bereich adressiert sich ein Gerät z. B. selbst und kann auch an sich selbst Daten schicken. Warum sollte aber ein Netzwerkgerät dies tun? Bei einem Menschen, der mit sich selbst spricht, vermutet man meist seltsame Gründe, wenn es nicht gerade ein Schauspieler ist, der seine Rolle probt. Bei Computern oder allgemeineren Netzwerkgeräten hat dieses „mit sich selbst sprechen" aber durchaus sinnvolle Anwendungen. Die wichtigsten sind:

- Prüfung der korrekten Installation des IP-Protokollstapels auf einem Netzwerkgerät. Dazu kann man z. B. PING 127.0.0.1 eingeben. Die Reaktion des PING-Programms sollte bei korrekter Netzwerkinstallation die gleiche sein, wie wenn ein entfernter Rechner angesprochen wird.
- Nutzung von IP als lokalem IPC-Mechanismus[5] (Inter Process Communication).

Insbesondere die zweite Anwendung von Loopback-Adressen ermöglicht die Realisierung sehr interessanter Anwendungsszenarien. Durch Nutzung dieser Funktion des IP-Protokollstapels kann eine sehr hohe Flexibilität bei der Verteilung der Funktionalität auf die verschiedenen Netzwerkgeräte erreicht werden, wie der folgende Abschnitt zeigt.

---

4 Das heißt z. B. auch, dass diese Daten nicht das Netzwerk belasten, da sie nur innerhalb eines Gerätes transportiert werden.
5 Unter IPC werden alle Mechanismen verstanden, die es zwei eigenständigen Programmen oder Prozessen gestatten, miteinander Daten auszutauschen. Im Microsoft-Windows-Umfeld gehören z. B. DDE (Dynamic Data Exchange), RPC (Remote Procedure Call), Named Pipes und eben auch IP zu diesen IPC-Mechanismen. Eine Übersicht zu IPC-Mechanismen für die Microsoft-Windows-Plattform bietet [SINH97].

7.2.6 „Virtuelle" CCTV-Geräte in IP-Netzen

Zur Demonstration der Flexibilität, die der IP-Adressierungsmechanismus inklusive der Möglichkeit der Nutzung von Loopback-Adressen speziell bei der Projektierung eines digitalen CCTV-Systems bietet, soll das folgende Beispiel dienen.

Eine IP-basierte CCTV-Software-Anwendung (siehe Bild 7.6) soll aus den folgenden vier eigenständigen Modulen bestehen:

- (**K**) Kompression: NVCs, also die digitalen Videoquellen
- (**S**) Speicherung: eine oder mehrere Videodatenbanken
- (**W**) Wiedergabe: ein Software-Modul, welches mit einer oder mehreren Videodatenbanken zur Wiedergabe von gespeicherten Bildern kommunizieren kann. Zur Wiedergabe von Live-Bildern kann das Modul auch direkt mit einem oder mehreren NVCs kommunizieren.
- (**A**) Administration: Einstellung des Aufzeichnungsverhaltens und anderer Parameter des CCTV-Systems, Diagnose und Wartungsfunktionalität

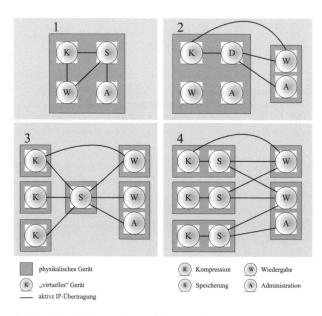

Bild 7.6:
Software-Module einer CCTV-Anwendung und deren Verteilung auf physikalische Netzwerkgeräte in verschiedenen Anwendungsszenarien

Bei der Entwicklung dieses Software-Systems wurde das Ziel einer homogenen Kommunikationsarchitektur auf Basis von IP vorgegeben. Das heißt, die vier Modultypen kommunizieren, gleichgültig auf welchem Gerät sie installiert sind, nur über TCP/IP oder UDP/IP miteinander. Mit der im vorhergehenden Abschnitt 7.2.5 angeführten Fähigkeit der Loopback-Adressen zur lokalen IPC ergibt sich die Möglichkeit einer beliebigen Zusammenfassung der vier Software-Grundfunktionen auf einem Netzwerkgerät oder der Verteilung der Funktionen auf verschiedene physikalische Geräte im Netz. Für die über IP kommunizierenden Software-Module ist es dabei unerheblich, ob sie unter einem Multitasking-Betriebssystem, wie Windows NT oder Linux, auf der gleichen Maschine arbeiten oder ob sie über ein heterogenes Netzwerk hinweg miteinander kommunizieren. Allenfalls am Durchsatz und der Übertragungsverzögerung der Datenpakete könnten Unterschiede festgestellt werden. Die Software-Module können als eigenständige virtuelle Netzwerkgeräte betrachtet werden. Die Installation einer Videodatenbank macht aus einem Computer einen digitalen Videorekorder. Die Installation des Wiedergabemoduls macht einen Computer zum CCTV-Arbeitsplatz. Natürlich muss die Hardware des Netzwerkgerätes den Betrieb der „Software-Geräte" unterstützen. Während die drei Grunddienste W, S und A dabei die Ressourcen eines Standard-Computers wie Festplatten, Netzwerk- und Grafikkarte nutzen, erfordert der Betrieb der NVC-Software natürlich auch die Installation der zugehörigen Video-Codec-Hardware auf dem zugehörigen Netzwerkgerät. Insofern stößt die „Virtualisierung" natürlich an ihre Grenzen.

Bild 7.6 zeigt einige Möglichkeiten sinnvoller Zusammenfassungen der vier Grundfunktionen **K**, **W**, **S** und **A** zu CCTV-Systemen für verschiedene Aufgabenstellungen:

- Das CCTV-System 1 stellt ein autonomes physikalisches Gerät dar. Alle vier Software-Module oder virtuellen Geräte werden auf einer Maschine installiert. Sie tauschen über die Loopback-Adresse 127.0.0.1 Daten aus ihrer Sicht in der gleichen Art und Weise aus, als ob eine im Netzwerk verteilte Installation der Module vorläge. Wenn kein Netzwerkzugriff benötigt wird, kann diese Art der Installation gewählt werden. Alle Bedienhandlungen werden lokal ausgeführt. Die TCP/IP-Installation ermöglicht dazu auch den vollständigen Verzicht auf Netzwerk-Hardware wie NIC oder ISDN-Karte. Unter Windows NT oder Windows 2000 wird dazu z. B. ein virtueller Netzwerk- oder Loopback-Adapter eingerichtet. Die Einrichtung der Kommunikationsverbindungen erfolgt auf die gleiche Weise wie bei einer verteilten Installation.

- Das zweite System stellt wiederum ein autonomes physikalisches Gerät dar. Die beiden Funktionen **W** und **A** können hier allerdings sowohl lokal als auch auf entfernten Netzwerk-Computern installiert werden. Wie bei der ersten Installation ist das für die virtuellen CCTV-Geräte gleichgültig. Der Unterschied bei der Administration der entfernten Module besteht lediglich darin, dass für den Zugriff auf die Funktion **S** oder **K** „echte" IP-Adressen und nicht die Loopback-Adresse 127.0.0.1 verwendet werden müssen.

- Im dritten System speichert ein zentraler Datenbank-Server die komprimierten Videodaten zweier NVCs. Sofern das Netzwerk die notwendige Bandbreite für die mit der Aufzeichnung verbundene Datenlast bereitstellt, ist dies eine einfache Möglichkeit der Erweiterung der Anzahl der Videokanäle, die über eine Videodatenbank zugänglich sind. Da die **W**-Funktion durch Dekompression und Bilddarstellung meist mit einer großen Prozessorlast verbunden ist und die Aufzeichnung nicht dadurch beeinträchtigt werden soll, erfolgt die Wiedergabe auf entfernten Computern, von denen einer auch die **A**-Funktion beherbergt.

- Das letzte System schließlich zeigt einige digitale Videorekorder mit jeweils lokaler Funktion **K** und **S**. Auf diese greifen zwei Bedienplätze zu, von denen einer auch administrieren kann. Nur die für die Wiedergabe übertragenen Bilddaten erzeugen Netzwerklast. Die Aufzeichnungsdaten werden, wie bei den Varianten 1 und 2, nur lokal im Speicher des Videorekorders übertragen.

Diese Beispiele zeigen, dass homogen auf IP-Kommunikation basierende Software-Systeme nahezu völlige Freiheit bei der Wahl des physikalischen Gerätes lassen, auf dem die einzelnen Module eines solchen Systems ausgeführt werden. Der Projektant kann die verschiedenen Funktionen eines CCTV-Systems damit frei unter dem Gesichtspunkt der optimalen Last- und Funktionsverteilung im Netzwerk anordnen. Dazu muss man sich allerdings von traditionellen Denkschemata in Hardware-Einheiten lösen und die Software-Module als gleichberechtigte – wenn auch virtuelle – Geräte betrachten, deren Verteilung eine der Aufgaben bei der Planung eines modernen digitalen CCTV-Systems ist.

Bei einigem Nachdenken über die bisherigen Erläuterungen des IP-basierten Datenaustausches zwischen zwei Programmen müsste eine Fragestellung offen geblieben sein. Wenn Software-Module nach Belieben im Netz verteilt und damit auch simultan miteinander auf dem gleichen physikalischen Netzwerkgerät arbeiten können, wie sorgt IP dann dafür, dass übertragene Daten auch zum richtigen Programm gelangen? Ein physikalisches Netzwerkgerät hat im Allgemeinen nur eine IP-Adresse. Die für diese Adresse eintreffenden Datenpakete können jedoch an eine Vielzahl von Programmen gerichtet sein, die simultan in diesem Gerät arbeiten. IP beantwortet diese Frage mit dem Konzept der so genannten TPC- bzw. UDP-Ports, auf die im Abschnitt 7.3 eingegangen wird.

7.3 TCP- und UDP-Ports

7.3.1 Multitasking – mehrere Programme auf einem Gerät

Die IP-Adresse aus Abschnitt 7.2.2 reicht für die Kommunikation zweier Programme nicht aus. Man benötigt noch einen weiteren Parameter, die so genannte Portnummer, um eine sinnvolle IP-Datenkommunikation mit einem Gerät im Netzwerk aufbauen zu können. Wenn man als Analogie zur IP-Adresse eines Netzwerkgerätes eine postalische Adresse mit den Angaben Land, Stadt, Straße und Hausnummer sieht, so entspricht der Port dem letztendlichen Empfänger innerhalb des angegebenen Hauses. Nehmen wir an, die Bewohner des Hauses sprächen alle verschiedene Sprachen, so kann nur der richtige Empfänger die Nachricht lesen und entsprechend darauf reagieren. In der Computer-Kommunikation ist der Empfänger ein Programm auf einem Netzwerkgerät, welches sich mit einem anderen Programm in einer bestimmten Sprache unterhält.

Moderne Betriebssysteme, wie die PC-Betriebssysteme Windows oder Linux, aber auch Betriebssysteme autonomer Netzwerkgeräte, wie Terminal-Server oder IP-Kameras, beherbergen eine Vielzahl simultan laufender Programme für verschiedenste Aufgaben. Dies ist durch die Fähigkeit dieser Betriebssysteme zum so genannten Multitasking möglich. Obwohl nur ein Prozessor physikalisch vorhanden ist, erlaubt Multitasking die praktisch parallele Arbeit mehrerer Programme. Es ist zwar immer nur ein Programm aktiv und kann seine Arbeit vorantreiben. Das Betriebssystem entzieht aber dem jeweils aktiven Programm nach einer gewissen Zeit den Prozessor und legt es „schlafen", bis es wieder an der Reihe ist. Ein anderes Programm wird aktiviert und kann mit seiner Arbeit, die beim letzten „Schlafengehen" unterbrochen wurde, fortfahren. Gesteuert von bestimmten Regeln, die von der Wichtigkeit der Arbeit der einzelnen Programme abhängen, kommt so jedes Programm zyklisch an die Reihe und kann seine Aufgabe vorantreiben. Dieses zyklische Umschalten geht so schnell, dass es aus Sicht des menschlichen Nutzers praktisch einer Parallelität der Abarbeitung gleichkommt. Für eine genauere Beschreibung der Arbeitsweise von Multitasking-Betriebssystemen sei auf das Lehrwerk von [TANE02] verwiesen.

7.3.2 Dienste – Service und Daemon

Da dies eine der häufigsten Fehlerquellen beim Betrieb netzwerkbasierter CCTV-Systeme ist, soll kurz der Begriff des Dienstes in der Umgebung von Multitasking-Betriebssytemen geklärt werden.

Viele der im Abschnitt 7.3.1 erwähnten simultan laufenden Programme erledigen ihre Arbeit im Hintergrund als so genannte Dienste ohne Interaktion mit einem Nutzer. Der normale Computer-Nutzer ist sich der Anwesenheit dieser Programme meist nicht einmal bewusst. Lediglich zu Administrationszwecken muss eine Interaktion mit derartigen Programmen erfolgen.

Im Windows-NT Betriebssystem tragen solche Dienste die Bezeichnung Service. Das Pendant unter Unix bzw. Linux heißt Daemon. Dienste starten beim Booten eines Computers oder auch eines Netzwerkgerätes automatisch, ohne das eine Nutzeranmeldung erfolgt sein müsste[6]. So kann z. B. auf einem Windows-Rechner ein FTP-, Web- oder Telnet-Server als Service installiert werden. Sobald diese Dienste installiert sind, haben Programme im Netzwerk die Möglichkeit, mit dem Rechner, der den Dienst beherbergt, entsprechend dem Protokoll des Dienstes, also z. B. FTP oder HTTP, zu kommunizieren.

Netzwerkbasierte CCTV-Systeme stellen oft ein ganzes Bündel solcher Dienste auf einem Computer zur Verfügung, die individuelle Aufgaben, wie Datenbankverwaltung, Live-Videoübertragung oder Anlagenadministration, bearbeiten. Der Servicetechniker eines solchen Systems muss sich über die Dienstekonfiguration und die Aufgaben dieser Programme im Klaren sein, da hier häufige Fehlerquellen liegen. Ist z. B. ein bestimmter Dienst nicht gestartet, so kann er natürlich auch seine Aufgaben nicht erledigen. Durch den Hintergrundbetrieb von Diensten ist es aber mitunter schwierig, die eigentliche Ursache für ein fehlerhaftes Verhalten zu finden. Ist es z. B. nicht möglich, von einem CCTV-Bedienplatz Verbindung zu einer Videodatenbank aufzunehmen, kann neben der bereits erläuterten fehlerhaften Netzwerkkonfiguration eine Fehlerquelle darin liegen, dass der entsprechende Dienst nicht aktiv ist.

7.3.3 Multitasking in einer IP-Kamera

Ein Teil der in einer Multitasking-Umgebung simultan laufenden Programme ist zur Aufnahme von Netzwerkverbindungen und damit zum Datenaustausch fähig. Bild 7.7 zeigt als Beispiel einige Kommunikationsprogramme, die in einer Netzwerkkamera betrieben werden könnten. Hier, wie schon teilweise in vorhergehenden Abschnitten, kommen immer wieder die beiden Begriffe Server und Client zum Einsatz. Diese werden im Abschnitt 7.4 näher erläutert.

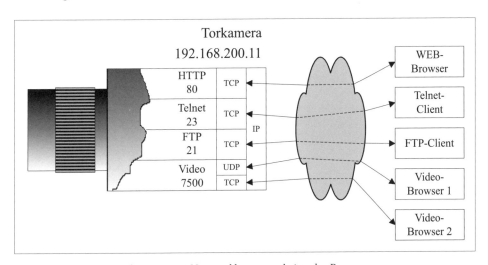

Bild 7.7: Beispiele simultan in einer Netzwerkkamera arbeitender Programme

- Ein HTTP- oder Web-Server kommuniziert mit einem Internet- oder Web-Browser wie Netscape oder dem Microsoft Internet Explorer. Über den dieser Funktion zugeordneten TCP-Port 80 kann die Kamera z. B. bezüglich Bildauflösung und Qualität komfortabel eingestellt werden oder man erhält Informationen zum Typ, zum Hersteller oder gar die komplette Kameradokumentation als HTML-Seiten im Web-Browser präsentiert.

---
6 Dies ist bei Windows auch der wichtigste Unterschied zu so genannten Autostart-Programmen. Deren Start ist an die Anmeldung eines Nutzers an einem Computer gekoppelt.

7 IP im CCTV-Einsatz

- Der Telnet-Port dient der Übertragung von Systeminformationen für den Wartungstechniker, die über den einfachen Web-Zugang nicht angezeigt werden sollen.
- Die Kamera in Bild 7.7 hat auch einen FTP-Port. Dieser wird im Beispiel benutzt, um die gesamte Software der Kamera gegen eine verbesserte oder fehlerbereinigte Version des Kameraherstellers auszutauschen.
- Der Video-Port 7500 schließlich liefert die Nutzdaten der Kamera, die Videobilder. Mit diesem sind im Beispiel gleichzeitig zwei Videobrowser auf Netzwerk-Computern verbunden. Diese haben simultanen Zugang zu den Live-Bildern der Netzkamera.

Damit die IP-Pakete, die für die IP-Adresse 192.168.200.11 der Netzwerkkamera bestimmt sind, auch an das richtige Programm in der Kamera weitergeleitet werden, muss man beim Absenden der Pakete die Nummer des Ports angeben, der diesem Programm zugeordnet ist. Das heißt z. B., dass ein IP-Paket, welches der Web-Browser an den HTTP-Server der Netzkameras schicken möchte, neben der Adresse der Kamera auch die im Bild angegebene Portnummer 80 enthalten muss. Für den Telnet-Zugang gilt das Gleiche. Die Telnet Portnummer lautet 23, und die Nummer des FTP-Zugangs, um die Firmware der Kamera zu aktualisieren, ist die 21. Die bisher angegebenen Portnummern und viele weitere sind in entsprechenden RFCs standardisiert.

Es gibt Bereiche nicht belegter Portnummern, die Applikationen frei benutzten können. Im Beispiel ist es der eigentliche Nutzdatenport mit der Nummer 7.500 für die Übertragung von Videobildern. Natürlich müssen beide Seiten der Kommunikation – also hier der Videobrowser und die Netzwerkkamera – bezüglich der Portnummer aufeinander abgestimmt sein.

7.3.4 Einige wichtige Ports und deren Anwendung für CCTV-Zwecke

Die Adressierung eines IP-Paketes an eine bestimmte Portnummer entspricht gleichzeitig auch der Auswahl eines dem Port zugeordneten höheren Kommunikationsprotokolls der drei Anwendungsschichten des OSI-Modells. Dieses wird im Falle von standardisierten Ports wie HTTP oder FTP von entsprechenden RFCs definiert. IP-Pakete an den HTTP-Port müssen natürlich einen Aufbau besitzen, der dem HTTP Protokoll entspricht, ansonsten werden sich die beiden Seiten nicht verständigen können. Tabelle 7.2 enthält einige wichtige TCP- bzw. UDP-Ports und die zugehörigen RFCs, die man bei der täglichen Arbeit in IP-basierten Netzen mehr oder weniger bewusst nutzt. Viele dieser Protokolle sind, wie obiges Beispiel einer IP-Kamera zeigt, auch für die Arbeit mit IP-basierten CCTV-Systemen von großer Bedeutung. Durch Nutzung dieser Möglichkeiten können viele Funktionen, wie die Zeitsynchronisation verteilter Netzwerk-Komponenten, Software-Updates oder Diagnose, die in der Vergangenheit jedes CCTV-System auf eine eigene Weise aufwändig implementiert hat, ganz oder teilweise als standardisierte Dienste des Betriebssystems bzw. der IP-Installation in Anspruch genommen werden.

Tabelle 7.2: Einige wichtige TCP- bzw. UDP-Ports, Protokolle und Nutzung für CCTV-Zwecke

Port	RFC	Protokoll	Nutzung im CCTV-Umfeld
21	959	FTP	Übertragung von Dateien z. B. zum Update der Firmware autonomer Netzwerkgeräte wie IP-Kameras
23	854, 855	Telnet	Einfache Diagnose und kommandozeilenbasierte Administration von Netzwerkgeräten

TCP- und UDP-Ports 7.3

Port	RFC	Protokoll	Nutzung im CCTV-Umfeld
25	821	SMTP	Das Simple Mail Transfer Protocol ist das Kommunikationsprotokoll zwischen E-Mail-Servern und -Clienten wie MS-Outlook oder Eudora. Es gibt CCTV-Anwendungen, die dieses Protokoll nutzen, um z. B. im Ereignisfall oder bei Störungen automatisiert E-Mails, gegebenenfalls sogar mit Bildanhängen, zu versenden.
37	868	TIME	Dieses Protokoll kann zur Zeitsynchronisation IP-basierter Netzwerkgeräte verwendet werden. Die zeitliche Synchronisation der im Netz verteilten Komponenten ist auch in der digitalen CCTV-Technik eine häufige Aufgabenstellung. IP bietet hierfür standardisierte Lösungen, die jedoch nicht auf jeder Betriebssystemplattform direkt zur Verfügung stehen müssen.
80	2068	HTTP 1.1	WEB-Protokoll. Administration von Netzwerkgeräten mit einer komfortablen Nutzerschnittstelle. Teilweise auch direkte Einbettung von Videobildern von Netzwerk- bzw. WEB-Kameras in HTML-Seiten und Nutzung des WEB-Browsers als einfache CCTV-Steuer- und Wiedergabeoberfläche.
161	1157	SNMP	Das Simple Network Management Protocol definiert Methoden für die Administration und Überwachung von Netzwerkgeräten. Im CCTV-Einsatz könnte hier z. B. der Fehlerzustand von Kamerakanälen überwacht werden.

Portnummern haben eine Größe von zwei Byte. Damit gibt es auf einem physikalischen Netzwerkgerät 2^{16} oder 65.536 verschiedene UDP- bzw. TCP-Ports, die den hier laufenden Programmen zugeordnet sein können. Wie das Beispiel HTTP für den Zugang zu einem WEB-Server zeigt, ist ein Großteil dieser Ports fest belegt. In [HEIN96] ist eine Übersicht zu finden. Dabei gibt es auch eine Reihe exotischer Varianten, wie z. B. den Port 17, der für das Quote of the Day-Protokoll reserviert ist. Ob ein Port innerhalb eines Netzwerkgerätes allerdings wirklich benutzt wird, hängt davon ab, ob auch ein Programm läuft, welches über diesen Port angesprochen werden kann. In Windows NT-Installationen z. B. ist üblicherweise kein Telnet-Server installiert, so dass von einem entfernten Computer auch keine Telnet-Verbindung über den Port 21 aufgebaut werden kann.

Normalerweise sind Portnummern, im Gegensatz zu IP-Adressen, außer für die Förderung des Verständnisses zur Arbeitsweise der IP-Kommunikation nicht von großer Bedeutung für den Endanwender. Beim Verbindungsaufbau wird meist nur die IP-Adresse angegeben, während die Portnummer implizit angenommen wird. Ein Web-Browser weiß schließlich, dass sein Gegenüber im Standardfall auf der Portnummer 80 residiert. Prinzipiell ist es aber durchaus möglich, die standardisierten TCP- bzw. UDP-Dienste auch auf anderen Ports arbeiten zu lassen. Dann muss der Nutzer allerdings dem Client – also z. B. einem Telnet-Client – die entsprechende Nummer des Ports, zu dem eine Verbindung aufgebaut werden soll, wie in diesem Beispiel:

    Telnet 192.168.200.11 7544

auch mitteilen. Dies wird z. B. oft genutzt, um einen Server zu entwickeln, der auf Basis des Telnet-Protokolls spezialisierte, anwendungsabhängige Aufgaben ausführt.

Auch die Video-Browser aus Bild 7.7 kennen den nicht standardisierten Port und dessen im Allgemeinen herstellerabhängiges Video-Kommunikationsprotokoll. Es gibt aber auch eine Reihe von Situationen, in denen der Kommunikationsport bei der Einrichtung eines Systems bekannt bzw. veränderbar sein muss. Dies ist oft dann der Fall, wenn, wie im Beispiel der Videoport, ein Port schon von einem anderen Programm belegt ist. Der Kommunikationsport muss ebenfalls bekannt sein bzw. geändert werden, wenn die Videoübertragung über Netzwerkgrenzen hinweg erfolgen soll, die durch Firewalls geschützt sind. Da diese Firewalls für bestimmte Ports und damit Protokolltypen gesperrt sein können, liegt hier gegebenenfalls eine Fehlerursache, wenn Verbindungsversuche fehlschlagen, obwohl z. B. die IP-Adresskonfiguration korrekt ist.

7.4 IP-basierte Client-Server-Modelle

7.4.1 Definition

Nachdem in den vorhergehenden Abschnitten und insbesondere im Abschnitt 7.3.3 zu IP-Kameras schon einige Male die Begriffe Client und Server erwähnt wurden, soll im Folgenden der Begriff des Client-Server- (CS-) Modells und seine Bedeutung für die Entwicklung und die Planung digitaler, verteilter CCTV-Systeme geklärt werden. Eine erste Möglichkeit, eine CS-Architektur zu definieren, ist funktionsbasiert:

Eine CS-Architektur ist eine Software-Kommunikationsarchitektur, bei der ein Computer-Programm, der Client, mit einem anderen Computer-Programm, dem Server, kommuniziert. Der Server stellt dem Client eine Reihe von Diensten zur Verfügung. Damit der Client diese nutzen kann, wird für die Kommunikation zwischen Client und Server ein spezielles Kommunikationsprotokoll festgelegt, über welches der Client Aufgaben an den Server übermittelt bzw. der Server die Ergebnisse seiner Tätigkeit an den Client weitergibt.

Eine andere Möglichkeit der Definition geht nicht von der Funktionstrennung zwischen Dienstleister und Dienstnehmer, sondern von der Art des Zustandekommens der Kommunikation zwischen zwei Software-Modulen aus. Dies trägt der Tatsache Rechnung, dass es eine Reihe von Software-Systemen gibt, in denen eine Trennung wie oben nicht eindeutig möglich ist, wo also beide Seiten der Kommunikation mehr oder weniger gleichberechtigt Dienste füreinander erbringen können oder wo sich ein Modul je nach Art des Kommunikationspartners sowohl als Client als auch als Server darstellen kann.

In einer CS-Architektur kommunizieren zwei Computer-Programme miteinander und tauschen Daten aus, welche wechselseitig für die Durchführung der Aufgaben des Kommunikationspartners notwendig sind. Der Client einer solchen Architektur ist das Programm, welches aktiv die Verbindung aufnimmt. Der Server erwartet passiv den Verbindungsaufnahmeversuch eines oder mehrerer Clienten. Die Kommunikation zwischen Client und Server läuft dabei wie in der funktionalen CS-Definition mittels eines speziellen Protokolls ab, welches abhängig vom Typ der Verbindung ist. Nach erfolgter Verbindungsaufnahme können sowohl Client als auch Server Anfragen an den Kommunikationspartner senden.

Variante zwei geht also von mehr oder weniger gleichberechtigten Partnern nach erfolgreichem Verbindungsaufbau aus. Das heißt nicht, dass beide Seiten auch das Gleiche tun müssen. Das Senden einer Anfrage vom Server zum Client kann z. B. in einer Sicherheitsanlage die Übertragung einer Alarmmeldung an einen Bedienplatz-Client bedeuten, die dieser dem Nutzer akustisch oder visuell signalisiert. In der Gegenrichtung könnte eine Anfrage z. B. zur Suche bestimmter Bilder einer Videodatenbank abgeschickt werden.

Auf Basis der zweiten Definitionsvariante wird eine IP-basierte CS-Struktur folgendermaßen charakterisiert.

Bei einer IP-basierten CS-Struktur kommunizieren Client und Server auf Netzwerkebene über das IP-Protokoll und auf Transport-Ebene entweder über TCP oder über UDP. Der Server einer derartigen Verbindung ist ein Programm, welches auf einem dem Client bekannten TCP- oder UDP-Port auf Verbindungs- bzw. im Falle von UDP Service-Anfragen des Clienten wartet. Im Falle von TCP kann der Client erst nach erfolgreichem Verbindungsaufbau Service-Anfragen an den Server schicken. Bei einer UDP-Kommunikation erfolgt ein direkter Datenaustausch ohne Verbindungsaufbau.

7.4.2 CS-Anwendungen in der Betriebswirtschaft und im Internet

CS-Anwendungen entstanden zuerst im betriebswirtschaftlichen Umfeld. Da sich viele der Prinzipien und Probleme in CS-Strukturen für technische Anwendungen, wie dies moderne große CCTV-Systeme sind, wiederfinden, sollen einige der Anwendungen kurz vorgestellt werden.

Meist steht im Zentrum betriebswirtschaftlicher Anwendungen eine oder mehrere Datenbanken, die z. B. Kunden- oder Lagerdaten enthalten. Der konkurrierende Zugriff vieler Clients auf diese Datenbank wird von einem Datenbank-Server geregelt, an den sich alle Clients wenden müssen, wenn sie in der Datenbank recherchieren möchten oder wenn Änderungen des Datenbestandes vorgenommen werden sollen. Die Clients selbst sind oft nur einfache Präsentationsoberflächen, die z. B. die Rechercheergebnisse in Form von Diagrammen oder statistischen Kennzahlen anzeigen bzw. welche die komfortable Erfassung neuer Datensätze ermöglichen. Im Allgemeinen sind die Clients in solchen Anwendungen die Mensch-Maschine-Schnittstelle (MMS), während der Server – von der Administration abgesehen – seine Arbeit weitgehend im Verborgenen tut.

Produktbeispiele sind der Microsoft SQL-Server oder der Oracle-Datenbank-Server, die den verteilten Zugriff auf die von ihnen verwalteten Datenbanken für eine Vielzahl von Clients innerhalb eines Firmennetzes verwalten können. Die Server-Software hat bei dieser Art betriebswirtschaftlicher Anwendungen eine Vielzahl von Aufgaben zu erfüllen, die in abgewandelter Form auch bei den Multimediadatenbanken in CCTV-Anwendungen vorkommen. Wichtige Aufgaben sind:

- Die Bearbeitung von Suchanfragen nach einem vom Client vorgegebenen Kriterium. Dies sind meist so genannte SQL (Structured Query Language) -Anfragen (Abschnitt 9.5), die es dem Client gestatten, ein flexibles Suchkriterium – z. B. „gesucht sind alle Kunden, die im letzten Jahr einen Umsatz erzeugt haben, der größer als 100.000 € war" – zu formulieren. Dieses Kriterium wird an den Server übergeben und steuert seinen Recherchevorgang. Der Client kann die einzelnen Datensätze auflisten, die seinem individuell formulierten Suchkriterium entsprechen.
- Die Veränderung des Informationsbestandes der Datenbank. So können Clients z. B. neue Kunden erfassen, Kunden löschen oder ihre Stammdaten ändern. Die dabei auszuführenden Schreiboperationen in der Datenbank müssen besonders abgesichert werden, um die Konsistenz der Daten sicherzustellen. Man stelle sich vor, ein Nutzer löscht in einer Kontendatenbank einen Kunden, ohne dessen Konten ebenfalls zu löschen. Dann würden Konten entstehen, die keinen Besitzer mehr haben, was nach einiger Zeit sicher für gewisse Irritationen sorgen dürfte. Ein Datenbank-Server muss also sicherstellen, dass der von ihm verwaltete Datenbestand bestimmten Konsistenz- oder Integritätsregeln genügt.
- Absicherung des Zugriffs auf die Datenbank-Informationen über Nutzerkonten. Es ist sicher nicht sinnvoll, dass jeder Mitarbeiter einer Firma Lese- oder gar Schreibzugriff auf den Inhalt der Datenbanken der Lohnbuchhaltung hat.
- Strukturierung des Datenbestandes. Große Datenbanken verwalten oft Millionen von Informationen. Diese müssen sinnvoll strukturiert werden, damit eine effiziente Recherche durchgeführt werden kann.
- Verwaltung des parallelen Zugriffs einer größeren Anzahl von Clients auf den Datenbestand der Datenbank.

Dies ist nur ein kleiner Ausschnitt aus dem Spektrum der Dienstleistungen, die ein Server innerhalb eines CS-Modells mit zentralisierter Datenbank im betriebswirtschaftlichen Bereich zu erbringen hat.

7 IP im CCTV-Einsatz

An einen Datenbank-Server können mehrere Clienten andocken, wie dies Bild 7.8 zeigt. Diese Clienten können ihre Aufgaben unabhängig voneinander ausführen. Ein Server, der derartiges leistet, ist Multi-Client-fähig. Möglich wird dies wiederum durch so genannte Multi-Threading-Technologien [TANE02], wie sie von modernen Betriebssystemen wie Windows NT oder Windows 2000 unterstützt werden. Es handelt sich dabei um eine spezielle Art von Multitasking, wie es bereits in Abschnitt 7.3.1 erläutert wurde. Jeder Client wird dabei von einem eigenen Thread – den man sich bildhaft als Handlungsfaden vorstellen kann – behandelt. Dieser stellt sozusagen einen persönlichen Betreuer dar, den der Server dem Client für die Zeit der Verbindung zur Verfügung stellt. Die Clienten ihrerseits können, wie in Bild 7.8, je nach Systemarchitektur auch simultan mit mehreren unterschiedlichen Servern kommunizieren.

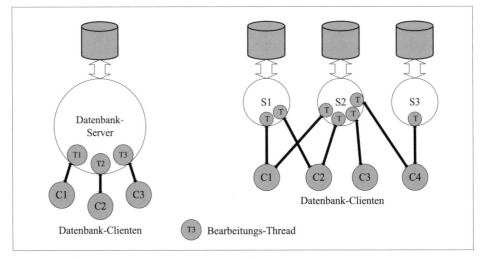

Bild 7.8: *Multi-Client- und Multi-Server-Kommunikation*

Dies wiederum wird als Multi-Server-Fähigkeit bezeichnet. Sinn dieser Funktion ist beispielsweise, die Daten von Servern, die unterschiedliche Bestände verwalten, z. B. Kundendatenbank und Lagerdatenbank, in einer gemeinsamen Nutzeroberfläche miteinander kombinieren zu können.

Viele bekannte Internet-Anwendungen basieren auf CS-Modellen der Kommunikation. Tabelle 7.2 enthält dazu einige Beispiele. Auch neuere, große Internet-Anwendungen aus dem Bereich des E-Commerce basieren auf dem CS-Prinzip. Die hier verwendeten CS-Architekturen sind meist mehrstufig. Der Client ist ein normaler Web-Browser wie der MS-Internet Explorer. Sein direkter Kommunikationspartner im Internet ist ein Web-Server. Dieser wiederum kann mit einem oder mehreren Datenbank-Servern zusammen arbeiten. Die aus dieser Zusammenarbeit gewonnenen Informationen werden in HTML-Seiten so eingebettet, dass sie ein Web-Browser darstellen kann. Beispiele sind die Produkt-Recherchen beim Internet-Auktionshaus ebay. Hier ist der Web-Server die Internet-Schnittstelle zur Angebots-Datenbank. Ein anderes Beispiel einer großen CS-Anwendung ist das Internet-Banking. Hier vermittelt der Web-Server den Zugang zu Kontendatenbanken und liefert damit Informationen zu den Kontendaten eines über eine bestimmte Verbindung bedienten Web-Browsers bzw. Internet-Banking-Nutzers.

7.4.3 CS-Architekturen für technische Anwendungen wie CCTV

Bei betriebswirtschaftlichen Anwendungen ist die Rollenverteilung zwischen Client und Server meist recht eindeutig, weshalb hier auch die funktionsorientierte Definition aus Abschnitt 7.4.1 verwendet werden kann. Bei technischen Anwendungen, wie CCTV, ist das oft nicht ganz so klar. Hier entspinnen sich meist längere philosophische Diskussionen bei der Analyse einer verteilten Software-Anwendung um den Punkt, welches Modul wohl der Client und welches der Server sei. Das liegt daran, dass hier oft beide Seiten einer Kommunikation Dienste erbringen und es reine Interpretationssache ist, auf welcher Seite wohl der Schwerpunkt liegen mag. Außerdem sind technische CS-Systeme oft mehrstufig ausgelegt, und die einzelnen Module einer Architektur stellen mehrere unterschiedliche Kommunikationsschnittstellen – z. B. TCP- bzw. UDP-Ports mit unterschiedlichen Protokollen – bereit, die sowohl als Client- als auch als Server-Schnittstelle fungieren können. Der Verwendung der funktionsorientierten CS-Definition haftet damit eine gewisse Willkürlichkeit an. Die verbindungsorientierte Definition eines CS-Systems ist hier eindeutiger.

Während bei betriebswirtschaftlichen Aufgabenstellungen meist eine Datenbankanwendung im Zentrum steht, sind technische Anwendungen durchaus vielfältiger und differenzierter. Das typische Beispiel aus dem CCTV-Bereich sind IP-Kameras. Hier fungiert die Kamera selbst als Server. Beispiele für Dienste, die ein derartiger Server erbringen kann, zeigt das Bild 7.7. Die Wiedergabeoberfläche ist der Client. Auch ohne Speicherung in einer Videodatenbank kann die Kamera natürlich für eine Live-Wiedergabe oder Videoaktivitäts-Signalisierung sinnvoll eingesetzt werden.

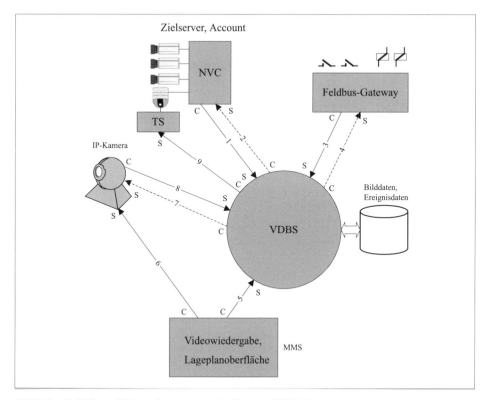

Bild 7.9: Vielfältige CS-Beziehungen innerhalb eines CCTV-Systems

7 IP im CCTV-Einsatz

Andere Beispiele sind Netzwerk-Server, die den Zugriff auf digitale Ein- bzw. Ausgangskontakte verwalten – z. B. so genannte Feldbus-Gateways – oder Terminal-Server, die es ermöglichen, Geräte mit seriellen Schnittstellen wie z. B. Schwenk/Neige-Kameras in den CS-Verbund zu integrieren. Bild 7.9 zeigt ein entsprechendes CS-Verbundsystem aus mehreren Software-Modulen zu einer CCTV-Anlage.

Betrachtet man z. B. das NVC-Modul in Bild 7.9, so könnte man den VDBS insofern als Dienstleister – also Server – für den NVC interpretieren, als der Dienst Speicherung der erzeugten Videodaten zur Verfügung gestellt wird. Genauso gut kann umgekehrt der NVC als Server angesehen werden, der Dienste zur Erzeugung komprimierter Videodaten offeriert. Ebenso ist es eine Entwurfsentscheidung in der Phase des Software-Designs, welcher Verbindungspartner der passive und welcher der aktive ist. Bild 7.9 zeigt einige Verbindungsmöglichkeiten der Module dieses CCTV-Systems an, wobei die Pfeilrichtung festlegt, was das aktive verbindungsaufnehmende Modul ist. Der Videodatenbank-Server kann je nach Verbindungspartner sowohl als Server als auch als Client agieren. Auch das Feldbus-Gateway kann je nach Implementation seiner Software entweder als Client Verbindung mit einem zugewiesenen Server aufnehmen, der dann z. B. Eingangskontaktmeldungen in Videoaufzeichnungsvorgänge umsetzt, oder es agiert als Server und wartet auf einen Partner, der Zugriff auf die verwaltete Feldbus-Peripherie haben möchte. Natürlich wäre eine Realisierung als Server in diesem Falle insofern flexibler, als mehrere Clienten simultan Zugriff auf seine Peripherie erlangen könnten. Auch eine Web-Kamera wird wohl im Allgemeinen als Server agieren und damit die Möglichkeit bieten, dass mehrere Clienten simultan Bilder anfordern können. Nichtsdestotrotz kann man sich auch sinnvolle Implementationen vorstellen, wo die Kamera als Client fungiert und Bilder nur an einen zugeordneten Datenbank- oder Wiedergabe-Server versendet.

7.5 Videoübertragung über IP-Netze

7.5.1 Echtzeitübertragung

Im Kapitel 5 wurden die verschiedensten Verfahren vorgestellt, um Videodaten auf eine für Netzwerk-Übertragungen und Speicherung handhabbare Größe zu komprimieren. Manchmal erfolgt der Zugriff auf die Videodaten ausschließlich lokal z. B. bei der direkten Auswertung gespeicherter Videobilder auf einem DVR. Meist besteht heute jedoch die Forderung, gespeicherte und Live-Bilder auch auf einem oder mehreren Arbeitsplätzen in einem Netzwerk in Echtzeit anzuzeigen. Echtzeit ist dabei nach DIN 44300:

„ein Betrieb eines Rechensystems, bei dem Programme zur Verarbeitung anfallender Daten ständig derart betriebsbereit sind, dass die Verarbeitungsergebnisse innerhalb einer vorgegebenen Zeitspanne verfügbar sind."

Diese Forderung bedeutet für einen Echtzeit-Video-Codec, dass er die einzelnen Videobilder mindestens innerhalb der Zeitdauer eines Bildes – also z. B. 20 ms bei PAL-Halbbildern – komprimieren und versenden bzw. dekomprimieren und präsentieren muss. Dabei müssen noch Schwankungen der Übertragungszeit und Fehlübertragungen in verschiedensten physikalischen Netzwerken mit unterschiedlichen Bandbreiten ausgeglichen werden. Arbeiten die Codecs langsamer oder kann das Netzwerk die Datenlast nicht aufnehmen, so kommt es zu Staueffekten mit der Endkonsequenz, dass Bilder verworfen werden müssen. Für Live-CCTV-Übertragungen kommen noch hohe Anforderungen bezüglich einer geringen Latenzzeit der Gesamtübertragung bis zur Darstellung hinzu.

IP-basierte Multimediaübertragungstechniken haben schon eine gewisse Historie. Erste Versuche gab es 1977 mit dem RFC 741, dem „Network Voice Protocol". Erste Videoübertragungs-Experimente wurden in den achtziger Jahren durchgeführt. Seit Mitte der neunziger Jahre stehen standardisierte Protokolle wie RTP/RTCP für diese Aufgaben zur Verfügung. Seit etwa 1995 beschäftigen sich auch große Unternehmen wie Microsoft, Real Networks oder Cisco mit dieser Thematik. Im Gegensatz zu den offenen Internet-Standards werden hier jedoch oft proprietäre bzw. teilweise bewusst „verwässerte" Internet-Verfahren eingesetzt, die aufgrund der Brisanz des Themas wegen des zukünftig erwarteten Massenmarktes mit dem Nimbus des Geheimnisvollen umgeben sind. Speziell zu den standardisierten IP-Protokollen und den wichtigsten proprietären Lösungen zur Multimediaübertragung soll in diesem Abschnitt ein Überblick gegeben werden. Nicht alle für Multimediaanwendungen eingesetzten Technologien spielen auch eine Rolle für den CCTV-Einsatz. Auf Unterschiede der Anforderungen und teils pragmatische Lösungsansätze wird entsprechend hingewiesen.

Doch vor der Vorstellung der Multimedia-Übertragungsprotokolle soll in den folgenden Abschnitten auf einige spezielle Techniken der Medien- und speziell der Bilddatenübertragung in digitalen Netzen, wie Streaming, Unicast und Multicast, eingegangen werden.

7.5.2 Dateibasierte kontra Streaming-Übertragung

Jeder Internet-Nutzer kennt die Probleme, die mit dem Übertragen längerer MP3[7]-Musikstücke oder MPEG- bzw. AVI-Videofilme aus dem Internet auf dem heimischen PC verbunden sind. Bis das erste Bild angezeigt wird oder der erste Ton zu hören ist, vergehen unter Umständen Stunden. Diese Zeit hängt von der Länge und Qualität der Filme oder Musikstücke und natürlich von der Geschwindigkeit des privaten Internet-Zuganges ab, der meist auf maximal zwei ISDN-B-Kanäle mit zusammen 128 kBit/s beschränkt ist. In der Pionierzeit kam dieses Laden oft einem gewissen Abenteuer oder Roulette gleich. Oft wurde die Übertragung – nach Murphy konsequenterweise kurz vor dem Ende – gestört. Die Konsequenz war nicht selten ein Neubeginn des gesamten Ladevorgangs, sofern man genügend Geduld – und Geld für die neu anfallenden Verbindungskosten – mitbrachte. Von einer Videowiedergabe in Echtzeit, die direkt mit dem Verbindungsaufbau startet, oder gar einer Live-Wiedergabe konnte man bei dieser Art des Zugriffs nur träumen.

Ursache dafür ist das dateibasierte Übertragungsverfahren der Mediendaten. Das Internet und die hier hauptsächlich verwendeten Kommunikationsprotokolle wie TCP, HTTP oder FTP sind für dateibasierte Übertragungen ausgelegt. Das heißt z. B., dass beim Übertragen eines MPEG-Filmes, der auf einem Web-Server verfügbar ist, zunächst die gesamte MPEG-Datei – unter Umständen mehrere 100 MByte – zum Web-Browser übertragen werden muss, wie Bild 7.10 zeigt, bevor auch nur ein einziges Bild angezeigt werden kann. Man stelle sich Gleiches beim Fernsehen vor. Bevor man einen Film wiedergeben kann, muss man diesen erst komplett übertragen und auf Band aufzeichnen. Danach kann man ihn vom Band in Echtzeit abspielen. Eine ziemlich unsinnige Vorstellung, aber genau auf diese Weise wurden und werden im Internet Mediendaten verbreitet.

---

7 MP3 ist eine Abkürzung für ISO-MPEG Audio Layer 3. Die MPEG-Audiokompressionsverfahren der Layer 1 bzw. 2 erreichen Kompressionsfaktoren von etwa 4 bzw. 8. MP3 erreicht bei vergleichbarer Qualität Kompressionsfaktoren, die größer als 10 sind. Das vom Fraunhofer-Institut entwickelte Verfahren ist der derzeit populärste Audiokompressionsstandard.

7 IP im CCTV-Einsatz

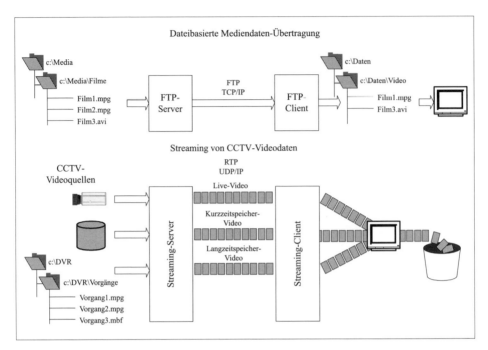

Bild 7.10: *Dateibasierte und Stream-basierte Videodatenübertragung*

IP-Streaming-Verfahren sollen diesem Umstand abhelfen, indem sie in IP-Netzen eine Mediendatenübertragung ähnlich der Fernseh- oder Radioübertragung nachbilden.

IP-Streaming ist eine Technik zur Echtzeit-Übertragung von Mediendaten über das Internet oder ein IP-basiertes Intranet von einer Streaming-fähigen Mediendaten-Quelle zu einem oder vielen Konsumenten bzw. Clienten. Die Wiedergabe auf Client-Seite kann beginnen, ohne dass die gesamte Datei – also z. B. ein Film – im Speicher des Clienten vorhanden sein müsste. Dazu werden die Mediendaten in kleine Blöcke aufgeteilt und mittels spezieller IP-Echtzeit-Protokolle übertragen. Die Wiedergabe beginnt, sobald die ersten Datenblöcke, die eine in sich abgeschlossene Präsentation erlauben, auf Client-Seite vorliegen. Mittels Streaming können unterschiedlichste Medienformate übertragen werden. Die dabei erzeugten Mediendaten-Blöcke können z. B. Einzelbilder einer Videodatei, GOPs oder auch Audio-Blöcke von kurzer Dauer sein. Schon präsentierte Blöcke können vom Client verworfen werden.

Diese Definition sagt natürlich nichts über die Qualität der Bildübertragung aus. Um Echtzeitfähigkeit bei den meist niedrigen Bandbreiten der Endnutzer zu erreichen, werden heute noch oft gewaltige Qualitätsabstriche, wie QCIF-Auflösungen, extreme Artefakte durch starke Kompression und Frame-Dropping, hingenommen. Da dies aber alles auf den Flaschenhals Bandbreite zurückgeführt werden kann, sind hier in den nächsten Jahren sicher Verbesserungen zu erwarten. Da CCTV-Anlagen zumindest im LAN meist über ausreichende Bandbreite verfügen, ist eine Streaming-basierte Live- oder Echtzeitübertragung hier mit guter Qualität auch für eine große Anzahl von Kanälen möglich, wie die Tabelle 6.1 aus Abschnitt 6.5.2.1 zeigt.

Da heutige IP-Netze keine garantierte Bandbreite zur Verfügung stellen (siehe hierzu auch Abschnitt 7.5.6.4) und damit nicht gesichert ist, dass die Paketlaufzeiten der Echtzeitdefinition aus Abschnitt 7.5.1 genügen, müssen die Schwankungen einer ungleichmäßigen Übertragung beim Streaming durch Pufferung auf der Empfängerseite ausgeglichen werden. Der Puffer hat die Aufgabe, einen ungleichmäßigen Paketzufluss aus dem Netz in einen gleichmäßigen Abfluss an den Codec zu verwandeln. Bild 7.11 soll dies verdeutlichen.

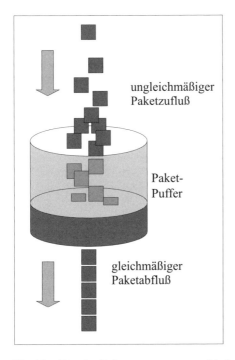

Bild 7.11:
Ausgleich von Bandbreitenschwankungen beim Streaming durch Puffern

Ein Abreißen des Paketstroms muss verhindert werden. Ansonsten kommt es zu Störungen bei der Wiedergabe. Deshalb muss der Puffer einen entsprechenden mittleren Füllstand aufweisen, um die maximalen Schwankungen der Paketlaufzeiten im Netz auszugleichen. Das Auffüllen des Empfangspuffers auf diesen Füllstand führt aber zu Wiedergabeverzögerungen oder Latenzzeiten. Diese Zeiten sind besonders bei der Live-Wiedergabe digitalisierter CCTV-Kameras problematisch. Z. B. ist die manuelle Steuerung von Schwenk/Neige-Kameras bei Latenzzeiten ab 200 ms wegen der Nachlaufeffekte nur noch schwierig möglich. Deshalb ist es unter Umständen je nach Netzwerklast in einem CCTV-System sinnvoller, eine zeitlich schwankende Wiedergabe bzw. auch einen Verlust an Bildern in Kauf zu nehmen als eine große Latenzzeit, die durch die erwähnte Pufferung entstehen würde. Bei der Wiedergabe gespeicherter Bilder ist das Problem der Latenzzeit meist nicht von großer Bedeutung. Problematisch könnte aber z. B. auch hier die zeitlich synchronisierte Wiedergabe mehrerer Videokanäle mit dem Ziel einer kameraübergreifenden Vorgangsverfolgung sein. In diesem Falle muss zumindest für alle Kanäle die gleiche Latenzzeit garantiert sein.

Es kann zwischen Live- und Speichermediendatenquellen bzw. Mischformen aus beiden unterschieden werden, wie Bild 7.2 das für CCTV-Videoquellen zeigt. Dies bestimmt die Möglichkeiten, welche die Clienten bei der Steuerung des Streamings haben. Bei Systemen mit Speicherfunktionalität können schon verworfene Daten erneut angefordert werden, um damit z. B. die Funktion eines netzwerkbasierten Videorekorders mit Rückwärts- und Vorwärtsabspulen oder auch Zeitlupen- bzw. Zeitrafferfunktion zu realisieren. Dabei setzt die Übertragung der Bilder eines Suchvorganges in einer CCTV-Videodatenbank nach der Streaming-Methode eben nicht die Übertragung des gesamten Vorganges zum Client voraus, bevor eine Wiedergabe erfolgen kann. Vielmehr erfolgt eine Übertragung mittels des in Abschnitt 9.5.3.2 erläuterten Cursor-Prinzips.

Beispiele für Streaming-Anwendungen sind Internet-Radio und -Fernsehen, Tele-Lernen, Video on Demand und eben auch die Videoüberwachung über IP-basierte Netzwerke für unterschiedlichste Einsatzfälle.

Der dargestellte Streaming-Begriff beinhaltet hier lediglich die Aussage, dass das Medienmaterial in für eine Echtzeitwiedergabe ausreichend kleine Pakete zerteilt wird. Er macht keine Aussage, nach welchen Verfahren diese Pakete ins Netz gelangen. Dazu gibt es zunächst die beiden Übertragungsmodelle Push und Pull des Abschnitts 7.5.3 und die Verteilungsmethoden Unicast und Multicast. Die Vor- und Nachteile dieser Modelle und Verteilungsverfahren werden in den nächsten Abschnitten geklärt.

7.5.3 Pull- und Push-Übertragung

Die Übertragung von Mediendatenströmen kann als Pull- oder Push-Verfahren realisiert werden. Bei Pull-Verfahren steuert der Client die Übertragung dadurch, dass er komplette Bilder vom Server jeweils einzeln anfordert. Beim Push-Verfahren sendet der Server die Pakete eines Mediendatenstromes aktiv, nachdem der Datenstrom durch Anforderung eines Clienten erzeugt wurde, wie Bild 7.12 verdeutlichen soll. Der Client nimmt diese Pakete nur noch entgegen. Die Sendung erfolgt so lange, bis die Mediensitzung beendet wird. In beiden Fällen kann man aber von einem Streaming sprechen, wenn durch eine geeignete Granularität der Übertragung eine quasi verzögerungsfreie Wiedergabe erfolgen kann. Push-Verfahren haben bessere Eigenschaften in Bezug auf das Echtzeitverhalten, dafür sind Pull-Zugriffe flexibler bezüglich der Steuerungsmöglichkeiten der Übertragung und der Einflussnahme auf die Übertragungsparameter.

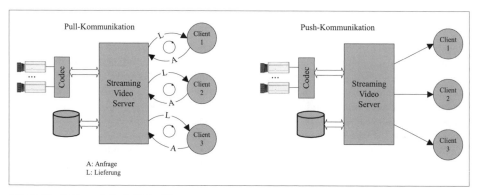

Bild 7.12: *Pull- und Push-Videoübertragung*

Für CCTV-Zwecke ist das Push-Verfahren besonders für die Übertragung von Live-Bildern eines Kamerakanals geeignet. Ein oder mehrere Clienten teilen einem Mediendaten-Server mit, dass sie Live-Bilder empfangen wollen. Danach beginnt der Server selbstständig mit dem Versenden an die Clienten mittels der in den nächsten beiden Abschnitten erläuterten Unicast- oder Multicast-Sendetechnik.

Alternativ kann aber auch ein Live-Zugriff auf Pull-Methoden basieren. Typisches Beispiel sind Web-Kameras. Um ein neues Bild einer solchen Kamera anzuzeigen, muss ein Web-Browser dieses aktiv anfordern. Dies kann der Browser automatisiert im Hintergrund erledigen oder es ist eine Bedienhandlung des Nutzers notwendig. Erfolgt die Bildanforderung schnell genug, hat das Netz die notwendige Bandbreite und liefert die Web-Kamera auch entsprechend schnell neue Bilder, so kann auf diese Weise eine flüssige Wiedergabe mit geringer Latenzzeit erreicht werden.

Für die Ansicht gespeicherter Bilder einer CCTV-Videodatenbank ist das Push-Verfahren weniger geeignet, da hier der Nutzer meist eine aktive Rolle spielen muss. Dazu gehört z. B. die Definition von Kriterien für die Filterung der Wiedergabe, die Steuerung der Wiedergabe mit Vor- und Rücklauf oder Sprüngen oder auch die Sicherung lokaler Kopien der Bilder des Video-Servers für Beweiszwecke. Push-Verfahren, wie das im Abschnitt 7.5.6.2 vorgestellte RTP-Protokoll, stellen meist auch keine gesicherten Übertragungen dar. Für Beweisrecherchen und Beweissicherungen muss jedoch oft sichergestellt sein, dass die Videoinformationen vollständig sind. Deshalb kommen in der digitalen CCTV-Technik meist Pull-Verfahren für die Videorecherche zum Einsatz. Die konkrete Implementation der Verfahren hängt stark von der verwendeten Datenbanktechnologie ab. Die Schnittstellen digitaler CCTV-Systeme zur Wiedergabe von Speicherbildern sind damit meist herstellerabhängig.

Bei der Übertragung im Internet sollen dagegen in Zukunft für gespeicherte Mediendaten Push-Lösungen zum Einsatz kommen. Hier ist aber die Anwendungsphilosophie eine andere. Push-Technologien für Streaming-Media betrachten den Endnutzer mehr als passiven Konsumenten im Sinne eines Fernsehzuschauers oder Radiohörers. Die aktive Rolle, die das Bedienpersonal bei einer Recherche in CCTV-Mediendatenbanken spielen muss, findet wegen der anderen Zieldefinition nur unzureichend Berücksichtigung.

7.5.4 IP-Unicast-Videokommunikation

Die Unicast-Übertragung entspricht einer logischen Punkt-zu-Punkt-Verbindung zwischen der Videodatenquelle und dem Empfänger. Sollen, wie bei einer Videokonferenz, Videodaten in beiden Richtungen übertragen werden, so müssen zwei Unicast-Verbindungen geöffnet werden. Die IP-Adresse des Empfängers eines Unicast-IP-Paketes ist im Gegensatz zu Multicast-Paketen eindeutig. Unicast-Übertragungen sind der Normalfall der Internet-Kommunikation. Die Datenübertragung kann sowohl über TCP als auch UDP erfolgen. Je nach Priorität, also Übertragungssicherheit oder Durchsatz, kann zwischen den beiden Transportprotokollen gewählt werden. Im CCTV-Einsatz gilt meist pauschal die Regel, dass TCP für die gesicherte Übertragung gespeicherter Bilder und UDP für die Echtzeit-Übertragung von Live-Bildern verwendet werden sollte.

Das für die Echtzeitübertragung von Mediendaten in IP-Netzen wichtige Protokoll RTP (Real Time Protokoll), welches im Abschnitt 7.5.6.2 beschrieben wird, fordert, dass für jeden Video- oder Audiokanal ein separater logischer Datenstrom erzeugt wird. Werden derartige Datenströme mittels Unicast übertragen, so muss für jeden Datenstrom, den ein Client empfangen möchte, eine zugehörige Verbindung geöffnet werden. Wollen auch noch mehrere Clienten auf diese Videokanäle zugreifen, so müssen weitere Unicast-Verbindungen zur Datenquelle geöffnet werden, wie dies Bild 7.13 zeigt.

Dies verschwendet vor allem auf dem sendenden Computer Ressourcen und Rechenzeit. Gravierender ist aber meist die Verschwendung von Netzwerkbandbreite. Grund ist die Notwendigkeit der Mehrfachübertragung der gleichen Daten über verschiedene Unicast-Verbindungen. In Bild 7.13 muss der Streaming-Server z. B. jeden Videokanal viermal in das Netz einspeisen, wenn wie hier jeder der vier Empfänger alle Live-Kanäle wiedergeben soll. Erfolgt die Kommunikation nur im LAN-Bereich, so wirkt sich dies je nach der Netzwerktechnologie des LANs verschieden stark auf den Gesamtdurchsatz im Netz aus. Bild 7.14 zeigt den Unterschied zwischen Unicast-Übertragungen in einem LAN, welches auf HUB-Technologie beruht, gegenüber einem LAN, welches mit IP-Switches arbeitet.

7 IP im CCTV-Einsatz

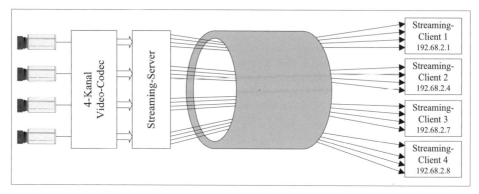

Bild 7.13: *Unicast Live-Videoübertragung*

Im Falle eines HUBs sind die Pakete der zwölf Unicast-Übertragungen des Beispiels im gesamten Netz „sichtbar", obwohl hier nur vier Stationen auch auf diese Daten zugreifen und jede dieser Stationen auch nur jeweils vier Videokanäle verarbeitet. Damit wird der Gesamtdurchsatz des Netzes stark reduziert. Durch die notwendigen Mehrfachübertragungen von Kopien der Datenpakete kommt es im Beispiel zu einer Vervierfachung der für die Videoübertragung benötigten Bandbreite.

Demgegenüber sorgt der Switch im zweiten Netz aus Bild 7.14 für ein zielgerichtetes Weiterleiten der Unicast-Pakete an die Stationen, an die sie auch, gemäß ihrer IP-Adressen, gesendet werden. Damit ergibt sich zumindest auf der Empfängerseite eine Entspannung der Situation. Flaschenhals ist hier nur noch die Verbindung des Senders zum Switch. Die hier verfügbare Bandbreite teilen sich die zwölf Unicast-Kanäle des Beispiels. Heutige LANs nutzen meist Switch-basierte Technik, so dass sich hier Unicast-Übertragungen nicht so negativ auswirken wie in HUB-basierten Netzen.

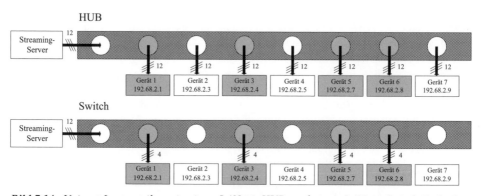

Bild 7.14: *Unicast-Lastverteilung in einem LAN mit HUB- und einem LAN mit Switch-Technik*

Was bei der Übertragung von Live-Bildern von Nachteil ist, erweist sich als Vorteil beim simultanen Zugriff auf in Datenbanken gespeichertes Videomaterial. Typischerweise recherchieren in CCTV-Systemen mehrere Arbeitsplätze simultan auf dem gleichen Datenbestand einer oder mehrerer Videodatenbanken. Hier besteht die Forderung nach Unabhängigkeit der einzelnen Recherchen und Übertragung der Rechercheergebnisse voneinander. Neben der Unabhängigkeit dieser Vorgänge bezüglich verschiedener Videokanäle kann es durchaus vorkommen, dass verschiedene Nutzer Recherchen nach Bildmaterial im gleichen Kamerakanal durchführen. Ein Bediener sucht Bilder einer Kamera ab einem vorgegebenen Zeitpunkt, ein anderer Bediener braucht Bilder der gleichen Kamera, aber nur dann, wenn sie mit zusätzlichen Daten, wie den Kartennummern eines Zugangskontrollsystems, verknüpft sind.

Die Rechercheergebnisse – also entsprechend den Vorgaben gefundene Videobilder sind meist nur für einen Bedienplatz von Interesse. Dieser hat auch den Anspruch, seine Bilder individuell sichten zu können – idealerweise natürlich gemäß dem Streaming-Prinzip, also ohne diese zunächst komplett auf seinen Arbeitsplatz laden zu müssen. Gute Videodatenbanken aus dem CCTV-Umfeld, die nach dem Cursor-Prinzip des Abschnittes 9.5.3.2 arbeiten, lassen derart flexible, Streaming-fähige Zugriffe zu.

Der Zugriff auf gespeicherte Bilder erfolgt in CCTV-Anwendungen damit sinnvollerweise über voneinander unabhängige Unicast-Verbindungen. Meist wird hier im Gegensatz zur Live-Übertragung auch mit TCP als Transportprotokoll gearbeitet, um eine sichere Übertragung und damit die Vollständigkeit des übertragenen Bildbeweismaterials zu garantieren. Jeder Unicast-Kanal kann dabei eine individuelle Sicht auf den Videodatenbestand der verschiedenen aufgezeichneten Kamerakanäle repräsentieren. Ein Kanal repräsentiert alle Bilder einer Kamera in einem gewählten Zeitintervall und erlaubt dem Nutzer, sich durch diese Bildmenge frei vor- und rückwärts zu bewegen. Ein anderer Kanal liefert Bilder der gleichen Kamera, aber durch ein anderes Recherchekriterium gefiltert. Dies zeigt wieder einmal, dass CCTV-Anwendungen oft Forderungen erfüllen müssen, die stark von Multimediaanwendungen für den Masseneinsatz abweichen.

Trotz der Nachteile von Unicast-Übertragungen, die besonders bei Live-Übertragungen im WAN-Bereich zum Tragen kommen, wird das Verfahren wegen seiner vergleichsweise einfachen technischen Realisierung und den flexiblen Möglichkeiten, die Übertragung in den getrennten Kanälen individuell zu steuern, breit genutzt. Je nach Netzwerkumgebung kann eine Unicast-basierte Übertragung auch die einzig mögliche Lösung sein. Unicast-Übertragungen sind nämlich, wie sich im nächsten Abschnitt noch zeigen wird, erheblich unabhängiger vom Leistungsvermögen der jeweiligen Netzwerkinfrastruktur, so dass sie in jedem Fall als Alternative zu Multicast verfügbar sein sollten.

In CCTV-Anlagen haben meist nur wenige Nutzer simultanen Zugriff auf die Bilder. Damit ist hier die Bandbreitenverschwendung, insbesondere in Netzen mit Switch-Technik, oft tolerierbar. Für die Nutzung von Unicast-Übertragungen spricht auch die Tatsache, dass keine großen Anforderungen an die Routing-Fähigkeit der Netzwerk-Hardware gestellt werden. Weiterhin kann der Client die Verbindung individuell steuern, da er sich nicht die gleiche Medienübertragung mit anderen Clients teilen muss. Bei Anwendungen wie Internet-Radio oder -Fernsehen mit unter Umständen Millionen von Nutzern gelten allerdings andere Maßstäbe für die Mechanismen der Multimedia-Übertragung.

7.5.5 IP-Multicast und CCTV-Live-Übertragungen

Bei Multicast-Übertragungen werden die Mediendaten nicht mehr nur an einen Empfänger, wie beim Unicast, sondern an eine Gruppe von Empfängern verschickt. Dies erreicht man dadurch, dass man die einzelnen IP-Pakete nicht wie üblich mit der Adresse eines einzelnen Gerätes, sondern mit einer so genannten Multicast- oder Gruppen-Adresse versieht. Damit hätten auch die IP-Adressen der Kategorie D aus Abschnitt 7.2.2 und Bild 7.3 ihre Anwendung gefunden.

Bei der Multicast-Kommunikation wird der größte Nachteil der Unicast-Übertragung – die Vervielfachung der Netzwerklast – aufgehoben bzw. je nach Netzwerk-Hardware zumindest reduziert. Die Multicast-Übertragungstechnik ähnelt stark dem Fernseh- oder Rundfunk. Das Programm wird nur einmal ausgestrahlt, aber eine große Zahl von Fernsehgeräten kann es empfangen. Unicast würde in dieser Analogie einer Anzahl von Richtfunkstrecken zwischen Fernsehsender und -empfängern entsprechen. Wie beim Fernsehen auch sind die Möglichkeiten der Nutzer von Multicast-Übertragungen, diese zu beeinflussen, relativ gering, was einer der Nachteile des Verfahrens gegenüber Unicast ist.

Multicast ist in isolierten LAN-Anwendungen, wie in Bild 7.15 gezeigt, relativ leicht zu implementieren. Im einfachsten Fall erzeugt der Video-Streamer für jeden Video-Live-Kanal einen eigenen Stream, wie im Bild die Kanäle eins bis vier. Als Transportprotokoll wird für Multicast-Zwecke UDP verwendet. Das erlaubt es, die Daten ins Netzwerk zu senden, ohne auf irgendwelche Bestätigungs- und Wiederholungsübertragungen im Fehlerfall Rücksicht nehmen zu müssen, wie dies bei TCP der Fall wäre. Gerade bei Live-Übertragungen wäre dieses gesicherte Übertragungsverhalten auch eher kontraproduktiv. Als Zusatzprotokoll kommt, wie Bild 7.15 zeigt, das Real Time Transport Protocol (RTP) zum Einsatz, welches aus einem Strom von UDP-Paketen einen echtzeitfähigen Videodatenstrom macht, wie im Abschnitt 7.5.6.2 dargestellt wird.

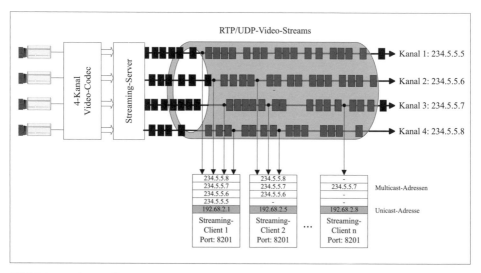

Bild 7.15: *Multicast-Übertragung von Videokanälen im LAN*

Die Pakete des Video-Streams werden im Gegensatz zu Unicast-Verbindungen an Multicast-Adressen gesendet, wie Bild 7.15 zeigt. Im Normalfall interessiert es den Sender dabei nicht – wie beim Fernsehfunk auch –, ob und wie viele Empfänger es für diese Datenströme gibt. Die Multicast-Adressen können, wiederum in Analogie zum Fernsehen, als Kanalnummern betrachtet werden. Ein Multicast-Empfänger kennt die im Netzwerk übertragenen Kanalnummern bzw. ihre Multicast-Adressen. Um einen derartigen Kanal empfangen zu können, wird die Netzwerkkarte des Empfangs-Computers von der Multicast-Empfänger-Applikation – z. B. einem Video-Browser – mit den Multicast-Adressen, die empfangen werden sollen, programmiert[8]. Die Netzwerkkarte und -software eines Empfängers analysiert nun jedes Paket im Netzwerk nicht mehr nur auf die Unicast-IP-Adresse des jeweiligen Rechners, sondern auch noch auf die Liste der Multicast-Kanäle, die empfangen werden sollen. Alle passenden Pakete werden an die Empfänger-Applikation mit der zugehörigen Port-Nummer wei-

---

8 Das ist auch der Unterschied zum oft mit Multicast verwechselten Broadcast. Ein Broadcast-Paket wird von jedem Netzwerkgerät empfangen, ein Multicast-Paket nur von den Geräten, deren Netzwerkschnittstelle von der Empfangsapplikation darauf programmiert wurde.

tergegeben. In Bild 7.15 empfängt der erste Client mit der IP-Adresse 192.68.2.1 z. B. die Videokanäle eins bis vier und reicht sie an eine Applikation auf Port 8201 weiter. Der zweite Client mit der IP-Adresse 192.68.2.5 empfängt nur drei der vier Kanäle. Prinzipiell können in dieser einfachen Form einer LAN-Multicast-Kommunikation eine beliebig große Anzahl von Clienten die gleichen Videodaten empfangen. Dabei werden die Daten selbst nur einmal übertragen.

In der beschriebenen einfachen Art ist die Multicast-Video-Kommunikation aber noch nicht gebrauchsfähig. Als Minimalforderung muss es noch die Möglichkeit geben, dass Streaming zu steuern. Beispielsweise sollten Videokanäle auch nur dann im Netz als Multicast-Stream übertragen werden, wenn es mindestens einen aktiven Empfänger gibt. Weiterhin muss es Rückkopplungsmöglichkeiten der Clienten zur Stream-Quelle geben, um z. B. die Bandbreite des Streams und damit seine Qualität in Abhängigkeit von der verfügbaren Netzwerkbandbreite zu steuern. Diese Aufgaben werden von verschiedenen IP-Protokollen unterstützt, wie im Folgenden noch gezeigt wird.

Bei Anwendung von Multicast im LAN-Bereich muss, wie bei den Unicast-Übertragungen aus Abschnitt 7.5.4, zwischen HUB-basierten und Switch-basierten Netzen unterschieden werden. Überträgt man Multicasts in einem Netzwerk mit einfachen Switches, so bringt der Switch interessanterweise keinen Nutzeffekt bezüglich der Lastverteilung, wie er dies bei Unicast-Übertragungen tut. Man stellt fest, dass sich ein üblicher Switch bezüglich Multicast-Übertragungen wie ein HUB verhält. Bild 7.16 zeigt dies für das Beispiel aus Bild 7.15. Die vier mittels Multicast ins Netz gespeisten Videokanäle werden an alle Anschlüsse weitergeleitet, unabhängig davon, ob das angeschlossene Netzwerkgerät die Multicast-Pakete empfangen möchte oder nicht.

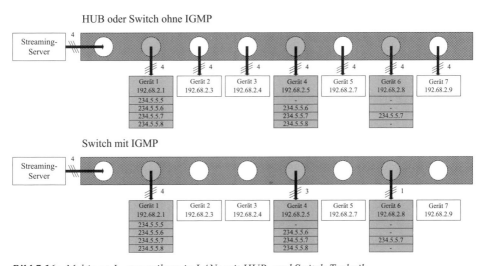

Bild 7.16: *Multicast-Lastverteilung in LANs mit HUB- und Switch-Technik*

Einfache Switches übertragen also Multicast-Pakete entweder an alle angeschlossenen Geräte oder an gar kein Gerät. Das liegt daran, dass ein Switch normalerweise anhand der Zieladresse eines IP-Paketes entscheidet, auf welchen Anschluss dieses weiterzuleiten ist. Bei Multicast-Paketen werden aber Multicast-Adressen ohne einen eindeutigen Adressaten versendet. Der Switch kann, allein mit der Unicast-Adressinformation ausgestattet, nicht „wissen", an welchem seiner Anschlüsse sich Geräte befinden, die Pakete der Multicast-Übertragung empfangen wollen. Deshalb hat er nur die Wahl, entweder Multicast-Übertragungen ganz zu sperren oder diese an alle Anschlüsse, wie ein HUB zu übertragen. Dieses Problem wird, wie Bild 7.16 zeigt, mit komplexeren Switches, die das so genannte Internet Group Management Protokoll IGMP beherrschen, gelöst. Diese bekommen über IGMP von den Teilnehmern einer Multicast-Kommunikation Informationen, mit denen bei Eintreffen von Multicast-Paketen auf einem Anschluss bestimmt werden kann, auf welche Anschlüsse diese weiterzugeben sind, damit die Netzwerkteilnehmer auch nur mit den Informationen versorgt werden, für die sie sich angemeldet haben. Derartige Switches sind aber noch teuer und meist komplizierter zu administrieren als einfachere Geräte.

Diese Ausführungen zeigen, dass die Nutzung und Effizienz von Multicast im LAN- und noch viel stärker im WAN-Umfeld von der verfügbaren Netzwerk-Infrastruktur abhängt. Es kann sogar der Fall eintreten, dass Multicast prinzipiell in einem Netz nicht zum Einsatz kommen kann, weil z. B. aus Durchsatzgründen festgelegt wurde, dass die Switches Multicast-Übertragungen nicht weiterleiten dürfen.

Während die Unicast-Kommunikation flexiblere Möglichkeiten der individuellen Steuerung eines Video-Streams durch einen Client bietet, hat die Multicast-Kommunikation klare Vorteile, wenn die Priorität auf Bandbreite gelegt werden muss. Pauschal kann man formulieren, dass Unicast besser für die Übertragung von Speicherbildern aus Datenbanken und Multicast besser für die Live-Übertragung geeignet ist. Ein digitales CCTV-System sollte diese beiden unterschiedlichen Videoarten auch auf unterschiedliche Weise und gegebenenfalls wählbar übertragen können. Zeigt z. B. ein Videobrowser einen Videokanal des CCTV-Systems im Modus Live an, so sollte, wenn es das Netz selbst zulässt, eine Multicast-Kommunikation dafür verwendet werden. Wird auf die Wiedergabe von Speicherbildern umgeschaltet, so sollte automatisch eine Unicast-Verbindung aufgebaut werden, die es dem Nutzer erlaubt, diesen Kanal unabhängig von den Bedienhandlungen anderer Nutzer bezüglich der Wiedergabe zu steuern. Wie auch schon in den Abschnitten 5.1.1 und 5.1.4 zu Kompressionsverfahren diskutiert, sind pauschale Aussagen, ein Verfahren sei besser als ein anderes, ohne genaue Definition des Anwendungsbereiches meist schlicht falsch. Die vereinfachende Aussage, Multicast ist „besser" als Unicast, ist genauso wie die Aussage, MPEG ist „besser" als M-JPEG oder Wavelet, nicht sinnvoll.

Im heterogenen Internet erfordert die Multicast-Kommunikation eine aufwändige Infrastruktur, die zum einen aus Multicast-fähigen Routern und zum anderen aus einem ganzen Bündel verschiedener Protokolle zur Steuerung von Multicast-Übertragungen besteht. Im Zentrum steht dabei der Begriff der Multicast-Gruppe und des Gruppen-Managements über das schon erwähnte IGMP-Protokoll. Im Gegensatz zum oben vorgestellten einfachen LAN-Multicast soll über den Gruppenbegriff der Zugriff auf die Mediendatenströme kontrolliert werden. Dazu ist z. B. eine An- und Abmeldung der Teilnahme an einer Gruppe notwendig. Im Gegensatz zu Broadcast-Paketen, die im Allgemeinen nicht von Routern übertragen werden, können Multicast-Pakete im Internet geroutet werden. Dazu müssen die Router aber Informationen über die Teilnehmer an einer Multicast-Übertragung haben, da natürlich nicht das gesamte Internet mit diesen Daten geflutet werden darf, wie dies im Bild 7.16 in LANs mit HUB-Technik oder einfachen Switches der Fall war. Im Rahmen dieses Buches können diese komplexen Routing-Vorgänge nicht weiter behandelt werden. Wer sich für die mit Multicast im Internet verbundene Problematik und die daran geknüpfte Multimedia-Kommunikation interessiert, der sei auf [WITT01], [CROW99] und [MILL99] verwiesen.

7.5.6 Internet-Protokolle zur Echtzeit-Mediendatenübertragung

7.5.6.1 Übersicht

Wie schon im Abschnitt 7.5.2 zum Medien-Streaming dargestellt, eignen sich die klassischen Protokolle der IP-Familie wie FTP oder HTTP nicht zur Echtzeit- oder gar Live-Übertragung von Videodaten. Deshalb wurden seit Anfang der neunziger Jahre eine Reihe von Internet-Protokollen entwickelt, die diese Aufgabe übernehmen. Tabelle 7.3 gibt einen Überblick über die vier wichtigsten Protokolle dieses Anwendungsbereiches.

Tabelle 7.3: IP-Medienübertragungs- und Steuerungsprotokolle

Jahr	Protokoll		RFC
1996	RTP	Real Time Transport Protocol	1889
1996	RTCP	Real Time Control Protocol	1889
1997	RSVP	Resource Reservation Protocol	2205
1998	RTSP	Real Time Streaming Protocol	2326

Diese Protokolle werden auch von kommerziellen Produkten wie Apples Quicktime oder Microsofts Netmeeting in mehr oder weniger aus marktstrategischen Gründen abgewandelter Form genutzt. Auch der ITU-Standard H.323 für die Medienübertragung über IP-Netze nutzt die Kombination von RTP/RTCP für die Audio- und Videokommunikation.

Kern der IP-basierten Echtzeitübertragung von Mediendaten ist RTP. Dieses Protokoll trägt die eigentliche Nutzinformation, also Pakete mit Video-, Audio oder anderen Daten, die nach dem Streaming-Verfahren in Echtzeit übertragen werden müssen. Deshalb soll im Folgenden auf dieses Protokoll etwas detaillierter eingegangen werden.

7.5.6.2 Real Time Transport Protocol – RTP

RTP ist *das* Protocol der IETF für Echtzeit-Medienübertragungen in IP-basierten Netzen. Mediendaten, wie Video, werden als RTP-Pakete in das Netzwerk eingespeist. Neben der Nutzinformation enthalten diese Pakete Informationen zur Steuerung der Echtzeitwiedergabe durch den Empfänger. Der Transport von RTP-Paketen erfolgt über Protokolle der Transport-Schicht, wie UDP und TCP. Üblicherweise, insbesondere bei Live-Übertragungen, wird UDP verwendet. Damit wird ein geringerer Protokoll-Overhead und geringere Verzögerungszeiten bei der Übertragung erreicht. RTP-Transporte mittels UDP sind, wie das UDP-Protokoll selbst, prinzipiell unzuverlässig. Pakete können verloren gehen, verzögert und in der falschen Reihenfolge eintreffen oder gar dupliziert werden. Normalerweise kompensiert TCP solche Probleme. UDP tut nichts dergleichen, weshalb in der RTP-Schicht einfache Kompensationsmechanismen, z. B. um die korrekte Paketreihenfolge zu sichern, im Empfänger implementiert werden müssen. TCP wird selten verwendet, weil es einen relativ großen Protokoll-Overhead erzeugt und nicht für Multicast-Übertragungen geeignet ist. Bild 7.17 zeigt den IP-Protokollstapel einer RTP-Kommunikation. Abgebildet auf das OSI-Modell aus Abschnitt 6.3 gehört RTP damit zur Sitzungsschicht. Das Bild enthält auch das RTP-Begleitprotokoll RTCP, auf das weiter unten eingegangen wird.

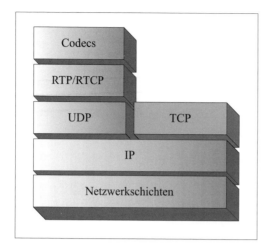

Bild 7.17: RTP-Protokollstapel

RTP-Pakete enthalten Steuerinformationen, die der Empfänger nutzt, um z. B. die Schwächen des UDP-Transports zumindest teilweise zu kompensieren. Die Steuerinformationen in RTP-Paketen umfassen:

- Zeitstempel und so genannte Sequenznummern, die dazu dienen, die richtige Reihenfolge der RTP Medienpakete auf Empfängerseite rekonstruieren zu können, und
- Informationen zur Quelle der Mediendaten.

Neben diesen Steuerinformationen enthalten RTP-Pakete natürlich auch die eigentliche Nutzinformation. Diese wird als Payload-Typ (PT) bezeichnet. RTP ist nicht an einen bestimmten Payload- bzw. Mediendatentyp wie z. B. MPEG-2 oder MP3-Audio gebunden. Vielmehr ist die RTP-Paketstruktur selbst unabhängig vom Typ der übertragenen Daten. RTP-Pakete können Video oder Audio in verschiedensten Formaten enthalten. Zur Identifikation des Inhaltes auf der Empfängerseite enthält ein RTP-Paket eine entsprechende Kennung für den Payload-Typ, den es trägt. Anhand des Payload-Typs bestimmt die empfangende Applikation den Codec für die Wiedergabe eines RTP-Paketstromes. Der genaue Aufbau von RTP-Paketen und der in ihnen enthaltenen Steuerinformation kann der im Internet verfügbaren RFC 1889 entnommen werden [SCHU96].

Wie die verschiedenen Payload-Typen in RTP-Pakete verpackt werden, ist klar geregelt. Wie für alles im Internet gibt es dafür eine große Zahl weiterer RFCs. Tabelle 7.4 gibt eine – nicht ganz vollständige – Übersicht zu den bisher mittels RFCs standardisierten, statischen RTP-Payload-Typen. Es gibt weitere Payload-Typen, denen der Bereich 96-127 zugeordnet ist. Die Wahl einer Kennung dieser Payload-Typen wird im Gegensatz zu den fest vergebenen Kennungen aus Tabelle 7.4 dynamisch beim Verbindungsaufbau ausgehandelt.

Applikationen, die RTP-Sendungen empfangen wollen, tun dies gemäß den Festlegungen der RFC 1889, indem sie die Daten auf UDP-Ports mit geraden Portnummern erwarten. Die nächstfolgende ungerade Portnummer wird dann für den Austausch von RTCP-Statistik-Informationen verwendet, falls RTCP überhaupt genutzt wird. Die Kombination RTP=5004 und RTCP=5005 ist eine für RTP/RTCP Transporte gültige Portkonstellation.

Speziell für CCTV-Anwendungen ist auch die Möglichkeit von RTP, verschlüsselte Medien- und damit Videodaten zu übertragen, interessant. Die RFC 1889 für RTP legt DES (Data Encryption Standard) als Standard-Verschlüsselungsverfahren fest. Es können aber auch andere Algorithmen eingesetzt werden. Werden die RTP-Daten verschlüsselt übertragen, so können z. B. Videodaten bei Multicast-Live-Übertragungen im LAN vor ungewollten Zuschauern geschützt werden. Bei einfachen RTP-Lösungen im LAN reicht ansonsten die Installation einer entsprechenden Darstellungs-Software und die Angabe der Multicast-Adresse – also des „Videoprogramms", welches man sehen möchte – aus, um an einem beliebigen Arbeitsplatz gegebenenfalls sicherheitsrelevante Bilder darstellen zu können.

Tabelle 7.4: Standardisierte statische RTP-Payload-Typen

PT	Codec	A/V	AK	Takt [Hz]	Bemerkung	RFC
0	PCMU	A	1	8.000	PCM-Abtastung nach dem µ-Law. In den USA weit verbreiteter Audio-Codec für Telefoniezwecke.	1890
2	G.721	A	1	8.000	Ein ITU-Standard für die Audiokodierung nach dem ADPCM (Adaptive Differential Pulse Code Modulation) -Verfahren. Im Gegensatz zu Standard-PCM wird nur die Differenz zwischen Abtastwerten übertragen. Die Abtastfrequenz ist 8 kHz. Die Zielanwendung für G.721 ist die Sprachübertragung über Telefon mit einer Grenzfrequenz von 3,4 kHz. G.721 erzeugt einen Datenstrom mit 32 kBit/s.	1890
3	GSM	A	1	8.000	Der Audio-Codec für Sprachübertragungen im Mobiltelefonbereich. Es wird ein Datenstrom von 13.2 kBit/s erzeugt. GSM hat eine schlechtere Qualität als G.721.	1890
4	G.723	A	1	8.000	Audio Codec des ITU-T H.324-Standards	3551
5	DVI4	A	1	8.000	ADPCM Audio-Kodierungsfomat	1890
6	DVI4	A	1	16.000		1890
8	PCMA	A	1	8.000	PCM-Abtastung nach dem A-Law; in Europa weit verbreiteter Audio-Codec für Telefoniezwecke	1890
9	G.722	A	1	8.000		1890
10	L16	A	2	44.100	Unkomprimiertes Audio mit 16 Bit Abtastwerten	1890
11	L16	A	1	44.100		1890
15	G.728	A	1	8.000		1890
18	G.729	A	1	8.000		3551
26	JPEG	V		90.000	M-JPEG Übertragung mittels RTP	2435
31	H.261	V		90.000	H.261 (siehe Abschnitt 5.2.8) Videoübertragung mittels RTP	2032
32	MPV	V		90.000	MPEG-1- und MPEG-2-Video-Codecs ohne den Audioanteil	2250
33	MP2T	A/V		90.000	MPEG-2-Transport-Stream. Entspricht dem Format digitaler Fernsehübertragungen. Video und Audio werden im Zeitmultiplex übertragen.	2250
34	H.263	V		90.000	H.263 (siehe Abschnitt 5.2.9) Videoübertragung mittels RTP	2190

Von Ausnahmen, wie dem Payload-Typ 33 für MPEG-2-Transport-Streams, abgesehen, werden Audio- und Videodatenströme über separate RTP-Kanäle übertragen. Der Zeitmultiplex verschiedener Mediendatentypen und -kanäle innerhalb eines RTP-Datenstromes ist normalerweise nicht zulässig. Es können aber mehrere zusammengehörige RTP-Datenströme parallel übertragen werden. Der Empfänger kann diese dann wieder nach Belieben zusammenfassen und als Szenario präsentieren. Eine Live-CCTV-Sitzung, könnte damit aus einer größeren Anzahl unabhängiger RTP-Video- und Audiositzungen bestehen. Für Live-CCTV-Sitzungen, die über RTP ablaufen, hat die getrennte Übertragung der Datenströme Vorteile:

7 IP im CCTV-Einsatz

- Video- oder Audiodaten werden separat und nur bei Bedarf übertragen. Dies spart Netzwerkbandbreite.
- Individuelle Priorisierung der Übertragung der einzelnen Datenströme. Z. B. ist die störungsfreie Audioübertragung meist wichtiger als die Videoübertragung. Fehlende Bilder einer Videodarstellung lassen sich einfacher kaschieren als fehlende Audiopakete.
- Video und Audio können einander frei zugeordnet werden. Z. B. können mehrere Kameras eine Szene überwachen, der nur ein Mikrofon zugeordnet ist. Dieser Audiodatenstrom kann jeder einzelnen Videokamera oder auch einem gesamten Wiedergabeszenario aus mehreren Kameras bei der Präsentation zugeordnet werden.
- Die einzelnen Video- oder Audiokanäle können individuell durch individuelle Verschlüsselung geschützt werden. Über Passwort geregelt, kann damit z. B. schon auf niederer Netzwerkebene der Zugriff auf Audio gesperrt werden, während Videodaten betrachtet werden können. Eine andere Möglichkeit ist das Schützen einzelner Live-Videokanäle. Nur ein entsprechend autorisierter Nutzer kann in kritischen Situationen die Bilder darstellen.

Ausgehend von den Datenströmen von Video-Codecs bzw. auch Audio-Codecs ist die Entwicklung eines RTP-basierten Live-Video-Streamings zumindest für experimentelle Zwecke relativ einfach. Dazu paketiert die Streaming-Software die vom Codec eines Videokanals gelieferten Eingangsdaten entsprechend der für den Payload-Typ geltenden RFC und versendet sie mittels UDP ins Netzwerk – in der Hoffnung, dass es wohl einen Empfänger dafür geben mag und dass das Netzwerk die für den Transport benötigte Bandbreite bereitstellen kann. Ob dabei das RTP-Streaming dann als Unicast an einen Empfänger oder Multicast an eine Gruppe von Empfängern erfolgen soll, kann frei durch die Wahl der Zieladresse bestimmt werden. Für eine Unicast-Sendung wird einfach eine „normale" IP-Adresse, wie 192.68.2.1, als Ziel angegeben. Für eine Multicast-Sendung wird eine Multicast-Adresse, wie 234.5.5.5, angegeben. Damit die verschiedenen RTP-Videoquellen eines CCTV-Systems vom Empfänger auseinandergehalten werden können, wird gemäß RFC 1889 jeder Kanal entweder an eine individuelle Multicast-Adresse, wie in Bild 7.15, oder bei Unicast-Übertragungen an einen individuellen Port des Empfängers gesendet.

Wird UDP als Transport-Protokoll verwendet, so ist es bei dieser einfachsten Realisierung eines Live-Streamings zunächst unerheblich, ob für die in das Netzwerk gesendeten Mediendaten überhaupt ein Empfänger existiert. Speziell beim Multicast-Streaming entspricht dieses rückkopplungsfreie RTP-Sendeszenario der Vorgehensweise beim Fernseh- oder Rundfunk. Hier wird auch prinzipiell unabhängig von der Anzahl der Empfänger, bzw. ob es überhaupt einen Empfänger gibt, gesendet. Im digitalen Netzen führt eine solchen Vorgehensweise bei vielen Kanälen, wie es typisch für CCTV-Systeme ist, natürlich sofort zu einem Problem. Bei einer CCTV-Anlage mit einige hundert Kameras können nicht die Live-Bilder aller Kanäle simultan im Netzwerk übertragen werden, damit potentielle Auswertestationen darauf Zugriff erlangen können. Es dürfen nur die Videodatenströme erzeugt werden, für die es auch Abnehmer gibt. Sobald der letzte Teilnehmer einen Videokanal freigibt, muss auch die Quelle den Versand stoppen, bis es wieder mindestens einen Interessenten gibt.

RTP hat für die dazu notwendige Kanalsteuerung keine eigenen Funktionen. Wird RTP über UDP transportiert, so erfordert das Versenden der RTP-Pakete eines Videokanals im Netz keinen Verbindungsaufbau zum Empfänger. Deshalb ist es neben dem reinen Transport der Videodaten auch noch notwendig, ein entsprechendes Kanalmanagement bereitzustellen. Dazu muss RTP in ein Protokollgerüst, wie H.323, eingebunden werden, welches Aufgaben wie z. B. Verbindungs- und Bandbreiten-Management erledigt. Dieses Protokollgerüst baut die logische Kommunikationsinfrastruktur auf, die RTP für das Versenden von Mediendaten benötigt.

Soll RTP auch zur Echtzeitübertragung von Video aus Videodatenbanken eines CCTV-Systems eingesetzt werden, so müssen Möglichkeiten der Wiedergabesteuerung geschaffen werden. RTP bietet auch hierfür keine eigene Funktionalität. Funktionen eines Netzwerk-„Videorekorders", wie z. B. Rückspulen, Suchen, Zeitlupe oder Zeitraffer, müssen auf anderen Wegen realisiert werden.

7.5.6.3 Real Time Control Protocol – RTCP

RTCP ist ein Begleitprotokoll von RTP. Es ist ebenfalls in der RFC 1889 standardisiert. RTP kann ohne RTCP betrieben werden. Wird RTCP eingesetzt, so hat das Protokoll folgende Aufgaben:
- Schaffung einer Rückkopplungsmöglichkeit im Sinne eines Regelkreises zwischen Mediendatenempfängern und -sendern. Der oder die Empfänger eines Mediendatenstromes können dem Sender Informationen zur Empfangsqualität liefern. Ein Beispiel ist die Anzahl verloren gegangener Pakete. Bei schlechter Empfangsqualität kann der Sender Maßnahmen ergreifen, um die vom Datenstrom belegte Bandbreite zu reduzieren und an die im Netz verfügbare Bandbreite zu adaptieren. Beispielsweise könnte der Kompressionsfaktor eines MPEG-Videostromes erhöht werden, um die Netzwerklast zu reduzieren. Diese Aufgabe von RTCP wird als Empfänger-Report bezeichnet. Dies ist die wichtigste Aufgabe von RTCP. Bild 7.18 zeigt das Zusammenwirken der beiden Protokolle RTP und RTCP.
- Verteilung von Informationen des Senders an alle Teilnehmer einer Mediensitzung.
- Sammlung und Verteilung zu Informationen über die Teilnehmer an einer Multicast-Kommunikation und die diesen in einer Videokonferenz zugeordneten Video- und Audiodatenströme.
- Benachrichtigung der Beendigung der Teilnahme an einer RTP-Sitzung.

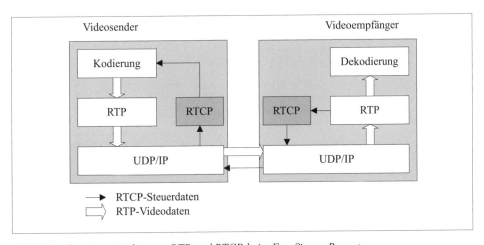

Bild 7.18: Zusammenwirken von RTP und RTCP beim Empfänger-Report

Die RTCP-Datenkommunikation erfolgt in den meisten Fällen ebenfalls über UDP. Damit ist ein sicherer Transport der Daten nicht gewährleistet, für die verfolgte Zielstellung aber auch nicht notwendig. Der Austausch der Telegramme erfolgt zyklisch in vergleichsweise großen Zeitabständen. RTP dient hauptsächlich statistischen Zwecken und der vergleichsweise langsamen Adaption der Datenrate an verfügbare Bandbreiten im Umfeld von Videokonferenzen mit vielen Teilnehmern. Für CCTV-Anwendungen mit wenigen Nutzern ist dieses Protokoll von geringer Bedeutung.

7.5.6.4 Resource Reservation Protocol – RSVP

RSVP ist ein weiteres Protokoll aus Tabelle 7.3, welches bei der IP-Mediendatenübertragung zum Einsatz kommt. Wichtigste Aufgabe dieses Protokolls ist die Schaffung eines virtuellen Datenkanals konstanter Bandbreite für die eigentliche Nutzdatenübertragung mittels RTP. Das heutige Internet hat im Gegensatz zu ATM-Netzen keine direkte Möglichkeit einer derartigen Bandbreitenreservierung. Eine der wichtigsten Zieldefinitionen von IP war die sichere Übertragung von Daten über heterogene Netzwerke. Aspekte wie Echtzeitverhalten, Übertragungsverzögerungen, Übertragungsvarianz[9] und garantierter Datendurchsatz – dies sind so genannte Quality of Service (QoS) -Anforderungen – wurden bei der Internet-Entwicklung zunächst nicht berücksichtigt. Bei den hohen Bandbreiten im LAN-Umfeld spielen QoS-Aspekte oft keine oder nur eine untergeordnete Rolle. Bei WAN-Übertragungen ist die Situation, wie Bild 7.19 veranschaulichen soll, anders.

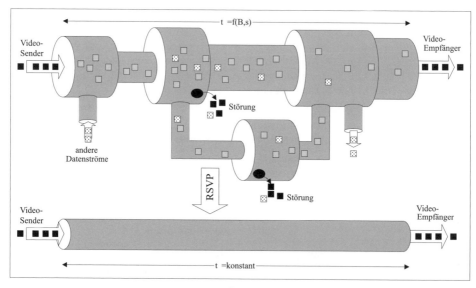

Bild 7.19: *Zielstellung von RSVP – konstante Übertragungsparameter in heterogener Umgebung*

Verschiedene Anwendungen konkurrieren um die Bandbreite des gemeinsam genutzten physikalischen Übertragungskanals. Auf seinem Weg von der Quelle zum Ziel durchläuft ein Videopaket Teilstrecken hoher und niedriger Bandbreite. Das Paket wird unter Umständen gepuffert, bis eine Teilstrecke wieder Kapazität für seine Aufnahme zur Verfügung hat. Auf der Strecke gehen Pakete durch Störungen verloren und werden bei UDP-basierten Videoübertragungen auch nicht mehr rekonstruiert. Schließlich nehmen die Pakete eines Videostromes – anderes als im LAN – unter Umständen unterschiedliche Wege, wodurch die einzelnen Pakete mit unterschiedlicher Verzögerungszeit $t_{\ddot{U}}$ am Endpunkt des Empfängers wieder auftauchen.

---

9 Das ist der so genannte Jitter. Diese Größe beschreibt die zeitliche Abweichung des Eintreffens eines IP-Paketes vom für eine Echtzeitübertragung notwendigen Eintreffzeitpunkt. Durch Pufferung auf der Übertragungsstrecke und unterschiedliche Übertragungswege der einzelnen Pakete kommt es zu diesem Jitter. Dieser muss auf Empfängerseite eines Medienstromes durch Zwischenpufferung ausgeglichen werden, was sich aber wiederum negativ auf die Latenzzeiten der Übertragung auswirkt.

Dies ist die Situation in realen WAN-Netzen. RSVP ist der Versuch, diesen steinigen Übertragungsweg sozusagen zu glätten, um einer Echtzeitübertragung einen verlässlichen Rahmen zu schaffen.

RSVP ist in der Lage, einen Kanal garantierter Bandbreite zwischen den Endpunkten einer Medienübertragung aufzubauen. Dazu wird eine RSVP-Reservierungsanfrage von einem Empfänger initiiert, der einen derartigen Kanal z. B. zu einer Videoquelle aufbauen möchte. RSVP akquiriert die beantragte Bandbreite bei allen Routern des Übertragungsweges zwischen Sender und Empfänger. Dabei können die angefragten Router die Anfrage prinzipiell verweigern, so dass nicht sichergestellt sein kann, dass ein Empfänger auch die gewünschte Bandbreite bekommt. RSVP hat hohe Ansprüche an die Router-Infrastruktur des Übertragungsweges. Mittlerweile gibt es RSVP-fähige IP-Router von Cisco. Insgesamt ist RSVP im Interneteinsatz bisher allerdings nicht über den Experimentalstatus hinausgekommen, so dass man noch nicht von einer allgemeinen QoS-Lösung für IP-Netze sprechen kann [MILL99].

Glücklicherweise ist das QoS-Problem insbesondere im LAN-Bereich und insbesondere für spezialisierte Anwendungsumgebungen wie CCTV bei weitem nicht so dramatisch, wie es in der Literatur oft dargestellt wird. Durch sorgfältige Netzwerkprojektierung, Analyse potenzieller Flaschenhälse, Einsatz moderner Switch-Technologie und natürlich am Worst Case orientierte Sicherheitsfaktoren bei der Ermittlung der verfügbar zu machenden Bandbreite lassen sich diese Systeme erfolgreich betreiben, auch wenn das unterliegende Netzwerk keine Garantien gibt. Im einfachsten Fall werden RTP-Daten ohne jegliche Rückkopplung zwischen Empfänger und Sender übertragen. Bei höheren Anforderungen kann mittels RTCP eine Rückkopplungsschleife aufgebaut werden, um die Datenrate des Senders zu reduzieren.

7.5.6.5 Real Time Streaming Protocol – RTSP

Wie im Abschnitt 7.5.6.2 ausgeführt, verfügt RTP über keinen Mechanismus zur Steuerung der Wiedergabe durch den oder die Empfänger. Ohne weitere derartige Steuermöglichkeiten muss der Empfänger mit dem leben, was ein RTP-Streaming-Server ins Netz sendet. Er hat keinen Einfluss auf die Erzeugung, Filterung oder den Stopp der Datenströme. Bei Wiedergabe von Speicherbildern aus Datenbanken hat ein derartiger Empfänger keine Möglichkeit zu einer Vor- oder Rückwärtswiedergabe oder andere Funktionen eines Videorekorders im Netzwerk nachzubilden.

RTSP ist eine standardisierte Schnittstelle für derartige Aufgaben. Im Gegensatz zur Assoziation, die der Name weckt, trägt RTSP keine Nutzdaten wie Video oder Audio. RTSP hat lediglich Steuerfunktionen, während die Nutzdaten dann z. B. über RTP-Kanäle, aber auch andere Protokolle, gesendet werden. Vereinfacht gesagt ist RTSP die Nachbildung der Fernbedienung eines netzwerkfähigen Videorekorders im Internet.

RTSP arbeitet eng mit einem normalen Web-Server und HTTP zusammen. Zunächst kann ein Web-Server nach den verfügbaren Medienprogrammen – z. B. einem Filmprogramm – gefragt werden. Die hier gelieferten Daten werden wiederum zur Kommunikation mit dem eigentlichen RTSP-Server, der Bestandteil des Streaming-Servers ist, verwendet. Bild 7.20 zeigt den prinzipiellen Ablauf einer RTSP-Sitzung, wie sie z. B. in [CROW99] detailliert beschrieben wird.

Der Zugriff auf die Mediendatenströme erfolgt mittels spezieller RTSP-URLs (Unified Resource Locator) analog zu den normalen URLs für den Zugriff auf Web-Seiten. Der Aufbau dieser URLs ist in der RTSP-RFC 2326 definiert. Ein Beispiel für die Syntax einer solchen URL ist:

    rtsp://media.test.com:554/testfilm/

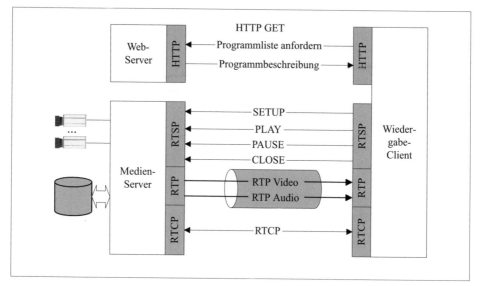

Bild 7.20: *Ablauf einer RTSP-Sitzung und beteiligte Protokolle*

Diese URL adressiert eine Medienpräsentation mit dem Namen testfilm. Im Gegensatz zu HTTP, welches gemäß Tabelle 7.2 den Port 80 benutzt, ist für RTSP der Port 554 reserviert worden.

Mittels RTSP kann ein Client eine gespeicherte oder Live-Medienpräsentation starten und beenden. Er kann auch zu einem beliebigen Zeitpunkt innerhalb der Präsentation neu aufsetzen. Bei Verbindungsabbrüchen wird automatisch dafür gesorgt, dass eine Präsentation gestoppt wird, um die Netzwerkbelastung zu reduzieren. Weiterhin liefert RTSP die Möglichkeit, eine Aufzeichnung von Live-Mediendaten z. B. einer Videokonferenz zu starten.

RTSP hat als Hauptzielrichtung den Video on Demand-Einsatz. Ein Anbieter stellt auf einem Video-Server eine Reihe von Filmen oder auch Live-Kanälen zur Verfügung. Nutzer können sich die verfügbaren Programme mittels ihres Web-Browsers auflisten lassen und diese voneinander unabhängig wiedergeben. Eigentlich ist RTSP kein eigenständiges Protokoll. Zumindest hat es ohne andere Protokolle wie RTP keinen sinnvollen selbständigen Einsatz. Wie H.323 im Abschnitt 7.5.7.1 kann RTSP mehr als Rahmenwerk bzw. Framework für die Organisation von Multimediakommunikationen im Internet betrachtet werden.

RTSP ist nicht zur Steuerung der komplexen Videorecherchen in digitalen CCTV-Systemen geeignet. So stellt RTSP z. B. keine Datenbankschnittstelle zur Verfügung, die es dem Nutzer erlauben würde, ein Recherche- oder Filterkriterium für eine Wiedergabe anzugeben. Moderne CCTV-Systeme speichern ihre Videodaten aufgewertet um Begleitinformationen wie Zeitstempel, Aufzeichnungsursache oder Kamerastandort. Die Möglichkeit einer gezielten Recherche nach diesen Informationen wird von Video on Demand-Ansätzen für Internet-Massenanwendungen nicht berücksichtigt. Deshalb gibt es speziell im Bereich der Wiedergabesteuerung aufgezeichneter CCTV-Daten keine standardisierten Lösungen. Die Einbettung einer Datenbank-Abfragesprache wie SQL (Structured Query Language) in RTSP-Kommandos könnte dafür ein Ausgangspunkt sein.

7.5.7 Frameworks für die IP-Multimediakommunikation

Aufbauend auf den Protokollen RTP, RTCP, RSVP und RTSP des Abschnitts 7.5.6 wurden eine Reihe von kommerziellen Produkten entwickelt, die für die Medienkommunikation in IP-Netzen eingesetzt werden. Neben der eigentlichen Medienübertragung liefern diese Produkte eine Reihe zusätzlicher Dienste, weshalb sie als Übertragungsrahmen oder Framework bezeichnet werden. Bestandteile jedes dieser Frameworks sind:
- die Codecs für Video- und Audiokodierung;
- der Medien-Server für das Streaming dieser Daten;
- der Wiedergabe-Client;
- die Kommunikationsprotokolle zur Datenübertragung, zur Verbindungssteuerung und zur Wiedergabesteuerung und
- Streaming-fähige Dateiformate für die Speicherung von Multimediadaten.

Für die CCTV-Technik sind diese Produkte wegen der anderen Zielorientierung auf den Multimedia-Massenmarkt – zumindest heute noch – von geringer Bedeutung. Trotzdem soll im Abschnitt 7.5.7.2 eine kurze Übersicht gegeben werden. Anders verhält es sich mit dem ITU-Kommunikationsstandard H.323 für die Medienübertragung in IP-Netzen. Dieser könnte durchaus eine standardisierte Grundlage für die Live-Video-Übertragung in digitalen CCTV-Umgebungen sein.

7.5.7.1 H.323

H.323 ist ein ITU-Kommunikationsstandard, der im Jahre 1996 unter dem Titel „Visual Telefone Systems and Equipment for LANs which provide non-guaranteed quality of service" veröffentlicht wurde. Wie der H.320-Standard aus Abschnitt 5.2.8 für ISDN-Anwendungen definiert H.323 ebenfalls Mechanismen zum Verbindungsaufbau, zur Verbindungskontrolle und zur eigentlichen Sprach-, Video- und Datenübertragung. Neben der Protokollfestlegung standardisiert H.323 auch spezielle H.323-Netzwerkgeräte wie z. B. eine H.323-MCU (Multipoint Control Unit) oder ein H.323-Gateway. Diese Geräte vermitteln z. B. die Übergänge zwischen Netzen unterschiedlicher Transporttechnologien wie den Übergang von Ethernet auf ISDN. Ein H.323-Gateway ist unter Umständen sogar in der Lage, Mediendatenströme zu transkodieren, um eine Bandbreitenanpassung beim Übergang ins ISDN zu ermöglichen. Damit standardisiert H.323 eine vollständige Netzwerk-Hardware- und Protokollinfrastruktur für die Multimediaübertragung in IP-Netzen unterschiedlicher physikalischer Übertragungscharakteristika.

Die Mediendatenübertragung erfolgt über das RTP/RTCP-Protokollpaar aus den Abschnitten 7.5.6.2 und 7.5.6.3. Als Standard-Video-Codecs kommen H.261, H.263 oder der neue H.264-Codec aus Abschnitt 5.2.10 zum Einsatz. Alternative Codecs, z. B. MPEG-2 oder M-JPEG, können verwendet werden. Bestandteile des Protokoll-Frameworks sind weiterhin Audio-Codecs und die Möglichkeit der Übertragung freier Nutzdaten. Hinzu kommen Möglichkeiten der Signalisierung für den Verbindungsaufbau in IP-Netzen. Bild 7.21 zeigt den Protokollstapel des H.323 Frameworks.

Der Ablauf einer H.323-Sitzung ähnelt stark dem einer RTSP-Sitzung aus Abschnitt 7.5.6.5. Beide Frameworks verfolgen prinzipiell das gleiche Ziel des Aufbaus und der Steuerung einer Medienübertragung in IP-Netzen. Der Unterschied ist, dass RTSP mehr für den Anwendungsbereich Internet mit unter Umständen tausenden von Nutzern eines Medienangebotes ausgelegt ist. H.323 bedient die bidirektionale Medienkommunikation im LAN-Bereich mit einer kleinen Nutzergruppe und geringen Bandbreitenschwankungen. Außerdem ist H.323 als Audio- und Videokonferenz-Framework symmetrischer ausgelegt als das Medien-Server zentrierte RTSP. Die Rollenverteilung zwischen Anrufer und Angerufenem kann von Sitzung zu Sitzung wechseln. In einer CCTV-Anlage ist diese Möglichkeit allerdings von geringer Be-

7 IP im CCTV-Einsatz

deutung, da meist ein oder mehrere Medien-Server bzw. IP-Kameras die Kommunikationspartner der Wiedergabe-Clienten, die als H.323-Terminals bezeichnet werden, sind.

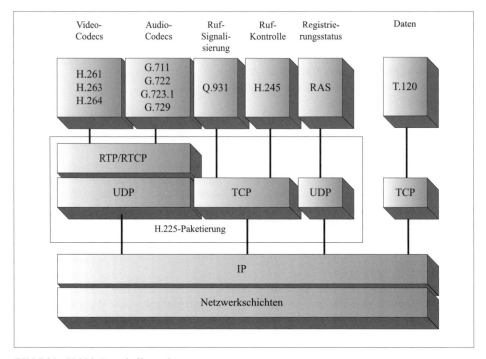

Bild 7.21: *H.323-Protokollstapel*

H.323 ist ein vollständiger Standard für praktisch alle Belange der Multimedia-Kommunikation in IP-LANs. Netzwerkgeräte verschiedener Hersteller für H.323 lassen sich einfach koppeln. So kann z. B. Microsofts Netmeeting als Beispiel eines H.323-Terminals Kontakt mit H.323-fähigen Netzwerkkameras aufnehmen. Kostengünstige Single-Chip Lösungen ermöglichen die Integration von H.323-Protokollstapeln direkt in IP-Kameras.

Leider kommt es aber oft wegen der Komplexität und Freiheitsgrade des H.323-Standards zu herstellerabhängigen freien Interpretationen bei der Implementation. Dies stellt teilweise die Interoperabilität zwischen H.323-Geräten und Software-Modulen verschiedener Hersteller und damit den Sinn eines Standards als solchem in Frage.

Ein weiteres Problem von H.323 sind die hohen Anforderungen an die Netzwerkinfrastruktur und das Netzwerkmanagement. H.323 verwendet, wie Tabelle 7.5 zeigt, eine große Zahl fester und dynamischer TCP- und UDP-Ports für die Steuerdaten und RTP/RTCP-Medienkommunikation.

Tabelle 7.5: *TCP- und UDP-Ports einer H.323-Kommunikation*

Port	Transport	Bezeichnung
389	TCP	Internet Locator Service (ILS)
522	TCP	User Location Service
1.503	TCP	T.120

Port	Transport	Bezeichnung
1.720	TCP	H.323 Ruf-Setup
1.731	TCP	Audio Ruf-Steuerung
Dynamisch	TCP	H.323 Ruf-Steuerung
Dynamisch	UDP	RTP

Was im LAN meist kein Problem darstellt, scheitert schnell im WAN, wenn Firewalls die Übertragung von IP-Paketen portabhängig sperren.

Wie auch RTSP aus Abschnitt 7.5.6.5 ist H.323 im CCTV-Einsatz hauptsächlich für die Übertragung von Live-Bildern geeignet. Für den Zugriff auf gespeicherte Daten ist auch H.323 in den meisten Anwendungsfällen nicht flexibel genug. Das liegt sicherlich auch an der von CCTV-Anwendungen in vielen Bereichen abweichenden Zielspezifikation von H.323 als LAN Audio- und Videokonferenzstandard.

7.5.7.2 Kommerzielle Frameworks der Multimediakommunikation

Obwohl – zumindest bislang – von geringer Bedeutung für den CCTV-Einsatz, seien kurz einige kommerzielle Produkte genannt, die auf den Multimediaprotokollen RTP/RTCP der Abschnitte 7.5.6.2 und 7.5.6.3 basieren. Die Zieldefinition Video on Demand und Multimedia-Verteilung über das Internet für den Massenkonsum – idealerweise natürlich mit entsprechenden Bezahlsystemen – steht teilweise in so starkem Widerspruch zu den Anforderungen von CCTV, dass es interessant sein wird zu verfolgen, ob und wie sich diese Hersteller den CCTV-Wachstumsmarkt in den nächsten Jahren auf dieser Basis erschließen wollen. Auch der Fernsehfunk ist, obwohl natürlich u. a. auch Bilder übertragen werden, nicht sinnvoll für CCTV-Anwendungen nutzbar. Erstaunlicherweise werden die Möglichkeiten der im folgenden erwähnten Produkte oft überschätzt, so dass es auch zu Fehleinschätzungen in der Anforderungsbeschreibung von CCTV-Projekten kommt. Man findet z. B. mittlerweile öfter die Forderung nach bestimmten Kompatibilitätsaussagen wie:

- „Sind die Backup- und Live-Bilder eines digitalen CCTV-Systems mit dem Microsoft-Windows Media-Player kompatibel?"
- „Ist die Bedienung des CCTV-System mittels eines Web-Browsers möglich?"

Diese Fragestellungen beschränken die Funktionalität von CCTV oft allein auf den Aspekt Bilddarstellung. Wer sich jedoch schon einmal ernsthaft mit den Möglichkeiten der Alarm-Notifikation und Bildrecherche spezialisierter CCTV-Mensch-Maschine-Schnittstellen beschäftigt hat, wird schnell die spartanischen und verspielten Film- und Audio-Browser des Internet-Multimedia-Bereiches als ungeeignet für die meisten Aufgabenstellungen des professionellen CCTV-Umfeldes abtun. Er erkennt den Verlust, der entsteht, wenn die vielfältigen Informationen eines CCTV-Systems mit seinen umfangreichen Subsystemen wie Zugangskontrolle und Einbruchmeldetechnik auf die reine Bild- und Audiowiedergabe reduziert werden. Schließlich versucht auch niemand, sein Wohnzimmer-Fernsehgerät nebst zugehöriger Fernbedienung zum Betrieb einer CCTV-Anlage mit vielen hundert Kameras und komplexen Alarmdetektoren einzusetzen. Die Multimedia-Versuche von Microsoft, RealNetworks, Apple oder Cisco sind in dieser Hinsicht nichts anderes als eine neue Art des Fernsehens mit eigenen kommerziellen Interessenlagen der Hersteller und technischen Möglichkeiten, die sich in weiten Bereichen nicht mit denen von CCTV decken. Im analogen Umfeld ist das völlig klar, in der digitalen Analogie werden derartige Grundtatsachen oft verschleiert.

Die Kernarchitektur der verschiedenen IP-Medien-Frameworks zeigt Bild 7.22. Prinzipielle Aufgabe eines solchen Frameworks ist die Medienproduktion, -distribution und -präsentation.

7 IP im CCTV-Einsatz

Dafür stellt das Framework entsprechende Software-Komponenten, Dienste, Dateiformate und Übertragungsstandards zur Verfügung.

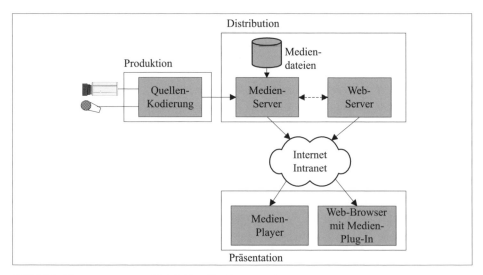

Bild 7.22: *Komponenten von IP-Multimedia-Frameworks*

Mittlerweile gibt es eine große Zahl derartiger Medien-Frameworks. Für die wichtigsten soll hier ein kurzer Überblick gegeben werden. Die Masse der Internet-Anwender dürfte, bedingt durch schmalbandige Verbindungen und der damit verbundenen sehr schlechten Bildqualität, bislang wohl kaum von diesen Lösungen überzeugt worden sein. Auch mit dem besten Codec wird ein 64 kBit/s-ISDN Zugang immer recht ernüchternde Ergebnisse liefern, wenn man das Ergebnis der Übertragung mit gewohnter Fernsehqualität vergleicht. Ihr echtes Potential zeigen diese Produkte denn auch erst bei hohen Übertragungsbandbreiten vor allem im LAN-Betrieb. Hier erreicht man durchaus qualitativ hochwertige Ergebnisse.

RealMedia

RealMedia bzw. RealSystem G2 ist ein Produkt der Firma RealNetworks. Das Streaming-basierte Versenden von Video wird seit 1997 praktiziert. Die Medien-Produktion erfolgt im RealProducer, die Distribution über den RealServer und die Präsentation mittels des RealPlayers. Der Player ist sowohl für Microsoft-Windows als auch Mac OS verfügbar. Es wird eine große Zahl von Video- und Audio-Codecs unterstützt. Dazu gehören u. a. MPEG und M-JPEG. Real-Server ist in der Lage, Live-Video und aufgezeichnetes Video zu liefern. Für die Verbindungssteuerung nutzt RealMedia RTSP. Für die Datenübertragung werden die Protokolle RTP und RTCP eingesetzt. RealMedia-Dateien mit Streaming-fähigen Inhalten sind an ihrer Endung RM zu erkennen.

RealMedia ist gegenwärtig noch der am weitesten verbreitete Internet-Streaming-Standard. Microsoft Media macht diesem jedoch zunehmend Konkurrenz.

QuickTime

QuickTime von Apple ist eines der ältesten Multimedia-Frameworks des Internets. Es wurde 1994 eingeführt. Seit 1999 ist QuickTime in der Lage, Mediendaten zu streamen. QuickTime unterstützt eine Reihe von Codecs. Als Standard-Video Codec empfiehlt Apple den Sorenson-

oder den H.263-Video-Codec aus Abschnitt 5.2.9. Das QuickTime-Dateiformat ist das MOV-Format.

Der Streaming-Server von QuickTime und der QuickTime Player ist für Windows, Mac OS und Unix erhältlich. Das Streaming erfolgt mittels RTP/RTCP, die Verbindungssteuerung wiederum mittels RTSP.

Windows Media

Microsoft Media besteht aus den Komponenten Windows Media Tools[10] zur Medien-Produktion, dem Windows-Media Server und dem Windows-Media Player, den jeder Windows-Anwender auf seinem Computer finden kann. Windows-Media dreht sich um das proprietäre Microsoft Medienformat ASF (Advanced Streaming Format), welches im Kern den MPEG-4-Codec verwendet. Weitere Medienformate von Microsoft sind das WMA-Format (Windows Media Audio) und das WMV-Format (Windows Media Video). Diese wurden als Alternative zum populären MP3-Audio-Format bzw. zu RealMedia entwickelt.

Windows Media integriert einen Mechanismus für den automatischen Download des Codecs eines Mediendatenstromes aus dem Internet, sollte kein entsprechender Codec auf dem Wiedergabe-Computer installiert sein. Interessant ist die Möglichkeit von Windows Media zur automatischen Skalierung des Datenstromes, wie es z. B. Abschnitt 5.2.3 für das Wavelet-Kompressionsverfahren beschrieben wurde. Eine ASF-Datei kann mehrere Datenströme mit unterschiedlichen Bitraten speichern. Player und Server können die Kapazität des Übertragungskanals automatisch ausmessen und den jeweils am besten angepassten Stream erzeugen. Die Verbindungssteuerung erfolgt nicht über RTSP, sondern über ein Microsoft-eigenes Format.

7.6 Schlussfolgerungen

Die CCTV-Anwendung der im Abschnitt 7.5.7.2 dargestellten kommerziellen Medien-Frameworks ist nur in einfachsten Anwendungsszenarien sinnvoll. Die Möglichkeit steuernder Eingriffe in den Übertragungsvorgang seitens des Players ist bei allen Produkten sehr bescheiden und an dem orientiert, was z. B. ein Video-Player für Heimzwecke zur Verfügung stellt. Die Entwicklung alternativer Bedien-Frontends mit erweiterter Funktionalität auf dieser Basis scheitert an nicht verfügbaren Programmierschnittstellen und proprietären Streaming-Formaten. CCTV-Nutzeroberflächen bieten Möglichkeiten wie:
- synchronisierbare Echtzeit-, Zeitlupen- und Zeitrafferwiedergabe mehrerer Videokanäle für die Verfolgung des zeitlichen Ablaufs kameraübergreifender Vorgänge;
- die Formulierung flexibler Such- und Filterkriterien, welche die Wiedergabe steuern;
- den Empfang und die Anzeige von Alarminformationen und die automatische Präsentation von Alarmaufschaltszenarien;
- wahlweises Einblenden von Bildbegleitdaten, die beim Aufzeichnen erzeugt wurden. Beispiele sind Kameranummern, Zeitstempel, Transaktionsdaten, Barcodes oder Kartendaten eines Zugangskontrollsystems;
- einzelbildgenaues Positionieren mit Einzelbildvor- und Rücklauf.

Dies ist nur ein kleiner Ausschnitt an Funktionen, die man natürlich z. B. in einem Windows Media Player vergeblich suchen wird. Aus aktueller Sicht sind damit die Medien-Frameworks

---

10 Dazu gehören der eigentliche Windows Media Encoder, der Presentation Broadcast und der Windows Media Rights Manager. Der Encoder wandelt eine Reihe von Kompressionsformaten wie MP3 oder MPEG-1 in das Streaming-fähige WMA-Format um.

des Internets, abgesehen von einfachsten Anwendungen z. B. als überall verfügbare Player für die Wiedergabe von Video-Backups und Mitschnitten eines CCTV-Servers, nicht geeignet.

Als aussichtsreichster Standard für eine IP-basierte Live-Videokommunikation erscheint H.323. Da es sich nicht um eine proprietäre Lösung handelt, sind darauf basierende Produkte prinzipiell interopcrabel. Basierend auf H.323 gibt es mittlerweile auch für den CCTV-Einsatz eine Reihe von Produkten.

Trotz aller Standardisierungsbemühungen der letzten Jahre muss eingeschätzt werden, dass sich die Entwicklung multimedialer Kommunikationsstandards – zumindest was die Flexibilität, die im CCTV-Einsatz benötigt wird, betrifft – bei weitem noch nicht abgeschlossen ist. Es konkurrieren nach wie vor eine große Anzahl von Verfahren. Allein die unüberschaubare Zahl der in diesem Bereich gültigen Standards und RFCs, die z. B. in [WITT01] zusammengefasst sind, zeigt die Dynamik, die dieser Entwicklung gegenwärtig noch innewohnt. QoS-Anforderungen sind in CCTV-Systemen, von Ausnahmen abgesehen, auf absehbare Zeit nur mit extremem Aufwand und damit hohen Kosten zu realisieren. Insbesondere bei LAN-Anwendungen ist der Qualitätsgewinn meist sehr klein. Deshalb werden IP-basierte CCTV-Systeme, solange die Netze selbst in ihrer Infrastruktur keine Servicegarantie bieten, dieses Problem auch nicht lösen und pragmatisch gesehen in der Masse der Anwendungen auch nicht lösen müssen.

Zumindest bei Live-Übertragungen scheint RTP eine Art kleinsten gemeinsamen Nenner darzustellen, den auch ein CCTV-System abdecken müsste, um nicht vollständig proprietär zu arbeiten. Bei der Übertragung von gespeichertem Bildmaterial aus relationalen Datenbanken, wie dem Beispiel aus Abschnitt 9.4, mit komplexen Filterkriterien kommen im Allgemeinen vollständig proprietäre Übertragungslösungen zum Tragen. Die Nutzung der Multimedia-Standards würde zu sehr großen Einschränkungen hinsichtlich Zugriffsflexibilität führen. Auch die Art der Distribution – als Push oder Pull, UDP oder TCP bzw. Unicast oder Multicast – hängt stark von den Rahmenbedingungen eines Projektes ab. Im Allgemeinen ist z. B. die Nutzerzahl in CCTV-Anlagen klein, so dass Multicast nur vergleichsweise geringe Vorteile bringt. Um Konflikte mit vorinstallierter Netzwerkinfrastruktur zu vermeiden, muss ein CCTV-System in der Lage sein, als kleinsten gemeinsamen Nenner Videozugriff über TCP-Kanäle zu erlauben. Bietet das Netz die notwendigen Ressourcen sollte eine Umstellung auf UDP oder gar Multicast durch einfache Parametrierung des Videosystems möglich sein. Hat eine CCTV-Lösung diese Flexibilität nicht, so wird sie nur in einem stark eingeschränkten Umfeld nutzbar sein oder ein Projekt mit enormen Zusatzkosten belasten, z. B. für Netzwerkkomponenten, welche mit den eigentlichen sicherheitstechnischen Aufgabenstellungen von CCTV nur wenig zu tun haben.

8 Bildspeicher

Da die Bildspeicherung in heutigen CCTV-Systemen eine weitere der Kerntechnologien aus Bild 1.9 in Kapitel 1 ist, soll im Folgenden ein Überblick zu den hier zum Einsatz kommenden Technologien gegeben werden. In diesem Kapitel werden die heute verfügbaren Massenspeicher auf ihre Eignung für CCTV-Zwecke untersucht. Da das hier aufgezeichnete Bildmaterial eine Grundlage für die Wertschöpfung durch ein CCTV-System darstellt, werden ebenfalls Technologien wie RAID (Redundant Array of Independent Disks) zum Schutz dieser Informationen gegenüber Medienausfällen und zur Erhöhung der Zuverlässigkeit und Standzeit einer CCTV-Anlage mit der Kernfunktion Videospeicherung diskutiert.

Aufgrund der enormen Datenmengen stellt der Videospeicher in vielen CCTV-Systemen heute eine Hauptkostenkomponente dar. Deshalb ist für den Planer von CCTV-Anlagen die Kalkulation des Speicherbedarfs ein wichtiger Arbeitsschritt. Das Kapitel gibt dafür entsprechende Hinweise und demonstriert die Vorgehensweise anhand einiger Fallbeispiele.

Während sich dieses Kapitel mit der Hardware-technischen Seite der Videospeicherung beschäftigt, geht das nächste Kapitel auf die logische Organisation dieser Daten in Videodatenbanken und den effektiven Zugriff auf diese oftmals riesigen Datenbestände ein.

8.1 Digitale Videorekorder – DVR

Die Speicherung digitaler, komprimierter Videobilder und die Bereitstellung komfortabler Recherchemöglichkeiten für die Auswertung dieses Bildmaterials ist in digitalen CCTV-Systemen heute als *die* Kernfunktion schlechthin zu sehen. Selbst die Live-Beobachtung der Szene kommt verglichen mit dem Anwendungsszenario Speicherung/Recherche heute seltener zum Einsatz als früher zu Zeiten analoger Großkreuzschienen. Allein die publizierte Erfolgsrate bei der Vorgangsrekonstruktion über lange Zeiträume, welche die digitale Aufzeichnung aufweisen kann, wirkt präventiv kriminellen Handlungen entgegen. Selbst in Anwendungen, die eine Live-Beobachtung erfordern, wird diese mittlerweile in fast hundert Prozent der Neuinstallationen von einer parallelen Speicherung unterstützt. In Verdachtsmomenten hat das Sicherheitspersonal so die Möglichkeit, den Vorgang noch einmal komplett – auch synchronisiert über mehrere Kamerakanäle – in seiner Historie und gegebenenfalls sogar aus verschiedenen Blickwinkeln in Zeitlupe oder im Zeitraffer wiederzugeben und dabei parallel die digitalen Live-Bilder zu betrachten. Dies führt zu einer enormen Steigerung der Auswertequalität. Vor Einleitung von Maßnahmen kann man sich versichern, ob diese überhaupt angebracht bzw. angemessen sind.

Digitale Festplatten-Videorekorder (DVR) offerieren heute Möglichkeiten, die zu Zeiten analoger Bandmaschinen prinzipiell nicht realisierbar waren. Die wichtigsten Beispiele sind:
- zur Aufzeichnung parallele Wiedergabe der Bilder durch mehrere CCTV-Arbeitsplätze;
- die unabhängige Wiedergabe unterschiedlicher oder auch gleicher Videokanäle durch den gleichen oder auch unterschiedliche Arbeitsplätze. So kann die gleiche Kamera in einem Videofenster eines PC-Arbeitsplatzes live, in einem zweiten Videofenster rückwärts und in einem dritten Videofenster im schnellen Vorlauf betrachtet werden;
- die parallele Aufzeichnung einer großen Zahl von Videokanälen in die gleiche Videodatenbank;

8 Bildspeicher

- die zusätzliche Aufzeichnung von Begleitdaten, als Basis für effiziente Bildrecherchen. Beispiele sind ZKS-Kartendaten, Zeitstempel, Ereignisdaten (z. B. die Zeitpunkte des Öffnens einer Tür, Schranke oder eines Fensters), Barcodes oder Detektionsergebnisse von Gesichts- und Nummernschild-Erkennungssystemen;
- der netzwerkbasierte, verteilte Zugriff mittels der im Kapitel 7 diskutierten IP-Techniken;
- die Speicherung von Videodaten in verschiedenen Formaten. So kann eine CCTV-Datenbank bei entsprechender Leistungsfähigkeit z. B. sowohl MPEG-Video als auch M-JPEG oder Wavelet-Bilder aufnehmen;
- eine sehr hohe Zugriffsgeschwindigkeit. Man erinnere sich der Auswertezeiten der schrankwandfüllenden Bänder analoger Timelapse-Rekorder. DVR-Datenbanken liefern ihre Informationen mit hoher Trefferschärfe je nach Größe der Datenbank im Bereich weniger Sekunden bis hin zu wenigen Minuten;
- eine im Vergleich zu Bandmaschinen kostengünstige Wartung. Verglichen mit den verschleißanfälligen Bändern sind Festplatten als wartungsfrei anzusehen;
- eine enorme Verlängerung des Speicherzeitraumes. So sind CCTV-DVRs, die eine Vielzahl von Videokanälen über mehrere Wochen speichern können, keine Seltenheit;
- der individuelle über Nutzerkonten regulierbare Zugriffsschutz für die Wiedergabe von gespeichertem Bildmaterial und
- das automatische Überschreiben der ältesten oder niedrig priorisierten Aufzeichnungen. Damit erübrigen sich die zeit- und personalaufwändigen Medienwechsel, wie sie bei Timelapse-Rekordern notwendig waren.

Diese Möglichkeiten sind eng an die Entwicklung digitaler Massenspeichermedien geknüpft. Unter den heutigen Massenspeichern spielt dabei die Festplatte eine Sonderrolle für den CCTV-Einsatz. Festplatten sind der gegenwärtig optimale Kompromiss in Bezug auf Kapazität, Zugriffsgeschwindigkeit, Preis, Platzbedarf und Zuverlässigkeit. Andere Medien wie digitale Bandaufzeichnungen, CD (Compact Disk) und DVD (Digital Versatile Disk) kommen für spezielle Aufgaben – hauptsächlich für Backup-, Beweissicherungs- und Transportzwecke – zum Einsatz.

Digitale Festplattenrekorder für den CCTV-Einsatz gibt es seit etwa zehn Jahren. In [REIS03] wird die historische Entwicklung dieser noch jungen Geräteklasse dargestellt. Dahingegen werden Video-Festplattenrekorder im Multimediabereich erst seit etwa zwei Jahren angeboten. Eine Vorreiterrolle bei der Einführung der digitalen Speichertechnik für CCTV-Zwecke spielte die Firma Geutebrück, die im Jahre 1993 den in Bild 8.1 gezeigten DVR als eines der ersten dieser Produkte auf den Markt brachte. Ein solcher DVR enthält neben der Bilddatenbank die komplette Video-Codec-Funktionalität für die simultane Digitalisierung und Kompression einer größeren Anzahl analoger Kamerakanäle. Im Allgemeinen kommen noch Peripheriesysteme wie digitale Ein- und Ausgangskontakte oder auch die Möglichkeit einer Ausgabe der gespeicherten Bilder auf Analogmonitoren hinzu.

Digitale Videorekorder – DVR 8.1

Bild 8.1: *DVR der ersten Generation mit bis zu 12 Kamerakanälen (Foto Geutebrück)*

Die DVRs der ersten Generation hatten verglichen mit heutigen Systemen noch eine bescheidene Funktionalität. So handelte es sich um autonome Systeme mit Festplattenkapazitäten, die in der Anfangszeit unter einem Gigabyte lagen, was etwa 50.000 JPEG-komprimierten Einzelbildern oder 15 Minuten Videoaufzeichnung mit voller Bildrate entspricht. Durch intelligente Aufzeichnungssteuerung konnten aber auch diese Systeme schon beachtliche Beobachtungszeiträume speichern. Eine Auswertung der gespeicherten Bilder in digitalen Netzen war nicht möglich oder sehr langsam. Ungeachtet dessen brachten schon die Geräte der ersten Generation einen erheblichen Zugewinn an Funktionalität und Qualität für die Lösung von CCTV-Problemen.

Die heutige zweite Generation, wie das in Bild 8.2 gezeigte MultiscopeII, ist netzwerkbasiert, beliebig skalierbar bezüglich Kanalzahl und Speichertiefe – das gezeigte Gerät bietet mit aktuellen 300 GB-Platten eine integrierte Kapazität bis zu 1,2 Terabyte und ist mittels externer RAID-Systeme praktisch beliebig erweiterbar – und offeriert einen Funktionsumfang, der innerhalb eines einzigen Gerätes bei weitem alles übersteigt, wofür noch vor fünf bis sechs Jahren ganze Schrankwände an analoger Technik gebraucht wurden.

Bild 8.2:
Professioneller DVR der zweiten Generation MultiscopeII (Foto Geutebrück)

8.2 Massenspeicher für die Videoarchivierung

8.2.1 Kategorien CCTV-tauglicher Massenspeicher

Massenspeicher für digitale Daten gibt es in einer kaum überschaubaren Vielfalt. Nicht alle Technologien sind für CCTV-Zwecke sinnvoll einsetzbar. Die gegenwärtig verfügbaren Massenspeichertechnologien unterscheiden sich stark bezüglich:

- der Parallelisierbarkeit von Zugriffen durch mehrere simultan arbeitende Schreib- und Leseprozesse, wie sie in Mehrkanal-Videosystemen benötigt wird,
- der Kapazität, Datenübertragungsrate und Zugriffsgeschwindigkeit,
- der Wiederbeschreibbarkeit,
- der elektrischen und logischen Schnittstellen zur Datenübertragung auf das Medium,
- des Anwendungsbereichs, wie z. B. Langzeitarchivierung, Kurzzeitspeicher mit wahlfreiem Zugriff oder Wechseldatenträger für den komfortablen Datentransport,
- der Verbreitung. Ein digitaler DVR sollte Exportmöglichkeiten auf Speichermedien unterstützen, die an beliebigen Computer-Arbeitsplätzen ohne Spezialtechnik auswertbar sind.
- der Lebensdauer. Obwohl digitale Bilder prinzipiell keine Qualitätsverluste wie Analogaufzeichnungen erleiden können, altern sie trotzdem bedingt durch die Alterung der Datenträger.
- der Zuverlässigkeit und Standzeit. Parallele Aufzeichnung und Wiedergabe stellen sehr hohe Anforderungen an die Zuverlässigkeit eines Speichermediums. Im Gegensatz zu „normalen" Datenanwendungen erfolgt ein ständiges Schreiben und häufiges Ändern der Schreib- und Lesepositionen. Damit ergibt sich eine hohe mechanische Beanspruchung.

Eine Kategorisierung kann nach verschiedenen Kriterien vorgenommen werden. Sinnvoll ist z. B. eine Einteilung in:

- Primär-Datenspeicher. Diese Datenträger erlauben einen wahlfreien schreibenden und lesenden Zugriff mit hoher Geschwindigkeit. Festplatten und Flash-Speicher sind Beispiele für Primär-Datenspeicher. Der wahlfreie Zugriff ist für die Flexibilität der Nutzung von entscheidender Bedeutung. Nur mit solchen Medien können CCTV-Systeme realisiert werden, in denen parallel zur Aufzeichnung simultan eine Vielzahl an Wiedergaben und Recherchen auf dem gleichen Medium stattfinden kann. Medien mit sequentiellem Zugriff, wie Magnetbänder, sind für solche Zielstellungen prinzipiell nicht geeignet.
- Sekundär-Datenspeicher. Dies sind z. B. Wechseldatenträger. Der Zugriff auf die gespeicherten Daten kann erst durch Einlegen eines Mediums erfolgen. Beispiele sind CD-WORM, DVD oder MOD (Magneto Optical Device). Diese Medien sind gut für den Export von Beweis- oder Auswertematerial und dessen Langzeitarchivierung geeignet. Die Kapazität ist relativ beschränkt, so dass eine sorgfältige Auswahl der eingespielten Videodaten vorgenommen werden muss. Eine Zwitterstellung bezüglich Primär- und Sekundärspeicher nehmen Wechsel-Festplatten ein, welche wie Wechseldatenträger einfach ausgetauscht und transportiert werden können, aber ansonsten alle Vorteile einer stationären Festplatte haben.
- Backup-Datenspeicher. Dies sind meist sequentiell arbeitende Datenspeicher. Ein wahlfreier Zugriff ist nicht möglich. Die verschiedenen Magnetband-Technologien sind klassische Backup-Datenspeicher. Um ein bestimmtes Bild auf einem Band zu suchen, muss man unter Umständen mehrere Minuten Spulen in Kauf nehmen. Bestimmte Bedienhandlungen, die man von Festplattenspeichern gewohnt ist, lassen sich mit Bandmedien nicht sinnvoll oder erst nach zeitaufwändigem Rückkopieren auf ein wahlfreies Medium, wie die Festplatte, realisieren. Ein Beispiel ist die synchronisierte Wiedergabe mehrerer Kameras, die auf dem gleichen Datenträger im Zeitmultiplex gespeichert werden. Bei wahlfreiem

Massenspeicher für die Videoarchivierung 8.2

Zugriff ist das bei den heutigen Festplattengeschwindigkeiten kein Problem. Bei Bandzugriff wird eine solche Wiedergabeart zu intensiven Spulvorgängen für jedes einzelne Bild einer Videosequenz führen. Ein anderes Beispiel ist die simultane Wiedergabe des gleichen Videokanals, aber zu jeweils unterschiedlichen Zeiten. Soll z. B. kontrolliert werden, ob eine Person täglich zur gleichen Zeit verdächtige Handlungen ausführt, so ist das bei wahlfreiem Zugriff kein Problem. Sequentielle Datenspeicher sind hierfür nicht brauchbar. Größter Vorteil ist der geringe Preis dieser Datenträger. Sie werden deshalb oft in Kombination mit Primärdatenspeichern eingesetzt. Nach einer Verweilzeit von z. B. einer Woche werden die Bilder von den Festplatten automatisch auf Bänder ausgelagert. Während die Bilder auf dem Primärmedium vorliegen, hat man direkten Zugriff. Der Zugriff auf ältere Bilder dauert länger, erfolgt aber nicht sehr häufig, so dass diese Arbeitsweise ein günstiger Kompromiss ist. Das Abwägen zwischen den beiden Speicherarten ist eine typische Aufgabe bei der Projektierung von CCTV-Systemen.

Tabelle 8.1 gibt eine Übersicht über für digitale Videoaufzeichnungen sinnvoll nutzbare Massenspeichertechnologien und deren bevorzugte Einsatzfelder. Die angegebene Maximalkapazität ist eine Momentaufnahme aus dem Jahre 2003. Die Extrapolation von Bild 1.8 aus Kapitel 1 zeigt am Beispiel von Festplatten, dass Einzelfestplatten wohl bis zum Jahre 2005 die Terabyte-Grenze überschreiten dürften. Eine Verlangsamung dieser Dynamik ist nicht in Sicht. Die 4 GB für RAM- (Random Access Memory) bzw. 1 GB bei Flash-Speichern beziehen sich auf die installierte Ausstattung in DVRs der oberen Leistungsklasse bzw. die Grenze von Flash-Wechselmedien, wie z. B. USB (Universal Serial Bus) Speicher-Sticks.

Tabelle 8.1: Massenspeichermedien für den CCTV-Einsatz mit aktuellen Kapazitätsgrenzen und Datenraten

Medium	Kapazität [GB]	Datenrate [MB/s]	Zugriffszeit [ms]	Wahlfreier Zugriff	Anwendung CCTV
RAM	4	> 1.000	2,5-10 ns	ja	Kurzzeit-Vorgeschichte- und Alarmbildspeicher für direkte Auswertung. Die Bilder gehen bei Abschalten der Betriebsspannung verloren.
Festplatte	300	10-160	8-10	ja	Video-Direktaufzeichnung und Auswertung. Wichtigstes Primärmedium.
MOD	9,1	1-2	30-45	bedingt	Backup- oder Direktaufzeichnungs-Medium, Alternative zu Wechselfestplatten, geringe Verbreitung.
DVD	4,7	1-2	80-300	bedingt	Backup-Medium, Nachfolger für CD-Export mit höherer Kapazität. Mehrfaches Beschreiben je nach Format möglich. Als DVD-R bzw. DVD+R auch nur einmal beschreibbar und damit manipulationssicheres Beweismedium.
CD	0,7	0,15-1	80-300	R: bedingt W: nein	Sequenz- und Beweissicherung, Datentransport, Universalität durch allgemeine Verfügbarkeit. Als CD-R nur einmal beschreibbar, womit hier gespeicherte Daten als manipulationssicher gelten.
Flash	1	2-20	100 ns	ja	Nichtflüchtiger Ereignisbild- oder Parameterspeicher für Netzwerkkameras, Servicespeicher als moderner Diskettenersatz z. B. als USB Speicher-Stick. In Form sehr teurer Solid State Disks auch als Festplattenersatz für Spezialanwendungen denkbar.

8 Bildspeicher

Medium	Kapazität [GB]	Datenrate [MB/s]	Zugriffszeit [ms]	Wahlfreier Zugriff	Anwendung CCTV
Band	200	3-60	Minuten	nein	Backup-Medium, relativ wartungsintensiv. Langsam und nicht für Direktaufzeichnungen brauchbar.

Größere Kapazitäten können durch Zusammenfassen mehrerer Einzelmedien in so genannten Jukeboxen, Autowechslern oder Bibliotheken erreicht werden. Mit Ausnahme von Festplattenstapeln sind derartige Bibliotheken mechanisch aufwändig und vergleichsweise langsam. Da ein wahlfreier Zugriff nicht möglich ist, werden diese Bibliotheken meist als Backup-Speicher für ein primäres Videoaufzeichnungsmedium eingesetzt.

Die erreichbaren Kapazitäten von Speicher-Bibliotheken liegen im Bereich vieler Terabyte bzw. sind durch den Einsatz von Wechselspeichermedien nicht nach oben begrenzt. Tabelle 8.2 gibt einen Überblick über die zur Erfassung dieser gewaltigen Datenmengen verwendeten Einheitenvorsätze.

Tabelle 8.2: *Einheitenvorsätze für Speicherkapazitäten*

Vorsatz		10^x	2^x	JPEG-Bilder 30 KB	Speicherzeit 50 fps	Bemerkung
Mega	M	6	20	34	0,7 s	Arbeitsbereich von Flash- und RAM-Speichern. Direkte Verfügbarkeit einiger hundert Bilder.
Giga	G	8	30	$35 \cdot 10^3$	12 min	Bereich von Einzelmedien wie Festplatten, DVD, MOD, Band.
Tera	T	12	40	$36 \cdot 10^6$	200 h	Bereich von RAID-Systemen, Bandbibliotheken und Jukeboxen.
Peta	P	15	50	$37 \cdot 10^9$	23 Jahre	144 Petabyte ist die Grenze des aktuellen IDE-Standards ATA-6. Ein Datenspeicher dieser Größe würde mehr Bücher fassen, als die Menschheit geschrieben hat.
Exa	E	18	60	$37 \cdot 10^{12}$		

Bei der Beschreibung von Festplattenkapazitäten von DVRs kommt heute schon häufig der Vorsatz Tera zum Einsatz. Große Band-Bibliotheken mit ausgelagerten Medien erreichen auch die Peta-Grenze. Verwirrend und fehlerträchtig ist auch hier die uneinheitliche Bezugnahme auf Potenzen zur Basis 2 oder 10. Festplattenhersteller verwenden im Gegensatz zum Rest der Computer-Branche die Basis 10 für ihre Kapazitätsangaben. Die Berechnung der Bildanzahlen und Speicherzeiträume in Tabelle 8.2 erfolgte auf Basis der Spalte der Zweierpotenzen.

8.2.2 Zusammenwirken von Primär- und Sekundärspeichern

Die drei Kategorien von Massenspeichern werden oft gemeinsam in einem CCTV-System betrieben. Typische Anwendungen speichern Daten, für die ein schneller Zugriff benötigt wird, für einen gewissen Zeitraum auf Festplatten. Sind die Videodaten über diesen Zeitraum hinaus wichtig, der voraussichtliche Zugriff aber selten, werden sie auf ein Bakkup-Medium ausgelagert. Sekundär-Medien dienen der Auslagerung und dem Transport kleinerer Bildsequenzen von hoher Wichtigkeit.

Massenspeicher für die Videoarchivierung 8.2

Neben der Kapazität sind vor allem die Datenübertragungsraten aus Tabelle 8.1 für den Einsatz eines Mediums als primärer Videospeicher wichtig. Die Übertragungsrate bestimmt die Anzahl der simultan von einem DVR-System speicherbaren Videokanäle. Da die Videolast meist Schwankungen unterworfen ist, z. B. durch einen zeit- oder ereignisgesteuerten Aufnahmebetrieb, muss sichergestellt sein, dass das Aufzeichnungsmedium die Spitzenlast der Anlage, die sich unter ungünstigsten Annahmen ergibt, entgegennehmen kann. Ansonsten kommt es zu Bildverlusten. Als Worst Case-Referenz für die Videodatenlast kann hier wieder, wie in Abschnitt 6.5.2.1, M-JPEG verwendet werden. Geht man, wie dort, von einer Bitrate eines M-JPEG-Kanals von etwa r_{JPEG} = 12 MBit/s bzw. 1,5 MB/s aus[1], so könnte rein theoretisch eine Hochleistungsfestplatte mit 160 MB/s Übertragungsrate etwa 100 derartige Videokanäle simultan speichern, was wiederum einem Bilddurchsatz von etwa 5.000 JPEG-(Halb)Bildern pro Sekunde entsprechen würde. Diese Werte sind aber in der Praxis mit kostengünstiger Standard-Speichertechnik heute noch nicht erreichbar. Gründe sind verschiedene Engpässe in der Computer-Architektur, nicht optimal aufeinander abgestimmte Festplatten und Festplatten-Controller und eine mit der Zeit zunehmende Fragmentierung der gespeicherten Informationen, was wiederum mit häufigeren Bewegungen der Schreib-Lese-Magnetköpfe verbunden ist. Außerdem beeinflussen parallele Wiedergabe- und Backup-Prozesse den Aufzeichnungsdurchsatz negativ. Bild 8.3 zeigt dazu die Zu- und Abflüsse eines CCTV-Primärdatenspeichers, die zum Gesamtdurchsatz beitragen.

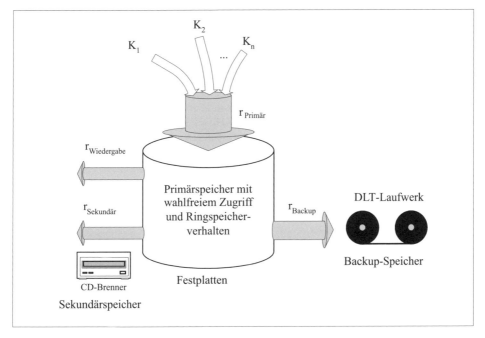

Bild 8.3: *Zu- und Abflüsse in CCTV-Primärdatenspeichern (K_i: komprimierter Videokanal)*

Realistisch erreichbar sind gegenwärtig 15 – 20 der oben dargestellten Worst Case M-JPEG-Kanäle pro DVR-System. Besteht die Forderung einer zur Aufzeichnung parallelen

---

[1] In Abschnitt 6.3.1 wurde ein Protokoll-Overhead der IP-Übertragung von 20 % angenommen. Dieser fällt zwar bei der Speicherung weg. Dafür kommen Verwaltungsdaten zum Wiederauffinden von Bildern und zur Strukturierung einer Videodatenbank hinzu, so dass hier pauschal wieder mit einem administrativen Overhead bei der Speicherung von 20 % gerechnet werden soll.

8 Bildspeicher

Auswertung, sind nur wahlfrei beschreib- und lesbare Medien geeignet. Sinnvolle Primärdatenträger für digitales CCTV sind dann also nur Festplatten, MODs, DVD-RAMs und für Kurzzeiträume Flash-Speicher. In der Vergangenheit durchgeführte Versuche mit einer Direktaufzeichnung auf Magnetbändern zeigen, dass man in derartigen Systemen viele der Vorteile eines digitalen Systems wieder verliert.

Backup-Speicher, wie Magnetbänder, haben meist geringere Übertragungsraten als Primärspeicher. Werden Videodaten nach dem Ringspeicher-Verfahren von Abschnitt 9.3 aufgezeichnet und soll zusätzlich eine Langzeitarchivierung aller Daten erfolgen, so muss bei der Projektierung der Anlage sichergestellt sein, dass die Durchsatzraten der beiden Speichermedien – Festplatten-Primärspeicher und Magnetband-Backup-Speicher – einander entweder angeglichen sind oder dass es Zeiträume gibt, in denen die Videolast abfällt, so dass das Backup-System die Chance hat, noch nicht gesicherte Videodaten zu speichern. Alternativ kann man auch die Videodaten prioritätsgesteuert sichern. Unterstützt ein DVR diese Möglichkeit, so werden nicht einfach alle Bilder gesichert, sondern es können Kriterien für die Sicherung definiert werden. Ein Beispiel wäre die vollständige Sicherung von Alarmaufzeichnungen und die Sicherung permanenter Aufzeichnungen mit reduzierter Bildrate. Ist die Aufzeichnungsvideolast $r_{Primär}$ von Bild 8.3 im Primärsystem ständig höher als die vom Backup-System abziehbare Bildrate r_{Backup}, so wird es zwangsläufig zu Lücken in der Langzeitarchivierung kommen, was z. B. durch einen prioritätsgesteuerten Backup vermieden werden kann.

8.2.3 Schnittstellen für Speichergeräte

Datenspeichergeräte werden über eine breite Palette von Hardware-Schnittstellen an einen DVR angeschlossen. Neben dem Typ des Mediums hängt der bei der Videoaufzeichnung und -wiedergabe erreichbare Gesamtdurchsatz von der Art der Datenübertragung zum und vom Medium ab. Die Peripherieschnittstellen bestimmen auch die Flexibilität der Nutzung eines Datenträgers. Sie bestimmen die Anzahl anschließbarer Speichergeräte und damit die Erweiterbarkeit des verfügbare Speichers. Der Komfort der Nutzung von Speichergeräten wird durch das automatische Erkennen neuer Speichergeräte durch Plug&Play-Mechanismen erhöht. Einige der wichtigsten Peripherieschnittstellen für die Ansteuerung von Speichergeräten sollen im Folgenden überblicksweise vorgestellt werden.

8.2.3.1 Integrated Drive Electronics – IDE

Diese Schnittstelle ist die am häufigsten genutzte Schnittstelle zum Anschluss von Speichergeräten, wie Festplatten, an Computer oder auch DVRs. Das Signalverhalten und die Kommunikationsprotokolle des IDE-Bussystems wird durch die so genannten ATA (Advanced Technology Attachment) -Standards beschrieben, die mittlerweile von ATA-1 bis ATA-6 reichen. Die IDE-Schnittstelle hat in den fast 20 Jahren ihrer Existenz eine Reihe von Modifikationen durchgemacht, bei denen u. a. die jeweiligen Kapazitätsgrenzen der Betriebssysteme, des Computer-BIOS und auch der IDE-Spezifikation selbst gesprengt und der Durchsatz erhöht wurde. Die IDE-Schnittstellen moderner Motherboards liefern im so genannten Ultra DMA[2]-Modus UDMA/100 eine theoretische Übertragungsrate von 100 MB/s. Maxtor hat mit der Erweiterungsspezifikation UDMA/133 die Übertragungsrate auf 133 MB/s erhöht. Die

---

2 Beim Direct Memory Access (DMA) sorgt ein Verfahren für einen direkten Datenaustausch zwischen dem RAM-Speicher eines Computers und einem Peripheriegerät, wie hier der Festplatte. Der Prozessor wird durch diesen Datenaustausch nur noch gering belastet. Im Gegensatz dazu wurde der so genannte PIO (Programmed Input Output) -Modus älterer IDE-Platten mit seiner maximalen Datenrate von 16 MB/s direkt vom Prozessor gesteuert. Der Durchsatz war erheblich niedriger und die Belastung des Computers mit Datenübertragungsaufgaben erheblich höher als bei modernen DMA-fähigen IDE-Festplatten.

8.2 Massenspeicher für die Videoarchivierung

Grenze der mit konventionellem Enhanced-(E)IDE bzw. ATA-5 verwaltbaren Kapazität von Einzelfestplatten liegt bei 137 GB[3]. Durch die ATA-6-Spezifikation wurde diese Grenze auf 144 Petabyte erweitert, da die gegenwärtigen Festplatten schon die 137 GB-Grenze sprengen. Ab einer Einzelfestplattenkapazität von 2,2 Terabyte kündigt sich wieder eine Kapazitätsgrenze an. Diesmal wird sie wieder durch Adressierungs-Grenzen aktueller Betriebssysteme wie Windows 2000, Windows XP oder Linux verursacht.

An eine IDE-Schnittstelle können zwei Festplatten angeschlossen werden. Handelsübliche Motherboards sind mit zwei IDE-Schnittstellen ausgestattet. Mit aktuellster Motherboard- und Festplattentechnologie – also den 300 GB-Festplatten aus Abschnitt 8.2.4.1 – können damit ohne Hardware-Erweiterungen 1,2 Terabyte Festplattengesamtkapazität direkt verwaltet werden. Die entspricht wiederum etwa 240 Stunden M-JPEG-komprimierter Aufzeichnung in guter Qualität bei voller Videobildrate.

Ein großer Vorteil der IDE-Schnittstelle ist die breite Verfügbarkeit. Im Gegensatz zum Konkurrenten SCSI wird in vielen Fällen, von den Speichergeräten selbst natürlich abgesehen, keine zusätzliche Hardware benötigt, um einen DVR mit der oben diskutierten Primärspeichergröße auszustatten.

8.2.3.2 Die serielle IDE-Schnittstelle Serial-ATA

S-ATA ist ein durch Intel, IBM, Maxtor, Seagate und Quantum im Jahre 2002 veröffentlichter Industriestandard. Ziel ist die Ablösung der veralteten, parallelen IDE-Schnittstelle durch eine serielle Schnittstelle. S-ATA-Kabel benötigen, im Gegensatz zu den 40-poligen IDE-Kabeln bzw. den 80-poligen Kabeln ab der UDMA/66 Generation, nur noch vier Leitungen. Um auch bisherige IDE-Geräte mit paralleler Schnittstelle mittels S-ATA betreiben zu können gibt es spezielle Umsetzer. Die gegenwärtige S-ATA-Generation arbeitet mit Datenraten von 150 MB/s. Der Stufenplan für weitere Generationen sieht eine Beschleunigung bis 600 MB/s vor.

S-ATA erlaubt pro seriellem Port nur den Anschluss eines Festplattenlaufwerkes. Damit steht diesem Gerät die gesamte Übertragungskapazität allein zur Verfügung. Aufgrund der kleinen Steckverbinder lassen sich auf einem Motherboard eine große Anzahl von Anschlüssen unterbringen und mehrere Festplatten sternförmig verkabeln. S-ATA ermöglicht auch den so genannten Hot-Swap – also den Austausch im laufenden Betrieb – von Festplatten, was die Schnittstelle für den RAID-Einsatz interessant macht. Es ist absehbar, dass sich S-ATA als kostengünstige Alternative zu SCSI etablieren wird.

8.2.3.3 Small Computer Systems Interface – SCSI

SCSI als Peripherieschnittstelle hat eine ähnliche Performance-Historie wie die IDE-Schnittstelle durchgemacht. In [BAER02] ist eine sehr gute Übersicht zu dieser Historie und den technischen Grundlagen von SCSI zu finden. Tabelle 8.3 zeigt einige Stufen dieser Entwicklung.

Tabelle 8.3: Enwicklung der SCSI-Standards

Bezeichnung		Bus [Bit]	Geräte	Takt [MHz]	Datenrate [MB/s]	Kabellänge [m]	Bemerkung/ Anwendung
SCSI	SCSI-1	8	7	5	5	6	Scanner, CD-ROM
Fast-SCSI	SCSI-2	8	7	10	10	3	
Wide-SCSI	SCSI-2	16	15	10	20	3	

---

3 Die bisweilen zu findende Angabe von 128 GB als Grenze bezieht sich auf Zweierpotenzen.

8 Bildspeicher

Bezeichnung		Bus [Bit]	Geräte	Takt [MHz]	Datenrate [MB/s]	Kabellänge [m]	Bemerkung/ Anwendung
Ultra-SCSI	SCSI-3	8	7	20	20	1,5	CD-R, CD-RW, Bandbackup
Ultra-Wide-SCSI		16	15	20	40	1,5	Festplatten, Bandlaufwerke
Ultra-Wide-Differential SCSI	Differential	16	15	20	40	25	
Ultra-2-SCSI	LVD	8	7	40	40	12	Low Voltage Differential
Ultra-2-Wide SCSI		16	15	40	80	12	Festplatten
Ultra-3-Wide SCSI		16	15	40	160	12	Hochgeschwindigkeits-Festplatten und RAID-Systeme
Ultra-4-Wide SCSI		16	15	80	320	12	

Obwohl sich insbesondere durch S-ATA die Unterschiede in der Leistungsfähigkeit und Stabilität zwischen IDE und SCSI zunehmend verwischen, gilt SCSI noch immer als die professionelle Schnittstelle, wenn es um hohe Verfügbarkeit von Daten bei gleichfalls hohem Durchsatz gilt. Deshalb findet man diese Schnittstelle und entsprechende SCSI-Geräte vor allem im Umfeld von Datenbank-Servern bei der Übertragung und Speicherung sensitiver Daten, die hoch verfügbar sein müssen. Für CCTV-Anwendungen hat diese Schnittstelle in den letzten Jahren jedoch stark an Bedeutung verloren. Zum einen liegt das an den meist nicht ganz so hohen Verfügbarkeitsanforderungen, wie z. B. bei Konten-, Buchhaltungs- oder E-Commerce Internet-Datenbanken, zum anderen decken sich kostengünstige IDE-basierte Speichersysteme heute weitgehend mit den Anforderungen von CCTV. Da reine SCSI Systeme oft bis zum Faktor 4 – 5 teurer als IDE-basierte Speicher sind, liefert die IDE-Anwendung für die CCTV-Video-Speicherung meist ein besseres Preis-Leistungsverhältnis. Durch mittlerweile für billige IDE-Festplatten verfügbare RAID-Systeme ist auch das Argument der höheren Ausfallsicherheit von SCSI nicht mehr kritiklos akzeptierbar.

An einem SCSI-Bus können je nach Typ maximal sieben oder 15 verschiedene Geräte angeschlossen werden. Kritisch bei SCSI ist dabei die Länge der Verkabelung und die Art der elektrischen Terminierung. Die maximale Länge eines SCSI Busses schwankt je nach Generation zwischen 1,5 m und 25 m. Bei älteren Systemen mussten alle sieben möglichen Festplatten innerhalb der 1,5 m Gesamtbuslänge untergebracht werden, was oft schon an mechanischen Problemen scheiterte. Ist man gezwungen, selbst eine SCSI-Verkabelung durchzuführen, so sollte man heute nur noch mit den so genannten differentiellen Varianten der Verkabelung arbeiten, da sie eine geringere Störanfälligkeit zeigen.

Wegen des hohen Durchsatzes und der im Gegensatz zu IDE hohen Eigenintelligenz der SCSI-Schnittstellenbausteine wird SCSI im CCTV-Umfeld hauptsächlich als Schnittstelle zu RAID-Systemen eingesetzt. Als Speichermedium selbst kommen aber auch hier mittlerweile kostengünstige IDE-Festplatten zum Einsatz. Die RAID-Systeme sorgen für eine entsprechende Schnittstellenwandlung, so dass auch ein auf IDE-Festplatten beruhendes RAID-Speichersystem für den Nutzer als homogene, große SCSI-Platte erscheint.

8.2.3.4 FireWire – IEEE 1394

FireWire, als Handelsmarke von Apple, ist eine serielle Schnittstelle, die auch unter den Bezeichnungen IEEE 1394 bzw. i.Link bekannt ist. Die Schnittstelle wurde von Apple als kostengünstige Alternative zu SCSI für den Betrieb von Wechselfestplatten entwickelt. FireWire ist eine serielle Schnittstelle, die Datenraten bis 400 MBit/s unterstützt. Die Schnittstelle ist

Plug&Play-fähig, d. h. die Geräte können ohne Neustart an einen Computer angeschlossen oder wieder getrennt werden.

Da FireWire früher als der USB-Standard mit hohen Datenraten betrieben werden konnte, war dies die Schnittstelle der Wahl für die Kommunikation zwischen digitalen Video- und Audiogeräten mit Computern. Viele große Hersteller wie Sony, JVC oder Philips liefern Geräte für den Massenmarkt mit dieser Schnittstelle. Neben Produkten wie digitalen Camcordern gibt es auch Festplatten mit FireWire-Anschluss. In speziellen CCTV-Anwendungen, vor allem im mobilen Einsatz, ist der Einsatz von Wechselplatten notwendig. In solchen Fällen ist der Einsatz von FireWire-Festplatten empfehlenswert.

FireWire konkurriert mit dem USB 2.0-Standard aus dem nächsten Abschnitt. Gegenwärtig ist der Kampf zwischen den beiden konkurrierenden Standards in vollem Gange.

8.2.3.5 Universal Serial Bus – USB 2.0

USB 2.0 ist die logische Weiterentwicklung des im Jahre 1996 eingeführten USB 1.0. Dieser Schnittstellenstandard wurde ursprünglich von IBM, Microsoft und anderen Firmen entwickelt, um eine große Vielfalt von Geräten wie Maus, Tastatur, Scanner, Web-Kamera, Speicher-Sticks oder Modems auf einfache Weise an einen Computer anschließen zu können. USB ist, wie FireWire, Plug&Play-fähig.

Heute werden praktisch alle PCs mit USB-Schnittstellen geliefert, wobei gerade der Übergang von USB 1.0 zu USB 2.0 vollzogen wird. Der hohe Verbreitungsgrad ist einer der Vorteile gegenüber dem konkurrierenden FireWire Standard. USB 2.0 ist kompatibel zu USB 1.0, hat aber einen erheblich höheren Durchsatz. Tabelle 8.4 stellt den USB-Brutto-Datendurchsatz einigen alternativen PC-Schnittstellen gegenüber.

Tabelle 8.4: Durchsatz von USB im Vergleich zu alternativen PC-Peripherieschnittstellen

RS-232	USB 1.1	Centronics	FireWire	USB 2.0
115 kBit/s	12 MBit/s	24 MBit/s	400 MBit/s	480 MBit/s
0,1 MB/s	1,5 MB/s	3 MB/s	50 MB/s	60 MB/s

Der hohe Datendurchsatz macht die USB 2.0-Schnittstelle sowohl für die Kommunikation mit Speichermedien als auch mit Video-Codecs interessant.

8.2.4 Medientypen

Im Folgenden soll auf die wichtigsten Medientypen für Videoaufzeichnungen unter verschiedenen für CCTV wichtigen Aspekten, wie Kapazität, Durchsatz, Flexibilität, Datensicherheit und Skalierbarkeit, eingegangen werden. Die physikalischen Effekte, die bei den einzelnen Medien für die Informationsspeicherung ausgenutzt werden, sind nicht Gegenstand der Erläuterungen. Die Leistungsfähigkeit der Speichersysteme hängt neben den Medien selbst von den Peripherieschnittstellen aus Abschnitt 8.2.3 ab.

8.2.4.1 Festplatten

Festplatten sind das Hauptmedium für den Einsatz als primärer Videospeicher. Am Ende des Jahres 2003 lag die allgemein verfügbare Kapazitätsgrenze[4] bei 300 GB. Durch Einsatz der

---

4 Die zu diesem Zeitpunkt größten verfügbaren Festplatten stammten von der Firma Maxtor. Es handelt sich um Systeme der Produktlinie MaXLine – 5A300J0.

8 Bildspeicher

RAID-Techniken aus Abschnitt 8.3.2 können Festplattenkapazitäten von mehreren Terabyte realisiert werden. Bezüglich des Durchsatzes liegen die aktuellen Grenzen bei 160 MB/s für SCSI- und 133 MB/s für IDE-Platten, die den gegenwärtig schnellsten IDE-Modus UDMA/ 133 beherrschen. Festplatten werden hauptsächlich für die Schnittstellen SCSI und ATA/IDE gefertigt. Bei den IDE-basierten Systemen kündigt sich eine Ablösung durch neuen S-ATA-Standard aus Abschnitt 8.2.3.2 an. Für spezielle Einsatzfälle gibt es auch Wechselfestplatten mit USB- oder FireWire-Schnittstellen. Derartige Festplatten sind ein komfortabler Kompromiss aus primärem Datenspeicher zur Video-Direktaufzeichnung und sekundärem oder Backup-Speicher für eine nachgeordnete Auswertung.

8.2.4.2 Flash-Speicher

Flash-Speicher sind ein Speichermedium mit hoher Zugriffsgeschwindigkeit und Übertragungsrate. Der Zugriff auf die Daten erfolgt wahlfrei. Die Nutzung ist ähnlich flexibel wie bei normalen Computer-RAM-Speichern. Allerdings bleiben die in Flash-Speicher geschriebenen Daten nach Stromausfall erhalten. Flash-Speicher werden für vielfältige Aufgaben in elektronischen Geräten genutzt. Anwendungen in CCTV-Geräten sind z. B.:
- Speicher für die Einstelldaten dezentraler CCTV-Geräte wie Netzwerkkameras und
- Vorgeschichte- und Alarmbildspeicher in Netzwerkkameras. Ein Gigabyte an kamerainternem Flash-Speicher kann z. B. etwa 30 – 50.000 JPEG-Bilder hoher Qualität aufnehmen. Allerdings muss bei derartigen Anwendungen berücksichtigt werden, dass Flash-Speicher bislang nicht beliebig oft beschreibbar sind. Nach etwa 100.000 Schreibvorgängen ist das Medium erschöpft.

Rasante Verbreitung finden so genannte USB-Speicher-Sticks. Diese werden einfach auf eine USB-Schnittstelle eines PCs aufgesteckt. Unter modernen Betriebssystemen wie Windows 2000 oder XP werden diese Geräte automatisch als Wechselspeichermedium erkannt und können ähnlich flexibel beschrieben und gelesen werden wie eine normale Festplatte. Die verfügbare Speicherkapazität von gegenwärtig bis zu 1 GB macht durchaus der CD als Exportmedium Konkurrenz. Ungeschlagen ist die Bequemlichkeit im Umgang mit diesen Speichergeräten. Moderne DVRs bieten natürlich auch USB-Schnittstellen an. In solchen Umgebungen werden Disketten- und gegebenenfalls sogar CD-Laufwerke nicht mehr benötigt. Ein USB-Speicher-Stick ist der ideale Ersatz. Typische Arbeiten des CCTV-Service-Technikers, wie das Sichern von Geräteeinstellungen, das Einspielen neuer Software-Versionen oder auch das Exportieren von Beweisbildern, können mittels dieser komfortablen Gerätetechnik schneller und effizienter ausgeführt werden.

8.2.4.3 Compact Disk – CD

Die CD ist gegenwärtig das universelle Export- und Archivierungsmedium für CCTV-Rechercheergebnisse. CD-Leser sind an praktisch jedem Computer-Arbeitsplatz verfügbar. Auf einer CD mit dem Fassungsvermögen von 650 MB lassen sich etwa 20.000 JPEG-Bilder der Größe 30 KB speichern. Dies genügt, um auch längere Vorgänge exportieren zu können. Ein CCTV-typisches Szenario für eine derartige CD-Datensicherung ist das Überfall-Szenario der UVV-Kassen für die optische Raumüberwachung in Geldinstituten, welches von [GWO99] im Detail beschrieben wird. Die UVV-Kassen definiert das Aufzeichnungsverhalten eines digitalen CCTV-Systems vor und während eines Alarms bzw. Überfalls, um neben Täterbildern auch die zeitliche Entwicklung des Vorganges bewerten zu können:
- Das digitale CCTV-System zeichnet alle Kameras in den der UVV unterliegenden Räumen mit einem Bild pro Sekunde permanent auf. Diese Bilder müssen mindestens 15 Minuten im System verbleiben, bis sie wieder überschrieben werden dürfen. Sie stellen die Vorgeschichte eines Überfallereignisses dar.

- Nach Auslösen eines Alarms erhöht das CCTV-System automatisch die Aufzeichnungsrate auf zwei Bilder pro Sekunde. Diese Aufzeichnung stoppt frühestens nach 15 Minuten automatisch.
- Alle Bilder des insgesamt 30-minütigen Vorgangs aus Vorgeschichte- und Überfallaufzeichnung müssen im Primärspeicher verbleiben, bis eine manuelle, passwortgeschützte Freigabe der hiervon belegten Speicherbereiche erfolgt.

Für eine einfache Auswertung werden die Bilder des oben skizzierten Szenarios auf eine CD exportiert, die dann an einem beliebigen Computer wiedergegeben werden kann. Der beschriebene Vorgang produziert etwa 2.700 Bilder pro beteiligter Kamera. Geht man von meist 4 – 5 Kameras aus, die das Foyer und den Kassenbereich simultan überwachen, müssen zwischen 11.000 und 15.000 Bilder aufgezeichnet und anschließend zur Auswertung gesichert werden. Geht man wiederum von JPEG-Bildern mit 30 KB Größe aus, ist die CD das ideale Exportmedium für dieses Szenario. Die Verwendung nur einmal beschreibbarer Medien, so genannter CD-R (Recordable) bzw. CD-WORM (Write Once Read Multiple) garantiert hier die oft geforderte Manipulationssicherheit der Bilddaten, um entsprechende Beweiskraft zu erlangen.

Neben diesem speziellen Exportszenario für einen bestimmten Anwendungsbereich unterstützen DVRs weitere selektive, kriterienbasierte Backup-Verfahren, um aus dem großen Datenbestand nur für ein Rechercheziel relevante Bild- und Begleitdaten exportieren zu können. CD und DVD sind dafür die idealen Sicherungsspeicher.

Beschreibbare CDs gibt es in den beiden Varianten CD-R und CD-RW (Read Write). Im Gegensatz zu CD-R sind CD-RW mehrfach beschreibbar. Die Anzahl der Schreibvorgänge ist auf etwa 1.000 begrenzt. Durch den starken Preisverfall PC-basierter DVD-Brenner wird die CD als Datensicherungsmedium in den nächsten Jahren von der DVD abgelöst werden.

8.2.4.4 Digital Versatile Disk – DVD

Die DVD wurde als nur lesbare DVD-ROM im Jahre 1996 in den Markt eingeführt. Gleichzeitig mit dem Medium wurde das Datenformat für die Speicherung von Video und Audio auf DVDs definiert, so dass beides oft als Einheit gesehen wird. Für die Belange von CCTV ist die DVD hauptsächlich als Datenträger analog einer CD interessant. Das DVD-Videoformat ist als Multimediastandard nur mit starken Einschränkungen hinsichtlich Zugriffs- und Rechercheflexibilität zur Speicherung von CCTV-Daten geeignet.

Die DVD wird als Wechselmedium die CD in den nächsten Jahren ablösen. Es ist nur eine Frage der Zeit, bis Computer-basierte DVD-Brenner die gleiche Verbreitung wie CD-Brenner gefunden haben werden und DVDs ähnlich wie heute CDs an jedem PC-Arbeitsplatz gelesen werden können. Durch ihre höhere Speicherkapazität können dementsprechend auch längere Bildsequenzen aus einem Videosystem exportiert werden. Je nach Medientyp können DVDs auch mehrfach beschrieben werden. Beschreibbare DVDs gibt es in den fünf Formaten aus Tabelle 8.5. Abgesehen von DVD-RAM beherrschen heute die meisten Computer-basierten DVD-Brenner und -Leser alle diese Standards, so dass eine Austauschbarkeit der Medien möglich ist. Damit kann der Endnutzer dem Streit um die Entscheidung über den „richtigen" Standard relativ gelassen zuschauen.

8 Bildspeicher

Tabelle 8.5: *Formate von beschreibbaren DVDs*

Format	Kapazität [GB]		Schreib-vorgänge	Bemerkung
	einseitig	zweiseitig		
DVD-R	4,7	9,4	1	einmalig, aber in mehreren Sitzungen beschreibbares Medium
DVD+R	4,7	9,4	1	Nutzung wie DVD-R
DVD-RW	2,8	5,6	< 1.000	mehrfaches Beschreiben
DVD+RW	2,8	5,6	< 1.000	wie DVD-RW
DVD-RAM	2,6	5,2	< 100.000	meist inkompatibel zu normalen DVD-Lesern und -Brennern

Im Gegensatz zu den anderen beschreibbaren DVD-Typen kann die DVD-RAM wegen der großen Zahl der möglichen Schreibzyklen auch als Primärspeicher und damit ähnlich wie MOD-Medien als kostengünstiger Festplattenersatz eingesetzt werden.

Erste DVDs, die mit blauem Laserlicht beschrieben und gelesen werden, stehen kurz vor der Markteinführung. Die Kapazitäten bislang nur lesbarer DVD-ROMs (Read Only Memory) erreichen hier 40 GB. Für beschreibbare Medien mit Kapazitäten dieser Größenordnung wird es erst in den nächsten Jahren Standards geben.

8.2.4.5 Magnetbandspeicher

Magnetbandspeicher sind typische Sekundär- und Backup-Speicher. Ihre Vorteile sind die vergleichsweise geringen Kosten der Medien und die praktisch beliebig erweiterbare Speicherkapazität. Die Nachteile sind die großen Zugriffszeiten durch den sequentiellen Zugriff auf die Daten, die Verschleiß- und Wartungsanfälligkeit und die relativ geringe Lebensdauer der meisten Medien. Für eine Direktaufzeichnung von Video sind Magnetspeicher nur in wenigen Spezialfällen geeignet. Ein typischer Einsatzfall ist die Kopplung eines Festplattenspeichers als primäres Video-Aufzeichnungs- und Recherchemedium und eines Bandspeichers als Langzeit-Backup-Medium. Es gibt eine große Anzahl verschiedener Magnetbandtechnologien. Tabelle 8.6 gibt dazu einen Überblick.

Tabelle 8.6: *Übersicht zu aktuellen Magnetbandtechnologien (K: Kapazität, R: Datenrate)*

	Unterstandard	K [GB]	R [MB/s]	Bezeichnung	Bemerkung
DAT	DDS-4	20	3	Digital Audio Tape und Digital Data Storage	Aufzeichnung nach Schrägspurverfahren. Hohe mechanische Belastung und geringe Lebensdauer der Medien zwischen 25 und 100 kompletten Durchläufen.
	DDS-5	36	3,5		
AIT	AIT-1/2	25-50	3-6	Advanced Intelligent Tape	Trotz Schrägspuraufzeichnung mechanisch stabiler als DAT. Die Medien verfügen mit MIC (Memory in Cassette) über eine Möglichkeit, den Inhalt für einen schnelleren Zugriff zu beschreiben.
	AIT-3	100	12		
	S-AIT	500	30		
DLT	DLT	40	6	Digital Linear Tape, Super-DLT	Hohe Lebensdauer der Medien. Geringe mechanische Belastung durch lineare Aufzeichnungsspuren. Sicherheit der gespeicherten Daten bis 30 Jahre.
	SDLT220	110	10		
	SDLT320	160	16		
	SDLT600	300	32		

	Unterstandard	K [GB]	R [MB/s]	Bezeichnung	Bemerkung
LTO	LTO Ultrium	100	20	Linear Tape Open	Lineare Aufzeichnungsspuren. Vergleichbar mit DLT. Die Kassette nutzt wie AIT die Möglichkeiten eines MIC.
	LTO Ultrium 2	200	60		

Die in Tabelle 8.6 angegebenen Kapazitäten sind effektive Speicherkapazitäten einer Bandkassette. Mitunter verwirrend ist die Praxis der Hersteller noch eine so genannte komprimierte Kapazität anzugeben, die beim doppelten der effektiven Kapazität liegt. Da digitale Videodaten schon in komprimierter Form vorliegen, bringt die von den Bandgeräten automatisch durchgeführte Kompression keinen weiteren Gewinn. Bei der Projektierung von Backup-Speichern für komprimierte Videodaten muss deshalb die effektive Kapazität verwendet werden.

Eine Erhöhung der Speicherkapazität kann durch den Einsatz so genannter Auto-Loader erreicht werden. Diese nehmen 6 – 10 Bänder auf und wechseln diese automatisch. Die erreichbaren Kapazitäten liegen zwischen 100 und 400 GB. Die höchste Kapazität im Bereich mehrerer Terabyte erreichen Band-Bibliotheken, die ganze Magazine von Bändern automatisch verwalten. Auto-Loader und Band-Bibliotheken werden meist mittels SCSI-Schnittstellen betrieben.

8.3 Zuverlässigkeitsprobleme der Direktaufzeichnung

8.3.1 Ausfall von Festplatten

Der Verfügbarkeit und Sicherheit gespeicherter Videodaten eines digitalen CCTV-Systems kommt eine bedeutende Rolle zu. Festplatten als der gegenwärtig wichtigste primäre Datenspeicher haben aber als elektromechanische Systeme eine relativ hohe Ausfallhäufigkeit insbesondere wenn es sich um Neuentwicklungen handelt. Da CCTV-Systeme oft aufgrund der hohen Kapazitätsansprüche von Video die aktuellsten Speichertechnologien nutzen, tritt das Problem der Zuverlässigkeit hier verstärkt in Erscheinung. Die Ursachen von Ausfällen sind vielfältig. Alterung, mechanischer Verschleiß, Vibrationen und starke Temperaturschwankungen erhöhen die Wahrscheinlichkeit von Ausfällen. CCTV-Videoaufzeichnungen stellen im Vergleich zu „normalen" Büro- und betriebswirtschaftlichen Datenbank-Anwendungen besonders hohe Ansprüche an Festplatten, da es eine extrem große Anzahl paralleler Schreib- und Lesezugriffe mit ständigem Umpositionieren der Plattenmechanik gibt. Für die folgenden Zuverlässigkeitsbetrachtungen sind die Ursachen von Ausfällen von geringer Bedeutung. Es wird vielmehr davon ausgegangen, dass ein Ausfall unvermeidlich früher oder später eintritt. Deshalb benötigt man Abschätzungen zur Fehlerhäufigkeit eines Speichersystems und Möglichkeiten zur Sicherstellung der Funktion oder zumindest der Datenbestände trotz unvermeidlicher Ausfälle von Einzelmedien.

Die Festplattenhersteller werben mit der Zuverlässigkeit ihrer Produkte durch Angabe der so genannten MTBF. Die Mean Time Between Failure, also die durchschnittliche Zeit zwischen zwei Ausfällen, ist in den Datenblättern meist mit mehr als 500.000 Stunden[5] ausgewiesen. Das entspricht mit 57 Jahren fast der Lebenszeit eines Menschen. Wieso sollte man sich bei einer derartigen Lebensdauer Sorgen um die Datensicherheit machen?

Das Trügerische an MTBF-Kennziffern ist die Tatsache, dass es sich um statistische Größen handelt. Die Angabe erlaubt keinerlei Aussage darüber, wann ein Gerät wirklich ausfällt. In

---

5 Die MTBF-Angaben für SCSI-Festplatten liegen meist über 10^6 Stunden.

einer großen Geräte-Population wird es immer einige geben, die schon nach kurzer Zeit, und andere, die erst nach längerer Zeit ausfallen. Die MTBF ist nur der Mittelwert der Lebensdauer. Das heißt, prinzipiell kann eine Einzelplatte zu beliebigen Zeitpunkten ausfallen, gleichgültig, welche MTBF sie hat. Eine große MTBF erhöht lediglich die Wahrscheinlichkeit eines späten Ausfalls. Als Analogie kann man dies mit der menschlichen Lebenserwartung vergleichen. Eine mittlere Lebenserwartung von 80 Jahren liefert keinerlei Hinweis auf die Lebenserwartung des Einzelindividuums.

Der MTBF-Wert wird in aufwändigen Tests mit einer großen Zahl einzelner Festplatten ermittelt. Da man nicht 50 Jahre auf die Ergebnisse warten kann, wird die Kennziffer mittels der Anzahl von Ausfällen innerhalb eines bestimmten Zeitraumes, der viel kürzer als der Lebenszyklus des Produktes ist, berechnet. Betreibt man beispielsweise 500 Festplatten über einen Zeitraum von 2.000 Stunden und fallen in dieser Zeit zwei Festplatten aus, so berechnet man die MTBF aus:

$$MTBF = 500 \cdot 2.000h / 2 = 500.000h \qquad (8.1)$$

Dieser einfachen Art der Berechnung liegt die in der Industrie oft verwendete Annahme zugrunde, dass die Ausfallrate $\lambda(t)$ über die Betriebsdauer der Geräte konstant sei. Wie die so genannte Badewannenkurve [FÄRB94] aus Bild 8.4 zeigt, ist dies nur näherungsweise in der so genannten Normalbetriebsphase gültig.

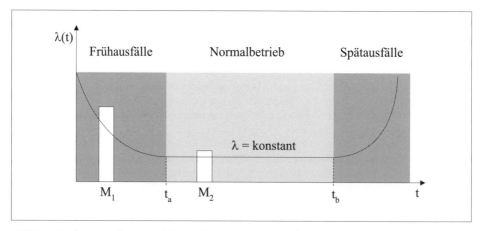

Bild 8.4: *Badewannenkurve – Abhängigkeit der Ausfallrate λ von der Zeit*

Die erhöhte Ausfallrate in der Frühphase entsteht durch Fertigungsmängel. Durch einen längeren Testbetrieb vor der eigentlichen Nutzung, einen so genannten Burn In, kann diese Phase durch Aussonderung minderwertiger Festplatten überbrückt werden. In der Endphase der Nutzung fallen die Geräte wegen immer stärkerer Verschleißerscheinungen häufiger aus, bis nach Überschreiten einer maximalen Lebensdauer kein System mehr in Betrieb ist. In der Normalbetriebsphase hat man zufällige Ausfälle mit weitgehend konstanter Ausfallrate. Bild 8.4 zeigt zwei Messfenster, in denen die MTBF nach eingangs geschildertem Verfahren bestimmt werden könnte. Aufgrund der Zeitabhängigkeit der Ausfallrate erhält man unterschiedliche Ergebnisse für die MTBF. Misst der Hersteller im Intervall M_2, so wird die Frühphase hoher Ausfallhäufigkeit für die MTBF-Berechnung außer Acht gelassen. Man erhält bessere Werte, die aber nur dann als näherungsweise korrekt angesehen werden können, wenn die Festplatten beim Hersteller schon eine Burn In-Testphase vor Auslieferung durchlaufen. Im Allgemeinen sind die MTBF-Angaben aufgrund mangelnder Standardisierung des Messverfahrens relativ willkürlich und für den Nutzer ohnehin nicht nachprüfbar. Genaue Zahlenwerte sind für praktische Anwendungen aber auch kaum von Bedeutung.

Neben der Ungenauigkeit von MTBF-Angaben und der grundsätzlichen statistischen Unsicherheit, wann im Einzelfall ein Ausfall erfolgt, suggerieren hohe MTBF-Zahlen weitere falsche Vorstellungen bezüglich der Ausfallsicherheit. So wird von der hohen durchschnittlichen Lebensdauer von Einzelkomponenten – also hier Festplatten – oft automatisch auf eine hohe Lebensdauer eines aus diesen Komponenten bestehenden Systems geschlossen. Werden in einem DVR vier Festplatten installiert, so entspricht die MTBF des Gesamtsystems nicht den 500.000 Stunden der MTBF einer einzelnen Festplatte, sondern sie liegt nur noch bei einem Viertel, also bei 125.000 Stunden[6]. Die Ursache liegt darin, dass sich gemäß den Gesetzmäßigkeiten der Zuverlässigkeitstheorie die Ausfallraten λ_i der einzelnen Teilsysteme eines Gesamtsystems addieren, wenn der Ausfall einer der Komponenten den Ausfall des Gesamtsystems zur Folge hat. Die Ausfallrate λ ist wiederum gemäß Gl. (8.2) der reziproke Wert der MTBF.

$$\lambda = \frac{1}{MTBF} \tag{8.2}$$

Die Ausfallrate λ_{System} eines Verbundes aus n Komponenten mit den Einzelausfallraten λ_i wird nach Gl. (8.3) berechnet.

$$\lambda_{System} = \sum_{i=1}^{n} \lambda_i \tag{8.3}$$

Die Ausfallrate zeigt das Zuverlässigkeitsproblem viel klarer als die MTBF-Angabe. Besteht ein CCTV-System aus z. B. 100 Festplatten, was in der Praxis durchaus auftritt, so fallen bei einer MTBF von 500.000 pro Jahr im statistischen Mittel:

$$\lambda_{System} = 24 \cdot 365 \cdot 100 / 500.000 = 1{,}752 \tag{8.4}$$

Festplatten aus. In Anbetracht der meist wichtigen gespeicherten Daten sind diese nahezu 2 % eine erhebliche Größenordnung. Darf für die Funktion des Gesamtsystems keine Festplatte fehlen, so wird das System etwa zweimal pro Jahr, nur durch die Festplatten verursacht, ausfallen.

Als letzte Kenngröße zur Verdeutlichung des Problems soll die so genannte Zuverlässigkeitsfunktion oder Überlebenswahrscheinlichkeit R eines Systems dienen. Diese zeitabhängige Größe wird entsprechend Gl. (8.5) definiert:

$$R(t) = e^{-t \sum_{i=1}^{n} \lambda_i} = e^{-\frac{t}{MTBF}} \tag{8.5}$$

R ist die Wahrscheinlichkeit dafür, ein System aus n Komponenten zu einem Zeitpunkt t fehlerfrei anzutreffen. Unser DVR-Beispiel mit seinen vier Festplatten hat eine MTBF von 125.000 Stunden. Die Wahrscheinlichkeit, dass das Gerät nach zwei Jahren noch funktionstüchtig ist, beträgt etwa 87 %.

Die hier geschilderte Problematik ist eines der größten Qualitätsprobleme der Festplatten-hungrigen CCTV-Videoaufzeichnung, welches in der Vergangenheit oft aus Kostengründen ignoriert wurde. Die Verfügbarkeit kostengünstiger RAID-Technologien und die Erkenntnis des Wertes einer gesicherten Bildhistorie haben hier allerdings zu einem Wandel geführt. Deshalb werden bei mittleren und hohen Ansprüchen an die Zuverlässigkeit heute meist auf RAID basierende Maßnahmen ergriffen, um die Ausfallhäufigkeit zu reduzieren.

---

6 Da Festplatten nicht die einzigen Teilsysteme sind, die in einem DVR ausfallen können, liegt die MTBF des Gesamtsystems noch wesentlich niedriger.

8.3.2 Redundant Array of Independent Disks – RAID

8.3.2.1 Ziele von RAID

Entsprechend den Verfügbarkeitsforderungen an eine spezielle Anlage müssen Maßnahmen getroffen werden, um den Auswirkungen der Festplattenausfälle aus Abschnitt 8.3.1 zu begegnen. Muss z. B. die Verfügbarkeit von Videobeweisen über einen bestimmten Zeitraum als Anforderung einer Diebstahl-Versicherung zur Reduktion der zu zahlenden Prämien gewährleistet sein, stellt der mögliche Ausfall einer Festplatte und der im Allgemeinen damit einhergehende vollständige Datenverlust ein kritisches Szenario dar. Aus diesen Gründen kommen zunehmend Techniken zu Einsatz, um die aufgezeichneten Videoinformationen gegen Festplattenausfälle zu sichern. CCTV zieht damit mit z. B. betriebswirtschaftlichen Datenbankanwendungen gleich, bei denen diese Verfahren schon lange eingesetzt werden.

Wie aber sichert man die aufgezeichneten Daten gegenüber Ausfällen des Mediums, welches diese speichert, und wie kann der Überwachungsbetrieb trotz Festplattenausfällen störungsfrei aufrechterhalten werden? Die Antwort lautet: Redundanz und fehlertolerante Speicherarchitektur. In ihrer simpelsten und verständlichsten Form kann eine solche Redundanz durch das simultane Aufzeichnen der gleichen Informationen auf mehreren Festplatten – der so genannten Spiegelung – erreicht werden. Dieser einfach verständliche Ansatz ist aber auch der teuerste, da die Anzahl der benötigten Festplatten verdoppelt wird. Deshalb bietet RAID verschiedene Abstufungen mit unterschiedlicher Zuverlässigkeit an.

Das RAID-Konzept wurde im Jahre 1987 an der Berkeley-Universität in Kalifornien entwickelt[7]. Man kann das Konzept folgendermaßen definieren:

RAID definiert einen Verbund aus mehreren Festplatten, die mittels eines RAID-Controlers aus Nutzersicht zu einer einzigen Großfestplatte zusammengefasst sind. Der RAID-Controler setzt alle Datenzugriffe auf die logische Festplatte transparent für den Nutzer auf die von ihm verwalteten Einzelfestplatten um. Die Verteilung der Nutzdaten auf die einzelnen Festplatten erfolgt nach verschiedenen Verfahren – den so genannten RAID-Leveln[8] –, die unterschiedlich hohen Schutz gegenüber Ausfällen einzelner Festplatten des RAID-Verbundes bieten.

RAID realisiert mit seinen verschiedenen Leveln die folgenden Ziele:
- den Weiterbetrieb des Gesamtsystems bei Ausfall einzelner Festplatten ohne Datenverlust und die Erhöhung der Verfügbarkeit des Datenspeichers;
- die Möglichkeit des Austausches ausgefallener Festplatten ohne Störung des Anlagenbetriebes;
- die Erhöhung des Datendurchsatzes. Durch eine spezielle Art der Verteilung des eingehenden Datenstromes auf die einzelnen Festplatten wird ein höherer Gesamtdurchsatz als beim Beschreiben oder Lesen von Einzelfestplatten erreicht;
- eine einfachere Verwaltung von Großfestplatten. RAID verwaltet logische Festplattengrößen im Terabyte-Bereich und präsentiert diese der RAID-Anwendung als einfach zu nutzende Einzelfestplatte;
- die höhere Datensicherheit als bei Verwendung von Einzelmedien.

---
7 In der ursprünglichen Fassung stand das I in RAID für Inexpensive.
8 Ursprünglich gab es fünf RAID-Level. Heute gibt es eine große Zahl weiterer Verfahren, die sich in Details von den ursprünglichen RAID-Leveln unterschieden. Es gibt auch Kombinationen verschiedener RAID-Level. Die Kombination aus RAID 0 und RAID 1 wird z. B. als RAID 10 bezeichnet.

8.3.2.2 RAID Level 0

Versteht man unter RAID eine Methode zur Erhöhung der Ausfallsicherheit von Festplattensystemen, so gehört der RAID Level 0 eigentlich nicht zu diesen Verfahren. RAID 0 bietet keine Redundanz. Im Sinne der vorhergehenden RAID-Definition hat aber RAID 0 durchaus seinen Anwendungsbereich. RAID 0 fasst mehrere kleine Festplatten zu einem großen logischen Laufwerk zusammen. Durch eine intelligente Verteilung der Schreib- und Lesevorgänge auf die Festplatten erhält man einen höheren Durchsatz als beim Betrieb einer Einzelfestplatte, da praktisch simultan auf mehrere Laufwerke geschrieben bzw. von mehreren Laufwerken gelesen wird. Bild 8.5 zeigt, wie eine zu schreibende Datei in gleich große Stücke – so genannte Chunks – zerlegt und alternierend auf die Einzelplatten verteilt wird. Die Steuerung dieser Vorgänge ist für Programme, die auf das RAID-System zugreifen, vollkommen transparent.

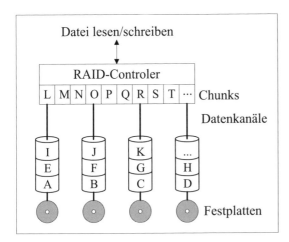

Bild 8.5:
RAID Level 0 – Aufteilung von Anwendungsdaten in Chunks und Striping der Chunks

RAID 0 wird auch als Striping bezeichnet. Alternativ zur Hardware-Lösung über einen separaten RAID-Controler wird RAID 0 oft als einfache Software-Lösung von Betriebssystemen wie z. B. Windows NT/2000 oder XP angeboten.

Die gespeicherte Information wird bei RAID 0 über die einzelnen Festplatten verteilt abgelegt. Deshalb sind die Informationen einer Platte des RAID-Verbundes nach ihrem Lösen aus dem Verbund nicht für sich allein auswertbar. Der größte Nachteil von RAID 0 ist, dass der Ausfall einer einzelnen Platte zum Verlust sämtlicher Daten des Speichersystems führt. Die $MTBF_{RAID\,0}$ eines Systems aus n Einzelplatten gleicher $MTBF_P$ wird mit Gl. (8.6) berechnet.

$$MTBF_{RAID0} = MTBF_p / n \tag{8.6}$$

Der Beispiel-DVR aus Abschnitt 8.3.1 mit vier Festplatten, die durch Software-Striping zu einem logischen großen Laufwerk verbunden werden, hat wiederum nur eine $MTBF_{RAID\,0}$ von 125.000 Stunden. RAID-Level größer als 0 beggnen der sinkenden MTBF mit verschiedenen Redundanzstrategien.

8.3.2.3 RAID Level 1

RAID 1 ist die so genannte Spiegelung. Dazu werden alle Daten auf einer zweiten Festplatte oder einem zweiten RAID 0-System gespeichert. Wird, wie in Bild 8.6, das Striping-Verfahren beim Schreiben verwendet, so spricht man auch von RAID 10. Der Schreibdurchsatz entspricht dann dem, der auch mit RAID 0 erreicht werden kann. Der Lesedurchsatz verdoppelt

8 Bildspeicher

sich im besten Falle, da die Lesevorgänge vom Controler auf die beiden Teilsysteme aufgeteilt werden können. Bei Ausfall eines der beiden Teilsysteme kann das Gesamtsystem ohne Einbußen – außer eventuell bezüglich des Lesedurchsatzes – weiterbetrieben werden. Nach Austausch defekter Festplatten gleicht der Controler die beiden Teilsysteme automatisch wieder ab.

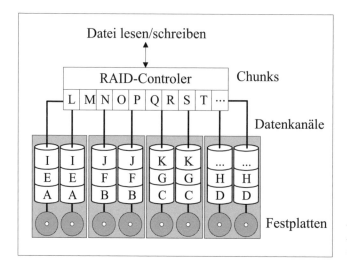

Bild 8.6:
RAID 1 mit Striping
(RAID 10)

RAID 1 benötigt die doppelte Speicherkapazität gegenüber RAID 0. Wegen der hohen Kosten wird diese RAID-Variante deshalb nur bei sehr hohen Verfügbarkeitsanforderungen eingesetzt. Bei allen anderen RAID-Leveln wird nicht die Nutzinformation selbst redundant abgespeichert, sondern so genannte Check-Summen, mittels derer die Information einzelner defekter Festplatten des Verbundes wieder rekonstruiert werden kann.

8.3.2.4 RAID Level 2

RAID 2 entspricht einem RAID 0-System, welches zusätzlich zu den eigentlichen Datenfestplatten weitere Festplatten zur Fehlerkorrektur verwendet. Wie bei RAID 0 werden die Daten nach dem Striping-Verfahren in Chunks aufgeteilt und diese wechselseitig auf die Datenplatten verteilt. Auf den Korrekturlaufwerken werden so genannte ECC (Error Correction Code) -Informationen gespeichert. Diese werden aus den Nutzdaten berechnet. Mittels der Informationen der Korrekturlaufwerke kann der Inhalt ausgefallener Festplatten wiederhergestellt werden. Für die RAID 2-Absicherung eines RAID 0-Systems mit zehn Datenplatten werden vier Korrekturplatten benötigt. Die Zusatzkosten für die Redundanz liegen unter denen von RAID 1 sind aber immer noch erheblich. RAID 2 wird praktisch nicht eingesetzt.

8.3.2.5 RAID Level 3, 4, 5 und höhere Level

RAID 3 besteht aus mindestens drei Festplatten. Unabhängig von der Anzahl der Nutzdatenplatten gibt es, wie Bild 8.7 zeigt, ein Fehlerkorrektur-Laufwerk. Dieses speichert Korrekturinformationen in Form von Paritätswerten, die es erlauben, aus diesen und den Daten der fehlerfreien Laufwerke den Inhalt *einer* ausgefallenen Festplatte zu korrigieren.

Die Paritätsberechnung für jede Datenzeile des Beispiels mit vier Festplatten aus Bild 8.7 erfolgt anhand der Zeile A prinzipiell gemäß Gl. (8.7):

$$P_A = A_1 \oplus A_2 \oplus A_3 \oplus A_4 \tag{8.7}$$

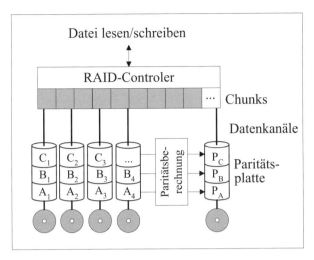

Bild 8.7:
RAID 3 mit separater Fehlersicherungs-Festplatte

Die Berechnung erfolgt durch eine Bit-weise XOR-Verknüpfung, die durch das Symbol $\oplus$ gekennzeichnet wird. Die XOR-Verknüpfung der vier Zustände von zwei Bit liefert die Ergebnisse $0 \oplus 0 = 0$, $0 \oplus 1 = 1$, $1 \oplus 0 = 1$ und $1 \oplus 1 = 0$. Die Bit-weise XOR-Verknüpfung von zwei Bytes zeigt das Beispiel aus Tabelle 8.7.

Tabelle 8.7: Beispiel einer Bit-weisen XOR-Verknüpfung

Bit	7	6	5	4	3	2	1	0
A_1	1	1	1	0	0	1	1	0
A_2	1	0	0	1	0	1	0	1
$A_1 \oplus A_2$	0	1	1	1	0	0	1	1

Bei Defekt der Festplatte 2 kann deren Inhalt – wieder nur am Beispiel der Zeile A aus Bild 8.7 – entsprechend Gl. (8.8) rekonstruiert werden:

$$A_2 = A_1 \oplus A_2 \oplus A_4 \oplus P_A \tag{8.8}$$

Die Paritätsberechnung wird meist als Hardware-Lösung vom RAID-Controller ausgeführt. Vorteil von RAID 3 ist, dass für die Absicherung einer beliebigen Anzahl von Festplatten nur ein Fehlerkorrekturlaufwerk benötigt wird. Der Ausfall einer weiteren Festplatte führt allerdings wiederum zum Totalverlust aller Daten. Obwohl ein RAID 3-System prinzipiell nach Ausfall einer Festplatte weiter betrieben werden kann, sollte der Austausch unmittelbar erfolgen, da ansonsten kein Ausfallschutz mehr gewährleistet ist.

RAID 4 unterscheidet sich von RAID 3 durch eine andere Art der Paritätsberechnung, die zu einem höheren Durchsatz führt.

RAID 5 ist der, von RAID 0 abgesehen, am häufigsten in der Praxis eingesetzte RAID-Level. Anders als bei RAID 2, 3 und 4 wird die Fehlerkorrekturinformation nicht auf separaten Laufwerken, sondern zusammen mit der Nutzinformation gespeichert. Die Zusatzkosten für die Fehlerredundanz sind gleich denen von RAID 3 bzw. 4. RAID 5 realisiert allerdings im Vergleich zu RAID 3 und 4 eine bessere Lastverteilung auf die Einzelplatten, was wiederum zu einem höheren Gesamtdatendurchsatz führt.

RAID 6 speichert zusätzliche Paritätsinformationen, so dass im Extremfall zwei Festplatten gleichzeitig ausfallen können, ohne dass Informationsverlust eintritt.

8 Bildspeicher

Meldet das RAID-System den Ausfall einer Festplatte, so muss die nunmehr fehlende Platte entweder getauscht werden oder es wird eine noch unbenutzte Platte aktiviert. Kann der Festplattentausch im vollen Betrieb des RAID-Systems vorgenommen werden, wird dies als Hot Plug bezeichnet. Die vom RAID-System automatisch vorgenommene Umschaltung auf eine noch ungenutzte Platte wird als Hot Spare bzw. Hot Fix bezeichnet. Die Rekonstruktion des Inhaltes der neu in den RAID-Verbund aufgenommenen Platte geschieht im Hintergrund parallel zu anderen Schreib- und Lesevorgängen. Während der Rekonstruktionsdauer ist der Durchsatz des RAID-Speichers reduziert.

Die RAID Level 0, 1 und 5 werden auch als Software-Lösungen von Betriebssystemen wie Windows NT und Linux unterstützt. Bei einer derartigen Lösung muss allerdings der Computer selbst für das Striping und bei RAID 5 für die Paritätsberechnung sorgen. Speziell eine Software-basierte RAID 5 Lösung ist für die CCTV-Videoaufzeichnung im Allgemeinen nicht empfehlenswert.

Festplatten werden auch in Zukunft ausfallen. RAID – außer RAID 0 – ist ein hervorragendes Mittel zur Erhöhung der Verfügbarkeit eines digitalen CCTV-Systems mit der Hauptfunktion Videospeicherung. Welcher Aufwand betrieben wird, hängt natürlich von der Bedeutung der Aufnahmen ab. So wird z. B. oft bei einer RAID-Installation die Kritikalität des RAID-Controlers selbst für die Zuverlässigkeit des Gesamtsystems außer Acht gelassen. Sehr hohe Anforderungen werden über einen so genannten Duplex-Betrieb von zwei parallelen Controlern abgedeckt. Trotz der erhöhten Zuverlässigkeit ersetzt RAID nicht den Backup kritischer Daten. Wie für alle anderen datenkritischen Anwendungen gilt auch für CCTV, dass von kritischen Daten wie Beweisbildern Sicherheitskopien angelegt werden sollten. Der kriterienbasierte, selektive Backup von Videosequenzen auf CD, MOD oder auch Bänder muss also auch in einer RAID-basierten Speicherinstallation möglich sein.

8.4 Projektierung des Videoprimärspeichers

8.4.1 Einflussgrößen auf die Speicherkapazität

Da die Videospeicherung in modernen CCTV-Anlagen zu einem der größten Kostenfaktoren geworden ist, ist eine sorgfältige Projektierung der benötigten Kapazitäten notwendig. Am wichtigsten ist die Projektierung der Kapazität des primären Videospeichers, der wahlfreien Zugriff ermöglichen soll. Da in nahezu allen Fällen Festplatten zum Einsatz kommen, sollen deren Anforderungen Basis der im Folgenden dargestellten Kapazitätsberechnungen sein. Meist werden für ein Projekt Aufzeichnungszeiten t_A vorgegeben, welche die Basis für die Berechnung der notwendigen Gesamtspeicherkapazität K_G bilden. Es gibt aber auch den umgekehrten Fall, dass die Speicherkapazität Restriktionen unterworfen ist und im Vorfeld abgeschätzt werden muss, welche Videohistorie damit erfassbar ist und wann gegebenenfalls Backup-Prozesse eingeleitet werden müssen.

Im Folgenden sollen einige Projektierungsbeispiele für die Berechnung des primären Videospeichers diskutiert werden. Wie in anderen Bereichen des digitalen CCTV, z. B. bei der Abschätzung von Übertragungsbandbreiten, zeigt sich auch hier, dass es abgesehen von simplen Spezialfällen keine allgemeine Formel für diese Berechnungen gibt und auch nicht geben kann. Eine adäquate Speicherprojektierung setzt viel Erfahrung sowohl bei der Beurteilung der durch die verschiedenen Kompressionsverfahren erzeugten Datenlasten als auch bei der Abschätzung der in einem CCTV-Szenario auftretenden Häufigkeit von Aufzeichnungsvorgängen voraus. In realen Systemen wird deshalb im Allgemeinen ein gewisser Sicherheitsfaktor eingeplant, um die Forderungen nach der Aufzeichnungszeit auch unter Worst Case-Bedingungen erfüllen zu können. Die Identifikation von sinnvollen Worst Case-Szenarien innerhalb einer Anwendung ist dabei einer der Schlüssel für eine adäquate Speicherauslegung.

Die Größe des primären Videospeichers hängt von einer ganzen Reihe von Einflussfaktoren ab:
- die Aufzeichnungszeit t_A ist oft nur auf den ersten Blick ein einfacher Projektierungsparameter, nämlich genau dann, wenn für alle Aufzeichnungsvorgänge der gleiche Zeithorizont gefordert wird. Oft trifft man jedoch Projekte an, die für verschiedene Vorgänge auch verschiedene Aufzeichnungszeiten verlangen. Bilder einzelner Kameras sollen mehrere Wochen gespeichert werden, während für andere Kameras einige Stunden genügen. Es gibt betriebliche Forderungen, die eine automatische Löschung von Bildern nach einer bestimmten Zeit vorschreiben. Gleichzeitig sollen aber kritische Ereignisse erst nach längerer Zeit automatisch überschrieben werden oder gar bis zu einer manuellen Freigabe im Primärspeicher verbleiben;
- der Anzahl der aufzuzeichnenden Videokanäle n_V;
- der Bildrate b oder alternativ der Bitrate r. Bei Einzelbildkompressionsverfahren wie JPEG oder Wavelet wird meist die Bildrate in Verbindung mit der Bildqualität und bei Bewegtbildverfahren die Bitrate verwendet. Beide Angaben sind in den meisten Fällen allenfalls als Mittelwerte – oft sogar erst nach längerer Einfahrzeit in der Zielanlage – mit ausreichender statistischer Sicherheit bekannt. Permanente Aufzeichnungen mit konstanter Bild- oder Bitrate sind im digitalen CCTV die Ausnahme. Da die Aufzeichnungen oft durch Ereignisse ausgelöst werden, können diese Werte sehr stark schwanken;
- dem Speicherbedarf K_B pro Bild. Auch diese Größe ist Schwankungen unterworfen. Bei Einzelbildverfahren kann abhängig von Ereignisprioritäten die Qualität und damit die Bildgröße mit hoher Dynamik wechseln. Auch Bewegtbildverfahren stellen Möglichkeiten der dynamischen Qualitäts- und Bitratenanpassung bereit;
- Verfügbarkeitsanforderungen an den Bildspeicher, die nur durch die im Abschnitt 8.3.2 vorgestellten RAID-Mechanismen sichergestellt werden können. Die dazu notwendige Kapazitätsredundanz muss bei der Projektierung berücksichtigt werden;
- die Häufigkeitsverteilung der verschiedenen Ereignisse, welche die Videoaufzeichnung steuern, innerhalb repräsentativer Zeitabschnitte. CCTV-Systeme, die nur permanent aufzeichnen, sind die Ausnahme. Gute DVRs bieten die Möglichkeit der Definition einer Vielzahl von Ereignissen, die jeweils mit einem individuellen Aufzeichnungsszenario einer oder mehrerer Kameras verknüpft sind. Ein Beispiel ist das in Abschnitt 8.2.4.3 erwähnte ereignisgesteuerte Überfallszenarium der UVV-Kassen. Die von einem derartigen Ereignis belegte Speicherkapazität kann im Vorfeld berechnet werden. Zusammen mit einer Häufigkeitsabschätzung kann man die von Ereignissen eines Typs in einem bestimmten Zeitraum belegte Speicherkapazität ermitteln;
- Datenvolumen von Bildbegleitinformationen. Neben der Bildinformation werden in digitalen CCTV-Systemen eine Vielzahl von Zusatzinformationen für Recherchezwecke gespeichert. Die benötigte Speicherkapazität ist aber im Verhältnis zur Videokapazität gering, so dass man einen systemabhängigen Korrekturfaktor zur pauschalen Berücksichtigung verwenden kann;
- Speicherung von Verwaltungsdaten. Diese Daten werden z. B. für eine effiziente Recherche benötigt. Wie bei den Bildbegleitinformationen kann man hier mit einem pauschalen systemabhängigen Aufschlag rechnen, der sich aus Erfahrungswerten im Umgang mit einem speziellen DVR ergibt.

Will man alle oben aufgeführten Einflussgrößen exakt berücksichtigen, so ist die Berechnung der notwendigen Speicherkapazität extrem aufwändig bzw. auch praktisch unmöglich. Bild 8.8 soll einige der dabei auftretenden Probleme verdeutlichen.

8 Bildspeicher

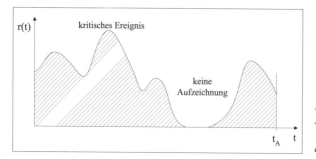

Bild 8.8:
Aufzeichnungs-Bitrate eines Videokanals in Abhängigkeit von der Zeit

Die Bitrate $r(t)$, die bei Einzelbildkompression als Produkt von Bildrate $b(t)$ und Speicherbedarf pro Bild $K_B(t)$ berechnet werden kann, ist, von Ausnahmen abgesehen, bei CCTV-Anwendungen starken Schwankungen unterworfen. So gibt es, wie Bild 8.8 zeigt, aufzeichnungsfreie Zeiten oder Zeiten, in denen ein kritisches Ereignis mit hoher Bildrate und Qualität aufgezeichnet werden soll. Die schraffierte Fläche unterhalb der Funktion $r(t)$ entspricht der innerhalb eines Zeitabschnittes zu speichernden Gesamtdatenmenge eines Videokanals in Bit. Nimmt man an, dass alle Bilder eines Videokanals i für die gleiche Zeit t_{Ai} im Primärspeicher verbleiben sollen[9], so erzeugt dieser Kanal im Zeitraum t_{Ai} eine Datenmenge K_{Gi} entsprechend Gl. (8.9):

$$K_{Gi} = \int_0^{t_{Ai}} r_i(t)dt = \int_0^{t_{Ai}} K_{Bi}(t) \cdot b_i(t)dt \tag{8.9}$$

Sollen n_V voneinander unabhängige Videokanäle für im Allgemeinen verschiedene Zeiträume gespeichert werden, so ergibt sich die benötigte Gesamtkapazität aus Gl. (8.10):

$$K_G = \sum_{i=1}^{n_V} K_{Gi} = \sum_{i=1}^{n_V} \left(\int_0^{t_{Ai}} r_i(t)dt \right) = \sum_{i=1}^{n_V} \left(\int_0^{t_{Ai}} K_{Bi}(t) \cdot b_i(t)dt \right) \tag{8.10}$$

Leider sind die zeitabhängigen Bitraten bzw. Bildgrößen und -raten meist nur grob abschätzbar, so dass die angegebene Formel kaum praktische Anwendung finden kann. Eine starke Vereinfachung ist eine konstante Bitrate bzw. eine konstante Bildrate und -qualität über den gesamten Aufzeichnungszeitraum t_{Ai} eines Videokanals. Damit berechnet sich die benötigte Gesamtkapazität nach Gl. (8.11):

$$K_G = \sum_{i=1}^{n_V} r_i \cdot t_{Ai} = \sum_{i=1}^{n_V} K_{Bi} \cdot b_i \cdot t_{Ai} \tag{8.11}$$

Diese Formel wird in der Praxis häufig angewendet. Durch die Annahme von zumindest in Zeitintervallen konstanten Kenngrößen der Aufzeichnungsvorgänge kann man ihren Geltungsbereich noch etwas erweitern.

Nimmt man zusätzlich einschränkend an, dass alle Kameras mit gleicher Qualität, Bildrate und Aufzeichnungszeit archiviert werden, so erhält man die sehr einfache Gl. (8.12):

$$K_G = n_v \cdot r \cdot t_A = n_V \cdot K_B \cdot b \cdot t_A \tag{8.12}$$

---

[9] Dies ist schon eine Vereinfachung. Es gibt DVRs, die Daten des gleichen Kanals in Abhängigkeit von der Kritikalität der Aufzeichnungen unterschiedlich lange archivieren können. Andere DVRs arbeiten mit einer Art „verblassendem Langzeitgedächtnis" als Nachbildung der Speichervorgänge im menschlichen Gehirn. Je weiter man in die Vergangenheit eines Kanals zurückgeht, desto größer werden die zeitlichen Abstände der noch im Speicher enthaltenen Bilder. Gegebenenfalls werden bestimmte Aufzeichnungen auch erst nach manueller Freigabe überschrieben. Ein Beispiel ist das Überfallszenario der UVV-Kassen aus Abschnitt 8.2.4.3.

Trotz der oben dargestellten Vielzahl an Einflussgrößen und oft nur ungenau bekannten Abhängigkeiten erreicht man durch Anwendung von Faust-Formeln wie Gl. (8.12) und einfachen Worst Case-Abschätzungen in der Praxis meist gute Näherungswerte für die benötigte Kapazität. Die Abschätzung von Mittelwerten und der zeitlichen Lastverteilung erfordert allerdings eine entsprechende Erfahrung und Kenntnis der beabsichtigten Anwendung. Außer für einfachste Fälle – z. B. einer MPEG-2-Aufzeichnung aller Videokanäle mit konstanter Bitrate – kann keine Pauschalaussage zur Berechnung der Speicherkapazität getroffen werden. Deshalb sollen im Folgenden einige Beispiele die Art der in der Praxis anzutreffenden Problemstellungen und ihre Lösung demonstrieren.

8.4.2 Fallbeispiele

8.4.2.1 Beispiel 1 – Konstante Bildrate und -größe

Ein CCTV-System verfügt über n_V = 16 Videokanäle. Diese werden so JPEG-komprimiert, dass jedes Einzelbild eine Größe von K_B = 30 kB hat. Alle Kameras des Systems sollen über einen Zeitraum von t_A = 7 Tagen permanent mit der gleichen Bildrate b = 2 Bilder pro Sekunde aufgezeichnet werden. Welche Festplattenkapazität K_G muss für die reine Videoaufzeichnung minimal bereitgestellt werden?

Kapazitätsberechnung:

Alle Einflussgrößen sind konstant. Die benötigte Kapazität ergibt sich damit gemäß Gl. (8.13):

$$K_G = n_V \cdot K_B \cdot b \cdot t_A \tag{8.13}$$

$$K_G = 16 \cdot 30 \cdot 2^{10} Byte \cdot 2s^{-1} \cdot 7 \cdot 24 \cdot 3600s \approx 554 GB$$

Es wird eine Nettokapazität von 554 GB zur Archivierung der im angegebenen Zeitraum anfallenden Videodaten benötigt. Verwaltungs-, Recherche- und gegebenenfalls Audiodaten müssen durch entsprechende Aufschläge zusätzlich berücksichtigt werden.

8.4.2.2 Beispiel 2 – Verschiedene Aufzeichnungszeiten und Bildraten

Eine Bedarfsanalyse für das Beispiel 1 führte zur folgenden feineren Spezifikation der Aufzeichnungsvorgänge. Die Kameras 1–5 des CCTV-Systems aus Beispiel 1 überwachen Innenbereiche, für die aus Datenschutzgründen eine maximale Aufzeichnungszeit von t_{A1} = 2 Tagen festgelegt wurde. Diese Kameras sollen mit einer Rate von b_1 = 5 Bildern pro Sekunde aufgezeichnet werden. Alle anderen Kameras, außer Kamera 16, sind Außenkameras, die für t_{A2} = 7 Tage mit b_2 = 1 Bild pro Sekunde aufgezeichnet werden sollen. Kamera 16 überwacht ein Zufahrtstor. Diese Kamera soll über einen Zeitraum t_{A3} von mindestens 30 Tagen so archiviert werden, dass alle zwei Sekunden ein Bild aufgezeichnet wird.

Kapazitätsberechnung:

Das System definiert nunmehr drei verschiedene voneinander unabhängige Aufzeichnungsvorgänge für eine jeweils unterschiedliche Kamerazahl n_{Vi} mit individuellen Bildraten b_i bzw. Aufzeichnungszeiten t_{Ai}. Die Bildgröße K_B ist bei allen Vorgängen gleich. Die Einzelvorgänge liefern jeweils eigene Anteile K_{Gi} an der benötigten Gesamtkapazität. Die Kapazität ergibt sich aus Gl. (8.14):

8 Bildspeicher

$$K_G = \sum_{i=1}^{3} K_{Gi} = K_B \cdot (n_{V1} \cdot b_1 \cdot t_{A1} + n_{V2} \cdot b_2 \cdot t_{A2} + n_{V3} \cdot b_3 \cdot t_{A3}) \quad (8.14)$$

$$K_G = 30 \cdot 2^{10} Byte \cdot (5 \cdot 5s^{-1} \cdot 2 + 10 \cdot 1s^{-1} \cdot 7 + 1 \cdot 0,5s^{-1} \cdot 30) \cdot 24 \cdot 3600s$$

$$K_G \approx 334 GB$$

Durch eine genauere Analyse reduziert sich der Speicherbedarf gegenüber Beispiel 1 um etwa 40 %.

8.4.2.3 Beispiel 3 – Ereignisgesteuerte Aufzeichnung

Grundlage ist wieder das CCTV-System aus Beispiel 1. Die Parameter der permanenten Aufzeichnung der 16 Videokanäle bleiben gleich. Die Aufzeichnung aller Videokanäle wird von einer Videobewegungsüberwachung gesteuert. Bei Erkennung von Bewegung wird die Aufzeichnung eines zugehörigen Videokanals für fünf Sekunden auf eine Bildrate von zehn Bildern pro Sekunde umgestellt. Gleichzeitig wird die Qualität so erhöht, dass ein Bild 40 kB Speicherplatz beansprucht. Durch Messungen in der Anlage wurde ermittelt, dass die Gesamtanlage im Mittel pro Tag n_E = 5.000 Ereignisse registriert. Welche Festplattenkapazität wird für die Archivierung dieser Vorgänge für den Zeitraum von sieben Tagen benötigt?

Kapazitätsberechnung:

Die ohne Ereignissteuerung benötigte Aufzeichnungskapazität beträgt 554 GB. Für die Aufzeichnung von 5.000 Videobewegungsereignissen pro Tag werden, gemäß Gl. (8.15), während der siebentägigen Archivierungsdauer:

$$K_E = 5000 \cdot 7 \cdot 5s \cdot (10s^{-1} \cdot 40 \cdot 2^{10} Byte - 2s^{-1} \cdot 30 \cdot 2^{10} Byte) \approx 57 GB \quad (8.15)$$

benötigt. Bei der Berechnung wird davon ausgegangen, dass bei Auftreten eines Ereignisses die Permanentaufzeichnung zugunsten der höher priorisierten Ereignisaufzeichnung unterbrochen wird und somit diese redundante Datenlast während der entsprechenden Zeiträume entfällt. Je nach Funktionsprinzip können sich die DVRs verschiedener Hersteller in diesem Punkt unterscheiden, so dass die Berechnung auf anderen Grundlagen beruht. Im vorliegenden Fall wird eine Netto-Aufzeichnungskapazität von etwa 611 GB benötigt. Zur Vereinfachung wurde noch von der Worst Case-Annahme ausgegangen, dass die Videobewegungsereignisse sich zeitlich nicht überlappen und damit jeder Aufzeichnungsvorgang zu einem Ereignis in sich komplett abgeschlossen ist.

8.4.2.4 Beispiel 4 – Konstante Bitrate

Ein DVR speichert MPEG-2-komprimierte Videodaten von acht Kameras über einen Zeitraum von sieben Tagen. Jede Kamera erzeugt einen MPEG-2-Datenstrom mit einer konstanten Bitrate von 2 MBit/s. Welche Festplattenkapazität wird zur Archivierung benötigt?

Kapazitätsberechnung:

$$K_G = n_V \cdot r \cdot t_A \quad (8.16)$$

$$K_G = 8 \cdot 2 \cdot 2^{20} Bit \cdot s^{-1} \cdot 7 \cdot 24 \cdot 3600s = 9,2285 TBit \approx \underline{1,15 TB}$$

Trotz MPEG-2-Kompression wird für diesen vergleichsweise kleinen Zeitraum und diese kleine Kameraanzahl die recht große Speicherkapazität entsprechend Gl. (8.16) benötigt. Eine weitere Reduktion ohne Qualitätseinbußen bei den Einzelbildern ist nur durch intelligente Aufzeichnungs- und Bildratensteuerung zu erzielen. Eine an die Situation angepasste Bildrate und die ereignisgesteuerte Aufzeichnung (z. B. mittels der in Abschnitt 5.4.4.2 erläuterten Videoaktivitätsdetektion) reduzieren den Speicherbedarf erheblich stärker als die weitere Optimierung von Kompressionsalgorithmen.

8.4.2.5 Beispiel 5 – Leistungsverzeichnis einer CCTV-Aufzeichnung

Ein Objekt soll mit 48 Kameras überwacht werden. Alle Kameras sollen mit den Parametern aus Tabelle 8.8 permanent und ereignisgesteuert aufgezeichnet werden. Ereignisse werden z. B. durch Torkontakte, Zaunmelder oder Video-Aktivitätsdetektion gemeldet. Die Angaben aus Tabelle 8.8 sind Vorgaben und Schätzwerte. Die Bildraten werden z. B. in Abhängigkeit vom Blickfeld der Kameras und der Geschwindigkeit der sich in diesem Bereich bewegenden Objekte gewählt. Leider liefern Projektbeschreibungen in dieser Beziehung selten klare Vorgaben. Es ist die Aufgabe des Projektanten, derartige Werte zu ermitteln bzw. mittels seiner Kenntnisse des Anwendungsszenarios abzuschätzen. Im Beispiel wurde diese unter Umständen aufwändige Vorarbeit schon geleistet.

Tabelle 8.8: Aufzeichnungsvorgaben für ein CCTV-Projekt

Kamera	Permanentaufzeichnung			Ereignisaufzeichnung			Aufzeichnungsdauer [Tage]
	8-16:00 [fps]	Wochenende [fps]	restliche Zeit [fps]	[fps]	Ereignisse pro Tag und Kamera	Ereignisdauer [s]	
1 – 5 Tore	5	0,5	0,5	10	150	5	14
6 – 20 Innen	2	–	0,5	5	200	10	5
21 – 24 Lager	10	–	1	–	–	–	1
25 – 40 Zaun	1	2	2	15	10	20	14
41 – 48 Reserve	2	0,25	0,5	10	200	5	14

Für die Abschätzung der benötigten Speicherkapazität gelten weiterhin folgende Festlegungen:

- Das ausgewählte DVR-System verwendet ein Einzelbildkompressionsverfahren. Die mittlere Halbbildgröße bei normaler Aufzeichnung beträgt 20 kB. Im Ereignisfall wird die Qualität automatisch so umgestellt, dass die mittlere Bildgröße nun 30 kB beträgt.
- Zur Vereinfachung soll angenommen werden, dass sich die Ereignisse zeitlich nicht überlappen und damit jeweils vollständig für die angegebene Ereignisdauer aufgezeichnet werden.
- Zusätzlich soll zur Vereinfachung der Abschätzung angenommen werden, dass die Auslösung von Aufzeichnungsereignissen nur während der normalen Arbeitszeit von 8:00 – 16:00 Uhr aktiv ist.
- Als Wochenende sollen der gesamte Samstag und Sonntag festgelegt sein.

Wie groß ist der Grundbedarf, um alle Bilder der Aufzeichnungsvorgänge aus Tabelle 8.8 speichern zu können?

Kapazitätsberechnung:

Torkameras 1 – 5:

	Bildgröße	Bildrate	Tage	Sekunden/Tag	
	Permanentaufzeichnung werktags 8 –16:00				
$K_{G1-5} = 5 \cdot ($	20 ·	5 ·	10 ·	8 · 3600	+
	Permanentaufzeichnung werktags außerhalb der Arbeitszeit von 8 – 16:00				
	20 ·	0,5 ·	10 ·	16 · 3600	+

8 Bildspeicher

Bildgröße	Bildrate	Tage	Sekunden/Tag	
Permanentaufzeichnung Wochenende				
20 ·	0,5 ·	4 ·	24 · 3600	+
ereignisgesteuerte Aufzeichnungen				
30 ·	10 ·	10 ·	5 s · 150 Ereignisse/Tag	−
durch Ereignisaufzeichnungen reduzierte Permanentaufzeichnungskapazität				
20 ·	5 ·	10 ·	5 s · 150 Ereignisse/Tag) ≈	**189 GB**

Innenkameras 6 – 20:

$K_{G6\text{-}20} = 15 \cdot ($

Bildgröße	Bildrate	Tage	Sekunden/Tag	
Permanentaufzeichnung werktags 8 – 16:00				
20 ·	2 ·	5 ·	8 · 3600	+
Permanentaufzeichnung werktags außerhalb der Arbeitszeit von 8 – 16:00				
20 ·	0,5 ·	5 ·	16 · 3600	+
ereignisgesteuerte Aufzeichnungen				
30 ·	5 ·	5 ·	10 s · 200 Ereignisse/Tag	−
durch Ereignisaufzeichnung reduzierte Permanentaufzeichnungskapazität				
20 ·	2 ·	5 ·	10 s · 200 Ereignisse/Tag) ≈	**140 GB**

Lagerkameras 21 – 24:

$K_{G21\text{-}24} = 4 \cdot ($

Bildgröße	Bildrate	Tage	Sekunden/Tag	
Permanentaufzeichnung werktags 8 – 16:00				
20 ·	10 ·	1 ·	8 · 3600	+
Permanentaufzeichnung werktags außerhalb der Arbeitszeit von 8 – 16:00				
20 ·	1 ·	1 ·	16 · 3600	) ≈ **27 GB**

Zaunkameras 25 – 40:

$K_{G25\text{-}40} = 16 \cdot ($

Bildgröße	Bildrate	Tage	Sekunden/Tag	
Permanentaufzeichnung werktags 8 – 16:00				
20 ·	1 ·	10 ·	8 · 3600	+
Permanentaufzeichnung werktags außerhalb der Arbeitszeit von 8 – 16:00				
20 ·	2 ·	10 ·	16 · 3600	+
Permanentaufzeichnung Wochenende				
20 ·	2 ·	4 ·	24 · 3600	+
ereignisgesteuerte Aufzeichnungen				
30 ·	15 ·	10 ·	20 s · 10 Ereignisse/Tag	−
durch Ereignisaufzeichnung reduzierte Permanentaufzeichnungskapazität				
20 ·	1 ·	10 ·	20 s · 10 Ereignisse/Tag) ≈	**664 GB**

Reservekameras 41 – 48:

	Bildgröße	Bildrate	Tage	Sekunden/Tag	
$K_{G41\text{-}48} = 8 \cdot ($	\multicolumn{5}{l	}{Permanentaufzeichnung werktags 8 – 16:00}
	20	· 2	· 10	· 8 · 3600	+
	\multicolumn{5}{l	}{Permanentaufzeichnung werktags außerhalb der Arbeitszeit von 8 – 16:00}
	20	· 0,5	· 10	· 16 · 3600	+
	\multicolumn{5}{l	}{Permanentaufzeichnung Wochenende}
	20	· 0,25	· 4	· 24 · 3600	+
	\multicolumn{5}{l	}{ereignisgesteuerte Aufzeichnungen}
	30	· 10	· 10	· 5 s · 200 Ereignisse/Tag	–
	\multicolumn{5}{l	}{durch Ereignisaufzeichnung reduzierte Permanentaufzeichnungskapazität}
	20	· 2	· 10	· 5 s · 200 Ereignisse/Tag	$) \approx$ **165 GB**

Der Hersteller des DVR-Systems gibt an, dass für Verwaltungszwecke und Recherchedaten etwa 15 % zusätzlicher Speicher veranschlagt werden müssen. Die hier benötigte Bruttokapazität ergibt sich somit als Summe der Einzelkapazitäten und der für Recherchedaten benötigten Kapazität entsprechend Gl. (8.17):

$$K_G = 1185 GB + 0{,}15 \cdot 1185 GB \approx 1363 GB \qquad (8.17)$$

Das Projekt stellt hohe Anforderungen an die Datensicherheit. Deshalb sollen RAID-Systeme mit RAID Level 3 zum Einsatz kommen. Außerdem soll eine Hot Spare-Festplatte vorgesehen werden, um trotz Ausfall einer Festplatte noch einen gesicherten Systembetrieb zu gewährleisten. Aus Zuverlässigkeitsgründen werden Festplatten älterer Generation mit maximal 180 GB[10] Fassungsvermögen gewählt. Wie viele Festplatten werden benötigt?

$$n = \left\lceil \frac{2^{30} \cdot K_G}{180 \cdot 10^9} \right\rceil + 2 = 11 \qquad (8.18)$$

Das hier betrachtete CCTV-System benötigt also entsprechend Gl. (8.18) einen RAID-Speicher mit elf Festplatten von je 180 GB Kapazität, um die Zielstellungen zu erfüllen. Davon dienen neun Festplatten der eigentlichen Nutzdatenspeicherung. Eine Festplatte enthält die RAID 3 Paritätsinformationen, und eine weitere Festplatte ersetzt automatisch eine ausgefallene Datenplatte.

8.5 Schlussfolgerungen

Trotz der nach wie vor enormen Datenlasten, die digitales Video verursacht, existieren heute adäquate Datenspeicher, um die große Zahl von digitalen Videokanälen eines CCTV-Systems kostengünstig, schnell und flexibel verwalten zu können. Gerade beim Primärspeicher Festplatte sind die Kapazitätsfortschritte gewaltig. Während z. B. für die Fallstudie aus Abschnitt 8.4.2.5 vor wenigen Jahren noch ganze Technikschrankwände zur Aufnahme der entsprechenden Festplattenstapel projektiert werden mussten, ist es heute möglich, diese Kapazität direkt in einen einzigen DVR zu installieren. Der wahlfreie Zugriff auf das Speichermedium ermöglicht die parallele Aufzeichnung und Wiedergabe einer Vielzahl von Videokanälen. Durch die sorgfältig projektierte Kombination von Primär- und Sekundärspeichern las-

---

10 Wie bei Festplatten üblich zur Basis 10 berechnet.

8 Bildspeicher

sen sich Aufzeichnungszeiträume auch für CCTV-Anlagen mit einer großen Kameraanzahl über viele Wochen oder gar Monate erreichen.

Wechseldatenspeicher erlauben den flexiblen und gesicherten Transport der gespeicherten Bilder. Die Fortschritte sind ähnlich dramatisch wie beim Primärdatenspeicher. Die DVD wird die CD als Exportmedium in kurzer Zeit ablösen. An Magnetbandmedien steht ein breites Repertoire von Lösungen für die unterschiedlichsten Ansprüche zur Verfügung.

Insgesamt kann – wie bei der Bandbreite im LAN-Umfeld – heute von einer guten Beherrschbarkeit der gewaltigen digitalen Videodatenströme gesprochen werden. Nichtsdestotrotz muss die Ressource Speicher sorgfältig projektiert und Einsparpotentiale durch intelligente, der Zielstellung optimal angepasste Aufzeichnungssteuerungen ausgenutzt werden. Optimierte Bildraten und ereignisbasierte Aufzeichnungen haben bei CCTV-Anwendungen oft ein erheblich höheres Einsparpotential als die Anwendung aufwändigerer Kompressionsverfahren.

Im folgenden Kapitel soll gezeigt werden, wie die auf den in diesem Kapitel vorgestellten Medien gespeicherten enormen Videodatenmengen effizient in Videodatenbanken verwaltet werden können.

9 Videodatenbanktechnik

Digitale CCTV-Systeme sind nicht zuletzt wegen einer effizienten Datenverwaltung in Videodatenbanken so erfolgreich. Einige der hier zur Anwendung kommenden Prinzipien und Verfahren wie Ringspeicher, das relationale Datenbankmodell und Recherchetechniken sollen deshalb in diesem Kapitel vorgestellt werden. Das Kapitel liefert einen Grobüberblick zu den Besonderheiten der Verwaltung von Multimedia- bzw. CCTV-Videodaten in relationalen Datenbanken. Für den technisch interessierten Leser wird einiges an theoretischem und praktischem Hintergrundwissen zu Video-Datenbanken erläutert, welches allerdings in der CCTV-Alltagsarbeit nicht unbedingt benötigt wird. Das Kapitel liefert einige Designempfehlungen für den Entwurf von CCTV-Videodatenbanken, die hohen Durchsatz- und Flexibilitätsansprüchen genügen müssen. Diese Empfehlungen beruhen auf langjährigen, praktischen Erfahrungen bei der Entwicklung entsprechender Produkte. Die beschriebenen Probleme sind durchaus verallgemeinerbar, die implementationstechnischen Lösungen unterscheiden sich aber von Hersteller zu Hersteller sehr stark. Das Forschungsgebiet zu Echtzeit-Datenbanken mit multimedialen Inhalten ist noch recht jung. Einen Gesamtüberblick zu den Problemstellungen findet man in [APER98].

Der letzte Abschnitt behandelt mit der standardisierten Structured Query Language (SQL) eine Möglichkeit, einen von den implementativen Besonderheiten einer speziellen Videodatenbank unabhängigen standardisierbaren Recherchezugang zu erhalten.

9.1 Anforderungen an CCTV-Videodatenbanken

Die enormen Datenmengen der mehrkanaligen Videoaufzeichnung eines digitalen CCTV-Systems müssen sinnvoll verwaltet werden. Zum einen muss meist ein automatisches Überschreiben der ältesten aufgezeichneten Bilder erfolgen, um Platz für neu eintreffende Bilder und damit einen autonomen Betrieb des Systems zu gewährleisten. Da Speicherkapazitäten der primären Datenspeicher jenseits der Grenze von 1 TB nichts Ungewöhnliches mehr sind, werden zudem sehr hohe Anforderungen an die Optimierung der Wiedergabezugriffe gestellt.

Die hier zum Einsatz kommenden Techniken sind eines der herstellerabhängigen Betriebsgeheimnisse der Arbeitsweise von DVRs. Standardisierungen in dieser Richtung, wie z. B. multimediafähige Datenbanken, stecken noch in den Kinderschuhen, insbesondere, wenn sie die hohen Multikanal- und Echtzeit-Anforderungen von CCTV berücksichtigen sollen. Eine leistungsfähige Datenbankverwaltung ist aber eine der wichtigsten Technologien im Umfeld digitaler Videosysteme. Im Folgenden sollen deshalb einige der „Geheimnisse" aus dem Umfeld der Datenverwaltung Terabyte-großer CCTV-Datenbanken gelüftet werden. Die Systeme verschiedener Hersteller unterscheiden sich an dieser Stelle besonders stark, so dass kein Anspruch an die Allgemeingültigkeit gestellt werden kann.

Die Anforderungen an die Datenverwaltung in CCTV-Systemen sind äußerst vielfältig. Kaum ein marktübliches Produkt deckt hier die volle Bandbreite ab. Folgende Forderungen bestehen normalerweise:

- eine hohe Zugriffsgeschwindigkeiten auf die Bilddaten;
- die Multiplexaufzeichnung einer beliebig großen Anzahl von Videokanälen. Die Anzahl der Kanäle sollte nicht von der Software des DVR, sondern nur durch verfügbare Bandbrei-

9 Videodatenbanktechnik

ten bei Netzwerkübertragung bzw. beim Datentransport zum primären Videospeicher begrenzt sein;
- ein bildgenauer Zugriff. Jedes einzelne Bild sollte direkt adressierbar sein, um die Vorzüge einer ereignisbasierten Aufzeichnungssteuerung effektiv nutzcn zu können;
- die Möglichkeit einer Echtzeit-, Zeitraffer oder auch Zeitlupen-Wiedergabe von gespeichertem Bildmaterial;
- die zeitlich synchronisierbare simultane Wiedergabe mehrerer Videokanäle. Dies ist eine wichtige Funktion, um zu einem Lageüberblick zu einer Situation zu kommen, deren Aufzeichnung sich über mehrere Kamerakanäle erstreckt;
- die Verknüpfbarkeit mit zusätzlichen Recherchedaten wie Bankleitzahlen, Kontonummern oder Barcodes;
- die Möglichkeit frei formulierbarer Such- und Wiedergabe-Filterkriterien;
- ein gutes Verhältnis zwischen Verwaltungs- und Nutzdaten einer Videodatenbank und die Vermeidung von redundant aufgezeichneten Daten;
- die Realisierbarkeit einer parallelen Aufzeichnung und Wiedergabe;
- das automatische Löschen älterer, entsprechend der projektierten Aufzeichnungszeit nicht mehr benötigter Bilder;
- die parallele, wahlfreie, kriterienbasierte Wiedergabe einer großen Anzahl von Videokanälen auf einem oder mehreren Bedienplätzen;
- eine geringe von der Wiedergabe verursachte Netzwerklast und eine niedrige Übertragungslatenzzeit. So gibt es Datenbanken, bei denen man zunächst ganze Sequenzen in Form von Dateien zur Wiedergabestation übertragen muss, bevor diese ausgewertet werden können. Datenbanken, die nach dem Cursor-Prinzip aus Abschnitt 9.5.3.2 arbeiten, übertragen Videodaten gemäß dem Streaming-Modell aus Abschnitt 7.5.2 und haben damit die dort ebenfalls erwähnten Nachteile einer dateibasierten Übertragung nicht;
- verschieden lange frei definierbare Aufzeichnungshorizonte für die einzelnen Kameras. So kann z. B. in Abhängigkeit von der Kamera oder der Priorität eines Ereignisses eine unterschiedliche Verweildauer der Bilddaten im Primärspeicher verlangt werden;
- die Unabhängigkeit vom Anwendungskontext. Das Datenverarbeitungsmodell sollte so abstrakt ausgelegt sein, dass ohne implementative Eingriffe neue Anwendungsfelder erschlossen werden können. Ist z. B. eine CCTV-Datenbank fest auf den Anwendungsfall Überwachung von Geldinstituten zugeschnitten und damit auch nur in der Lage, die in diesem Kontext üblichen Recherchedaten zu speichern, ist es mit großem entwicklungstechnischen Aufwand verbunden, zusätzliche Anwendungsfelder wie Tankstellenüberwachung oder Logistikzentren zu erschließen, da hier völlig anders geartete Recherchestrategien vorliegen;
- das automatische Sperren kritischer Ereignisbilddaten gegen Überschreiben. Einige Datenbanken lassen es zu, Vorgänge selektiv so zu definieren, dass die zugehörigen Bild- und Recherchedaten erst nach manueller Freigabe überschrieben werden können;
- die Realisierbarkeit einer so genannten Vorgeschichte-Funktion. Dies ist eine der wichtigsten Methoden von digitalem CCTV zur Vorgangsrekonstruktion. Die Funktion ist z. B. auch Bestandteil des UVV-Kassen-Szenarios aus Abschnitt 8.2.4.3;
- Robustheit der Datenbank gegen Betriebsstörungen. So sollten z. B. Stromausfälle nur mit minimalen Bildverlusten verbunden sein.

Welche Ansprüche an die Effizienz der Datenverwaltung gestellt werden, soll folgende einfache Betrachtung verdeutlichen:
- Ein Terabyte – also 2^{40} Byte – kann etwa 36 Millionen einzelne JPEG-Bilder der Größe 30 kByte speichern. Es soll geprüft werden, ob ein Bild vorliegt, welches einem frei wählbaren Suchkriterium entspricht. Ein sehr einfaches Kriterium wäre festzustellen, ob es zu einer bestimmten Kamera des CCTV-Systems überhaupt ein aufgezeichnetes Bild gibt.

- Nimmt man die höchste Übertragungsrate aus Tabelle 8.1 für Festplatten mit theoretischen 160 MB/s an, so würde das vollständige Lesen eines Festplattenstapels der Größe von einem Terabyte $2^{40} / 160 \cdot 2^{20}$ Sekunden also fast zwei Stunden dauern, um die einzelnen Bilder im Computer-Speicher auf Passfähigkeit zum angegebenen Suchkriterium prüfen zu können. Dabei wird der Worst Case angenommen, dass es das gesuchte Bild nicht gibt und man dafür alle Bilder auf den Festplatten prüfen müsste.

Eine naive Vorgehensweise wie die obige würde also nach etwa zwei Stunden lediglich ein Negativergebnis liefern. Dabei wurde auch noch davon ausgegangen, dass es keine anderen parallel laufenden Suchvorgänge gibt und auch die Aufzeichnungsprozesse den Lesedurchsatz nicht stören.

Dass dies nicht der Arbeitsweise eines modernen DVR entsprechen kann, weiß jeder, der mit diesen Systemen gearbeitet hat. Selbst im Terabyte-Bereich liegen die Suchzeiten für Standard-Recherchen oft unterhalb einer Sekunde. Dabei ist es sogar möglich, mehrere Suchvorgänge simultan ablaufen zu lassen und die gefundenen Bilder auch noch zeitlich synchron wiederzugeben. Offensichtlich wird auf eine etwas intelligentere Weise vorgegangen als durch schlichtes Lesen und Vergleichen. Im Folgenden sollen deshalb auch einige der Methoden, welche diese „Magie" bewerkstelligen, vorgestellt werden.

9.2 Videodatenbank-Server

CCTV-Videodatenbank-Server (VDBS) sind die zentrale Verwaltungseinheit digitaler CCTV-Systeme, welche die Kernfunktion Video-Speicherung anbieten. Ein VDBS stellt die beiden Hauptfunktionen Aufzeichnung und Recherche als Netzwerkdienste gemäß dem Client-Server-Modell aus Abschnitt 10.2 einer Anzahl von Clienten zur Verfügung. Neben diesen Kernfunktionen offerieren VDBS eine große Zahl weiterer CCTV-spezifischer Dienste. Abschnitt 10.1.1 zeigt einige Möglichkeiten anhand der Architektur eines CCTV-Client-Server-Beispielsystems.

Im Gegensatz zum Dienst Recherche ist der Dienst Aufzeichnung nicht in allen Produkten als Netzwerk-Funktion verfügbar. Oft zeichnet ein VDBS nur die Videodaten einer festen Zahl lokaler Kameras auf und stellt diese mehreren Auswerteplätzen für Recherchezwecke zur Verfügung. VDBS, die auch eine im Netzwerk verteilbare Aufzeichnung nach dem CS-Prinzip betreiben, haben diesen einfacheren Systemen gegenüber folgende Vorzüge:
- Aufnahme der Videodaten am Ort des Entstehens. Das Netzwerk wird als Übertragungsmedium genutzt. Die Verlegung einer analogen Videoverkabelung zu einem zentralen VDBS, der die Digitalisierung, Kompression und Speicherung vornimmt, entfällt.
- Theoretisch beliebige Erweiterbarkeit der von einem VDBS aufgezeichneten Kamerakanäle. Es können beliebig viele NVCs oder Netzwerkkameras im Netz verteilt werden, die alle an zentraler Stelle archiviert werden. Die Begrenzung ist nur durch die Bandbreite des jeweiligen Netzwerkes und die Leistungsfähigkeit der Server-Maschine gegeben.

Ein VDBS organisiert den Schreib- und Lesezugriff auf die von ihm verwaltete Videodatenbank in mehreren Schichten. Bild 9.1 zeigt ein Beispiel eines derartigen Verwaltungsmodells.

Die unterste Verwaltungsebene ist die physikalische Ebene des Festplattenspeichers. Dieser kann sowohl aus einer Einzelfestplatte als auch aus einem Festplattenstapel bestehen. Bei Einsatz mehrerer Festplatten werden diese entweder durch einen RAID-Controler als Hardware-Lösung oder durch das Dateisystem des Betriebssystems des DVR mittels Software-RAID zu einer großen, logischen Verbundplatte zusammengefasst, die aus Sicht der übergeordneten Schichten einen homogenen, zusammenhängenden Speicherblock darstellt.

9 Videodatenbanktechnik

Bei dieser Art der Implementation einer Videodatenbank spielt das Dateisystem außer einer eventuell genutzten Software-RAID-Funktion für die transparente, logische Zusammenfassung mehrerer Festplatten keine weitere Rolle. Die eigentlichen Dateiverwaltungsfunktionen werden nicht benötigt, da der VDBS die Datenverwaltung innerhalb der verfügbaren Gesamtkapazität selbst organisiert. Deshalb kommen alternativ zu Dateisystemen wie NTFS (New Technology File System) von Microsoft Windows NT, Ext3fs von Linux oder HFS (Hierarchical File System) von Apple oft auch proprietäre Lösungen für den direkten Festplattenzugriff zum Einsatz.

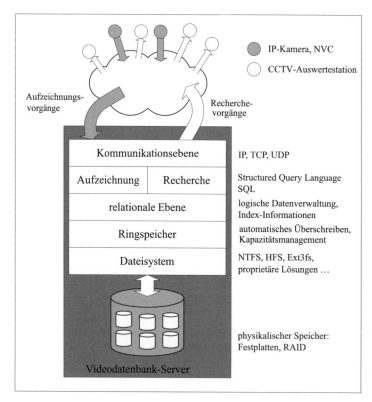

Bild 9.1: Verwaltungsschichten für den Zugriff auf die Videodatenbank eines VDBS

Die verfügbare Festplattenkapazität wird in der nächsten Schicht in einzelne Bereiche, so genannte Aufzeichnungsringe, aufgeteilt. Mittels dieser Aufzeichnungsringe können verschiedene, der Kritikalität des Bildmaterials angepasste Aufzeichnungszeiträume innerhalb der Videodatenbank organisiert werden. Ringspeicher sorgen, wie im Abschnitt 9.3 dargestellt, durch automatisches Löschen der jeweils ältesten Bilder für einen autonomen Betrieb eines DVR.

Für einen schnellen Zugriff auf die in Ringspeichern verwalteten Bilder müssen aufgrund der großen Datenmengen spezielle Inhaltsverzeichnisse bereit gestellt werden. Diese Indexinformationen sowie Bildbegleitdaten, die für Recherchezwecke verwendet werden können, werden auf der so genannten relationalen Ebene verwaltet. Oberhalb dieser Ebene verhält sich die Videodatenbank eines VDBS wie das bekannte relationale Datenbankmodell, welches in Abschnitt 9.4 anhand der Tabellenstruktur eines CCTV-Videodatenbankbeispiels überblicksweise vorgestellt wird.

Der Entwurf einer Videodatenbank als relationale Datenbank eröffnet die Möglichkeit der Nutzung standardisierter Zugriffsschnittstellen. Insbesonders der Einsatz von SQL als standardisierter Abfragesprache erlaubt die Formulierung sehr flexibler Suchkriterien. Abschnitt 9.5.2 liefert hierzu einige Fallbeispiele.

Da der VDBS seine Dienste im Netzwerk zur Verfügung stellt, wird als oberste Schicht des Zugriffsmodells eine Kommunikationsschicht für den Datenaustausch im Netzwerk benötigt. Über diese Schicht kommuniziert der VDBS mit seinen Clients. Diese senden z. B. entsprechende Rechercheaufträge oder Videobilder zur Speicherung in der Videodatenbank. In den folgenden Abschnitten soll etwas näher auf die einzelnen Schichten des VDBS-Modells aus Bild 9.1 eingegangen werden.

9.3 Ringspeicher

Die Aufzeichnung von Videobildern in so genannten Ringspeichern ist die Hauptbetriebsart der Aufzeichnung in DVRs von digitalen CCTV-Systemen. Meist wird ein autonomer Betrieb der Aufzeichnungstechnik gefordert. Da irgendwann aber der Speicher eines DVR mit Videodaten gefüllt sein wird, muss entweder ein manueller Eingriff erfolgen oder der DVR muss selbst für die Schaffung von neuem Speicherplatz sorgen. Die dabei angewendeten Verfahren sind einer der größten Unterschiede zwischen Mediendatenbanken aus dem CCTV-Bereich und „normalen" relationalen Datenbanken, wie man sie u. a. aus betriebswirtschaftlichen Anwendungen kennt. Derartige Datenbanken sind meist bezüglich der Recherche optimiert. Das Einfügen neuer Daten ist demgegenüber als seltener Vorgang zu sehen. Relativ gesehen noch seltener ist ein Löschen von Daten. Ein automatisches Löschen von Daten nach einer vorgebbaren Verfallszeit ist für betriebswirtschaftliche Datenbanken wohl eher der Ausnahmefall. Deshalb sind derartige Aufgabenstellungen verglichen mit dem Recherchedurchsatz in diesen Produkten nur gering optimiert.

CCTV-Datenbanken stehen vor einer ganz anderen Situation. Der wichtigste Prozess ist der Schreibvorgang. Automatisches Löschen von alten oder unwichtigen Bildern ist ein Hauptbetriebsmodus. Die Recherche sollte die Aufzeichnungsvorgänge bezüglich des Durchsatzes nicht negativ beeinflussen. Deshalb sind die Videodatenbanken für CCTV-Zwecke sowohl bezüglich des Aufzeichnungs- als auch des Recherchedurchsatzes optimiert. Dies ist einer der Hauptgründe dafür, dass DVRs meist proprietäre Videodatenbanken betreiben. Diese unterscheiden sich von Hersteller zu Hersteller stark in Funktionalität und Durchsatz.

Im Ringspeicherbetrieb überschreibt ein DVR automatisch die jeweils ältesten aufgezeichneten Bilder und ihre zugehörigen Recherchedaten und schafft damit Platz für neue Bilder. Bild 9.2 zeigt das Prinzip der Ringspeicheraufzeichnung am Beispiel eines einfachen Einzelringspeichers. Es werden zwei Kameras im gleichen Ringspeicher aufgezeichnet. Dabei hat Kamera 1 die doppelte Bildrate wie Kamera 2.

Die Verweil- bzw. Speicherdauer eines Bildes in einem Aufzeichnungsring hängt von der Summendatenrate aller Kameras ab, die in diesem Ring gespeichert werden. Nimmt man im Beispiel von Bild 9.2 an, dass die beiden Kameras Bilder gleicher Größe liefern, so erzeugt Kamera 1 zwar die doppelte Datenlast wie Kamera 2. Die Verweildauer der Bilder ist aber für beide Kameras exakt gleich, da immer das älteste Bild unabhängig von der zugehörigen Kamera überschrieben wird. Bei konstanter Summendatenrate hat auch der Zyklus der Schreibposition eine konstante Zeitdauer, die der Verweil- bzw. Speicherdauer des Ringes entspricht. Die Aufzeichnungsdauer t_A eines Ringes gegebener Kapazität K_R ergibt sich so vereinfacht mit den Formeln aus Abschnitt 8.4 nach Gl. (9.1):

9 Videodatenbanktechnik

$$t_A = \frac{K_R}{\sum_{i=1}^{n_V} K_{Bi} \cdot b_i} \qquad (9.1)$$

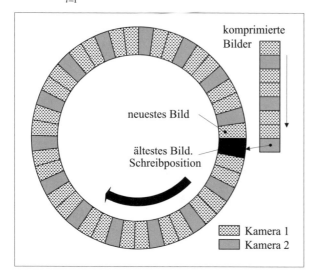

Bild 9.2:
Prinzipielle Arbeitsweise eines Einzelringspeichers

Als Beispiel soll für Bild 9.2 angenommen werden, dass Bilder mit konstanter Größe $K_B = 25$ kB für beide Kamerakanäle erzeugt werden und dass die Bildraten b_1 und b_2 jeweils 20 bzw. 10 Bilder pro Sekunde betragen. Der Ring hat ein Fassungsvermögen von 100 GB. Die entsprechende Aufzeichnungsdauer wird gemäß Gl. (9.2) berechnet.

$$t_A = \frac{100 \cdot 2^{30}}{25 \cdot 2^{10} \cdot (20+10)} \approx 39 \, Stunden \qquad (9.2)$$

Ein neu in diesen Ring aufgezeichnetes Bild wird unabhängig vom Kamerakanal nach etwa 39 Stunden überschrieben.

Da die Verweildauer für alle in einen Einzelring aufgezeichneten Kameras gleich groß ist, lässt sich mit einer solchen einfachen Speicherstrategie die Forderung nach unterschiedlichen Verweildauern in Abhängigkeit von der Kritikalität der Bilder nicht erfüllen. Verfeinerte Konzepte nutzen deshalb für derartige Aufgabenstellungen mehrere Ringspeicher. Die verfügbare und im Vorfeld gemäß den Ausführungen aus Abschnitt 8.4 berechnete Gesamtkapazität kann in derartigen Systemen frei auf die einzelnen Ringspeicher verteilt werden. Im Fallbeispiel 2 aus Abschnitt 8.4.2.2 werden drei verschiedene Aufzeichnungsdauern von zwei, sieben und 30 Tagen für drei Gruppen von Kameras gefordert. Um dies zu realisieren, kann der für dieses Beispiel berechnete Gesamtspeicher von 334 GB auf drei Aufzeichnungsringspeicher entsprechend Tabelle 9.1 aufgeteilt werden.

Tabelle 9.1: Ringspeicherkonfiguration für das Fallbeispiel 2 aus Abschnitt 8.4.2.2

Ring	Kapazität		t_A	Kameras
	gesamt [GB]	%		
1	123	36,8	2	1 – 5
2	173	51,8	7	6 – 15
3	38	11,4	30	16

Die Projektierung von Ringspeichergrößen wie in Tabelle 9.1 bzw. die Verteilung von Aufzeichnungsvorgängen auf verschiedene Ringe entsprechend vorgegebener Archivierungszeiträume ist neben der Berechnung der Gesamtspeicherkapazität eine weitere Aufgabe bei der Projektierung des primären Videospeichers eines digitalen CCTV-Systems.

Mittels der Mehrfachringspeichertechnik lassen sich eine große Vielfalt verschiedener CCTV-Aufzeichnungsszenarien realisieren. DVRs verschiedener Hersteller unterscheiden sich jedoch stark in den hier angebotenen Funktionen. Ein Beispiel für solche Funktionen ist ein Prioritäts-gesteuerter Wechsel des Aufzeichnungsringes. Die Bilder von Kameras müssen hier nicht immer im gleichen Ring aufgezeichnet werden. Für kritische Ereignisse kann individuell festgelegt werden, dass die zugehörigen Bilder nicht in den Normalbetriebs-Ring, sondern in einen alternativen Ring aufgezeichnet werden. So können Bilddaten besonders geschützt werden, wenn der Zielring z. B. gegen automatisches Überschreiben gesichert ist. Alternativ können auch Ereignisse in einen Ring mit längerer Verweildauer aufgezeichnet werden, während Bilder von Permanentaufzeichnungen nur kurzfristig im System verbleiben, da sie im Allgemeinen eine geringere Bedeutung haben.

Neben der Möglichkeit des automatischen Überschreibens bieten viele DVRs die Funktion einer ringbezogenen Überschreibsperre an. Das Überschreiten einstellbarer Füllstände oder der Zustand Voll werden signalisiert. Der Bediener hat die Möglichkeit, individuell die gesamte belegte Kapazität oder auch nur Teile davon zum Überschreiben freizugeben. So ist z. B. der Speicher für die Überfallereignisse der UVV-Kassen-Spezifikation aus Abschnitt 8.2.4.3 bis zur manuellen Freigabe gesperrt und kann damit auch keine neuen Bilder mehr aufnehmen. Ringspeicher in diesem Betriebsmodus müssen regelmäßig gewartet werden.

9.4 Relationale Ebene

Es gibt eine Vielzahl guter Lehrbücher zur Theorie und Praxis relationaler Datenbanken. Diese haben aber meist betriebswirtschaftliche und nicht multimediale Anwendungen zum Schwerpunkt. Wer sich hier für weitergehende Informationen interessiert, dem seien z. B. [LANG95] und [RUMB93] empfohlen. Hier soll eine praxisorientierte Übersicht zu den wichtigsten Aspekten des relationalen Modells in seiner Anwendung für CCTV-Videodatenbanken gegeben werden. Außerdem soll durch die Erläuterung einiger implementationstechnischer Details der Blick für Probleme geschärft werden, die durch die Verwaltung von zeitabhängigen Daten, wie Video oder Audio, entstehen. Vor den hier dargestellten Problemen stehen sämtliche Datenbankentwicklungen für Multimediaanwendungen, wobei es eine Vielzahl von Lösungsstrategien gibt.

Das relationale Datenbankmodell geht auf Arbeiten von E. F. Codd [CODD90] zurück. In diesem Modell werden Datenbestände durch Relationen und Verknüpfungen dieser Relationen repräsentiert. Für die hier verfolgten Zwecke kann der Begriff der Relation vereinfacht durch den Begriff der Tabelle ersetzt werden. Die Software zur Verwaltung dieser Tabellen wird als relationales Datenbank-Managementsystem (RDBMS) bezeichnet. Bestandteile eines RDBMS sind:
- die Tabellen, welche die Nutzdaten enthalten;
- Operationen für die Manipulation dieser Tabellen und
- Regeln für die Sicherung der Integrität des Datenbestandes des RDBMS.

Im Folgenden soll anhand von Beispielen dargestellt werden, wie das relationale Konzept für die Verwaltung von CCTV-Videodaten zu Anwendung kommt.

9.4.1 Recherchedaten

Gemäß Bild 9.1 sind Ringspeicher neben dem Dateisystem die unterste Verwaltungsebene einer CCTV-Videodatenbank. Für eine sinnvolle Recherche nach in den Ringen gespeicherten Videobildern werden Zusatzinformationen benötigt. Diese können zur Bildung von Suchkriterien herangezogen werden. Beispiele für auf Bildbegleitdaten basierende Recherchen sind folgende Vorgänge:

- Es sollen alle Bilder einer Kamera wiedergegeben werden, die in einem vorgegebenen Zeitintervall aufgezeichnet wurden.
- Es werden Bilder gesucht, die bei allen Öffnungsvorgängen einer Tür am Wochenende in den letzen zwei Monaten aufgenommen wurden.
- Das System soll Bilder liefern, deren Aufzeichnung durch den Kartenleser eines ZKS ausgelöst wurde. Dabei kann z. B. ein Zeitpunkt und ein Bereich von Kartennummern angegeben werden, der von Interesse ist.
- In einer Tankstellenumgebung werden alle Bilder an einer vorgegebenen Zapfsäule gesucht, die Tankvorgänge dokumentieren, deren Betrag eine bestimmte Grenze überschreitet.
- Es sollen nur Bilder einer Kamera angezeigt werden, deren Aufzeichnung durch die Auslösung eines Videoaktivitätssensors verursacht wurde.
- Es soll der Weg eines Paketes innerhalb eines Logistikzentrums anhand von Bildern verfolgt werden, deren Aufzeichnung durch Lesevorgänge von Barcode-Scannern veranlasst wurde. Dabei bildet der gesuchte Barcode und gegebenenfalls ein Zeitraum das Recherchekriterium.

Die Daten, die der VDBS zur Bearbeitung dieser von Clienten formulierten Rechercheaufträge benötigt, müssen auf eine sinnvolle Weise strukturiert und gespeichert werden. Dabei sollte das Verwaltungsmodell eine möglichst große Anwendungsbandbreite erlauben, ohne dass für ein spezielles Szenario implementative und kostenträchtige Änderungen an der zentralen Datenverwaltung notwendig werden. So soll z. B. die Datenverwaltung eines VDBS sowohl für die Erfassung von Daten eines Bank-, Logistik-, Tankstellen- oder Kassenszenarios eines Kaufhauses ohne Änderungen an der Software-Architektur geeignet sein. Die Daten eines neuen Anwendungskontextes müssen einfach übernommen werden können. Ein derartiges vom Anwendungsszenario unabhängiges Datenbanksystem hat einen sehr weiten Einsatzbereich. Das relationale Datenbankmodell hat bei entsprechender Auslegung das Potential zu einer derartigen Abstraktion und Anwendungsneutralität.

9.4.2 Verwaltung von CCTV-Daten in Tabellen

9.4.2.1 Eine Tabelle zur Verwaltung von Videobildern

Nehmen wir an, ein CCTV-System soll eine größere Anzahl von Kamerakanälen speichern. Die Kompressions-Hardware der entsprechenden DVRs liefert MPEG-2 und Wavelet-komprimierte Bilder in verschiedenen Qualitätsstufen. Jedes Bild soll individuell verwaltet und angefordert werden können. Mit diesen Vorgaben könnte ein Bild neben den eigentlichen Bilddaten durch folgende Rechercheinformationen charakterisiert werden[1]:

- Kamerakanal: Dies kann eine einfache Nummer oder auch ein eindeutiger Name der Kamera sein, die dieses Bild erzeugt hat. Die Angabe des Kanals ist die Grundlage für die individuelle Wiedergabe einer Videokamera, obwohl die Bilder vieler Kanäle in die Datenbank gemixt im Multiplexverfahren aufgezeichnet wurden.

- Aufzeichnungsring: Dieser Wert identifiziert einen Aufzeichnungsring entsprechend Abschnitt 9.3, in dem das Bild gespeichert und aus dem es nach einer bestimmten Zeit auch wieder automatisch verdrängt wird.
- Ein Zeitstempel liefert Datum und Zeitpunkt der Erzeugung eines Bildes mit hoher Zeitauflösung im Millisekundenbereich. Neben der Anwendung für Recherchezwecke wird diese Information für die zeitliche Synchronisation einer Echtzeit-Wiedergabe benötigt.
- Codec: Modernste Multi-Codec-Systeme auf DSP-Basis sind in der Lage, verschiedene Video-Kompressionverfahren parallel je nach Anforderungen einzusetzen. Das Datenfeld gestattet die Identifikation des zur Erzeugung des Bildes eingesetzten Codecs und steuert die Auswahl des Dekompressors bei der Wiedergabe.
- Parität: Werden entsprechend dem Zeilesprungverfahren Halbbilder komprimiert, liefert dieses Feld die Aussage, ob es sich um ein Bild gerader oder ungerader Parität handelt.
- Vollbild: Das Feld liefert die Aussage, ob das zugehörige Bild ein Voll- oder ein Halbbild ist.
- Bildtyp IPB: Bei MPEG-2-Kompression kann hier die Angabe entnommen werden, ob es sich um ein I-, P- oder B-Bild handelt, wie in Abschnitt 5.2.5.2 erläutert wurde.
- Bildgröße: Angabe der Größe des komprimierten Bildes.

Dieses Beispiel-Set an Informationen kann individuell jedes einzelne Bild in der Videodatenbank eines CCTV-Systems charakterisieren. Weitere recherchierbare Informationen sind denkbar. Man spricht von einem Datensatz. Alle Bilddatensätze werden in Form einer Tabelle angeordnet. Tabelle 9.2 zeigt dies für obiges Beispiel. Zur Abkürzung wurde die Datumskomponente der Zeitstempel nur für einen Bilddatensatz angegeben.

Die hier bislang erfassten Informationen betreffen nur Eigenschaften des Bildes selbst. Sie geben noch keinen Aufschluss über die Ursache, die zu einer Aufzeichnung führte. Die Verwaltung dieser ereignisbezogenen Rechercheinformationen wird später diskutiert.

Tabelle 9.2: Ausschnitt einer Datenbanktabelle zur Verwaltung von Videoinformationen

			Tabellenname: DVR_Bilder						
↑			↑↑ Vergangenheit – ältere Bilder ↑↑						
PS	Kanal	Ring	Zeitstempel	Codec	Parität	voll	IPB	Byte	Referenz
57899	1	1	2003/08/23 14:00:01,003	W	E	nein	$\emptyset^a$	15.783	R57899
57900	2	2	14:00:01,020	M	$\emptyset$	ja	I	64.873	R57900
57901	2	2	14:00:01,060	M	$\emptyset$	ja	P	36.342	R57901
57902	16	1	14:00:01,063	W	O	nein	$\emptyset$	8.352	R57902
57910	2	2	14:00:01,100	M	$\emptyset$	ja	P	29.326	R57910
57911	2	2	14:00:05,000	M	$\emptyset$	ja	I	65.345	R57911
57912	2	2	14:00:05,041	M	$\emptyset$	ja	P	35.235	R57912
58001	2	2	14:00:05,081	M	$\emptyset$	ja	P	34.235	R58001

---

1 Hier handelt es sich lediglich um ein Beispiel. Es gibt keine allgemeine Festlegung, wie die Recherchedaten von Bildern in CCTV-Datenbanken strukturiert sein müssen. Einzelne Produkte unterscheiden sich in diesem Punkt sehr stark. Auch die hier gemachte Annahme, dass jedes einzelne Bild einen eigenständig verwalteten Datenbankeintrag erzeugt, ist insbesondere bei der Verwendung von Bewegtbildkompressionsverfahren wie MPEG nicht immer gegeben. So gibt es auch Systeme, die als kleinste Verwaltungseinheit die GOP aus Abschnitt 5.2.5.2 oder auch längere Bildsequenzen in Form separater Dateien nutzen. Eine derartige Sequenz-basierte Speicherung führt aber meist zu Kompromissen bezüglich der Zugriffsflexibilität.

9 Videodatenbanktechnik

	Tabellenname: DVR_Bilder								
↑	↑↑ Vergangenheit – ältere Bilder ↑↑								
PS	Kanal	Ring	Zeitstempel	Codec	Parität	voll	IPB	Byte	Referenz
58002	1	1	13:51:00,123	W	O	nein	∅	15.235	R58002
58003	1	1	13:51:00,180	W	E	nein	∅	16.136	R58003
58011	2	2	13:51:01,000	M	∅	ja	I	65.772	R58011
58012	2	2	13:51:01,042	M	∅	ja	P	37.235	R58012
58013	2	2	13:51:01,082	M	∅	ja	P	33.235	R58013
58015	1	1	13:51:02,578	W	E	nein	∅	15.393	R58015
58035	2	1	13:51:03,032	M	∅	ja	I	66.235	R58035
↓	↓↓ Zukunft – neuere Bilder ↓↓								

a Das Zeichen ∅ soll im Folgenden für den besonderen Datenbankwert „leer" verwendet werden. Dieser spezielle Wert darf nicht mit Werten wie 0 bei Zahlen oder einem Text, der kein Zeichen enthält, verwechselt werden. Z. B. ist in der Bildertabelle für Datensätze, die zu Wavelet-Bildern gehören, der Wert IPB leer, da dieser nur für MPEG-Daten eine sinnvolle Bedeutung hat.

Die Tabelle oder Relation zur Erfassung der Recherchedaten des Beispiels ist durch ein Tabellen- oder Strukturschema charakterisiert, welches nach den Forderungen des relationalen Modells folgende Bestandteile hat:

- den Namen der Tabelle. Relationale Datenbanken bestehen meist aus mehreren Tabellen, die jeweils einen eindeutigen Namen haben müssen;
- die Namen der Spalten der Tabelle. Diese werden als Felder oder Attribute bezeichnet;
- den Typ der in den Feldern gespeicherten Informationen und den Definitionsbereich zulässiger Werte. So umfasst der Definitionsbereich des Feldes Codec die beiden zulässigen Werte Wavelet (W) und MPEG (M).

Die Zeilen dieser Tabelle stellen jeweils einen Datensatz zur Charakterisierung eines bestimmten Bildes der Datenbank dar. Jedes neu eintreffende Bild erzeugt einen neuen Recherchedatensatz in dieser Tabelle, der am Ende angehangen wird. Parallel sorgt der zugehörige Ringspeicher im Hintergrund dafür, dass ältere Bilder dieses Rings bei Notwendigkeit inklusive ihrer Recherchedaten überschrieben werden. Ringspeicher- und Tabellenverwaltung sind hier entsprechend eng verzahnt.

Die Tabelle enthält zusätzlich zu den bereits erwähnten Daten die beiden Felder „PS" und „Referenz", deren besondere Bedeutung im Folgenden geklärt wird.

9.4.2.2 Trennung von Bild- und Rechercheinformation

Das Feld „Referenz" in Tabelle 9.2 stellt den eindeutigen Bezug zwischen dem jeweiligen Recherche-Datensatz und dem eigentlichen Bild her. Das Bild selbst ist nicht im Speicherbereich der Tabelle, sondern in speziellen Bereichen des Primärspeichers abgelegt. Sinn dieser Trennung von Bild- und Rechercheinformation, wie Bild 9.3 sie zeigt, ist die Reduktion der Datenmengen, die zwischen Festplattenspeicher und Prozessorspeicher für Suchzwecke übertragen werden müssen.

Da die Recherchedaten verglichen mit den Bilddaten meist nur wenig Speicher beanspruchen, bedeutet diese Trennung bereits einen ersten Optimierungsschritt für die Beschleunigung von Recherchen. Um ein Bild zu suchen, müssen nicht die Bilddaten selbst inklusive ihrer Recherchedaten aus dem Festplatten-Primärspeicher zur Analyse in den Hauptspeicher des DVRs transportiert werden. Die alleinige Prüfung der Recherchedaten ist ausreichend[2]. Findet man in diesen einen passenden Datensatz, so kann mittels dessen Referenzfeld der Speicherort des

Bildes im Primärspeicher bestimmt werden. Allein diese einfache natürliche Vorgehensweise beschleunigt den Recherchedurchsatz gegenüber der nicht sehr praxisnahen Worst Case-Annahme des kompletten Durchsuchens des Primärspeichers aus Abschnitt 9.1 enorm. Nimmt man an, dass die Rechercheinformationen im Mittel 5 % des Speichers der Bildinformationen beanspruchen, so wird ein Worst Case-Suchvorgang, der die Analyse sämtlicher Datensätze erfordert, schon in etwa der Größenordnung des Faktors 20 gegenüber dem Beispiel aus Abschnitt 9.1 beschleunigt[3].

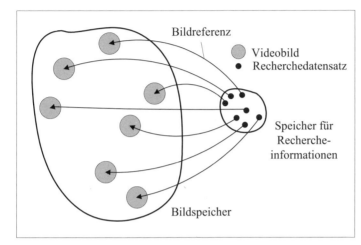

Bild 9.3:
Getrennte Speicherung von Bild- und Rechercheinformationen

9.4.2.3 Kausale Bildreihenfolge – Primärschlüssel

Grundforderung bei der Wiedergabe von Videobildern aus einer Videodatenbank ist die Forderung nach einer Wiedergabe in der korrekten zeitlichen Reihenfolge bzw. kausalen Ordnung der Aufzeichnung. Dafür benötigt man ein Ordnungskriterium, welches jedem Bild eines Videokanals eindeutig einen zeitlichen Vorgänger und einen zeitlichen Nachfolger zuordnet. Ein erster – naiver – Ansatz für die Wahl eines solchen Kriteriums könnte der Zeitstempel, den jedes Bild direkt bei seiner Erzeugung erhält, sein. Dieser Zeitstempel wird jedoch nicht aus irgendeiner absoluten, ständig fortschreitenden Zeitbasis, wie z. B. der GMT (Greenwich Mean Time) oder der noch genaueren UTC (Coordinated Universal Time), abgeleitet. Er ergibt sich vielmehr aus der lokalen Uhrzeit des Aufzeichnungssystems. Nun weiß jeder Computer-Nutzer, dass die Computer-Uhr alles andere als genau ist. Dieser Fakt allein würde aber noch keine Probleme bezüglich der geforderten kausalen Bildreihenfolge machen, sondern sich nur mehr oder weniger stark auf die Wiedergabegeschwindigkeit auswirken. Probleme entstehen durch

---

2 Soll auch der Bildinhalt zur Recherche verwendet werden, so hat das Suchproblem eine neue Qualität. Es gibt eine zunehmende Zahl von CCTV-relevanten Problemstellungen, die eine direkte Bildanalyse erfordern. In solchen Fällen muss der Bildinhalt selbst einem Vergleichskriterium entsprechen. Ein Beispiel ist die Suche nach Bildern in einer Datenbank, die Fahrzeuge mit vorgegebenen Nummernschildern zeigen. Bei derartigen Aufgaben liegen Bild- und Recherchedaten nicht mehr getrennt vor. Neben den aufwändigen Algorithmen der Bildinhaltsanalyse entstehen hier allein durch die notwendigen Bildtransporte zwischen Festplatten-Primärspeicher und Arbeitsspeicher Durchsatzprobleme. Die Lösung solcher Aufgabenstellungen steckt heute noch in den Kinderschuhen und ist intensiver Forschungsgegenstand der Informatik.
3 Natürlich unterliegen die Recherchezeiten einer großen Zahl weiterer Einflussgrößen, die in dieser einfachen Pauschaldarstellung ignoriert werden. Ohne Anspruch an die Exaktheit derartiger Zahlen erheben zu wollen, soll hier nur die erreichbare Größenordnung verdeutlicht werden. Leider gelten im Datenbank-Umfeld derart lineare Zusammenhänge nur sehr selten. Wie bei betriebswirtschaftlichen Datenbankanwendungen auch, kann keine Pauschalaussage zur Zeitdauer eines Recherchevorganges vorgenommen werden.

9 Videodatenbanktechnik

Sprünge in der lokalen Uhrzeit eines Computers oder von Peripheriegeräten wie Netzwerkkameras. Derartige Zeitsprünge haben vielfältige Ursachen, z. B.:
- Sommer- und Winterzeitumstellungen;
- die zentrale Zeitsynchronisation auf eine Master-Zeit, die z. B. aus einer Funkuhr abgeleitet wird. Da diese Synchronisation meist in Tagesintervallen durchgeführt wird, kommt es zu mehr oder weniger großen Abweichungen der Einzelsysteme, die zu einem festen Zeitpunkt vom Zeit-Master wieder korrigiert wird. Dies führt zu Sprüngen in der lokalen Uhrzeit;
- willkürliche Zeiteinstellungen durch Nutzer.

Sprünge in der lokalen Zeitbasis erzeugen natürlich ihrerseits wiederum Sprünge in den Zeitstempeln von Videobildern. Das Rückstellen der lokalen Uhrzeit führt zu einer Verletzung der kausalen Ordnung der aufgezeichneten Bilder, wenn die Bildzeitstempel als Ordnungskriterium verwendet werden. Die jährliche Sommerzeitumstellung nach Bild 9.4 ist ein Beispiel für einen solchen die Zeitbasis eines digitalen Videosystems beeinflussenden Vorgang.

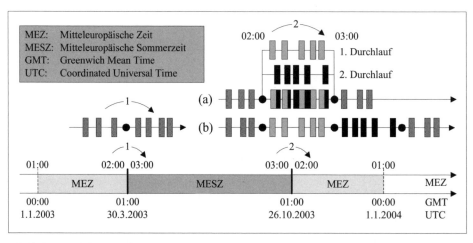

Bild 9.4: *Auswirkungen der Sommerzeit auf Bildreihenfolgen. (a) Reihenfolge Bildzeitstempel (b) Reihenfolge Primärschlüssel*

Wie Bild 9.4 zeigt, geschieht bei der Rückstellung auf MEZ Merkwürdiges. Die Stunde zwischen 02:00 und 03:00 Uhr wird von der Computer-Uhr zweimal durchlaufen. Für die Zeitstempelfolge von in dieser Zeit laufenden Aufzeichnungen hat das interessante Konsequenzen. So können z. B. zum gleichen Zeitstempel zwei Bilder gehören, die eigentlich bezüglich der absoluten GMT einen Abstand von einer Stunde haben. Vorgänger und Nachfolger können ihre Reihenfolge vertauschen, so dass der zeitliche Fluss der Wiedergabe nicht mehr sinnvoll geordnet ist. Bei der Wiedergabe würden die Bilder der beiden sich überlappenden Stunden gemischt werden, wie die Sequenz (a) in Bild 9.4 dies zeigt. Das paradoxe Ergebnis entspricht den philosophischen Anomalien einer Zeitmaschine – so es Derartiges einmal gibt – beim Rücksprung in die Vergangenheit. Ursache und Wirkung können vertauscht dargestellt werden – eine Person erscheint in einem Raum, bevor die Tür geöffnet wird. Bei der Umstellung auf Sommerzeit entstehen derartige Effekte nicht.

Bezüglich des Beispiels Sommerzeit könnte das Problem durch die Verwendung von GMT/UTC-basierten Zeitstempeln noch aufgelöst werden. Diese Zeitbasen kennen keine Sommerzeit und schreiten damit gleichmäßig fort. Da aber eine lokale Geräteuhr nicht synchron zur Welt-GMT laufen kann und immer die Gefahr einer Fehleinstellung besteht, ist das beschriebene Problem von prinzipieller Natur. Wegen der fehlenden absoluten Bezugszeitbasis sind die mittels der lokalen Uhrzeit ermittelten Zeitstempel als Ordnungskriterium prinzipiell nicht geeignet. Wird das beim Software-Design ignoriert, ist ein Fehlverhalten des Systems vorprogrammiert.

Um zu einer eindeutigen zeitlichen Wiedergabeordnung zu kommen, wird deshalb das Feld „PS" im Tabellenbeispiel 9.2 als so genannter Primärschlüssel eingeführt. Primärschlüssel sind ein weiterer Kernbaustein des relationalen Modells. Charakteristikum eines Primärschlüssels ist, dass er für jeden Datensatz einer Tabelle einen eindeutigen Wert hat. Der Primärschlüssel repräsentiert damit eine eindeutige Adresse für einen Datensatz und damit auch für ein Bild. Bei Anlegen eines Datensatzes zur Beschreibung eines Bildes in Tabelle 9.2 erzeugt das RDBMS automatisch für diesen Datensatz einen zugehörigen Primärschlüssel. Wird dieser Primärschlüssel sinnvollerweise von einem Zähler[4] abgeleitet, dessen Wert mit jedem neu erzeugten Schlüssel erhöht wird und der während der Lebensdauer einer Datenbank niemals zurückgesetzt wird, so repräsentiert er zusätzlich zur Funktion der eindeutigen Bildadressierung noch das gewünschte zeitliche Ordnungsprinzip. Werden die Bilder der Tabelle 9.2 in auf- bzw. absteigender Folge der Primärschlüssel der Datensätze wiedergegeben, so entspricht das einem Rück- bzw. Vorwärts-„Spulen" eines Videorekorders in korrekter zeitlicher Reihenfolge. Die Ordnung der Wiedergabe entspricht damit der Reihenfolge des Eintragens der Datensätze in die Datenbank.

9.4.2.4 Zugriffsbeschleunigung durch Indexierung

Der im vorhergehenden Abschnitt eingeführte Primärschlüssel garantiert zwar eine zeitlich korrekt geordnete Bildwiedergabe. Eine zweite Grundforderung der Videowiedergabe ist aber die nach möglichst hoher Wiedergabegeschwindigkeit für Echtzeit- und auch Zeitrafferwiedergaben. Die Eindeutigkeits-Eigenschaft eines Primärschlüssels macht aber keine Aussage darüber, wie die entsprechenden Datensätze in einer Bildertabelle verteilt sind. Im Normalfall muss von einer ungeordneten Abfolge ausgegangen werden. Die ständig im Hintergrund laufenden Löschprozesse eines Mehrfach-Ringspeicher-Systems zerstören dabei jede eventuell anfänglich vorhandene Ordnung der Primärschlüssel im physikalischen Festplattenspeicher. Weiterhin werden durch Überschreibprozesse in den Tabellen überlagerten Ringen Lücken in der Abfolge der Primärschlüssel erzeugt. Eine solche ungeordnete Schlüssel- bzw. Adressverteilung ist jedoch extrem ungünstig bezüglich der für eine Wiedergabe benötigten kurzen Suchzeiten.

Terabyte-große Datenbanken speichern viele Millionen Bilder. Bei ungeordneter Verteilung der Primärschlüssel, welche die Reihenfolge der Wiedergabe bestimmen, muss im Extremfall für die Suche nach einem zeitlich folgenden oder vorhergehenden Bild die gesamte Liste der Schlüssel durchsucht werden. Bei der großen Anzahl von Datensätzen führt das zu inakzeptablen Suchzeiten und einer extrem langsamen Wiedergabe.

Die Lösung dieses Geschwindigkeitsproblems heißt Indexierung. Indexierung ist ein allgemeines Konzept aus dem Datenbankumfeld zur Beschleunigung von Suchvorgängen. Dies betrifft nicht nur die Zugriffsbeschleunigung auf Primärschlüssel, sondern auf beliebige Datenfelder. Enthält ein Feld z. B. Barcodes, die mit einer Bildaufzeichnung verknüpft sind, so kann dieses Feld indexiert werden, um eine schnelle Suche der zu einem Scan-Vorgang gehörenden Video-

---

[4] Als Bild-Zähler werden so genannte Integer-Speicher-Variablen verwendet, die sinnvollerweise einen Wertebereich von 64 Bit bzw. 2^{64} haben sollten. Angst vor einem Überlauf eines solchen Zählers muss man nicht haben. 64 Bit Zähler können die Bilder von 10.000 Kameras, die mit 50 Bildern pro Sekunde aufgezeichnet werden, für etwa 1 Million Jahre ohne Überlauf mit eindeutigen, aufsteigenden Adressen versorgen. Ein Zähler mit einem 32 Bit-Wertebereich wäre demgegenüber mit nur zehn Kameras schon nach etwa 100 Tagen erschöpft, wodurch sich ernste Probleme bei der Wiedergabe ergeben könnten.

9 Videodatenbanktechnik

bilder zu ermöglichen. Ein Primärschlüssel ist wegen seiner besonderen Bedeutung praktisch immer indexiert, während andere Informationen einer Datenbank nur bei Bedarf indexiert werden, da ein Index einen erhöhten Speicherverbrauch mit sich bringt.

Indexe werden auch in der Alltagswelt oft benutzt, um schneller an Informationen zu gelangen. Typisches Beispiel sind Fachbücher wie dieses, die im Anhang einen alphabetisch geordneten Index an Fachbegriffen führen, mittels dessen man schnell die verschiedenen Seiten eines Buches ausfindig macht, die Informationen zu einem bestimmten Begriff geben. Man ist nicht gezwungen, zeitaufwändig das gesamte Buch zu lesen, um interessante Stellen zu finden.

Indexe in Datenbanken sind hocheffiziente Datenstrukturen, welche die bei naiver Vorgehensweise oftmals Millionen notwendigen Vergleichsoperationen auf einige wenige reduzieren, um einen bestimmten Datensatz zu finden. Bild 9.5 zeigt die einfachste Form eines Datenbank-Indexes, einen so genannten linearen Index, für ein Primärschlüsselfeld.

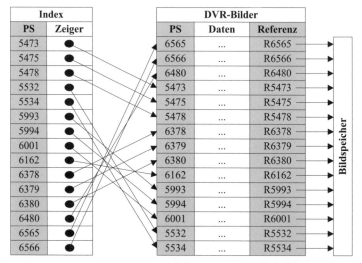

Bild 9.5:
Einfacher linearer Index für den Primärschlüssel einer Bildertabelle

Hier ist der Index selbst wieder eine Tabelle mit zwei Spalten. Die erste Spalte enthält die Primärschlüsselwerte – nunmehr in geordneter Reihenfolge. Die zweite Spalte enthält eine Referenz, die den physikalischen Speicherort des zugehörigen Datensatzes beschreibt. In einem Buchindex entspricht die Referenz der Angabe einer Seite, auf der Informationen zu einem Schlüsselwert zu finden sind. In einer Datenbank repräsentiert die Referenz z. B. eine Position in einer Datei, an welcher der Datensatz beginnt. Neben dem in Bild 9.5 dargestellten einfachen linearen Index gibt es noch erheblich komplexere, aber auch effizientere Indexierungsmethoden. Ein Beispiel sind so genannte binäre Bäume oder B-Trees. Die Behandlung dieser Datenstrukturen der Informatik geht weit über die hier verfolgten Zielstellungen hinaus. Einführungen geben die Werke von [KNUT73] und [SEDG92].

Der Vorteil des Index für den Primärschlüssel aus Bild 9.5 ist unmittelbar ersichtlich. Durch die geordnete Reihenfolge kann der Index unmittelbar als Abspielliste der Bilder zum Vor- und Rückwärtsspulen verwendet werden. Befindet man sich an Bildposition 5.993, so liefert der Index bei Vorwärtswiedergabe unmittelbar das Bild 5.994 und bei Rückwärtswiedergabe das Bild 5.534. Durch die in Abschnitt 9.4.2.3 beschriebenen Eigenschaften des Primärschlüssels ist dabei die korrekte Zeitordnung garantiert. Eine aufwändige Suche in den ungeordneten Datensätzen entfällt vollständig. Allerdings ist das Wiedergabeergebnis immer noch nicht sehr sinnvoll, da noch keine Separation der im Multiplexverfahren aufgezeichneten Videokanäle erfolgt. Bei der beschriebenen Wiedergabe anhand des Indexes der Primärschlüssel der Bildertabelle werden ohne weitere Maßnahmen die Bilder zwar in korrekter Zeitreihenfolge, aber gemischt über alle Kanäle wiedergeben. In einem Bildfenster einer Bedienoberfläche würden die Bilder verschiedener Kanäle gemischt, entsprechend ihrer Aufzeichnungsreihenfolge erscheinen, was nur selten eine sinnvolle Betriebsart darstellt. Deshalb wird ein Filter benötigt, welches mittels der in Abschnitt 9.5 beschriebenen Recherchesprache SQL realisiert wird und welches entsprechend Bild 9.6 als Videokanal-Demultiplexer wirkt.

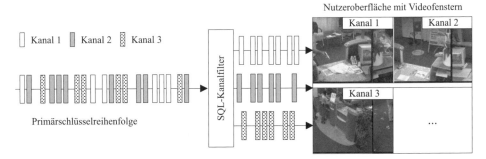

Bild 9.6: *SQL-Kanalfilter für den Demultiplex von Datenbankaufzeichnungen*

Neben dem angenehmen Verhalten, eine natürliche Bildordnung zu liefern, werden Indexe hauptsächlich zur Beschleunigung von Suchvorgängen eingesetzt. Zusätzlich zu der in Abschnitt 9.4.2.2 beschriebenen Trennung von Bild- und Rechercheinformation stellen Indexe das wichtigste Mittel zur Zugriffsbeschleunigung dar. Effizient arbeitende Indexe sind wichtigste Voraussetzung für eine sinnvolle Nutzbarkeit von Videodatenbanken mit vielen Millionen gespeicherten Bildern.

Bei einem einfachen, linearen Index, wie in Bild 9.5, erreicht man eine Beschleunigung mittels des Algorithmus der binären Suche. Voraussetzung für dessen Anwendung auf die Suche eines Wertes in einer Liste ist die Annahme, dass die Werte der Liste geordnet sind. Es können Lücken auftreten – ansonsten wäre die Suche auch trivial – die Reihenfolge muss aber monoton steigend oder fallend sein. Genau das ist Eigenschaft eines Indexes. Bild 9.7 zeigt die binäre Suche nach dem Datensatz mit dem Primärschlüssel 6.162 aus dem Index von Bild 9.5. Es werden nur drei Suchschritte benötigt.

Die binäre Suche wird auch als Zweiteilungsalgorithmus bezeichnet. Die durchsuchte Liste wird in mehreren Stufen jeweils halbiert, wobei geprüft wird, in welcher der entstehenden Teillisten der gesuchte Wert liegen muss. Das funktioniert selbstverständlich nur unter der Annahme, die Liste sei geordnet. Schließlich stößt man nach wenigen Schritten auf den gesuchten Wert. Mit der zugehörigen Referenz wird der Bilddatensatz und das eigentliche Bild ermittelt. Die Anzahl der Schritte einer binären Suche ist drastisch niedriger als die Anzahl der Vergleiche beim einfachen sequentiellen Vergleich aller Datensätze. In einer geordneten Liste mit N Elementen ist die Anzahl der Suchschritte:

$$s \leq \log_2(N+1) \qquad (9.3)$$

Verwaltet die Bildertabelle und der zugehörige Primärschlüsselindex z. B. die 36 Millionen Bilder der 1 TB-Datenbank aus Abschnitt 9.1, so werden bei Kenntnis des Primärschlüssels eines Bildes nie mehr als maximal 26 Suchschritte benötigt, um das zugehörige Bild zu finden. Indexe sind damit eines der eingangs angesprochenen „magischen" Mittel der Informatik zur Beschleunigung von Suchvorgängen in Datenbanken.

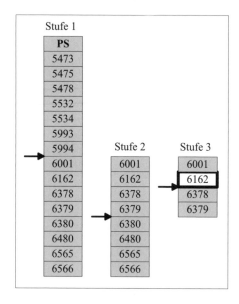

Bild 9.7:
Binäre Suche auf einer geordneten Liste von eindeutigen Primärschlüsseln

Leider stellt die Implementation von Indexen – insbesondere bei Datenbanken mit extrem hohem Schreibdurchsatz wie bei CCTV – ein sehr anspruchsvolles implementatives Problem für Software-Entwicklungen dar. So müssen neu hinzugekommene Datensätze in den Index aufgenommen werden. Durch den Wirkmechanismus der Ringe überschriebene Datensätze müssen aus dem Index entfernt werden. Diese beiden Prozesse greifen parallel zu den Rechercheprozessen auf die verschiedenen Indexe einer Videodatenbank zu. Die implementativen Schwierigkeiten sind immens, und es gibt eine große Zahl herstellerspezifischer Kochrezepte – die eingangs schon genannten „Betriebsgeheimnisse" –, die sich um nichts anderes als eine effiziente Verwaltung von Indexinformationen drehen.

9.4.2.5 Verknüpfung von Bild- und Recherchedaten

Mittels der Bildertabelle 9.2 und den Ausführungen der vorhergehenden Abschnitte ist es schon möglich, eine Multikanal-Videowiedergabe in korrekter Zeitordnung zu realisieren. Die für jedes Bild erfassten Zeitstempel ermöglichen zusätzlich eine Suche auf Basis der Aufzeichnungszeit. Ist der ungefähre Zeitpunkt eines Vorgangs bekannt, der analysiert werden soll, so reichen die vorgestellten Mittel schon aus, um komfortabel die entsprechende Bildinformation zu ermitteln.

Von den Beispielen für Rechercheszenarien des Abschnitts 9.4.1 ist jedoch nur das erste mittels zeitbasierter Suche sinnvoll analysierbar. Alle anderen Szenarien erfordern weitergehende Informationen, da die Zeitpunkte der zugehörigen Vorgänge hier nicht bekannt sind. Bei analogen Timelapse-Rekordern wurde in der Vergangenheit schlicht das gesamte Bildmaterial durchsucht, mit dem entsprechenden Zeitbedarf. DVRs bieten hier eine unüberschaubare Fülle an Zusatzkriterien, um die gesuchte Bildinformation in kurzer Zeit mit hoher Treffsicherheit zu finden.

Die für derartige Recherchen notwendigen Informationen müssen in der Datenbank verwaltet und mit den Bildinformationen verknüpft werden. Sollen z. B. Bilder gesucht werden, die beim Einstecken einer Chipkarte in einen ZKS-Kartenleser erzeugt werden, so müssen die Kartendaten für die Suchzwecke erfasst werden. Die zugehörigen Bilder müssen entsprechend gekennzeichnet werden. Bei einem Suchvorgang kann z. B. der Name des Karteninhabers angegeben werden, und die Videodatenbank liefert alle Bilder, die beim Betreten eines Gebäudes mit der entsprechenden Chipkarte aufgezeichnet wurden – natürlich wieder automatisch in der richtigen zeitlichen Reihenfolge.

Um diese Forderungen technisch umzusetzen, erscheint auf den ersten Blick eine Erweiterung der Bildertabelle 9.2 um zusätzliche Spalten für die Aufnahme von Chipkartendaten, Barcodes, Videosensorereignisdaten oder Kassensysteminformationen entsprechend der erweiterten Bildertabelle 9.3 die natürliche Lösung zu sein.

Tabelle 9.3: Erweiterte Bildertabelle mit Informationen zur Ereignisrecherche

↑ PS	Bilddaten	Tabellenname: DVR_Bilder					
		Ereignisdaten					
		ZKS-Szenario			Logistik-Szenario		...
		Name	Vorname	Karten-Nr	Scanner-Nr	Barcode	...
122	...	Werner	Paul	145	∅	∅	∅
123	...	Werner	Paul	145	∅	∅	∅
156	...	Müller	Horst	43	∅	∅	∅
157	...	Müller	Horst	43	∅	∅	∅
158	...	Müller	Horst	43	∅	∅	∅
159	...	Müller	Horst	43	∅	∅	∅
201	...	Lehmann	Günter	92	∅	∅	∅
203	...	Lehmann	Günter	92	∅	∅	∅
204	...	Lehmann	Günter	92	∅	∅	∅
205	...	Lehmann	Günter	92	∅	∅	∅
301	...	Müller	Horst	43	∅	∅	∅
302	...	Müller	Horst	43	∅	∅	∅
↓							

Der grau hinterlegte Vorgang in Tabelle 9.3 zeigt an, dass Herr Müller zu einer bestimmten Zeit den Kartenleser bedient hat und dass dabei die vier Bilder mit den Schlüsseln 156 bis 159 aufgenommen wurden. Über eine SQL-Recherche, wie im Abschnitt 9.5 gezeigt, könnte z. B. der Datenbank der Rechercheauftrag gegeben werden, alle Bilder, die aufgenommen wurden, als die Chipkarte von Herrn Müller in den Kartenleser gesteckt wurde, wiederzugeben, um z. B. nachträglich visuell zu prüfen, ob die Chipkarte missbräuchlich von einer anderen Person verwendet wurde.

Diese einfache Vorgehensweise der Speicherung von Ereignisdaten hat aber zwei wesentliche Nachteile:
- Der Abstraktionsgrad der Tabelle ist niedrig. Jedes Anwendungsszenario, wie ZKS, Logistik oder Kassendatenverwaltung, speichert seine Daten in eigenen Feldern. Soll ein neues Anwendungsszenario – z. B. Bank mit Daten wie GAA-Nummer oder ec-Kartendaten – erfasst werden, so muss die Struktur der Videodatenbank Software-technisch mit hohem Aufwand erweitert werden. Außerdem werden jeweils die Felder, die zu anderen Anwendungsszenarien gehören, nicht genutzt und belegen unnütz Speicherplatz.
- Um die Ereignisdaten mit den zugehörigen Bilddatensätzen zu verknüpfen, müssen diese redundant in der Bildertabelle entsprechend der Anzahl der Bilder, die einem Vorgang zugeordnet sind, eingetragen werden. Soll z. B. das Lesen einer Chipkarte einen Aufzeich-

nungsvorgang für eine Kamera mit 10 fps für einen Zeitraum von zwei Minuten starten, so müssen die Daten des ZKS-Szenarios auch jedem der entsprechenden Bilder beigegeben werden. Für das Beispiel müssten diese Daten also 1.200-mal redundant in die Bildtabelle eingetragen werden, um einen Bezug zwischen Bildern und Aufzeichnungsursache herstellen zu können. Damit wird Speicherplatz verschwendet und die Suchzeiten vergrößert.

Das erste Problem kann durch eine abstraktere Tabellenstruktur gelöst werden. Es werden nicht mehr Daten mit konkretem Anwendungsbezug gespeichert. Vielmehr wird einfach eine größere Zahl von generischen Feldern definiert, die zur Aufnahme von Informationen verschiedener Datentypen dienen. Der Anwendungsbezug wird durch ein Sonderfeld festgelegt. Dieses Feld soll als Kontextdeskriptor bezeichnet werden. Es handelt sich hierbei einfach um eine Nummer, welche einem Anwendungskontext fest zugeordnet ist. So könnte dem Deskriptor 1 das Szenario ZKS, dem Deskriptor 2 das Szenario Bank oder dem Deskriptor 3 das Szenario Tankstelle zugeordnet sein. Der Kontextdeskriptor ist die Grundlage für die Interpretation der Inhalte der generischen Datenfelder und damit für anwendungsbezogene Recherchen und Präsentationen. Tabelle 9.4 zeigt einen Vorschlag für eine Umdefinition der Tabellenstruktur aus Tabelle 9.3 auf dieser Basis.

Tabelle 9.4: Abstrakte Felder zur Erfassung verschiedener Anwendungskontexte

↑ PS	Bilddaten	Tabellenname: DVR_Bilder							
		Ereignisdaten								
		Kontext	Text 1	Text 2	...	Zahl 1	Zahl 2	...	Zeit 1	...
156	...	1	Müller	Horst	∅	43	∅	∅	2003/08/23 08:14:01	∅
157	...	1	Müller	Horst	∅	43	∅	∅	D/08:14:01	∅
158	...	1	Müller	Horst	∅	43	∅	∅	D/08:14:01	∅
159	...	1	Müller	Horst	∅	43	∅	∅	D/08:14:01	∅
201	...	2	Werner	Paul	∅	80033432	6734322	∅	D/15:04:23	∅
203	...	2	Werner	Paul	∅	80033432	6734322	∅	D/15:04:23	∅
204	...	3	∅	∅	∅	3	34533	∅	D/05:54:43	∅
205	...	3	∅	∅	∅	3	34533	∅	D/05:54:43	∅
301	...	3	∅	∅	∅	2	45631	∅	D/05:58:12	∅
302	...	3	∅	∅	∅	2	45631	∅	D/05:58:12	∅
498	...	1	Meyer	Peter	∅	94	∅	∅	D/08:25:24	∅
499	...	1	Meyer	Peter	∅	94	∅	∅	D/08:25:24	∅
502	...	1	Meyer	Peter	∅	94	∅	∅	D/08:25:24	∅
507	...	1	Meyer	Peter	∅	94	∅	∅	D/08:25:24	∅
↓										

In Tabelle 9.4 identifiziert der Kontextdeskriptor 1, dass die Felder Text 1 und Text 2 Name und Vorname des Karteninhabers enthalten. Das Zahlenfeld 1 enthält in diesem Fall die Kartennummer. Das Zeitfeld liefert den Zeitstempel des Kartenlesens. Werden Datensätze für den Kontext 2 – Buchung Geldautomat – gefunden, so enthalten die beiden Textfelder ebenfalls Name und Vorname. Die Zahlenfelder liefern die Bankleitzahl und gegebenenfalls Kontonummer des Karteninhabers, der die Buchung veranlasste. Weitere Felder können z. B. für den Buchungsbetrag oder eine Referenznummer verwendet werden. Das Kassenszenario 3 schließlich legt fest, dass im Feld 1 die Nummer einer Kasse enthalten ist, an der eine Buchung erfolgte. In Feld 2 wird z. B. eine Rechnungsnummer eingetragen, die für Recherchezwecke verwendet werden kann. Natürlich werden diese Kontexte kaum gleichzeitig in einem Projekt auftreten.

Auf diese Weise können verschiedenste Anwendungskontexte ohne Änderung der Datenbankstruktur im gleichen System verwaltet werden. Die Interpretation der Daten wird der Anwendungs-Software und der Präsentationsschicht überlassen.

Das zweite Problem der redundanten Speicherung der Rechercheinformationen in Tabelle 9.3 zu jedem zugehörigen Bild wird sinnvollerweise durch eine Aufspaltung der Bildertabelle 9.4 in zwei Tabellen gelöst. Dieser Vorgang wird in der Theorie der relationalen Datenbanken als Normalisierung bezeichnet. Die Normalisierung hat das Ziel, eine Datenbank so zu strukturieren, dass redundante Daten vermieden werden. Für Details zur Normalisierung und den verschiedenen Normalformen sei auf [LANG95] verwiesen. Hier soll wieder nur das Ergebnis einer teilweisen Normalisierung auf die Verwaltung von Video- und Recherchedaten dargestellt werden.

Tabelle 9.5: Separation von Bild- und Recherchedaten in zwei Tabellen

DVR_Bilder				DVR_Ereignisse						
↑ B_PS	Bilddaten	E_FS	n : 1	↑ E_PS	Kontext	Text 1	Text 2	Zahl 1	Zeit 1	...
156	...	23		23	1	Müller	Horst	43	2003/08/23 08:14:01	∅
157	...	23		...	...	...	...	...	...	...
158	...	23		28	1	Otto	Hans	83	2003/08/23 08:19:21	∅
159	...	23		32	1	Meyer	Peter	94	2003/08/23 08:25:24	∅
...	...			54	1	Müller	Horst	43	2003/08/24 08:18:23	∅
498	...	32		∅						
499	...	32								
502	...	32								
507	...	32								
602	...	54								
603	...	54								
↓										

Die Tabelle DVR_Ereignisse enthält die zusätzlichen Recherchedaten. Während in der Bildertabelle für jedes Bild ein separater Datensatz erzeugt wird, wird in der Ereignistabelle für jedes Ereignis ein Datensatz eingefügt. Wie bei den Bildern auch wird jedem Ereignis ein eindeutiger Ereignis-Primärschlüssel (E_PS) beigegeben. Bei einer Wiedergabe entsprechend der E_PS-Reihenfolge wird auf diese Weise wieder eine korrekte zeitliche Ordnung der Ereignisse selbst und ihrer zugehörigen Bilder erreicht. Im Beispiel löst der ZKS-Kartenleser viermal aus. Herr Müller hat sich z. B. zu Arbeitsbeginn am 23.8.2003 um 8:14 registriert. Am 24.8.2003 hat er sich wiederum um etwa die gleiche Zeit registriert. Man könnte einen Recherchevorgang definieren, der alle Bilder in zeitlich aufsteigender Folge zur Anmeldung von Herrn Müller zum Arbeitsbeginn liefert.

Jedem Ereignis ist durch die Parametrierung des CCTV-Systems ein Aufzeichnungsvorgang für eine oder auch mehrere Kameras zugeordnet. Da die Bilddatensätze und die Ereignis-Recherchedatensätze nunmehr in verschiedenen Tabellen eingetragen werden, müssen sie entsprechend verknüpft werden. Bei der Recherche besteht die Aufgabe, zu einem oder mehreren gefundenen Ereignissen, die einem Recherchekriterium entsprechen, die zugehörigen Bilder zu finden. Die dafür notwendige Verknüpfung wird bei relationalen Datenbanken als Primär-Fremdschlüssel-Verknüpfung bezeichnet. Die Rechenoperationen, welche die Verknüpfung bei der Recherche herstellen, werden als Tabellen-JOIN-Operationen bezeichnet. Die Tabelle DVR_Bilder aus Tabelle 9.5 erhält dazu ein weiteres Feld, was im Beispiel als Ereignis-Fremdschlüssel (E_FS) bezeichnet wurde. Wird durch ein Ereignis, wie den Lesenvorgang eines ZKS-Kartenlesers oder den Alarm eines Videosensors, eine Aufzeichnung ausgelöst, so wird für jedes dazu aufgenommene Bild hier eingetragen, zu welchem Ereignis es gehört. Das Feld E_FS ist also eine Referenz auf den Primärschlüssel E_PS der Ereignisdatentabelle.

Da in der Ereignistabelle jeder Primärschlüssel aufgrund der Eindeutigkeitseigenschaft nur einmal auftreten kann, im Fremdschlüssel der Bildertabelle aber n Bezüge enthalten sein können, spricht man auch von einer so genannten 1:n Verknüpfung der beiden Tabellen. Übersetzt für die Anwendung Video heißt das, dass zu jedem Ereignis der Tabelle DVR_Ereignisse eine unterschiedlich große Anzahl n von Bildern in der Bildertabelle DVR_Bilder enthalten sein können.

Der Vorteil dieser Vorgehensweise gegenüber der Vereinigung aller Daten in einer Tabelle liegt auf der Hand. Man erreicht eine Reduktion der Datenlast. Die Daten eines Ereignisses, welches die Aufzeichnung einer großen Anzahl von Bildern auslöst, müssen nur noch einmal in der Ereignistabelle erfasst werden.

Die hier beschriebene beispielhafte Tabellenstruktur einer CCTV-Videodatenbankverwaltung ist der Ausgangspunkt für die Formulierung von Recherchekriterien, wie sie im nächsten Abschnitt beschrieben werden.

9.5 Bildrecherche – Structured Query Language (SQL)

SQL ist eine standardisierte Recherchesprache für relationale Datenbanken. Ein erster SQL-Standard wurde unter der Bezeichnung SQL-86 im Jahre 1986 vom American National Standards Institute (ANSI) veröffentlicht. Die gegenwärtig verbreitetste Version von SQL trägt die Bezeichnung SQL2 bzw. SQL-92. Dieser Standard – oft zusätzlich um proprietäre Funktionen erweitert – wird von allen großen relationalen Datenbankherstellern wie Oracle, Microsoft oder IBM unterstützt.

SQL definiert die Syntax einer Sprache, mit der auf standardisierte Weise Anfragen an ein RDBMS gestellt werden können. Dabei trägt die Sprache natürlich dem auf Tabellen aufbauenden relationalen Modell Rechnung. Der SQL-Standard ist unabhängig von der individuellen Tabellenstruktur einer speziellen Datenbank. Im Folgenden soll die Anwendung auf die beispielhafte CCTV-Videodatenbankstruktur des Abschnitts 9.4.2.5 demonstriert werden. Es wird gezeigt, wie auf Basis dieser Struktur flexibel Recherchekriterien für Videoinformationen formuliert werden können. Inwieweit der komplette SQL-Standard auf ein spezielles Datenbankprodukt anwendbar ist, hängt dabei stark von den jeweiligen Implementationsmerkmalen ab. Meist stellen Videodatenbanken nur ein Subset der Möglichkeiten des SQL-Standards bereit.

Wie beim relationalen Modell auch, ist die vollständige Behandlung von SQL nicht das Ziel dieses Buches. In [KUHL01] kann eine einführende Darstellung zur Syntax und zu Anwendungen auf hauptsächlich betriebswirtschaftlicher Ebene gefunden werden. Insbesondere wird im Folgenden nicht auf die so genannte Data Definition Language (DDL) zur Definition von

Tabellenstrukturen oder die Data Manipulation Language (DML) zur Veränderung des Inhaltes von Datensätzen eingegangen. Schwerpunkt bildet die Anwendung von SQL als Recherchewerkzeug und als Möglichkeit einer abstrakten Kapselung herstellerspezifischer Implementationsmerkmale einer Videodatenbank.

9.5.1 Die SQL-SELECT-Anweisung

9.5.1.1 Bestandteile der SELECT-Anweisung

Kern einer SQL-basierten Recherche ist – unabhängig davon, ob es sich um eine Recherche in einer Kundendatenbank oder in einer Videodatenbank wie hier handelt – die SELECT-Anweisung. Diese Anweisung hat den folgenden Aufbau:

Tabelle 9.6: Bestandteile einer SQL-SELECT-Anweisung

Schlüsselwort	Parameter	optional	Parameterbeispiele
SELECT	Felder	nein	*
			DVR_Bilder.*, DVR_Ereignisse.*
			DVR_Bilder.Kanal, DVR_Bilder.Referenz
			DVR_Ereignisse.Kontext, DVR_Ereignisse.Text1
FROM	Tabellen	nein	DVR_Bilder
			DVR_Ereignisse
WHERE	Kriterium	ja	Kanal=1 AND Text1= „Müller"
			Kanal=2 AND DVR_Bilder.Zeitstempel > „2003/08/23 14:00:01,003"

Die Schlüsselwörter, wie SELECT, leiten jeweils einen bestimmten Teilausdruck der Gesamtanweisung ein. Neben den drei Hauptbestandteilen einer SELECT-Anweisung aus Tabelle 9.6 gibt es weitere Bestandteile, wie z. B. die ORDER BY-Komponente. Diese optionalen Bestandteile werden im Folgenden nicht weiter betrachtet.

Im SELECT-Teil wird dem RDBMS mitgeteilt, welche Felder der Datenbank angefordert werden. Mittels des Symbols * wird mitgeteilt, dass alle Felder aller im FROM-Ausdruck aufgeführten Tabellen angefordert werden. Da nicht immer die vollständigen Datensatz-Informationen benötigt werden, besteht die Möglichkeit, die angeforderten Felder einzuschränken. Da die Daten meist über ein Netzwerk übertragen werden müssen, sollten auch nur Inhalte angefordert werden, die in einer Anwendung genutzt werden. Mittels *Tabellenname.** werden alle Felder einer einzelnen Tabelle angefordert. Mittels *Tabellenname.Feldname* kann ein individuelles Feld einer Tabelle angefordert werden.

Im FROM-Ausdruck wird definiert, welche Tabellen entweder Informationen liefern sollen oder Informationen enthalten, die bei der Auswertung des Kriteriums des WHERE-Ausdrucks benötigt werden. Außerdem können hier so genannte JOIN-Ausdrücke angegeben werden, die angeben, ob und wie die Informationen verschiedener Tabellen der Datenbank miteinander verknüpft sind.

Der WHERE-Ausdruck schließlich liefert das eigentliche Recherchekriterium. Im Sinne einer Videodatenbank entspricht der WHERE-Anteil einem Filter, mit dem festgelegt wird, welche Bilder oder Ereignisse der Videodatenbank aus der Gesamtmenge von Bildern und Ereignissen gesucht werden. Die Syntax des WHERE-Ausdrucks von SQL ist sehr flexibel, wie die Fallbeispiele aus Abschnitt 9.5.2 für die Anwendung auf die Tabellenstruktur 9.5 zeigen.

9.5.1.2 JOIN-Operation

Im Abschnitt 9.4.2.5 wurde die Information einer Videodatenbank auf zwei Tabellen verteilt. In der Bildertabelle DVR_Bilder werden Datensätze mit Informationen für jedes einzelne Bild verwaltet. In der Ereignistabelle DVR_Ereignisse werden Informationen zu Aufzeichnungsursachen verwaltet. Beide Tabellen sind nach der Tabelle 9.5 über eine 1:n Beziehung des Primärschlüssels der Ereignistabelle mit einem Fremdschlüssel in der Bildertabelle miteinander verknüpft. Soll eine Recherche stattfinden, die Informationen aus einer oder mehreren auf diese Art verknüpften Tabellen benötigt, muss dem RDBMS diese Verknüpfung im SELECT-Kommando mitgeteilt werden. Dies ist die Aufgabe der JOIN-Ausdrucks des FROM-Anteiles. Der JOIN-Ausdruck vereinigt die in zwei Tabellen getrennt gespeicherte Information zu einer logischen Gesamttabelle. Er ist also eine Datenbankoperation, welche die Trennung der Informationen in verschiedene Tabellen, die bei der Normalisierung vorgenommen wird, wieder aufhebt, um eine sinnvolle Gesamtrecherche auf den verbundenen Informationen durchführen zu können. Diese Vereinigung gibt es in drei wichtigen Ausprägungen:

- als CROSS JOIN: Dies ist das so genannte Kreuz- oder kartesische Produkt zweier Tabellen T1 und T2. Zwei Tabellen, die in einer SELECT-Anweisung auf diese Weise verknüpft werden, liefern ohne weiteres WHERE-Kriterium eine Anzahl von Datensätzen, die dem Produkt aus der Datensatzzahl von Tabelle T1 und Tabelle T2 entsprechen. Diese JOIN-Operation hat hier nur theoretische Bedeutung.
  Beispiel: FROM DVR_Bilder CROSS JOIN DVR_Ereignisse
- als INNER JOIN: Zum Ergebnis einer solchen SELECT-Anweisung für zwei Tabellen gehören alle Datensätze der Tabelle, die den Fremdschlüssel der 1:n-Vernknüpfung enthält und in denen der Fremdschlüssel nicht den speziellen Wert $\emptyset$ $\angle$ also den Wert „leer" – hat. Diese Datensätze werden um die zugehörigen Informationen aus der zweiten Tabelle erweitert. Tabelle 9.7 zeigt das Ergebnis des folgenden JOIN-Ausdrucks in einer SELECT-Anweisung.
  Beispiel: FROM DVR_Bilder INNER JOIN DVR_Ereignisse ON
  DVR_Bilder.E_FS = DVR_Ereignisse.E_PS
- als OUTER JOIN: Zum Ergebnis des OUTER JOIN gehören die Datensätze, die der INNER JOIN liefert. Weiterhin werden auch die Datensätze der Tabelle, die den Fremdschlüssel der Verknüpfung enthält und in denen dieser leer ist, in das Ergebnis mit einbezogen. Die fehlenden Werte der Felder der verknüpften Tabelle werden dabei mit dem besonderen Wert „leer" belegt. Tabelle 9.8 zeigt das Ergebnis der Operation für folgenden JOIN-Ausdruck.
  Beispiel: FROM DVR_Bilder OUTER JOIN DVR_Ereignisse ON
  DVR_Bilder.E_FS = DVR_Ereignisse.E_PS

Tabelle 9.7: Vereinigung von zwei Tabellen mit der INNER JOIN-Operation

DVR_Bilder				DVR_Ereignisse			Inner JOIN			
B_PS	Bild-daten	E_FS		E_PS	Ereignis-daten		B_PS	Bild-daten	E_FS	Ereignis-daten
2335	...	45	n:1	45	...		2335	...	45	...
2345	...	$\emptyset$		46	...		2358	...	45	...
2358	...	45		68	...		2359	...	46	...
2359	...	46		...	...		2360	...	68	...
2360	...	68					2471	...	45	...
2471	...	45					2472	...	45	...

Bildrecherche – Structured Query Language (SQL)   9.5

Tabelle 9.8: Vereinigung von zwei Tabellen mit der OUTER JOIN-Operation

← DVR_Bilder		
B_PS	Bilddaten	E_FS
2472	...	45
2473	...	68
2480	...	68
2481	...	46
2483	...	∅
2484	...	∅
2501	...	68
2503	...	68
2507	...	∅
...	...	...

Inner JOIN			
B_PS	Bilddaten	E_FS	Ereignisdaten
2473	...	68	...
2480	...	68	...
2481	...	46	...
2501	...	68	...
2503	...	68	...

OUTER JOIN			
B_PS	Bilddaten	E_FS	Ereignisdaten
2335	...	45	...
2345	...	∅	∅
2358	...	45	...
2359	...	46	...
2360	...	68	...
2471	...	45	...
2472	...	45	...
2473	...	68	...
2480	...	68	...
2481	...	46	...
2483	...	∅	∅
2484	...	∅	∅
2501	...	68	
2503	...	68	...
2507	...	∅	∅
...	...	...	...

Die etwas theoretisch anmutenden JOIN-Konstruktionen haben durchaus wichtige praktische Interpretationen für den Betrieb einer CCTV-Datenbank. Der INNER JOIN der beiden eingeführten Tabellen liefert alle Bilder der Datenbank, die mit Ereignissen verknüpft sind. Die über diese Operation mit den Bildern verknüpften Recherchedaten können in einem Kriterium zur Bildfilterung zusätzlich zu den Daten der Bildtabelle herangezogen werden.

Der OUTER JOIN liefert *alle* Bilder der Bildertabelle unabhängig davon, ob diese mit Ereignissen verknüpft sind oder nicht. Diese Funktion ist für Bilder wichtig, die autonom ohne äußeren Einfluss vom DVR aufgezeichnet werden. Dies sind die so genannten Permanentaufzeichnungen. Im Unterschied zu einem einfachen Direktzugriff auf die Bildertabelle vereinigt

9 Videodatenbanktechnik

aber der OUTER JOIN die Bilddatensätze mit den Ereignisdaten, falls ein entsprechender Ereignisdatensatz vorliegt, der mit einem Bild verknüpft ist. Dies ist dann der Fall, wenn der Wert des Ereignis-Fremdschlüssels der Bildertabelle nicht gleich dem Wert $\emptyset$ ist. In einer Datenbank mit der hier vorgeschlagenen Struktur ist der OUTER JOIN die Standardvariante des Bildzugriffs. Mittels geeigneter Kriterien des WHERE-Teils können entsprechende Filter zur Einschränkung der gesuchten Datensätze gesetzt werden. Das wichtigste Filter ist dabei die Angabe des wiederzugebenden Videokanals.

9.5.2 SQL-Fallbeispiele

Anstelle eines vollständigen Syntaxüberblicks zu SQL sollen im Folgenden einige Beispiele von SELECT-Anweisungen interpretiert werden. Diese werden auf Basis der in den vorhergehenden Abschnitten eingeführten Tabellenstruktur einer Videodatenbank für CCTV-Zwecke formuliert. Es soll hier lediglich das Prinzip der Anwendung von SQL für CCTV-Recherchezwecke demonstriert werden. Je nach individueller Struktur der Videodatenbank eines speziellen Produktes können verschiedenartige SQL-Ausdrücke zum Einsatz kommen.

9.5.2.1 Beispiel 1 – Definition eines Videokanals

Bild 9.6 zeigt die Wirkung eines SQL-basierten Demultiplexers. Die Videobilder der verschiedenen Kanäle, die ein DVR aufzeichnet, werden im Allgemeinen gemischt in der Datenbank abgelegt. Zur Identifikation der Zugehörigkeit zu einem Videokanal dient ein Feld der Bildertabelle. Es besteht die Aufgabe, mittels dieser Informationen ein SQL-SELECT-Kommando zu formulieren, welches Zugriff auf alle Bilder eines wählbaren Videokanals liefert. Zusätzlich besteht die Forderung, dass Begleitinformationen einzelner Bilder, deren Aufzeichnung durch Auslösung eines Ereignisses ausgelöst wurde, ebenfalls geliefert werden.

Auf Basis der Tabellenstruktur aus Bild 9.5 lautet das entsprechende Kommando:

SELECT	*	// alle Felder
FROM	DVR_Bilder OUTER JOIN DVR_Ereignisse ON DVR_Bilder.E_FS = DVR_Ereignisse.E_PS	// alle Datensätze der Bildertabelle und, // falls existent, zusätzliche Ereignis- // informationen
WHERE	DVR_Bilder.Kanal = 3	// Filter für die Festlegung des Kanals // z. B. 3

Das obige Kommando kann als eine Art Basis-Kommando angesehen werden. Nimmt man an, dass bei Wiedergabe der über dieses Kriterium definierten Bilder diese von der Datenbank implizit in der Reihenfolge der Primärschlüssel der Bildertabelle geliefert werden, so hat man damit die Wiedergabe eines Videokanals in korrekter Zeitordnung definiert. Der WHERE-Teil wirkt wie das Filter aus Bild 9.6. Wird der in SQL optionale WHERE-Anteil weggelassen, so erfolgt kein Demultiplex. Die Bilder würden zwar in der richtigen Reihenfolge, aber in bunter Mischung über alle Kanäle wiedergeben werden.

Das hier angegebene Kommando kann als Analogie zur Wahl eines Kanals am Fernsehgerät gesehen werden. Die Bilddatenmenge des Kanals ist noch nicht weiter eingeschränkt. Bei Wiedergabe vom kleinsten zum größten Primärschlüssel würden alle Bilder dieses Kanals angezeigt werden, die in der Datenbank gespeichert sind.

9.5.2.2 Beispiel 2 – Zeitrecherche

Die Aufzeichnungszeit ist eines der wichtigsten Recherchekriterien. Oft ist zumindest näherungsweise ein Zeitpunkt bekannt, an dem ein Vorgang, der recherchiert werden soll, stattfand. Die Datenbank soll z. B. nur Bilder eines Kanals ab einem vorgebbaren Zeitpunkt liefern. Ausgangspunkt ist das Basis-SELECT-Kommando aus Abschnitt 9.5.2.1. Für die Realisierung der Aufgabenstellung wird einfach der WHERE-Teil folgendermaßen erweitert:

SELECT	*	// alle Felder
FROM	DVR_Bilder OUTER JOIN DVR_Ereignisse ON DVR_Bilder.E_FS = DVR_Ereignisse.E_PS	// alle Datensätze der Bildertabelle und, // falls existent, zusätzliche Ereignis- // informationen
WHERE	DVR_Bilder.Kanal = 3 AND DVR_Bilder.Zeitstempel >= „2003/08/23 14:00"	// Filter für die Festlegung des Kanals // zusätzliches Zeitkriterium

Durch eine einfache logische Verknüpfung zwischen Kanalnummer und der Angabe eines Zeitstempels wird dieses Kriterium formuliert.

9.5.2.3 Beispiel 3 – ZKS Recherche

Es besteht die Aufgabe, die Bilder, die bei der Benutzung einer Chipkarte an einem ZKS-Kartenleser aufgenommenen Bilder einer Kamera wiederzugeben. Ein entsprechendes SELECT-Kommando könnte folgendermaßen aussehen:

SELECT	*	// alle Felder
FROM	DVR_Bilder OUTER JOIN DVR_Ereignisse ON DVR_Bilder.E_FS = DVR_Ereignisse.E_PS	// alle Datensätze der Bildertabelle und, // falls existent, zusätzliche Ereignis- // informationen
WHERE	DVR_Bilder.Kanal = 3 AND DVR_Ereignisse.Kontext=1 AND DVR_Ereignisse.Zahl1=43	// Filter für die Festlegung des Kanals // zusätzliches Kriterium ZKS-Ereignis // gesuchte Chip-Kartennummer

Dieser Ausdruck liefert alle Bilder von Kamera 3, die bei Betreten eines Gebäudes mit der Chipkartennummer 43 aufgenommen wurden. Zusätzlich werden noch alle weiteren ereignisbezogenen Begleitdaten angefordert.

9.5.2.4 Beispiel 4 – ZKS Recherche 2

Ein ZKS besteht aus mehreren Kartenlesern. Jedem Kartenleser ist eine Kamera zugeordnet. Personen mit entsprechender Karte können das vom ZKS gesicherte Gebäude an beliebigen Stellen betreten. Es werden alle Bilder der Datenbank gesucht, die ein Betreten des Gebäudes durch eine Person mit einer vorgegebenen Kartennummer innerhalb eines vorgegebenen Zeitbereiches zeigen.

Das geänderte WHERE-Recherchekriterium für ein entsprechendes Beispiel lautet:

WHERE	DVR_Ereignisse.Kontext=1 AND DVR_Ereignisse.Zahl1=43 AND	// Kriterium ZKS-Ereignis // gesuchte Chip- // Kartennummer
	DVR_Ereignisse.Zeitstempel >= „2003/08/23 14:00" AND	// Zeitbereich für die // Recherche
	DVR_Ereignisse.Zeitstempel <= „2003/08/24 14:00"	

Stellt man das Ergebnis dieses geänderten Ausdrucks in einem Videofenster einer grafischen Nutzerschnittstelle dar, so erscheinen die verschiedenen Kameras, die Bilder zum Betreten des Gebäudes mit der Kartennummer 43 aufgezeichnet haben, in entsprechender zeitlicher Reihenfolge. Dies ist ein Beispiel für einen sinnvollen Rechercheauftrag, der keinen Demultiplex der Videobilder der verschiedenen Kanäle erfordert.

9.5.3 Datenzugriff

9.5.3.1 Ergebnismenge

Die SQL-SELECT-Kommandos des Abschnittes 9.5.2 definieren jeweils ein logisches Auswahlkriterium bzw. einen Datensatzfilter. Das Filter wird auf alle Datensatzkombinationen, die sich aus den Tabellen des FROM-Ausdrucks eines SELECT-Kommandos bilden lassen, angewendet. Die Gesamtheit aller Datensätze einer Datenbank, die dem Kriterium eines SQL-Kommandos entsprechen, wird als Ergebnismenge bezeichnet. Diese Ergebnismenge ist im Sinne der Mengenlehre eine Teilmenge der Menge aller Kombinationsmöglichkeiten der in einem SELECT-Kommando aufgeführten Tabellen. Bild 9.8 soll dies für Teilmengen aus der Bildtabelle der Videodatenbank aus Abschnitt 9.4.2.5 verdeutlichen.

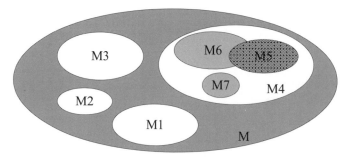

Bild 9.8: *Ergebnismengen*

Die Menge M könnte z. B. die Menge aller Datensätze der Bildertabelle DVR_Bilder sein. Die Teilmengen M1 bis M4 könnten die Mengen von Bildern repräsentieren, die für die Videokanäle 1 bis 4 aufgezeichnet wurden. Jede dieser Teilmengen repräsentiert alle Bilder eines Videokanals, die zu einem bestimmten Zeitpunkt in der Videodatenbank enthalten sind. Die Mengen M6 bis M7 wiederum sind Teilmengen der Bilder des Videokanals 4. Sie können z. B. über weitere einschränkende Kriterien im WHERE-Ausdruck eines SELECT-Kommandos definiert worden sein. So könnte die Menge M7 der Menge aller Bilder des Kanals 4 repräsentieren, die innerhalb eines bestimmten Tages aufgezeichnet wurde. Die Mengen M5 und M6 könnten jeweils einer Stunde Bildmaterial entsprechen. Die Ergebnismengen verschiedener SELECT-Anweisungen können sich überschneiden oder sogar identisch sein. Beispielsweise könnten sich die Teilmengen M5 und M6 in Bild 9.8 aufgrund der Tatsache überschneiden, dass sich die in den jeweiligen Kriterien angegebenen Zeitbereiche überschneiden. Bilder, die zu einer Zeit aufgenommen wurden, die sowohl dem Kriterium M5 als auch dem Kriterium M6 entspricht, gehören zu beiden Ergebnismengen.

Diese Betrachtungen lassen sich auch auf den Fall von SELECT-Anweisungen ausdehnen, die mehrere über eine JOIN-Operation verknüpfte Tabellen enthalten, wie dies bei der Videodatenbank des Abschnitts 9.4.2.5 der Fall ist.

In einer Videodatenbank ist die Anzahl der Elemente von Ergebnismengen im Allgemeinen nicht konstant. Durch die hohe Dynamik des Videoaufzeichnungsprozesses und den Wirkungsmechanismus der Ringspeicheraufzeichnung aus Abschnitt 9.3 können ständig Datensätze überschrieben werden, die zur Ergebnismenge eines Recherchevorganges gehören. Ohne besondere Maßnahmen, wie z. B. die Sperrung kritischer Aufzeichnungen gegen Überschreiben, werden die jeweils ältesten Bilder verdrängt. Neue Bilder, die dem Kriterium entsprechen und damit gemäß Definition zur Ergebnismenge gehören, kommen hinzu. Die Ergebnismenge einer Videodatenbank ist also im Allgemeinen keine Menge konstanter Größe mit unveränderlichen Elementen. Zählungen der Elemente einer über ein SELECT-Kommando definierten logischen Ergebnismenge zu verschiedenen Zeitpunkten liefern im Allgemeinen unterschiedliche Resultate, so dass das Ergebnis lediglich eine Momentaufnahme darstellt.

Formuliert ein Client ein Recherchekriterium, so beschreibt er lediglich auf eine abstrakte Weise dem Datenbank-Server gegenüber, auf welche Art Datensätze geprüft werden müssen, um festzustellen, ob sie zur Ergebnismenge gehören oder nicht. Die Formulierung des Kriteriums allein bewirkt keinen Transport von Datensätzen – also weder von Bild- noch von Ereignisdaten – zwischen den Recherche-Clienten und einem Datenbank-Server. Im folgenden Abschnitt wird der Mechanismus des eigentlichen Zugriffs auf die Datensätze beschrieben.

9.5.3.2 Cursor einer Ergebnismenge und Video-Streaming

Es ist nicht sinnvoll, die im vorhergehenden Abschnitt eingeführte Ergebnismenge als Ganzes zu bearbeiten – also beispielsweise komplett von einem Datenbank-Server zu einem Recherche-Client für den Zweck der Videowiedergabe zu transportieren. Diese Art der Organisation eines Datenbankzugriffs würde dem dateibasierten Übertragungsverfahren des Abschnitts 7.5.2 für Filme im Internet entsprechen. Zunächst wird der gesamte Film übertragen, bevor eine Auswertung auf Client-Seite beginnen kann.

Nicht nur für CCTV-Zwecke ist diese Art eines Datenbankzugriffs wenig sinnvoll und technisch oft auch nicht realisierbar. Eine SELECT-Anweisung kann ein riesiges Datenvolumen – im Extremfall die gesamte Videodatenbank eines Datenbank-Servers – als Ergebnismenge festlegen. Sinnvollerweise sollen diese riesigen Datenbestände auf dem Server verbleiben, während ein Client immer nur gerade das Bild erhält, welches er für eine aktuelle Darstellung oder Analyse benötigt. Dieser Ansatz entspricht dem Streaming-Modell aus Abschnitt 7.5.2, wodurch sich die dort dargestellten Vorteile gegenüber der dateibasierten Übertragung ergeben. Der Client benötigt immer nur ein aktuelles Bild der Ergebnismenge für seine Aufgaben. Durch einen entsprechenden Zugriffsmechanismus auf die Datenbank wird bei Abspielvorgängen mit der jeweils notwendigen Geschwindigkeit vom Datenbank-Server der Nachschub an Bildmaterial geliefert, während der Client das vorher dargestellte Bild verwirft. Bild 9.9 zeigt das Prinzip dieser Art des Datensatzzugriffs.

Der Zugriff erfolgt also datensatzweise. Der Client verfügt jeweils nur über einen einzigen Datensatz der von ihm mittels SELECT festgelegten Ergebnismenge. Dies ist der aktuelle Datensatz aus Bild 9.9. Mittels spezieller Positionierungs-Kommandos kann er ausgehend von diesem Datensatz weitere Datensätze anfordern. Damit dies bei Videodaten zu einem sinnvollen Ergebnis führt, muss die Ergebnismenge nach einem bestimmten Kriterium geordnet sein. Dieses Ordnungs- oder Reihenfolgekriterium wird durch die Primärschlüssel der Bilder bzw. Ereignisse entsprechend Abschnitt 9.4.2.3 gebildet. Bei dieser Art der Ordnung liefert eine Anforderung des nächsten oder vorhergehenden Datensatzes der Ergebnismenge ausgehend vom aktuellen Standpunkt automatisch das jeweils nächste bzw. vorhergehende Bild in zeitlich korrekter Reihenfolge.

Für dieses Zugriffsverfahren auf die Ergebnismenge eines SELECT-Kommandos ist es notwendig, den aktuellen Standpunkt in der Ergebnismenge zu kennen. Dieser Standpunkt wird als Datenbank-Cursor bezeichnet. Datenbank-Cursor sind eine logische Konstruktion, welche zum Navigieren durch eine Ergebnismenge benötigt wird. Es handelt sich hier durchaus um komplexe Software-Gebilde, die vom Datenbank-Server für jedes von ihm simultan bearbeitete SELECT-Kommando verwaltet werden müssen. Ein Cursor identifiziert einen Datensatz der Ergebnismenge eindeutig als aktuellen Datensatz. Weiterhin stellt dieses Datenbank-Objekt Operationen für eine Navigation in der Ergebnismenge bereit. Diese Operationen umfassen:

9 Videodatenbanktechnik

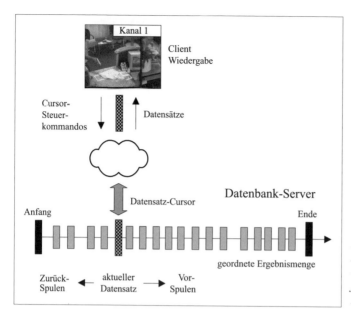

Bild 9.9:
Anwendung des Konzepts des Datenbank-Cursors für die Steuerung von Bildzugriffen

- die Bewegung an den Anfang oder das Ende der Ergebnismenge. Da eine Ergebnismenge geordnet ist, hat sie einen ersten und einen letzten Datensatz. Bei einer Bildaufzeichnung ist der erste Datensatz z. B. das älteste noch nicht überschriebene Bild eines Videokanals in der Datenbank. Das Ende der Ergebnismenge entspricht dem zuletzt aufgezeichneten Bild. Wie schon dargestellt, sind die Ergebnismengen von Videodatenbanken sehr dynamisch. Durch Aufzeichnungs- und Löschvorgänge verschieben sich Anfang und Ende der Aufzeichnungen ständig;
- die absolute Bewegung auf einen bestimmten Datensatz der Ergebnismenge. Diese Operation entspricht einer so genannten Lesezeichenfunktion. Stellt eine Datenbank diese Möglichkeit zur Verfügung, so können die in einem Cursor gespeicherten Standort-Informationen gesichert und nachträglich wieder abgerufen werden. Damit hat ein Client die Möglichkeit, einmal gefundene Bilder und zugehörige Positionen in der Ergebnismenge erheblich schneller wieder anzufordern, als dies bei einer direkten Suche möglich wäre;
- relative Bewegung ausgehend vom jeweils aktuellen Datensatz um einen oder mehrere Datensätze vor- und rückwärts. Dies entspricht dem normalen Vorlauf-Wiedergabevorgang oder dem schnellen „Spulen" eines Videorekorders.

Der Cursor eines SELECT-Kommandos ist also das datenbanktechnische Mittel, um Clienten die Möglichkeit zu geben, sich durch eine Ergebnismenge in geordneter Reihenfolge zu bewegen. Videodatenbank-Server sind in der Lage, eine Vielzahl von Rechercheaufträgen simultan zu bearbeiten. Die Multifenster-Oberfläche einer entsprechenden Wiedergabe-Software basiert auf dem simultanen Betrieb mehrerer Recherchevorgänge, wobei die Wiedergabe in jedem Fenster von einem eigenen Datenbank-Cursor verwaltet wird. Damit ist ein Cursor auch das geeignete Datenbankkonzept für die simultane, vollständig entkoppelte Wiedergabe durch mehrere Clienten.

9.5.4 CCTV-Video-Browser

Die vorhergehenden Abschnitte stellen abstrakte Konzepte aus der Welt der relationalen Datenbanken in ihrer Anwendung auf CCTV-Probleme dar. Glücklicherweise ist der eigentliche Endnutzer einer CCTV-Anlage von der Kenntnis der inneren Vorgänge in einem Videodatenbank-Server vollständig entlastet. Es wäre auch eine recht praxisfremde Zumutung, einen Nutzer zur Eingabe von SQL-Kommandos zwingen zu wollen, um die Bilder eines Videokanals zur Anzeige zu bringen. Es ist die Aufgabe von Nutzerschnittstellen, die zugrunde liegenden abstrakten Konzepte zu kapseln und dem Nutzer eine Umgebung zu präsentieren, die seiner Alltagserfahrung und den Anforderungen seines Anwendungskontextes optimal angepasst ist.

Nutzeroberflächen, die einen komfortablen Zugriff auf Informationen von Datenbanken ermöglichen, werden als Datenbank-Browser bezeichnet. Die in Form von Tabellen gespeicherten Informationen werden von diesen Browsern entsprechend den Anwenderanforderungen aufbereitet und präsentiert bzw. es werden Nutzereingaben in Dialogmasken entgegengenommen und als Datensätze in der Datenbank gespeichert. Jede spezialisierte Dialogoberfläche einer Lohnbuchhaltung oder einer Lagerverwaltung, die ihre Daten aus einer zugrunde liegenden relationalen Datenbank bezieht, kann als Browser bezeichnet werden. Verschiedene Mitarbeiter benötigen unterschiedliche Sichten auf den Datenbestand. So hat gegebenenfalls eine Personalverwaltung andere Anforderungen an die Präsentation von Informationen einer Mitarbeiterdatenbank als eine Lohnbuchhaltung. Obwohl beide Abteilungen mit dem gleichen Datenbestand eines Datenbank-Servers arbeiten, werden die Daten unterschiedlich interpretiert und präsentiert.

Video-Browser verfolgen analoge Zielstellungen. Der abstrakte Datenbankbegriff der Sicht auf einen Datenbestand findet hier eine im wahrsten Sinne wörtliche Entsprechung. Ein Videofenster eines solchen Browsers ist nichts anderes als eine spezielle Sicht auf den Datenbestand der Videodatenbank. Ein CCTV-Video-Browser hat die Aufgabe, Videobilder einer Datenbank nach vom Nutzer wählbaren Kriterien zu präsentieren und dem Nutzer Steuermöglichkeiten für die Wiedergabe analog der einfachen Bedienung eines Videorekorders zur Verfügung zu stellen. Eine Eingabe von SQL-Kommandos ist dazu nicht notwendig. Die Eingabe von Kriterien wird durch problemangepasste Dialoge und grafische Bedienelemente gekapselt. Bild 9.10 zeigt ein Beispiel der Nutzeroberfläche eines CCTV-Video-Browsers.

Die hier dargestellte Funktionalität kann als Grundfunktionalität gesehen werden, die von jedem DVR zur Verfügung gestellt werden sollte. In mehreren Videofenstern können die Bilder unterschiedlicher Kameras betrachtet werden. Die Zuordnung der Kameras kann frei durch Auswahl aus einer Liste von Kameras der verschiedenen im Netzwerk verfügbaren DVRs vorgenommen werden. Der Browser muss dazu Netzwerkverbindungen zu mehreren DVRs gleichzeitig unterhalten können, also ein Multi-Server-fähiger Client im Sinne von Bild 7.8 sein. Der Nutzer hat die Möglichkeit, sich mit Bedienelementen, die der Steuerung eines Videorekorders nachempfunden sind, durch den Bildbestand zu navigieren. Die Wiedergabesteuerung bietet dazu eine Reihe von Steuerfunktionen zum Vor- und Rückwärts-„Spulen" an. Zwanglos ist der Modus Live-Wiedergabe in die Wiedergabesteuerung eingebettet. Die Wiedergabesteuerung wirkt auf ein als aktiv vom Nutzer markiertes Videofenster. Diese Bedienhandlungen stellen das Minimum an Funktionalität einer DVR-Nutzeroberfläche dar. Durch die Flexibilität der digitalen Basis wird meist eine riesige Menge an weiteren Funktionen geliefert. Beispiele sind:

- die zeitsynchrone Wiedergabe in mehreren Videofenstern. Diese wird vom Zeittakt eines Master-Fensters gesteuert. So kann die zeitliche Entwicklung eines Vorgangs aus der Sicht mehrerer Kameras simultan beurteilt werden;

9 Videodatenbanktechnik

- die Definition verschiedenster Suchkriterien mit an ein Szenario angepassten Such- und Präsentationsdialogen. So erfordert die Suche nach Bildern eines DVR in einem ZKS-Umfeld andere Suchmasken als im Umfeld einer Bank oder der Überwachung eines Logistikzentrums;
- die automatische Präsentation von Alarmen, die von der Periphcrie des CCTV-Systems erkannt werden. So können z. B. alarmauslösende Bilder und Live-Bilder einer Kamera gleichzeitig in verschiedenen Fenstern inklusive einer Vorgeschichte-Videoaufzeichnung präsentiert werden;
- verschiedenste Varianten des Zugriffsschutzes auf die gespeicherten Bilddaten, die von den Rechten eines Nutzerkontos abhängen;
- die freie Anordnung von Videofenstern auf einem Computer-Monitor bzw. die Einbettung der Videofenster in so genannte Lageplanoberflächen, die anhand einer Objektübersicht den Zugriff auf die Ressourcen des CCTV-Systems bereitstellen;
- die Implementation von speziellen Wiedergabeeffekten, wie z. B. einer gespiegelten Bilddarstellung zur Simulation eines Rückspiegels mittels eines Kamerasystems.

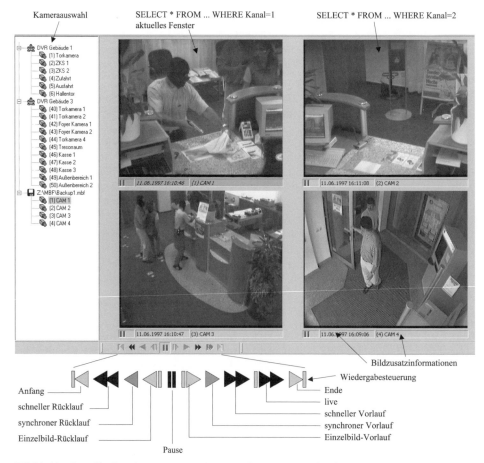

Bild 9.10: Grundbedienelemente eines CCTV-Video-Browsers für die Navigation in einer Videodatenbank

Dies ist nur eine kleine Liste an Beispielen aus einer schier unüberschaubaren Menge an Funktionen, welche die Mensch-Maschine-Schnittstelle eines digitalen CCTV-Systems heute bietet.

Software-technische Basis einer solchen Funktionalitätsvielfalt ist ein durchdachtes Kommunikationskonzept zwischen den einzelnen CCTV-Arbeitsstationen und den Video-Servern eines Netzwerkes und ein flexibles Datenbank-Design für die Videodatenverwaltung. Letzten Endes verbirgt sich hinter nahezu jedem der Bedienelemente des Video-Browser aus Bild 9.10 ein abstraktes Datenbankkonzept. Die einzelnen Videofenster können als eine besondere Art, die Ergebnismenge einer SELECT-Anweisung zu präsentieren, angesehen werden. Die Wiedergabesteuerung entspricht der Steuerung des Datensatzzugriffs mittels des Cursor-Konzeptes des Abschnitts 9.5.3.2. Auch eine aus Nutzersicht so einfache Bedienhandlung wie das Aufschalten einer Kamera auf ein Videofenster ist im Hintergrund mit der automatischen Formulierung eines SQL-SELECT-Kommandos verbunden, welches in seinem WHERE-Kriterium den gewünschten Kamerakanal enthält.

9.6 Zusammenfassung

Ziel dieses etwas theoretischeren Kapitels war es, einen Einblick in die Mechanismen der Verwaltung der riesigen Datenbestände von CCTV-Videodatenbanken zu geben. Obwohl man in der täglichen Projektierungsarbeit kaum mit diesen Zusammenhängen konfrontiert wird, ist die Kenntnis der internen Arbeitsweise der Datenverwaltung für die Einschätzung des Leistungsvermögens und der Flexibilität eines speziellen Produktes wertvoll. Eine an ein bestimmtes Anwendungsumfeld angepasste Videodatenbank ist nur mit sehr hohem Aufwand auf andere Problemstellungen erweiterbar. Werden beim Datenbank-Design nicht schon in der Produktentwicklung abstraktere Definitionen vorgenommen, sind die entsprechenden Produkte in ihrem Anwendungsbereich starken Einschränkungen unterworfen. Ein DVR, welcher auf einem abstrakten, kontextfreien Datenbankkonzept beruht, ist für eine Vielzahl von Anwendungsszenarien einsetzbar. Eine Anpassung beschränkt sich auf die Präsentationsseite. Hier werden dem Endnutzer kontextbezogene Informationen und Bedienelemente bereitgestellt, um spezialisierte Sichten auf den Datenbestand zu ermöglichen. Derartige Entwicklungen sind erheblich einfacher als nachträgliche strukturelle Änderungen hochoptimierter Videodatenbanken.

Das Kapitel gab ebenfalls Einblick in bestimmte Zusammenhänge, deren Vernachlässigung beim Datenbank-Design von vornherein Systemprobleme vorprogrammiert. Ein wichtiges Beispiel ist das Problem der zeitlichen Ordnung gespeicherter Videodaten und dessen Lösung mittels des Konzeptes der Primärschlüssel. Ein DVR muss robust gegen Veränderungen seiner lokalen Uhrzeit sein. Die Prüfung des korrekten Verhaltens eines DVRs in einer derartigen Situation kann einfach durch ein Zurückstellen der lokalen Zeitbasis vorgenommen werden. Ein schlechtes Datenbank-Design wird hier zu ernsten Betriebsproblemen führen.

Mit SQL als standardisierter Recherchesprache wurde eine verallgemeinerbare Schnittstelle für den Zugriff auf die Bildinformationen einer CCTV-Video-Datenbank vorgestellt. Ein DVR-Produkt, dessen Recherchen auf dieser Basis arbeiten, ist sehr flexibel einsetzbar. Prinzipiell besteht hier beliebige Freiheit bei der Formulierung von Recherchekriterien für die Suche nach Bildinformationen. Diese Möglichkeit erleichtert das Arbeiten mit dieser Technologie enorm. Die Recherchen werden erheblich komfortabler. Es können Querbezüge zwischen den Daten verschiedener Videokanäle hergestellt werden, die in analogen Systemen undenkbar waren. Das Kapitel zeigte dabei nur einen kleinen Ausschnitt aus dem umfangreichen Themengebiet SQL mit Konzentration auf das für das Verständnis des Rechercheeinsatzes in

9 Videodatenbanktechnik

Videodatenbanken notwendige Wissen. Obwohl heute viele Produkte proprietäre Recherchetechniken nutzen, ist eine Durchsetzung von SQL auch in diesem Bereich zu erwarten. Interessante Entwicklungen versprechen zukünftige Recherchetechniken, die eine direkte Recherche auf Basis des Inhaltes der gespeicherten Bilder mittels Bildanalyseverfahren erlauben. Beispiele sind nachgeordnete Suchen in einer Videodatenbank nach Fahrzeugkennzeichen oder die Erkennung von Gesichtern im gespeicherten Material. Derartige Probleme sind heute intensiver Gegenstand der Forschung auf dem Gebiet der Multimediadatenbanken.

Schlüssel für ein erfolgreiches digitales CCTV-Produkt sind adäquate Mensch-Maschine-Schnittstellen. Kern der MMS von CCTV-Systemen ist der Video-Browser. Wie die vorangegangenen Kapitel zeigen, ist digitales CCTV ein technisch anspruchsvolles Produkt, welches auf einem breiten Spektrum von Technologien beruht. Nichtsdestotrotz darf bei all dieser Komplexität nicht das eigentliche Anwendungsziel aus dem Auge verloren werden. Ein Video-Browser hat die Aufgabe das unterliegende komplexe technische Umfeld in eine effektive Arbeitsumgebung zu verwandeln und den Nutzer nur mit so viel technischem Wissen zu belasten, wie für seine Alltagsaufgaben unbedingt notwendig ist.

10 Digitales CCTV in der Praxis

Ziel dieses abschließenden Kapitels ist die Vorstellung einer Reihe von Anwendungsumgebungen für digitales CCTV. Diese stellen unterschiedlichste Forderungen an die Funktionalität von CCTV-Systemen und -Produkten. Auf Basis der Diskussion einer beispielhaften CS-Architektur eines digitalen CCTV-Systems entsprechend den Darstellungen aus [DOER99] wird gezeigt, wie sich dieser breit gefächerte Anspruch innerhalb eines homogenen Systemkonzeptes realisieren lässt. Anhand eines Projektierungsbeispiels sollen die Möglichkeiten dieses CS-Konzeptes analysiert werden. Ausgangspunkt sind die Darstellungen der Kapitel 7 und 9 zur IP-Kommunikation, CS-Modellen und Videodatenbanken.

10.1 CCTV-Einsatzumgebungen

Projektiert man ein professionelles CCTV-System, so ist eine sorgfältige Analyse des Anwendungskontextes oder -szenarios gemäß Abschnitt 1.4 die Grundlage der Lösungsfindung. Die Eigenschaften einzelner Geräte und Module eines CCTV-Systems ordnen sich in dieses Gesamt-Anwendungsszenario ein. Nicht mehr nur einzelne technische Parameter sind wichtig, sondern eine ganzheitliche Betrachtung eines Systems und seiner Schnittstellen zur Außenwelt. Ist ein CCTV-Produkt geeignet, ein Szenario abzudecken, oder nicht? Bildet es die optimale Hülle um eine Sammlung aus Einzelforderungen, die das Szenario beschreiben? Bietet das System Schnittstellen ausreichender Flexibilität für die Kommunikation mit Fremdsystemen?

CCTV-Systeme kommen in der Praxis in einer Vielzahl von verschiedenen Umgebungen mit unterschiedlichsten Zielstellungen zum Einsatz. In den folgenden Abschnitten werden Anforderungen für einige Beispiele analysiert, um die Vielfalt der heutigen Anforderungen an ein digitales CCTV-System zu demonstrieren.

10.1.1 Einsatzumgebung Tankstelle

Videokameras werden seit vielen Jahren im Tankstellenbereich eingesetzt. Ziel der Videoüberwachung ist:
- die Aufdeckung von Benzindiebstählen;
- die Dokumentation und Alarmierung bei Überfällen und
- die Überwachung des Shopbereiches, der einen wachsenden Anteil am Gesamtumsatz hat, mit dem Ziel der Reduzierung von Ladendiebstählen oder der Personalüberwachung.

Durch die gestiegenen Benzinpreise der letzten Jahre ist der Benzindiebstahl als Kriminalitätsart enorm angewachsen. Schätzungen gehen von einem durchschnittlichen Verlust von 500 Euro pro Tankstelle und Monat in Deutschland aus. Bei den etwa 18.500 Tankstellen Deutschlands ist das ein jährlicher Gesamtverlust für die Branche in der Größenordnung von 100 Millionen Euro. Hinzu kommen die Verluste im Kassen- und Ladenbereich. Eine gerichtliche Verfolgung dieser Diebstähle führt wegen Beweismangels und dem kleinen Schadensvolumen des Einzelfalles nur selten zum Erfolg, so dass die Pächter diese Verluste selbst tragen müssen.

Verschiedene Erhebungen zeigen, dass sich in einer videoüberwachten Tankstelle das Schadensvolumen, vor allem durch die abschreckende Wirkung, um bis zu 60 % reduzieren kann.

Bei der gezeigten Größenordnung hat sich somit die Investition in ein CCTV-System in kurzer Zeit amortisiert. Waren in der Vergangenheit oft lediglich Kameraattrappen zur Abschreckung installiert, hat sich die Situation heute verändert. Ohne Aufzeichnung ist der Nutzeffekt einer Videoanlage im Tankstellenbereich sehr klein. Um sich die aufwändige Wartung und Sichtung von analogen Bändern zu ersparen, werden auch hier zunehmend digitale Multikanal-DVRs eingesetzt. Die Aufzeichnung dieser Systeme wird direkt vom Kassen- und Zapfsäulenmanagementsystem gesteuert. Dazu bietet ein DVR eine entsprechende Schnittstelle an. So wird ein gesamter Tankvorgang, beginnend mit dem Ausheben eines Zapfhahnes bis zum Bezahlen an der Kasse lückenlos mit Bildern dokumentiert. Existiert eine solche Kopplung zum Kassensystem, so werden sämtliche Begleitdaten des Tankvorgangs wie:

- Zapfsäulennummer;
- Zeitstempel;
- Benzinmenge und
- Kassendaten

mit den Bildern archiviert und stehen als Suchkriterien zur Verfügung bzw. können, wie Bild 10.1 zeigt, in die Bilddarstellung zum Beweis eingeblendet werden. Bei Auslösen von Zapfsäulen- und Kassenaktivitäten kann ein digitales System die Aufzeichnungsqualität und Bildrate automatisch erhöhen. So ist ein speichersparender Betrieb möglich, bei dem nur dann eine hohe Systemlast anfällt, wenn relevante Vorgänge stattfinden.

Bild 10.1:
Bildbegleitdaten des Szenarios Tankstelle in einer Videoeinblendung

Eine prozessneutrale Datenbankarchitektur, wie die in Abschnitt 9.4 vorgestellte, erlaubt eine einfache Anpassung eines DVR-Produktes an das Szenario Tankstelle. Der komplette Tankvorgang eines Benzindiebes lässt sich exportieren und als Beweismaterial verwerten. Voraussetzung sind natürlich entsprechend qualitativ hochwertige Videobilder, die z. B. eine Erkennung der Nummernschilder zulassen. Voraussetzung dafür ist wiederum eine sorgfältige Projektierung der Kamerastandorte, wie Bild 10.2 dies für eine Großtankstelle schematisch zeigt.

Empfehlenswert ist der Einsatz einer Kamera pro Fahrspur bzw. Zapfsäule. S/W-Kameras genügen hier, da das wichtigste Ziel die Erkennung der Nummernschilder ist. Im Shopbereich sollten eine oder mehrere Farbkameras installiert sein. Zusätzlich sollte über jedem Kassenplatz eine Kamera so positioniert sein, dass die Kasse, der Tresen und der Kunde erkennbar sind. Durch Kopplung mit dem Kassensystem kann der gesamte Bezahlvorgang inklusive der einzelnen gekauften Artikel mit Bildmaterial dokumentiert werden. Erkennt das Tankstellenpersonal einen Benzindiebstahl, so sollte das CCTV-System eine Möglichkeit bereitstellen, die zugehörigen Bilddaten „einzufrieren", da sie durch das Ringspeicherverfahren aus Abschnitt 9.3 ansonsten wieder überschrieben werden könnten. Dafür muss das CCTV-System wiederum eine einfache MMS zur Bedienung anbieten.

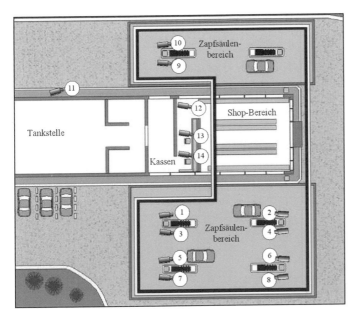

Bild 10.2: Kamerastandorte einer Großtankstelle mit 14 Überwachungspunkten

Immer häufiger wird auch eine Möglichkeit des Fernzugriffes auf die Bilddaten der CCTV-Tankstellenüberwachung gefordert. Dies ist besonders bei Überfällen wichtig. Deshalb muss ein DVR, der für dieses Umfeld geeignet sein soll, entsprechende Möglichkeiten, wie z. B. einen ISDN-Zugang, bereitstellen.

Durch die Stationarität der Szene und damit die hohe Bildqualität eignet sich das Tankstellenszenario auch gut für eine automatisierte Nummernschildüberprüfung der betankten Fahrzeuge, mit dem Ziel, gesuchte Fahrzeuge aufzuspüren. So ist in den nächsten Jahren ein verstärkter Einsatz so genannter LPR-Software (License Plate Recognition) in Verbindung mit den bereits installierten digitalen CCTV-Systemen zu erwarten.

10.1.2 Einsatzumgebung Logistikzentrum

Nach [BADO00] hatten Cargo-Diebstähle im Jahre 2000 ein weltweites Volumen zwischen 30 und 50 Milliarden Dollar. Eine einzige Palette mit Sendungen, wie z. B. wertvollen Computer-Teilen, kann leicht den Wert von 1 Million Euro übersteigen. Entsprechend hoch ist die Motivation für Diebstähle im Logistikumfeld. Auch die Beschädigung oder die Fehlleitung von Sendungen verursacht hohe Verluste. Der Einsatz von CCTV im Logistikumfeld verfolgt mehrere Ziele wie:

- eine lückenlose Dokumentation der gesamten Transportkette einer Sendung und Unterlegung mit Bild- und Begleitdaten inklusive komfortablen Recherchemöglichkeiten in den Bilddatenbeständen zur Sendungsverfolgung;
- den Nachweis des Ein- und Ausgangs eines Paketes in einem Logistikzentrum in unbeschädigtem Zustand;

10 Digitales CCTV in der Praxis

- die Optimierung der Transportkette und der internen organisatorischen Abläufe in einem Logistikverteilerzentrum, um die Kosten zu reduzieren und die Durchlaufzeiten der Sendungen zu verringern;
- das schnelle Auffinden fehlgeleiteter Sendungen;
- die Reduzierung von Versicherungsprämien und Schadenszahlungen durch eindeutige Identifikation der Schadensverursacher in der Transportkette bzw. die Schadensvermeidung durch die abschreckende Wirkung der CCTV-Technik insbesondere in Verbindung mit Bildaufzeichnungen;
- die Verringerung von Personalkosten für die Vorgangsverfolgung und Beweissicherung bei gleichzeitiger Erhöhung der Qualität der Beweismittel;
- neben der Sendungsüberwachung die parallele Absicherung anderer Bereiche eines Logistikzentrums in einem einheitlichen CCTV-Systemkonzept. So sollen Außen- und Zaunbereiche, Schranken und der Fahrzeugzu- und Abgang mit dem gleichen CCTV-System überwacht werden, welches auch zur Sendungsverfolgung und Dokumentation dient.

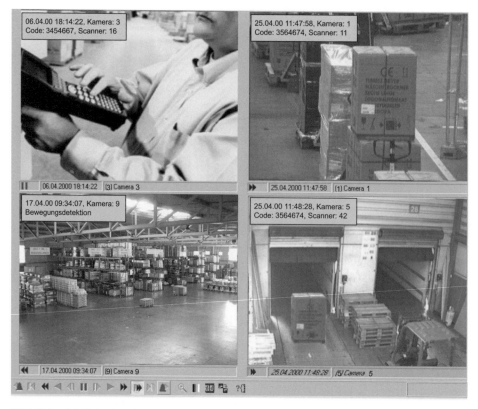

Bild 10.3: *CCTV-Bedienoberfläche eines Logistikzentrums mit eingeblendeten Ereignisdaten*

Um diese Aufgaben erfüllen zu können, muss sich das CCTV-System in den Verbund der Informationssysteme eines Logistikzentrums über geeignete Schnittstellen integrieren lassen. Die Zuordnung von Bilddaten zu Sendungen ist z. B. durch die Kopplung mit dem Barcode-Scanner-System des Logistikzentrums möglich. Das Registrieren von Sendungen mittels dieser Geräte wird gleichzeitig an das digitale CCTV-System gemeldet, um die Aufzeichnung zugeordneter Kameras zu steuern. Die dabei übergebenen Daten werden mit den Bildern gespeichert, so dass später der Durchlauf einer Sendung anhand dieser Daten und der zugehörigen Bilder rekonstruiert und mit Bildern beweiskräftig unterlegt werden kann. Bild 10.3 zeigt eine für das Logistikszenario angepasste Video-Bedienoberfläche. Kamera 5 zeigt den Wareneingang. Kamera 9 zeigt eine Lagerübersicht und wird in Abhängigkeit von Bewegungen im Videobild aufgezeichnet. Kamera 1 zeigt ein Bild als Ergebnis einer Barcode-Recherche nach einer Sendung.

Weiterhin kann die Aufzeichnung durch die Aktivitäten eines ZKS oder die Zufahrtskontrolle gegebenenfalls mit integrierter Kennzeichenerkennung gesteuert werden. Ein modernes digitales CCTV-System bietet für alle diese Subsysteme entsprechende Schnittstellen an.

Die CCTV-Installation eines Logistikzentrum ist durch

- eine relativ große Kameraanzahl;
- eine komplexe Einbindung in die vorhandene Netzwerk- und Geräteinfrastruktur und
- ein großes Speichervolumen für eine Vielzahl eigenständig zu verfolgender Vorgänge pro Tag

charakterisiert. Um eine qualitativ hochwertige Verfolgbarkeit der Sendungen mit Bildern hoher Qualität zu gewährleisten, muss die Kameradichte in der Verteilerhalle entsprechend groß sein. Der Barcode jeder ein- und ausgehenden Sendung wird gescannt. Die ortsveränderlichen Scanner kommunizieren mittels WLAN mit einer Zentrale. Um den Ortsbezug des Scan-Vorganges und damit die Kamerazuordnung für die Aufzeichnung herzustellen, bedient man sich z. B. einer Transponder-basierten Ortung der Funk-Scanner. Das CCTV-System muss in der Lage sein, die damit einhergehende Vielzahl paralleler Vorgänge aufzulösen, die Aufzeichnung entsprechend zu steuern und einen komfortablen Recherchezugriff auf die entsprechenden Vorgangsdaten zu ermöglichen.

10.1.3 Einsatzumgebung Flughafen

Flughäfen sind zentrale Verkehrsknotenpunkte, die höchsten Sicherheitsanforderungen genügen müssen. Das Passagieraufkommen der großen Flughäfen der Welt liegt gegenwärtig zwischen 20 bis 70 Millionen Menschen pro Jahr. Im Luftfrachtverkehr (Cargo) werden einige Millionen Tonnen Güter pro Jahr transportiert. Dieses Transportvolumen entspricht etwa 450.000 Flugzeugbewegungen pro Jahr.

Ein Flughafen ist eine hochdynamisches, logistisches Großsystem mit komplexer Transport- und Informationsinfrastruktur. Auf relativ engem Raum ist hier neben den eigentlichen Flugeinrichtungen die Infrastruktur einer Großstadt wie:

- S-Bahnhof, U-Bahnhof, Taxistände, Busbahnhof;
- Autobahnanbindung, Verkehrsleitsysteme, Parksysteme für hohes Fahrzeugaufkommen;
- Hotels, Krankenhäuser, Banken, Einkaufsmeilen, Restaurants und andere Dienstleistungsbereiche;
- Versorgungsnetzwerke und -unternehmen für Gas, Wasser, Strom, Kommunikation;
- Warenlager, Kühlhäuser, Tankanlagen, Tierstationen;
- Feuerwehr, Zoll, Sicherheitsdienstleister und Polizei

konzentriert.

Neben kriminellen oder terroristischen Angriffen können verschiedenste technische oder auch Ablaufstörungen die Funktion des sensiblen Großsystems Flughafen gefährden, den Flugverkehr stören oder gar lahm legen und damit enorme Kosten verursachen. Allein durch die Ausdehnung eines Flughafengeländes ist eine Vor-Ort-Präsenz von Sicherheits- und Anlagenpersonal zum Zwecke der Störungsprävention, -beurteilung und -behebung meist nicht realisierbar. Um dennoch einen hohen Sicherheitsstandard realisieren zu können, wird eine adäquate

10 Digitales CCTV in der Praxis

Sensorik benötigt, die eine zentrale Beurteilung der Kritikalität von Störungen ermöglicht bzw. gemäß [DICK03] sogar selbständig vornimmt und das Flughafenpersonal mit hochwertigen Lagebeurteilungen versorgt. CCTV liefert hier einen wichtigen Beitrag, um das System Flughafen robust gegen Störungen zu machen. Neben vielen anderen Systemen zur Sicherung effizienter, sicherer Abläufe ist CCTV in allen größeren Flughäfen ein Kernbaustein eines integralen Sicherheitsmanagementsystems. Wie Bild 10.4 zeigt, kommen CCTV-Installationen in einer Vielzahl von Teilbereichen eines Flughafens zum Einsatz.

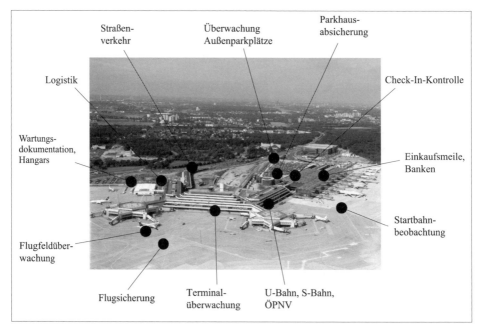

Bild 10.4: *Neuralgische Punkte des Großsystems Flughafen aus der Sicht von CCTV (Luftaufnahme Ernser Bild)*

Der CCTV-Anwendungskontext Flughafen ist u. a. gekennzeichnet durch:
- eine sehr große Zahl von Kameras mit verschiedensten Überwachungszielen, die über ein großes Territorium verteilt sind. So gibt es Außenkameras, die zur Absicherung des Zaunbereiches und zur Detektion gegen unberechtigtes Betreten des Flughafengeländes genutzt werden. Diese sind meist mit VMDs oder Zaunmeldern gekoppelt. Im Innenbereich werden Kameras sowohl als Übersichtskameras zur Terminalüberwachung als auch als spezialisierte Kameras an Vereinzelungsschleusen – z. B. beim Check-In – in Verbindung mit einer automatischen Gesichtserkennungs-Software eingesetzt;
- hohe Anforderungen an die Integrationsfähigkeit des CCTV-Systems. CCTV ist hier nur eine Sicherheitstechnik unter vielen. Zum einen muss sich das CCTV-System den verschiedenen Mensch-Maschine-Schnittstellen unterordnen. Zum anderen muss es in der Lage sein, mit den anderen Subsystemen der Flughafensicherung zu kommunizieren, um z. B. die Präsentation von Bildinformationen in Abhängigkeit der Aktivitäten von Fremdsystemen zu steuern oder aber in umgekehrter Richtung die Fremdsysteme mit Aktivitäten des Videosystems zu versorgen, die diese wiederum zur Organisation ihrer Arbeit benötigen;
- hohe Anforderungen an die Detektionsschärfe und Flexibilität der Videosensorik. Neben der klassischen Bewegungsdetektion kommt es immer häufiger zu Forderungen nach intel-

ligenterer Sensorik mit der Möglichkeit der automatischen Erkennung verdächtiger Objekte. Dazu gehört z. B. die Detektion verwaister Gepäckstücke nach Verfahren, wie sie z. B. in [GIBB96] beschrieben werden. Die Reaktion auf die potentielle Gefährdung, die von verwaisten Gegenständen unbekannter Herkunft ausgeht, ist unter Umständen die Sperrung ganzer Terminals oder des gesamten Flugverkehrs. Eine automatische Detektion derartiger Gegenstände in Verbindung mit einer digitalen Vorgeschichteaufzeichnung lässt eine schnelle Klärung der Gefahrensituation zu;

- eine große Vielzahl individueller Szenarien mit eigenständigen Überwachungsstrategien. Dazu gehört z. B. die Klärung von Frachtgut- oder Gepäckdiebstählen. Eine mit digitaler Aufzeichnung gekoppelte Videoüberwachung liefert hier wertvolle Informationen zur Aufklärung derartiger Vorfälle [MAYH01]. Ein anderes Teilszenario des Flughafenumfeldes ist die Parkhausüberwachung und Belegungssteuerung. Auch hier liefert ein digitales CCTV-System, gegebenenfalls in Verbindung mit einer Nummernschilderkennungs-Software, wertvolle Informationen;
- hohe Anforderungen an die Leistungsfähigkeit der CCTV-Hardware-Infrastruktur. Durch die große Zahl der Kameras müssen erhebliche Speicherkapazitäten installiert werden, um eine sinnvolle Vorhaltezeit der Bildinformationen zu erreichen. Weiterhin wird eine leistungsfähige Netzwerkinfrastruktur benötigt, um simultan auf eine Vielzahl von Kameras zugreifen zu können. Zukunftsträchtig ist hier auch die Nutzung von Funknetzen wie WLAN (Abschnitt 6.7.2.1) zur Videoübertragung. Ausgerüstet mit einem WLAN-fähigen PDA ist das Sicherheits- und Anlagenpersonal mobil mit dem CCTV-System verbunden und verfügt permanent über aktuelle Bildinformationen zu einem kritischen Vorgang. Den damit verbundenen hohen Hardware-Kosten stehen erhebliche Einsparpotentiale z. B. im Personalbereich oder durch die Vermeidung von Sicherheitseinsätzen, die ohne die gespeicherten bzw. Live-Videoinformationen notwendig gewesen wären, gegenüber.

Besonderheit des Szenarios Flughafen für den CCTV-Betrieb ist, dass hier praktisch sämtliche Anforderungen versammelt sind, die man ansonsten nur über eine Anzahl eigenständiger Projekte verteilt vorfindet. Deshalb ist der Anspruch an die zum Einsatz kommende Technik besonders hoch. Einen ähnlich allumfassenden Katalog von Anforderungen findet man sonst nur bei Großsystemen wie See- und Binnenhäfen oder Großbahnhöfen.

10.1.4 Übersicht zu weiteren CCTV-Einsatzumgebungen

Neben den drei in den vorhergehenden Abschnitten etwas detaillierter geschilderten Einsatzumgebungen findet man digitale CCTV-Systeme heute in praktisch allen Alltagsumgebungen. Jede dieser Umgebungen hat ihre individuellen Besonderheiten, so dass höchste Anforderungen an die Integrationsfähigkeit eines speziellen Produktes gestellt werden. Tabelle 10.1 liefert eine Liste von Einsatzszenarien und von einigen der hier jeweils vorkommenden Besonderheiten. Einige der exotischeren Umgebungen dokumentieren, wie breit CCTV-Techniken heute in allen Bereichen des täglichen Lebens auch außerhalb der reinen Sicherheitstechnik zum Einsatz kommen. Die Konvergenz mit Zielstellungen des Multimedia-Bereichs, wie z. B. der Einsatz eines DVRs als Multikanal-Web-Server, ist mittlerweile sehr stark ausgeprägt.

Tabelle 10.1: Übersicht zu CCTV-Einsatzumgebungen mit ihren speziellen Anforderungen

Umgebung	Zielstellung und besondere Anforderungen
Banken	- Aufzeichnungssteuerung durch Geldautomaten und ZKS-Schnittstellen - Standardisierte Anforderungen durch Regelwerke wie die UVV-Kassen in Deutschland - WAN-Zugriff auf Bilddaten z. B. zur Kontrolle von personalfreien Selbstbedienungs-Filialen

10 Digitales CCTV in der Praxis

Umgebung	Zielstellung und besondere Anforderungen
Museen	• automatische Detektion des Verschwindens von Objekten aus der Szene. Diese Spezialfunktion wird von besonderer Bildverarbeitungs-Software geliefert.
Kasinos	• Spieltischüberwachung mit hoher Bildrate, um schnelle Vorgänge und Trickbetrügereien zu erkennen • Kopplung mit Gesichtserkennungssystemen, um automatisiert Hausverbote prüfen zu können, oder zur Prüfung von VIP-Listen
Verkehrskontrolle	• Möglichkeit der Kopplung mit einem LPR-System z. B. für Mauterhebungszwecke • Objektzählung zur Durchsatz- und Stauanalyse
Geldzählplatz	• Kopplung mit den Zählgeräten, Dokumentation durch Speicherung der Soll- und Ist-Werte der Geldzählvorgänge als Recherchekriterium für die Bildsuche • Möglichkeit der Aufzeichnungssteuerung durch Aktivitäten der Zählgeräte • Möglichkeit der Suche nach Zählvorgängen, bei denen Differenzen zwischen Soll- und Ist-Werten aufgetreten sind
Werbung	• Nutzung als Multikanal-Web-Kamera. Möglichkeit der Bildwiedergabe mittels Web-Browser und Internet-Zugang, Einsatz z. B. als Messekamera-Server • Möglichkeit der kundenspezifischen Gestaltung der Nutzeroberflächen für die Bildpräsentation
Chipfertigung	Wafer-Qualitäts-Sichttest. Wafer werden automatisiert auf Objektträger gelegt. Über eine Schnittstelle des CCTV-Systems wird eine Aufzeichnung ausgelöst. Die visuelle Qualitätskontrolle des Fertigungsprozesses kann zeitlich und räumlich entkoppelt erfolgen.
Schweiß-naht-Qualitäts-kontrolle	Ein Schweißroboter erzeugt eine Schweißnaht mit hoher Geschwindigkeit. Der Vorgang wird mit hoher Bildrate aufgezeichnet. Durch eine hohe Geschwindigkeit beim Werkstückwechsel ist eine direkte Qualitätskontrolle der Schweißnähte nicht mehr möglich. Eine nachgeordnete Qualitätskontrolle kann die Schweißvorgänge in Zeitlupe analysieren. Notwendig ist eine Kopplung zwischen Schweißroboter, um zum einen die Aufzeichnung zu steuern und zum anderen Werkstücke eindeutig mittels entsprechender Nummern mit den aufgezeichneten Bilddaten zu verknüpfen. Weiterhin ist eine spezielle Anpassung der MMS des CCTV-Systems notwendig, zum einen, um die eine Werkstück-basierte Wiedergabe zu steuern, zum andern für die Steuerung der Zeitlupen-Wiedergabe.
Parkhaus	• CCTV-Unterstützung für Belegungsoptimierung • Fahrzeugsuche in Verbindung mit einer integrierten LPR-Software
Schienenkontrolle	Einsatz von Videokameras und DVRs in Schienenprüffahrzeugen im Bahnbereich. Aufzeichnung einer abgefahrenen Schienenstrecke mit hoher Geschwindigkeit und nachgeordnete Qualitätsanalyse in Zeitlupenwiedergabe.
Rechenzentrum	• Überwachung von Bereichen mehrerer Kritikalitätsstufen • Kopplung des CCTV-Systems mit einem ZKS
Bahnhof	• ähnlich umfassende Anforderungen wie in der Flughafenumgebung aus Abschnitt 10.1.3 • Kopplung mit Objekterkennungs-Software zur Erkennung verwaister Gepäckstücke
Kaufhaus	• hohe Abschreckungswirkung durch offene Präsentation von Videobildern und unverdeckte Kameras • bislang noch geringe Anforderungen an eine Aufzeichnung • denkbar, aber bislang kaum eingesetzt, ist die Kopplung mit einer Gesichtserkennung, um z. B. Hausverbote automatisch überprüfen zu können • hoher Kostendruck

CCTV-Einsatzumgebungen 10.1

Umgebung	Zielstellung und besondere Anforderungen
Kraftwerk, Energieanlagen	• Kameras in schwer zugänglichen, kritischen Bereichen • häufig ist eine Kopplung mit einem vorhandenen ZKS notwendig • automatische Detektion von Dampf- und Staubwolken, die auf Störungen hinweisen könnten; Einsatz spezieller Bildsensorik
Regierungsgebäude, Polizeistationen, militärische Anlagen	• Terrorismusgefahr, automatische Detektion von verwaisten Gegenständen oder zu langer Verweildauern von Fahrzeugen in sicherheitskritischen Bereichen • automatisierte Verhaltensanalysen (Behaviour Analysis) von Menschen und Menschengruppen, wie z. B. in [DICK03] beschrieben, hoher Anspruch an die Sensorik und Bildverarbeitungs-Software
Tunnel	• Überwachung des Verkehrsflusses, automatische Detektion von Störungen • Einsatz von CCTV als Branddetektions- und Meldesystem
ÖPNV	• Einsatz in Bussen und Bahnen zur Störungsanalyse oder als Bestandteil eines Fahrgastinformationssystems • hohe Anforderungen an die mechanische Stabilität der CCTV-Hardware • Fernzugriff auf die Bildinformationen wird mit der Verbreitung von UMTS-Netzen realistisch
Wachdienst	• Möglichkeit des Fernzugriffs auf Speicher- und Live-Bilddaten muss gegeben sein • Integration in eine standardisierte MMS zur Bedienung von CCTV-Systemen unterschiedlicher Hersteller • entweder direkte Nutzung als zertifiziertes Alarmwählgerät oder Möglichkeit der Kopplung mit entsprechend zertifizierten externen Geräten
Gewerbegebiete	Außerhalb der Arbeitszeiten sind diese Gebiet üblicherweise verwaist und somit häufig Ziel von Einbrüchen. Die digitale, zeitplangesteuerte Videoaufzeichnung kann hier einen großen Betrag zur Abschreckung und Aufklärung liefern. Durch Verbindung mit Wachdiensten kann direkt bei Auslösen von Sensoren die Kritikalität vor Entscheidung eines Einsatzfalles geprüft werden. Sinnvoll ist eine WAN-Zugriffsmöglichkeit auf die Bilddaten.

Die schon umfangreiche Liste in Tabelle 10.1 dokumentiert immer noch nur einen kleinen Teil von Umgebungen, in denen insbesondere digitale CCTV-Techniken heute anzutreffen sind. Die Aufzählung lässt sich beliebig fortführen. So findet man CCTV-Kameras und -Aufzeichnungssysteme in Sportstadien, Privathäusern, Wasser- und Gaswerken und nahezu allen öffentlichen Institutionen in mehr oder weniger breiter Anwendung. Beispiele bislang noch exotischer Einsatzumgebungen für CCTV-Produkte sind zudem:

- der Einsatz von DVR-Aufzeichnungen in Schlachthäusern für die Analyse des Verhaltens von Schlachtvieh in dieser Umgebung;
- die Übertragung von Videobildern aus Zoos ins Internet unter Nutzung der Funktion Multikanal-Web-Kamera;
- der automatische Anstand: CCTV-Einsatz bei der Wildzählung durch Kopplung mit Videobewegungsmeldern oder Aufzeichnung und nachgeordnete manuelle Auswertung;
- die Zählung von Lachsen bei der Wanderung auf so genannten Fischtreppen;
- die Aufzeichnung von Patienten in Schlaflaboren oder
- die elektronische Politesse. Digitale CCTV-Systeme überwachen automatisch die Verweildauer von Fahrzeugen in Parkbereichen. In Verbindung mit einem Nummernschild-Erkennungsverfahren kann so gegebenenfalls die gesamte Strafverfolgung automatisiert werden.

Hinzu kommen für CCTV bislang eher untypische Anwendungen wie:

- ein Produkt- und Verhaltenstraining mittels aufgezeichneter Multikanal-Videosequenzen aus realen Umgebungen;
- die visuelle Unternehmenskommunikation bis hin zu Videokonferenzen;
- die Telemedizin;
- das Fernstudium und

- die visuelle Überwachung von Industrieprozessen.

Jede der hier vorgestellten Umgebungen für den Einsatz von CCTV-Technik hat eine eigene Definition der zu realisierenden Sicherheitsziele bzw. der entsprechenden Überwachungsaufgaben. Jede Umgebung stellt individuelle Ansprüche an die zum Einsatz kommende Technik. Ein digitales CCTV-System überdeckt diesen weiten Bereich an unterschiedlichsten Anforderungen durch eine entsprechende flexible Software-Architektur mit zugehörigen offenen Schnittstellen für die Integration von Ergänzungstechnologien oder die Unterordnung unter eine Hierarchie von Prozessleitsystemen.

10.1.5 Anforderungen an CCTV-Projekte

Aus der Vielfalt der in den vorhergehenden Abschnitten geschilderten praktischen Einsatzfälle ergeben sich noch einmal zusammenfassend die folgenden Grundanforderungen an die in CCTV-Systemen zum Einsatz kommende Technik:
- die Adaptierbarkeit an bestehende Netzwerk- und CCTV-Infrastrukturen;
- die Integrierbarkeit in übergeordnete Sicherheitsmanagementsysteme und offene Schnittstellen zu Fremdsystemen;
- die Anpassbarkeit an den Anwendungskontext eines speziellen Projektes ohne aufwändiges Software-Redesign und Widerspieglung des Anwendungskontextes in der Bedienphilosophie der MMS;
- die Erweiterbarkeit, wie z. B. um zusätzliche Kamerakanäle oder Speicherkapazität, oder auch
- einen im Netzwerk beliebig verteilbaren Zugriff auf die Informationen des CCTV-Systems durch eine größere Anzahl von Bedienplätzen.

Derartige – recht unscharf formulierte – Anforderungen findet man immer häufiger in Projektspezifikationen. Der aus solcherart allgemein formulierten Forderungen erwachsende technische Anspruch an CCTV-Produkte ist enorm[1]. Die technischen Mittel, derer sich ein CCTV-System bedient, um einen möglichst breiten Bereich von Projektanforderungen und damit zugleich einen möglichst breiten Marktbereich abzudecken, wurden in den vorhergehenden Kapiteln erläutert. Die Vereinigung dieser Techniken unter dem Mantel einer flexiblen CS-Software-Architektur ist die Antwort auf die stark gewachsenen Anforderungen. Eine starre Software-Architektur führt zu ebenso starren, kaum mehr erweiterbaren Lösungen. Da auch im CCTV-Bereich Projekte aber die Tendenz haben zu wachsen, möchte sich der Projektant die Möglichkeit zukünftiger Erweiterungen offenhalten. Es ist z. B. nicht akzeptabel, dass Großinvestitionen, wie die Installation eines CCTV-Systems, den gleichen kurzen Lebenszyklus erleiden, der im PC-Massenmarkt heute üblich ist. Das enge Korsett einer starren Systemarchitektur zwingt aber oft schon frühzeitig bei Erweiterungen zu einem kompletten Anlagenaustausch. Ein flexibleres System-Design führt zu längeren Anlagenlebenszyklen und trägt damit zur Investitionssicherheit bei, wie in [DOER99] ausgeführt wird. Gerade dieser Faktor ist ein bei den heutigen Innovationsraten oft vernachlässigtes Problem. Eine unzureichende Analyse derartiger Faktoren in der Spezifikationsphase rächt sich häufig im Laufe des Lebenszyklus eines Projektes – mit oft enormen Folgekosten.

Der folgende Abschnitt 10.2 zeigt ein Beispiel für eine im langjährigen Einsatz in einer Vielzahl von Projekten praktisch bewährte CCTV-Systemarchitekur, die auf dem abstrakten

---

1 Diese Aussage gilt natürlich nicht nur für CCTV-Systeme. Die Zunahme von dehnbaren Pauschalforderungen wie Flexibilität, Skalierbarkeit, Integrierbarkeit, offene Schnittstellen, Zuverlässigkeit oder auch Selbstdiagnosefähigkeit in Projektspezifikationen ist symptomatisch für den zunehmenden Komplexitätsgrad der zum Einsatz kommenden Technik. Alptraum jedes Projektanten ist dabei die Formulierung der berühmt-berüchtigten „Ein-Stück-Schnittstelle"-Forderung in einer Projektspezifikation.

CS-Modell des Abschnitts 7.4 beruht. Die folgenden Darstellungen sollen anhand dieses Beispiels dem Leser den Blick für die Möglichkeiten und Potentiale verschiedener Systemphilosophien zu öffnen.

10.2 Ein CCTV-CS-Modell

10.2.1 Kommunikations-Architektur

Bild 10.5 zeigt das Modell eines CCTV-CS-Systems[2]. Zentrum des Modells ist der Video-Server. Dieser stellt einer Reihe von Clienten seine Dienste zur Verfügung. Die gesamte Kommunikation im System erfolgt über IP-basierte Kommunikationsprotokolle. Damit hat man gemäß Abschnitt 7.2.6 allein durch diese Festlegung im System-Design theoretisch beliebige Freiheitsgrade in der Verteilung der zum System gehörenden Module innerhalb eines heterogenen Netzwerkes.

Bild 10.5 zeigt zwei Systemgrenzen, die unterschiedlichen Anwendungsinstallationen zugeordnet sein können. Die Konfiguration S1 fasst alle Systemkomponenten innerhalb eines Gerätes zusammen. Die IP-Kommunikation unterstützt eine derartige Installationsvariante direkt ohne zusätzlichen Software-technischen Aufwand, wie in Abschnitt 7.2.5 dargestellt wurde. Die Konfiguration S2 entspricht dem Extremfall einer Verteilung aller Software-Module auf unterschiedlichen Netzwerkgeräten. Zwischen diesen beiden Extremfällen von Installationen gibt es beliebig viele Zwischenstufen. So kann z. B. die Präsentationsfunktion abgesetzt auf mehreren CCTV-Arbeitsplatz-Computern installiert werden, wohingegen die Bild-Akquisition nur lokal im DVR stattfindet. Diese flexible Verteilbarkeit der Funktionalität erlaubt eine optimale Projektierung im Sinne der Verteilung der Netzwerklast und der Minimierung des Videoverkabelungsaufwandes. So können z. B. die Clienten zur Bild-Akquisition zusammen mit der Aufzeichnung im Video-Server nahe der Quellen der Videosignale installiert werden, während die Präsentation über die vorhandene Netzwerkinfrastruktur auf die in der Videodatenbank gespeicherten Bilder zugreift bzw. Live-Video-Streams der Video-Server empfängt.

Die Clienten des Systems aus Bild 10.5 greifen auf die Dienste des Video-Servers über Programmier-Schnittstellen – so genannte Application Programming Interfaces (API) – zu. Derartige, sinnvollerweise öffentliche Schnittstellen sind die Voraussetzung für ein offenes, erweiterbares Systemkonzept. Über diese Schnittstellen kann das System aus Bild 10.5 um Clienten mit Spezialfunktionen erweitert werden, ohne am Systemkern Veränderungen vornehmen zu müssen. So zeigt Bild 10.5 neben den Kernmodulen noch einige Spezial-Clienten, welche die Funktionalität auf der Basis einer öffentlichen Programmierschnittstelle bereichern.

Der E-Mail-Client wird vom Video-Server über Alarme informiert. Diese werden als E-Mails an einstellbare Empfänger – gegebenenfalls auch mit einem Alarmbild als Anhang – weitergeleitet. Alternativ können auf diese Weise auch Short Messages für die Weiterleitung von Alarmmeldungen an ein Handy erzeugt werden.

---

[2] Ausgangspunkt dieses Modells einer CCTV-Systemarchitektur ist das System MultiscopeII der Firma Geutebrück. Dieses System war eines der ersten Systeme am Markt, welches konsequent den IP-basierten Ansatz verfolgte und eine klare Trennung der CCTV-Kernfunktionen in verschiedene, verteilbare Netzwerk-Clienten realisierte. Andere Systeme verfolgen unter Umständen unterschiedliche Strategien. Wie z. B. auch beim Datenbankmodell aus Kapitel 9 gibt es keine „beste" Systemarchitektur. Es gibt lediglich mehr oder weniger erfolgreiche Ansätze. Prüfstein ist wie so oft nur die langjährige Bewährung in praktischen Projekten.

10 Digitales CCTV in der Praxis

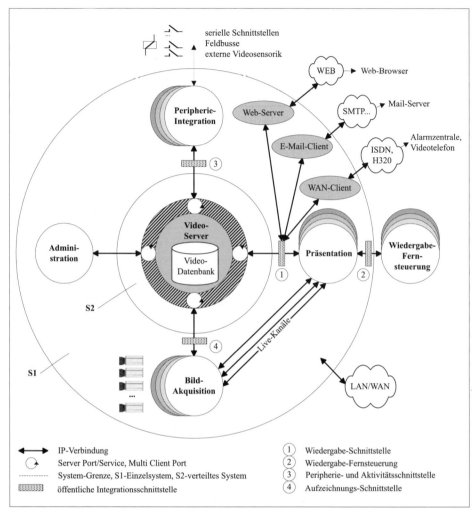

Bild 10.5: Beispielhaftes CS-Modell eines digitalen CCTV-Systems

Das Web-Modul liefert einen Internet-Zugang zu den Funktionen des Video-Servers. Bezüglich des Video-Servers agiert das Modul als Client, der in der Lage ist, Bilder und andere Informationen anzufordern. Nach außen stellt das Modul einen HTTP-Zugang bereit. Mit diesem können sich Internet-Browser verbinden und entsprechende Bildübertragungen veranlassen. Neben der Möglichkeit des Internet-Zugangs zu den Funktionen des Video-Servers kann mit diesem Modul auch eine betriebssystemunabhängige MMS realisiert werden. Gegenüber den Möglichkeiten eines proprietären Browsers ist man bei dieser Form der Präsentation wegen der beschränkten Leistungsfähigkeit von HTTP allerdings oft zu Kompromissen gezwungen.

10.2.2 CCTV-Kernmodule

Die Kernfunktionen des digitalen CCTV-Systems aus Bild 10.5 sind, analog zu Abschnitt 7.2.6:
- der Video-Server mit einer großen Anzahl von Diensten für den Betrieb der Gesamtanlage;

- die Bild-Akquisition;
- die Bild- und Alarmpräsentation als Mensch-Maschine-Schnittstelle;
- die Peripherie-Integration und
- die Systemadministration.

Bis auf die zusätzlich aufgenommene Kernfunktion Peripherie-Integration entsprechen die Module dieses Software-Modells den Funktionen des netzwerkbasierten CCTV-Systems aus Abschnitt 7.2.6. In den nächsten Abschnitten werden die Aufgaben der Kernmodule vorgestellt.

10.2.2.1 Aufgaben des Video-Servers

Der Video-Server repräsentiert die zentrale Intelligenz des CCTV-Modellsystems aus Bild 10.5. Er bietet den Clienten des Systems die in Bild 10.5 gezeigten vier Hauptdienste an. Diese Dienste des Servers werden über Netzwerkschnittstellen angeboten, die sinnvollerweise abgesehen vom Administrationsdienst jeweils mehrere Clienten simultan und unabhängig voneinander in Anspruch nehmen können. Dafür werden die bereits in Abschnitt 7.4.2 erwähnten Multi-Threading-Technologien eingesetzt. Derartige Möglichkeiten müssen im Design der Software berücksichtigt sein. Ergebnis ist ein bezüglich der Anzahl von Bedienplätzen, Kamerakanälen und Peripherieschnittstellen einfach erweiterbares System.

Neben der eigentlichen Verwaltung der Videodatenbank hat der Video-Server eine große Zahl weiterer Funktionen innerhalb des CCTV-Systemverbundes, wie sie im Folgenden überblicksweise für die hier betrachtete Modell-Architektur dargestellt werden sollen.

Verwaltung der Systemeinstellungen

Die Arbeit eines professionellen CCTV-Systems wird von einer großen Anzahl von Parametern gesteuert, die bei der Installation eines speziellen Projektes entsprechend anzupassen sind. Beispiele sind:

- die Konfiguration der Aufzeichnung mit kanalabhängigen Qualitätsparametern;
- die Konfiguration der Aufzeichnungssteuerung in Abhängigkeit von Aktivitäten der Peripherie – also z. B. Eingangskontakten oder einer integrierten Videoaktivitätsdetektion (Abschnitt 5.4.4.2);
- die Definition des Alarmverhaltens des Systems. So können z. B. automatische Präsentationsszenarien in Abhängigkeit von Alarmen festgelegt werden;
- die Verwaltung der Parameter einer Zeitplan- oder Kalendersteuerung. Hier können unterschiedliche Verhaltensweisen des Systems in Abhängigkeit vom aktuellen Zeitpunkt festgelegt werden;
- die Erfassung von Nutzerkonten mit individuellen Zugriffsrechten. Beispiele für solche Rechte sind Einschränkungen bezüglich des Zugriffs auf die Videokanäle oder die Sperrung der Wiedergabe von Speicherbildern.

Diese große Zahl von Einstellungen wird zentralisiert vom Video-Server verwaltet und über eine Netzwerkschnittstelle für eine abgesetzte Bearbeitung zur Verfügung gestellt. Damit wird auch die immer häufiger zu findende Forderung nach einer Ferneinstellung und -wartung von CCTV-Systemen erfüllt.

Logisches Prozessmodell

Der Video-Server erfasst die Aktivitäten von Sensoren der Systemperipherie zentral. Diese werden mittels eines anlagenspezifisch parametrierten Prozessmodells logisch verknüpft. Aus den Ergebnissen dieser Verknüpfungen werden Reaktionen des CCTV-Systems abgeleitet. Diese können z. B. das Auslösen von Aufzeichnungsprozessen, die Steuerung der Aktoren der Peripherie – z. B. Schwenk/Neige-Kameras oder Ausgangskontakte – oder die Benachrichti-

10 Digitales CCTV in der Praxis

gung von Nutzern umfassen. Ein einfaches Beispiel für derartige Sensoren und Aktoren sind die Kontakt-Ein- und Ausgänge eines Feldbussystems, welches über ein entsprechendes Peripherie-Client-Modul in den Systemverbund integriert wird.

Diese Verarbeitungsaufgabe des Prozessmodells eines Video-Servers entspricht dem in Bild 10.6 dargestellten Wirkprinzip einer klassischen speicherprogrammierbaren Steuerung (SPS) aus der Automatisierungstechnik mit CCTV-spezifischer Sensorik, Aktorik und Steuerungsfunktionalität.

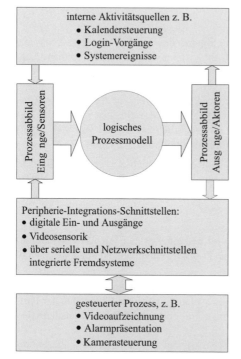

Bild 10.6:
Prinzipielles Verarbeitungsmodell einer SPS für CCTV-Zwecke

Der Umfang der Sensorik und Aktorik des für CCTV-Anwendungen angepassten SPS-Modells hängt von der Anzahl der Peripherieschnittstellen des Systems ab. Diese Schnittstellen werden von den spezialisierten Peripherie-Clienten aus Bild 10.5 bereitgestellt.

Das Prozessmodell definiert das Verhalten der CCTV-Anlage bei Detektion von Aktivitäten an der Peripherie. So kann das Detektieren von Aktivitäten zu unterschiedlichsten automatisch ablaufenden Reaktionen und Handlungsketten des Systems führen. Einige Beispiele sind:

- das Schließen oder Öffnen von Kontakten, z. B. einer Torsteuerung, in Abhängigkeit von einer Videobewegungsdetektion;
- die automatische Erkennung von Sabotage an der Videoverkabelung durch Prüfung der Videosynchronsignale der am CCTV-System angeschlossenen Kameras und eine entsprechende Benachrichtigung des Bedienpersonals;
- die Überwachung der Kameraposition mittels eines CPA-Verfahrens. Bei Abweichungen von der Referenzszene werden Alarme erzeugt und das Referenz- und das aktuelle Bild der Kamera automatisch präsentiert;
- die Benachrichtigung eines oder mehrerer Bedienplätze über ein aufgetretenes Ereignis inklusive der automatischen Präsentation zugehöriger aufgezeichneter und Live-Bilder;
- die automatische Positionierung einer oder mehrerer Domekameras oder

- die Umschaltung des Anlagenverhaltens in Abhängigkeit vom Status einer Kalendersteuerung. So kann z. B. ohne Nutzereingriff an Wochenenden ein anderes Betriebsregime als an normalen Arbeitstagen eingestellt sein.

Je nach Fähigkeiten des Prozessmodells der CCTV-SPS und der in einem System verfügbaren Peripherieschnittstellen lassen sich vollständig autonome Handlungsabläufe realisieren, die in der Vergangenheit mit einem großen Personaleinsatz und entsprechenden Kosten verbunden waren. So könnte gemäß [DOER02] ein Beispielszenario folgendermaßen aussehen:

Das Kartenterminal eines ZKS detektiert den Versuch des Zutritts einer Person, die für diesen Bereich keine Zutrittsberechtigung hat. Diese Aktivität wird über einen entsprechenden Peripherie-Integrations-Client, der die Schnittstelle zum ZKS darstellt, an das CCTV-System gemeldet. Dieses löst daraufhin autonom eine Kette von Reaktionen aus:

- Die Beleuchtung in der Umgebung des Kartenlesers wird eingeschaltet und die Vorraumtür wird verriegelt.
- Eine dem Kartenterminal zugeordnete Kamera wird mit hoher Bildrate und Qualität aufgezeichnet. Zeitgleich wird eine Domekamera an eine dem Vorgang zugeordnete Festposition bewegt. Nach Erreichen der Festposition beginnt auch für diese Kamera eine Aufzeichnung.
- Es wird ein Netzwerkbedienplatz der Wachzentrale benachrichtigt. Hier werden automatisch in mehreren Videofenstern einer grafischen Nutzeroberfläche die Live- und die Alarmbilder der beteiligten Kameras präsentiert. Es erfolgt eine Information zum Ort des Alarms und eine genaue Angabe der Ursache inklusive der Daten der Chipkarte, die für den unberechtigten Zugangsversuch verwendet wurde.
- Erfolgt nach Ablauf von zehn Minuten keine Reaktion durch das Bedienpersonal, so sendet das CCTV-System automatisch eine SMS an eine entsprechend voreingestellte Handy-Nummer. Zusätzlich erfolgt eine E-Mail-Benachrichtigung inklusive eines Alarmbildes im Anhang.
- Neben den aufgezeichneten Bildern wird der gesamte Vorgang vom CCTV-System protokolliert, um eine nachgeordnete Ursachenanalyse vornehmen zu können.

An derartigen Handlungsabläufen ist eine große Anzahl von Subsystemen der CCTV-Anlage beteiligt. Ein flexibel adaptierbares Prozessmodell des Video-Servers schafft die Voraussetzungen für ein derartig autonomes Handeln des Systems.

Steuerung der Alarm-Präsentation

Eine weitere wichtige Funktion des Video-Servers ist die Alarmierung angeschlossener Bedienplätze bei Auftreten sicherheitsrelevanter Ereignisse. Diese Funktion eines digitalen Systems kann in Analogie zu den Präsentationsstrategien für Alarme bei klassischen analogen Kreuzschienensysteme gesehen werden. Trat bei analogen CCTV-Systemen wie den Beispielen aus Abschnitt 2.1 ein Alarm auf, so sorgte die Software eines entsprechend eingestellten Videomanagementsystems für eine automatische Präsentation der zugehörigen Videobilder auf den Monitorwänden der Wachzentrale. Bei sorgfältiger Einstellung entlastet diese automatische Funktion das Bedienpersonal sehr stark. Die wichtigsten Informationen werden in konzentrierter Form automatisch präsentiert, so dass der Bediener sich besser auf die einzuleitenden Maßnahmen konzentrieren kann und nicht durch eine Flut von Bildern und Alarminformationen überlastet wird.

Digitale CCTV-Systeme präsentieren Alarme in ähnlicher Weise. Als wichtige Zusatzinformation können neben den Live-Bildern auch die Vorgeschichte und die alarmauslösenden Bilder angezeigt werden. Dies ist auf einfache Weise in Computer-basierten MMS ohne zusätzliche Hardware wie Alarmbildspeicher möglich. Der Video-Server aus Bild 10.5 steuert diese

Funktionalität zentral. Bei der Anlageneinstellung kann ein individuelles Präsentations- und Reaktionsverhalten für jeden Alarm entsprechend seiner Kritikalität festgelegt werden. Bei Auftreten sorgt der Server automatisch für die entsprechenden Benachrichtigungen und zugeordneten Abläufe.

10.2.2.2 Bild-Akquisition

Dieses Modul ist die Schnittstelle des CCTV-Systems aus Bild 10.5 zur Videodigitalisierungs- und Kompressions-Hardware. Es wurde als separat betreibbarer Client implementiert, um der Forderung nach Skalierbarkeit der Anzahl der Videokanäle einer Anlage entsprechen zu können. Der Client hat die Aufgaben eines NVC aus Abschnitt 6.1. So steuert er:

- das Digitalisierungs- und Kompressionsverhalten der Hardware-Codecs;
- die Erfassung der Meldungen einer Videoaktivitätsdetektion (Abschnitt 5.4.4.2) oder der Sabotageerkennung für Manipulationen an den Kameras und
- die Bildübertragung zum Zwecke der Speicherung in der Videodatenbank des Video-Servers bzw. für die Live-Darstellung in der grafischen Nutzeroberfläche der CCTV-Bedienplätze.

Ein Akquisitions-Client kann einen oder mehrere Videokanäle verwalten und deren Bilder dem Video-Server zur Verfügung stellen. Die Skalierbarkeit der Anlage erreicht man durch den simultanen Betrieb mehrerer dieser Module im Netzwerk. Diese können je nach Parametrierung mit dem gleichen oder auch unterschiedlichen Video-Servern kommunizieren. Durch die Herauslösung der Funktion Bild-Akquise aus der CCTV-Software wird man unabhängiger von der Leistungsfähigkeit eines einzelnen Computers. Weiterhin gewinnt man durch die dezentrale Bilderzeugung an Flexibilität. Sie kann direkt in der Nähe der Nähe der Videoquellen erfolgen. Der Transport zur zentralen Videodatenbank erfolgt über die kostengünstige, meist bereits verfügbare Netzwerkinfrastruktur.

10.2.2.3 Präsentation

Die Präsentation von Bildern, Bildbegleitinformationen und Alarmen erfolgt mittels eines Präsentations-Clienten. Jeder dieser Clienten repräsentiert eine individuell anpassbare MMS, die einem eigenständigen CCTV-Bedienplatz entspricht. Der Video-Server aus Bild 10.5 ist in der Lage, mehrere dieser Clienten simultan und unabhängig voneinander zu versorgen. Die Videowiedergabe eines Bedienplatzes beeinflusst die Wiedergabe eines anderen Bedienplatzes nicht. Um diese Entkopplung zu erreichen, bedient der Video-Server sich der in Abschnitt 7.4.2 kurz vorgestellten Multi-Threading-Technik. Die Präsentation der Bilder und Alarme erfolgt schon heute meist auf einem Computer-Monitor. Grund ist die erheblich höhere Funktionalität der Computer-basierten MMS im Vergleich zur Präsentation auf analogen Monitoren, für die auch noch der eigentlich überflüssige Zusatzaufwand einer Digital-Analog-Wandlung betrieben werden muss.

Neben der Bild- und Alarmpräsentation nimmt der Präsentations-Client Steuerkommandos des Bedieners entgegen und leitet diese an den Video-Server zur Bearbeitung weiter. Beispiele solcher Steuerkommandos sind:

- die Wiedergabesteuerung. Bild 9.10 zeigt die wichtigsten Bedienelemente eines Video-Browsers zur Steuerung der Wiedergabe von Speicher- und Live-Bildern;
- die Steuerung von Schwenk/Neige-Kameras. Bild 3.16 zeigt ein in die MMS eingebettetes virtuelles Bediengerät für diese Aufgabe;
- die Steuerung der Peripherie der Sicherheitsanlage. So können digitale Ausgänge geschaltet werden und damit z. B. Tore geöffnet oder geschlossen werden;

- die Auslösung von Aufzeichnungsvorgängen. Erkennt der Bediener in den Live-Bildern eines Kamerakanals eine kritische Situation, so kann er entsprechende Aufzeichnungsaufträge an den Video-Server erteilen.

Eine der wichtigsten Aufgaben des Wiedergabe-Clienten ist die automatische Präsentation von Alarmen, die von den Video-Servern einer Anlage gemeldet werden. Gerade hier zeigen sich die erweiterten Möglichkeiten einer Computer-basierten MMS gegenüber analogen Systemen. So kann z. B. in einem Videofenster des Browsers aus Bild 9.10 das alarmauslösende Bild als Standbild angezeigt werden. In einem zweiten Fenster erfolgt die Anzeige der Live-Wiedergabe der alarmauslösenden Kamera. In zwei weiteren Fenstern werden die Nachbarkameras der Alarmkamera zur Anzeige gebracht. So hat man einen kompakten Überblick über die Szene ohne eine einzige aktive Bedienhandlung des Wachpersonals. Alternativ kann auch die Forderung bestehen, den gesamten aufgezeichneten Alarmvorgang in Form einer Wiedergabeschleife zu präsentieren.

Die MMS stellt auch Möglichkeiten der Behandlung von Mehrfachalarmen bereit. Treffen mehrere Alarme gleichzeitig ein, so muss eine Überlastung des Wachpersonals vermieden werden. Dafür gibt es ausgefeilte Präsentationsstrategien, die sich individuell an die Projektanforderungen anpassen lassen.

Die einfachste Art der Behandlung von Mehrfachalarmen ist das Überschreiben eines präsentierten Alarmes durch einen neu eintreffenden Alarm. Die entsprechenden Videoaufschaltungen werden durch die dem Folgealarm zugeordneten ersetzt. Bei schnell aufeinander folgenden Alarmen hat der Bediener hier natürlich unter Umständen keine Möglichkeit zu einer sinnvollen Reaktion.

Eine bessere Variante ist die Nutzung einer so genannten Alarmwarteschlange. Alle an einem Bedienplatz eintreffenden Alarme werden in dieser Warteschlange so lange gesichert, bis eine entsprechende Abarbeitung und Freigabe durch den Bediener erfolgt. Sind mehrere Alarme in der Warteschlange, so wird nur der so genannte aktuelle Alarm und seine zugehörigen Bilder bzw. Begleitinformationen angezeigt (Bild 10.7). Der Nutzer hat die Möglichkeit, die anderen Alarme der Warteschlange wahlfrei zur Präsentation zu bringen. Dazu ist einem Alarm ein Aufschaltszenario zugeordnet, welches festlegt, wo und wie die dem Alarm zugeordneten Kameras präsentiert werden. Trifft ein neuer Alarm ein, so kann man Regeln definieren, wie sich die Alarmwarteschlange verhält. So kann dieser Alarm sofort zur Präsentation gebracht werden, während ein bereits angezeigter Alarm in die Warteschlange „wandert". Dies ist meist die sinnvollste Einstellung, da der neueste Alarm oft auch der wichtigste ist. Alternativ kann der neu eintreffende Alarm auch in die Warteschlange gestellt werden, wenn gerade ein anderer Alarm präsentiert wird, um dem Bediener die Zeit zu dessen Bearbeitung zu geben. Bei der prioritätsgesteuerten Präsentation hängt die Aufschaltung von der Wichtigkeit des zuletzt eintreffenden Alarmes ab. Ist dessen Priorität höher oder gleich der des angezeigten Alarmes, so wird der neu eintreffende Alarm präsentiert. Diese grob beschriebenen Verhaltensweisen einer Alarmwarteschlange können beliebig verfeinert werden.

Die einfache Bedienbarkeit des Präsentations-Clienten bzw. der MMS ist ein Hauptleistungsmerkmal zur Beurteilung eines digitalen CCTV-Systems. Bedingt durch die Vielfalt der Funktionen digitaler Systeme und die in den vorausgehenden Kapiteln behandelten komplexen Technologien ist die ergonomische Gestaltung der MMS eines solchen Systems eine große Herausforderung. Dem Bediener darf nur soviel Funktionalität zugemutet werden, wie sie zur Erfüllung seiner Aufgaben notwendig ist. Ein leistungsfähiges CCTV-System gestattet deshalb die individuelle Anpassung der MMS auf die Erfordernisse eines Anforderungskontextes. Einige Mittel dazu sind:

10 Digitales CCTV in der Praxis

- so genannte Präsentations-Templates. Durch einen einfachen Knopfdruck erzeugt der Nutzer ein komplettes Kameraaufschaltszenario. Eine große Zahl von Kameras wird in vorher festgelegter Weise zur Darstellung gebracht;
- an Nutzerrechte gebundene Bedienebenen. Bedienelemente, die nicht für eine definierte Aufgabenstellung benötigt werden, werden verborgen;
- kurze, zielführende und auf die jeweilige Aufgabenstellung zugeschnittene Bedienhandlungen;
- dem Anwendungskontext angepasste Bezeichnungen und Layouts der Bedienelemente der MMS. Die Bedienung der Recherchefunktion erfordert z. B. in einer Bankenumgebung andere Begriffe als in einer Logistikanwendung;
- die Steuerbarkeit der MMS mittels spezialisierter CCTV-Bediengeräte (Bild 3.15). So eröffnet die Bedienung einer Computer-MMS mittels Maus und Tastatur oft ungewünschte Freiheitsgrade bis hin zum Zugriff auf die Betriebssystemebene. Ein für die Arbeitsaufgabe CCTV zugeschnittenes Bediengerät vermeidet damit Fehlbedienungen oder unsachgemäßen Gebrauch;
- Lageplanoberflächen. Die örtliche Verteilung der Sensoren und Aktoren des Sicherheitssystems ist direkt erkennbar. Das Öffnen eines Tores erfolgt durch einfaches Anklicken eines in einen Lageplan eingebetteten grafischen Objektes. Die MMS zeigt den Zustand der einzelnen Objekte an.

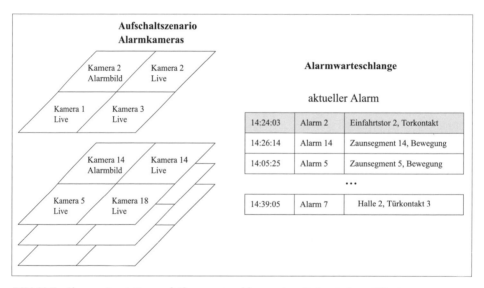

Bild 10.7: Alarmpräsentation und Alarmwarteschlange eines Präsentations-Clienten

10.2.2.4 Administration

Wie die anderen Module aus Bild 10.5 wird auch die Systemadministration mittels eines Netzwerk-Clienten realisiert. Sämtliche Einstellungen können somit dezentral vorgenommen werden. Je nach Zugangsmöglichkeiten ist auch eine Fernadministration über WAN-Netze wie ISDN möglich. Änderungen des Anlagenverhaltens können so kostengünstig direkt vom Installateur vorgenommen werden. Der Zugang zur Administrationsfunktion sollte besonders geschützt und an entsprechende Nutzerrechte gebunden sein.

10.2.2.5 Peripherie-Integration

Ein Peripherie-Integrations-Client hat die Aufgabe, Zustände einer Sensorperipherie zu erfassen und diese an den Video-Server zur Bearbeitung im Prozessmodell zu übergeben. Als zweite Aufgabe leitet er Kommandos und Meldungen des Video-Servers an seine Aktorperipherie weiter, um Einfluss auf deren Zustände zu nehmen. Wie die anderen Clients des Modellsystems aus Bild 10.5 auch können mehrere dieser Module gleichzeitig mit einem Video-Server kommunizieren.

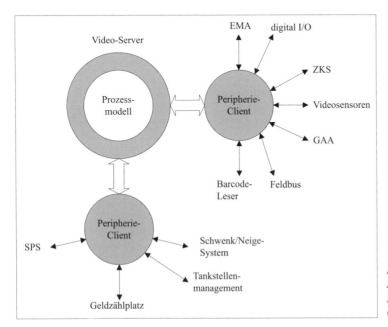

Bild 10.8:
Schnittstellen von Peripherie-Clienten

Wie Bild 10.8 zeigt, ist die Vielfalt denkbarer Peripheriesysteme, die zur Steuerung einer CCTV-Anlage zur Anwendung kommen können bzw. die vom CCTV-System selbst mit Kommandos beschickt werden, enorm. Jedes einzelne dieser Systeme wird über eine individuelle Schnittstelle angesprochen. Diese ist durch:

- ihre physikalischen Eigenschaften;
- ein individuelles Kommunikationsprotokoll;
- eine lokale Adressierung der verschiedenen Aktoren und Sensoren des Peripheriesystems und
- eine individuelle Funktionalität

charakterisiert. Ein Peripherie-Client abstrahiert diese individuellen Eigenschaften im Sinne des Prozessmodells des Video-Servers. Dazu nimmt er entsprechende Umsetzungen zwischen dem internen Kommunikationsprotokoll des CCTV-Systems und den Protokollen der über ihn steuerbaren Peripheriesysteme vor. Der Peripherie-Client agiert also als Gateway entsprechend Abschnitt 6.5.3.4. Je mehr Schnittstellen ein CCTV-System mittels derartiger Peripherie-Clienten bedienen kann, desto flexibler ist es an individuelle Projektanforderungen anpassbar. Die Entwicklung einer neuen Integrationsschnittstelle für ein CCTV-Projekt stellt oft einen der größten und am schwierigsten abschätzbaren Kostenfaktoren im CCTV-Alltag dar. Eine modulare Architektur, wie die in Bild 10.5, unterstützt und verkürzt den notwendigen Entwicklungsprozess, so dass derartige Integrationsaufgaben planbarer werden.

10.3 CCTV-Projektierung

10.3.1 Der Anforderungskatalog – das Werkzeug des Planers

Im Folgenden wird ein Ausschnitt aus einer fiktiven Anforderungsspezifikation für ein digitales CCTV-System vorgestellt. Diese soll einen Eindruck davon vermitteln, welche Ansprüche heute an die CCTV-Systemtechnik im praktischen Einsatz gestellt werden. Am Beispiel der CS-Architektur von Bild 10.5 wird ein Blockschaltbild einer CCTV-Anlage als Basis eines Projektierungsvorschlages abgeleitet. Dabei werden Spezifikationsbestandteile des Anwendungskontextes aus Abschnitt 1.4 wie Anforderungen zur Geometrie, klimatische Einsatzbedingungen, EMV, Energieverbrauch oder das Erfüllen allgemeiner gesetzlicher Bestimmungen, die sich nicht unmittelbar auf video- und sicherheitstechnische Aspekte beziehen, außer Acht gelassen.

Grundsätzliches Problem von Großprojekten ist eine weitgehend vollständige Erfassung der Anforderungen. Dies beginnt schon mit der klaren Trennung zwischen Anforderung – also dem, *was* das System leisten soll – und Lösung – also der Art und Weise, *wie* das System eine Aufgabenstellung bewältigt. Insofern ist eine Anforderungsspezifikation immer eine Gratwanderung zwischen einem Zuviel und einem Zuwenig an Festlegungen. Werden z. B. schon Festlegungen zum Wie der Realisierung getroffen, engt das die Vielfalt der in Frage kommenden Systeme und die Flexibilität der Lösungsfindung stark ein.

Aus der Planung von großen Software-Projekten sind eine Vielfalt von Methoden bekannt, die sich auch auf die Projektierung in anderen Kontexten, wie CCTV, übertragen lassen. Beispiele sind Use Cases, Objektmodelle oder die UML (Unified Modeling Language). Umfassende Beschreibungen zu den Spezifikations- und Entwurfsmethoden der Software-Welt findet man z. B. in [RUMB93] oder [BRÖS00]. Allein schon die in der Software-Welt übliche strukturierte Herangehensweise an Spezifikationsprobleme kann auch in anderen Umfeldern zur Erhöhung der Qualität von Anforderungsspezifikationen beitragen. Als Beispiel für eine strukturierte Problembeschreibung soll im Folgenden das Mittel des Anforderungskataloges genutzt werden.

Tabelle 10.2 enthält einen Auszug aus einem solchen CCTV-Anforderungskatalog. Jede Anforderung an die Realisierung wird durch:
- eine eindeutige Referenznummer;
- eine Kategorie oder Anforderungsklasse und
- die Anforderungsbeschreibung

charakterisiert. Hinzu könnte gegebenenfalls eine Angabe zur Optionalität bzw. Möglichkeit von Alternativen zur Forderung kommen. Allein schon die einfache Vergabe einer eindeutigen Referenznummer erleichtert die Arbeit mit diesem Werkzeug gegenüber den als Spezifikationen bezeichneten und oft schlecht strukturierten Dokumenten aus der praktischen CCTV-Alltagsarbeit.

Wie bei Software-Projekten auch sind die Forderungen nach Widerspruchsfreiheit, Vollständigkeit, Redundanzfreiheit und Eindeutigkeit einer Anforderungsspezifikation auch hier nur als idealisierte Ansprüche zu sehen. Die menschliche Sprache ist nicht eindeutig, und selbst auf den ersten Blick klar formulierte Anforderungen bedürfen oft der Interpretation. Nichtsdestotrotz liefert eine strukturierte Spezifikation wie die folgende eine erheblich festere Basis für die Lösungsfindung und für die abschließende Beurteilung der Erfüllung der Anforderungsspezifikation durch das realisierte CCTV-System.

Tabelle 10.2: Ausschnitt aus einer CCTV-Anforderungsspezifikation

Ref	Kategorie	Anforderungstext
110903 144530	Mengengerüst	Die CCTV-Anlage muss über drei voneinander unabhängige Bildschirm-Bedienplätze verfügen.
110903 144733	Mengengerüst	Die CCTV-Anlage muss die Möglichkeit eines ISDN-Zuganges für einen Fernarbeitsplatz bereitstellen.
110903 144832	Mengengerüst	Die CCTV-Anlage enthält einen Videodrucker. Dieser steht als Netzwerkressource allen LAN-Bedienplätzen zum Ausdruck von Videobildern zur Verfügung.
110903 144912	Mengengerüst	Das System soll die individuelle Parametrierung von mindestens 100 Nutzerkonten gestatten.
110803 081311	Bedienung	An allen Bedienplätzen muss abhängig von Nutzerrechten unabhängig voneinander die Möglichkeit bestehen, auf die Live- und Speicherbilder aller Kameras des Gesamtsystems zuzugreifen.
110803 081815	Bedienung	An allen Bedienplätzen muss die Administration der Systemeinstellungen abhängig von Nutzerrechten möglich sein.
110903 083544	Nutzermanagement	Die Zugriffsrechte der drei Bedienplätze sollen über Nutzerkonten gesteuert werden. Individuelle Basisrechte eines Nutzers sollen dabei das Recht zur Live-Wiedergabe, zur Speicherbildwiedergabe, zur Bedienung der Digitalausgänge und zur Administration des Gesamtsystems sein. Abhängig von den Rechten des jeweils am Bedienplatz angemeldeten Bedieners sollen alle vier oder auch nur einzelne der Grundbedienhandlungen möglich sein.
110903 114556	Nutzermanagement	Der direkte Zugriff einzelner Nutzer auf die Kameras des Systems soll individuell per Nutzer und Kanal gesperrt bzw. erlaubt werden können.
110903 114912	Nutzermanagement	Der direkte Zugriff einzelner Nutzer auf die Schwenk-Neigekameras soll individuell per Nutzer und Kanal gesperrt bzw. erlaubt werden können.
110903 120535	Nutzermanagement	Der direkte Zugriff einzelner Nutzer auf die Digitalausgänge des Systems soll individuell per Nutzer und Ausgang gesperrt bzw. erlaubt werden können.
110903 120834	Mengengerüst	Alle Kameras des Systems sollen permanent mit einer Rate von zwei Bildern pro Sekunde aufgezeichnet werden.
110903 121414	Qualität	Die Bilder aller Videokanäle sollen mit einer minimalen Auflösung von 704x288 Bildpunkten (Halbbilder) aufgezeichnet bzw. live wiedergegeben werden können.
110903 125612	Funktion	Pro Etage signalisieren vier Kontakte das Öffnen von Türen. Zu beiden Seiten der Tür ist je eine Kamera installiert. Bei Öffnen einer Tür soll die Aufzeichnungsrate der beiden zugeordneten Kameras auf fünf Bilder pro Sekunde für einen Zeitraum von zehn Sekunden angehoben werden. Es soll von einer Worst Case-Annahme ausgegangen werden, dass alle vier Türen gleichzeitig geöffnet werden können. Das Zielsystem muss die dann benötigte Bildrate von 40 Bildern pro Sekunde liefern. Dadurch darf die Permanentaufzeichnung der übrigen Kanäle nicht beeinflusst werden.
110903 131411	Mengengerüst	Alle Bilder sollen für einen Zeitraum von mindestens sieben Tagen im System für die wahlfreie Wiedergabe verbleiben. Danach können sie automatisch beginnend mit den ältesten überschrieben werden.
110903 134501	Mengengerüst	Für jeden Videokanal muss jederzeit die Live-Wiedergabe mit einer minimalen Geschwindigkeit von zwei Bildern pro Sekunde auf allen Bedienplätzen möglich sein.
110903 140134	Mengengerüst	Das System soll die Möglichkeit zur Aufzeichnung, Wiedergabe und Live-Wiedergabe von mindestens 50 Videokanälen bereitstellen.
120903 081403	Mengengerüst	Das System soll über vier Schwenk/Neige-Kameras verfügen. Diese werden in der ersten Etage installiert.
120903 083412	Bedienung	An allen Bedienplätzen muss abhängig von Nutzerrechten die Möglichkeit bestehen, auf die Schwenk/Neige-Kameras zuzugreifen.

10 Digitales CCTV in der Praxis

Ref	Kategorie	Anforderungstext
120903 091335	Mengengerüst	Das System verfügt über mindestens 250 digitale Eingänge zur Alarmerfassung. Davon müssen 16 Eingänge in der ersten Etage, 32 in der zweiten Etage und 200 Eingänge im Außenbereich verfügbar sein.
120903 093418	Mengengerüst	Das System verfügt über mindestens 40 digitale potentialfreie Ausgänge. Vier Ausgänge müssen in der ersten Etage, vier in der zweiten Etage und 32 Ausgänge im Außenbereich verfügbar sein.
120903 095645	Bedienung	An allen Bedienplätzen muss abhängig von Nutzerrechten die Möglichkeit bestehen, die digitalen Ausgänge zu schalten.
120903 101303	Mengengerüst	Das System stellt zwei serielle Schnittstellen für die Erfassung von Meldungen der von zwei Chipkartenlesern zur Verfügung.
120903 104533	Vorgaben	Die beiden Chipkartenleser des Systems sind als vorgegeben anzusehen.
120903 105503	Schnittstellen	Die CCTV-Anlage integriert das serielle Schnittstellenprotokoll der beiden Chipkartenleser. Dabei werden als Informationen mindestens die Kartennummer, ein Zeitstempel und der Nachname des Besitzers erfasst.
120903 112106	Funktion	Der Lesevorgang an den Chipkartenlesern soll als Eingangsaktivität zur Steuerung der Aufzeichnung von Videobildern, der digitalen Ausgänge des Systems und der Präsentation von Meldungen auf den Arbeitsplätzen verwendet werden.
120903 114523	Funktion	Der Lesevorgang an einem der Chipkartenleser erzeugt eine Meldung auf dem Arbeitsplatz der Pförtnerloge. Diese enthält Kartennummer und Besitzername. Außerdem wird das erste zu diesem Vorgang aufgezeichnete Bild automatisch in einem Videofenster des Bedienplatzes präsentiert.
140903 092311	Funktion	Der Lesevorgang an einem der Chipkartenleser erzeugt einen Aufzeichnungsvorgang für eine diesem Leser zugeordnete Kamera. Es werden mindestens fünf Bilder im Abstand von jeweils einer Sekunde erfasst und von der CCTV-Anlage gespeichert.
140903 092535	Mengengerüst	Die von den Chipkartenlesern erzeugten Bilder werden in der CCTV-Anlage für mindestens einen Monat gespeichert.
140903 101433	Bedienung	Der Zugriff auf die Bilder der Chipkartenleser muss von jedem Bedienplatz aus entsprechend der Rechte des Nutzers möglich sein. Der Nutzer hat dabei die Möglichkeit, sowohl nach dem Zeitstempel, der Kartennummer als auch dem Namen des Kartenbesitzers zu suchen und die dazu aufgezeichneten Bilder als Sequenz darzustellen.
140903 113422	Bedienung	Der Pförtnerarbeitsplatz bietet die Möglichkeit, mittels der MMS seines Bedienplatzes die beiden Eingangstüren zu öffnen.
140903 143322	Funktion	Der Laborraum in der zweiten Etage ist als Hochsicherheitsbereich zu behandeln. Der Zugang zu diesem Bereich wird durch einen Türkontakt signalisiert. Bei Meldung dieses Kontaktes soll die Anlage automatisch folgende Vorgänge einleiten: Signalisierung des Vorganges in Form einer Meldung auf dem Arbeitsplatz in der Wachzentrale. Aufzeichnung der beiden festen Türkameras für jeweils zehn Sekunden mit fünf Bildern pro Sekunde. Automatische Präsentation des Betretens oder Verlassens des Raums als Videoaufschaltung auf dem Monitor der Wachzentrale. Es werden jeweils automatisch die beiden Türkameras in jeweils zwei Videofenstern dargestellt. In einem Fenster wird das erste Alarmbild der jeweiligen Kamera und im anderen das Live-Bild dieser Kamera angezeigt. Als Sonderforderung soll bei Eintreten des Ereignisses eine E-Mail mit entsprechendem Meldetext an eine frei vorgebbare E-Mail-Adressse verschickt werden. Die E-Mail muss den Zeitstempel des Vorgangs, eine Alarmkennung und einen frei einstellbaren Meldetext übermitteln.

CCTV-Projektierung 10.3

Ref	Kategorie	Anforderungstext
140903 143511	Funktion	Die vier Schwenk/Neige-Kameras der ersten Etage sollen über die digitalen Eingänge dieser Etage gesteuert werden können. Es muss mindestens die Möglichkeit bestehen, einem beliebigen Eingangskontakt eine beliebige Festposition eines oder auch mehrerer Schwenk/Neigesysteme zuordnen zu können.
140903 155411	Mengengerüst	Alle Kameras der ersten Etage müssen bezüglich Änderungen im Videobild aktivitätsüberwacht sein.
140903 155611	Mengengerüst	Bei der Planung des Videospeichers ist von Gesamtmenge von 200 Videoaktivitätsereignissen pro Tag auszugehen.
140903 160146	Funktion	Wird im Videobild einer Kamera Aktivität erkannt, so soll diese Kamera mit einer Bildrate von vier Bildern pro Sekunde für zehn Sekunden aufgezeichnet werden.
140903 160511	Vorgaben	Zwischen Erkennen einer Aktivität eines digitalen Eingangs oder einer der seriellen Schnittstellen der Chipkartenleser und der Aufzeichnung des ersten Alarmbildes zu diesem Vorgang dürfen nicht mehr als 100 ms vergehen.
140903 161652	Mengengerüst	Jeder Bedienplatz stellt die Möglichkeit der Videodarstellung als Mehrfensteroberfläche bereit. Es muss möglich sein, simultan bis zu neun Videokanäle zu präsentieren.
150903 081433	Bedienung	Die Bedienplätze müssen die Möglichkeit bieten, Speicherbilder mehrerer Videokanäle zeitlich synchronisiert darzustellen.
150903 091454	Mengengerüst	Die Speicherung der Videobilder muss so abgesichert sein, dass der Ausfall einer Festplatte nicht zu Bildverlust führt.
150903 101103	Vorgabe	Das Anfahren der Anlage muss vollautomatisch erfolgen.
150903 101506	Funktion	Die Bedienplätze präsentieren beim Anfahren der Anlage automatisch den letzen Videoaufschaltzustand.
150903 114611	Funktion	Beim Anfahren der Anlage fahren die Schwenk/Neigesysteme automatisch eine parametrierbare Festposition an. Weiterhin werden die digitalen Ausgänge automatisch in einen definierten Zustand gebracht.
150903 135641	Mengengerüst	Sämtliche Funktionen des Arbeitsplatzes der Wachzentrale werden über eine Lageplan-Software gesteuert. Die entsprechenden Lagepläne werden auf einem separaten Monitor präsentiert.
150903 135811	Bedienung	Die Lagepläne der Wachzentrale enthalten Kamerasymbole als aktive Elemente. Durch Anklicken werden die Videos der entsprechenden Kamera automatisch von der Wiedergabe-Software als Live-Bilder präsentiert.
150903 140103	Bedienung	Die Lagepläne der Wachzentrale enthalten digitale Ausgänge als aktive Elemente. Durch Anklicken wird der entsprechende Ausgang ein bzw. ausgeschaltet.
150903 150300	Bedienung	Die Lagepläne der Wachzentrale enthalten aktive Elemente zur Signalisierung der Aktivitäten von digitalen Eingängen.
150903 150622	Mengengerüst	Die Lageplan-Software der CCTV-Anlage stellt für die beiden Etagen und den Außenbereich jeweils einen getrennten Lageplan mit allen aktiven Elementen zur Steuerung der Peripherie im jeweiligen Bereich bereit.

Diese Liste lässt die Komplexität der Ansprüche an moderne CCTV-Anlagen erkennen. Die Anforderungen lassen sich beliebig verfeinern. Die Software moderner CS-basierter Systeme wie dem Beispiel aus Bild 10.5 hüllt sich wie ein Mantel um derartig komplexe Spezifikationen. Die beliebige Verteilbarkeit der Module innerhalb eines Netzwerkes, die simultane Bedienbarkeit mehrerer Präsentations-Clients und der flexible Datenzugriff auf eine SQL-basierte Videodatenbank decken die Grundforderungen der Tabelle 10.2 ab. Eine klar strukturierte Systemarchitektur wie in Bild 10.5 hilft dem Projektanten bei der Beurteilung der prinzipiellen Eignung eines Produktes für ein spezielles Projekt. Hinzu kommt eine unendliche Vielfalt an Detailforderungen, für die im Einzelfall die Verfügbarkeit oder die Notwendigkeit einer implementativen Erweiterung geprüft werden muss. Die weit gefasste Grundfunktionalität eines Systems wie in Bild 10.5 bietet die optimalen Voraussetzungen, mit gegebenenfalls kleinen Erweiterungen auch komplexe Anforderungsspezifikationen abzudecken. Eine weitere Voraussetzung für einfache Adaptionen sind die in Bild 10.5 dargestellten öffentlichen Programmierschnittstellen. Für die hier gestellte Aufgabe ist gegebenenfalls die Implementation eines Integrations-Clienten für die Bedienung der vorgegebenen Chipkartenleser notwendig. Eine öffentliche Schnittstelle für derartige Aufgaben schafft die Voraussetzung für die notwendige Erweiterung, ohne aufwändige Änderungen im Kernsystem vornehmen zu müssen.

10.3.2 Blockschaltbild eines Lösungskonzeptes

Bild 10.9 enthält das Blockschaltbild einer CCTV-Anlagentopologie, welche die grundsätzlichen Forderungen der Spezifikation aus Tabelle 10.2 erfüllt. Auch hier gibt es die verschiedensten Lösungsansätze, und es zeigt das Talent des Projektanten, unter der Vielfalt möglicher Lösungsvarianten eine zu finden, die kosten- und zeitoptimal die geforderten Zielfunktionen realisiert.

Entsprechend den Anforderungen einer Mehrplatzbedienfähigkeit mit der Möglichkeit der unabhängigen Sichtung der Live- und Speicherbilder der Videokameras des Systems wurde die Anlage als CS-System ausgelegt. Die Kernfunktionen werden von den drei Servern VS1, VS2 und IOS bereitgestellt. Die Video-Server VS speichern die komprimierten Videobilder der Kameras jeweils einer Etage des Überwachungsobjektes. Zusätzlich liefern sie die Live-Bilder der an ihnen angeschlossenen Kameras als Video-Streams entsprechend dem in Abschnitt 7.5.2 beschriebenen Streaming-Verfahren. VS1 stellt als Sonderdienst die Steuerung der vier an ihn angeschlossenen Schwenk/Neige-Kameras den drei Netzwerkbedienplätzen zur Verfügung. Die beiden Video-Server verfügen über eine eigene Peripherie an digitalen Ein- und Ausgängen. Diese können wie gefordert zur Steuerung der Aufzeichnung des jeweiligen Servers oder zur Positionierung der Schwenk/Neige-Kameras verwendet werden. Außerdem sorgt der Server für eine entsprechende Benachrichtigung der Bedienplätze im Falle einer Kontaktauslösung.

Der Server IOS stellt den Netzwerkzugriff auf ein Feldbussystem mit Ein- und Ausgangskontakten zur Verfügung. Ein entsprechender Integrations-Client der Video-Server realisiert die Schnittstelle, die für die Aufzeichnungssteuerung und den Zugriff auf die Ausgangskontakte durch die Bedienplätze benötigt wird. Im IOS arbeitet ein weiterer Integrations-Client, der die Schnittstelle zwischen den beiden Kartenlesern der Zutrittskontrollanlage und dem CCTV-System bereitstellt.

Wie gefordert stellt die Anlage drei LAN-Bedienplätze bereit. Der Hauptbedienplatz der Wachzentrale stellt einen Computer-Monitor für die Aufnahme der geforderten Lageplansteuerung und einen Monitor für die Anzeige der Videobilder bereit. Alle Bedienplätze kommunizieren mit den Video-Servern über ein Switch-basiertes Ethernet-LAN. Ein ISDN-Router stellt zudem den geforderten ISDN-WAN-Zugang zur Verfügung.

Die CS-Architektur aus Bild 10.5 deckt direkt eine Reihe von Forderungen des Anforderungskatalogs ab. So ist jeder Bedienplatz potentiell zur Administration der Anlage fähig. Weiterhin ist die jedes Bedienplatzes unabhängig von der Arbeit an den anderen Arbeitsplätzen.

Der Videodrucker und der Mail-Server sind gemeinsame Ressourcen für die drei Bedienplätze bzw. für die Video-Server zur Meldung kritischer Alarme.

Neben der Erstellung eines Blockschaltbildes einer Anlage wie Bild 10.9 hat der Projektant eine Reihe weiterer Aufgaben bei der Erarbeitung eines Lösungskonzeptes für einen Anforderungskatalog entsprechend Tabelle 10.2. Dazu gehören:

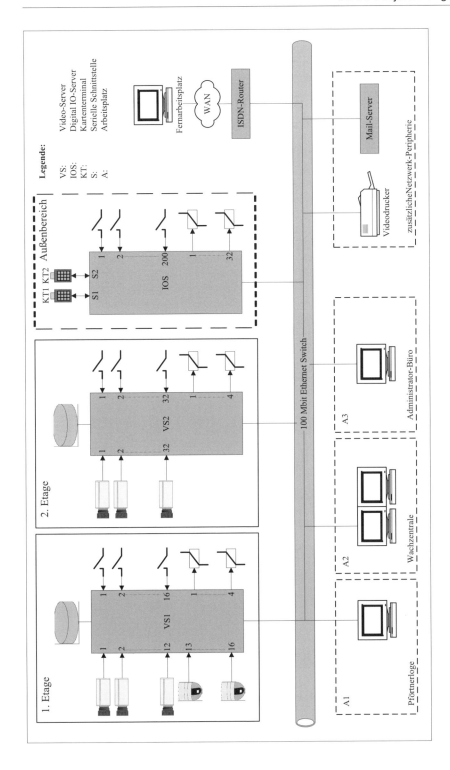

Bild 10.9: Blockschaltbild einer Projektierungslösung für den Anforderungskatalog aus Tabelle 10.2

10 Digitales CCTV in der Praxis

- das Erstellen von Mengengerüsten. Dies dient der Erfassung bzw. Abschätzung der benötigten Hardware, Software-Lizenzen, Speicherkapazitäten und Netzwerkbandbreiten. Grundlagen sind die im Anforderungskatalog vorgegebenen Kamerazahlen und Aufzeichnungs- bzw. Datenzugriffsanforderungen;
- die Abschätzung von Worst Case-Szenarien in der Anlage, um frühzeitig Flaschenhälse z. B. bezüglich der benötigten Netzwerkbandbreiten aufzudecken. Dazu gehört z. B. auch die Abschätzung der Häufigkeit von Alarmereignissen und damit der von ihnen beanspruchten Ressourcen;
- die Adressplanung. Professionelle CCTV-Systeme sind oft durch eine große Zahl von Sensoren und Aktoren gekennzeichnet. Diese sind über verschiedene Subsysteme verteilt. Das hat zur Folge, dass diese Ressourcen über ihre lokalen Schnittstellen durch lokale Adressen angesprochen werden. Für den Endanwender müssen diese lokalen Eigenschaften abstrahiert werden. So sollte es einem Nutzer z. B. gleichgültig sein, über welche Schnittstelle ein digitaler Ein- oder Ausgang angesprochen wird und welche Adresse er dort hat. Aus Sicht der Gesamtanlage sollte mit globalen Adressierungsmechanismen gearbeitet werden (Bild 10.10), wobei die Software des CCTV-Systems die dafür notwendigen Umrechnungen automatisch vornimmt. Die entsprechenden Zuordnungen müssen bei der Projektierung vorgenommen werden;
- das Erstellen von Funktionsplänen. Diese umfassen die exakte Definition des Systemverhaltens und der automatisierten Abläufe bei Auslösen eines Sensors;
- das Projektieren der MMS. Computer-basierte MMS moderner digitaler Systeme können sehr flexibel an eine Anlage angepasst werden. Zu den Projektierungsaufgaben gehört die Planung der Positionierung und Aufgaben von Bedienelementen in Lageplänen, das Anpassen von Datenbankrecherche-Schnittstellen oder die Festlegung nutzerbezogener Verhaltensweisen der MMS.

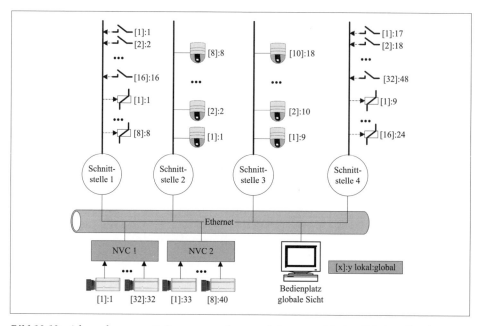

Bild 10.10: *Adressplanung mit Ressourcenadressen [x]:y. x – lokale, Schnittstellen-bezogene Adresse; y – globale Adresse aus Nutzersicht*

Die Projektierung einer CCTV-Anlage ist also eine anspruchsvolle Aufgabe, die intime Kenntnis der Funktionsweise der komplexen Gerätetechnik und ihrer Software mit ihrem oft riesigen Funktionsumfang erfordert. Gerade bei großen professionellen Anlagen ist jedes neue Projekt eine Herausforderung. So verschieden, wie die Einsatzszenarien aus Abschnitt 10.1 bzw. Tabelle 10.1 sind, so verschieden sind auch die Sicherheitsphilosophien und anderen Zielstellungen, die mit dem Einsatz von CCTV verfolgt werden. Ein flexibles Design der CCTV-Software, wie das Beispiel aus Bild 10.5, unterstützt den Projektanten in seiner Arbeit. Wichtige Anforderungen, die in der Vergangenheit immer als problematisch eingestuft wurden, können heute oft einfach als gegeben vorausgesetzt werden. Dazu gehören Grundanforderungen wie Netzwerkfähigkeit, Unabhängigkeit vom Typ des Übertragungsnetzes, dezentrale Administration oder Mehrplatzbedienfähigkeit einer Anlage.

11 Ein Blick in die Zukunft

CCTV hat in den vergangenen zehn Jahren einen dramatischen Umbruch erlebt. Die Entwicklung ist bei weitem nicht abgeschlossen. Eine große Zahl neuer Forschungsgebiete entsteht gerade. Von besonderer Bedeutung für die weitere Entwicklung von CCTV erscheinen:
- die Entwicklungen im Bereich digitaler Kameras und ihrer Kompressions-Hardware,
- die weitere Entwicklung und Reifung von Bildanalyseverfahren,
- die Entwicklungen im Umfeld von Multimediadatenbanken,
- die Standardisierungsbestrebungen des Zugriffes auf multimediale Live- und Speicherinformationen und
- die Entwicklung der CCTV-Mensch-Maschine-Schnittstelle.

Obwohl sich vieles verändert hat, ist der vollständig digitale Umbruch bis heute nicht vollzogen. Die Ursachen wurden insbesondere in Kapitel 3 mit der unzureichenden Standardisierung digitaler Kameras und Übertragungsverfahren erklärt. Der Antrieb, diese unbefriedigende Situation aufzulösen, ist groß. Ein Überholen der Leistungsparameter der analogen Eltern durch digitale Kameras ist in kurzer Zeit zu erwarten. In den nächsten Jahren wird es digitale Kameras mit der Bildqualität und -rate analoger Kameras kombiniert mit der Flexibilität des digitalen Ansatzes geben. Die Durchsetzung eines digitalen Übertragungsstandards analog der PAL- oder NTSC-Norm ist gegenwärtig nicht in Sicht. Grundsätzlich ist fraglich, ob es derartige Weltstandards wie in der analogen Historie im digitalen Bereich je geben wird. Die Diversifizierung der Aufgabenstellungen, die von den verschiedenen Kompressions- und Übertragungsstandards heute abgedeckt werden, scheint einfach zu groß, um diese verschiedenen Entwicklungsströme wieder in das Bett eines gemeinsamen Standards münden zu lassen. Ein möglicher Ausweg aus diesem Dilemma könnte der Versuch der Standardisierung der Wiedergabesteuerung als Alternative zur Definition eines Rahmenstandards für die Multimedia-Datenübertragung selbst sein. Welches Verfahren auch immer von einem Netzwerk-Codec zur Kompression und Übertragung verwendet wird, letzten Endes werden Bilder auf einem Computer-Bildschirm präsentiert oder Audio-Daten von einer Sound-Karte ausgegeben. Warum also nicht die Steuerung der Wiedergabe im Sinne der Bedienung eines Fernsehgerätes standardisieren? Auf Basis einer derartigen Standardisierung könnten die Hersteller von Multimedia-Netzwerk-Codecs die Datenformate und Übertragungsformate frei wählen. Für die Computer-Präsentation wird ein Software-Codec bereitgestellt, der in eine beliebige MMS eingebettet werden kann und dessen Wiedergabe mit einfachsten Kommandos wie Live, Vorwärts, Rückwärts, Stopp oder Suchen gesteuert wird.

Interessante Entwicklungen versprechen die Einbeziehung hochauflösender Kameras in den CCTV-Verbund. Die Aufnahme von hochaufgelösten Schnappschüssen kritischer Szenen wäre gerade für die Aufgabenstellung CCTV ein erheblicher Zugewinn. Ein wesentliches Argument, welches auch heute noch für den Einsatz von Fotokameras spricht, ist deren Bildauflösung und Qualität. Digitale Fotokameras und spezielle hochwertige Bewegtbildkameras für den Industrieeinsatz erreichen diese Qualität schon heute. Ein zunehmender Einsatz dieser hochwertigen Kameratechnik ist auch für CCTV in den nächsten Jahren zu erwarten.

Während Bildanalyseverfahren heute noch selten eingesetzt werden, werden diese Technologien in den nächsten Jahren zunehmend Verbreitung finden. Aus heutiger Sicht interessante Anwendungsfelder sind die Gesichts- und Nummernschild-Erkennung und die Erkennung des Erscheinens oder Verschwindens von Objekten in einer Szene. Auf Basis dieser Technologien werden CCTV-Systeme in die Lage versetzt, Situationen automatisch zu analysieren und entsprechende Handlungsstrategien abzuleiten. Mit der Verhaltensanalyse (Behaviour Analysis) nach [DICK03] eröffnen sich neue Möglichkeiten der Unterscheidung kritischer von unkritischen Vorgängen.

Von großer Bedeutung für den mit CCTV erreichbaren Nutzeffekt ist auch die weitere Entwicklung der MMS. Über breitbandige Funknetze überall präsente Bild- und Toninformation, zunehmende Miniaturisierung bzw. erweiterte Leistungsmerkmale mobiler Endgeräte und verbesserte Displays werden die Effizienz von Einsätzen des Sicherheitspersonals erheblich verbessern.

Geringere Erwartungen sollte man an weitere Verbesserungen der Effizienz von Bildkompressionsverfahren haben. Hier scheint mit MPEG-4 bzw. H.264 eine Art Machbarkeitsgrenze erreicht zu sein. Allerdings werden diese Standards gegenwärtig noch in einem sehr geringen Maße ausgenutzt. Dies betrifft insbesondere die Echtzeitkompression von Bildmaterial. Durch die erforderliche enorme Rechenleistung werden die Möglichkeiten dieser Standards bislang nur teilweise umgesetzt. Analog zu MPEG-2, dessen Beherrschbarkeit mit kostengünstigen Hardware-Codecs noch vor fünf Jahren außerhalb der Möglichkeiten lag, wird es auch in einigen Jahren H.264-Codecs geben, die das volle Potential des Standards zur Kompression ausschöpfen. Es stellt sich allerdings bei Betrachtung der Entwicklung der Speicherkapazitäten der für CCTV interessanten Medien die Frage, ob eine derartige Kompressionstiefe, die zudem mit einer starken Einschränkung der Zugriffsflexibilität einhergeht, überhaupt in diesem Umfeld benötigt wird.

Für den Planer, Projektanten und Anwender bedeuten die aufgeführten Punkte eine weitere Verschmelzung von CCTV und IT. Ist schon heute nur noch ein relativ geringer Prozentsatz der Problemstellungen eines CCTV-Projektes mit klassischen Projektierungsleistungen wie Videoverkabelung, Objektiv- und Kameraauswahl oder Kreuzschienenprojektierung verbunden, so wird eine CCTV-Projektierung in naher Zukunft praktisch vollständig zu einer IT-Dienstleistung mit zusätzlichen Aufgaben wie Netzwerkplanung, Nutzermanagement oder Speicherprojektierung. Dieser Konvergenzprozess ist in vollem Gange.

Literaturverzeichnis

[ABMA94]   Abmayr, W.: *Einführung in die digitale Bildverarbeitung.* Stuttgart, Teubner, 1994.
[AKSA01]   Aksay, A.: *Motion Wavelet Video Compression.* A Thesis Submitted to the Graduate School of Natural and Applied Sciences of the Middle East Technical University. 2001.
[APER98]   Apers, P. M. G.; Blanken, H. M.; Houtsma, M. A. W.: *Multimedia Databases in Perspective.* Berlin, Heidelberg, New York, Springer, 1998.
[BADA94]   Badach, A.; Merz, K.; Müller, S.: *ISDN und CAPI.* Berlin, vde-Verlag, 1994.
[BADO00]   Badolato, E.: Cargo Security. High Tech Protection, High Tech Threats. Washington, *TR NEWS* 211, S. 14 – 17, November–Dezember, 2000.
[BAER02]   Baerwaldt, E.: *Der SCSI-Workshop – Teil 1: Grundlagen.* Internet-Link: http://de.os2voice.org/VNL/past_issues_DE/VNL0302H/vnewsf6.htm, 2002.
[BÄUM00]   Bäumler, H.: *Datenschutzrechtliche Grundlagen der Videoüberwachung.* Beitrag zur Fachkonferenz „Risiken und Grenzen der Videoüberwachung" des Landesbeauftragten für den Datenschutz Mecklenburg-Vorpommern am 7./8. November 2000 in Schwerin.
[BECK03]   Beckendorf, S.; Flur, M.; Gast, I.-G.; Stiller, J.: *Arbeitshandbuch für videotechnische Einrichtungen.* Verband für Sicherheitstechnik (VfS) e. V., 2003.
[BERC98]   Berc, L.; Fenner, W.; Frederick, R.; McCanne, S.; Stewart, P.: *RTP Payload Format for JPEG-Compressed Video.* RFC 2435, 1998.
[BOIL00]   Boilek, M.; Christopoulos, C. A.; Majani, E.: *JPEG2000 Part I. Final Committee Draft Version 1.0.* Internet-Link: www.jpeg.org, 2000.
[BOYL70]   Boyle, W. S.; Smith, G. E.: Charge Coupled Semiconductor Devices. In *The Bell Systems Technical Journal.* Vol. 49.1, No. 4, S. 587 – 593, 1970.
[BRÖS00]   Brössler, P., Siedersleben, J.: *Softwaretechnik. Praxiswissen für Software-Ingenieure.* München, Wien, Carl Hanser Verlag, 2000.
[BUNK00]   Bunk, H.: Grund- oder Luxusausstattung. Videoüberwachung in Spielstätten nach den UVV. In *W&S* 6/2000, S. 42 – 43, Heidelberg, Hüthig.
[CCIR82]   *Encoding Parameters of Digital Television for Studios.* CCIR Recommendations, Recommendation 601, 1982.
[CHRI00]   Christopoulus, C. A. ; Ebrahimi, T.; Skodras, A. N.: *JPEG2000: The New Still Picture Compression Standard.* Proceedings of the 2000 ACM workshops on Multimedia. Los Angeles, S. 45 – 49, 2000.
[CODD90]   Codd, E. F.: *The Relational Model for Database Management – Version 2.* Reading, Addison-Wesley, 1994.
[CROW99]   Crowcraft, J.; Handley, M.; Wakeman, I.: *Internetworking Multimedia.* San Francisco, Morgan Kaufmann Publishers, 1999.
[DAMB03]   Dambeck, H.: Filmpresse. MPEG-2 Encoder im Vergleich. In *c't* 11/2003, S. 110 – 119, Hannover, Heise-Verlag.
[DAMJ99]   Damjanovski, V.: *CCTV.* Burlington, Butterworth-Heinemann, 1999.
[DICK03]   Dick, A. R., Brooks, M. J.: *Issues in Automated Visual Surveillance.* School of Computer Science, University of Adelaide, Adelaide, SA 5005, Australia, CRC for Sensor, Signal and Information Processing, Technology Park, Mawson Lakes, SA 5095, 2003.
[DITT00]   Dittmann, J.: *Digitale Wasserzeichen.* Berlin, Heidelberg, New York, Springer, 2000.

Literaturverzeichnis

[DOER99]   Döring, M. G.; Seifert, D.: Digital genial. Client-Server-basiertes digitales Videoaufzeichnungs- und Übertragungssystem. In *W&S* 3/1999, S. 54 – 57, Heidelberg, Hüthig.

[DOER00]   Döring, M. G.; Lentes, M.: Stille Reserven. Digitale Bildarchivierung. In *W&S* 6/2000, S. 44 – 45, Heidelberg, Hüthig.

[DOER02]   Döring, M. G.; Schamschurko, D.: Komplexe Funktionen einfach gesteuert. In *W&S* 4/2002, S. 22 – 23, Heidelberg, Hüthig.

[DOER02a] Döring, M. G., Schamschurko, D.: Erleichterte Entscheidungsfindung. Bewertungskriterien für digitale Videospeicher- und Überwachungssysteme. In *W&S* 5/2002, S. 36 – 38, Heidelberg, Hüthig.

[DOER02b] Döring, M. G.; Schamschurko, D.: Simply More Efficient. Security Management Software – What It Is and What Does It Offer? In *Euro Security International* 5/2002, S. 28 – 30, Mettmann, Euro Security Fachverlage.

[DOER03]   Döring, M. G.: Schöne neue Welt. Der digitale Umbruch bei CCTV-Systemen. In *W&S* 11/2003, S. 28 – 30, Heidelberg, Hüthig.

[DOER03a] Döring, M. G.: Wie digital ist digitales CCTV heute? Ursachen für den langsamen Übergang zur Digitaltechnik. In *W&S* 12/2003, S. 26 – 28, Heidelberg, Hüthig.

[EULE03]   Euler, S.: *Netzwerke*. FH Giessen-Friedberg, Fachbereich MND, Version 2.0, 2003.

[FÄRB94]   Färber, G.: *Prozessrechentechnik*. Berlin, Springer, 1994.

[FRIE76]   Teml, A.: *Friedrich-Tabellenbücher Elektrotechnik*. Leipzig, VEB Fachbuchverlag Leipzig, 1976.

[FROS02]   *Frost & Sullivan's Analysis of the World CCTV-based Applications Markets*. New York, Frost & Sullivan, 2002.

[GEUT01]   Geutebrück GmbH: *VS-40 Videobewegungsmelder-System*. Version 2.0. Produktdokumentation Geutebrück GmbH, 2001.

[GIBB96]   Gibbins, D., Newsam, G., Brooks, M. J.: *Detecting Suspicious Background Changes in Video Surveillance of Busy Scenes*. Third IEEE Workshop on Applications of Computer Vision, S. 22 – 26, 1996.

[GILG01]   Gilge, M.: Networked Video for CCTV Applications. The Network is the Multiplexer. In *Euro Security International* 2/2001, S. 8 – 14, Mettmann, Euro Security Fachverlage.

[GÖHR02]   Göhring, D.: *Digitalkameratechnologien. Eine vergleichende Betrachtung. CCD kontra CMOS*. Humboldt Universität zu Berlin. Inst. Professor Dr. Beate Meffert. 2002.

[GRAH98]   Graham, S.: *Towards the Fifth Utility? On the Extension and Normalisation of Public CCTV*. In C. Norris and G. Armstrong (Eds.) Surveillance, CCTV and Social Control. Ashgate Publishing, Aldershot, 82–112.

[GRAH02]   Graham, S.: *CCTV: The Stealthy Emergence of a Fifth Utility*. Planning Theory and Practice, 3 (2), 237–241, 2002.

[GWOZ99]   Gwozdek, M.: *Lexikon der Videoüberwachungstechnik*. Heidelberg, Hüthig, 1999.

[HARN98]   Harnisch, C.; Ruschitzka, B.; Cochius, S.; Geisler, J.-F.: *Netzwerktechnik*. Kaarst-Büttgen, bhv Verlags GmbH, 1998.

[HEIN96]   Hein, M.: *TCP/IP Internet-Protokolle im professionellen Einsatz*. Bonn, International Thomson Publishing. 1996.

[HEIS04]   Heise online: Internet-Link: http://www.heise.de/newsticker/meldung/44488. 2004.

[HUFF52]   Huffman, D. A.: *A Method for the Construction of Minimum-Redundancy Codes*. Pro. IRE, S. 1098-1101, 1952.

[JACK01]   Jack, K.: *Video Demystified. A Handbook for the Digital Engineer*. Newnes, Elsevier Science, 2001.

[JAHO03]   J. Aho: *A Quick Guide to Digital Video Resolution and Aspect Ratio Conversions*. Internet-Link: http://www.iki.fi/znark/video/conversion/, 2003.

[KNUT73]   Knuth, D. E.: *The Art of Computer Programming. Vol 1: Fundamental Algorithms.* Reading, Addison-Wesley, 1973.

[KUHL01]   Kuhlmann, G.; Müllmerstadt, F.: *SQL. Der Schlüssel zu relationalen Datenbanken.* Reinbeck, Rowohlt Taschenbuch Verlag, 2001.

[LANG95]   Lang, S. M.; Lockemann, P. C.: *Datenbankeinsatz.* Heidelberg, Springer, 1995.

[MÄUS95]   Mäusl, R.: *Fernsehtechnik, Übertragungsverfahren für Bild, Ton und Daten.* Heidelberg, Hüthig, 1995.

[MAYH01]   Mayhew, C.: The Detection and Prevention of Cargo Theft. Canberra, Australian Institute of Criminology, *Trends and Issues in Crime and Criminal Justice Series*, No. 214, 2001.

[MCLE00]   McLean, I.: *Windows 2000. TCP/IP Black Book.* Coriolis Group, 2000.

[MILL99]   Miller, C. K.: *Multicast Networking and Applications.* Reading, Addison-Wesley, 1999.

[MORR00]   Morris, T.; Britch, D.: *Intra-Frame Wavelet Video Coding.* International Workshop on Video Processing and Multimedia Communications. Zadar, 2000.

[NEFM02]   Nef, M.: *Entwicklung eines Systems zur Simulation eines Multi-Kamera-basierten Gesichtsscanners.* Diplomarbeit, Computer Graphics Lab, Department Informatik, ETH Zurüch, Prof. Dr. Markus Gross, 2002.

[NOLD02]   Nolde, V.; Leger, L.: *Biometrische Verfahren. Grundlagen, Sicherheit und Einsatzgebiete biometrischer Identifikation.* Köln, Fachverlag Deutscher Wirtschaftsdienst, dwd, 2002.

[PANK00]   Pank, B.: *The Digital Fact Book. A Reference Manual for the Broadcast TV & Post Production Industries.* Edition 10. Internet-Link: http://www.quantel.com/regdfb/ 2000.

[PENN93]   Pennebaker, W. B.; Mitchel, J. L.: *JPEG Digital Image Compression Standard.* New York, Van Nostrand Reinhold, 1993.

[PHOE00]   Phoenix Contact: *Grundkurs Feldbustechnik. Interbus – Automatisierungstechnik nach IEC 61158.* Würzburg, Vogel Verlag, 2000.

[PIRA00]   Pirazzi, C.: *How Big is Video?* Internet-Link: http://lurkertech.com/, 2000.

[POYN96]   Poynton, C. A.: *A Technical Introduction to Digital Video.* New York, Wiley, 1996.

[RECH02]   Rech, J.: *Ethernet. Technologie und Protokolle der Computervernetzung.* Hannover, Heise Verlag, 2002.

[REIS03]   Reisinger, T.: Intelligente Syteme auf dem Vormarsch. Entwicklung von Bildspeichersystemen. In *W&S* 11/2003, S. 32 – 33, Heidelberg, Hüthig.

[RUMB93]   Rumbaugh, J.; Blaha, M.; Premerlani, W.; Eddy, F.; Lorensen, W.: *Objektorientiertes Modellieren und Entwerfen.* München, Wien, Carl Hanser Verlag, 1993.

[SCHU96]   Schulzrinne, H.; Casner, S.: *RTP: A Transport Protocol for Real-Time Applications.* RFC 1889. 1996.

[SEDG92]   Sedgewick, R.: *Algorithmen.* Reading, Addison-Wesley, 1992.

[SINH97]   Sinha, A. K.: *Netzwerkprogrammierung unter Windows NT 4.0.* Reading, Addison-Wesley. 1997.

[SMIT02]   Smith, B.: *Video over Wireless Bluetooth Technology.* Department of Electronics and Computer Science. University of Southampton. 2002.

[STIR00]   Stierand, P.: *Videoüberwachte Stadt. Sichere öffentliche Räume als Aufgabe der Stadtplanung.* Diplomarbeit Universität Dortmund, Fakultät Raumplanung, 2000.

[STRU02]   Strutz, T.: *Bilddatenkompression.* Braunschweig/Wiesbaden, Vieweg, 2002.

[SÜHR03]   Sühring, K.; Schwarz, H.; Wiegand, T.: Effizienter kodieren. In *c't* 6/2003, S. 266 – 273, Hannover, Heise-Verlag.

[SYME01]   Symes, P.: *Video Compression Demystified.* New York, McGraw-Hill, 2001.

[TANE02]   Tanenbaum, A. S.: *Moderne Betriebssysteme.* München, Prentice Hall, Hanser, 2003.

Literaturverzeichnis

[TAUB02] Taubman, D. S.; Marcellin, M. W.: *JPEG2000: Image Compression Fundamentals, Standards and Practice.* Dordrecht, Kluwer Academic Publishers, 2002.

[TURA00] Turaga, D.; Tsuhan, C.: *ITU-T Video Coding Standards.* Electrical and Computer Engineering, Carnegie Mellon University.

[USCH00] Uschold, A.: *DCTau. Testverfahren für digitale Kameras und bilddatenverarbeitende Geräte.* Anders Uschold Digitaltechnik, 1998.

[WALL90] Wallace, G. K.: Overview of the JPEG (ISO/CCITT) Still Image Compression Standard. Image Processing Algorithms and Techniques. In *Proceedings of the SPIE,* vol. 1244, S. 220 – 233, Feb. 1999.

[WALL91] Wallace, G. K.: *The JPEG Still Picture Compression Standard.* Communications of the ACM, Vol. 34, No. 4, S. 30 – 44, 1991.

[WECH98] Wechsler, H.; Phillips, J. P.; Bruce, V.; Soulie, F. F.; Huang, T. S.: *Face Recognition. From Theory to Applications.* Berlin, Heidelberg, New York, Springer, 1998.

[WEGE00] Wege, A.: *Videoüberwachungstechnik.* Heidelberg, Hüthig, 2000.

[WITT01] Wittmann, R.; Zitterbart, M.: *Multicast Communication. Protocols and Applications.* San Francisco, Morgan Kaufmann Publishers, 2001.

[WÜTS00] Wütschner, M.: *Einführung in die Kameratechnik.* Puchheim, Stemmer Imaging GmbH, 2000.

Sachwortverzeichnis

1-Sensor Farbkamera 40
3-Sensor Farbkamera 39
4CIF 52

Abstandsmaß 147
Abtastfrequenz 79
Abtastrate 81
Abtasttheorem 79
Abtastung 62, 78
Access Point 183
AC-Koeffizient 101
ADC 35, 50
ADV611 116
Advanced Technology Attachment 238
Advanced Video Coding 134
AES 41
AGC 47
Aktivitätsschwellwert 148
Aktivitätssensorik 145
Akustikkoppler 177
Alarmbild 26, 51, 93
Alarmbildspeicher 48, 307
Alarmbildspeicherung 35
Alarmpräsentation 290, 307
Alarmwarteschlange 309
Aliasing 78
Analog/Digital-Konverter 35
analoge Kamera 1
analoger Videorekorder 1
Analoges CCTV-System 21
Analoges Videosignal 62
Anforderungskatalog 12, 312
Anforderungsspezifikation 312
Anwendungskontext 11, 293
Applikationsschicht 164
ARP 189
ARPANET 187
Artefakt 45, 78, 114
Asynchronous Transfer Mode 7, 169
ATA 238
ATM 7, 169
Audiodaten 51
Auflösung 40, 41
Aufschaltszenario 309
Aufzeichnungszeit 253
Ausfallrate 246

Außenanwendung 44
Austastlücke 34, 63, 75
Automatic Electronic Shutter 41
Automatische Blendenregelung 41
AVC 134, 139

Back Light Compensation 46
Backup-Datenspeicher 234
Bandbreitenreservierung 222
Baseline-Verfahren 96
Bayer-Filter 40
BDSG 18
Bediengerät 23, 31, 58
Beleuchtungsstärke 38, 41, 44
Belichtungssteuerung 40
Belichtungszeit 40
Bewegtbildverfahren 92, 119
Bewegungsdetektion 48
Bewegungskompensation 119
bewegungskompensierte DPCM 125
Bewegungsvektor 126
B-Frame 123
BIFS 134
Bildanalyse 15
Bildartefakt 45
Bildausfallerkennung 1
Bildbegleitdaten 232
Bildelement 37, 40, 76
Bildrahmen 63
Bildrate 36, 38, 253
Bildratensteuerung 132, 144
Bildseitenverhältnis 76
Bildsensor 34, 40
binäre Bäume 274
binäre Suche 275
B-ISDN 178
B-Tree 274
Bitrate 81, 253
Bitübertragungsschicht 162
BLC 46
Blende 40, 46
Blockartefakt 96
Blooming 38, 45
Bluetooth 183
Bridge 173
Broadcast-Adresse 195

Sachwortverzeichnis

Bundesdatenschutzgesetz 18
Busstruktur 165

CCD 5, 34
CCD-Chipgrößen 37
CCD-Sensor 36
CCIR 73
CCTV-CS-System 303
Chroma-Demodulator 72
CIF 54, 82, 121
Client-Server-Modell 202
CMOS 34
CMOS-Sensor 38
Codec 38, 99
Codewort 78
Colorsubsampling 81
Compact Disk 242
Composite-Decodierung 79
Composite-Signal 64, 72
Constrained Parameters Bitstream 120
Coordinated Universal Time 271
CPA 146
CPB 120
Cropping 107
CROSS JOIN 282
CSMA/CD 168
Cursor-Prinzip 262

DAC 35
Daemon 198
Darstellungsschicht 163
Data Definition Language 280
Data Manipulation Language 281
Dateisystem 264
Datenbank-Browser 289
Datenbank-Cursor 287
Datenbank-Index 274
Datenkollision 167
Datensicherungsschicht 163
DC-Koeffizient 101
DCT-Koeffizient 98
DDL 280
Decodierung 78
Deinterlacing 70
DES 218
DFÜ 179
Dienstekonvergenz 154
Digital-Analog-Konverter 35
Digital Video Broadcast 129
Digitale Festplatten-Videorekorder 231

digitale Studionorm 80
digitale Videokamera 33
digitale Videonorm 79
digitale Wasserzeichen 16
digitaler Videorekorder 11
D-Kanal 179
DML 281
Domekamera 56, 159
DPCM 119, 120, 138
DSP 51
DSP-Kamera 48
DVB 129
DVD 243
DVR 231
DWT 113
Dynamikbereich 38

Echtzeit 206
EIA 73
EIA 1956 42
EIDE 239
Einbruchmeldeanlage 3
Ein-Chip-Kamera 38
Einkomponentenwandlung 78
Einsatzleitoberfläche 1
Einzelbildspeicher 4
Einzelbildverfahren 92
Electronic Iris 40, 48
elektronischer Shutter 41
EMA 3
Empfindlichkeit 41
Encoder 79
Entropieencodierung 98, 103
Ergebnismenge 286
Ergonomie 309
Ethernet 33, 166, 167
Ethernet-Datenpaket 158

Farbabtastung 64
Farbenlehre 64
Farbfilter 39, 40
Farbinformation 39
Farbkamera 42, 45
Farbkomponente 40
Farbunterabtastung 81, 90, 121
Farbverteilung 62
Fast Ethernet 169
FBAS 71
FDCT 98, 100
FDWT 113

Sachwortverzeichnis

Feldmesswert 148
Ferneinparametrierung 305
Fernparametrierung 47
Festplatte 241
Festplattenkapazität 11
Festplattenrekorder 24
Festposition 57
Firewall 201
FireWire 240
Flash-Speicher 242
Flughafensicherung 13
Flughafenumgebung 297
Frame 63
Frame Dropping 132
Frame Interline Transfer 37
Frame Transfer 37
Fremdschlüssel 280
FTP 190
Funknetz 166, 180

Gateway 175
Gebäudeleittechnik 3
Gegenlicht 46
Genlock 35
Gesichtserkennung 15, 71, 146
Gigabit Ethernet 169
GLT 3
GMT 271
GOP 124
GPRS 182
Graphisches Informationssystem 1
Grautreppe 62
Greenwich Mean Time 271
Grenzfrequenz 44
GSM 181

H.261 137, 225
H.263 138, 177, 225
H.264 51, 134, 139, 225
H.320 137, 180
H.323 49, 137, 225
Halbbild 37, 66
Hardware-Codec 108
HDTV 79
Helligkeitsverteilung 62
horizontale Auflösung 44
Horizontalsynchronimpuls 64
Hot-Swap 239
HTTP 190
HUB 212

Hub 172
Huffman-Algorithmus 104
Huffman-Tabelle 98
Hybrides CCTV-System 24
Hybridsystem 33

i.Link 240
ICMP 190
IDCT 99
IDE 238
IDWT 113
IEEE 802.3 167
IEEE 802.11b 182
IEEE 1394 240
I-Frame 123
IGMP 216
Index 274
Indexierung 273
Infrarotempfindlichkeit 45
Infrarotscheinwerfer 45
Innenanwendung 44
INNER JOIN 282
Inter-Frame 119
Inter Process Communication 195
interlaced 65
Interline Transfer 36
Internet Protocol 7
Intra-Frame 119
IP 188
IP-Adresse 191
IPC 195
IP-Kamera 48, 199
IPv6 188
ISDN 178
ISDN-Basisanschluß 178
ISDN-Kanalbündelung 116
ISDN-Terminaladapter 179
ISO 7498 162
ISO 12233 42
ISO/IEC 10918 95
ISO/IEC 11172 119
ISO/IEC 13818 129
ISO/IEC 14496 133
ITU 79
ITUR-BT.601 79
ITUR-BT.656 79

JOIN-Ausdruck 282
JOIN-Operation 280
JPEG 92, 95

329

Sachwortverzeichnis

JPEG2000   92, 118
JPEG-Marker   98, 106

Kalendersteuerung   145
Kamera-Aufschaltszenario   4
Kanalmultiplex   158
Kapazitätsberechnung   255
Kassensystemschnittstelle   294
Kell-Faktor   42, 76
Kollisionsdomäne   168, 172
Kommunikationsprotokoll   160
Komponenten-Decodierung   79
Komponentensignal   64, 72
Kompressionsfaktor   91
Kompressionsziele   89
Kontextdeskriptor   278
Kreuzschiene   6, 30

Lagebeurteilung   298
Lageplanoberfläche   310
LAN   166
Latenzzeit   59, 92, 127
Lattenzauneffekt   69
Level   130
License Plate Recognition   295
Lichtempfindlichkeit   39, 41, 45, 46
linearer Index   275
Linelock   36
Live-Streaming   220
Local Area Network   166
Logistikumfeld   295
Logistikzentrum   183
Loopback-Adresse   195
Lux   44

MAC-Adresse   163, 173
Magnetbandspeicher   244
Main Profile at Main Level   131
Makroblock   122
Massenspeicher   234
MAU   166
MCU   99
Medien-Framework   227
Medien-Router   172
Medien-Transcoder-Bridge   172
Mensch-Maschine-Schnittstelle   2
Microsoft Media   229
M-JPEG   92, 108, 225
MMS   2, 58, 181, 203, 292, 295, 308

mobiler Wachplatz   165, 181
mobiles Einsatzleitzentrum   1
Modem   176
Moorsches Gesetz   1
MP@ML   131
MPEG-1   119
MPEG-2   129, 225
MPEG-4   51, 133
MTBF   245
MTU   164
Multicast   174, 213
Multicast-Adresse   174, 193, 213
Multifenster-Oberfläche   288
Multikanal-Kompression   141
Multimedia-Datenbank   261
Multimediakompressionsverfahren   88
Multiple Subscriber Number   180
Multiplexaufzeichnung   261
Multiplexkompression   35, 140
Multitasking   198
Multi-Threading   204

NAL   139
NAS   155
Network Abstraction Layer   139
Network Attached Storage   155
Netzwerkadressierung   161
Netzwerkkamera   27, 47, 48
Netzwerkkoppelgeräte   171
Netzwerkkreuzschiene   25
Netzwerk-Video-Codec   155
NIC   163, 172
Normalformen   279
Normalisierung   279
NTPA   179
NTPM   179
NTSC   50, 73
Nummernschild-Erkennung   71, 146
NVC   155

Objekt-Dekomposition   134
Objektdetektion   15
Open Systems Interconnection   162
Ortsfrequenz   94
OSD   47
OSI   162, 188
OUTER JOIN   282

Paketverfolgung   183

paketvermittelndes Netzwerk 156
Paketvermittlung 157
PAL 43, 49, 73
Parkhausüberwachung 299
Payload 218
PCM 78
Peripheriesystem 311
PET 18
P-Frame 123
Piconet 184
PING 193
Pixel 76
Portnummer 198
Präsentations-Template 310
Primär-Datenspeicher 234
primärer Videospeicher 237, 252
Primärschlüssel 273
Primärschlüsselindex 275
prioritätsgesteuerten Präsentation 309
Privacy Enhancing Technology 18
Privatbereich 35, 47
Profil 130
Progressive-Scan 66
Protokollstapel 164
Prozessmodell 306
prozessneutrale Datenbankarchitektur 294
Pull-Verfahren 210
Pulscodemodulation 78
Push-Verfahren 210
Px64 137

QCIF 82, 178
QoS 222
Quadrantenteiler 6
Quality of Service 222
Quantisierung 98, 102
Quantisierungsrauschen 82
Quantisierungsstufe 79, 82
Quantisierungstabelle 98
QuickTime 228
QVGA 52

RAID 248
RDBMS 267
RealMedia 228
Rechercheinformation 276
Region of Interest 38
Relation 267
relationale Datenbank 265, 267
relationales Datenbankmodell 267

Repeater 172
RFC 188
RFC 1889 218
RFC 2435 110
Ringspeicher 265
Ringstruktur 165
RLE 105
ROI 38, 118
Router 25, 175
Routing 161
RS-170 73
RS-485 47
RSVP 222
RTCP 221
RTP 110, 190, 217
RTP-Streaming 220
RTSP 223

S/W-Kamera 45
S_0-Schnittstelle 178
S_{2M}-Schnittstelle 179
S-ATA 239
Scaling 108
Schachbrettfrequenz 76
Schichtenmodell 162
Schicht-Sensoren 40
Schwarzpegel 62
Schwarzwert 43
Schwenk-Neigesystem 51, 56
SCSI 239
SECAM 73
Sekundär-Datenspeicher 234
SELECT-Anweisung 281
Sendungsverfolgung 295
Shutter 35, 40, 46
Sicherheitsmanagement-Software 2
Sicherheitsmanagementsystem 50
Sicherheitstechnik 2
Siemensstern 42
Sitzungsschicht 163
skalierbares Dekodieren 115
Skalierbarkeit 130
Smear 38
Smear-Effekt 46
SMS 2, 181
SMTP 190
SNMP 190
Speicherbild 84
speicherprogrammierbare Steuerung 306
Speicherprojektierung 252
Spitzlichtaustastung 47

Sachwortverzeichnis

SPS 306
SQCIF 52
SQL 280
SQL-Videokanal-Demultiplexer 275
Sternstruktur 165
Störungsprävention 297
Streaming 208, 287
Strip-Puffer 99
Structured Query Language 280
Summenbildrate 141, 142
Superikonoskop 67
Switch 25, 155, 174, 212
Synchronausfallerkennung 1
Synchronisation 35
Synchronisationsimpulse 34
Systemarchitektur 13

Tankstellenbereich 293
TBC 36
TCP 188
TDMA-Verfahren 181
Telnet 200
Terminalserver 155
Testbilder 42
Texteinblendung 1, 22, 48
Thread 204
Time Base Correction 36
Timelapse 93
Timelapse-Verfahren 86
Token Passing Verfahren 167
Token Ring 166
Tour 58
Transcoder 172, 175
Transformationskodierung 94
Transkodierung 116, 132
Transportschicht 163
TV-Linie 41

Überlebenswahrscheinlichkeit 247
Überwachungstechnik 2
UDP 189
Ultra DMA 238
UMTS 182
Unfallverhütungsvorschrift 11, 19
Unicast 174, 211
unsymmetrisches Kompressionsverfahren 120
Unterdrückungsfaktor 150
USB 241
UTC 271

UVV 11, 19
UVV-Kassen 19, 144, 242
UVV-Spielhallen 11, 19

VADC 79
VBG 105 19
VBG 120 19
VDBS 155, 263
verlustbehaftete Kompression 91
verlustfreie Kompression 91
Vermittlungsschicht 163
Verschluss 40
Vertikalsynchronimpuls 64
Verweildauer 265
VGA 52
Video-Aktivitätsdetektion 146
Videobandbreite 76
Videobewegungsdetektion 1
Videobewegungsmelder 4, 30, 146
Videobildfrequenz 41
Video-Browser 289
Video-Codec 33
Videodatenbank-Server 263
Videodecoder 84
Videodigitalisierung 78
Videoencoder 84
Videokamera 30
Videokompressionsverfahren 14
Videokonferenzstandard 227
Video-Kreuzschiene 1, 22
Videomanagementsystem 23
Videomonitor 31
Video on Demand 224
Videorecherche 211, 224
Videorekorder 31
Videosensor 35
Videosensorik 145
Video-Server 25
Videosignal-Überwachung 31
Videospeicher 231
Video-Speicherung 15, 231
Video-Streamer 214
Video-Übertragung 14
videoüberwachte Tankstelle 293
Videoumschalter 6
virtuellen Verbindung 158
VLE 105
VMD 146
Vollbild 66
Vorgeschichte-Aufzeichnung 4
VRML 134

Wachzentrale 176
WAN 166, 176
WAP 182
Wavelet 92
Wavelet-Kompression 113
WCDMA-Verfahren 182
WEB-Kamera 54
Wechseldatenträger 234
Weißabgleich 47
Weißpegel 62
Wide Area Network 166, 176
Wiedergabelast 174
Windows-Service 198
Wireless Application Protocol 182
WLAN 182, 297

Y/C-Separator 72
Y/C-Signal 72

Zeilendauer 76
Zeilenraster 62
Zeilensprung 42, 65, 130
Zeilensynchronimpuls 64
Zeilenverdopplung 71
Zeitrafferaufnahme 144
zeitsynchrone Wiedergabe 289
Zeitsynchronisation 272
Zentralenkreuzschiene 25
Zick-Zack-Auslesung 103
ZKS 3, 145
ZR36060 107
Zutrittskontrollsystem 3
Zuverlässigkeitstheorie 245
Zweiteilungsalgorithmus 275
Zyklusaufschaltung 6

Brandschutz

Praxiswissen

Insbesondere bei Großfeuern sorgt das Thema Brandschutz in der Öffentlichkeit für Aufmerksamkeit.

Entscheidend für die Eindämmung und Erstickung der Flammen sowie die Verhinderung eines "Feuersprungs" sind geeignete bauliche Brandschutzmaßnahmen und effektive Löscheinrichtungen. Der mangelnde technische Brandschutz ist eine der häufigsten Ursachen für die Ausbreitung des Feuers.

Die Bauordnungen der Länder und eine Vielzahl von Vorschriften für Sonderbauten sind oder werden neu gefasst.

Ehemals staatliche Aufgaben und Leistungen werden unter dem Stichwort Deregulierung auf Private verlagert. Damit wird die Verantwortung der Architekten und Fachplaner überproportional steigen. Umso mehr werden künftig qualifizierte Brandschutzplaner gefragt sein, die in der Lage sind, in sich schlüssige und wirksame Brandschutzkonzepte zu entwickeln, im Baufortschritt deren Ausführung zu überwachen und insgesamt dafür verantwortlich zu zeichnen.

Ortsfeste Löschanlagen sind wesentlicher Bestandteil eines effektiven Brandschutzkonzepts. Dieses Buch erläutert Wirkungsweise und Sinnhaftigkeit zahlreicher unterschiedlicher Löscheinrichtungen.

Ferner wird das Zusammenwirken von komplementären Produkten und Verfahren (Rauch-/ Wärmeabzug, Sicherung von Wanddurchbrüchen für Leitungen (Kabelschotts) etc.) beleuchtet. Auch die in diesem Zusammenhang relevanten Aspekte zu Baurecht und Sachversicherungen werden behandelt.

Das Buch bietet damit einen umfassenden, komprimierten Überblick über den vorbeugenden technischen Brandschutz und ermöglicht eine kompetente Entscheidung, welche Löschanlagen sich für unterschiedliche Schutzzwecke am besten eignen.

Technischer Brandschutz
Einführung und Überblick

Von Hans-Jörg Vogler.
2003. VIII, 86 Seiten. Softcover.
24,80 €.
ISBN 3-87081-339-3.

Bitte bestellen Sie das Buch bei Ihrer Buchhandlung.

Economica, Verlagsgruppe Hüthig Jehle Rehm GmbH, Im Weiher 10, 69121 Heidelberg.
Kundenbetreuung München, Emmy-Noether-Straße 2, 80992 München,
Tel 089/54852-8178, Fax 089/54852-8137.

Private Sicherheit

Immer aktuell

Die von privaten Sicherheitsdienstleistern, Werkschutzleitern, Herstellern und Errichtern von Sicherheitstechnik täglich benötigten Vorschriften, Normen und Richtlinien sind oft erst nach langem Suchen in den einschlägigen Gesetzes- und Amtsblättern zu finden. Und nicht jede Vorschrift ist in ihrer Gesamtheit relevant - das bedeutet zusätzliches Blättern und noch mehr Zeitaufwand. Das Loseblattwerk Recht der privaten Sicherheit löst dieses Problem durch eine praxisgerechte Auswahl und Zusammenstellung der Texte.

Das Werk gliedert sich in:

- Allgemeine Rechtsvorschriften
- Arbeitssicherheitsrecht
- Berufsrecht
- Brandschutzrecht
- Gefahrstoffrecht
- Umweltschutzrecht
- Polizeirichtlinien

Es enthält darüber hinaus die Vorschriften der Schadenversicherer - zum Teil im Volltext - für Gefahrenmeldeanlagen, Einbruchmeldeanlagen, Errichterfirmen und mechanische Sicherheitseinrichtungen.

Weiter sind enthalten die Unfallverhütungsvorschriften und die Kurzbeschreibung der einschlägigen DIN-, VDE-, VDMA-, EN-Normen, unter anderem der Bereiche Brand, Verglasungen, Wertbehältnisse, Sicherheitstüren, Videoüberwachung, Zutrittskontrolle, Gefahrenmelde- und Überwachungssysteme, Informationsschutz, Qualitätsmanagement und Warensicherung.

Presse

"Das Loseblattwerk hat sich in kurzer Zeit zu dem Standardwerk seines Themas entwickelt." (Sicherheits-Berater)

Recht der privaten Sicherheit
Vorschriftensammlung für
Bewachungsunternehmen, Werkschutz,
Sicherheitsberater, Hersteller und
Errichter von Sicherungstechnik

Herausgegeben von Reinhard Rupprecht, Manfred Hammes, Dr. Norbert G. Bernigau.
2092 Seiten, Loseblattwerk in 2 Ordnern.
€ 98,- *. ISBN 3-87081-350-4.
* zzgl. Ergänzungslieferungen.

Bitte bestellen Sie das Loseblattwerk bei Ihrer Buchhandlung.

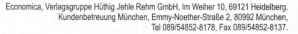

Economica, Verlagsgruppe Hüthig Jehle Rehm GmbH, Im Weiher 10, 69121 Heidelberg.
Kundenbetreuung München, Emmy-Noether-Straße 2, 80992 München,
Tel 089/54852-8178, Fax 089/54852-8137.

Economica
www.economica-verlag.de

Videoüberwachung

Praxiswissen

So unterschiedlich wie die Aufgabenstellungen sind auch die Geräte, die in der Videoüberwachungstechnik Verwendung finden.

Das Spektrum reicht von Videoschaltern über Multiplexer bis hin zu komplexen Videozentralen mit Kreuzschienen, Bildarchivierungssystemen, Videobewegungsmeldern und grafischen Bedienplätzen.

Dieses alphabetisch sortierte Lexikon bietet:

- weit über 900 Fachbegriffe umfassend und eingängig erläutert
- Querverweise bei übergreifenden Sachverhalten
- etwa 200 erklärende Illustrationen und Bildtafeln
- 100 Tabellen

Zahlreiche Begriffe, insbesondere aus den Bereichen digitale Videotechnik und Netzwerktechnik, wurden in die 3. Auflage zusätzlich aufgenommen.

Neben den videoüberwachungstechnischen Fachwörtern im engeren Sinne werden auch übergreifende Begriffe aus den Bereichen Optik, Elektronik und Datenverarbeitung auf anschauliche Weise erklärt.

Lexikon der Videoüberwachungstechnik
Planung, Beratung, Installation

Von Michael Gwozdek.
3., überarbeitete und erweiterte Auflage 2002. 430 Seiten. Gebunden.
64,- €. ISBN 3-87081-356-3.

Bitte bestellen Sie das Buch bei Ihrer Buchhandlung.

Economica, Verlagsgruppe Hüthig Jehle Rehm GmbH, Im Weiher 10, 69121 Heidelberg
Kundenbetreuung München, Emmy-Noether-Straße 2, 80992 München,
Tel 089/54852-8178, Fax 089/54852-8137.

Economica
www.economica-verlag.de